国家出版基金项目
"十二五"国家重点出版物出版规划项目

现代兵器火力系统丛书

枪炮内弹道学

张小兵　编著
金志明　主审

北京理工大学出版社
BEIJING INSTITUTE OF TECHNOLOGY PRESS

内 容 简 介

本书主要论述经典内弹道学范畴所涉及的枪炮内弹道理论、弹道计算和弹道设计方法及其在武器火力系统设计中的应用。对内弹道势平衡理论、无后坐炮、迫击炮、高低压火炮、膨胀波火炮和平衡炮的内弹道问题，以及内弹道两相流与安全性和火炮身管烧蚀与寿命也作了系统的讨论。

本书可作为内弹道专业的教科书，也可以作为火炮、轻武器、弹丸、引信和火药等专业技术基础课的教材，并可供从事武器系统研究、设计、制造和试验的工程技术人员参考和使用。

版权专有　侵权必究

图书在版编目（CIP）数据

枪炮内弹道学/张小兵编著 . —北京：北京理工大学出版社，2014.2（2021.1重印）

（现代兵器火力系统丛书）

国家出版基金项目及"十二五"国家重点出版物出版规划项目

ISBN 978-7-5640-8779-1

Ⅰ.①枪…　Ⅱ.①张…　Ⅲ.①枪炮内弹道学　Ⅳ.①TJ012.1

中国版本图书馆 CIP 数据核字（2014）第 020653 号

出版发行 / 北京理工大学出版社有限责任公司	
社　　址 / 北京市海淀区中关村南大街5号	
邮　　编 / 100081	
电　　话 / （010）68914775（总编室）	
82562903（教材售后服务热线）	
68948351（其他图书服务热线）	
网　　址 / http：//www.bitpress.com.cn	
经　　销 / 全国各地新华书店	
印　　刷 / 北京虎彩文化传播有限公司	
开　　本 / 787毫米×1092毫米　1/16	
印　　张 / 26.5	责任编辑 / 张慧峰
字　　数 / 495千字	文案编辑 / 多海鹏
版　　次 / 2014年2月第1版　2021年1月第2次印刷	责任校对 / 周瑞红
定　　价 / 69.00元	责任印制 / 王美丽

图书出现印装质量问题，请拨打售后服务热线，本社负责调换

现代兵器火力系统丛书
编委会

主　任　王兴治

副主任　王泽山　朵英贤

编　委　（按姓氏笔画排序）

　　　　王亚平　王志军　王保国　尹建平　冯顺山
　　　　吕春绪　刘吉平　肖忠良　张　合　张小兵
　　　　张相炎　陈国光　林　杰　欧育湘　金志明
　　　　周长省　胡双启　姜春兰　徐　诚　谈乐斌
　　　　董素荣　韩子鹏　韩　峰　蔡婷婷　樊红亮

总 序

国防科技工业是国家战略性产业,是先进制造业的重要组成部分,是国家创新体系的一支重要力量。为适应不同历史时期的国际形势对我国国防力量提出的要求,国防科技工业秉承自主创新、与时俱进的发展理念,建立了多学科交叉,多技术融合,科研、实验、生产等多部门协作的现代化国防科研生产体系。兵器科学与技术作为国防科学与技术的一个重要分支,直接关系到我国国防科技总体发展水平,并在很大程度上决定着国防科技诸多领域的成果向国防军事硬实力的转化。

进入21世纪以来,随着兵器发射技术、推进增程技术、精确制导技术、高效毁伤技术的不断发展,以及新概念、新原理兵器的出现,火力系统的射程、威力和命中精度均大幅提升。火力系统的技术进步将推动兵器系统的其他分支发生相应的革新,乃至促使军队的作战方式发生变化。然而,我国现有的国防科技类图书落后于相关领域的发展水平,难以适应信息时代科技人才的培养需求,更无法满足国防科技高层次人才的培养要求。因此,构建系统性、完整性和实用性兼备的国防科技类专业图书体系十分必要。

为了解决新形势下兵器科学所面临的理论、技术和工程应用等问题,王兴治院士、王泽山院士、朵英贤院士带领北京理工大学、南京理工大学、中北大学的学者编写了《现代兵器火力系统》丛书。本丛书以兵器火力系统相关学科为主线,运用系统工程的理论和方法,结合现代化战争对兵器科学技术的发展需求和科学技术进步对其发展的推动,在总结兵器火力系统相关学科专家学者取得主要成果的基础上,较全面地论述了现代兵器火力系统的学科内涵、技术领域、研制程序和运用工程,并按照兵器发射理论与技术的研究方法,分述了枪炮发射技术、火炮设计技术、弹药制造技术、引信技术、火炸药安全技术、火力控制技术等内容。

本丛书围绕"高初速、高射频、远程化、精确化和高效毁伤"的主题,梳理了近年来我国在兵器火力系统相关学科取得的重要学术理论、技术创新和工程转化等方面的成果。这些成果优化了弹药工程与爆炸技术、特种能源工程与烟火技术、武器系统与发射技术等专业体系，缩短了我国兵器火力系统与国外的差距，提升了我国在常规兵器装备研制领域的理论水平和技术水平，为我国兵器火力系统的研发提供了技术保障和智力支持。本丛书旨在总结该领域的先进成果和发展经验，适应现代化高层次国防科技人才的培养需求，助力国防科学技术研发，形成具有我国特色的"兵器火力系统"理论与实践相结合的知识体系。

本丛书入选"十二五"国家重点出版物出版规划项目，并得到国家出版基金资助，体现了国家对兵器科学与技术，以及对《现代兵器火力系统》出版项目的高度重视。本丛书凝结了兵器领域诸多专家、学者的智慧，承载了弘扬兵器科学技术领域技术成就、创新和发展兵工科技的历史使命，对于推进我国国防科技工业的发展具有举足轻重的作用。期望这套丛书能有益于兵器科学技术领域的人才培养，有益于国防科技工业的发展。同时，希望本丛书能吸引更多的读者关心兵器科学技术发展，并积极投身于中国国防建设。

丛书编委会

前　言

本书系统地介绍了经典弹道领域的相关理论和知识，并加入了近 10 年来经典弹道理论取得的新进展，同时对教学实践中的新内容进行了调整，并加入了相关两相流内弹道的内容，力求在理论体系和内容方面更完整。全书除绪论外共分 8 章，第 1 章是枪炮膛内射击现象和基本方程。在分析膛内射击现象的基础上，根据火药燃烧、气体生成、状态变化、能量转换等燃烧和热力学过程，以及对弹丸在膛内受力状态的分析，建立起包括燃烧方程、状态方程、能量方程和弹丸运动方程的内弹道基本方程组。第 2 章是内弹道方程组的解法。在讨论内弹道方程组数学性质的基础上，着重阐述解析解和数值解两种方法。解析解只能在某些简化条件下才能获得，本书着重介绍两种比较典型的解法，即 l_{ψ} 解法和梅逸尔—哈特简化解法。一般情况下，内弹道方程组只能采用数值解法。根据内弹道方程组的性质，应用四阶龙格—库塔法即能满足其计算精度。数值解是依赖电子计算机执行计算程序来完成的。本章对枪的内弹道特点和内弹道相似与模拟也作了比较深入的讨论。第 3 章是膛内气流及压力分布。着重讨论在拉格朗日假设下封闭的和有气体流出的压力分布以及膛内面积变化对压力分布的影响。对比例膨胀假设下的压力分布和毕杜克极限解也作了一些简要的讨论。第 4 章是内弹道势平衡理论，它有别于几何燃烧定律条件下的经典内弹道理论。本章着重讨论势平衡理论的基本概念、膛内实际燃烧定律以及以势平衡点为标准态的内弹道数学模型。另外对内弹道势平衡理论的实际应用——最大膛压和初速的模拟预测也作了详细的介绍。第 5 章是内弹道设计与装药设计。弹道设计是弹道解法的反面问题，而装药设计又是弹道设计的继续。本章主要讨论弹道设计方程、设计步骤、弹道设计的评价标准、弹道优化设计以及装药元件的配置和点火系统的合理匹配。弹道设计是武器弹药系统设计的先导。第 6 章是特种发射技术内弹道理论。分别介绍了无后坐火炮、迫击炮、膨胀波火炮、平衡炮以及高低压发射技术等内弹道理论。第 7 章是内弹道两相流及发射安全性分析。本章先介绍了为什么要研究两相流研究，同时介绍了压力波及其影响因素，并结合具有代表性的某大口径坦克炮一维两相流和某舰炮的混合颗粒床中一维颗粒轨道模型进行了数值模拟，最后介绍了装药安全性评估方法。第8章是火炮身管烧蚀磨损与寿命。身管的烧蚀磨损与内弹道过程密切相关，改善内弹道环境可以明显减小身管的烧蚀。随着火炮内弹道性能的提高，身管寿命已引起人们的关注。本章讨论了身管烧蚀与磨损的机理以及防烧蚀的技术措施，并讲述了通过内弹道装药的合理设计，提高火炮身管的寿命。

枪炮内弹道学是初涉内弹道学领域者的必读教材，它与武器弹药系统的研究、设计、生产和试验都有密切的联系。本书适用于科研院（所）、工厂、靶场、部队的工程技术人员，也可以作为高等院校的弹道、火炮、弹丸、引信及火药专业的教科书。

本书是集体劳动的产物，第1章由翁春生撰写，第2章由余永刚撰写，第3章由张小兵撰写，第4章由金志明撰写，第5章由王浩撰写，第6章由张小兵、金志明撰写，第7章由张小兵、金志明撰写，第8章由杨均匀、张莺撰写，绪论由金志明撰写。全书由张小兵审阅和定稿。本书在编写过程中，许多研究生都付出了辛勤的劳动，如马昌军、程诚、陈青、罗乔、薛涛、赵小亮、肖元陆、胡朝斌、孙玉佳、于盈、曹润铎、苏听听、秦琼瑶等。本书一些新内容的编入，使教材体系更完整，但由于作者学识水平有限，书中缺点甚至错误在所难免，恳请读者批评指正。

编　者

主要符号

A	流量系数	l_ψ	药室自由容积缩径长
b	1/2 火药宽度	l_{v_0}	药室长
B	装填参量	L_{sh}	炮身全长
C	弹道系数	L_{nt}	内膛全长
c	1/2 火药长度	m	弹丸质量
c_v	定容比热	M	火炮后坐部分质量
c_p	定压比热	N	作用在膛线导转侧上的力
C_F	推力系数	N_{tj}	火炮条件寿命
d	口径（阳膛线的直径）	N_t	身管寿命
d'	阴膛线的直径	n	燃速指数，多孔火药孔数
d_0	管状或多孔火药内孔起始直径	p	压力，平均压力
D_0	管状或多孔火药的起始外径	p_t	膛底压力
e	药粒已燃厚度	p_d	弹底压力
e_1	1/2 火药起始厚度，也称弧厚	p_0	挤进压力
E	燃气内能	p_g	炮口压力
E_g	炮口动能	p_m	最大压力
E_1	弹丸直线运动的动能，亦称火药气体所做的主要功	$\dot{r}$	燃速
		R	气体常数
E_2	弹丸旋转运动的动能	S	炮膛断面积，火药燃烧至某一瞬间的药粒表面积
E_3	弹丸沿膛线运动的摩擦功		
E_4	火药气体运动的动能	S_j	喷管喉部面积

E_5	炮身后坐部分的动能	S_1	火药颗粒起始面积
f	火药力	t	时间
I	定容条件下火药气体压力冲量	T	燃气温度
I_k	火药燃烧结束瞬间的压力全冲量	T_1	定容燃烧温度
k	绝热指数	u_1	正比燃烧定律中的燃速系数
l	弹丸行程长	v	弹丸运动的相对速度，气体比容
l_g	弹丸全行程长	v_0	实测的弹丸出炮口瞬间速度，即初速
l_0	药室容积缩径长	v_g	计算的弹丸出炮口速度
v_j	弹丸极限速度	θ	$k-1$
V	药粒已燃体积	λ, λ_s	火药形状特征量
V_1	药粒起始体积	Λ	弹丸相对行程长
V_0	药室容积	μ	火药形状特征量
V_{nt}	炮膛容积	Π	相对压力
x	空间坐标	π	态能势
Y	气体总流量	ρ_g	气体密度
Z	火药已燃相对厚度	ρ_p	火药密度
α	火药气体余容，缠角	σ	火药相对燃烧面积
γ_g	弹道效率	τ	相对温度
γ'_g	火炮热效率	φ	次要功计算系数
Γ	气体生成猛度	φ_1	阻力系数
Δ	装填密度	φ_2	流量修正系数
ε	态能	χ, χ_s	火药形状特征量
η	相对流量	χ_k	药室扩大系数
η_k	火药燃烧结束相对流量	ψ	火药已燃百分数
η_ω	装药利用系数	ψ_E	势平衡点火药已燃百分数
η_g	炮膛工作容积利用系数	ω	装药质量
η_Q	火炮金属利用系数	Ω	角速度

目 录

绪论 ··· 1
  0.1 枪炮射击过程中的内弹道循环 ·· 1
  0.2 内弹道研究内容及任务 ·· 2
  0.3 内弹道学的研究方法 ·· 3
  0.4 内弹道学在枪炮设计中的作用与地位 ·· 4
  0.5 基础科学和武器的发展对内弹道学的推动作用 ······························ 5
  0.6 内弹道学发展史的回顾 ·· 6

第1章 枪炮膛内射击现象和基本方程 ··· 9
  §1.1 枪炮发射系统及膛内射击过程 ·· 9
    1.1.1 发射系统简介 ·· 9
    1.1.2 膛内射击过程 ··· 10
  §1.2 火药燃气状态方程 ·· 11
    1.2.1 高温高压火药气体状态方程 ··· 11
    1.2.2 定容状态方程及应用 ·· 12
    1.2.3 变容状态方程 ··· 18
  §1.3 火药燃烧规律与燃烧方程 ··· 19
    1.3.1 几何燃烧定律及其应用条件 ··· 19
    1.3.2 气体生成速率 ··· 20
    1.3.3 形状函数 ··· 21
    1.3.4 多孔火药 ··· 24
    1.3.5 包覆火药与弧厚不均火药的形状函数 ································· 33

  1.3.6 固体火药燃烧机理及影响燃烧的因素 ………………………………… 38
  1.3.7 燃速方程 …………………………………………………………………… 41
  1.3.8 火药实际燃烧规律的研究 ………………………………………………… 45
§1.4 膛内射击过程中的能量守恒方程 ………………………………………………… 50
  1.4.1 能量守恒方程的建立 ……………………………………………………… 50
  1.4.2 弹丸极限速度及弹道效率 ………………………………………………… 54
§1.5 弹丸运动方程 ………………………………………………………………………… 56
  1.5.1 弹丸在膛内运动过程中的受力分析 ……………………………………… 56
  1.5.2 挤进阻力 …………………………………………………………………… 57
  1.5.3 膛线导转侧作用在弹带上的力 …………………………………………… 62
  1.5.4 弹前空气阻力 ……………………………………………………………… 65
  1.5.5 平均压力表示的弹丸运动方程 …………………………………………… 66
  1.5.6 次要功和次要功计算系数 ………………………………………………… 67
§1.6 膛内火药气体压力的变化规律 …………………………………………………… 72
§1.7 内弹道方程组 ………………………………………………………………………… 76
  1.7.1 基本假设 …………………………………………………………………… 76
  1.7.2 单一装药内弹道方程组 …………………………………………………… 77
  1.7.3 混合装药内弹道方程组 …………………………………………………… 78

第 2 章 内弹道方程组的解法 …………………………………………………………… 80
§2.1 内弹道方程组的数学性质 ………………………………………………………… 80
§2.2 l_ψ 分析解法 ………………………………………………………………………… 81
  2.2.1 减面形状火药的弹道解法 ………………………………………………… 82
  2.2.2 多孔火药的弹道解法 ……………………………………………………… 94
  2.2.3 混合装药的弹道解法 ……………………………………………………… 102
§2.3 梅逸尔—哈特简化解法 …………………………………………………………… 106
  2.3.1 简化假设及方程组 ………………………………………………………… 106
  2.3.2 求解过程 …………………………………………………………………… 107
§2.4 数值解法 ……………………………………………………………………………… 109
  2.4.1 量纲为 1 的内弹道方程组 ………………………………………………… 109
  2.4.2 龙格—库塔法 ……………………………………………………………… 110

2.4.3　内弹道计算步骤及程序框图 …………………………………………… 110
　　2.4.4　特殊点的计算方法 …………………………………………………… 111
　　2.4.5　计算例题 ……………………………………………………………… 114
§2.5　枪内弹道解的特殊问题 ……………………………………………………… 116
§2.6　内弹道表解法 ………………………………………………………………… 116
　　2.6.1　内弹道相似方程 ……………………………………………………… 116
　　2.6.2　内弹道表解法简介 …………………………………………………… 118
§2.7　装填条件变化对内弹道性能影响及最大压力和初速的修正公式 ………… 121
　　2.7.1　装填条件变化对内弹道性能的影响 ………………………………… 121
　　2.7.2　最大压力和初速的修正公式 ………………………………………… 127

第3章　膛内气流及压力分布 ……………………………………………………… 132
§3.1　引言 …………………………………………………………………………… 132
§3.2　内弹道气动力简化模型 ……………………………………………………… 132
§3.3　比例膨胀假设下的压力分布 ………………………………………………… 133
　　3.3.1　比例膨胀假设及推论 ………………………………………………… 133
　　3.3.2　膛底封闭情况下弹后空间的压力分布 ……………………………… 136
§3.4　拉格朗日假设条件下的近似解 ……………………………………………… 142
　　3.4.1　拉格朗日假设 ………………………………………………………… 142
　　3.4.2　膛底封闭条件下的压力分布 ………………………………………… 142
　　3.4.3　有气体流出情况下膛内压力分布 …………………………………… 144
　　3.4.4　考虑膛内面积变化的膛内压力分布 ………………………………… 148
　　3.4.5　内弹道计算中应用的压力换算关系 ………………………………… 154
§3.5　毕杜克极限解 ………………………………………………………………… 155
§3.6　三种假设下压力分布的讨论 ………………………………………………… 164

第4章　内弹道势平衡理论 ………………………………………………………… 168
§4.1　内弹道势平衡理论基本概念 ………………………………………………… 168
　　4.1.1　态能势 π ……………………………………………………………… 168
　　4.1.2　势平衡及势平衡点 …………………………………………………… 169
　　4.1.3　势平衡点的火药已燃百分数 ψ_E …………………………………… 170

§4.2 膛内火药实际气体生成函数 …… 172
4.2.1 实际燃烧定律的表示方法 …… 172
4.2.2 主体燃烧阶段的燃气生成函数 …… 172
4.2.3 碎粒燃烧阶段的燃气生成函数 …… 173

§4.3 应用实际燃烧规律的内弹道解法 …… 175
4.3.1 关于解法的几点说明 …… 175
4.3.2 以势平衡点为标准态的内弹道相似方程组 …… 176
4.3.3 势平衡点各弹道量的确定 …… 179

§4.4 确定燃气生成系数的弹道方法 …… 179
4.4.1 主体燃烧阶段 …… 180
4.4.2 碎粒燃烧阶段 …… 182

§4.5 最大膛压和初速的模拟预测 …… 183
4.5.1 势平衡点参量与 p_m 及 v_0 的关系式 …… 183
4.5.2 膛内燃烧性能参数与密闭爆发器燃烧性能参数之间的对应关系 …… 184

第5章 内弹道设计与装药设计 …… 190

§5.1 内弹道设计 …… 190
5.1.1 引言 …… 190
5.1.2 内弹道设计基本方程 …… 193
5.1.3 设计方案的评价标准 …… 195
5.1.4 内弹道设计指导图与最小膛容 …… 201
5.1.5 内弹道设计步骤 …… 205
5.1.6 加农炮内弹道设计的特点 …… 217
5.1.7 榴弹炮内弹道设计的特点 …… 220
5.1.8 枪的内弹道设计特点 …… 223

§5.2 内弹道优化设计 …… 225
5.2.1 优化设计的目的 …… 225
5.2.2 优化设计步骤 …… 225
5.2.3 应用举例 …… 229

§5.3 装药设计 …… 232
5.3.1 火药装药及装药元件 …… 233

5.3.2 装药设计的一般步骤 ·· 234
5.3.3 装药结构及分类 ·· 236
5.3.4 装药中的点火系统设计 ·· 247

第6章 特种发射技术内弹道理论 ··· 268

§6.1 无后坐炮内弹道理论 ·· 268
6.1.1 无后坐炮发射原理及内弹道特点 ···································· 268
6.1.2 无后坐条件 ·· 271
6.1.3 无后坐炮内弹道方程 ·· 274
6.1.4 无后坐炮内弹道方程组的数值解法 ·································· 276
6.1.5 无后坐炮的次要功计算系数 ······································ 279

§6.2 迫击炮内弹道 ·· 281
6.2.1 迫击炮及其弹药结构 ·· 281
6.2.2 迫击炮的弹道特点 ·· 282
6.2.3 基本假设和内弹道方程 ·· 285
6.2.4 迫击炮内弹道计算 ·· 286

§6.3 膨胀波火炮内弹道理论 ·· 289
6.3.1 膨胀波火炮的发射机理 ·· 290
6.3.2 膨胀波火炮的特点 ·· 290
6.3.3 膨胀波火炮发射过程的研究现状 ···································· 291
6.3.4 后喷装置的设计要求及打开方式 ···································· 292
6.3.5 膨胀波火炮内弹道模型建立及数值模拟 ······························ 294
6.3.6 膨胀波波速仿真及最佳开尾时间的确定 ······························ 297

§6.4 平衡炮内弹道理论及数值模拟 ···································· 300
6.4.1 引言 ·· 300
6.4.2 平衡炮内弹道模型 ·· 301
6.4.3 平衡炮数值模拟及结果分析 ······································ 303

§6.5 高低压火炮内弹道 ·· 307
6.5.1 高低压发射原理与假设 ·· 307
6.5.2 基本方程 ·· 308
6.5.3 高低压火炮内弹道方程求解方法 ···································· 310

§6.6 超高射频串联发射内弹道模拟与仿真 …………………………………… 310
　6.6.1 引言 ………………………………………………………………… 310
　6.6.2 超高射频弹幕武器发射原理 ……………………………………… 311
　6.6.3 超高射频串联发射内弹道模型的建立 …………………………… 312
　6.6.4 超高射频火炮数值模拟结果与分析 ……………………………… 314

第7章 内弹道两相流及发射安全性分析 …………………………………… 323

§7.1 引言 …………………………………………………………………………… 323
§7.2 膛内压力波及其影响因素 …………………………………………………… 324
　7.2.1 膛内压力波现象 …………………………………………………… 324
　7.2.2 压力波形成机理 …………………………………………………… 325
　7.2.3 影响压力波的因素分析 …………………………………………… 327
§7.3 内弹道两相流数值模拟及安全性分析 ……………………………………… 332
　7.3.1 某大口径坦克炮一维两相流数值模拟 …………………………… 332
　7.3.2 混合颗粒床中一维颗粒轨道模型及其数值模拟 ………………… 339
§7.4 装药安全性评估方法 ………………………………………………………… 346

第8章 火炮身管烧蚀磨损与寿命 …………………………………………… 350

§8.1 引言 …………………………………………………………………………… 350
§8.2 身管烧蚀磨损现象 …………………………………………………………… 350
　8.2.1 内膛表面的变化 …………………………………………………… 351
　8.2.2 白层和热影响层 …………………………………………………… 354
　8.2.3 内膛尺寸的变化 …………………………………………………… 354
　8.2.4 药室长度的变化 …………………………………………………… 356
　8.2.5 膛线形状的变化 …………………………………………………… 356
§8.3 内膛烧蚀与磨损机理 ………………………………………………………… 357
　8.3.1 快速冷、热循环使内膛表面产生裂纹 …………………………… 357
　8.3.2 火药气体的热作用和机械作用是烧蚀的主要因素 ……………… 358
　8.3.3 火药气体与内膛表面金属的化学作用 …………………………… 358
§8.4 防火炮烧蚀磨损的技术措施 ………………………………………………… 359
　8.4.1 采用低爆温的火药 ………………………………………………… 359

  8.4.2 采用缓蚀添加剂 ……………………………………………………… 360
  8.4.3 减小挤进压力和改进弹带材料 ………………………………………… 361
  8.4.4 应用身管内膛表面强化技术 …………………………………………… 362
  8.4.5 激光热处理身管镀铬层新工艺 ………………………………………… 362
 §8.5 身管寿命 ……………………………………………………………………… 363
  8.5.1 身管寿命判别条件及分析 ……………………………………………… 364
  8.5.2 火炮寿命终止时寿命发数的计算公式 ………………………………… 366
  8.5.3 身管寿命的预测方法 …………………………………………………… 368
  8.5.4 影响身管寿命的因素 …………………………………………………… 375
  8.5.5 提高身管寿命的技术措施 ……………………………………………… 378

参考文献 …………………………………………………………………………… 381

索引 ………………………………………………………………………………… 383

绪 论

0.1 枪炮射击过程中的内弹道循环

枪炮射击过程中的内弹道循环包括击发开始到弹丸射出膛口所经历的全部过程。击发是内弹道循环的开始。通常利用机械方式(或用电、光)作用于底火(或火帽),使底火药着火,产生的火焰穿过底火盖而引燃火药床中的点火药,使点火药燃烧产生高温高压的燃气和灼热的固体微粒。通过对流换热的方式,将靠近点火源的发射药首先点燃。而后,点火药和发射药的混合燃气逐层地点燃整个火药床,这就是内弹道循环开始阶段的点火和传火过程。点、传火过程是内弹道循环中最复杂的阶段。当点火开始后,在膛内燃气中产生初始的压力梯度;随着火焰的传播,火药床不断被点燃,压力梯度也被不断地加强,形成一个由膛底向弹底的压力波阵面的传播过程。在压力波阵面的驱动下,一方面火药床被逐层地点燃,在火药床中形成一个火焰波的传递过程;另一方面,火药床又被逐层地挤压,在火药床中产生了颗粒间应力,形成的应力波以固相声速向弹底方向传播。火焰波的传播使压力波不断地增强。压力波增强使颗粒间应力增大,由此发生部分火药颗粒的破碎,造成燃烧表面突然增加而加速火焰的传播,因而引起气体生成速率急剧增大。这是膛内产生异常压力的重要原因,严重情况下可能产生灾难性的膛炸事故。

在完成点、传火过程之后,火药的进一步燃烧产生了大量的高温高压燃气,推动弹丸运动。弹丸开始启动瞬间的压力称为启动压力。弹丸启动后,当弹带或枪弹的圆柱部全部挤进时,即达到最大阻力,其相应的燃气压力则称为挤进压力。这个过程也称为挤进过程。

弹带全部挤入膛线后,阻力突然下降。以后随着火药继续燃烧而不断补充高温燃气,并急速膨胀做功,从而使膛内产生了多种形式的运动。弹丸除沿炮轴方向做直线运动外,还沿着膛线做旋转运动;同时,正在燃烧的药粒和燃气,也随弹丸一起向前运动,而炮身则产生后坐运动。所有这些运动既同时发生又相互影响,形成了复杂的射击现象。

膛内这些复杂现象相互制约和相互作用,形成了膛内燃气压力变化的特性。其中火药燃气生成速率和由于弹丸运动而形成的弹后空间增加的速率,是决定这种变化的两个主要因素。前者的增加使压力上升,后者的增加使压力下降,而压力的变化又反过来影响火药的燃烧和弹丸的运动。在开始阶段,燃气生成速率的因素超过弹后空间增长的因素,压力曲线将不断上升。当这两种相反效应达到平衡时,膛内达到最大压力 p_m,而后随弹丸速度不断增大,弹后空间增大的因素超过燃气生成速率的因素,膛内压力开始下降。当火药全部燃完时,膛压曲线随弹丸运动速度的增加而不断下降,直至弹丸射出膛口,完成整个内弹道循环。这时的燃气压力称为炮口压力 p_g，弹丸速度称为炮口速度 v_g。典型的内弹道曲线如图 0-1 所示。

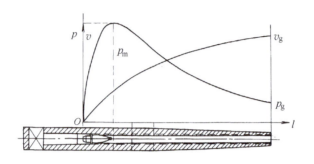

图 0-1　典型内弹道曲线图

0.2　内弹道研究内容及任务

内弹道学是研究弹丸在膛内运动规律及其伴随射击现象的一门学科。所谓射击现象是指整个内弹道循环中所发生的物理和化学变化的各种现象。它不仅具有由于火药燃烧而引起的剧烈的化学反应，释放出大量的燃气和能量，而且还伴随着气体、药粒及弹丸的高速运动和质量、动量及能量的输运现象。然而，完成这一射击过程所经历的时间又是很短暂的，只有几毫秒到十几毫秒。因此，从一般力学的范围来看，膛内的各种相互作用和输运现象具有瞬态特征，它属于瞬态力学范畴。从热力学范围来看，膛内射击过程是一个非平衡态不可逆过程。从流体力学的观点来看，膛内射击现象又是属于一个带化学反应的非定常的多相流体力学问题。根据内弹道循环中所发生的各种现象的物理实质，内弹道学所要研究的内容可归纳为以下几个方面：

(1) 有关点火药和火药的热化学性质、燃烧机理以及点火、传火的规律。
(2) 有关火药燃烧及燃气生成的规律。
(3) 有关枪炮膛内火药燃气和火药颗粒的多维多相流动及其相间输运现象。
(4) 有关膛内压力波产生机理、影响因素及抑制技术。
(5) 有关弹带挤进膛线的受力变形现象及弹丸和炮身的运动规律。
(6) 有关膛内能量转换及传递的热力学现象和燃气与膛壁之间的热传导现象。

在对这些现象研究的基础上，建立起反映内弹道过程中物理化学实质的内弹道数学模型称为内弹道基本方程。根据内弹道理论和实践的要求，内弹道学研究的主要任务有以下三个方面：

(1) 弹道计算，也称为内弹道正面问题。即已知枪炮内膛结构诸元（如药室容积 V_0、弹丸行程长 l_g 等）和装填条件（如装药质量 ω、弹丸质量 m、火药形状和性质），计算膛内燃气压力变化规律和弹丸运动规律。根据内弹道学基本方程求解出 $p-l、v-l、p-t$ 及 $v-t$ 的内弹道曲线，为武器弹药系统设计及弹道性能分析提供基本数据。

（2）弹道设计，也称为内弹道反面问题。在已知口径 d、弹丸质量 m、初速 v_g 及指定最大压力 p_m 的条件下，计算出能满足上述条件的武器内膛构造诸元（如药室容积 V_0、弹丸行程长 l_g、药室长度 l_{v_0} 及内膛全长 L_{nt} 等）和装填条件（如装药质量 ω、火药的压力全冲量 I_k 或火药厚度 $2e_1$ 等）。弹道设计是多解的，在满足给定条件下可有很多个设计方案。因此，在设计过程中需对各方案进行比较和选择。

（3）内弹道装药设计。在内弹道设计的基础上，为实现给定的武器内弹道性能，保证内弹道性能的稳定性和射击安全性，必须对选定的发射药、点火系统及装药辅助元件进行合理匹配和装药元件空间配置的结构设计，这一过程称为内弹道装药设计。它是内弹道设计的继续，是武器弹药系统设计的重要组成部分。内弹道装药设计主要是通过物理手段使装药获得一个良好的弹道性能。

0.3 内弹道学的研究方法

内弹道学所研究的膛内射击现象，具有非定常、非均匀和瞬时性的特征，因此给内弹道研究工作带来了很大的困难。射击现象是复杂的，但也是可以认识的。和其他自然科学一样，射击现象主要是通过理论分析、实验研究和数值模拟等手段，以掌握射击过程的物理化学本质，找出其内在的规律，达到认识和控制射击现象的目的。

（1）理论分析：通过对射击过程中各种现象的分析，认识其物理实质和相互之间的关系。抓住影响射击过程的主要因素，忽略或暂不考虑某些次要因素，给出反映射击过程的物理模型。再根据流体力学、热力学、传热学、化学及数学等基础学科构造出数学模型，也就是建立起描述膛内射击过程的内弹道基本方程。

（2）数值模拟：在建立起内弹道基本方程的基础上，可以根据射击过程的初始条件和内膛结构的边界条件进行数值模拟。在经典内弹道学范畴内，主要是求解常微分方程的初值问题。对于现代内弹道学范畴，主要是求解一阶拟线性偏微分方程组。除一些简化后的内弹道方程组可进行分析解以外，一般情况下，内弹道解要以电子计算机为主要工具，采用数值计算方法对内弹道过程进行数值计算和模拟。

（3）实验研究：它是内弹道学的一个重要组成部分，也是检验内弹道理论和数值模拟的根本依据。膛内过程中高温、高压、高速和瞬态的特点给内弹道实验研究带来了一定的困难，但其也极大地促进了弹道实验技术的发展，测压和测速技术已达到比较高的水平。实验研究包括火药的点火和燃烧，火药颗粒运动、挤压和破碎，相间传热和阻力，弹带挤进过程等基础研究，以及膛内燃气压力、弹丸运动规律和燃气温度变化的内弹道性能综合实验研究。

理论分析、数值模拟和实验研究三者之间是相辅相成的，它们之间互相促进、互相依赖。理论分析不能脱离实验和数值分析，可给实验研究和数值模拟提供研究基础和理论上的指导。数值模拟也不同于纯理论分析，它主要是依靠一些简单的、线性化的问题所给出的严格数学分析，以及依靠推理、物理直观和实验结果来进行的，并以实验结果作为其成功与否的判据。数值模拟与实验研究相比,具有省时、经济的优点,能在试验条件难以控制的情况下得到预测的结果,但它并不能代替实验和理论分析,它必须以特定的分析解或实验数据作为验证标准,只能给出一些离散的、近似的数值,用有限信息量代替无限信息量。因此,这三种研究手段既有区别又相互补充,各有自己的适用范围。

0.4 内弹道学在枪炮设计中的作用与地位

一个多世纪以来,内弹道学发展经久不衰,越来越显示出它的勃勃生机,这与它在武器弹药系统中的重要地位是分不开的。其主要表现有以下几个方面:

(1) 内弹道学是枪炮设计的理论基础。内弹道学的研究主要服务于现有武器弹道性能的改进和新武器弹道设计方案的提出。因此,内弹道学的理论和实践就是为武器设计及武器弹道性能分析提供理论基础。通过内弹道的研究可为枪炮设计提供新的发射原理和必要的设计数据。事实上,整个武器弹药系统的设计往往是以内弹道计算和内弹道设计作为先导的。

(2) 武器弹药系统设计中的协调作用。武器弹药系统的设计包括枪炮、弹丸、引信、药筒、底火及发射装药等设计。在具体的实践中,它们之间往往会发生各种矛盾。例如,在内弹道设计中最大压力的确定,不仅影响到枪炮的内弹道性能,而且还直接影响到枪炮、弹丸、引信和装药等设计的问题。最大压力选择是否适当将影响到武器弹药系统设计的全局,而这个全局归根结底体现在一个最优的或合理的内弹道设计方案的获得。因此,可通过内弹道的优化设计将武器弹药系统之间的矛盾协调起来,在总体上实现武器弹药系统良好的弹道性能。

(3) 武器弹药系统弹道性能的评价作用。武器弹道性能的优劣必须通过某些弹道参数来衡量,并通过这些参数来评价武器弹道性能是否满足武器弹药系统总体性能的要求。内弹道性能评价标准包括:能量利用评价标准的弹道效率 γ_g 和装药利用系数 η_ω;炮膛工作容积利用效率评价标准的炮膛工作容积利用系数 η_g,火药燃烧结束相对位置 η_k,炮口压力 p_g 和身管寿命 N_t 等。

射击安全性是武器弹药系统设计中一个十分重要的问题,特别是以高膛压、高初速和高装填密度为特征的高性能火炮,在射击过程中容易产生大振幅的危险压力波,由此可能引起灾难性的膛炸事故,因此,给出射击安全性评价标准是非常必要的。但我国目前尚未制定这样的评价标准。美国已在《ITOP》中根据内弹道多相流理论制定了射击安全性评价标准及操作规程。该标准要求一组常温下的压差曲线上第一个负压差 $-\Delta p_i$ 平均值不能超过 6.9 MPa,并通过 $-\Delta p_i \sim p_m$ 的压力波敏感度曲线预测的膛炸概率应小于 10^{-6}。

(4) 新能源新发射原理应用中的导向作用。内弹道学是研究枪炮发射原理的科学,在内弹道理论的发展过程中,可以派生出一些发射技术的新概念,并形成新的发射原理。例如,内弹道学中的弹丸最大极限速度公式反映了最大极限速度与气体工质滞止声速成正比的关系,而滞止声速又与气体工质分子量平方根成反比。气体工质的分子量越小,滞止声速就越大,因此弹丸最大极限速度也越大。极限速度的增大有利于弹丸初速的提高。也就是说,小分子量的气体工质能够增大弹丸的初速,于是产生了可获得超高初速的轻气炮发射技术。又如随行装药、密实装药和钝化、包覆及温度补偿等装药技术的提出,以及液体发射药火炮、电热化学炮等新概念和新能源技术的应用,都离不开内弹道理论的指导。由此可见,内弹道学是武器弹药系统从概念研究过渡到工程设计过程中的一项关键技术。

0.5 基础科学和武器的发展对内弹道学的推动作用

早期的内弹道理论建立在平衡态热力学和描述对火药燃烧一些简单的经验关系的基础上,根据热力学第一定律建立起能量方程。通过观察密闭爆发器的试验,给出描述火药燃烧的几何燃烧定律和燃烧速度定律。由诺贝尔—阿贝尔方程推导出火药气体状态方程,再根据牛顿第二定律给出以平均压力或以弹底压力表示的弹丸运动方程。弹后空间的压力分布以及膛底压力、弹底压力和平均压力之间的关系,则根据拉格朗日假设获得。这种建立在热力学基础上的内弹道理论称为经典内弹道学,它由五个方程组成内弹道基本方程组。在相对装药量 $\omega/m<1$ 的情况下,经典内弹道学理论能比较好地应用于武器弹药系统的设计。

自从第二次世界大战,特别是最近 20 多年以来,各类兵器与装备都有很大的发展,特别是坦克防护能力和突击力量的增强,军用飞机的远航程、快速性能的提高,具有远程精确打击的各类导弹的出现,以及近代战术的变化。因此要求火炮在反坦克、反导、低空防御以及在大纵深宽正面的火力压制方面提高作战能力。其中一个很重要的方面就是要改善火炮的内弹道性能,较大幅度地提高弹丸初速。然而,高初速必然带来高膛压、高装填密度和大相对装药量。根据未来战场上作战的需要,初速应达到 $2\sim2.5~\text{km/s}$,相应的膛压要提高到 $500\sim700~\text{MPa}$,而相对装药量 $\omega/m>1$。在这种情况下,某些膛内现象已非经典内弹道学所能解释,如点火与传火过程,气相和颗粒群流场的描述以及膛内压力波等一系列经典内弹道理论难以描述的射击现象。因此需要发展一种新的内弹道理论以适应火炮技术发展的需求。

近代科学技术的发展为内弹道学理论的完善和更新创造了条件,如流体力学前沿学科之一的多相流体力学,以及近代燃烧学、传热学和高速、大容量电子计算机技术。这些近代科学技术的注入,使内弹道学理论发生了根本的变化,创立了现代内弹道学理论体系。现代内弹道学特征和经典内弹道学的关系,可以根据以下四个方面来表述。

(1) 理论基础。经典内弹道学的理论基础是热力学,对于膛内气体流动现象,采用拉格朗日假设下的弹后空间气体质量均匀分布的流动模型。由此可得弹后空间流速为线性规律变化和压力分布为抛物线规律。然而,根据流体力学观点,膛内射击过程可归结为伴随化学反应的多相流体力学问题,所以现代内弹道学是以反应多相流体力学为基础。有关热力学问题,也不像经典内弹道学那样,把弹后整个空间看作热力学的平衡态,而是采用不同微元体的局部平衡态,所以在应用热力学定律时都是对于某个微元体而言。

(2) 数学模型及相应的计算方法。由上述不同的理论基础可知,经典内弹道学是研究弹后空间弹道参量平均值变化的规律,因此它是一种集总参数模型。模型的数学形式为常微分方程和代数方程的组合。在计算方法上是解常微分方程的初值问题,通常采用四阶龙格—库塔法即可满足要求。而现代内弹道学则是研究弹后空间弹道参量分布值的变化规律,在时间上和空间上反映弹道参量的变化。相应的数学模型为一组根据质量、动量和能量守恒而得到的偏微分方程以及反映相间输运现象的本构方程。这类方程的计算方法通常采用有限差分法,如 Lax-Wen droff、MacCormack 以及 TVD 等差分格式。用有限差分法计算现代内弹道问题是十分复杂的,必须依赖电子计算机和计算程序来实现。因此可以说,没有电子计算机的发展,也就不会有现代内弹道学,所以现代内弹道学是电子计算机时代的内弹道学。

(3) 实验技术。经典内弹道学所关心的内弹道测试参量主要是药室的最大压力,弹丸初速及射击过程中的 $p-t$ 曲线,以及利用定容的密闭爆发器测定火药燃烧规律和弹道示性数火药力 f、余容 α 等。而现代内弹道学所要测定的参量不仅内容多,而且难度更大,除了以上的常规参量测试外,还要测试反映压力波动的压差曲线 $\Delta p-t$。在内弹道基础研究方面,还需要观察和测定膛内不同相的流场变化,相间阻力、相间热传导、颗粒间应力以及火药颗粒撞击、挤压和破碎,点火和火焰传播等内容。由此可见,现代内弹道学不仅在理论上建立起了新的理论体系,而且在实验技术方面也推进到了一个崭新的高度。

(4) 适用范围。由于经典内弹道学是研究弹后空间弹道参量平均值变化规律的一种理论,它不能描述膛内各种波系的传播,如由点火所引起的压力波、火焰波和火药床受挤压而产生的应力波。而这些波系对内弹道循环有着显著的影响,在严重的情况下,会出现膛压的异常,甚至会造成膛炸这种灾难性事故。因此,通常认为经典内弹道学理论适用于相对装药量小于 1 的情况,即 $\omega/m < 1$。也就是说,经典内弹道学理论能比较好地描述装填密度不太大、膛压初速不太高条件下的内弹道循环。实践证明,在其适用范围内,它在武器弹药系统设计中具有重要的指导意义和实际应用价值。当 $\omega/m > 1$ 时,膛内压力的波动性就显得十分显著,点火过程和火焰的传播将强烈地影响到内弹道循环。弹后空间弹道参量的非定常性和不均匀性更加突出。因此,用弹道参量平均的方法将会带来很大的误差,同时也难以解释各种波动现象。所以,必须采用反应多相流体力学的观点去研究内弹道过程。也就是说,在 $\omega/m > 1$ 的条件下,应采用现代内弹道学理论。

0.6 内弹道学发展史的回顾

内弹道学作为一个独立学科的形成,应追溯到 1740 年英国数学家、军事工程师鲁宾斯(Robins B)利用弹道摆测得弹丸初速的历史时期。以初速为分界将整个弹道段分成膛内弹道学和膛外弹道学。内弹道学的发展史不仅与数理基础科学和技术科学的发展密切相连,而且也与枪炮及其火药的发展密切相关。在武器弹药系统不断完善的过程中也逐渐地形成了内弹道学的理论体系。

早在 18 世纪末(约 1793 年),法国的数学家和力学家拉格朗日(Lagrange J L)用流体力学的观点研究膛内射击现象,并提出了弹后空间燃气质量均匀分布的拉格朗日假设,系统地研究了弹后空间压力分布和平均压力、膛底压力及弹底压力之间的关系问题。这些研究工作为经典内弹道学的发展奠定了基础。1864 年,法国科学家雷萨尔(Resal H)应用热力学第一定律建立了内弹道能量方程。1868—1875 年,英国物理学家诺贝尔(Noble A)和化学家阿贝尔(Abel F)应用密闭爆发器的试验,确定火药燃气状态方程。到 19 世纪末,皮奥伯特(Piobert)等人总结前人研究黑火药的成果及无烟火药的平行层燃烧现象,提出了几何燃烧定律的假设,从而建立起表示燃气生成规律的形状函数和以实验方法确定的燃速方程。至此,应用这些理论建立起比较完善的经典内弹道学理论体系。在这一时期,相继出现了一些内弹道学论文和专著。1901 年,俄国的内弹道学家别令克(Бринк А Ф)写成了当时最完整的内弹道学教程,并被美、德等国译出。1903 年,特拉滋多夫(Дроздов Н Ф)在《火炮杂志》上发表了《内弹道学基本问题的精确解法》的学术论文。1906 年,法国弹道学家夏朋里(Charbonnier)发表了包括《内弹道方程》和《数值解法》的内弹道学论著。而后苏歌脱(Sugot)对夏朋里所给出内弹道方程作了某些改进,并以《夏朋里－苏哥脱内弹道学》发表在 1913 年法国《炮兵杂志》上。1926 年,德国弹道学家克朗茨(Cranz)也出版了《内弹道学》一书。在 1911—1934 年,格拉维(Граве И П)完成包括《火药燃烧动力学》和《火药燃烧静力学》等四卷内弹道学专著,堪称内弹道学百科全书。

到 20 世纪中叶,经典内弹道学的发展已经进入到相当成熟的时期,出版了一系列有影响的学术专著。其中包括:1950 年英国的化学家康纳(Corner J)完成的《火炮内弹道学》,1951 年亨特(Hunt F R W)完成的《内弹道学》以及 1962 年苏联的内弹道学家谢列伯梁可夫(Серебряков М Е)完成的《身管武器和火药火箭内弹道学》。这些专著涉及经典内弹道学中的各个研究领域,内容系统而详尽,特别是谢列伯梁可夫的《内弹道学》是一本极好的教科书。我国的内弹道学专家鲍廷钰教授于 1957 年出版了《特种武器内弹道学》,系统地阐述了无后坐炮、迫击炮和固体火箭的内弹道理论。1957 年,苏联学者贝切赫钦(Бетехтин С А)出版了《内弹道气体动力学原理》一书,该书系统地讨论了膛内气流问题,除对拉格朗日问题作了深入的研究外,还在该书中首次提出膛内两相流问题,并建立起内弹道均相流数学模型,对现代内弹道学理论进行了开创性的研究。

1979 年,鲍廷钰教授提出了内弹道势平衡理论,并应用此理论研究膛内实验燃烧规律,建立了相应的内弹道解法,形成了一个有别于以几何燃烧定律为基础的内弹道学理论。《内弹道势平衡理论及其应用》一书在 1987 年和 1988 年分别用中文和英文形式出版。为了适应教学的需要,1978 年和 1984 年,华东工程学院 103 教研室编写出版了《内弹道学》和《内弹道实验原理》。1995 年,鲍廷钰、邱文坚编写出版了《内弹道学》。1997 年,官汉章、邹瑞荣编写出版了《实验内弹道学》。这些教科书是在长期教学经验的积累和内弹道科研成果的基础上完成的,在一定程度上反映了当时我国内弹道教学和理论的水平。

到 20 世纪 70 年代以后,现代内弹道学开始兴起。具有代表性的著作如:1973 年,美国学者郭冠云(Kuo K Y)等发表的《在密闭条件下多孔火药装药床中火焰阵面的传播》学术论文;1979 年,由克里尔(Krier H)和萨默菲尔德(Summerfield M)主编的《火炮内弹道学》,以及 1979 年高夫(Gough P S)和习瓦斯(Zwarts F T)发表的《非均匀两相反应流模拟》等学术论文和专著。我国的内弹道工作者在 20 世纪八九十年代也相继出版了一些有影响的教材和学术专著,如:1983 年,金志明、袁亚雄编写出版的《内弹道气动力原理》;1990 年,金志明、袁亚雄、宋明编写出版的《现代内弹道学》;1990 年和 1994 年,由周彦煌、王升晨编写出版的《实用两相流内弹道学》和《膛内多相燃烧理论及应用》;2001 年,金志明、翁春生编写出版的《火炮装药设计安全学》;2003 年金志明、翁春生编写出版的《高等内弹道学》等。这些著作反映了我国在现代内弹道学方面教学和理论的水平。

第1章 枪炮膛内射击现象和基本方程

§1.1 枪炮发射系统及膛内射击过程

1.1.1 发射系统简介

本节以最典型的线膛火炮为例来介绍发射系统的主要组成部分。

1. 身管

火炮身管是一根能承受极高压力的厚壁金属管,通常在接受发射药点火的一端密闭,它的大致结构如图 1-1 所示。在射击过程中,身管为弹丸提供了支撑和导向作用。膛内的高压燃气膨胀做功给弹丸以推动作用。

身管中炮闩前端容纳装药及其元件的部分称为药室。药室前

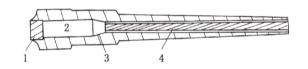

图 1-1 典型身管

1—炮闩;2—药室;3—坡膛;4—线膛

端呈锥形部分称为坡膛,向前接合于膛线起始部。内弹道学中,通常所说的药室容积是指弹丸装填到位后,弹后部药室中放置装药的空间容积。

根据弹丸飞行稳定的不同方法,炮膛结构也完全不同。对于弹丸旋转稳定的火炮,炮膛内刻有膛线,这是多条螺旋形的凹槽,导引弹丸在特定的速度下产生旋转。对于弹丸用尾翼稳定的火炮,炮膛内没有膛线,在弹丸挤进和运动的过程中,它的受力情况与线膛火炮的情况也稍有不同。

2. 火药

火药是火炮射击的能源,它是具有一定形状、尺寸的固体物质。当给予适当的外界作用时,它便能在没有任何助燃剂参与下,急速地发生化学变化,有规律地放出大量气体和热能。

火药通常被分为两大类:一类是混合火药;另一类是溶塑火药。混合火药是将氧化剂、可燃物、黏合剂和其他附加物先机械混合再压制成一定形状的药粒。火炮中最常用到的混合火药是黑火药,它的主要成分是硝酸钾、硫和碳。这是历史上最早使用的火炮发射药,后来由于溶塑火药发明而被取代,但目前仍被广泛用于点火系统中。

溶塑火药的基本成分是硝化纤维素,它被溶解在某些溶剂中,变成可塑性材料后被压制加工成所需的形状。根据所用的溶剂不同,溶塑火药还分为单基药、双基药和三基药。

在单基药中唯一存在的能量基是硝化棉,其他成分是用来保持安定和控制燃烧速率的。这种火药在生产过程中需要将溶剂排除,因此它的厚度不能太厚,目前仅用于中、小口径的武器中。

3. 弹丸

弹丸是射击中用于直接完成战斗任务的弹药部件。通常滑膛炮的弹丸装有尾翼以保持飞行稳定,目前也用滑膛炮发射尾翼稳定脱壳穿甲弹。线膛炮弹丸的弹体上则嵌压有软金属或非金属的弹带,它在膛内起定心作用,并使弹丸同炮膛紧密配合以防燃气泄漏,弹带嵌入膛线后,使弹丸产生旋转。

1.1.2 膛内射击过程

膛内射击过程中会发生极其复杂的物理化学变化,根据这种变化的主要特征不同,可以将射击过程分为点火传火过程、挤进过程、弹丸在膛内运动过程以及后效作用过程等循环过程。值得一提的是,这四个过程不是相互独立的,而是相互作用,甚至是相互重叠的。

1. 点火传火过程

枪炮射击过程中的内弹道循环包括击发开始到弹丸出膛口所经历的全部过程。击发是内弹道循环的开始,通常利用机构方式(或用电、光)作用于底火(或火帽),使底火药着火,产生的火焰穿过底火盖而引燃火药床中的点火药,使点火药燃烧产生高温高压的燃气和灼热的固体微粒,通过对流换热的方式,使靠近点火源的发射药首先点燃。而后,点火药和发射药的混合燃气逐层地点燃整个火药床,这就是内弹道循环开始阶段的点火传火过程。

2. 挤进过程

在完成点火传火过程之后,火药的燃烧会产生大量的高温高压燃气,从而推动弹丸运动。弹丸开始启动瞬间的压力称为启动压力。弹丸启动后,因弹带的直径略大于膛线内阴线的直径,所以弹带必须逐渐地挤进膛线。随着挤进,阻力也不断增加。当弹带全部挤进时,即达到最大阻力,这时弹带已被膛线刻成沟槽并与膛线紧密吻合,其相应的燃气压力则称为挤进压力。这一过程称为挤进过程。

3. 弹丸在膛内运动过程

当弹带全部挤入膛线后,阻力突然下降。随着火药继续燃烧而不断补充高温燃气,并急速膨胀做功,从而使膛内产生了多种形式的运动。弹丸除沿炮轴方向做直线运动外,还进行围绕弹轴的旋转运动。同时,正在燃烧的药粒和燃气也随弹丸一起做向前运动,而炮身则产生后坐。所有这些运动既同时发生又相互影响,形成了复杂的膛内射击现象。

4. 后效作用过程

当弹丸射出炮口以后,处在膛内的高温高压的火药燃气以极高的速度从膛内流出,在膛外急速膨胀,超越并包围弹丸,形成气动力结构异常复杂的膛口流场。这种高速气流将对武器系统产生两种后效作用:一种是对火炮身管的后效作用,即高速气体的流出对炮身产生反作用推力,使炮身继续后坐。当膛内外气体流动达到平衡时,炮身的后坐速度达到最大值,对炮身的后效作用也到此结束。一般情况下,在后效作用阶段膛内火药已全部燃烧结束,膛内的流动是一种纯气体的流动。另一种是对弹丸的后效作用。在这一过程中,弹丸虽然已射出炮膛,但膛口的高速气流对弹丸的运动仍然产生影响。

从射击过程可以看出,膛内射击现象包括火药燃烧、燃气生成、状态变化、能量转换和弹丸运动等现象。以下分别讨论反映这些现象的内弹道基本方程。

§1.2 火药燃气状态方程

1.2.1 高温高压火药气体状态方程

对于真实气体,通常采用范德瓦尔的气体状态方程:

$$\left(p + \frac{a}{v^2}\right)(v - \alpha) = RT \tag{1-1}$$

式中 v 表示气体的比容,即单位质量气体所占有的体积;a 是与气体分子间吸引力有关的常数;α 表示与单位质量气体分子体积有关的修正量,在内弹道学中称为余容;R 则是与气体组分有关的气体常数。

对于火炮膛内高温高压燃气,分子间的吸引力相对于燃气压力来说是很小的,式中 a/v^2 项可以忽略不计。因此,高温高压的火药气体状态方程可写成:

$$p(v - \alpha) = RT \tag{1-2}$$

式(1-2)即诺贝尔-阿贝尔(Nobel-Abel)状态方程,它是由诺贝尔和阿贝尔两人首先确立的。

有必要指出,式(1-2)形式的状态方程,仍是有应用范围限制的,方程中认为 α 是常数,由此可见,当比容 v 增大到接近 α 时,由该式表示的压力 p 将趋于无穷大。所以该式只适用于压力不太高的情况,一般认为在 $p < 600$ MPa 时,该式尚有足够的精度。至于更高的压力则应当有另外适用于高压的状态方程。

库克(Cook)在对爆炸过程气体密度测量的基础上,假设余容仅仅是密度的函数,忽略分子间的吸引力,给出以下的高压状态方程:

$$p\left[\frac{1}{\rho_g} - \alpha(\rho_g)\right] = RT \tag{1-3}$$

或

$$\frac{pv}{RT} = \frac{1}{1 - \rho_g \cdot \alpha(\rho_g)} = f(\rho_g) \tag{1-4}$$

余容和密度的关系如表 1-1 所示。从表中看出:在密度较小的情况下,很接近于理想气体;当 $\rho_g > 1.25$ 时,非理想气体效应就相当显著。余容和密度的函数关系可以拟合为以下的经验公式:

$$\alpha(\rho_g) = e^{-0.4\rho_g} \quad (\rho_g < 2.0 \text{g/cm}^3) \tag{1-5}$$

表 1-1 余容与密度的函数关系

$\rho_g/(\text{g} \cdot \text{cm}^{-3})$	$\alpha(\rho_g)/(\text{cm}^3 \cdot \text{g}^{-1})$	$pv/RT = f(\rho_g)$
0.005	0.998	1.005
0.01	0.996	1.010
0.05	0.980	1.052
0.10	0.961	1.106
0.50	0.819	1.693
1.00	0.670	3.033
1.50	0.549	5.657

1.2.2 定容状态方程及应用

1. 密闭爆发器定容状态方程的建立

在炮膛中,当弹丸运动时,不仅气体所占的体积在不断变化,而且火药气体的温度也在不断变化,因此使得火药气体的压力、温度和比容之间的关系复杂化。为了简单起见,我们首先研究在容积不变的情况下压力变化的规律。因为在这种情况下,不仅没有体积的变化,而且气体没有做功。此外,根据这种气体没有做功情况下的压力变化规律,也比较容易确定出火药性能及其燃烧规律。因此,定容情况下气体状态方程的研究也是内弹道学中的重要部分。我们可以由此研究火药燃烧的规律性,以及确定表示火药性能的某些弹道特征量。

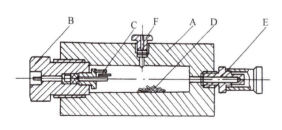

图 1-2 密闭爆发器
A—圆筒;B—点火塞;C,D—火药;E—传感器;F—排气装置

在内弹道试验中使用的定容密闭容器称为密闭爆发器(见图1-2)。密闭爆发器的本体是用炮钢制成的圆筒 A,在其两端开口的内表面上制有螺纹。一端旋入点火塞 B,依靠电流点燃点火药 C,从而使火药 D 着火燃烧。产生的压力及其随时间变化的规律,则由另一端旋入的测压传感器 E 感应并通过各种记录仪器记录。

图1-2中F是排气装置。目前常用的是以下几种容积的密闭爆发器:50 mL(内径 28 mm)、100 mL(内径 36 mm)和 200 mL(内径为 44 mm)等三种容积。

在密闭爆发器常规试验中,实验压力一般在 400 MPa 以下。但随着高膛压火炮的出现,用于研究火药定容燃烧性能的密闭爆发器,其实验压力也需要相应提高。图 1-3 所示为一种 700 MPa 以上的高压密闭爆发器。为了提高密闭爆发器的承压能力,本体采用复合层结构,内筒还经过专门的高压自紧装置自紧。外筒热套在内筒上,给内筒产生一定的预紧力。经过这样处理后,本体的耐压强度得到较大幅度的提高。点火塞 2 和放气塞 11 与本体之间的密封形式也采取特殊的自动密封结构。当火药气体作用在自紧塞 3 和 7 时,自紧塞再压缩后面的密封胶环 4、8 和密封铜垫圈 5、9。这时密封件 4、8、5 和 9 与本体 1

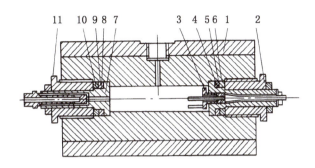

图 1-3　高压密闭爆发器结构
1—本体;2—点火塞;3,7—自紧塞;4,8—密封胶环;
5,9—密封垫圈;6,10—垫圈;11—放气塞

之间就产生密封力,而且这一密封力随着火药气体压力增加而增大,从而达到高压密封的目的。

下面建立密闭爆发器定容状态方程。在定容燃烧的情况下,火药气体没有做功,如果忽略热散失,则这时气体的温度 T 就是火药燃烧时的爆温 T_1,也称燃烧温度。对一定性质的火药来说,T_1 是一个常量,于是状态方程可以写成:

$$p(v-\alpha)=RT_1 \tag{1-6}$$

为了确定式中的比容 v,设所研究的密闭爆发器容积为 V_0,其中装有密度为 ρ_p 的火药质量 ω,并设在某一瞬间火药燃烧去的质量为 ω_{YR},则火药气体的比容 v 应表示为

$$v=\frac{V_0-\dfrac{\omega-\omega_{YR}}{\rho_p}}{\omega_{YR}}=\frac{V_0-\dfrac{\omega}{\rho_p}\left(1-\dfrac{\omega_{YR}}{\omega}\right)}{\omega_{YR}}$$

令

$$\psi=\frac{\omega_{YR}}{\omega}$$

则 ψ 代表火药燃去的百分比。显然,在燃烧开始瞬间,$\psi=0$;在燃烧结束瞬间,$\psi=1$。因此,ψ 的变化范围是 $0\leqslant\psi\leqslant1$。

将 ψ 代入比容 v 的计算式中,则:

$$v=\frac{V_0-\dfrac{\omega}{\rho_p}(1-\psi)}{\omega\psi}$$

将此式代入式(1-6)中,经整理后可得:

$$p_\psi=\frac{\omega\psi RT_1}{V_0-\dfrac{\omega}{\rho_p}(1-\psi)-\alpha\omega\psi}=\frac{\omega\psi RT_1}{V_\psi} \tag{1-7}$$

式中

$$V_\psi=V_0-\frac{\omega}{\rho_p}(1-\psi)-\alpha\omega\psi$$

式中 V_ψ 称为药室的自由容积,代表气体分子可以自由运动的空间,在火药整个燃烧过程中,随 ψ 变化而变化。在火药燃烧开始时,$\psi=0$,则:

$$V_{\psi=0}=V_0-\frac{\omega}{\rho_p}$$

在火药燃烧结束时,$\psi=1$,则:

$$V_{\psi=1}=V_0-\alpha\omega$$

无论对于硝化棉火药还是硝化甘油火药,气体余容 α 都在 1.0×10^{-3} m^3/kg 左右,火药密度 ρ_p 在 1.6×10^3 kg/m^3 左右,故:

$$\alpha>\frac{1}{\rho_p}, \quad \alpha\omega>\frac{\omega}{\rho_p}$$

所以

$$V_0-\alpha\omega<V_0-\frac{\omega}{\rho_p}$$

由此可知

$$V_{\psi=0}>V_\psi>V_{\psi=1}$$

也就是说,自由容积 V_ψ 随着火药燃烧的进行而不断减小。因此,压力 p_ψ 的增长不是和 ψ 成正比,而是增长得要更快一些。

在内弹道学中,还习惯采用如下两个物理量:

$$\Delta=\frac{\omega}{V_0}$$

$$f=RT_1$$

式中 Δ 称为装填密度;f 称为火药力。火药力的物理意义是 1 kg 火药燃烧后的气体生成物在一个大气压力下当温度由 0 升高到 T_1 时膨胀所做的功。所以 f 表示单位质量火药做功的能力。由于火药的成分不同,气体常数 R 和燃烧温度 T_1 也不同,因而火药力 f 也不同。在内弹道学中称 f 和 α 为弹道特征量。

在引入火药力 f 和装填密度 Δ 以后,式(1-7)可表示为

$$p_\psi=\frac{f\Delta\psi}{1-\frac{\Delta}{\rho_p}(1-\psi)-\alpha\Delta\psi}=\frac{f\Delta\psi}{1-\frac{\Delta}{\rho_p}-\left(\alpha-\frac{1}{\rho_p}\right)\Delta\psi} \tag{1-8}$$

这就是常用的定容情况下的火药气体状态方程。

当火药燃烧结束时,$\psi=1$,这时密闭爆发器中的压力达到最大值,$p_\psi=p_m$,式(1-8)即转化为

$$p_m=\frac{f\Delta}{1-\alpha\Delta} \tag{1-9}$$

式(1-9)就是定容情况下的火药气体最大压力公式。

2. 弹道特征量的测定

弹道特征量包括火药力 f、余容 α 和燃速系数 u_1,u_1 可以在线燃速的测定当中获得

(在§1.3节中介绍)。定容、绝热情况下火药燃气最大压力公式(1-9),也可以写成如下形式:

$$\frac{p_m}{\Delta}=f+\alpha p_m \tag{1-10}$$

显然,式(1-10)是以 p_m/Δ 及 p_m 为坐标的直线方程, f 代表此直线在 p_m/Δ 轴上的截距, α 则是直线与 p_m 轴夹角的正切。当装填密度不是很高时(即火药燃气压力低于400 MPa时),火药气体的余容 α 与装填密度无关。这样可以用两个不同的装填密度 Δ_1 和 Δ_2,根据式(1-10)得到以下联立方程:

$$\left.\begin{array}{l}\dfrac{p_{m1}}{\Delta_1}=f+\alpha p_{m1}\\[2mm]\dfrac{p_{m2}}{\Delta_2}=f+\alpha p_{m2}\end{array}\right\} \tag{1-11}$$

解上述方程,可得到 f 和 α,即

$$\left.\begin{array}{l}f=p_{m2}/\Delta_2-\alpha p_{m1}\\[2mm]\alpha=\dfrac{p_{m2}/\Delta_2-p_{m1}/\Delta_1}{p_{m2}-p_{m1}}\end{array}\right\} \tag{1-12}$$

为了减小测试的误差,在选择 Δ_1 和 Δ_2 时,应注意到低装填密度 Δ_1 不能选得过低,因为装填密度越低,相对热损失就越大,由此所造成的 f、α 的误差就越大。高装填密度 Δ_2 也不能太高,在此装填密度下的最大压力不能超过密闭爆发器强度所允许的数值。一般情况下,取 $\Delta_1=0.10 \text{ g/cm}^3$,$\Delta_2=0.20 \text{ g/cm}^3$。

事实上,无论取多大的装填密度进行实验,热散失总是存在的。因此,用这种方法测定火药力 f 和余容 α,所得结果 f 偏低而 α 偏高。为了提高测定 f 和 α 的准确度,必须用理论或实验的方法,确定出因热散失造成的压力降,以此来修正实验测得的最大压力值,从而使 f 和 α 接近真值。关于热散失的修正方法将在下一节中介绍。

3. 计及点火药压力在内的火药气体状态方程

以上所建立的 p_m 和 p_ψ 公式都没有考虑点火药的影响。实际上,无论在膛内还是在密闭爆发器中,火药必须靠点火药来引燃。因此,除了火药气体产生的压力之外,还包含点火药气体的压力。

设 f_B、α_B、ω_B 和 p_B 分别代表点火药的火药力、余容、药量和压力。

当火药燃烧到 ψ 的瞬间,容器中的压力 p'_ψ 应为点火药压力 p_B 和火药压力 p_ψ 之和,即

$$p'_\psi=p_B+p_\psi$$

由方程(1-3)可知,式中的 p_B 和 p_ψ 应为

$$p_\psi=\frac{f\omega\psi}{V_\psi}$$

和

$$p_B = \frac{f_B \omega_B}{V_\psi}$$

故得:

$$p'_\psi = \frac{f_B \omega_B + f \omega \psi}{V_\psi}$$

式中 V_ψ 为考虑点火药余容在内的药室自由容积,即

$$V_\psi = V_0 - \frac{\omega}{\rho_p}(1-\psi) - \alpha\omega\psi - \alpha_B\omega_B$$

但在密闭爆发器中,一般使用的点火药压力约为 10 MPa,达到这样大小压力的点火药量是较小的,故 $\alpha_B\omega_B$ 可以忽略不计。另外,虽然在火药燃烧过程中,由于 V_ψ 的不断减小,p_B 并不是常量,但这种变化是很小的。为了计算方便起见,通常忽略其变化,并按火药燃烧开始瞬间的 p_B 公式进行计算:

$$p_B = \frac{f_B \omega_B}{V_0 - \dfrac{\omega}{\rho_p}} = \frac{f_B \Delta_B}{1 - \dfrac{\Delta}{\rho_p}}$$

于是

$$p'_\psi = p_B + \frac{f \Delta \psi}{1 - \dfrac{\Delta}{\rho_p} - \left(\alpha - \dfrac{1}{\rho_p}\right)\Delta\psi} \tag{1-13}$$

这就是计算点火药气体压力在内的火药气体压力表达式。因为在密闭爆发器实验中所得到的是 $p'_\psi - t$ 曲线,为了研究气体的生成量,需要由已知的压力值来确定与其相应的 ψ,为此,应将式(1-13)转化为如下形式:

$$\psi = \frac{\dfrac{1}{\Delta} - \dfrac{1}{\rho_p}}{\dfrac{f}{p'_\psi - p_B} + \alpha - \dfrac{1}{\rho_p}} \tag{1-14}$$

为了应用方便起见,还可把上式转换成如下形式:

$$\psi = \frac{\beta}{\beta(1-\partial) + \partial} \tag{1-15}$$

式中

$$\partial = \frac{1 - \alpha\Delta}{1 - \dfrac{\Delta}{\rho_p}}; \qquad \beta = \frac{p'_\psi - p_B}{p'_m - p_B}$$

4. 压力损失的修正

造成压力损失的因素主要来自两个方面:一方面是由热散失所造成的压力损失;另一个方面是密闭爆发器在高压作用下产生弹性变形,气体要消耗一部分膨胀功。因此,实测的压力要偏低,由此影响火药弹道特征量测试的准确性。

(1) 热散失修正。

根据 WJ1753-87 密闭爆发器实验法的规定,热散失压力值的修正量按下式计算:

$$\Delta p = 4.51 \times 10^{-2} \frac{S_\sigma}{m} \sqrt{t_b \, \overline{p}_m} \tag{1-16}$$

式中 Δp 为热损失压力的修正量(MPa);S_σ 为密闭爆发器燃烧室散热面积(cm^2);m 为火药试样的装药质量(g);t_b 为一组试验的燃烧时间平均值(s);$\overline{p}_m$ 为一组试验实测的最大压力的平均值(其中包括点火压力)(MPa)。

(2) 药室增量 ΔV_0 计算方法。

因为密闭爆发器药室是圆柱形的,设药室半径为 r,药室长度为 l,则药室起始容积为

$$V_0 = \pi r^2 l$$

假定在最大压力时,药室半径增加 Δr,药室长度增加 Δl,则这时的药室容积 V'_0 为

$$V'_0 = V_0 + \Delta V_0 = \pi (r + \Delta r)^2 \cdot (l + \Delta l)$$

因此药室增量为

$$\Delta V_0 = \pi [(r + \Delta r)^2 (l + \Delta l) - r^2 l] = V_0 \left[\left(1 + \frac{\Delta r}{r}\right)^2 \left(1 + \frac{\Delta l}{l}\right) - 1 \right] \tag{1-17}$$

设 $\Delta r / r = \varepsilon_r$ 为药室半径的相对增量,即径向应变;$\Delta l / l = \varepsilon_z$ 为药室长度的相对增量,即轴向应变。则式(1-17)可以写成:

$$\Delta V_0 = V_0 [(1 + \varepsilon_r)^2 (1 + \varepsilon_z) - 1] \tag{1-18}$$

由于 ε_r、ε_z 都很小,所以把式(1-18)展开,并忽略 ε_r、ε_z 的高次方项以及两者的乘积项,式(1-18)就可化简为

$$\Delta V_0 = V_0 (2\varepsilon_r + \varepsilon_z) \tag{1-19}$$

或写成药室容积的相对增量:

$$\frac{\Delta V_0}{V_0} = 2\varepsilon_r + \varepsilon_z \tag{1-20}$$

由此可见,只要求得 ε_r 和 ε_z,就可算出 ΔV_0。ε_r 和 ε_z 可以根据材料力学的应力应变关系计算,即

$$\left. \begin{aligned} \varepsilon_r &= \frac{1}{E} [\sigma_r - \mu(\sigma_t + \sigma_z)] \\ \varepsilon_z &= \frac{1}{E} [\sigma_z - \mu(\sigma_t + \sigma_r)] \end{aligned} \right\} \tag{1-21}$$

式中 σ_r 为径向应力;σ_t 为切向应力;σ_z 为轴向应力;E 为材料的弹性模量,对于炮钢或 35CrMnSiA 可以取 201 GN/m^2;μ 为材料的泊桑系数,对于炮钢或 35CrMnSiA 可以取 0.25。

根据药室的内外半径 r、R 和压力 p,可以按下式计算出式(1-21)中的三个应力:

$$\left. \begin{aligned} \sigma_r &= -p \\ \sigma_t &= \frac{r^2}{R^2 - r^2} \left(1 + \frac{R^2}{r^2}\right) \cdot p \\ \sigma_z &= \frac{r^2}{R^2 - r^2} \cdot p \end{aligned} \right\} \tag{1-22}$$

只要计算出这三个应力,药室增量就可以算出。一般爆发器都在弹性范围内工作,所以应力、应变都与压力成正比。因此药室增量也与 p 成正比,这样式(1-19)和式(1-20)可以用更简单的形式表示:

$$\left.\begin{array}{l}\dfrac{\Delta V_0}{V_0}=A\cdot p \\ \Delta V_0=A\cdot p\cdot V_0\end{array}\right\} \quad (1\text{-}23)$$

把式(1-21)、式(1-22)代入式(1-19)并考虑力学中所规定的符号,则可以得到 A 的具体表达式:

$$A=-\left\{\dfrac{r^2}{R^2-r^2}\left[3-\dfrac{2R^2}{r^2}-\mu\left(6+\dfrac{2R^2}{r^2}\right)\right]\right\}\dfrac{1}{E} \quad (1\text{-}24)$$

从式(1-24)可知,对于一定的爆发器,A 是一个常量,其计算结果将是正值。表 1-2 是利用式(1-23)计算的用炮钢制成的具有不同内、外径和不同容积爆发器的药室相对增量 $\Delta V_0/V_0$ 与压力 p 的关系,压力单位为 MPa。

表 1-2 药室容积与压力的关系

公称容积/cm³	药室内半径/cm	药室外半径/cm	药室容积相对增量 $\Delta V_0/V_0$
50	1.25	4.35	$1.313\times 10^{-5}p$
200	2.00	5.75	$1.340\times 10^{-5}p$
1000	3.00	8.00	$1.348\times 10^{-5}p$

从表 1-2 可以看出,在常规实验时(装填密度 $\Delta_1=0.1$ g/cm³,$\Delta_2=0.2$ g/cm³),密闭爆发器药室容积的相对增加量为 0.2%~0.3%,通常可以不进行药室容积变化的修正,在高装填密度情况下则必须给予考虑。

1.2.3 变容状态方程

在射击过程中,弹丸向前运动,弹后空间不断增加,因此膛内压力是弹后空间容积的函数。现以定容状态方程为基础来建立变容情况下的状态方程。

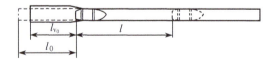

图 1-4 射击时膛内容积变化的图解

设火炮的炮膛横断面面积为 S,在药室容积 V_0 中装有质量为 ω 的火药;假定当火药燃烧到 ψ 时,具有质量为 m 的弹丸向前运动的距离为 l,弹后空间增加了体积 Sl(见图 1-4)。这时弹丸后部的自由容积为

$$V_0-\dfrac{\omega}{\rho_p}(1-\psi)-\alpha\omega\psi+Sl=V_\psi+Sl$$

同时,火药气体膨胀做功,温度不断下降。所以在定容情况下,火药气体温度 T_1 是常量;

而在变容情况下,温度 T 应该是变量。因此按式(1-7),变容情况下的火药气体状态方程应该是:

$$p(V_\psi + Sl) = \omega \psi RT \tag{1-25}$$

但是,为了使用方便起见,最好以弹丸行程 l 为函数来表示压力,故设

$$l_\psi = \frac{V_\psi}{S} = \frac{V_0}{S}\left[1 - \frac{\Delta}{\rho_p} - \left(\alpha - \frac{1}{\rho_p}\right)\Delta\psi\right]$$

又令

$$l_0 = \frac{V_0}{S}$$

由图 1-4 可以看出,药室的实际长度是 l_{v_0}。如果以炮膛横断面面积 S 为底作成与药室容积 V_0 相等体积的圆柱体,则圆柱体的长度就是 l_0。药室的实际断面积大于 S,所以 l_0 比药室的实际长度 l_{v_0} 长。l_0 称为药室容积缩径长;l_ψ 称为药室自由容积缩径长。在燃烧过程中 V_ψ 是逐渐减少的,l_ψ 也是逐渐减小的。

在引入药室自由容积缩径长 l_ψ 以后,变容状态方程可表示为

$$Sp(l_\psi + l) = \omega \psi RT \tag{1-26}$$

式中

$$l_\psi = l_0\left[1 - \frac{\Delta}{\rho_p} - \left(\alpha - \frac{1}{\rho_p}\right)\Delta\psi\right] \tag{1-27}$$

§1.3 火药燃烧规律与燃烧方程

内弹道过程中的火药燃烧规律是膛内压力变化规律的决定性因素,因此也是内弹道研究的首要问题。详细地研究火药燃烧过程的发生和发展,是属于燃烧理论的研究范畴,内弹道学所研究的不是这种微观的燃烧机理,而是燃烧过程中宏观燃气生成量的变化规律。

根据火药燃烧过程的特点分析可以看出,燃烧过程中火药燃气生成量的变化规律可以分解为燃气生成量随药粒厚度的变化规律和沿药粒厚度燃烧快慢的变化规律。前者仅与药粒的形状、尺寸有关,称为燃气生成规律,与其相应的表达此规律的函数称为燃气生成函数或形状函数;后者称为燃烧速度定律,相应的函数称为燃烧速度函数。这两者的综合体现了燃气生成量随时间的变化规律,通常以燃气生成速率的形式表示。本节主要讨论形状函数、燃烧速度以及燃气生成速率的关系式。

1.3.1 几何燃烧定律及其应用条件

火药在密闭爆发器或火炮膛内被点燃后,其燃烧如何？这是首先要研究的问题。在大量的射击实践中,人们发现,从炮膛里抛出来的未燃完的残存药粒,除了药粒的绝对尺寸发生变化以外,它的形状仍和原来的形状相似(见图 1-5);另外,在密闭爆发器

的实验中,也发现这样的事实:即性质相同的两种火药的装填密度相同时,如果它们的燃烧层厚度分别为 $2e_1$ 和 $2e_1'$,所测得的燃烧结束时间分别为 t_k 和 t_k',则它们近似地有如下关系:

$$\frac{2e_1}{2e_1'} = \frac{t_k}{t_k'}$$

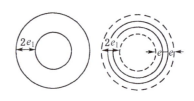

图 1-5 未燃和部分燃烧的管状药断面

即火药燃完的时间与燃烧层厚度成正比。

根据以上事实,火药的燃烧过程可以认为是按药粒表面平行层逐层燃烧的。这种燃烧规律称为皮奥伯特定律或几何燃烧定律。几何燃烧定律是理想化的燃烧模型,它是建立在下面三个假设基础上的:

(1) 装药的所有药粒具有均一的理化性质以及完全相同的几何形状和尺寸。

(2) 所有药粒表面都同时着火。

(3) 所有药粒具有相同的燃烧环境,因此燃烧面各个方向上燃烧速度相同。

在上述假设的理想条件下,所有药粒都按平行层燃烧,并始终保持相同的几何形状和尺寸。因此只要研究一个药粒的燃气生成规律,就可以表达出全部药粒的燃气生成规律。而一个药粒的燃气生成规律,在上述假设下,将完全由其几何形状和尺寸所确定。这就是几何燃烧定律的实质和称为几何燃烧定律的原因。

正是由于几何燃烧定律的建立,经典内弹道理论才形成了完备和系统的体系,发现了药粒几何形状对于控制火药燃气生成规律的重要作用,发明了一系列燃烧渐增性良好的新型药粒几何形状,对指导装药设计和内弹道理论的发展及应用起到了重要的促进作用。

虽然几何燃烧定律只是对火药真实燃烧规律的初步近似,并给出了实际燃烧过程的一个理想化了的简化,但是由于火药的实际制造过程中,已经充分注意及力求将其形状和尺寸的不一致性减小到最低程度,在点火方面亦采用了多种设计,尽量使装药的全部药粒实现其点火的同时性,这些假设与实际的情况相比也不是相差太远,所以几何燃烧定律确实抓住了影响燃烧过程的最主要和最本质的影响因素。当被忽略的次要因素在实际过程中确实没有起主导作用时,几何燃烧定律就能较好地描述火药燃气的生成规律,这也就是 1880 年法国学者维也里提出几何燃烧定律以来,在内弹道学领域一直被广泛应用的缘故。

当然在应用几何燃烧定律来描述火药的燃烧过程时,必须记住它只是实际过程的理想化和近似,不能解释实际燃烧的全部现象,它与实际燃气的生成规律还有一定的偏差,有时这个偏差还相当大,所以在历史上,几乎与几何燃烧定律提出的同时及以后,曾提出过一系列的所谓火药实际燃烧规律或物理燃烧定律,这表明火药燃烧规律的探索和研究一直是内弹道学研究发展的中心问题之一。

1.3.2 气体生成速率

由式(1-26)可知,膛内的压力 p 与 ψ 有关,因此,膛内压力随时间的变化率 dp/dt 也

必然与 ψ 随时间的变化率 $d\psi/dt$ 有关。$d\psi/dt$ 代表单位时间内的气体生成量,称为气体生成速率。为了掌握膛内的压力变化规律,必须了解气体生成速率的变化规律,从而达到控制射击现象的目的。下面就在几何燃烧定律的基础上来研究气体生成速率。

设 V 是单位药粒的已燃体积,V_1 是单位药粒的原体积,n 是装药中单体药粒的数目,ρ_p 是火药密度。根据几何燃烧定律,可得:

$$\psi = \frac{\omega_{YR}}{\omega} = \frac{n\rho_p V}{n\rho_p V_1} = \frac{V}{V_1}$$

将上式对时间 t 微分,即得:

$$\frac{d\psi}{dt} = \frac{1}{V_1}\frac{dV}{dt}$$

为了导出 dV/dt,设单体药粒的起始表面积为 S_1,起始厚度为 $2e_1$,在火药同时点燃经过时间 t 以后,火药烧掉的体积为 V,正在燃烧着的表面积为 S,如图1-6所示。又经过 dt 瞬间后,药粒又按平行层燃烧的规律燃去的厚度为 de,与此相对应的体积 dV 为:

$$dV = S de$$

则火药单体药粒体积的变化率:

$$\frac{dV}{dt} = S\frac{de}{dt}$$

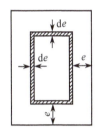

图1-6 火药按几何燃烧定律燃烧的图解

以符号 $\dot{r}$ 代表 de/dt,称为火药燃烧的线速度,即单位时间内沿垂直药粒表面方向燃烧掉的药粒厚度。由于 ψ 是一个相对量,所以对其他表示药形尺寸的量,也用相对量表示,以 $Z = e/e_1$ 代表相对厚度,以 $\sigma = S/S_1$ 代表相对燃烧表面,将这些量代入 $d\psi/dt$ 表达式中,则:

$$\frac{d\psi}{dt} = \frac{1}{V_1}\frac{dV}{dt} = \frac{S_1 e_1}{V_1}\sigma\frac{dZ}{dt} \tag{1-28}$$

令 $\chi = S_1 e_1/V_1$,则 χ 为取决于火药形状和尺寸的常量,故称 χ 为火药形状特征量。将 χ 代入式(1-28)得:

$$\frac{d\psi}{dt} = \chi\sigma\frac{dZ}{dt} \tag{1-29}$$

由此可知,对一定形状、尺寸的火药来说,气体生成速率的变化规律仅取决于火药的燃烧面和火药燃烧速度的变化规律。因此,可以通过燃烧面和燃烧速度的变化来控制气体生成速率,从而达到控制膛内压力变化规律和弹丸速度变化规律的目的。所以,在下面将分别研究 σ、ψ 与 dZ/dt 的变化规律。

1.3.3 形状函数

现以带状药为例,根据几何燃烧定律来导出其形状函数。

设 $2c$、$2b$ 及 $2e_1$ 分别为带状药的起始长度、宽度及厚度,与其相应的起始体积与表面

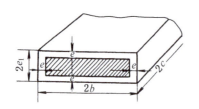

图 1-7 带状药燃烧过程的几何形状变化

积为 V_1 和 S_1。按照同时着火假设和平行层燃烧的规律,当燃去厚度为 e 时,全部表面都向内推进了 e。根据几何学的知识容易计算出燃去的体积 V 和药粒在燃去厚度 e 后的表面积 S,显然 V、S 都是 e 的函数,如图 1-7 所示。

由于假设所有药粒的形状、尺寸都一致,因此就一个药粒所导出的 σ 及 ψ 即代表了全部装药的相对燃烧表面和相对已燃部分。

对带状药有:

$$\psi = \frac{V}{V_1} = 1 - \frac{(2b-2e)(2c-2e)(2e_1-2e)}{2b \cdot 2c \cdot 2e_1}$$

$$\sigma = \frac{S}{S_1} = \frac{2[4(b-e)(e_1-e)+4(c-e)(e_1-e)+4(b-e)(c-e)]}{2[4be_1+4ce_1+4bc]}$$

令

$$\alpha = e_1/b; \quad \beta = e_1/c$$

则可得出:

$$\psi = \chi Z(1+\lambda Z+\mu Z^2) \tag{1-30}$$

$$\sigma = 1+2\lambda Z+3\mu Z^2 \tag{1-31}$$

式中

$$\chi = 1+\alpha+\beta$$

$$\lambda = -\frac{\alpha+\beta+\alpha\beta}{1+\alpha+\beta}$$

$$\mu = \frac{\alpha\beta}{1+\alpha+\beta}$$

仅与火药的形状和尺寸有关,所以称为火药的形状特征量。

式(1-30)及式(1-31)为形状函数的两种不同表现形式,前者直接表示了燃气生成量随厚度的变化规律,后者则表示燃烧面随厚度的变化规律,它们之间有一定的内在联系。由式(1-29)可得出:

$$\frac{d\psi}{dZ} = \chi \sigma \tag{1-32}$$

上面仅以带状药为例进行推导,但实际上其结果适用于几乎所有简单形状火药。例如管状药可以看作是用带状药卷起来的一种火药。因为宽度方向封闭了,在其燃烧过程中宽度不再减小,所以可以看作宽度为无穷大的带状药。

为了表明火药的形状和尺寸的变化对各形状特征量的影响,以及对相应的 $\psi(Z)$ 和 $\sigma(Z)$ 的曲线形状的影响,现以管状、带状、方片状、方棍状和立方体这五种简单形状组成一个系列进行比较,如表 1-3 所示。

表 1-3 简单形状火药的形状特征量

序号	火药形状	火药尺寸	比值	χ	λ	μ
1	管状	$2b=\infty$	$\alpha=0$	$1+\beta$	$-\dfrac{\beta}{1+\beta}$	0
2	带状	$2e_1<2b<2c$	$1>\alpha>\beta$	$1+\alpha+\beta$	$-\dfrac{\alpha+\beta+\alpha\beta}{1+\alpha+\beta}$	$\dfrac{\alpha\beta}{1+\alpha+\beta}$
3	方片状	$2e_1<2b=2c$	$1>\alpha=\beta$	$1+2\beta$	$-\dfrac{2\beta+\beta^2}{1+2\beta}$	$\dfrac{\beta^2}{1+2\beta}$
4	方棍状	$2e_1=2b<2c$	$1=\alpha>\beta$	$2+\beta$	$-\dfrac{1+2\beta}{2+\beta}$	$\dfrac{\beta}{2+\beta}$
5	立方体	$2e_1=2b=2c$	$1=\alpha=\beta$	3	-1	$1/3$

表 1-3 中的药形系列表明,从管状药顺序演变到立方体火药,形状特征量有规律地变化:χ 从略大于 1 顺序增加到 3,λ 都是负数,但 $|\lambda|$ 从略大于 0 增加到 1,而 μ 从 0 增加到 1/3。此外,就每种药形而言,其 $|\lambda|$ 值总大于 μ 值,而 Z 又是在 0 到 1 的范围内变动,这说明在式(1-30)和式(1-31)中,含系数 μ 的高次项的影响远小于其低次项,从而使得 λ 的符号和数值成为影响燃烧面变化特征的主要标志。因为 λ 都是负的,表明随 Z 值的加大,σ 由起始值 1 而逐渐减小,即燃烧面在燃烧过程中不断减小,这称为燃烧减面性。所有这些简单形状火药,同属燃烧减面性火药,只是减面性的程度不同而已。从管状药到立方体药,随着 $|\lambda|$ 值的递增,减面性也越显著。

为了显示这五种药形之间燃气生成规律的差别,图 1-8 和图 1-9 分别给出了简单形状火药的 $\sigma-Z$ 和 $\psi-Z$ 曲线。

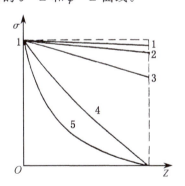

图 1-8 简单形状火药的 $\sigma-Z$ 曲线

1—管状药;2—带状药;3—方片状药;
4—棍状药;5—立方体药

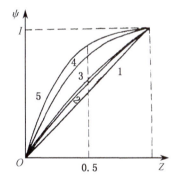

图 1-9 简单形状火药的 $\psi-Z$ 曲线

1—管状药;2—带状药;3—方片状药;
4—棍状药;5—立方体药

从图 1-8 和图 1-9 上可以看到,各 $\sigma-Z$ 曲线都是以 $Z=0$,$\sigma=1$ 为起点,且都位于

$\sigma=1$ 水平线的下方,这是减面燃烧的特征。由曲线的斜率和斜率的变化率有:

$$\frac{d\sigma}{dZ}=2\lambda+6\mu Z \qquad (1-33)$$

$$\frac{d^2\sigma}{dZ^2}=6\mu>0 \qquad (1-34)$$

从表 1-3 中所列 λ 和 μ 的数值,可见管状药接近于定面燃烧,随着药形如表 1-3 中序列的演变,各相应曲线所表现的燃烧减面性也越显著,立方体药形具有最大的减面性。此外,在燃烧结束瞬间,与 $Z=1$ 相对应的 $\sigma=1+2\lambda+3\mu$ 除棍状和立方体状均为 0 之外,其他都有一定值,标志着燃瞬间的燃烧面。这种理想燃烧面的存在也就标志着几何燃烧定律均一性假设的特征。

从 $\sigma-Z$ 曲线相应的 $\psi-Z$ 曲线图上可见:所有系列曲线具有相同的起点 $Z=0,\psi=0$ 和相同的终点 $Z=1,\psi=1$。曲线的斜率如式(1-32)所示,应与燃烧面成比例地变化,比例系数则恒等于起点的斜率 $(d\psi/dZ)_。=\chi$。因此该序列火药 χ 的递增及相应 σ 减少的变化规律决定了该序列火药 $\psi-Z$ 曲线间的差异。如将这些曲线在相同 Z 的情况下对相应的各 ψ 值进行比较,则可得出:燃烧减面性越大的药形,相应的 ψ 也越大。例如,当 $Z=0.5$ 时,管状药的 $\psi=0.5005$,而立方体药则为 0.875。由此可见,凡是燃烧减面性越大的火药,在燃烧开始阶段的燃气生成量越多,而在燃烧后期又相应地增加缓慢。

减面燃烧药形有两个系列,表 1-3 所列的属直角柱形系列;还有一种是旋转体系列,属于这一系列的药形有管状、开缝管状、圆片状、圆柱状及球状。管状药分属两个系列是因为在前一系列中是将其看作无限宽的带状药,这一系列的燃气生成规律与前一系列是对应的。

1.3.4 多孔火药

1. 多孔火药的应用

如前所述,减面性越大的火药,在燃烧过程的前一阶段放出的气体也越多。如果在火炮中使用这种火药,必将使膛内压力迅速上升,并产生较高的最大压力,而使身管的质量增加。这对于武器的设计是不利的。

直角柱体类型火药在燃烧过程中燃烧面之所以不断减少,完全是由于它们在燃烧时都是从外表面逐层向内燃烧的缘故。管状药虽然也属于减面燃烧形状火药,但是由于它有内孔,在燃烧过程中,除了有从外表面向内减面燃烧的过程之外,同时也还有从孔内表面逐层向外增面燃烧的过程。不计由于两端面燃烧而使燃烧面减少的因素时,孔外燃烧面的减少与孔内燃烧面的增加正好相抵消,这样就能保持燃烧面始终不变,这就是所谓定面燃烧形状火药。管状药的实际燃烧是接近于定面燃烧的。由此推论,如果在圆柱形药粒中间开更多的孔,那么就有可能使孔内燃烧面的增加超过孔外燃烧面的减少,这样的火药就成为增面燃烧形状火药了。多孔火药就是根据这个道理产生的。

目前广泛使用的多孔火药主要为有七个孔的圆柱形火药,即七孔火药,如图 1-10 所示。这种火药的一个孔位于端面的中心,其余六个孔分列在中间孔的周围有规则六角体的顶端上。这样的配置保证了孔与孔及孔与外边缘的弧厚 $2e_1$ 相同,从而保证弧厚燃完的同时性。

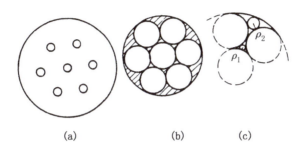

图 1-10 标准七孔火药的断面图以及增面燃烧阶段
结束之后的分裂情况
(a) 燃烧前;(b) 分裂瞬间;(c) 分裂后的棒状体断面

当火药烧去厚度 e_1 时,就会分裂成 12 个棒状体,内部 6 个较小,外部 6 个较大。这些棒状体有突出的棱角,所以它比一般的棍状药具有更显著减面燃烧的特性。由此可见,所谓增面燃烧形状火药的七孔火药具有两个显著不同的燃烧阶段,即增面燃烧阶段和减面燃烧阶段。

标准七孔火药,它的孔道直径一般等于弧厚的一半,即
$$d_0 = e_1$$
因此药粒的外径应该是
$$D_0 = 4 \times 2e_1 + 3d_0 = 11e_1$$
药粒的长度一般为
$$(2 \sim 2.5)D_0$$

具有上述标准尺寸的七孔火药,在它燃烧分裂的瞬间,燃烧面将增加到起始表面的 1.37 倍,即增加 37%,这时火药燃烧掉的百分数 ψ_s 为 85%,其余 15% 将在减面燃烧阶段烧去。

在减面燃烧阶段,6 个小棒状体的内切圆半径为 $\rho_1 = 0.0774(d_0 + 2e_1) \approx 0.232e_1$,而 6 个大棒状体内切圆半径 $\rho_2 = 0.1772(d_0 + 2e_1) \approx 0.532e_1$(具体推导见下节)。所以当分裂物全部燃烧完毕时,燃烧掉的厚度为 $e_1 + \rho_2 = 1.532e_1$。显然,为了燃烧掉仅占全部质量 15% 的分裂物,燃烧时间增长了很多。为了保证火药在火炮中燃完,就要有较长的身管,这对武器设计很不利。要克服这种缺点,就应尽可能减少减面燃烧阶段的分裂物,于是又在原七孔火药的基础上相继发展了花边形七孔火药、花边形十四孔火药以及十九孔火药,如图 1-11~图 1-13 所示。国外还有对三十七孔火药甚至五十五孔、三百六十一孔火药的报道。

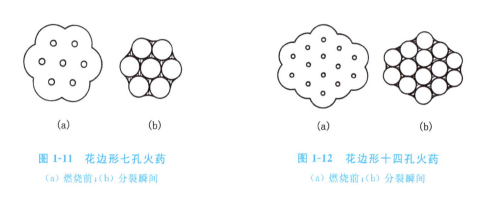

图 1-11 花边形七孔火药　　　　　图 1-12 花边形十四孔火药
(a) 燃烧前;(b) 分裂瞬间　　　　　(a) 燃烧前;(b) 分裂瞬间

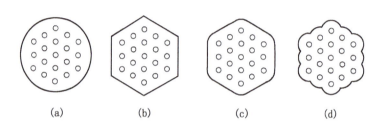

图 1-13 十九孔火药燃烧前断面
(a) 圆柱形;(b) 正六边形;(c) 带圆角六边形;(d) 花边形

花边形七孔火药外围不是一个直径 $D_0=11d_0$ 的圆柱形表面,而是在周围 6 个孔的中心分别以半径 $r=\dfrac{d_0}{2}+2e_1$ 描绘出的 6 个圆柱表面,并联结成花边形。如果采用与七孔火药相同的标准尺寸,则应该为 $2.5d_0$。在这种情况下,火药燃烧到分裂瞬间,燃烧面也是起始表面的 1.37 倍。但是,外部分裂出的 6 个棒状体比七孔火药的小得多,因而 ψ_s 增加到 95%,也就是在减面燃烧阶段燃烧的火药只有 5%。燃烧结束时的燃烧厚度应为 $e_1+\rho_1=1.232e_1$。

十四孔火药孔数更多,在燃烧过程中燃烧面增加得也更多。例如,7/14 的十四孔火药($2e_1=0.72$ mm,$2c=9.45$ mm,$d_0=0.32$ mm),分裂瞬间燃烧面为起始表面的 1.62 倍,而 ψ_s 仍为 95%。

如图 1-13 所示,十九孔火药可能出现圆柱形、正六边形、带圆角六边形和花边形四种形式。正六边形十九孔火药在加工工艺上难以达到;圆柱形十九孔火药 ρ 太大,且相对燃烧结束时间增加,实际上还尚未得到应用;带圆角六边形十九孔及花边形十九孔火药在实际中已被应用。

2. 圆柱形多孔火药形状函数的确定

根据几何燃烧定律可导出多孔火药的形状函数,推导方法同前述的简单药形完全相似,只是几何关系更为复杂。不同的是多孔火药燃烧分为两个阶段,因此应分别建立其形状函数。下面以圆柱形多孔火药为例加以推导。

(1) 增面燃烧阶段的形状函数。

设有一多孔药粒,它的尺寸用下列各种符号来表示:$2e_1$ 为弧厚,d_0 为孔道的直径,D_0 为药粒的直径,$2c$ 为药粒的长度,n 为孔数。

根据上述尺寸,可知药粒的起始体积 V_1 为

$$V_1 = \frac{\pi}{4}(D_0^2 - nd_0^2) \cdot 2c$$

设燃烧到某瞬间的已燃厚度为 e,则在该瞬间的剩余体积 V' 为

$$V' = \frac{\pi}{4}[(D_0 - 2e)^2 - n(d_0 + 2e)^2](2c - 2e)$$

因而火药燃烧去的百分数为

$$\psi = 1 - \frac{V'}{V_1} = 1 - \frac{(D_0 - 2e)^2 - n(d_0 + 2e)^2}{D_0^2 - nd_0^2} \cdot \frac{2c - 2e}{2c}$$

$$= 1 - \left[1 - \frac{D_0 + nd_0}{D_0^2 - nd_0^2} \cdot 4e - \frac{n-1}{D_0^2 - nd_0^2} \cdot 4e^2\right]\left(1 - \frac{2e}{2c}\right)$$

同处理减面燃烧形状火药的情况一样,取

$$\frac{2e}{2c} = \frac{2e_1}{2c} \cdot \frac{2e}{2e_1} = \beta Z$$

令

$$\Pi_1 = \frac{D_0 + nd_0}{2c}, \qquad Q_1 = \frac{D_0^2 - nd_0^2}{(2c)^2}$$

代入上式则得:

$$\psi = 1 - \left[1 - \frac{2\Pi_1}{Q_1}\beta Z - \frac{n-1}{Q_1} \cdot \beta^2 Z^2\right](1 - \beta Z)$$

$$= \frac{Q_1 + 2\Pi_1}{Q_1}\beta Z\left[1 + \frac{n - 1 - 2\Pi_1}{Q_1 + 2\Pi_1}\beta Z - \frac{(n-1)\beta^2}{Q_1 + 2\Pi_1}Z^2\right]$$

如果令 χ、λ 及 μ 分别代表如下的系数:

$$\left.\begin{array}{l}\chi = \dfrac{Q_1 + 2\Pi_1}{Q_1}\beta \\[2mm] \lambda = \dfrac{n - 1 - 2\Pi_1}{Q_1 + 2\Pi_1}\beta \\[2mm] \mu = -\dfrac{(n-1)\beta^2}{Q_1 + 2\Pi_1}\end{array}\right\} \tag{1-35}$$

则得到同减面燃烧形状火药完全相似的形状函数:

$$\psi = \chi Z(1 + \lambda Z + \mu Z^2) \tag{1-36}$$

形状特征量 χ、λ 及 μ 表现出多孔火药的特征。因为在这些量中,除了 n 代表孔数之外,Π_1 及 Q_1 都体现出多孔火药的特征,前者代表药粒圆周长和以药粒长 $2c$ 为直径的圆周长之比,后者则代表药粒端面积和以药粒长 $2c$ 为直径的圆面积之比,即

$$\left.\begin{aligned} \Pi_1 &= \frac{L}{2\pi c} \\ Q_1 &= \frac{S_T}{\frac{\pi(2c)^2}{4}} \end{aligned}\right\} \quad (1-37)$$

式中 L 表示药粒周长，S_T 表示药粒端面积。

需要说明的是，尽管式(1-35)～式(1-37)是从圆柱形多孔火药得出的，但它们具有普遍意义，可以适用于任何形状的多孔火药。

当 n 一定时，多孔火药的尺寸变化使 Π_1 及 Q_1 这两个量变化，进而影响三个形状特征量，从而体现出增面燃烧的特性。显然，同减面燃烧形状火药的情况一样，从 $\psi=f(Z)$ 的形状函数可以导出 $\sigma=f(Z)$ 的函数：

$$\sigma = 1 + 2\lambda Z + 3\mu Z^2 \quad (1-38)$$

比较多孔火药和减面燃烧形状火药的形状特征量，可以看出，它们的 λ 及 μ 值的符号正好相反。多孔火药的 λ 为正号，μ 为负号，而减面燃烧形状火药的 λ 为负号，μ 为正号，并且它们的 λ 绝对值都大于 μ 的绝对值。因此，λ 符号的正负是判别燃烧增面或减面性的主要标志。

根据 Π_1 的定义，代入系数 λ 中，将得到多孔火药增面燃烧的条件式：

$$\frac{n-1}{2} > \frac{D_0 + nd_0}{2c} \quad (1-39)$$

式(1-39)表明，当多孔火药的弧厚 $2e_1$ 一定时，孔数 n 越多，长度 $2c$ 越大，或孔径 d_0 越小，则燃烧的增面性也越大。但是，如果多孔火药的尺寸正好符合以下条件：

$$\frac{n-1}{2} = \frac{D_0 + nd_0}{2c} \quad (1-40)$$

即代表 $\lambda=0$。显然，在这种情况下，多孔火药就不再体现出增面燃烧性质，而是体现出定面燃烧性质。由此可见，多孔火药燃烧的增面性是有条件的，并不是绝对的。

(2) 七孔火药燃烧分裂后，曲边三角形内切圆半径及曲边三角形面积的计算。

为了研究七孔火药减面燃烧阶段的形状函数，先介绍在火药燃烧至分裂后有关尺寸和面积的计算方法。

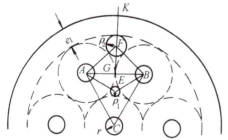

图 1-14 七孔火药燃烧到分裂时曲边三角形内切圆半径的计算

① 曲边三角形内切圆半径的计算。当七孔火药燃烧到 e_1 的时候，药粒就分裂成断面为曲边三角形的 12 根棱柱体。在边缘的 6 个较大，在中间的 6 个较小，如图 1-14 所示。三角形 ABC 是等边三角形，每边长为 $2(r+e_1)$，其中 r 是内孔半径。设较小的曲边三角形内切圆半径为 ρ_1，则 $AE=r+\rho_1+e_1$，由 $\triangle AGE$ 得：

$$\cos 30° = \frac{AB/2}{AE} = \frac{r+e_1}{r+\rho_1+e_1} = \frac{\sqrt{3}}{2}$$

$$2(r+e_1) = \sqrt{3}(r+\rho_1+e_1)$$

则

$$\rho_1 = \left(\frac{2}{\sqrt{3}}-1\right)(r+e_1) \tag{1-41a}$$

或

$$\rho_1 = 0.154\ 7(r+e_1) \tag{1-41b}$$

同理,由 △FGB 得:

$$FG = \sqrt{(r+e_1+\rho_2)^2-(r+e_1)^2}$$

而

$$FG = CK-KF-CG$$
$$CK = 4e_1+3r$$
$$KF = e_1+\rho_2$$

CG 是等边三角形 ABC 的高,有:

$$CG = (2r+2e_1)\frac{\sqrt{3}}{2} = \sqrt{3}(r+e_1)$$

代入 FG 表达式中

$$\sqrt{(r+e_1+\rho_2)^2-(r+e_1)^2} = 4e_1+3r-e_1-\rho_2-\sqrt{3}(r+e_1)$$
$$= (r+e_1)(3-\sqrt{3})-\rho_2$$

两边平方,整理后得:

$$\rho_2 = \frac{(3-\sqrt{3})^2}{2(4-\sqrt{3})}(r+e_1) \tag{1-42a}$$

或

$$\rho_2 = 0.354\ 4(r+e_1) \tag{1-42b}$$

② 曲边三角形面积的计算。由图 1-15 可知,火药分裂后,12 个曲边三角形的总面积等于以半径为 $3(r+e_1)$ 的圆面积减去半径为 $(r+e_1)$ 的 7 个孔道面积,即:

$$9\pi(r+e_1)^2-7\pi(r+e_1)^2 = 2\pi(r+e_1)^2$$

为了求出 6 个较小的曲边三角形的面积,先作出正六边形 ABCDEF。很明显,这 6 个曲边三角形的总面积应是正六边形的面积减去半径为 $(r+e_1)$ 的三个孔道面积。而六边形的面积可以看成是 6 个边长

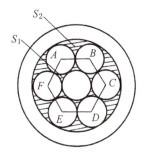

图 1-15 曲边三角形面积的计算

为 $2(r+e_1)$ 的正三角形面积之和,于是:

$$\frac{6\times 2(r+e_1)^2\times\sqrt{3}}{2}-3\pi(r+e_1)^2=(6\sqrt{3}-3\pi)(r+e_1)^2$$

6个较大的曲边三角形面积应是12个曲边三角形的总面积减去上述6个较小曲边三角形的面积,因此有:

$$2\pi(r+e_1)^2-(6\sqrt{3}-3\pi)\times(r+e_1)^2=(5\pi-6\sqrt{3})\times(r+e_1)^2$$

它们和12个曲边三角形的总面积之比分别为

$$a_1=\frac{3(2\sqrt{3}-\pi)}{2\pi}=0.153\ 99$$

$$a_2=\frac{5\pi-6\sqrt{3}}{2\pi}=0.846\ 01$$

因此,一个小曲边三角形面积和一个大曲边三角形的面积分别为

$$S_1=\frac{0.153\ 99}{6}\cdot 2\pi(r+e_1)^2=0.051\ 33\pi(r+e_1)^2$$

$$S_2=\frac{0.846\ 01}{6}\cdot 2\pi(r+e_1)^2=0.282\ 0\pi(r+e_1)^2$$

(3) 减面燃烧阶段的形状函数。

七孔火药的增面燃烧阶段结束之后,将分裂成6大块和6小块断面形状为曲边三角形的三棱柱体。这两种药形的燃烧规律都很接近于棍状药,具有较大的燃烧减面性。为了确定它们的形状函数,严格说来,应该按它们的内切圆半径 ρ_1 及 ρ_2 的不同而划分为两个阶段。但是,在实际计算时,火药的未燃部分 $1-\psi_s$ 只占总量的百分之几至十几,而且又都属于类似的减面性,所以可以按单一的几何形状来处理,并按以下的方法来确定单一的形状函数以代表整个减面燃烧阶段的气体生成规律。

假定该阶段的形状函数取二项式:

$$\left.\begin{array}{l}\psi=\chi_s Z(1+\lambda_s Z)\\ \sigma=1+2\lambda_s Z\end{array}\right\} \tag{1-43}$$

式中 χ_s 及 λ_s 代表这一阶段的形状特征量,可以通过该函数在减面燃烧阶段的起点和终点应当满足的边界条件来确定。

当 $Z=1$ 时

$$\psi=\psi_s=\chi_s(1+\lambda_s)$$

当 $Z=Z_b$ 时

$$\psi=1=\chi_s Z_b(1+\lambda_s Z_b)$$

式中 Z_b 即分裂后碎粒全部燃完时的燃去相对厚度,如果 ρ 为与碎粒断面相当的内切圆半径,则

$$Z_b=\frac{e_1+\rho}{e_1} \tag{1-44}$$

于是可以解出

$$\left.\begin{array}{l}\chi_s = \dfrac{1-\psi_s Z_b^2}{Z_b - Z_b^2} \\ \lambda_s = \dfrac{\psi_s}{\chi_s} - 1\end{array}\right\} \quad (1\text{-}45)$$

对于圆柱形多孔药来说,如图 1-14 所示,外层大块曲边三角形碎粒和内层小块曲边三角形碎粒的断面是不同的,为方便起见,可近似取其加权平均半径计算:

$$\frac{1}{\rho} = \frac{a_1}{\rho_1} + \frac{a_2}{\rho_2} \quad (1\text{-}46)$$

式中 a_1 及 a_2 分别表示两种药柱截面积相对于这两种面积总和的百分数。对于具有标准尺寸的多孔火药而言,式中各量 a_1, a_2, ρ_1 和 ρ_2 在前面已经作了介绍,代入后可得:

$$\rho = 0.295\,6(r + e_1) \quad (1\text{-}47)$$

3. 花边十九孔火药形状函数的推导

花边十九孔火药的边是由以下曲线连接成的:以最外层内孔圆心为圆心,以 $(d_0/2 + 2e_1)$ 为半径所作的弧;以等边三角形(如 $\triangle ABC$)外部顶角(如 B 点)为圆心,$d_0/2$ 为半径所作的弧。把这些弧连接起来,即成为花边形十九孔火药的外边,如图 1-13 与图 1-16 所示。图 1-16(b) 为花边形十九孔火药分裂瞬间断面示意图。

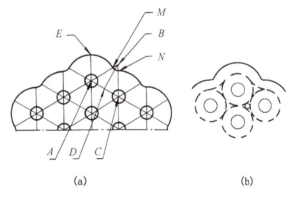

图 1-16 花边形十九孔火药
(a) 部分截面图;(b) 分裂瞬间断面示意图

(1) 分裂前阶段形状特征量。

先求 Q_1。由式(1-37)可知,要得到 Q_1,必须先求出 S_T。由图 1-16 知,S_T 由四部分组成。

① 36 个以 $(d_0 + 2e_1)$ 为边的等边三角形面积。

$$S_1 = 36 \times \frac{1}{2}\overline{AC} \cdot \overline{BD} = 9\sqrt{3}(d_0 + 2e_1)^2$$

② 18 个以 $(d_0/2 + 2e_1)$ 为半径的圆面积的 $1/6$ 为 S_2,即 18 个扇形 MAE 面积。

$$S_2 = 18 \cdot \frac{\pi}{6}\left(\frac{d_0}{2} + 2e_1\right)^2 = 3\pi\left(\frac{d_0}{2} + 2e_1\right)^2$$

③ 19 个以 d_0 为直径的圆面积。

$$S_3 = 19\,\frac{\pi d_0^2}{4}$$

④ 12 个以 $\dfrac{d_0}{2}$ 为半径的圆面积的 $1/6$ 为 S_4,即图 1-16(a) 中的扇形 MBN 面积。

$$S_4 = 12 \times \frac{1}{6}\pi\left(\frac{d_0}{2}\right)^2 = \frac{\pi}{2}d_0^2$$

故
$$S_T = S_1 + S_2 - S_3 - S_4 = \frac{36\sqrt{3}(d_0+2e_1)^2 + 3\pi(d_0+4e_1)^2 - 21\pi d_0^2}{4}$$

则
$$Q_1 = \frac{S_T}{(2c)^2 \pi/4} = \frac{\frac{36\sqrt{3}}{\pi}(d_0+2e_1)^2 + 3(d_0+4e_1)^2 - 21d_0^2}{(2c)^2} \tag{1-48}$$

再求 Π_1。由式(1-37)式可知,为求 Π_1,必须求出 L。从图 1-13(d)与图 1-16(a)可以看出,周长 L 由三部分组成。

① 18 段以 $\left(\dfrac{d_0}{2}+2e_1\right)$ 为半径、圆心角 60° 弧 $\overset{\frown}{ME}$ 的弧长 L_1。

$$L_1 = 18 \times \frac{1}{6} \times 2\pi\left(\frac{d_0}{2}+2e_1\right) = 3\pi(d_0+4e_1)$$

② 12 段以 $\dfrac{d_0}{2}$ 为半径、圆心角 60° 弧 $\overset{\frown}{MN}$ 的弧长 L_2。

$$L_2 = 12 \times \frac{1}{6}\pi d_0 = 2\pi d_0$$

③ 19 个内孔的周长 L_3。

$$L_3 = 19\pi d_0$$

所以
$$L = L_1 + L_2 + L_3 = 3\pi(d_0+4e_1) + 21\pi d_0$$

故
$$\Pi_1 = \frac{3(d_0+4e_1) + 21d_0}{2c} \tag{1-49}$$

(2) 分裂后减面燃烧阶段。

对于花边形十九孔火药,其分裂后减面燃烧阶段形状函数的形式与七孔火药形状函数形式相同,仍为式(1-43)~式(1-45),只是 ρ 不同。从图 1-16(b)可以看出,花边形十九孔火药分裂瞬间所有曲边三角形的内切圆相同,其半径的计算公式为式(1-41),即:

$$\rho = \left(\frac{2}{\sqrt{3}}-1\right)\left(\frac{d_0}{2}+e_1\right) = 0.1547\left(\frac{d_0}{2}+e_1\right) \tag{1-50}$$

4. 多孔火药形状函数小结

如前所述,多孔火药分裂前的形状函数为

$$\left.\begin{array}{l}\psi = \chi Z(1+\lambda Z+\mu Z^2) \\ \sigma = 1+2\lambda Z+3\mu Z^2\end{array}\right\} \tag{1-51}$$

则其火药形状特征量的一般形式为

$$\left.\begin{array}{l}\chi = \dfrac{Q_1+2\Pi_1}{Q_1} \cdot \beta \\ \lambda = \dfrac{(n-1)-2\Pi_1}{Q_1+2\Pi_1} \cdot \beta \\ \mu = -\dfrac{(n-1)}{Q_1+2\Pi_1}\beta^2\end{array}\right\} \tag{1-52}$$

式中

$$\left. \begin{array}{l} \varPi_1 = \dfrac{L_1}{2\pi c} \\ Q_1 = \dfrac{S_T}{\pi c^2} \\ \beta = \dfrac{2e_1}{2c} \end{array} \right\} \tag{1-53}$$

为方便起见,将多孔火药的 $\varPi_1$ 与 Q_1 写成如下形式:

$$\left. \begin{array}{l} \varPi_1 = \dfrac{Ab + Bd_0}{2c} \\ Q_1 = \dfrac{Ca^2 + Ab^2 - Bd_0^2}{(2c)^2} \end{array} \right\} \tag{1-54}$$

式中 $2c$ 为火药药粒长度,A、B、C、a、b 均随药形而变,可由表 1-4 查出。

表 1-4 多孔火药 $\varPi_1$、Q_1 计算用系数

药 形	A	B	C	b	a	$\rho/(e_1+d_0/2)$
圆柱形七孔	1	7	0	D_0	0	0.295 6
花边形七孔	2	8	$12\sqrt{3}/\pi$	d_0+4e_1	d_0+2e_1	0.154 7
花边形十四孔	8/3	47/3	$26\sqrt{3}/\pi$	d_0+4e_1	d_0+2e_1	0.154 7
花边形十九孔	3	21	$36\sqrt{3}/\pi$	d_0+4e_1	d_0+2e_1	0.154 7
圆柱形十九孔	1	19	0	D_0	0	0.355 9
正六边形十九孔	$18/\pi$	19	$18(3\sqrt{3}-1)/\pi$	d_0+2e_1	d_0+2e_1	0.186 4
带圆角六边形十九孔	$\sqrt{3}+12/\pi$	19	$3-\sqrt{3}+12(4\sqrt{3}-1)/\pi$	d_0+2e_1	d_0+2e_1	0.197 7

多孔火药分裂后,其形状函数为

$$\left. \begin{array}{l} \psi = \chi_s Z(1+\lambda_s Z) \\ \sigma = 1 + 2\lambda_s Z \end{array} \right\} \tag{1-55}$$

式中

$$\left. \begin{array}{l} \chi_s = \dfrac{1-\psi_s Z_b^2}{Z_b - Z_b^2} \\ \lambda_s = \dfrac{\psi_s}{\chi_s} - 1 \end{array} \right\} \tag{1-56}$$

$$Z_b = \dfrac{e_1 + \rho}{e_1} \tag{1-57}$$

其中多孔形状的 ρ 见表 1-4。

1.3.5 包覆火药与弧厚不均火药的形状函数

在火炮装药设计中,有时需要一些特殊处理的火药,如包覆火药与弧厚不均的火药。

包覆火药的作用是实现包覆层燃完时燃面急剧增大,提高火药燃烧初始阶段的增面性。弧厚不均火药可满足火药燃气生成速率的特殊要求,以达到特定的内弹道性能。为了研究这两种火药的燃气生成规律,必须首先推导出其形状函数。

1. 包覆火药

包覆火药由基体与包覆层两部分组成,因此应分别建立基体与包覆层的形状函数。基体一般为多孔火药,其形状函数可由式(1-51)与式(1-55)确定,故只需建立包覆层的形状函数。由于包覆层与基体为整体,在建立包覆层形状函数时应注意:包覆层燃完与基体开始燃烧的瞬间是连续的;形式简单,并具有通用性。

(1)包覆层厚度。

设包覆层质量与总质量之比为 B,Δm 为包覆层质量,m 为基体质量,则

$$B = \frac{\Delta m}{\Delta m + m}$$

可得:

$$\Delta m = \frac{B}{1-B} m \tag{1-58}$$

为了推导包覆层厚度,首先必须求出包覆层的燃面。由 Π_1 与 Q_1 的定义式(1-37),基体的初始燃面与体积分别为

$$S_1 = \frac{\pi}{2}(2c)^2 Q_1 + \pi(2c)^2 \Pi_1 \tag{1-59}$$

$$V_1 = \frac{\pi}{4}(2c)^3 Q_1 \tag{1-60}$$

假设包覆层厚度均匀一致,并认为是定面燃烧,则包覆层的燃面可根据基体初始燃面来确定,即包覆层燃面为基体初始燃面减去基体内孔侧表面再加上内孔的两端面,即

$$S_b = S_1 - n\pi d_0 (2c) + 2n \frac{\pi}{4} d_0^2 \tag{1-61}$$

式中 d_0 为基体的内孔径,n 为孔数。

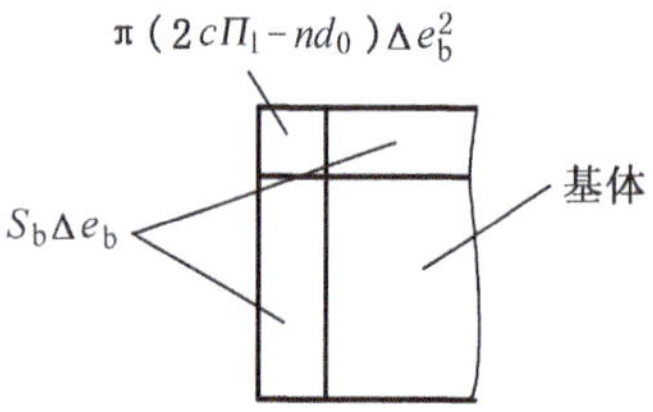

包覆层体积如图 1-17 所示。

$$\Delta V_b = S_b \Delta e_b + 2\pi(2c\Pi_1 - nd_0)\Delta e_b^2$$

式中 Δe_b 为包覆层厚度,$S_b \Delta e_b$ 表示与基体面接触的包覆层体积;$2\pi(2c\Pi_1 - nd_0)\Delta e_b^2$ 表示与基体棱角接触的包覆层体积,这一项相对于 $S_b \Delta e_b$ 很小,可略而不计。则

$$\Delta V_b = S_b \Delta e_b \tag{1-62}$$

图 1-17 包覆层示意图

将式(1-62)与式(1-60)代入式(1-58),可得:

$$\frac{B}{1-B} = \frac{S_b \Delta e_b \rho_b}{V_1 \rho_p} \tag{1-63}$$

式中 ρ_b 与 ρ_p 分别为包覆层与基体的物质密度。由式(1-63)可推导出包覆层厚度为

$$\Delta e_{\mathrm{b}} = \frac{B}{1-B} \frac{V_1}{S_{\mathrm{b}}} \frac{\rho_{\mathrm{p}}}{\rho_{\mathrm{b}}} \tag{1-64}$$

(2) 包覆层形状函数。

为了推导形状函数,先定义相对厚度 z。

$$z = \begin{cases} \dfrac{e - \Delta e_{\mathrm{b}}}{e_1}, & \text{包覆层燃烧;} \\ \dfrac{e}{e_1}, & \text{基体燃烧} \end{cases} \tag{1-65}$$

式中 e_1 为基体的 1/2 弧厚。这样定义的优点有两点:

① z 是连续的,即 $-\Delta e_{\mathrm{b}}/e_1 \leqslant z \leqslant 0$ 时为包覆层燃烧,$z > 0$ 时为基体燃烧;

② $\dfrac{\mathrm{d}z}{\mathrm{d}t} = \dfrac{1}{e_1} \dfrac{\mathrm{d}e}{\mathrm{d}t}$,即 z 的微分也是连续的,这给数值计算带来方便。

由于假设包覆层为定面燃烧,则:

$$\sigma = 1 \tag{1-66}$$

下面推导 ψ 的函数关系式。由 ψ 的定义:

$$\psi = \frac{S_{\mathrm{b}} e \rho_{\mathrm{b}}}{V_1 \rho_{\mathrm{p}} + S_{\mathrm{b}} \Delta e_{\mathrm{b}} \rho_{\mathrm{p}}}$$

将式(1-64)与式(1-65)代入可得:

$$\psi = B\left(1 + \frac{e_1}{\Delta e_{\mathrm{b}}} z\right) \tag{1-67}$$

(3) 包覆火药整体形状函数。

综上所述,包覆火药整体的形状函数如下:

包覆层燃烧时,

$$\begin{cases} \sigma = 1 \\ \psi = B\left(1 + \dfrac{e_1}{\Delta e_{\mathrm{b}}} z\right) \\ z = \dfrac{e - \Delta e_{\mathrm{b}}}{e_1}, \ -\dfrac{\Delta e_{\mathrm{b}}}{e_1} \leqslant z \leqslant 0 \end{cases} \tag{1-68}$$

基体燃烧时,根据基体的形状与尺寸,采用式(1-51)确定其形状函数。

下面以标准圆柱七孔火药为基体的包覆火药为例给出包覆层燃烧时的形状函数。对于圆柱七孔火药:

$$\Pi_1 = \frac{D_0 + 7d_0}{2c}$$

$$Q_1 = \frac{D_0^2 - 7d_0^2}{(2c)^2}$$

$$S_1 = \frac{\pi}{2}(D_0^2 - 7d_0^2) + \pi(D_0 + 7d_0)(2c)$$

$$V_1 = \frac{\pi}{4}(D_0^2 - 7d^2)(2c)$$

所以

$$S_b = S_1 + 2 \times 7 \times \frac{\pi}{4}d_0^2 - 7\pi d_0(2c) = \frac{\pi}{2}D_0^2 + \pi D_0(2c)$$

$$\Delta e_b = \frac{B}{1-B} \frac{\rho_p}{\rho_b} \frac{\frac{\pi}{4}(D_0^2 - 7d_0^2)(2c)}{\frac{\pi}{2}D_0^2 + \pi D_0(2c)} \tag{1-69}$$

将式(1-69)代入式(1-68),即可求得包覆层燃烧时的形状函数。

2. 弧厚不均火药

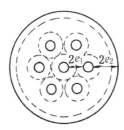

图 1-18 粒状药形状示意图

弧厚不均粒状火药形状如图 1-18 所示,其中外弧厚 $2e_2$ 大于内弧厚 $2e_1$。为了准确描述该火药的燃烧规律,应按其增面燃烧阶段和分裂后的三个减面燃烧阶段的燃烧过程分别建立其形状函数。

(1) 增面燃烧阶段。

第一阶段:增面燃烧阶段,$0 \leqslant z \leqslant 1$。该阶段结束时火药分裂为 6 个小棱柱体与一曲边单孔药,如图 1-18 中虚线所示。小棱柱体内切圆半径为 ρ_1,这里讨论 $e_2 > e_1 + \rho_1$ 的情形。形状函数用三项式(1-51)表示。该阶段结束时火药已燃百分数 $\psi_{1,2} = \chi(1+\lambda+\mu)$。

(2) 减面燃烧阶段以二项式表示。

火药分裂后的减面燃烧阶段又分为三个阶段(第二阶段至第四阶段),每个阶段的形状函数用二项式(1-55)表示,其中形状特征量为

$$\begin{cases} \chi = \dfrac{z_1^2 \psi_2 - z_2^2 \psi_1}{z_1 z_2 (z_1 - z_2)} \\ \lambda = \dfrac{z_2 \psi_1 - z_1 \psi_2}{z_1^2 \psi_2 - z_2^2 \psi_1} \end{cases} \tag{1-70}$$

式中 下标 1 表示该阶段开始,下标 2 表示该阶段结束。

第二阶段:始于火药开始分裂为 6 个小棱柱体与曲边单孔药,终于 6 个小棱柱体燃完,$1 < z \leqslant z_2 = (e_1+\rho_1)/e_1$。第二阶段结束时火药已燃百分数 $\psi_{2,2}$ 为

$$\begin{cases} \psi_{2,2} = 1 - \dfrac{S_2[2c - 2(e_1+\rho_1)]}{\frac{\pi}{4}(D_0^2 - \pi d_0^2) \cdot 2c} \\ S_2 = \pi\left[\dfrac{D_0}{2} - (e_1+\rho_1)\right]^2 - 6[\sqrt{3}(r+e_1))^2 + (r+e_1)^2 \tan\alpha_2 + \\ \qquad \left(\dfrac{2}{3}\pi - \alpha_2\right)(r+e_1+\rho_1)^2 \Big] \end{cases} \tag{1-71}$$

式中 r 表示火药内孔的初始半径，α_2 与 ρ_1 由下式确定：

$$\begin{cases} \cos \alpha_2 = (r+e_1)/(r+e_1+\rho_1) \\ \rho_1 = 0.1547(r+e_1) \end{cases} \quad (1\text{-}72)$$

第三阶段：始于 6 个小棱柱体燃完，终于曲边单孔药开始分裂为 6 个大棱柱体，$z_2 < z \leqslant z_3 = e_2/e_1$。该阶段结束时火药已燃百分数 $\psi_{3,2}$ 为

$$\begin{cases} \psi_{3,2} = 1 - \dfrac{S_3(2c-2e_1)}{\dfrac{\pi}{4}(D_0^2 - nd_0^2) \cdot 2c} \\ S_3 = \pi\left(\dfrac{D_0}{2} - e_2\right)^2 - 6\left[\sqrt{3}(r+e_1)^2 + (r+e_1)^2\tan\alpha_3 + \left(\dfrac{2}{3}\pi - \alpha_3\right)(r+e_2)^2\right] \\ \cos\alpha_3 = (r+e_1)/(r+e_2) \end{cases} \quad (1\text{-}73)$$

第四阶段：始于 6 个大棱柱体开始燃烧，终于全部燃完，$z_3 < z \leqslant z_4 = (e_2+\rho_2)/e_1$，式中 ρ_2 为大棱柱体的内切圆半径，经推导为

$$\rho_2 = \dfrac{(2-\sqrt{3})(r+e_1)[3(r+e_1)+(e_2-e_1)]}{(4-\sqrt{3})(r+e_1)+2(e_2-e_1)} \quad (1\text{-}74)$$

$$\psi_{4,2} = 1 \quad (1\text{-}75)$$

(3) 减面燃烧阶段以三项式表示。

减面燃烧三个阶段的三项式形状函数用式(1-51)表示。每个阶段开始与终止时应满足下列式子：

$$\begin{cases} \psi_1 = \chi z_1(1 + \lambda z_1 + \mu z_1^2) \\ \psi_2 = \chi z_2(1 + \lambda z_2 + \mu z_2^2) \\ \sigma_1 = 1 + 2\lambda z_1 + 3\mu z_1^2 \end{cases} \quad (1\text{-}76)$$

解式(1-76)，得：

$$\begin{cases} \mu = \dfrac{(\psi_1 z_2 - \psi_2 z_1) - (\psi_2 z_1^2 - \psi_1 z_2^2)(\sigma_1-1)/(2z_1)}{(\psi_2 z_1^3 - \psi_1 z_2^3) - \dfrac{2}{3} \cdot z_1(\psi_2 z_1^2 - \psi_1 z_2^2)} \\ \lambda = \dfrac{\sigma_1 - 1}{2z_1} - \dfrac{3}{2}z_1 \mu \\ \chi = \dfrac{\psi_1}{z_1(1+\lambda z_1 + \mu z_1^2)} \end{cases} \quad (1\text{-}77)$$

式中每个阶段的 ψ_1 与 ψ_2 由式(1-71)、式(1-73)与式(1-75)给出。这里需要推导每个阶段起始时火药相对表面积 σ_1 值：

第二阶段：开始时 σ 值应为第一阶段结束时 σ 值，即：

$$\sigma_1 = 1 + 2\lambda + 3\mu \tag{1-78}$$

第三阶段：

$$\sigma_1 = S_{2,1}/S_0 \tag{1-79}$$

其中

$$\begin{cases} S_{2,1} = \{\pi[D_0 - 2(e_1+\rho_1)] + 6\left(\dfrac{4}{3}\pi - 2\alpha_2\right)(r+e_1+\rho_1)\} \times \\ \qquad\quad [2c - 2(e_1+\rho_1)] + 2S_2 \\ S_0 = \pi(2c)^2[Q_1/2 + \Pi_1] \end{cases}$$

第四阶段：

$$\sigma_1 = S_{3,1}/S_0 \tag{1-80}$$

其中 $S_{3,1} = \left[\pi(D_0 - 2e_2) + 6\left(\dfrac{4}{3}\pi - 2\alpha_3\right)(r+e_2)\right] \cdot (2c - 2e_2) + 2S_3$

(4) 二项式与三项式形状函数的比较。

图 1-19、图 1-20 所示分别为以二项式与三项式表示的 $\psi-z$ 曲线和 $\sigma-z$ 曲线。从图 1-19 可以看出，用二项式与三项式表示的 $\psi-z$ 曲线完全重合，说明用二项式与三项式表示的已燃百分数没有差别。从图 1-20 可以看出，用二项式表示的形状函数其减面性比三项式更大，并且在每个阶段连接处出现燃烧面突跃，这与实际过程不相符。因此建议采用三项式的形状函数。

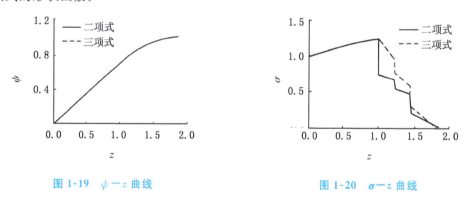

图 1-19 $\psi-z$ 曲线　　　　图 1-20 $\sigma-z$ 曲线

本小节是以七孔弧厚不均粒状火药为例推导出形状函数，对于其他形状（如七孔花边形、十四孔花边形、十九孔花边形等）的弧厚不均火药，采用同样的方法可推导出其相应的形状函数。

1.3.6 固体火药燃烧机理及影响燃烧的因素

我们知道，固体火药的燃烧规律对内弹道过程有很大的影响。在 1.3.3 与 1.3.4 中，已讨论了固体发射药 σ、ψ 随 Z 的变化规律。在这一节中，着重介绍火药燃烧的机理以及影响燃烧的主要因素。

1. 火药燃烧的机理

近代燃烧理论认为,火药燃烧过程是多阶段进行的,是一个连续的物理化学变化过程。在实际情况下,这些阶段并不能完全分开,为了说明火药燃烧过程的实质,以各阶段的特点为依据,可按火药燃烧过程将燃烧变化范围划分为五个区域,如图 1-21 所示。还应指出这些区域的大小和多少与火药的性质、压力、温度等各种条件的关系。

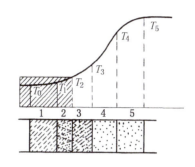

图 1-21 火药燃烧过程图解
1—火药加热区;2—固相化学反应区;
3—混合区;4—暗区;5—火焰区

(1) 第 1 区是火药加热区。

点火药燃烧后放出的热量或者火药燃烧本身放出的热量,通过传热,很快加热了火药表面层并向火药的内层传递,使得接近表面层的一薄层火药温度升高,形成温度梯度。这一层火药称为火药加热层。温度分布是由内向外从火药初温 T_0 逐渐增至 T_1(200 ℃~230 ℃)。在这一区,火药软化但还没有发生化学变化,因此这一区域温度升高仅仅是由于传热,完全属于物理变化过程。

(2) 第 2 区是固相化学反应区。

火药温度增至 T_1 后,火药产生熔化、蒸发、升华等物理变化;同时,火药中的活性成分开始热分解,分解产物发生化学变化,如硝化棉的分解:

$$[C_6H_7O_2(ONO_2)_3]_x \longrightarrow xC_6H_7O_2(ONO_2)_3 - q_1$$

$$C_6H_7O_2(ONO_2)_3 \longrightarrow 2H_2O + 3NO_2 + C_6H_3O_3 - q_2$$

硝化甘油的分解:

$$R-CH_2-ONO_2 \longrightarrow NO_2 + RCH_2O - q_3$$

$$(RCH_2O)_x \longrightarrow x_1RCH_2O + x_2R + x_2CH_2O - q_4$$

NO_2 和硝化棉及分解的中间产物还能进一步发生反应:

$$NO_2 + 硝化棉 \longrightarrow NO + H_2O + NO_2 + C_6H_8O_9 + q_5$$

$$NO_2 + CH_2O \longrightarrow 2NO + H_2O + CO_2 + q_6$$

……

式中 $-q$ 表示吸热反应,$+q$ 表示放热反应。由上述反应式可以看出,这一区域既有吸热反应又有放热反应,但后者超过前者,从总的热量平衡来讲为正值,温度从 T_1 升到 T_2(约 300 ℃)。

在这一阶段,火药表面为蜂窝状结构,蜂窝状的固态物质就是尚未分解的固本火药,在凹处充满着火药分解后生成的液体和气体物质,化学反应就是在凹处表面或凹孔内进行的。

(3) 第 3 区是混合区。

在这个区内,固相反应区的分解产物(其中包括尚未达到完全分解的固体、液体、气体

等)都逸出火药本体,形成混合相区,它们之间继续相互作用。除了固相反应区的一些反应继续在此区进行之外,还可以有下列反应:

$$NO_2 + (HCO)_x \longrightarrow NO + CO + H_2O + H_2 + q_7$$
$$NO_2 + CO \longrightarrow NO + CO_2 + q_8$$
$$NO_2 + R \longrightarrow NO + RO + q_9$$
$$NO + CO \longrightarrow N_2 + CO_2 + q_{10}$$

正常情况下,胶体火药在此区放出的热量为 1 200~1 700 kJ/kg,温度 T_3 约为 700 ℃~1 000 ℃,此时药体几乎完全气化了。在火药的燃烧过程中,这个区域有很重要的意义。在低压下,火焰区距燃烧面太远,不易供应热能,所以维持火药燃烧过程的热源主要依靠这一区域放出的热量。在低压下,往往到此阶段反应就停止了。

(4) 第 4 区是暗区。

在这一区中,中间产物继续反应,主要的化学反应是 NO 还原为 N_2 和未完全燃烧物质被氧化,反应如下:

$$NO + CO \longrightarrow N_2 + CO_2 + q_{10}$$
$$NO + H_2 \longrightarrow N_2 + H_2O + q_{11}$$
$$NO + (CHO)_x \longrightarrow N_2 + CO + H_2O - q_{12}$$

这一区域温度大约在 1 500 ℃。这个温度还不够高,所以火药气体不发光而形成暗区。暗区的长短是随火药燃烧条件而变化的。在低压或低初温下,燃烧气体散热较大,暗区的化学反应很难进行,这一区域无限增长而使燃烧过程中断或停止。在高压下,暗区会被压缩,气体浓度增大,温度增高,对周围介质的热损失也会减小,因而化学反应速度加快。

(5) 第 5 区是火焰区。

这一区直接与暗区相连,火焰区的出现与气体的温度升高有关,一般火药气体加热至 1 800 K 时即开始发光。而无烟火药,按其成分不同,气体的温度最高可达 2 400~3 500 K。

这一区是第 4 区的继续。化学反应激烈,火药的能量 50% 是在这一区域内释放出来的。主要反应如下:

$$2NO + CO + H_2 \longrightarrow N_2 + CO_2 + H_2O + q_{12}$$

此化学反应完成后,全部燃烧反应即告结束,生成最后燃烧生成物,温度升至最高温度 T_5。

在实际火药燃烧过程中,这五个区域并不存在严格的分界,而是一个连续的过程。在不同的燃烧条件下,有时只有其中的几个区,这决定于火药的成分、温度、密度以及外界压力等条件。因此,在内弹道学中,研究火药的燃烧速度是非常重要的。

2. 影响燃速的主要因素

(1) 火药成分对燃速的影响。

一般说来,火药的能量越大,燃速也越大,因为火药的能量和燃速都与火药的成分有关。对于硝化棉火药而言,含氮量越高,燃速越大;对硝化甘油火药而言,所含硝化甘油比例越大,燃速越大。除了这些基本成分外,火药中的其他附加成分对燃速或多或少都有影响,例如火药中的安定剂可降低火药的总热量,使火药在高压下的燃烧速度降低,但安定剂可以加速固相反应区的速度,因此可以加速低压下的燃烧速度;又如在火药中加入苯二甲酸二丁酯等可以降低低压下的燃速,但不一定能使高压下的燃速降低。

(2) 火药初温对燃速的影响。

火药初温的增加,实际上就表示火药燃烧前的起始温度较高,因此在接收相同热传导的热量时,固相的分解速度增高,使得整个燃烧速度增加。

(3) 火药的密度对燃速的影响。

在一般情况下,密度增加使火药气体渗透到药粒内部的可能性减小,因而使燃速减小。

(4) 压力的影响。

在燃烧过程中,压力对燃烧速度所起的作用是比较复杂的。压力不仅影响气相中的化学反应速度,而且还影响火焰的结构和燃烧中的各种物理过程,例如压力的增加,使暗区和混合相区压缩,高温火焰区接近火药的表面,加速了火焰区向火药表面的传热作用,从而促进了固相的火药分解速度。此外,压力增加时,气相物质的密度加大,气相化学反应速度加快,气相的热传导系数增大。这些因素都会使火药燃烧速度加快。

在不同的压力下,火药的燃烧机理是不相同的。高压时,燃烧要经过五个阶段。中间几个区域被压缩得很薄,火焰区距火药表面很近,而且火焰区的反应很快,这时维持火药燃烧所需要的热量主要是由火焰区传来的,因此在整个燃烧过程中,火焰区起主导作用。火药的燃烧速度主要取决于火焰区的反应速度。压力较低时,火焰区距离火药表面较远,其反应速度也大大降低,甚至不产生火焰区,而且暗区放出的热量不多,因此火药燃烧表面的热量主要靠混合区供给,在这种条件下,混合区在燃烧过程中居于主导地位,火药的燃烧速度主要取决于这一区的反应速度。压力更低时,火药燃烧只到混合区,且这一区反应速度也很小,离开火药燃烧表面也较远。这时在燃烧过程中,固相反应区便起着主导作用。压力越低,固相反应越占优势。在这种情况下,往往产生不完全燃烧现象,大量的NO_2没有分解,而形成黄烟,这就是不完全燃烧的特征,不论是火炮还是火箭,在反常低压下都常常出现这一现象。

由此可见,在不同压力下,决定燃烧过程的、起主导作用的反应是不同的,因而火药在不同的压力范围内燃烧性质是十分复杂的。

1.3.7 燃速方程

1. 燃速方程的形式

内弹道学中的燃速方程是根据实验获得的。它是在几何燃烧定律基础上,依据火药在密闭爆发器中燃烧测出的 $p-t$ 曲线经过数据处理而得到的。在火药的理化性能和燃

烧前的初始温度一定时,火药的燃烧速度仅是压力的函数,可表示为

$$\dot{r}=\frac{\mathrm{d}e}{\mathrm{d}t}=f(p)$$

在正常试验条件下,实测的燃速与压力的关系如图 1-22 所示。

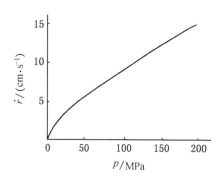

图 1-22 燃速与压力的关系

在选择适当的函数形式表示该变化规律时,由于低压时的实验数据有明显的散布,因此对于压力较高的实验点,采用两种函数形式都有较好的拟合性能。一种是二项式:

$$\dot{r}=u_0+u_1 p \tag{1-81}$$

另一种则是指数函数式,即

$$\dot{r}=u_1 p^n \tag{1-82}$$

式中 u_0、u_1 等由实验确定的常数称为燃速常数,指数式中的 n 则称为燃速指数。它们都是与火药性质和药温有关的常量。虽然这两种不同形式的燃速表达式来源于相同的实验数据,准确程度也相当,但用于内弹道计算中,指数函数式要方便一些。因而经典内弹道中应用得更广泛的是指数函数式。此外,在普遍应用电子计算机来解内弹道问题以前,为获得内弹道数学模型的分析解,根据在一定压力范围内 n 接近于 1 的事实,经典内弹道也曾广泛地采用正比式。在二项式中取 $u_0=0$,或在指数函数式中取 $n=1$ 的特殊情况:

$$\dot{r}=u_1 p \tag{1-83}$$

燃速指数 n 对同一种火药和初温来说,随着压力的增加,在一定的范围内有增大的趋势。实验表明,在 30~40 MPa 的压力范围内,n 为 0.65~0.70,而在 150~300 MPa 的压力范围内,n 相应地增加到 0.85~1.0。对于现有的单基药和双基药而言,实测的 n 值一般都不超过 1。但含有某些硝胺化合物(如黑索今或和奥克托今)的三基药则比较特殊,它们的 n 值有时会出现大于 1 的情况,即对于燃烧来说,燃速对压力过于敏感,有时会出现不正常的弹道现象,因此引起广泛重视和研究。对这种现象研究的初步结论表明,这种情况的产生主要是由于这类火药具有非均质的物理结构,它的燃烧情况与几何燃烧定律有较大的偏差。因此应用几何燃烧定律的形状函数计算的厚度变化,从而导出的燃速与压力的变化规律会有一定偏差,这个问题仍在进一步研究中。

到目前为止,燃烧速度函数的实验数据测量,大都是在密闭爆发器中进行的,另有一部分实验数据是在保持恒压的条件下测定的。试验结果表明,这两个试验条件得到的结果是一致的。但是,一方面由于实验数据的散布使得所确定的函数具有一定的近似性,另一方面由于密闭爆发器中的燃烧条件与膛内的情况不同,以致所确定的燃速函数并不能真实地反映出膛内的燃速规律,所以在内弹道数学模型中应用燃速函数时,一般不直接采用由密闭爆发器试验测定的燃速系数和燃速指数,而要加上某些经验的修正,例如以燃速

指数来说，不同学者依据自己的经验，在内弹道数学模型中采用了不同的值。早在应用黑火药的时期，沙蓝(Sarran)取 $n=1/2$，在应用无烟药以后，雅可布(Jacob)取 $n=3/4$，罗格拉(Roggla)取 $n=0.70$，伯奈特(Bennett)取 $n=2/3$，赛特维尔(Centerval)取 $n=0.9$，而在苏联，对于七孔火药采用 $n=5/6$，此外，就是应用正比式而取 $n=1$。由此可见，在所有这些规定 n 为定值的模型中，火药性质及药温变化对燃速的影响，都通过燃速系数的变化来体现，燃速系数是与火药成分密切相关的特征量。它与火药的能量特征量 T_1 一样，随着含氮量和硝化甘油含量增加而增加，随挥发物含量增加而减小。硝化棉火药在储存期间因挥发物含量的变化，引起的燃速变化是导致弹道性能变化的主要原因，因此储存环境和密封条件都应严格控制。长期储存及质量监测的实践表明，在良好的储存条件下，储存10～20 年的火药的弹道性能一般并无显著的变化。

火药在炮膛内燃烧时，由于燃气流的运动对药粒的曳引作用，药粒亦产生运动。一般情况下，其运动速度与燃气的运动速度不相等，所以药粒表面有燃气流相对于它运动，而沿药粒表面的气流具有增加热传导的作用，药粒从燃气流中获得的热量多，则其燃速会加大，使得火药的燃速随气流速度增加而增加，这就是所谓侵蚀燃烧现象。尤其是长管状药，内表面燃烧产生的燃气要从内孔排出，具有相当大的相对内表面的气流速度，以致使内孔在燃烧过程中产生如图 1-23 所示的喇叭口形状。

考虑到侵蚀作用对燃烧速度的影响，在原有指数函数式的基础上增加一个气流速度的修正项，即

$$\dot{r}=u_1 p^n + k_v v \quad (1\text{-}84)$$

或

$$\dot{r}=u_1 p^n (1+k'_v v)$$

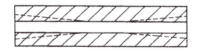

图 1-23 长管状药的侵蚀燃烧现象

原则上式(1-84)中的 v 应为气流相对于药粒的速度，但为了方便起见，可以取其为弹丸速度，其差异可以在 k_v 的取值中加以修正，所以 k_v 为与弹丸速度相应的侵蚀燃烧系数，其取值为 $4\times10^{-5}\sim9\times10^{-5}$，相应速度的单位为 m/s。

此外，还应指出，燃烧速度还与压力上升的陡度 $\mathrm{d}p/\mathrm{d}t$ 的大小有关，这种效应称为燃烧速度的动态性能。美国的克里尔(Krier H)提出以下关系：

$$\dot{r}=u_1 p^n \left(1+\frac{A(t)\cdot n}{u_1^2 p^{2n+1}}\frac{\mathrm{d}p}{\mathrm{d}t}\right) \quad (1\text{-}85)$$

式中 $A(t)$ 表示与压力及火焰结构有关的时间函数，需由实验确定。关于火药动态燃烧的问题，还需进一步地深入研究。

虽然火药的燃速与其燃速系数 u_1 成比例，但是各种火药燃速系数的数值只有当它们的燃速指数 n 相同时，才能通过 u_1 的大小反映出其燃速的高低。当 n 变化时，其 u_1 的数值相应有较大的变化。对于常用的硝化棉及硝化甘油火药，当采用正比式燃速定律时，即 $n=1$，其 u_1 值一般在以下范围：

硝化棉火药　　　　$6\times10^{-7}\sim9\times10^{-7}$ m/(MPa·s)

硝化甘油火药　　　　$7×10^{-7} \sim 9×15^{-7}$ m/(MPa·s)

2. 燃烧速度函数的实验确定

应用密闭爆发器的实测 $p-t$ 曲线，确定火药的燃烧速度函数是内弹道发展中的一个重要标志，这个问题的解决，使得火药燃烧规律的数学模型建立得以完成，为经典内弹道体系和数学模型的建立打下了基础。

根据实测的 $p-t$ 曲线，可通过状态方程式(1-8)将它换算为 $\psi-t$ 关系式(1-14)(p 要进行点火压力修正，但一般不作热散失修正)，再利用形状函数可转化为 $Z-t$，从而得到 $e-t$ 的变化关系，然后采用数值微分计算求得燃烧速度 $\dot{r}$，其最简单的方法是令 $\dot{r}=\Delta e/\Delta t$。这样就得到了燃烧速度 $\dot{r}$ 与压力(实测压力，不进行点火压力修正，它代表了火药燃烧的实际环境压力)的函数关系 $\dot{r}-p$。

对满足指数函数式 $\dot{r}=u_1 p^n$ 的燃烧速度函数而言，为确定其 u_1 和 n，可取对数得：

$$\lg \dot{r} = \lg u_1 + n \lg p$$

根据实验点作出的 $\lg \dot{r} - \lg p$ 的分布近似为一直线，当然不可能严格呈一直线，有些点会有一定的散布。因此可以采用最小二乘法确定逼近实验点的回归直线，直线的截距和斜率分别代表 $\lg u_1$ 和 n。

上述方法是属于变压条件下的测定，近年来还发展了一种药条燃烧器的测定方法。它采取外表面经包覆防燃层与火焰隔绝，仅保持端面燃烧的药条，在一定恒压条件下进行平行层燃烧，记录燃去长度和相应时间，即可确定出燃烧速度。在一系列不同压力下进行试验，也可确定出燃烧速度与压力的关系。根据美国和我国的试验资料表明，这两种方法的结果是基本一致的。

大量试验结果表明，虽然燃速指数 n 在不同压力范围有不同的值，但在通常火炮的压力变化区间(150～350 MPa)内，n 为 0.85～1。其中多孔火药的 n 为 0.85 左右，而简单形状火药的 n 却很接近于 1。所以对简单形状火药，正比式燃速函数应用广泛。

遵循正比式燃速函数规律的燃气压力与时间的变化曲线，具有一种重要的特性，在内弹道应用上有重要的意义。如积分：

$$\dot{r} = \frac{\mathrm{d}e}{\mathrm{d}t} = u_1 p$$

得：
$$\frac{e}{u_1} = \int_0^t p \mathrm{d}t = I$$

式中　I 称为压力冲量，亦即是 $p-t$ 曲线下的面积。当火药燃烧结束时，则有 $t=t_k$，而

$$I_k = \int_0^{t_k} p \mathrm{d}t = \frac{e_1}{u_1} \tag{1-86}$$

式中　I_k 称为压力全冲量，它可以根据密闭爆发器试验得到的 $p-t$ 曲线计算确定，其中 t_k 对应于出现最大压力 p_m 的瞬间。显然 p_m 及 t_k 随试验采取的装填密度有关，Δ 越大，p_m 增大而 t_k 减小；而式(1-86)表明，如果火药燃烧速度确实遵循正比式，那么对一定性质、一定厚度、一定温度的火药，其 I_k 应等于常量 e_1/u_1，而与装填密度无关。这种不同装

填密度下的 $p-t$ 曲线全面积的等同性,正是正比式燃速函数反映在压力曲线上的特点。可以用来作为实验、判别火药燃烧是否遵循正比式燃速函数的方法。在证实可以应用正比式时,还可由该方法确定燃速系数 u_1,
$$u_1 = e_1/I_k$$

由密闭爆发器试验所求出的 u_1 值,用于火炮内弹道计算时往往误差较大,膛内的燃烧速度往往大于密闭爆发器中的燃烧速度(在相同压力 p 时),所以在实际应用时,u_1 值的选取要以实际射击试验的结果进行修正。尽管如此,用密闭爆发器测得的 u_1 值,对不同种类火药或同类火药不同批号间火药的燃速性能的比较,是有实际应用价值的。

最后,我们指出式(1-8)在已知 ψ 而确定 p 时比较方便,而在已知 p 而确定 ψ 时,可以将该式进行变换而得到更方便的公式。

解式(1-8)得到:
$$f\Delta\psi\left[1+\left(\alpha-\frac{1}{\rho_p}\right)\frac{p}{f}\right]=p\left(1-\frac{\Delta}{\rho_p}\right)$$

当 $\psi=1$,则
$$f\Delta\left[1+\left(\alpha-\frac{1}{\rho_p}\right)\frac{p_m}{f}\right]=p_m\left(1-\frac{\Delta}{\rho_p}\right)$$

两式相除,并令:
$$\beta=1+\left(\alpha-\frac{1}{\rho_p}\right)\frac{p}{f}$$
$$\beta_m=1+\left(\alpha-\frac{1}{\rho_p}\right)\frac{p_m}{f}$$

得
$$\psi=\frac{\beta_m}{\beta}\frac{p}{p_m} \tag{1-87}$$

且不难由式(1-87)导出:
$$\frac{d\psi}{dt}=\frac{\beta_m}{\beta^2}\frac{1}{p_m}\frac{dp}{dt} \tag{1-88}$$

利用式(1-88)可以对 $p-t$ 曲线直接处理得到 dp/dt,然后求出 $d\psi/dt$,根据式(1-29)有:
$$\frac{d\psi}{dt}=\frac{\chi}{e_1}\cdot\sigma\cdot\frac{de}{dt}$$

即可得:
$$\dot{r}=\frac{e_1}{\chi\sigma}\frac{d\psi}{dt}$$

从而亦可以得到燃速 $\dot{r}$ 的变化规律,不过仍然需要用到几何燃烧定律所确定的 $\sigma(\psi)$。

1.3.8 火药实际燃烧规律的研究

1. 几何燃烧定律的误差分析

几何燃烧定律仅是一种理想的燃烧规律,从密闭爆发器实测 $p-t$ 曲线,则是在定容的密闭爆发器条件下实际燃烧规律的反映。通过对两者之间所存在的差异的分析,就可以研究几何燃烧定律与实际的火药燃烧规律的接近程度,以及产生误差的原因。这是密闭爆发器实验技术应用的又一发展。

一种直接的研究方法,是用以下方程组解出在几何燃烧定律条件下的定容燃烧的 $p-t$ 理论曲线,将它与实测 $p-t$ 曲线进行对比。

$$\psi = \chi Z(1+\lambda Z+\mu Z^2)$$

$$\frac{\mathrm{d}e}{\mathrm{d}t} = u_1 p^n$$

$$p\left[V_0 - \frac{\omega}{\rho_p}(1-\psi) - \alpha \omega \psi\right] = f\omega\psi$$

由前两式可以得出:

$$\frac{\mathrm{d}\psi}{\mathrm{d}t} = \frac{\chi\sigma}{e_1}\frac{\mathrm{d}e}{\mathrm{d}t} = \frac{\chi\sigma u_1}{e_1}p^n$$

后一式可得到:

$$\frac{\mathrm{d}\psi}{\mathrm{d}t} = \frac{\beta_\mathrm{m}}{\beta^2}\frac{1}{p_\mathrm{m}}\frac{\mathrm{d}p}{\mathrm{d}t}$$

从而得到理论的 $p-t$ 曲线的斜率 $\mathrm{d}p/\mathrm{d}t$ 的表达式,即 $p-t$ 曲线应满足的微分方程:

$$\frac{\mathrm{d}p}{\mathrm{d}t} = \frac{\beta^2 p_\mathrm{m}}{\beta_\mathrm{m}} \cdot \frac{\chi\sigma}{e_1} \cdot u_1 p^n \tag{1-89}$$

对减面性不大的火药,如管状药和带状药等,σ 缓慢减小,β 是随 p 变化而变化,但是变化很小,是一个稍大于 1 的数。因此 $\mathrm{d}p/\mathrm{d}t$ 的变化基本上与 p^n 变化的趋势一样,在火药燃烧完以前,就是在达到最大压力 p_m 前,$\mathrm{d}p/\mathrm{d}t$ 是单调增大的。

对于多孔火药,在火药燃烧的分裂点处,σ 是从增函数突变为减函数,且下降迅速。因此在分裂点前,$\mathrm{d}p/\mathrm{d}t$ 是增加的;在分裂点达到最大而分裂后,由于 σ 突然下降,但 p 仍在缓慢增加,使得 $\mathrm{d}p/\mathrm{d}t$ 亦迅速下降,这样就出现了 $\mathrm{d}p/\mathrm{d}t$ 的极大值,在 $p-t$ 曲线中就存在有 $\mathrm{d}^2 p/\mathrm{d}t^2=0$ 的拐点。

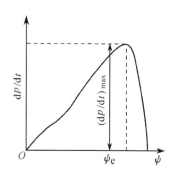

图 1-24 实测 $p-t$ 曲线的 $\mathrm{d}p/\mathrm{d}t-\psi$ 曲线

但是,密闭爆发器的试验结果表明,实测的 $p-t$ 曲线,无论是简单形状火药还是多孔火药,都存在拐点,如图 1-24 所示。不过出现拐点的位置不同,简单形状火药拐点所在处的火药已燃去,相对量 ψ_e 小于但接近于其燃烧结束位置的 $\psi=1$,而多孔火药 $p-t$ 曲线的拐点则接近于分裂点,即 $\psi_\mathrm{e} \leqslant \psi_\mathrm{s}$。$p-t$ 曲线的拐点及其特征,是表明几何燃烧定律偏离实际燃烧规律的主要标志。

简单形状火药与多孔火药一样，在 $p-t$ 曲线上亦存在拐点，即其燃烧面在接近燃烧结束时亦有迅速减小的变化，这表明不是所有药粒都是同时燃完的，而是有先有后，于是会出现总的燃烧面在燃尽点之前，某一位置开始迅速地减小的现象。显然这是实际条件下不可避免地存在有药粒尺寸的散布、着火时间不一致以及燃烧环境的差异等因素造成的。这就是实际燃烧条件不同程度地偏离几何燃烧定律赖以建立的三个假定条件所造成的结果，使得简单形状火药亦出现拐点，多孔火药则拐点提前。

这个分析虽然用拐点的存在及其位置集中地反映了几何燃烧定律偏离实际燃烧过程的表现及影响因素，但还没有描述出全燃烧过程的状况。为此，苏联的弹道学者谢烈柏梁可夫提出用以下的 Γ 函数来分析火药的燃烧过程。

$$\Gamma = \frac{1}{p}\frac{\mathrm{d}\psi}{\mathrm{d}t} = \frac{\chi u_1}{e_1}\sigma p^{n-1} \tag{1-90}$$

在常用的试验压力下，可以近似取 $n=1$，于是：

$$\Gamma \propto \sigma$$

该比例关系的近似成立，表明由实验 $p-t$ 曲线确定的 Γ 具有实际燃烧面的含义，称为火药燃气生成猛度。

若令式(1-90)的左端为

$$\Gamma_\text{实} = \frac{1}{p}\frac{\mathrm{d}\psi}{\mathrm{d}t} = \frac{\beta_\mathrm{m}}{\beta^2}\frac{1}{p p_\mathrm{m}}\frac{\mathrm{d}p}{\mathrm{d}t}$$

右端为

$$\Gamma_\text{型} = \frac{\chi u_1}{e_1} \cdot \sigma$$

分别由实测 $p-t$ 曲线得出燃烧全过程的 $\Gamma_\text{实}-\psi$ 曲线与由几何燃烧定律计算的 $\Gamma_\text{型}$ 曲线进行比较，从两者的差异可以分析火药实际燃烧偏离几何燃烧定律的具体情况和产生这种偏差的原因。

图 1-25 和图 1-26 分别给出了管状药与七孔药这两种典型火药的 $\Gamma_\text{实}-\psi$ 曲线和 $\Gamma_\text{型}-\psi$ 曲线的对比。

为了便于分析，将曲线的变化特征分为四个区段，分别探讨其差异和原因。

(1) 第一区段属于逐渐着火阶段，不论是管状火药还是七孔火药，这一阶段的实验曲线都是从某一最小值 Γ_0 开始，逐渐上升与理论曲线相交而反映出逐渐着火的过程，表明了火药点火的不同时性，由此可说明，几何燃烧定律假定所有药粒全面着火并不符合实际情况。

为了研究点火压力对火药着火过程的影响，谢烈柏梁可夫曾采用不同点火药量进行试验，对所测得的一系列 $\Gamma_\text{实}-\psi$ 曲线进行比较，证明起点 Γ_0 值是随点火压力增大而增加，以致与理论曲线相交所表示的点火过程则相应缩短，他得出的一个结论是：当点火压力为 12.5 MPa 时，则接近于全面着火。这个试验表明了点火条件对火药燃烧规律的影响。但是在一般火炮中，一方面由于装填密度比密闭爆发器试验用的装填密度要大得多，使点火药气体难以同时遍布所有药粒的表面；另一方面还由于炮膛内实际使用的点火药压力不能过高，以免使药床挤压冲击，而使药粒破碎产生反常高压，一般只有 1~4 MPa。因此在膛内火药着火的不同时性更为显著。

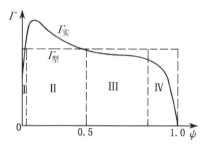

图 1-25 管状药的 $\Gamma_{实}-\psi$ 曲线与 $\Gamma_{型}-\psi$ 曲线的对比

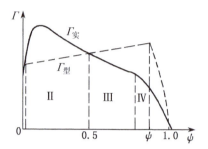

图 1-26 七孔药的 $\Gamma_{实}-\psi$ 曲线和 $\Gamma_{型}-\psi$ 曲线的对比

（2）第二区段的特征是实验曲线高出于理论曲线之上，故称为急升段。出现这种情况，仅用燃烧面的概念则不能得到合理的解释。谢烈柏梁可夫根据单基药和双基药的对比试验作出的 $\Gamma_{实}-\psi$ 曲线表明，对具有挥发性溶剂的单基药，"急升"现象就特别明显，而无挥发性溶剂的双基药则不明显。由此可以认为，产生"急升"的原因应与溶剂的挥发有密切关系。他做了这样的解释：在火药制造过程中，为了排除溶剂，需要将挤压成型的药粒用水浸泡，然后再烘干排出其中的水分，在此过程中，火药表面留下了一些孔隙，且残留挥发物在药粒厚度中的分布不均匀，而呈现出一定的梯度分布，由于沿厚度方向的物理化学性质的不均匀，其燃速系数 u_1 实际上不是常数，表面较大而深入到内部后渐趋均匀，这就使得 $\Gamma_{实}$ 在起始燃烧阶段将超过理论值而出现上升和下降的"急升"区段。至于硝化甘油火药，虽然"急升"不明显，但也有少许超过理论曲线的表现，这可解释为硝化甘油分布具有梯度。谢烈柏梁可夫还给出了 u_1 随厚度变化的经验关系：

$$u_1 = u_1' e^{-\alpha\sqrt{Z}}$$

式中　u_1' 为外层的燃速系数；Z 为已燃的相对厚度；α 则与火药内外层理化性能不均匀的程度有关。

急升段的存在，表明几何燃烧定律假定的火药理化性能均匀一致的假设与实际情况也是有偏离的，急升段的长短和"急升"的高低反映了偏离的程度。在一般情况下，急升段不长，"急升"高度亦不大，故在内弹道计算中通常可不计其燃速系数变化的影响。

（3）第三区段是属于火药的内层燃烧阶段，在这阶段中，管状药和七孔火药显示出明显的差别，前者的实验曲线与理论曲线接近一致，表明这时火药基本上按几何燃烧定律所表示的规律燃烧，而后者则差别显著，理论曲线应是增面燃烧，而实测曲线则是减面燃烧的，完全违背了几何燃烧定律所预期的规律。产生这种现象的原因，可以根据孔道内外燃烧环境不同而得到解释。在密闭爆发器的装药条件下，孔内外的气体占有不同的空间，七孔药的内孔直径很小,一般 $d_0 \approx e_1$;而管状药视长度不同,一般 $d_0 = (2 \sim 4)e_1$。所以七孔药的孔内、外燃烧环境差异很大,使得孔内、外存在明显的压力差和相应的燃烧速度差,导致因气流作用所引起的侵蚀燃烧现象,这种现象随着燃烧过程的进行、孔径的不断扩大而逐渐消失。其综合的宏观表现相当于燃速系数 u_1 是由大变小,使得其影响抵消并超过了燃烧面增大的影响,而表现出 Γ 反而降低的现象。管状药由于内径较大,这个现象就不存在或不明显。不过,这里应当指出,同样的七孔火药在炮膛内燃烧,因为火炮的装填密度比密闭爆发器的大得多,孔内、外气体占有空间的条件差别不大,燃烧环境的差异也就不大,在这种情况下,就能得到如几何燃烧定律所预期的增面性燃烧。

上述的研究和分析,为多孔火药的设计提供了启示。按照几何燃烧定律的观点,多孔火药的孔径越小,长度越大,燃烧增面性应越大,但实际上并非如此,因为孔内的透气性越差,侵蚀燃烧越严重,反而显示出减面燃烧特征。这种从密闭爆发器试验得出的论点,也为火炮的弹道试验所证实。在相同装药量条件下,弧厚相同的多孔药,孔径越小或长度越大,则最大膛压偏高,甚至会发生药粒提前碎裂的现象。因此多孔火药的长度与孔径的比例,必须通过试验进行选择。根据长期实践的经验,七孔火药的标准尺寸规定长度和孔径的比例为

$$2c = (20 \sim 25)d_0$$
$$d_0 = (0.5 \sim 1)2e_1$$

长管状药的孔径为

$$\frac{D_0}{d_0} \approx 2.5$$

(4) 第四区段为急速下降段,它同第三区段的交界点应与 $p-t$ 曲线的拐点相对应。这一区段的存在,说明长管状药在理想燃烧条件下,亦不存在急速减面燃烧;而七孔药的分裂则提前,其原因正如已分析过的拐点存在及提前的因素一样,即由于实际药粒存在的尺寸不均一及点火不一致,导致了药粒燃完及分裂的时间不一致。因此,药粒尺寸的散布越大,点火一致性越差,则这一阶段也将越加提前。

以上就是应用 $\Gamma - \psi$ 曲线所表示的实际燃烧规律与几何燃烧定律之间的差异,以及产生差异的原因。虽然上述分析是在密闭爆发器试验条件下作出的,但在火炮膛内条件下,情况大同小异,只是有的条件更为恶劣,如点火条件,因此这些差异依然存在。上述的分析方法和结论亦适用于膛内实际燃烧规律的研究。

2. 不同批号火药燃烧性能的比较

在火药的生产过程中,由于原料、工艺条件的控制等存在难免的随机波动,所生产的不同批次的同一牌号的火药,在尺寸及理化性能上,就每批的平均值来说,也会有微小的差别;而在火药储存过程中,随着储存时间的不同,也会发生不同程度的理化性能的变化,所有这些差异都将导致燃烧性能的差异,进而影响弹道性能。为了对不同批火药比较其燃烧性能的差异,可以对这些火药分别进行密闭爆发器试验,测出其在相同装填密度下的

$p-t$ 曲线。虽然燃烧性能的差异亦必然会反映到 $p-t$ 曲线上来,但为了表达这种差异,则要找出既能集中反映曲线的特征,又能敏感地反映燃烧性能差异的参量。将被选作参照批火药的相应参量作为基准,求出其他批火药的参量与基准量的比值,定量地反映出各批火药与参照批火药燃烧性能的差异。

参量选取有几种方法,这里先介绍国外的如美国和北约国家所通用的方法,国外采用的表示燃烧性能差异的参量为相对陡度 RQ 和相对最大压力(简称相对力)RF。相对力的定义为

$$RF = \frac{p_m}{p_m^0} \tag{1-91}$$

式中 分母 p_m 的上标"0"表示是参照批的相应量,它表示的是两种火药实测最大压力的比值,其实质反映了火药能量之间的差异,因为试验是在相同爆发器及相同装填密度下进行的,按照式(1-9),如果余容 α 变化极微可略去不计的话,RF 也可以看作是两批火药的火药力的比值。

相对陡度定义为相同指定压力下 $p-t$ 曲线斜率的比值,通常是在最大压力的 $25\%\sim75\%$ 之间取若干点(5 点左右)上该比值的平均值,以便反映出燃烧过程的主要阶段的燃气生成规律的差异,故:

$$RQ = \frac{1}{n}\sum_{i=1}^{n}\frac{\left(\dfrac{\mathrm{d}p}{\mathrm{d}t}\right)_{p_i}}{\left(\dfrac{\mathrm{d}p}{\mathrm{d}t}\right)_{p_i}^0} \tag{1-92}$$

由于 RQ 反映了两种火药在燃气生成速率上的差异,所以通过 RQ 和 RF 这两个参量可以较全面地比较火药燃烧性能的差异。

§1.4 膛内射击过程中的能量守恒方程

在内弹道过程中,火药燃烧而不断产生高温燃气,在一定空间中燃气量的增加必然导致压力的升高,在压力作用下推动弹丸加速运动,弹后空间不断增加,高温燃气膨胀做功,燃气的部分内能也相应地转化为弹丸的动能以及其他形式的次要能量,如后坐动能和膛壁热散失等,所以内弹道过程本质上是一种变质量变容积的能量转换过程,表达这种能量转换的关系式就称为内弹道能量守恒方程。

1.4.1 能量守恒方程的建立

以开放系统中的热力学第一定律为基础,结合火炮内弹道过程的具体特点,推导内弹道能量守恒方程。

1. 开放系统中的热力学第一定律

在热力学中,我们将系统与环境之间既有能量交换又有物质交换的这种系统称为开

放系统。对于平衡态的热力学开放系统,其热力学第一定律可描述为

$$-dE = (e_{out}dm_{out} - e_{in}dm_{in}) + \delta Q + \delta W \tag{1-93}$$

式中 dm_{out}表示流出系统的质量;e_{out}表示流出系统所带走的单位质量内能;dm_{in}表示流入系统的质量;e_{in}表示流进系统所带入的单位质量内能;$(e_{out}dm_{out} - e_{in}dm_{in})$表示系统与环境因质量交换净带出体系的内能;$\delta Q$表示系统散热量,这里规定放热为正,吸热为负;$\delta W$表示系统对外做功,包括膨胀功;$-dE$表示系统内能的减少。

式(1-93)的物理含义为:系统中内能数量的减少等于质量交换净带出的内能、对外做功以及散热量三者之和。从该式也可看出:因质量交换净带出的内能使系统的内能减少,系统散热使内能减少,系统对外做功使内能减少。

2. 射击过程中的能量分配

在射击过程中,通过火药的燃烧,将火药的化学能转换为火药燃气的热能,而火药燃气的热能通过对外做功与热损失的方式转换为其他形式的能量,还有相当一部分没有转换,以很高的温度与压力的状态从炮口排出。

热损失是指火药燃气通过身管、药筒以及弹丸向外传递的能量,至于火药燃气对外做功,归纳起来主要有以下六种:

(1) 弹丸直线运动所具有的能量 E_1,即弹丸的动能 $\frac{1}{2}mv^2$,m 是弹丸的质量。

(2) 弹丸旋转运动所具有的能量 E_2。

(3) 弹丸克服摩擦阻力所消耗的能量 E_3。

(4) 火药及火药气体的运动能量 E_4。

(5) 身管和其他后坐部分的后坐运动能量 E_5。

(6) 弹丸挤进所消耗的能量 E_6 以及弹丸克服弹前空气柱所消耗的能量 E_7 等。

为了说明内弹道过程中各种能量分配的具体情况,现以某中口径的火炮为例,见表1-5。

表 1-5 各种能量的分配情况

能量类别	百分数/%
弹丸平动能 E_1	32.0
弹丸转动能 E_2	0.14
弹丸摩擦阻力功 E_3	2.17
火药燃气动能 E_4	3.14
炮身后坐动能 E_5	0.12
热损失 ΔQ	20.17
未利用的火药潜能	42.26
火药总潜能	100

表 1-5 中数据表明,火药的总能量有 57.74% 转化为其他能量,而其中只有 32% 的能量转化为弹丸的平动能。各种能量的分配比例还与武器类型及口径大小有关,如榴弹炮的有效能量比例一般比加农炮要高一些,而枪弹由于是以其弹体圆柱部分全部挤入膛线,因此比炮弹有更大比例的摩擦阻力功。

下面我们分析火药燃气对外做功及膛壁散热量的计算公式。

(1) 火药燃气所做的功 ΣE_i。

火药燃气所完成的各种功,实质上是由火药燃气的热能通过一系列能量转换的形式来完成的。在前面已谈到的六种功中,弹丸直线运动的动能 E_1 最大,一般占总功的 90% 左右,通常称为主要功。其余五种功统称为次要功,其中除弹丸挤进膛线所消耗的功 E_6 不能直接计算外(因挤进过程比较复杂),另外四种次要功不但都可以直接进行计算,而且还与弹丸的直线运动功 E_1 成一定的比例关系,这里忽略 E_6 与 E_7 的影响。关于这些次要功的具体计算问题,我们将在后面进行讨论。既然各次要功与主要功 E_1 存在有比例关系,如果设 K_2、K_3、K_4、K_5 分别为 E_2、E_3、E_4、E_5 与 E_1 的比例系数,则这五项功的总和可以表示为

$$\sum E_i = (1 + K_2 + K_3 + K_4 + K_5)E_1$$

设

$$\varphi = 1 + K_2 + K_3 + K_4 + K_5$$

则上式可写成:

$$\sum E_i = \varphi E_1 = \frac{\varphi m v^2}{2} \tag{1-94}$$

式中 φ 称为次要功计算系数,由于它总是和弹丸质量 m 以乘积形式出现在能量方程中,我们也可以这样来理解这个量的含义,即如果不考虑其他次要功,而把弹丸质量由原来的 m 增加到 $m' = \varphi m$,那么在能量消耗方面,这种增加弹丸质量的效果同考虑次要功的效果就完全相同,因此,φ 也称为虚拟质量系数。

(2) 火药气体对膛壁的热散失 ΔQ。

在射击过程中,火药气体的一部分热量 ΔQ 传给了膛壁及弹丸等,通常称为膛壁热散失。对于不同类型的武器而言,热散失是不一样的。这是因为热散失的大小和单位装药量的传热表面成正比,即:

$$\Delta Q \propto \frac{S}{\omega}$$

而 S/ω 随着武器口径的增加而减小,所以相对热散失也是随着武器口径的增加而减小。例如,步兵武器的相对热散失占火药全部能量的 15%~20%,76mm 加农炮占 6%~8%,而 152mm 加农炮只占 1% 左右。

在射击过程中,膛内火药气体膛壁的热散失的过程很复杂,除了传导之外,还包含有对流和辐射的传热方式,而且在整个射击过程中,火药气体和膛壁的温度以及 S/ω 都是不断变化的。故其传热过程很复杂,直接计算是比较困难的,通常都利用降低火药气体总

能量的修正方法进行间接计算。

3. 内弹道能量守恒方程

取弹后空间中火药燃气所在区域为一个系统,该系统的边界包含火药的燃面,显然在火药燃烧过程中,有燃气加入,也就是说系统与外界既有能量又有物质的交换,而且随着弹丸运动与火药的燃烧,系统的体积不断增大,所以该系统为开放系统。虽然在各个瞬间,系统并不能处于平衡状态,且系统中各不同位置的状态参量如压力、温度、密度等都不相同,但是我们可以取状态参量的空间平均值作为该系统的平均状态参量,这样就可以把系统看作处于准平衡状态,然后对该系统应用平衡态的热力学第一定律。

对于该开放系统,只有火药燃烧生成燃气加入,没有火药燃气的流出,即 $dm_{out}=0$。此时式(1-93)可简化为

$$dE = e_{in}dm_{in} - \delta Q - \delta W \tag{1-95}$$

下面逐项分析式(1-95),右边第一项中:

$$e_{in} = C_v T_1$$

式中 T_1 为火药的燃烧温度,表示火药在燃烧后的瞬间没有任何能量消耗情况下火药燃气所具有的温度,而

$$dm_{in} = \omega d\psi$$

由上一节分析可知:

$$\delta W = \delta \sum E_i$$

左边项 dE

$$E = e\omega\psi = C_v T \omega \psi$$

故

$$dE = d(C_v T \omega \psi)$$

将上述各式代入式(1-95),可得:

$$d(C_v T \omega \psi) = C_v T_1 \omega d\psi - \delta Q - d\left(\frac{\varphi}{2}mv^2\right) \tag{1-96}$$

式中 C_v 为温度的函数,但是为了处理问题方便起见,将它取为射击过程的平均值,作为常数处理,并假定火药燃气为完全气体,那么有:

$$C_v = \frac{R}{\theta}$$

式中 R 为气体常数;$\theta = k-1$,k 为绝热指数。对式(1-96)积分得到:

$$\omega\psi RT = f\omega\psi - \theta\Delta Q - \frac{\theta}{2}\varphi mv^2$$

前面已经说过,式中 ΔQ 通常是用修正的方法进行间接计算,由上式可以看出,在保持能量平衡的情况下,为了消除式中的 ΔQ,可以采取减小 f 或者增加 θ 的方法进行修正,从而得到以下简单形式的能量平衡方程:

$$\omega\psi RT = f\omega\psi - \frac{\theta}{2}\varphi mv^2 \tag{1-97}$$

式中 f 或 θ 应该是修正之后的量。显然,经过这样简化之后的方程就便于计算了。

4. 内弹道学基本方程

以上所导出的能量平衡方程表明了射击过程中 ψ、v 及 T 之间的函数关系,但是从武器设计来讲,不论是炮身强度的计算,还是弹体强度的计算,都以压力为依据,因此,掌握膛内的压力变化规律比掌握膛内的温度变化规律显得更为重要。此外,在测量方面,测定膛内火药气体的压力比测定膛内火药气体的温度既准确又方便,所以为了实用起见,对于以上的能量平衡方程,就很有必要利用状态方程的函数关系,将以温度表示的函数转变为以压力表示的函数。

将变容状态方程(1-26)代入式(1-97),即得:

$$Sp(l_\psi+l) = f\omega\psi - \frac{\theta}{2}\varphi m v^2 \tag{1-98}$$

式中

$$l_\psi = l_0\left[1 - \frac{\Delta}{\rho_p}(1-\psi) - \alpha\Delta\psi\right]$$

式(1-98)即内弹道学基本方程,从这个方程可以看出,它集中地反映了膛内的各种特征量之间的关系,其中包含了火药燃烧时的气体生成及热能生成,还包含了火药气体所完成的各种功,以及弹丸速度的增长和弹丸后部空间的变化以及压力变化。此外方程的每一项,又都体现了不同形式的能量项:其中 $\dfrac{f\omega\psi}{\theta}$ 反映了火药燃烧所释放出的总能量;$\dfrac{\varphi}{2}mv^2$ 反映了火药气体所完成的各种功;而 $\dfrac{Sp(l_\psi+l)}{\theta}$ 则代表火药气体的状态势能,即火药气体还保存的热能。

1.4.2 弹丸极限速度及弹道效率

上一节所导出的能量守恒方程是 ψ、T 及 v 的函数。在一般情况下的火炮,火药通常能在膛内燃烧结束,燃烧结束时 $\psi=1$,因此在弹丸到达炮口这一瞬间的能量平衡关系应该表示为

$$\frac{\omega R}{\theta}(T_1 - T_g) = \frac{\varphi}{2}mv_g^2$$

或者写成:

$$\frac{f\omega}{\theta}\left(1 - \frac{T_g}{T_1}\right) = \frac{\varphi}{2}mv_g^2$$

式中 T_g 及 v_g 分别表示弹丸出炮口瞬间的火药气体温度和弹丸速度,$\dfrac{\varphi}{2}mv_g^2$ 代表火药气体在射击过程中所完成的总功。如上所述,这个总功仅仅是火药气体总能量的一部分,从热力学的观点来看,这就是热机的效率问题。同一般的热机一样,这一效率是衡量火炮弹道性能的一个重要标志。

根据热力学可知，热机的效率是工质所完成的功与工质获得的总热量之比。如果以 $W_\text{总}$ 代表火药气体所完成的功，$Q_\text{总}$ 代表火药气体的总热量，则火炮的热机效率 γ'_g 为

$$\gamma'_\text{g}=\frac{W_\text{总}}{Q_\text{总}}=\frac{\frac{\varphi}{2}mv_\text{g}^2}{\frac{f\omega}{\theta}}=1-\frac{T_\text{g}}{T_1} \tag{1-99}$$

式中 $\frac{f\omega}{\theta}$ 和 $\frac{\varphi}{2}mv_\text{g}^2$ 分别代表火药气体总的能量和所完成的总功。如果在所完成的总功中不考虑次要功，仅考虑主要功 $\frac{1}{2}mv_\text{g}^2$，则效率可相应地表示为

$$\gamma_\text{g}=\frac{\frac{1}{2}mv_\text{g}^2}{\frac{f\omega}{\theta}}=\frac{\gamma'_\text{g}}{\varphi} \tag{1-100}$$

我们称 γ_g 为弹道效率，它与 γ'_g 相差 φ 倍。根据不同的火炮性能，通常 γ_g 是在 0.20～0.32 内变化，例如 57 mm 反坦克炮 γ_g 为 0.22，37 mm 高炮为 0.31。

因为火药气体的能量不可能全部用来做功，所以无论是 γ_g 或 γ'_g 都小于 1。如果火药气体的能量全部用来做功，则 $\gamma'_\text{g}=1$，这只是一种假设的极限情况，在这种情况下，弹丸将得到在这种装填条件下的最大速度，称为极限速度 v_j。由式(1-100)可知，当 $\gamma'_\text{g}=1$ 时，可得 v_j 为

$$v_\text{j}=\sqrt{\frac{2f\omega}{\theta\varphi m}} \tag{1-101}$$

这个速度只有在炮口温度 $T_\text{g}=0$ 时，也就是身管无限长时，才可能得到，显然在实际中这是不可能做到的。

但根据极限速度 v_j 及考虑各次要功在内的火炮热机效率 γ'_g 之间的关系：

$$v_\text{g}=v_\text{j}\sqrt{\gamma'_\text{g}}$$

可知，火炮的实际炮口速度 v_g 与极限速度 v_j 存在一定的比例关系。因此，在装填条件和构造诸元都一定的条件下，v_j 也是一定的，它的大小也就在一定程度上体现了 v_g 的大小。在弹道设计时，它常作为装填条件的一种综合参量来应用。

如果我们将 γ_g 乘以 $\frac{f}{\theta}$，并以 η_ω 来表示，则：

$$\eta_\omega=\gamma_\text{g}\frac{f}{\theta}=\frac{\frac{1}{2}mv_\text{g}^2}{\omega} \tag{1-102}$$

由式(1-102)可知，η_ω 表示单位装药量所完成的主要功，因此称 η_ω 为装药利用系数，同 γ_g 一样，它也是衡量火炮弹道性能的一个特征量。在实际应用中，η_ω 比 γ_g 应用得更为普遍。η_ω 的大小与火炮的类型有密切的关系。

§1.5 弹丸运动方程

预测枪炮弹丸炮口速度是内弹道学的一个重要研究任务。为了从理论上确定枪炮弹丸的炮口速度，就必须了解弹丸在膛内的运动过程，建立弹丸运动方程。弹丸在膛内运动的不同阶段，受到诸多作用力的影响。本节主要讨论弹丸在膛内运动过程中受到的各种作用力，并根据射击过程的主要特征，建立相应的简化理论模型用以描述这些作用力。

1.5.1 弹丸在膛内运动过程中的受力分析

弹丸在膛内运动过程中受到多种作用力，归纳起来，主要有以下几种：

(1) 弹底燃气压力。

该作用力是弹丸所受到的最主要作用力，它是推动弹丸向前运动的动力。正是在这个动力推动下，弹丸才在膛内不断加速。

(2) 弹丸挤进阻力。

当弹丸装填到位后，弹带前的锥形斜面与药室前的坡膛密切接触而定位，药室处于密闭状态。为了保证密封膛内的火药燃气并强制弹丸沿膛线旋转运动，弹带的直径通常比阴线直径大约 0.5 mm，使弹带挤进有一定的强制量。当膛内的燃气压力增加到足以克服这种强制量时，弹丸即开始运动。与之相应的压力则称为启动压力 p_a，它与弹带结构、尺寸及其公差有关，且有一定的随机散布，一般为 10~20 MPa。

当弹带挤进膛线后，随着膛内压力的增长，迫使弹丸向前加速运动，使弹带产生塑性变形而挤进膛线，变形阻力随弹带挤进膛线的深度加深而增加，因此，弹带挤进阻力将迅速增加，在弹带全部挤进膛线瞬间达到最大值。与之相应的弹后火药燃气的平均压力称为挤进压力 p_0。此后弹带已被刻成与膛线相吻合的沟槽，阻力迅速下降至沿膛线运动的摩擦阻力值。

(3) 膛线导转侧作用在弹带上的力。

弹丸挤进膛线后，在弹底燃气压力的作用下，弹丸一方面沿炮膛轴线做直线运动，另一方面沿膛线做旋转运动。弹丸在旋转运动过程中，膛线导转侧与弹带都受到作用力，同时膛线导转侧与弹带凹槽之间还有摩擦力。正是在这两个力的作用下，弹丸才做旋转运动。

(4) 弹前空气阻力。

弹丸在膛内加速运动过程中，弹前空气柱受到弹丸的连续压缩，产生一系列的压缩波，而且后一个压缩波的传播速度总是比前一个大，于是压缩波很快收敛而形成冲击波。最先形成的冲击波较弱，后来由于压缩波的不断叠加，冲击强度也逐渐地加强。冲击波的存在使波后气体的压力增大，这样会对弹丸运动产生阻碍作用。对于高初速的火炮，在弹丸运动方程中必须考虑冲击波阻力的影响。

当考虑上述作用力时，弹丸在膛内的运动方程为

$$m\frac{\mathrm{d}v}{\mathrm{d}t}=Sp_d-S(F_{挤进}+F_{摩擦}+F_{空气}) \tag{1-103}$$

式中 p_d、$F_{挤进}$、$F_{摩擦}$、$F_{空气}$ 分别表示弹底燃气压力、挤进阻力、弹丸在膛内运动的摩擦力和弹前空气阻力。

在这一小节中，我们对弹丸的受力作了初步的介绍，在以后的各小节中，我们将对各种受力做较详细的分析。

1.5.2 挤进阻力

在弹丸受力分析中，给出挤进阻力、挤进压力的基本概念。在这一小节中，将对挤进阻力与挤进压力进行进一步的讨论，并介绍描述这些作用力的数学模型。

利用压力机将弹丸压进膛线的实验，记录下压进不同距离所施加的压力，即可以给出全过程的阻力曲线。虽然这个压力只反映弹带静力变形阻力，与在射击条件下极短时间内发生的动力变形阻力不尽相同，但仍可看出其变化趋势和阻力大小的量级。一般火炮所测出的阻力曲线如图 1-27 所示。

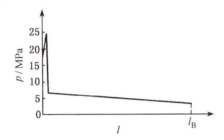

图 1-27　弹带挤进过程的阻力曲线

由图 1-27 可见：弹带开始挤进膛线时，压力陡升到 15 MPa，此即启动压力 p_a，随着继续挤进，压力很快增加到 25 MPa，以后迅速下降到 7 MPa，再以后则变化缓慢，表明弹丸在接近定常摩擦阻力下运动。

为测出射击条件下的最大挤进阻力，曾采用截短的炮管，以递减的装药量进行射击，直至在某一装药量下所射击的一组弹丸，一半被射出炮管，另一半仍留在膛内，则认为所测压力即代表挤进压力，其结果与静压法相接近。

弹带挤进膛线的过程是内弹道全过程的一个初始阶段，描述内弹道过程的数学模型应当包含这一阶段，但是该阶段的现象非常复杂，涉及弹带快速变化压力作用下的塑性力学问题，且经历的行程和时间又都非常短，难以用实验准确测量，因此，为了简化处理，经典内弹道学通常采用在达到挤进压力瞬间，弹丸才开始运动的假设，即所谓瞬时挤进假设。显然，该假设实质上就是略去了挤进过程，认为挤进压力与启动压力完全等同，并作为解内弹道过程的起始条件。通常挤进压力取静压法所测定的数值，对一般火炮取 $p_0=30\sim40$ MPa；而对于枪，则因枪弹是以整个弹丸圆柱面全部挤进膛线，故挤进压力较高，常取 $p_0=40\sim50$ MPa。

还应指出，弹带挤进过程是在极短时间内火药燃气压力迅速增长条件下完成的，因此，在射击的动态条件下，所测定的弹带挤进膛线完成瞬间的燃气压力不仅与挤进阻力有

关,而且与取决于装药条件的起始压力上升速率有关。因此,在同样弹带和坡膛结构条件下,不同的装药结构会有不同的挤进压力,且其值往往大于应用压力机测量的静态挤进压力值,因为它不仅要克服挤进阻力,而且赋予了弹丸运动加速度。目前,在弹带全部挤进膛线瞬间的燃气压力值亦称为挤进压力,但它与静态条件的挤进压力仅反映挤进阻力大小的性质是不同的。由于这两者反映的是两个不同的概念,故注意不要混淆。

关于挤进阻力的理论研究,主要有以下几种简化数学模型。

(1) 奥波波可夫认为挤进阻力 R 是弹丸行程的线性函数。

$$R = R_\mathrm{a} + \Delta R_0 \frac{l}{l_\mathrm{B}}$$

式中 R_a 为启动阻力,ΔR_0 为挤进完成时的阻力增量,R_a 及 ΔR_0 都可以根据静压测定结果给出;l_B 为弹带宽,而 l 为弹丸行程。至于挤进完成后的运动阻力则用另外的函数或用下节将要讲到的方法处理。

这个阻力公式虽然简单,但基本上反映了逐渐挤入的过程,奥波波可夫研究发现:

① 挤进过程结束时的燃气压力,远大于瞬时挤入所采用挤进压力 $p_0 = 30$ MPa,就其计算 76 mm 火炮的结构来说,最大膛压 $p_\mathrm{m} = 272$ MPa,而逐渐挤入时的挤进压力竟达 173 MPa,为最大膛压的 65%。挤入瞬时弹丸速度已达初速的 10%。

② 挤进过程所需的时间为火药全部烧完时间的 1/4~1/3,且挤入瞬间已烧去火药的 10%~15%。

③ 随着 R_a 和 ΔR_0 的增加,p_m 和 v_g 亦有所增加,为使与瞬时挤入时有相同的 p_m,应在瞬时挤入时取较大的燃速系数,但曲线形状仍有差别。

(2) 金志明将挤进阻力分为两部分,一部分对应于动态载荷作用下的内耗所产生的阻力 F_R,另一部分对应于材料的变形所产生的阻力 F_D。这样考虑挤进阻力的弹丸运动方程为

$$m \frac{\mathrm{d}x^2}{\mathrm{d}t^2} = S p_\mathrm{d}(t) - (F_\mathrm{R} + F_\mathrm{D}) \quad (1\text{-}104\mathrm{a})$$

经过理论分析可得

$$F_\mathrm{R} = D \frac{\mathrm{d}x}{\mathrm{d}t} \quad (1\text{-}104\mathrm{b})$$

$$F_\mathrm{D} = K x \quad (1\text{-}104\mathrm{c})$$

式中 D 为阻尼系数,$D = 2\xi m \omega_\mathrm{n}$,且 $\omega_\mathrm{n} = \sqrt{k/m}$ 为系统的固有频率;m 为弹丸质量;K 为材料刚度,由对弹丸静压时所测曲线确定;ξ 为阻尼因子,是一个与材料动态物理特性有关的量,反映了由材料弹性变形而引起的能量耗散。

由于动态过程的复杂性,在理论上对阻尼因子难以进行定量描述,因此只能依靠试验来获得该参数。根据所给出的数学模型,在方程(1-104)中代入实测的弹底压力数据 $p_\mathrm{d}(t)$ 或由膛内平均压力换算的弹底压力,采用 Runge-Kutta 计算方法即可求出弹丸挤进阻力 $(F_\mathrm{R} + F_\mathrm{D})$ 随时间的变化规律。

(3) 周彦煌与王升晨根据实验与理论的分析,提出了准静态挤进模型与动态挤进模型。在确定阻力随位移关系曲线时,依据前倾角 α 和坡膛角 ϕ 的关系,分两种情况:

① $\alpha > \phi$ 条件下 R 的计算公式。

当 $\alpha > \phi$ 时,挤进过程示意图如图 1-28 所示,则弹带挤进的不同长为

$$l_1 = \frac{d_b - d_0}{2}\left(\frac{1}{\tan \phi} - \frac{1}{\tan \alpha}\right) \quad (A 点到达 O 点)$$

$$l_2 = s_2 + l_1 - s_1 \quad (D 点到达 C 点)$$

$$l_3 = s_2 + l_1 \quad (D 点到达 O 点)$$

$$l_4 = l_3 + \Delta s_3 \quad (弹带原始长 + 延伸长全部进入身管)$$

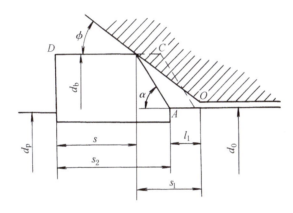

图 1-28 $\alpha > \phi$ 条件挤进过程示意图

确定不同阶段的阻力:

$$R_1 = \sigma_f \pi (\mu_n \cos \phi + \sin \phi)\left(d_0 + \frac{s_1}{l_1}\tan \phi \cdot x\right)\frac{s_1}{l_1 \cos \varphi} x \quad (0 \leqslant x \leqslant l_1) \quad (1\text{-}105\text{a})$$

$$R_2 = \frac{\sigma_f c \mu_n}{\cos \theta - \mu_n \sin \theta}(x - l_1) + \sigma_f(\mu_n \cos \phi + \sin \varphi)\pi\left(d_0 + \frac{s_1}{\cos \varphi}\sin \varphi\right)\frac{s_1}{\cos \varphi}$$

$$(l_1 < x \leqslant l_2) \quad (1\text{-}105\text{b})$$

$$R_3 = R_2 \quad (l_2 < x \leqslant l_3) \quad (1\text{-}105\text{c})$$

$$R_4 = \sigma_f \pi (\mu_n \cos \varphi + \sin \varphi)\left(d_0 \frac{l_4 - x}{\Delta s_3}s_1 \tan \phi\right)\frac{l_4 - x}{\Delta s_3 \cos \varphi}s_1 + \frac{\sigma_f c \mu_n}{\cos \theta - \mu_n \sin \theta}(x - l_1)$$

$$(l_3 < x \leqslant l_4) \quad (1\text{-}105\text{d})$$

$$R_5 = \frac{\sigma_f c \mu_n}{\cos \theta - \mu_n \sin \theta}(s_2 + \Delta s_3) \quad (x > l_4) \quad (1\text{-}105\text{e})$$

以上各式中

$$\Delta s_3 = \frac{d_b^2 - d_0^2 \frac{a}{a+b} + d_1^2 \frac{b}{a+b}}{\frac{a}{a+b}d_0^2 + \frac{b}{a+b}d_1^2 - d_2^2} \quad （弹带延伸长）$$

$$c = \left(\frac{a}{a+b}d_0 + \frac{b}{a+b}d_1\right)\pi \quad （接触周长）$$

此处 θ 为缠角，a 为阳线宽，b 为阴线宽。

② $\alpha < \phi$ 条件下 R 的计算公式。

当 $\alpha < \phi$ 时，挤进过程如图 1-29 所示。此时，弹带挤进的不同长度分别为

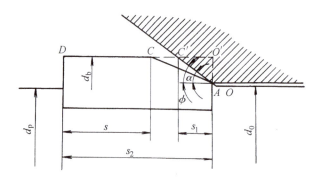

图 1-29　$\alpha < \phi$ 条件挤进过程示意图

$l_1 = s_2 - s - s_1 \quad （C 点到达 C' 点）$

$l_2 = s_2 - s_1 \quad （D 点到达 C' 点）$

$l_3 = s_2 \quad （D 点到达 O 点）$

$l_4 = s_2 + \Delta s_3 \quad （弹带连同延伸部分全部进入身管）$

其对应的 R 表达式分别为

$$R_1 = \sigma_f (\mu_n \cos\phi - \sin\phi) \pi \frac{s_1 \pi}{l_1 \cos\phi}\left(d_0 + \frac{s_1 x}{l_1}\tan\phi\right) + \frac{\sigma_f d\mu_n x}{\cos\theta - \mu_n \sin\theta}$$
$$(0 \leqslant x \leqslant l_1) \quad (1\text{-}106\text{a})$$

$$R_2 = \sigma_f \pi (\mu_n \cos\phi + \sin\phi) \frac{s_1}{\cos\phi}\left(d_0 + \frac{s_1}{\cos\phi}\sin\phi\right) + \frac{\sigma_f d\mu_n x}{\cos\theta - \mu_n \sin\theta}$$
$$(l_1 < x \leqslant l_2) \quad (1\text{-}106\text{b})$$

$$R_3 = R_2 \quad (l_2 \leqslant x \leqslant l_3) \quad (1\text{-}106\text{c})$$

$$R_4 = \sigma_f (\mu_n \cos\phi + \sin\phi) \frac{l_4 - x}{\Delta s_3 \cos\phi} s_1 \pi \left(d_0 + \frac{l_4 - x}{\Delta s_3}s_1 \tan\phi\right) + \frac{\sigma_f d\mu_n}{\cos\theta - \mu_n \sin\theta}x$$
$$(l_3 < x \leqslant l_4) \quad (1\text{-}106\text{d})$$

$$R_5 = \frac{\sigma_f d\mu_n}{\cos\theta - \mu_n \sin\theta}(s_2 + \Delta s_3) \quad (x > l_4) \quad (1\text{-}106\text{e})$$

在这里,着重介绍动态挤进的经验关系式。计算以上各式的 R,必须给出动态流动压力 σ_f 和摩擦系数 μ_n。

对于铜弹带,实验得到动态应力－应变曲线可用下列拟合公式:

$$\sigma_f(\varepsilon)=(A_0+A_1\varepsilon)(1-e^{-A_2\varepsilon}) \tag{1-107a}$$

表 1-6 给出了各次实验得到的该经验公式的拟合参数 A_0、A_1 和 A_2 的数据。

表 1-6 经验公式拟合有关数据

试件号 No	试件长 /mm	线性硬化段拟合点数	动态应力－应变关系			
			A_0/GPa	A_1/GPa	A_2/GPa	线性拟合相关系数
c-01	10	155	0.063 973	1.179 93	108.056	0.962 93
c-19	15	118	0.077 004	1.136 06	115.272	0.963 10
c-21	15	144	0.106 470	1.397 33	136.808	0.924 90

对于 MC 尼龙,动态应力－应变曲线可用下式拟合:

$$\sigma_f(\varepsilon)=(0.125\ 766+7.849\ 21\times 10^{-3}\varepsilon)(1-e^{-133.37\varepsilon}) \tag{1-107b}$$

其中应力的单位为 GPa。

摩擦系数曲线拟合为压应力和滑移速度的乘积的分段函数:

$$\mu_n=\begin{cases} 0.4 & (\sigma_f v<0.714\quad \text{GPa}\cdot\text{m/s}) \\ 0.601\ 7-0.315\times 10^{-9}(\sigma_f v)+0.044\ 7\times 10^{-18}(\sigma_f\cdot v)^2 & \\ & (\sigma_f v<2.143\quad \text{GPa}\cdot\text{m/s}) \\ 0.223-0.049\ 46\times 10^{-9}(\sigma_f v)+0.003\ 48\times 10^{-18}(\sigma_f v)^2 & \\ & (\sigma_f v<4.286\quad \text{GPa}\cdot\text{m/s}) \\ 0.140\ 8-0.018\ 44\times 10^{-9}(\sigma_f v)+0.000\ 710\times 10^{-18}(\sigma_f v)^2 & \\ & (\sigma_f v<12.888\quad \text{GPa}\cdot\text{m/s}) \\ 0.021 & \\ & (\sigma_f v\geqslant 12.888\quad \text{GPa}\cdot\text{m/s}) \end{cases} \tag{1-108}$$

对于尼龙弹带,由于其熔点比铜低,所以在高速滑动下,它的摩擦系数应小于铜。取尼龙动摩擦系数 $\mu_n=0.016$。

(4) 张喜发根据弹带挤进过程中塑性变形的最大剪应力分析,得到了最大挤进阻力的数学模型:

$$R_{max}=N'K\frac{A}{B}\sigma_s\left(\frac{d_2}{d_4}\right)^2\left[\left(\frac{d_2}{d_4}\right)^{2B}-1\right] \tag{1-109}$$

式中 N' 为动载修正系数,通常取 $N'=1.12$;K 为弹带长度修正系数。当 $l_2\leqslant l_1$ 时,$K=l_2/l_1$;当 $l_2\geqslant l_1$ 时,新炮 $K=1$。其中 l_1,l_2 分别为坡膛长度和弹带长度。d_2 为弹带直径,

d_4 为简化直径,其数学表达式为

$$d_4 = d_1 - \frac{2at_{sh}}{(a+b)}$$

式中 d_1 为炮膛阴线直径;a 为阳线宽度;b 为阴线宽度;t_{sh} 为膛线高度;σ_s 为弹带材料的屈服限;A 与 B 的数学表达式为

$$A = \frac{1}{\cos\frac{\alpha_1}{2}}\left[1 + \left(\mu/\tan\frac{\alpha_1}{2}\right)\right]$$

$$B = A - 1$$

其中 α_1 为膛线起始部坡膛锥角;μ 为紫铜与炮钢的摩擦系数。

以上我们介绍了挤进阻力的四种简化数学模型,这些模型都是在一定的工程背景下建立的,都具有局限性。读者在使用过程中,可根据内弹道计算结果与实验结果的比较,选择一种适合于其工程实际的数学模型。

1.5.3 膛线导转侧作用在弹带上的力

弹丸挤进膛线后,在火药气体的作用下,弹丸一方面沿炮膛轴线做直线运动,一方面做旋转运动。此时,在弹丸和膛线上都受有一定的力。

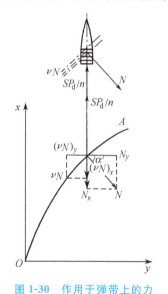

图 1-30 作用于弹带上的力

弹丸在沿膛线运动时,受力情况如图 1-30 所示。Ox 轴与炮膛轴线平行,如果所研究的是渐速膛线,则膛线展开后是一条抛物线,如 OA 所示。设炮膛有 n 条膛线,S 为炮膛断面积,p_d 为作用在弹底上的压力。并设每条膛线导转侧作用在弹带上的力为 N,这个力是垂直于膛线导转侧的。同时,膛线导转侧与弹带凹槽之间还有摩擦力,它的正压力就是 N。设摩擦系数为 ν,则摩擦力为 νN。此外,弹丸与炮膛表面相接触,还存在一个径向力 F,在求膛线导转侧上的力 N 的时候,可忽略径向力 F。

现在 OA 膛线上任取一点,作平面示力图(见图 1-30)。图中将作用力分别分解为平行于炮膛轴线和垂直于炮膛轴线的分力。分解后,x 方向和 y 方向的分力各为

$$\begin{cases} N_x = N\sin\alpha' \\ N_y = N\cos\alpha' \end{cases}$$

$$\begin{cases} (\nu N)_x = \nu N\cos\alpha' \\ (\nu N)_y = \nu N\sin\alpha' \end{cases}$$

$(\nu N)_x$ 和 N_x 是阻止弹丸直线运动的阻力，它们的合力为

$$\overline{R} = N\sin\alpha' + \nu N\cos\alpha'$$

这是一条膛线作用在弹丸上的阻力，而 n 条膛线的总阻力为

$$R = n\overline{R} = nN(\sin\alpha' + \nu\cos\alpha')$$

根据力学第二定律，弹丸的直线运动方程应为

$$Sp_d - n\overline{R} = m\frac{dv}{dt}$$

式中 m 为弹丸质量，v 为弹丸的速度。将上式改写一下，则：

$$Sp_d\left(1 - \frac{n\overline{R}}{Sp_d}\right) = m\frac{dv}{dt}$$

阻力 $n\overline{R}$ 比起作用于弹底上的力 Sp_d 小得多，约在 2% 左右，因此：

$$\frac{1}{1 - \frac{n\overline{R}}{Sp_d}} = \left(1 - \frac{n\overline{R}}{Sp_d}\right)^{-1} \approx 1 + \frac{n\overline{R}}{Sp_d} = \varphi_1$$

则弹丸运动方程为

$$Sp_d = \varphi_1 m\frac{dv}{dt} \tag{1-110}$$

式(1-110)是以弹底压力表示的弹丸运动方程。其中 φ_1 叫阻力系数，也叫次要功计算系数，它是一个略大于 1 的量。对于火炮来说，φ_1 在 1.02 左右；对轻武器来说，φ_1 要比火炮的大一些，一般枪弹 $\varphi_1 = 1.05$，穿甲弹 $\varphi_1 = 1.07$。原因是枪弹以整个定心部（圆柱部）挤入膛线，这样产生的阻力要比弹带挤入膛线所产生的阻力大，而 φ_1 正包含了摩擦次要功这个因素。

从上面力的分析可以看出，$(\nu N)_y$ 与 N_y 的合力是使弹丸产生旋转运动的力。设弹丸的作用半径为 r，弹丸的转动惯量为 I，角速度为 Ω，则弹丸旋转运动方程为

$$nrN(\cos\alpha' - \nu\sin\alpha') = I\frac{dQ}{dt} \tag{1-111}$$

式中

$$I = m\rho^2$$

ρ 为弹丸的惯性半径。

在上述弹丸旋转运动方程中包含了作用力 N。要求出 N，首先要计算出弹丸旋转运动的角加速度。因为 $r\Omega$ 是弹丸弹带上一点的切向速度，v 是弹丸的直线速度，所以这两个速度之间的关系如图 1-31 所示。图 1-31 中 α'' 为膛线缠角，有：

$$\tan\alpha'' = \frac{r\Omega}{v}$$

则角速度 Ω 为

$$\Omega = \frac{v\tan\alpha''}{r}$$

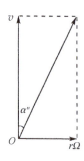

图 1-31 弹丸速度与切向速度示意图

对角速度 Ω 求导数，就可以得到角加速度：

$$\frac{d\Omega}{dt} = \frac{\tan \alpha''}{r}\frac{dv}{dt} + \frac{v}{r}\frac{d\tan \alpha''}{dt}$$

对于渐速膛线，因已知膛线方程为

$$\tan \alpha'' = \tan \alpha''_1 + K_{\alpha''}l_n$$

可求出：

$$\frac{d\tan \alpha''}{dt} = K_{\alpha''}\frac{dl_n}{dt} = K_{\alpha''}v$$

根据弹丸运动方程(1-110)，又可得：

$$\frac{dv}{dt} = \frac{Sp_d}{\varphi_1 m}$$

将 $d\tan \alpha''/dt$ 及 dv/dt 代入上述 $d\Omega/dt$ 式中，可得：

$$\frac{d\Omega}{dt} = \frac{Sp_d}{\varphi_1 m}\frac{\tan \alpha''}{r} + \frac{K_{\alpha''}}{r}v^2$$

再将上式及 $I = m\rho^2$ 代入旋转运动方程(1-111)后解出：

$$N = \frac{1}{n}\left(\frac{\rho}{r}\right)^2 \frac{Sp_d \tan \alpha'' + \varphi_1 K_{\alpha''}mv^2}{\varphi_1(\cos \alpha'' - \nu\sin \alpha'')}$$

分析一下上式中分母的变化情况。φ_1 是次要功计算系数，略大于 1。ν 是摩擦系数，金属和金属之间的摩擦系数一般在 0.16～0.20 内变化。α'' 是缠角，不论是火炮或轻武器，缠角都比较小，因此 $\cos\alpha''\approx 1$，而 $\sin\alpha''$ 却很小。若取 $\nu = 0.18$，则有：

$$\varphi_1(\cos \alpha'' - \nu\sin \alpha'') \approx 1$$

因此，以上的 N 公式可以简化为如下的形式：

$$N = \frac{1}{n}\left(\frac{\rho}{r}\right)^2 [Sp_d \tan \alpha'' + \varphi_1 K_{\alpha''}mv^2] \tag{1-112}$$

对于等齐膛线，由于 $\alpha''_1 = \alpha''_2$，所以 $K_{\alpha''} = 0$，则：

$$N = \frac{1}{n}\left(\frac{\rho}{r}\right)^2 Sp_d \tan \alpha'' \tag{1-113}$$

下面讨论一下两种不同类型膛线导转侧上的力。从式(1-113)可以看出，对于等齐膛线，缠角 α'' 是常量，因此 N 的变化与弹底压力 p_d 成正比。所以 N 随弹丸行程的变化规律与膛内火药气体压力随弹丸行程的变化规律是一样的。在膛内火药气体压力达到最大值的瞬间，N 也相应达到最大值，如图 1-32 曲线 1 所示。这样，最大压力点附近的膛线受到的机械磨损也最大，这对武器的寿命是极为不利的。如果采用渐速膛线，就可以避免这种不利情况，因为在渐速膛线公式中有三个因素影响 N 的变化，即缠角 α''、弹底压力 p_d 和弹丸运动速度 v。在射击的开始阶段，压力虽然急速上升，但缠角 α'' 和弹丸速度 v 都很小，

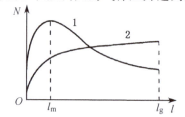

图 1-32 $N-l$ 曲线图

所以 N 只是缓慢上升。而到后一阶段，缠角 α 和弹丸速度虽然都增加很多，但这时膛内火药气体压力下降，因而 N 只是缓慢地增加，如图 1-32 曲线 2 所示，故渐速膛线的 N 变化规律是比较平坦的，这样就可使膛线均匀地磨损而提高武器的寿命。这种膛线在中等口径以上的火炮中广为采用，但在轻武器及小口径火炮中，仍然采用等齐膛线，因为渐速膛线存在着加工工艺复杂的问题。

1.5.4 弹前空气阻力

根据上面的分析，弹丸在运动过程中，由于不断地压缩空气而形成冲击波。这种冲击波形成后，将对弹丸的运动产生一种阻力，称为弹前空气柱冲击波阻力，如图 1-33 所示。AB 表示冲击波面；D 是冲击波运动速度。当作用在弹底上的压力达最大压力以后时，弹丸的加速度将迅速地减小。因此，空气在弹丸和冲击波 AB 之间扰动，大体上气体处于均衡状态，冲击波后面的压力和速度近似地等于弹丸前面的压力和速度。假设弹丸以速度 v 向炮口运动，冲击波 AB 的速度为 D，冲击波前的气体状态为 $\rho_1, p_1, u_1=0$；冲击波后的气体状态为 $\rho_2, p_2, u_2=v$。我们根据冲击波前后的质量、动量和能量守恒，可以得到以下的关系式：

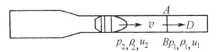

图 1-33 弹前冲击波

$$u_2^2 = \frac{(p_2-p_1)(\rho_2-\rho_1)}{\rho_2 \rho_1} \tag{1-114}$$

$$\frac{\rho_2}{\rho_1} = \frac{(k+1)p_2+(k-1)p_1}{(k+1)p_1+(k-1)p_2} \tag{1-115}$$

由以上两式消去 ρ_2，可得：

$$\rho_1 u_2^2 = \frac{2(p_2-p_1)^2}{(k+1)p_2+(k-1)p_1} = \frac{2p_1\left(\frac{p_2}{p_1}-1\right)^2}{\frac{p_2}{p_1}(k+1)+(k-1)}$$

$$\left(\frac{p_2}{p_1}\right)^2 - \left[2+\frac{\rho_1 u_2^2}{2p_1}(k+1)\right]\frac{p_2}{p_1} + \left[1-\frac{\rho_1 u_2^2}{2p_1}(k-1)\right] = 0$$

上式是关于 p_2/p_1 的二次代数方程，于是有：

$$\frac{p_2}{p_1} = 1 + \frac{k(k+1)}{4}\left(\frac{v}{c_1}\right)^2 + k\frac{v}{c_1}\sqrt{1+\left(\frac{k+1}{4}\right)^2\left(\frac{v}{c_1}\right)^2} \tag{1-116}$$

式中 $c_1=\sqrt{kp_1/\rho_1}$ 是冲击波前未扰动空气的音速；v 是弹丸运动速度。当 $v/c_1 \gg 1$ 时，即冲击波强度很大的情况下，式(1-116)可简化为

$$\frac{p_2}{p_1} = 1 + \frac{k(k+1)}{2}\left(\frac{v}{c_1}\right)^2 \doteq \frac{k(k+1)}{2}\left(\frac{v}{c_1}\right)^2 \tag{1-117}$$

这时的冲击波速度为

$$D = c_1 \sqrt{\frac{k-1}{2k}\left(1+\frac{k+1}{k-1}\frac{p_2}{p_1}\right)} \tag{1-118}$$

由上式可以看出，冲击波速度对于弹前未扰动空气来说是超音速的，因根号中的数值总是大于1。只有当 $p_2/p_1 \to 1$ 时，$D \to c_1$，这时冲击波已减弱成为一种以音速传播的弱扰动了。有了式(1-116)后，将 p_2 乘上炮膛断面积就是弹前空气对弹丸的波动阻力。在计算高速炮弹道时，要考虑到这个阻力。

1.5.5 平均压力表示的弹丸运动方程

根据拉格朗日假设，弹后空间压力分布关系式为（具体推导见第4章）

$$p_x = p_d\left[1 + \frac{\omega}{2\varphi_1 m}\left(1 - \frac{x^2}{L^2}\right)\right] \tag{1-119}$$

$x=0$ 时(即膛底位置)的压力就等于膛底压力 p_t:

$$p_x = p_t = p_d\left(1 + \frac{\omega}{2\varphi_1 m}\right) \tag{1-120}$$

$x=L$ 时(即弹底位置)的压力就等于弹底压力 p_d:

$$p_x = p_d$$

既然膛内存在有压力分布，在进行内弹道计算时，就必须根据不同的方程性质采用不同的压力。例如，我们已知火药燃烧速度是与压力有关的，但是火药在膛内又是均匀分布的，那么，在膛底的火药燃烧速度就应该与膛底压力 p_t 有关，在弹底的火药燃速则与弹底压力 p_d 有关。显然，在不同的压力下就有不同的燃烧速度，膛底的燃烧应该较快，弹底的燃烧则较慢。这样，火药的燃烧速度也应该按照压力分布的规律而有一定的分布。对于能量方程而言，也同样存在着这种情况，所以在实际处理问题时，就有必要引进平均压力的概念，即认为火药是在某个平均压力下燃烧的，弹丸的运动和能量的交换也是在同一平均压力下进行的。这样就可以大大简化内弹道计算问题。

所谓平均压力就是指膛内压力分布的积分平均值，即:

$$p = \frac{1}{L}\int_0^L p_x \mathrm{d}x = \frac{1}{L}\int_0^L p_d\left[1 + \frac{\omega}{2\varphi_1 m}\left(1 - \frac{x^2}{L^2}\right)\right]\mathrm{d}x = p_d\left(1 + \frac{\omega}{3\varphi_1 m}\right) \tag{1-121}$$

式(1-121)表明，平均压力和弹底压力应有以下的比值关系:

$$\frac{p}{p_d} = \frac{1}{\varphi_1}\left(\varphi_1 + \frac{1}{3}\frac{\omega}{m}\right) \tag{1-122}$$

我们以 φ_2 代表上式括号中的量，即:

$$\varphi_2 = \varphi_1 + \frac{1}{3}\frac{\omega}{m}$$

这个 φ_2 是忽略了后坐运动能量的次要功计算系数，为了方便起见，取 $\varphi_2 \approx \varphi$，则得到如下的关系式:

$$\frac{p}{p_d} = \frac{\varphi}{\varphi_1} \tag{1-123}$$

通过式(1-123)就可以进行平均压力和弹底压力的换算,并可导出以平均压力表示的弹丸运动方程,即:

$$Sp = \varphi m \frac{dv}{dt} \tag{1-124}$$

在内弹道的基本方程组中,通常都采用这样的弹丸运动方程。

1.5.6 次要功和次要功计算系数

在 1.4.1 中我们曾对火药气体在膛内做的各种功进行过分析,并引进次要功计算系数 φ:

$$\varphi = 1 + K_2 + K_3 + K_4 + K_5$$

为了求出次要功计算系数,首先要对各个次要功进行分析。下面我们就在膛内力的分析的基础上分析各个次要功,并导出 K_2、K_3、K_4 和 K_5。

1. 弹丸旋转运动功的计算

设弹丸在膛内火药气体压力作用下沿着膛线旋转的角速度为 Ω,弹丸的转动惯量为 I,则弹丸旋转运动的动能为

$$E_2 = \frac{1}{2} I \Omega^2$$

$$I = m \rho^2$$

式中 ρ 为惯性半径;m 为弹丸的质量。

在 1.5.3 中已经指出角速度 Ω 与弹丸的线速度 v 应有以下的关系:

$$\Omega = \frac{v \tan \alpha}{r}$$

将上式代入 E_2,则得:

$$E_2 = \frac{m \rho^2 v^2 \tan^2 \alpha}{2r^2} = \left(\frac{\rho}{r}\right)^2 \tan^2 \alpha \frac{mv^2}{2} = K_2 \frac{1}{2} mv^2$$

于是求得 K_2 为

$$K_2 = \left(\frac{\rho}{r}\right)^2 \tan^2 \alpha \tag{1-125}$$

式(1-125)表示弹丸旋转运动功的系数,该式表明 K_2 与弹丸的结构和膛线缠角有关,对穿甲弹,$\left(\frac{\rho}{r}\right)^2 \approx 0.56$;对爆破弹,$\left(\frac{\rho}{r}\right)^2 = 0.64 \sim 0.68$;对枪弹,$\left(\frac{\rho}{r}\right)^2 \approx 0.48$。由于各种弹丸的 $\left(\frac{\rho}{r}\right)^2$ 值的变化范围不大,武器的缠角也都比较接近,故根据计算可知 K_2 都在 0.01 左右。如 56 式 14.5 mm 机枪计算出的 $K_2 = 0.006$;100 mm 高射炮计算出的 K_2 也是 0.006,都近似于 0.01。

2. 弹丸沿膛线运动的摩擦功

我们在 1.5.3 中曾经给出弹丸运动时沿炮膛轴线方向的摩擦力为

$$n(\nu N)_x = n\nu N\cos\alpha$$

因此,火药气体克服摩擦所做的功应为

$$E_3 = \int_0^l n\nu N\cos\alpha \, dl$$

式中 l 是弹丸的行程;N 是弹丸运动时作用在膛线导转侧上的力,对于等齐膛线,N 有以下的表达式:

$$N = \frac{1}{n}\left(\frac{\rho}{r}\right)^2 Sp_d \tan\alpha$$

代入 E_3,并积分,则有:

$$E_3 = \left(\frac{\rho}{r}\right)^2 \nu\tan\alpha\cos\alpha \int_0^l Sp_d \, dl$$

又根据弹丸运动方程:

$$Sp_d = \varphi_1 m \frac{dv}{dt} = \varphi_1 mv \frac{dv}{dl}$$

则:

$$E_3 = \left(\frac{\rho}{r}\right)^2 \nu\tan\alpha\cos\alpha \int_0^l \varphi_1 mv \, dv$$

因为 φ_1 略大于 1,则 $\cos\alpha$ 略小于 1,所以它们的乘积近似等于 1,例如 7.62 mm 步枪,缠角 $\alpha = 5°40'40''$,取 $\varphi_1 = 1.06$,则:

$$\varphi_1 \cos\alpha = 1.05 \approx 1$$

对于火炮,由于 $\varphi_1 \approx 1.02$,这种省略就更为准确,所以上式积分后可得

$$E_3 = \left(\frac{\rho}{r}\right)^2 \nu\tan\alpha \frac{1}{2}mv^2 = K_3 \frac{1}{2}mv^2$$

即求得 K_3 为

$$K_3 = \left(\frac{\rho}{r}\right)^2 \nu\tan\alpha \tag{1-126}$$

式(1-126)是表示火药气体克服弹丸运动时摩擦功的计算系数,它决定于弹丸的结构、膛线的缠角和弹丸与膛壁之间的摩擦系数。对一般火炮取 $\nu \approx 0.18$,则 $K_3 \approx 0.01$,如 100 mm 高射炮计算出的 $K_3 = 0.01$。

3. 火药气体的运动功

设弹丸在某一瞬间离膛底的距离为 L,相应的速度为 v。在该时刻内,在 dx 微分单元层中的流体质量为 $d\mu$,流速为 v_ω,如图 1-34 所示。该微分单元层的运动能量应为

$$dE_4 = \frac{d\mu}{2} v_\omega^2$$

根据拉格朗日流体质量均匀分布的假设:

$$d\mu = \frac{\mu}{L} dx$$

又根据拉格朗日假设条件下获得的流体速度按线性变化的规律:

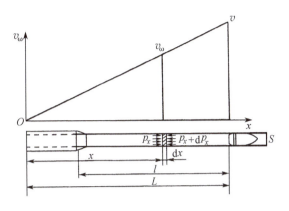

图 1-34 弹后空间流速分布

$$v_\omega = \frac{x}{L} v$$

将以上两式代入 dE_4 表达式中，即得

$$dE_4 = \frac{v^2}{2}\left(\frac{x}{L}\right)^2 \frac{\mu}{L} dx$$

将上式由膛底 $x=0$ 积分到弹底 $x=L$，注意到 $\mu=\omega$，即得：

$$E_4 = \frac{\mu}{2}\frac{v^2}{L^3}\int_0^L x^2 dx = \frac{1}{3}\cdot\frac{1}{2}\mu v^2 = \frac{1}{3}\frac{\omega}{m}\cdot\frac{1}{2}mv^2 = K_4 \frac{1}{2}mv^2$$

于是求出：

$$K_4 = \frac{1}{3}\frac{\omega}{m} \tag{1-127}$$

该式表明，气体运动功计算系数完全取决于相对装药量 ω/m 的大小。对于不同武器来说，ω/m 的变化范围是很大的。

由表 1-7 可知，对于不同类型的武器，K_4 值的变化范围也是很大的。

表 1-7 几种武器的 ω/m 值

武器名称	64 式 7.62 mm 手枪	56 式 7.62 mm 半自动步枪	12.7 mm 高射机枪	56 式 14.5 mm 高射机枪	37 mm 高射炮	57 mm 高射炮	100 mm 高射炮
ω/m	0.038	0.248	0.387	0.484	0.280	0.425	0.369

在 K_4 的推导中，并未考虑药室和炮膛面积的差异，实际上由于坡膛的存在，气流的情况与假设情况是有差别的。如果考虑到有药室扩大的情况，则 K_4 必须进行修正。设 $\chi_k = l_0/l_{ys}$ 为药室扩大系数；$\Lambda = l/l_0$ 为弹丸相对行程，其中 l_0 为药室缩径长；l_{ys} 为药室长，则修正后的 K_4 为

$$K_4 = \frac{1}{3}\frac{\Lambda + \dfrac{1}{\chi_k}}{\Lambda + 1}\frac{\omega}{m} = b\frac{\omega}{m} \tag{1-128}$$

式中

$$b = \frac{1}{3} \frac{\Lambda + \frac{1}{\chi_k}}{\Lambda + 1}$$

由上式可以看出，b 是随 Λ 增加而增加的变量，而且 b 的数值始终小于 $1/3$，只有当 χ_k 近于 1 和 Λ 很大的情况下，b 才趋近于 $1/3$。

由于 Λ 是变化的，所以在应用时，将 b 按如下积分平均的方法来处理：

$$b_{pj} = \frac{1}{3} \times \frac{1}{\Lambda} \int_0^\Lambda \frac{\Lambda + \frac{1}{\chi_k}}{\Lambda + 1} d\Lambda = \frac{1}{3} \times \left[1 - \left(1 - \frac{1}{\chi_k}\right) \times 2.303 \times \frac{\lg(\Lambda + 1)}{\Lambda} \right]$$

4. 后坐部分的运动功

在射击过程中，由于弹丸和火药气体的运动，根据动量平衡，炮身及其他后坐部分要发生后坐，火药气体的一部分能量将消耗在后坐部分的运动功上。设 M 表示后坐部分的质量，V 为某一瞬间的后坐速度，则该瞬间的后坐能量为

$$E_5 = \frac{1}{2} M V^2$$

为了确定后坐速度 V，可以根据动量平衡方程来求得。如果我们取弹丸、火药气体及后坐部分作为研究对象，则根据动量守恒原理，在没有外力作用下，系统的动量是不变的。如果 μ 代表火药气体和未燃尽火药的质量，显然 $\mu = \omega$；v_a 代表弹丸运动的绝对速度；$v_{\omega pj}$ 为火药气体的平均速度。则动量平衡方程为

$$-MV + \mu v_{\omega pj} + m v_a = 0$$

在前面所提到的弹丸速度都是指弹丸相对于炮身的速度，即相对速度 v。炮身在射击过程中要后坐，具有后坐速度 V，绝对速度 v_a 是指相对于地面的速度，它们之间的关系为

$$v_a = v - V$$

若火药气体速度按线性规律，则其平均速度为

$$v_{\omega pj} = \frac{-V + v_a}{2}$$

将 v_a 和 $v_{\omega pj}$ 代入动量平衡方程，则有：

$$-MV + \mu \left(\frac{v}{2} - V \right) + m(v - V) = 0$$

由上式解出 V：

$$V = \frac{m + \frac{\mu}{2}}{M + m + \mu} v$$

或

$$V = \frac{m + \frac{\mu}{2}}{M + \frac{\mu}{2}} v_a$$

将上式代入 E_5 表达式中则：

$$E_5 = \frac{1}{2}M\left[\left(m+\frac{\mu}{2}\right)\Big/(M+m+\mu)\right]^2 v^2 = \frac{1}{2}\frac{m}{M}\left[\left(1+\frac{\omega}{2m}\right)\Big/\left(1+\frac{m}{M}+\frac{\omega}{M}\right)\right]^2 mv^2$$

因为 m/M 与 ω/M 都很小，当 $(\omega/m)^2$ 较小时，这三项都可以略而不计，于是上式可简化为

$$E_5 = \frac{m}{M}\left(1+\frac{\omega}{m}\right)\frac{1}{2}mv^2 = K_5\frac{1}{2}mv^2$$

最后求出 K_5 为

$$K_5 = \frac{m}{M}\left(1+\frac{\omega}{m}\right) \tag{1-129}$$

式(1-129)表明，K_5 主要决定于 m/M。榴弹炮的 K_5 值要比加农炮的大，前者为 $0.03 \sim 0.04$，后者为 $0.012 \sim 0.015$。因为在同一口径和弹重下，榴弹炮的后坐部分质量 M 要比同口径的加农炮小得多，轻武器的 $K_5 \approx 0.01$。

5. 次要功计算系数的理论公式和经验公式

综合上面的推导，则次要功计算系数 φ 有如下的表达式：

$$\varphi = 1 + \left(\frac{\rho}{r}\right)^2\tan^2\alpha + \left(\frac{\rho}{r}\right)^2\nu\tan\alpha + \frac{1}{3}\frac{\omega}{m} + \frac{m}{M}\left(1+\frac{\omega}{m}\right) \tag{1-130}$$

式(1-130)就是 φ 的理论计算公式，它决定于武器弹药结构、装填条件及弹丸的金属材料（如弹带的材料性能）等因素。以 14.5 mm 高射机枪为例，$\varphi = 1.183$，而 76.2 mm 加农炮则为 1.077。

计算表明，K_2、K_3 这两个系数值对于线膛武器是比较稳定的，两者都是在 0.01 左右。

K_5 与武器类型有关，而 K_4 的变化范围则较大，所以在实际应用中，将 K_2、K_3 和 K_5 合并成为一个经验数值，即：

$$\varphi = K + \frac{1}{3}\frac{\omega}{m}$$

式中，K 是与武器类型有关的常数，其数值见表 1-8。

表 1-8　K 值表

武器类型	K
榴弹炮	1.06
中等威力加农炮	1.04~1.05
大威力加农炮	1.03
步兵武器	1.10

在计算时也可采用以下形式：

$$\varphi = K + b\frac{\omega}{m}$$

如果考虑到药室的扩大,则:

$$b = \frac{1}{3}\left[\left(\Lambda + \frac{1}{\chi_k}\right)\bigg/(1+\Lambda)\right]$$

在实际应用时,通常也将 b 值当作修正系数来处理,而且可以通过射击实验和符合计算加以确定。

6. 次要功计算系数 φ_1 的计算和物理意义

我们在 1.5.3 中推导以弹底压力来表示的弹丸运动方程时,曾引进了系数 φ_1 这个量,即:

$$\varphi_1 = 1 + \frac{n\overline{R}}{Sp_d}$$

根据 1.5.3 中导出的阻力公式,即:

$$n\overline{R} = nN(\sin\alpha + \nu\cos\alpha)$$

其中 N 是弹丸在膛内运动时,导转侧作用在弹丸上的力,如果是等齐膛线,则:

$$N = \frac{1}{n}\left(\frac{\rho}{r}\right)^2 Sp_d \tan\alpha$$

阻力应为

$$n\overline{R} = \left(\frac{\rho}{r}\right)^2 Sp_d \tan\alpha \cos\alpha(\tan\alpha + \nu)$$

在通常情况下,缠角 α 比较小,因此 $\cos\alpha \approx 1$。将上式代入 φ_1 表达式中,则有:

$$\varphi_1 = 1 + \left(\frac{\rho}{r}\right)^2 \tan^2\alpha + \left(\frac{\rho}{r}\right)^2 \nu\tan\alpha$$

前面已经证明:

$$K_2 = \left(\frac{\rho}{r}\right)^2 \tan^2\alpha, \quad K_3 = \left(\frac{\rho}{r}\right)^2 \nu\tan\alpha$$

所以有:

$$\varphi_1 = 1 + K_2 + K_3$$

上式表明,φ_1 是一个仅包含弹丸旋转运动功及摩擦功的系数,在等齐膛线条件下阻力虽然是一个变量,但它与弹底压力成正比,因此 φ_1 实际上是一个常数。对于渐速膛线,由于缠角是变化的,所以 φ_1 也是一个变量,但由于缠角变化范围不大,故 φ_1 变化范围也是不大的,可以当作常量处理。

§1.6 膛内火药气体压力的变化规律

在上几节中,我们导出了内弹道学基本方程,并研究了火药气体所完成的各种功,从而确定出次要功计算系数 φ,这样就基本上理解了射击现象中主要的物理实质。现在就可以在上述基础上进一步分析膛内压力的变化规律,确定出影响或决定压力变化规律的主要因素,以便达到控制射击现象的目的。以内弹道基本方程为基础对时间或行程进行微分,求得导数 $\mathrm{d}p/\mathrm{d}t$ 或 $\mathrm{d}p/\mathrm{d}l$ 的表达式。通过这样的表达式,就可以分析出影响压力变化规律的因素以及压力变化的趋势。将内弹道学基本方程(1-98)对 t 微分并代入弹丸运动方程:

$$\varphi m \frac{\mathrm{d}v}{\mathrm{d}t} = Sp$$

以及正比燃速方程:

$$\frac{\mathrm{d}\psi}{\mathrm{d}t} = \frac{\chi}{I_\mathrm{k}}\sigma p$$

则得:

$$\frac{\mathrm{d}p}{\mathrm{d}t} = \frac{p}{l_\psi + l}\left\{\frac{f\omega}{S}\left[1 + \left(\alpha - \frac{1}{\rho_\mathrm{p}}\right)\frac{p}{f}\right]\frac{\chi}{I_\mathrm{k}}\sigma - v(1+\theta)\right\} \tag{1-131}$$

从式(1-131)可以看出,有两个因素影响膛内压力的变化规律。一个因素使压力上升,这就是气体生成速度率 $\mathrm{d}\psi/\mathrm{d}t$。当火药气体生成猛烈时,$\mathrm{d}\psi/\mathrm{d}t$ 增大,从而使 $\mathrm{d}p/\mathrm{d}t$ 也增大,这表明压力上升较快。另有一个因素使压力下降,这就是弹丸的运动速度 v。v 越大时,弹后空间增长越快,从而使 $\mathrm{d}p/\mathrm{d}t$ 减小,这表明压力下降越快。正因为这两个因素在射击过程中不断地变化,故膛内的火药气体压力也按一定的规律不断地变化。依据膛内射击现象的特点,将整个射击过程划分为以下三个阶段。

1. 前期

当射击开始时,击发底火点燃了点火药。通常点火药都燃烧得很快,可以认为几乎是瞬时燃完而达到所谓点火压力 p_B,一般武器中 p_B 为 2.5~5.0 MPa。药筒内的火药就在这样的压力下开始着火和燃烧,不断地生成气体,使药室内的压力不断地增加,并在高温高压气体的作用下发生各种运动过程。在火药气体压力达到挤进压力 p_0 之前,弹丸的弹带逐渐地挤进了膛线,在这一挤进过程中,弹丸虽然前进了弹带的距离,但是比起全部膛内行程来讲,毕竟是很短的,为了处理问题方便,可以将这段距离加以忽略,认为在压力达到 p_0 之前,弹丸没有运动,火药是在定容情况下燃烧,这就构成了这一时期的特点,我们称这一时期为前期。

根据前期的上述特点可以看出,这一时期只有火药的燃烧而没有弹丸的运动,也就是说,只有压力上升的因素,而没有压力下降的因素。这一时期的压力不断上升,由 p_B 一直上升到 p_0。当前期结束时,对于式(1-131)中各变量,根据前期的条件,可得:

$$p = p_0, \quad v = 0, \quad l = 0, \quad l_\psi = l_{\psi 0}, \quad \sigma = \sigma_0$$

于是求得前期结束瞬间的 $(\mathrm{d}p/\mathrm{d}t)_0$:

$$\left(\frac{\mathrm{d}p}{\mathrm{d}t}\right)_0 = \frac{p_0}{l_{\psi 0}}\frac{f\omega}{S}\left[1 + \left(\alpha - \frac{1}{\rho_\mathrm{p}}\right)\frac{p_0}{f}\right]\frac{\chi}{I_\mathrm{k}}\sigma_0$$

前期的结束,也就是下一时期的开始,则$(dp/dt)_0$既表示前期的压力增长率,同时又表示为下一时期开始时的压力增长率。

2. 第一时期

前期结束之后,第一时期开始。在火药继续燃烧的同时,弹丸也开始运动,以后随着膛内压力的不断上升,弹丸不断地加速运动,这正如对式(1-131)所分析的那样,在这一时期中,同时存在着使压力上升的因素 $d\psi/dt$ 和使压力下降的因素 v。然而压力究竟是上升还是下降,将完全取决于这两个因素哪一个占主要的地位。当这一时期开始时,由于弹丸是从静止状态逐渐加速,弹丸后部的空间增加较慢,使得火药在较小的容积中燃烧,气体密度迅速增加,故压力迅速上升,压力的上升又相应地使燃烧速度加快,这样就使得火药气体生成得更为猛烈,在这种情况下,$d\psi/dt$ 就成为主导作用,即式(1-131)中括号内的第一项大于第二项:

$$\frac{f\omega}{S}\left[1+\left(\alpha-\frac{1}{\rho_p}\right)\frac{p}{f}\right]\frac{\chi}{I_k}\sigma > (1+\theta)v$$

也就是 $\dfrac{dp}{dt}>0$,因而压力曲线上升。

随着射击过程的进行,在压力增长的作用下,弹丸速度不断增加,以致弹丸后部空间也不断地增加,使得火药气体的密度减小;同时,由于火药气体做功越来越多,温度相应地下降,这些因素都将促使压力下降,这时火药虽仍然在燃烧,但是它所生成的气体量及能量对压力上升的影响,已逐渐为压力下降的因素所抵消,显然在这样的抵消过程中,总会达到这样一个瞬间:这两个相反因素的影响正好抵消而建立相对的平衡,这种情况反映到式(1-131)中时,括号内的第一项和第二项正好相等,此时压力达到最大值。

$$\frac{f\omega}{S}\left[1+\left(\alpha-\frac{1}{\rho_p}\right)\frac{p_m}{f}\right]\frac{\chi}{I_k}\sigma_m = v_m(1+\theta)$$

即:

$$\frac{dp}{dt}=0$$

式中 p_m 称为最大压力,而 σ_m 及 v_m 分别代表在压力达到 p_m 时的火药相对表面和弹丸速度。这就是达到相对平衡的条件式。对 $p-t$ 曲线来讲,这个条件式也就代表了曲线的最大值,我们称为最大压力点。但是,这种平衡只是暂时的和相对的。过了这个平衡点之后,在气体压力作用下,弹丸的速度继续增加,弹后空间则越来越大,于是使压力下降的因素成为主导作用,反映到式(1-131)中,则表现为括号内的第二项大于第一项。

$$v(1+\theta) > \frac{f\omega}{S}\left[1+\left(\alpha-\frac{1}{\rho_p}\right)\frac{p}{f}\right]\frac{\chi}{I_k}\sigma$$

也就是

$$\frac{dp}{dt}<0$$

于是压力不断下降,直到火药燃烧结束时,即到这一时期的结束点为止。在这一点的特征 $\psi=1$,$\sigma=\sigma_k$,而与此对应的压力、速度、行程及时间则分别为

$$p=p_k, v=v_k, l=l_k, t=t_k$$

以上的分析清楚地表明,这一时期的射击现象是很复杂的。复杂性主要表现在:火药燃烧生成火药气体,使压力上升,而弹丸运动、弹后空间增加,使压力下降。这两个因素的互相制约以及不断转化,就是这一时期的基本特点。

3. 第二时期

第一时期的结束就是第二时期的开始。由于火药已经烧完,即 $\sigma=0$,所以式(1-131)括号中的第一项已不存在,于是:

$$\frac{\mathrm{d}p}{\mathrm{d}t}=-\frac{pv}{l_1+l}(1+\theta)<0$$

式中 l_1 是 $\psi=1$ 时的 l_ψ 值。

显然,在这一时期中,火药已经烧完,不再会生成新的火药气体。但是,原有的火药气体仍然有大量的热能没有被利用,压力仍然很高。弹丸在火药气体压力的推动下将继续加速运动。弹丸后部空间更迅速地增加,使得膛内压力不断地下降。弹丸的底面运动到炮口的瞬间,速度增加到膛内的最大值 v_g,然后射出炮口。与 v_g 相对应的压力、行程和时间分别表示为 p_g、l_g 和 t_g。到此,第二时期结束。

以上所分析的前期、第一时期、第二时期表达了膛内的整个射击过程。从公式(1-131)的分析来看,由一个时期到另一个时期都属于质变的过程。但是实际上,这种质变过程是不存在的。这是因为公式中所反映的弹丸运动的过程和火药燃烧规律并不完全符合实际情况。例如,从前期到第一时期之间,我们就曾忽略了实际存在的弹丸挤进膛线的过程。又如,由于点火的不一致和火药几何尺寸的不一致,火药也不可能在某一瞬间同时全部烧完,而有先后差别。所以第一时期过渡到第二时期也是有一个过程的。这些既各有特点又互相联系的各个时期,组成了整个射击现象的全过程,规定了膛内压力变化的必然规律。

从内弹道的角度来看,弹丸飞出炮口的瞬间,射击过程就算是结束了。但是实际上射击过程到此还没有完全结束,因为弹丸飞出炮口以后,膛内火药气体也随着流出,对弹丸还继续产生一定的推动作用,从而使弹丸的速度继续有所增加,这又形成了另一个时期,通常称为后效时期。因此,弹丸的最大速度并不是在炮口处,而是在炮口前某一定的距离处,即后效时期结束点。此外,还应该指出,在火药气体对弹丸的后效作用的同时,随着火药气体从炮口流出,对炮管后坐也存在后效作用。在后效作用结束时,炮管得到最大的后坐速度。火药气体的这两种不同的后效作用是同时开始的两个独立的过程。弹丸的后效作用是在弹丸离开火药气体的推动作用之后结束,而炮身的后效作用则是在膛内火药气体压力下降到约 0.2 MPa 时结束,显然,这两个后效作用时期并不是同时结束的。

综合上述射击过程各时期的分析,可以描述绘出膛内压力随时间变化的一般规律,如图1-35中曲线所示。其中虚线 1 和 2 分别代表在后效时期火药气体对火炮和对弹丸的压力曲线。

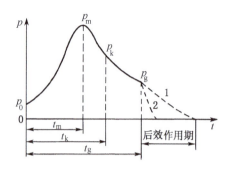

图 1-35 射击各时期压力随时间的变化曲线

上面分析了膛内压力-时间曲线的一般变化规律。在实际应用中,压力-行程曲线有它的重要意义,在计算身管强度时,就是以这样的曲线为依据。因此,仍然有必要在原来的曲线的基础上,进一步研究 $p-l$ 曲线规律,也就是导出 $\mathrm{d}p/\mathrm{d}l$。为了导出 $\mathrm{d}p/\mathrm{d}l$,根据速度的定义,$v=\mathrm{d}l/\mathrm{d}t$,就可以直接从式(1-131)的 $\mathrm{d}p/\mathrm{d}t$ 式导出如下的 $\mathrm{d}p/\mathrm{d}l$ 式:

$$\frac{\mathrm{d}p}{\mathrm{d}l}=\frac{1}{v}\frac{\mathrm{d}p}{\mathrm{d}t}=\frac{p}{l_\psi+l}\left\{\frac{f\omega}{S}\left[1+\left(\alpha-\frac{1}{\rho_\mathrm{p}}\right)\frac{p}{f}\right]\cdot\frac{\chi}{I_\mathrm{k}}\frac{\sigma}{v}-(1+\theta)\right\} \quad (1-132)$$

分析上式可以看出,在第一时期的开始瞬间,$v=0$,则上式中的第一项为无限大,即$(\mathrm{d}p/\mathrm{d}l)_0=\infty$。这就表明压力-行程曲线与纵坐标轴相切,说明起始压力上升非常急速。这一点与压力-时间曲线表现出了显著的差别。但其余各阶段的曲线变化规律则同压力-时间曲线有着类似的趋势。一般的压力-行程曲线如图 1-36 所示。

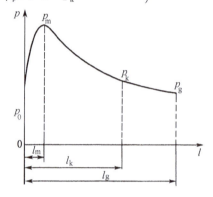

图 1-36 膛内压力-行程曲线

以上我们以内弹道学基本方程为基础导出了 $\mathrm{d}p/\mathrm{d}t$ 及 $\mathrm{d}p/\mathrm{d}l$ 的表达式,并通过这些表达式分析了射击过程中膛内的压力变化趋势。

§1.7 内弹道方程组

在前几节中推导了火药燃气状态方程、火药燃烧方程、内弹道基本方程以及弹丸运动方程,这些方程在内弹道计算中是必不可少的。在这一节中,将对这些方程进行归纳整理,以得到可应用于内弹道计算的单一装药与混合装药内弹道方程组。

1.7.1 基本假设

本节所介绍的内弹道方程组是基于以下的基本假设:
(1) 火药燃烧遵循几何燃烧定律。
(2) 药粒均在平均压力下燃烧,且遵循燃烧速度定律。
(3) 内膛表面热散失用减小火药力 f 或增加比热比 k 的方法间接修正。

(4) 用系数 φ 来考虑其他的次要功。

(5) 弹带挤进膛线是瞬时完成，以一定的挤进压力 p_0 标志弹丸的启动条件。

(6) 火药燃气服从诺贝尔—阿贝尔状态方程。

(7) 单位质量火药燃烧所放出的能量及生成的燃气的燃烧温度均为定值，在以后膨胀做功过程中，燃气组分变化不予计及，因此虽然燃气温度因膨胀而下降，但火药力 f、余容 α 及比热比 k 等均视为常数。

(8) 弹带挤入膛线后，密闭良好，不存在漏气现象。

1.7.2　单一装药内弹道方程组

根据上述假设和以前的推导结果，我们将单一装药内弹道方程组归纳如下：

(1) 形状函数。
$$\psi = \chi Z(1+\lambda Z+\mu Z^2)$$

(2) 燃速方程。
$$\frac{\mathrm{d}Z}{\mathrm{d}t} = \frac{u_1 p^n}{e_1}$$

(3) 弹丸运动方程。

用平均压力和次要功系数 φ 表示的运动方程：
$$\varphi m \frac{\mathrm{d}v}{\mathrm{d}t} = Sp$$

(4) 内弹道基本方程。
$$Sp(l_\psi + l) = f\omega\psi - \frac{\theta}{2}\varphi m v^2$$

式中
$$l_\psi = l_0\left[1 - \frac{\Delta}{\rho_p}(1-\psi) - \alpha\Delta\psi\right]$$
$$\theta = k - 1$$

(5) 弹丸速度与行程关系式。
$$\frac{\mathrm{d}l}{\mathrm{d}t} = v$$

将这些方程联立起来，即组成了内弹道方程组：

$$\left. \begin{aligned} &\psi = \chi Z(1+\lambda Z+\mu Z^2) \\ &\frac{\mathrm{d}Z}{\mathrm{d}t} = \frac{u_1 p^n}{e_1} \\ &\varphi m \frac{\mathrm{d}v}{\mathrm{d}t} = Sp \\ &Sp(l_\psi + l) = f\omega\psi - \frac{\theta}{2}\varphi m v^2 \\ &\frac{\mathrm{d}l}{\mathrm{d}t} = v \end{aligned} \right\} \qquad (1\text{-}133)$$

方程组中共有 p,v,l,t,ψ 和 Z 六个变量，有五个独立的方程，如取其中一个变量为自变量，则其余五个变量作为自变量的函数可以由上述方程组中解出，所以方程组是封闭的。

若研究各种阻力对弹丸运动的具体影响，其弹丸运动方程可采用式(1-103)，即：

$$m\frac{\mathrm{d}v}{\mathrm{d}t}=Sp_\mathrm{d}-S(F_{挤进}+F_{摩擦}+F_{空气})$$

1.7.3　混合装药内弹道方程组

混合装药是两种或两种以上不同类型火药组成的装药，这些不同类型火药之间，存在着理化性能或是药形及厚度的差别，或者兼而有之。

混合装药主要应用于榴弹炮，因为榴弹炮的战术要求规定：它必须能以不同的初速，将弹丸射击到很大的射程范围，并且命中地面目标的落角要足够大，以增加弹丸的杀伤效果。显然，仅用一种装药，难以达到该要求，必须将装药分成若干号，每号装药的装药量不同，但是当装药量减少到一定量之后，火药在低压下就不能在膛内烧完，增加初速散布。装药量越少，这种现象也越严重，这种情况下，就必须采用混合装药的方法，即用薄火药和厚火药共同组成装药。在小号装药时，装药中主要为薄火药，从而保持一定的压力以保证膛内烧完和引信能解除保险。在大号装药时，装药中主要为厚火药，以保证不太高的最大膛压。

目前在高膛压火炮装药中，也普遍采用混合装药。此外，在火炮、弹药试验时，有时为获得高于正常膛压的强装药，亦采用增加或更换部分火药为较薄的火药的方式。还有采用可燃药筒的装药，也是一种混合装药类型。

对于混合装药，理论模型除了 1.7.1 节中的基本假设外，还做了如下补充假设：

（1）混合装药中各种火药存在性能、形状或尺寸的不同。

（2）混合装药中各种火药生成的燃气瞬时混合，不考虑混合过程。混合燃气的质量、能量等于各单一火药燃气相应的质量及能量之和。

（3）只求解混合燃气的平均压力，不考虑单一火药燃气的分压问题。

根据上面的补充假设，可以直接写出一般的 n 种火药混合装药的内弹道数学模型：

$$\left.\begin{aligned}&\psi_i=\chi_iZ_i(1+\lambda_iZ_i+\mu_iZ_i^2)\\&\frac{\mathrm{d}Z_i}{\mathrm{d}t}=\frac{u_{1i}}{e_{1i}}p^{n_i}\quad i=1,2,\cdots,n\\&\varphi m\frac{\mathrm{d}v}{\mathrm{d}t}=Sp\text{ 及 }\varphi mv\frac{\mathrm{d}v}{\mathrm{d}l}=Sp\\&Sp(l_\psi+l)=\sum_{i=1}^nf_i\omega_i\psi_i-\frac{\theta\varphi m}{2}v^2\end{aligned}\right\}\quad(1\text{-}134)$$

其中

$$\varphi=\varphi_1+\frac{1}{3}\frac{\sum_{i=1}^n\omega_i}{m}$$

$$l_\psi = l_0 \left[1 - \sum_{i=1}^{n} \frac{\Delta_i}{\rho_{pi}}(1-\psi_i) - \sum_{i=1}^{n} \alpha_i \Delta_i \psi_i \right]$$

当应用多孔火药时，ψ_i 方程应改写为以下考虑分裂点的形状函数，即：

$$\psi_i = \begin{cases} \chi_i Z_i (1 + \lambda_i Z_i + \mu_i Z_i^2), & 0 \leqslant Z_i < 1 \\ \chi_{si} Z_i (1 + \lambda_{si} Z_i), & 1 \leqslant Z_i < Z_{ki} \\ 1, & Z = Z_{ki} \end{cases}$$

$$Z_{ki} = \frac{e_{1i} + \rho_i}{e_{1i}}$$

第 2 章 内弹道方程组的解法

在第 1 章里,已详细讨论了有关火药的各种燃烧规律,并分析了射击过程中能量的转换以及各种力和功的物理实质。通过对这些问题的研究,使我们认识到射击过程是非常复杂的,它包含有多种运动形式,且这些运动形式又是互相依存和互相制约的,因此为了研究膛内的压力变化规律和弹丸速度变化规律,首先必须建立反映这些制约关系的内弹道方程组,再用一定的数学方法,由方程组解出 $p-l$、$v-l$、$p-t$ 及 $v-t$ 的弹道曲线,那么这样的弹道曲线实际上就是所谓压力变化规律和弹丸速度变化规律的具体表现。这样的过程称为内弹道解法。

内弹道解法是内弹道理论的核心,在电子计算机出现之前,传统的解法有:经验法、解析法、表解法和图解法。这些方法的特点是直观、简单,但局限性很大。随着计算机在弹道学的广泛应用,人们可以更深入地研究射击过程,建立更精确的数学模型,通过数值方法获得膛内压力、弹丸速度等参量变化规律的精确描述。本章内弹道解法侧重介绍近似的解析法和数值法。

§2.1 内弹道方程组的数学性质

在一系列简化假设基础上,内弹道方程组可写成:

$$\begin{cases} \psi = \chi Z(1+\lambda Z+\mu Z^2) \\ \dfrac{\mathrm{d}Z}{\mathrm{d}t} = \dfrac{u_1}{e_1}p^n = \dfrac{1}{I_k}p^n \\ Sp = \varphi m \dfrac{\mathrm{d}v}{\mathrm{d}t} \\ v = \dfrac{\mathrm{d}l}{\mathrm{d}t} \\ Sp(l_\psi + l) = f\omega\psi - \dfrac{\theta}{2}\varphi m v^2 \end{cases} \tag{2-1}$$

其中

$$l_\psi = l_0\left[1 - \dfrac{\Delta}{\rho_p}(1-\psi) - \alpha\Delta\psi\right]$$

由式(2-1)可以看出,该方程组由常微分方程和代数方程组成,共有六个未知数,即 ψ、Z、p、v、l、t,但只有五个方程,因此以任一个量作为自变量,可解出其他五个物理量与之的关系。上述方程组能否直接找到解析解,下面分别讨论。

将方程组(2-1)中第二、第三两式整理得:

$$\frac{\mathrm{d}Z}{\mathrm{d}t} = \frac{1}{I_k} \left(\frac{\varphi m}{S}\right)^n \cdot \left(\frac{\mathrm{d}v}{\mathrm{d}t}\right)^n \tag{2-2}$$

将方程组(2-1)中后三式整理得：

$$\frac{\mathrm{d}l}{l_\psi + l} = \frac{\varphi m v \mathrm{d}v}{f\omega\psi - \frac{\theta}{2}\varphi m v^2} \tag{2-3}$$

由式(2-2)和式(2-3)看出，当 $n \neq 1$ 时，方程组是非线性的，找不到解析解，所以对一般形式的内弹道方程组，必须用数值解，只有在特殊条件下才可找到近似解析解。

当 $n = 1$ 时，方程(2-2)可解出：

$$Z = \frac{\varphi m}{I_k S} v \tag{2-4}$$

将式(2-4)代入式(2-3)，整理得：

$$\frac{\mathrm{d}l}{\mathrm{d}v} = f(v)l + g(v) \tag{2-5}$$

其中

$$f(v) = \frac{I_k S}{f\omega\chi\left(1 + \frac{\lambda\varphi m}{I_k S}v + \frac{\mu\varphi^2 m^2}{I_k^2 S^2}v^2\right) - \frac{\theta}{2}vI_k S}$$

$$g(v) = f(v)l_0\left[1 - \frac{\Delta}{\rho_p} + \Delta\left(\frac{1}{\rho_p} - \alpha\right)\chi\frac{\varphi m v}{I_k S}\left(1 + \lambda\frac{\varphi m}{I_k S}v + \mu\frac{\varphi^2 m^2}{I_k^2 S^2}v^2\right)\right]$$

方程(2-5)是一阶变系数常微分方程，原则上可求出解析解，但从 $f(v)$、$g(v)$ 的具体形式分析，找不到初等函数解，只有 l_ψ 等于常数及 ψ 取二项式，才能找到初等函数解析解。

§2.2 $l_{\bar{\psi}}$ 分析解法

如前所述，内弹道方程组(2-1)的解析解需补充三条假设：

(1) 火药的燃烧速度与压力成正比，即：

$$\frac{\mathrm{d}Z}{\mathrm{d}t} = \frac{u_1}{e_1} p = \frac{p}{I_k} \tag{2-6}$$

(2) 火药已燃百分数 ψ 取二项式，即：

$$\psi = \chi Z(1 + \lambda Z) \tag{2-7}$$

(3) 在一定的装填密度下，随着 ψ 的变化，l_ψ 变化不大，可用其平均 $l_{\bar{\psi}}$ 来代替变量 l_ψ，即：

$$l_{\bar{\psi}} = l_0\left[1 - \frac{\Delta}{\rho_p} - \Delta\left(\alpha - \frac{1}{\rho_p}\right)\bar{\psi}\right] \tag{2-8}$$

其中

$$\bar{\psi} = \frac{\psi_0 + \psi}{2}$$

2.2.1 减面形状火药的弹道解法

在第 1 章讲述射击过程时,曾经根据射击现象的特点将射击过程划分为三个不同的阶段,即前期、第一时期和第二时期。这三个不同阶段之间又是互相连接的,前期的最终条件就是第一时期的起始条件,而第一时期的最终条件又是第二时期的起始条件。因此,对于这三个阶段就应该根据各阶段的特点,按顺序作出各阶段的解法。

1. 前期的解法

根据基本假设:弹丸是瞬时挤进膛线,并在压力达到挤进压力 p_0 时才开始运动。所以这一时期的特点应该是定容燃烧时期,即:

$$l=0 \quad 和 \quad v=0$$

在这一时期中,火药在药室容积 V_0 中燃烧,压力则由 p_B 升高到 p_0,相应的火药形状尺寸诸元为 ψ_0、σ_0 及 Z_0,这些量既是这一时期的最终条件,又是第一时期的起始条件。所以这一时期解法的目的,实际上就是根据已知的 p_0 分别解出 ψ_0、σ_0 及 Z_0 这几个前期诸元。

现在我们分别说明这三个诸元的计算方法。

首先根据定容状态方程解出 ψ_0,即:

$$\psi_0 = \frac{\dfrac{1}{\Delta} - \dfrac{1}{\rho_p}}{\dfrac{f}{p_0 - p_B} + \alpha - \dfrac{1}{\rho_p}} \tag{2-9}$$

该式表明,在火药性质及装填密度都已知的情况下,给定 p_0 及 p_B 即可计算出相应的 ψ_0。对于火炮而言,p_0 可以取 30 MPa。对于步兵武器而言,根据不同的弹形,p_0 是在 40~50 MPa 之间变化。点火药压力 p_B 一般取为 2~2.5 MPa。但是在实际计算时,由于 p_B 比 p_0 小得多,对 ψ_0 的影响很小,可以忽略不计,式(2-9)变为

$$\psi_0 \approx \frac{\dfrac{1}{\Delta} - \dfrac{1}{\rho_p}}{\dfrac{f}{p_0} + \alpha - \dfrac{1}{\rho_p}} \tag{2-10}$$

求得了 ψ_0 后,应用式(2-7)和式(1-31)给出的 σ 及 Z 的公式,分别计算出 σ_0 及 Z_0,即:

$$\sigma_0 = \sqrt{1 + 4\frac{\lambda}{\chi}\psi_0} \tag{2-11}$$

$$Z_0 = \frac{\sigma_0 - 1}{2\lambda} = \frac{2\psi_0}{\chi(1+\sigma_0)} \tag{2-12}$$

求出了这三个诸元后,即可作为起始条件进行第一时期的弹道求解。

2. 第一时期的解法

第一时期是射击过程中最复杂的一个时期,它具有上面建立的内弹道方程组(2-1)所表达的各种射击现象,所以这一时期的弹道解也必须建立在这样的方程组基础上。

为了解这样的方程组,首先我们必须对方程组中的变量进行分析,在五个方程中,共有 p、v、l、t、ψ 及 Z 六个变量,其他各量都是已知常量,所以解这样的方程组实际上是五个方程解六个变量。显然,为了达到这样的目的,在六个变量之中我们必须选择一个变量作为自变量。

在选择自变量时,我们应以自变量是否有已知的边界条件作为选择的主要标准,这是因为只有知道了自变量的边界条件之后,才能按阶段的边界值进行数学处理。根据这样的选择标准,在第一时期的所有变量中,只有 ψ 及 Z 这两个变量的边界条件是已知的,即 ψ 从 ψ_0 到 1,Z 从 Z_0 到 1。因而,只有 ψ、Z 符合自变量选择的标准,而这两个变量本身,根据几何燃烧定律,都是二次方程的函数关系,但从数学处理角度,选择 Z 作为自变量比选择 ψ 更为方便,因此,在现有的弹道解法中大多是采用 Z 作为自变量。不过在具体解方程组时,由于 Z 的起始条件 Z_0 同 Z 总是以 $Z-Z_0$ 的形式出现,所以我们以 x 变量来代替 $Z-Z_0$,即:

$$x = Z - Z_0$$

这样所解出的各变量都将以 x 的函数形式来表示。

下面我们就分别解出这些函数式。

(1) 速度的函数式 $v = f_1(x)$。

将方程组(2-1)中的第三式和式(2-6)联立消去 $p\mathrm{d}t$,即导出如下的微分方程:

$$\mathrm{d}v = \frac{SI_k}{\varphi m}\mathrm{d}Z$$

从起始条件 $v = 0$ 及 $Z = Z_0$ 积分到任一瞬间的 v 及 Z,得:

$$\int_0^v \mathrm{d}v = \frac{SI_k}{\varphi m}\int_{Z_0}^Z \mathrm{d}Z$$

因 $x = Z - Z_0$,于是上式积分后可求得:

$$v = \frac{SI_k}{\varphi m}x \tag{2-13}$$

该式表明,在一定装填条件下,弹丸速度与火药的已燃厚度成比例。

(2) 火药已燃部分的函数式 $\psi = f_2(x)$。

将 $Z = x + Z_0$ 代入式(2-1)中的第一式即导出:

$$\begin{aligned}\psi &= \chi Z + \chi\lambda Z^2 \\ &= \chi(x + Z_0) + \chi\lambda(x + Z_0)^2 \\ &= \chi Z_0 + \chi\lambda Z_0^2 + \chi(1 + 2\lambda Z_0)x + \chi\lambda x^2\end{aligned}$$

由于
$$\psi_0 = \chi Z_0 + \chi\lambda Z_0^2$$
$$\sigma_0 = 1 + 2\lambda Z_0$$

并令 $K_1 = \chi\sigma_0$,从而导出:

$$\psi = \psi_0 + K_1 x + \chi\lambda x^2 \tag{2-14}$$

(3) 弹丸行程的函数式 $l=f_3(x)$。

为了导出弹丸行程的函数式,我们将式(2-1)中的后三式联立,消去 Sp 而得到如下的微分式:

$$\frac{\mathrm{d}l}{l_\psi+l}=\frac{\varphi m}{f\omega}\cdot\frac{v\mathrm{d}v}{\psi-\dfrac{\theta\varphi m}{2f\omega}v^2}$$

再将式(2-13)、式(2-14)两式代入,则上式变为

$$\frac{\mathrm{d}l}{l_\psi+l}=\frac{S^2 I_k^2}{f\omega\varphi m}\cdot\frac{x\mathrm{d}x}{\psi_0+K_1 x+\chi\lambda x^2-\dfrac{S^2 I_k^2}{f\omega\varphi m}\cdot\dfrac{\theta}{2}x^2}$$

令

$$B=\frac{S^2 I_k^2}{f\omega\varphi m}$$

B 是各种装填条件组合起来的一个综合参量,称为装填参量,它是量纲为 1 的量,但是它的变化对最大压力和燃烧结束点都有显著的影响,因此它是一个重要的弹道参量。

又令

$$B_1=\frac{B\theta}{2}-\chi\lambda$$

则上式可简化成如下形式:

$$\frac{\mathrm{d}l}{l_\psi+l}=-\frac{B}{B_1}\cdot\frac{x\mathrm{d}x}{x^2-\dfrac{K_1}{B_1}x-\dfrac{\psi_0}{B_1}}=-\frac{B}{B_1}\cdot\frac{x\mathrm{d}x}{\xi_1(x)}$$

式中

$$\xi_1(x)=x^2-\frac{K_1}{B_1}x-\frac{\psi_0}{B_1}$$

为了导出 $l=f_3(x)$,很明显,最简单的数学处理方法就是对等号两边直接进行积分,可得:

$$\int_0^l \frac{\mathrm{d}l}{l_\psi+l}=-\frac{B}{B_1}\int_0^x \frac{x\mathrm{d}x}{\xi_1(x)}$$

下面我们分别导出这两个积分。

首先导出右边的积分,对于这样的积分式,可以采用部分分式的积分方法,为此将被积函数写成如下形式:

$$\frac{x}{\xi_1(x)}=\frac{A_1}{x-x_1}+\frac{A_2}{x-x_2}$$

并得到如下的等式:

$$\frac{x}{x^2-\dfrac{K_1}{B_1}x-\dfrac{\psi_0}{B_1}}=\frac{(A_1+A_2)x-A_1 x_2-A_2 x_1}{x^2-(x_1+x_2)x+x_1 x_2} \tag{2-15}$$

从式(2-15)等式可建立以下方程组:

$$\begin{cases} x_1+x_2=\dfrac{K_1}{B_1} \\ x_1 x_2=-\dfrac{\psi_0}{B_1} \\ A_1+A_2=1 \\ -A_1 x_2-A_2 x_1=0 \end{cases}$$

解得:

$$x_1=\frac{K_1}{2B_1}(1+b), \quad x_2=\frac{K_1}{2B_1}(1-b)$$

$$A_1=\frac{b+1}{2b}, \quad A_2=\frac{b-1}{2b}$$

其中

$$b=\sqrt{1+4\gamma}$$

而

$$\gamma=\frac{B_1\psi_0}{K_1^2}$$

于是得到以下积分:

$$\int_0^x \frac{x\mathrm{d}x}{\xi_1(x)}=\frac{b+1}{2b}\int_0^x \frac{\mathrm{d}x}{x-x_1}+\frac{b-1}{2b}\int_0^x \frac{\mathrm{d}x}{x-x_2}=\ln\left(1-\frac{x}{x_1}\right)^{\frac{b+1}{2b}}\left(1-\frac{x}{x_2}\right)^{\frac{b-1}{2b}}=\ln Z_x$$

式中

$$Z_x=\left(1-\frac{x}{x_1}\right)^{\frac{b+1}{2b}}\left(1-\frac{x}{x_2}\right)^{\frac{b-1}{2b}}=\left(1-\frac{2}{b+1}\cdot\frac{B_1}{K_1}x\right)^{\frac{b+1}{2b}}\left(1+\frac{2}{b-1}\cdot\frac{B_1}{K_1}x\right)^{\frac{b-1}{2b}}$$

最后求得:

$$-\frac{B}{B_1}\int_0^x \frac{x\mathrm{d}x}{\xi_1(x)}=-\frac{B}{B_1}\ln Z_x=\frac{B}{B_1}\ln Z_x^{-1} \tag{2-16}$$

令

$$\beta=\frac{B_1}{K_1}x$$

而 b 又是 γ 的函数,所以式中的 Zx^{-1} 仅是参量 γ 和变量 β 的函数。这是一个比较复杂的函数。

在左边的积分 $\int_0^l \dfrac{\mathrm{d}l}{l_\psi+l}$ 中,根据 l_ψ 的公式可知:

$$l_\psi=l_0\left[1-\frac{\Delta}{\rho_\mathrm{p}}-\Delta\left(\alpha-\frac{1}{\rho_\mathrm{p}}\right)\psi\right]$$

l_ψ 是 ψ 或 x 的函数。为了求解方便,根据假设用 $l_{\bar{\psi}}$ 来代替 l_ψ,于是就可得到如下的积分:

$$\int_0^l \frac{\mathrm{d}l}{l_{\bar{\psi}}+l}=\ln\frac{l+l_{\bar{\psi}}}{l_{\bar{\psi}}}=\ln\left(1+\frac{l}{l_{\bar{\psi}}}\right) \tag{2-17}$$

从而求得弹丸行程函数：

$$\ln\left(1+\frac{l}{l_{\bar\psi}}\right)=\frac{B}{B_1}\ln Z_x^{-1}$$

或者表示为

$$l=l_{\bar\psi}(Z_x^{-\frac{B}{B_1}}-1) \tag{2-18}$$

但是这里必须指出，根据 $l_{\bar\psi}$ 的公式表明 $\Delta\left(\alpha-\frac{1}{\rho_p}\right)\psi$ 的变化对 $l_{\bar\psi}$ 的影响是随 Δ 增加而增加。为了说明这种影响，对于一般火药取 $\alpha=1.0\ \mathrm{dm^3/kg}$，$\rho_p=1.6\ \mathrm{kg/dm^3}$，在不同 Δ 情况下计算出 $1-\frac{\Delta}{\rho_p}$ 及 $\Delta\left(\alpha-\frac{1}{\rho_p}\right)$ 这两个量并列于表 2-1。

表 2-1　装填密度与相关量的关系

Δ	$1-\dfrac{\Delta}{\rho_p}$	$\Delta\left(\alpha-\dfrac{1}{\rho_p}\right)$
0.5	0.688	0.188
0.6	0.625	0.225
0.7	0.563	0.263
0.8	0.500	0.300

由表 2-1 可见，Δ 越大时，$\Delta(\alpha-1/\rho_p)$ 对 $l_{\bar\psi}$ 的影响越大，因而对 $\Delta(\alpha-1/\rho_p)\psi$ 取平均值所产生的误差也越大。根据不同 Δ 的弹道计算也表明，当 $\Delta<0.6\ \mathrm{kg/dm^3}$ 时，利用这种方法基本上没有什么显著的误差，但是当 Δ 增加到 $0.7\ \mathrm{kg/dm^3}$ 以上，误差就很显著。因此，在一般火炮的装填密度下，应用这种方法还是正确的。但是，在高膛压火炮或步兵武器的装填密度下，应用这种方法就有较大的误差，在这种情况下，就有必要采用分段解法，所谓分段解法就是将从 $x=0$ 到 $x=1-Z_0$ 的阶段划分成若干小的区段，进行逐段积分。

$$\int_{l_n}^{l_{n+1}}\frac{\mathrm{d}l}{l_{\bar\psi}+l}=-\frac{B}{B_1}\int_{x_n}^{x_{n+1}}\frac{x\mathrm{d}x}{\xi_1(x)}$$

这时式中的 $l_{\bar\psi}$ 就不是取 $\bar\psi=\dfrac{\psi_0+\psi}{2}$，而是取 $\bar\psi=\dfrac{\psi_n+\psi_{n+1}}{2}$。积分之后求得的弹丸行程为

$$l_{n+1}=(l_n+l_{\bar\psi})\frac{Z_{n+1}^{-\frac{B}{B_1}}}{Z_n^{-\frac{B}{B_1}}}-l_{\bar\psi} \tag{2-19}$$

显然，采用这种分段解法，即使在装填密度很大的情况下，$\Delta\left(\alpha-\dfrac{1}{\rho_p}\right)\psi$ 的变化对 $l_{\bar\psi}$ 也有显著影响，但就所取的 ψ_n 到 ψ_{n+1} 这个小区间来讲，变化仍然是很小的。因而，在这样的小区间里取平均值积分就不会引起多大的误差。实际的计算结果也表明，在同样情况下，

采用这种方法所作出的弹道解,同准确解法的弹道解基本上是一致的。但是也应该指出,分段解法虽然比较准确,然而它的计算过程却比较复杂。因此在具体应用时,就应该根据具体的情况选择适当的解法。

(4) 压力函数式:$p=f_4(x)$。

从方程组(2-1)中的第五式可得:

$$p=\frac{f\omega}{S}\frac{\psi-\dfrac{\theta\varphi m}{2f\omega}v^2}{l+l_\psi}$$

由于已经导出 $v=f_1(x)$、$\psi=f_2(x)$ 以及 $l=f_3(x)$,分别代入上式,即求得 p 的函数式:

$$p=\frac{f\omega}{S}\frac{\psi_0+K_1 x-B_1 x^2}{l+l_\psi}=\frac{f\omega}{S}\frac{\psi-\dfrac{B\theta}{2}x^2}{l+l_\psi} \tag{2-20}$$

(5) 最大压力的确定。

在第 1 章我们曾经对压力曲线变化规律作过全面的分析,并论证了在第一时期出现最大压力的物理本质,导出了出现最大压力的条件。因此,在导出了第一时期的 v、ψ、l 及 p 各函数式之后,还必须根据最大压力的条件式来确定最大压力以及与最大压力相应的各诸元。

根据最大压力条件式:

$$\frac{\mathrm{d}p}{\mathrm{d}t}=0 \quad \text{或} \quad \frac{\mathrm{d}p}{\mathrm{d}l}=0$$

由内弹道方程可导出最大压力条件式,即:

$$\frac{f\omega}{S}\left(1+\frac{p_\mathrm{m}}{f\delta_1}\right)\frac{\chi}{I_\mathrm{k}}\sigma_\mathrm{m}=(1+\theta)v_\mathrm{m}$$

式中

$$\delta_1=1/\left(\alpha-\frac{1}{\rho_\mathrm{p}}\right)$$

因为

$$v_\mathrm{m}=\frac{SI_\mathrm{k}}{\varphi m}x_\mathrm{m}$$

$$\sigma_\mathrm{m}=1+2\lambda Z_\mathrm{m}=\sigma_0+2\lambda x_\mathrm{m}$$

代入最大压力条件式即得:

$$\frac{f\omega}{S}\left(1+\frac{p_\mathrm{m}}{f\delta_1}\right)\frac{\chi}{I_\mathrm{k}}(\sigma_0+2\lambda x_\mathrm{m})=(1+\theta)\frac{SI_\mathrm{k}}{\varphi m}x_\mathrm{m}$$

于是解出 x_m 为

$$x_\mathrm{m}=\frac{K_1}{\dfrac{B(1+\theta)}{1+\dfrac{p_\mathrm{m}}{f\delta_1}}-2\chi\lambda} \tag{2-21}$$

从上式可以看出,为了确定 x_m 必须已知 p_m,可是 p_m 又正是所要求的值。因此,在这种情况下,就必须采用逐次逼近法,即首先估计一个 p_m 代入上式,求出 x_m 的一次近似值 x_m',然后即以 x_m' 分别解出各相应的 v_m'、ψ_m'、l_m' 以及 p_m' 各近似值,如果所解出的 p_m' 正好与所给定的 p_m 相同或很接近,即表明 p_m' 就代表了实际压力。如果不一致,我们还必须将求得的 p_m' 代入上式,求出 x_m 的二次近似值 x_m'',然后再重复整个计算过程,求出 p_m 的二次近似值 p_m'',但通常只需要进行二次近似计算,就可以求出足够准确的 p_m 值。

在正常情况下,按照上式计算出的 x_m 值都应该小于 $x_k=1-Z_0$。这就表示在火药燃烧结束之前出现最大压力,在这种情况下的典型压力曲线如图 2-1 所示。

由于 x_m 是装填条件的函数,式(2-21)表明,x_m 是随 B 减小而增加的,当 B 小到使 x_m 正好与 $x_k=1-Z_0$ 相等时,即表示在火药燃烧结束瞬间正好达到最大压力,这样的压力曲线如图 2-2 所示。如果 B 再小到以致 $x_m>x_k$,就表明最大压力是出现在火药燃烧结束之后,实际上这种情况是不存在的。这是因为在火药燃烧结束之后,不再有新的气体生成,压力是不可能继续升高的,所以如果遇到这种情况,我们仍应以 $x_m=x_k$ 进行计算。

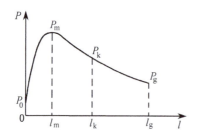

图 2-1　$x_m<x_k$ 时的压力曲线

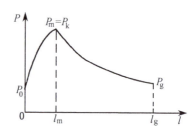

图 2-2　$x_m\geqslant x_k$ 时的压力曲线

(6) 燃烧结束瞬间的各弹道诸元值

由于燃烧结束点的各弹道诸元既是第一时期的最终条件,又是第二时期的起始条件,所以燃烧结束点的诸元是必须计算出来的。

已知在火药燃烧结束瞬间的条件为

$$Z=1 \quad 或 \quad x=x_k=1-Z_0$$
$$\psi=1$$

因此,根据这样的条件,即可给出 v_k、l_k 及 p_k 各诸元的表达式为

$$v_k=\frac{SI_k}{\varphi m}(1-Z_0) \tag{2-22}$$

$$l_k=l_{\bar\psi}(Z_k^{-\frac{B}{B_1}}-1) \tag{2-23}$$

$$p_k=\frac{f\omega}{S}\frac{1-\frac{B\theta}{2}(1-Z_0)^2}{l_1+l_k} \tag{2-24}$$

式中

$$l_1 = l_0(1-\alpha\Delta)$$

到此就全部完成了第一时期的弹道解。下面即利用以上求得的 v_k、l_k 及 p_k 作为起始条件进行第二时期的弹道求解。

3. 第二时期的弹道解法

在第二时期中,由于火药已经燃完,因此方程组(2-1)中的前两个方程就不再存在了。但是,弹丸运动和气体状态变化及其能量转换这些现象仍将继续进行,后面方程仍然存在,只不过方程中的 ψ 变成 1,于是这一时期的基本方程应为

$$\left.\begin{array}{l} Spdl = \varphi mv\,dv \\ Sp(l+l_1) = f\omega - \dfrac{\theta}{2}\varphi mv^2 \end{array}\right\} \quad (2\text{-}25)$$

在上述方程组中,有 v、l 及 p 三个变量。为了解出这些变量的函数关系,必须指定其中一个变量作为自变量。由于这一时期是从燃烧结束点一直到炮口,所以就起始条件而言,这三个变量的起始条件都是已知的。但是就最终条件而言,只有 l 是已知的,即所谓弹丸全行程长 l_g。显然,在这种情况下,选择 l 作自变量是恰当的,把 v 和 p 作为 l 的函数来表示,所以解第二时期的弹道问题,实际上就是解出这两个函数式。

(1) 速度的函数式:$v = f_1(l)$。

将式(2-25)两个方程消去 Sp,得到如下的微分式:

$$\frac{dl}{l_1+l} = \frac{\varphi mv\,dv}{f\omega\left(1-\dfrac{\theta\varphi m}{2f\omega}v^2\right)}$$

从而可以进行如下的积分:

$$\int_{l_k}^{l} \frac{dl}{l_1+l} = \frac{1}{\theta}\int_{v_k}^{v} \frac{d\left(\dfrac{\theta\varphi m}{2f\omega}v^2\right)}{\left(1-\dfrac{\varphi m}{2f\omega}v^2\right)}$$

积分后得:

$$\ln\frac{l_1+l}{l_1+l_k} = -\frac{1}{\theta}\ln\frac{1-\left(\dfrac{\theta\varphi m}{2f\omega}\right)v^2}{1-\left(\dfrac{\theta\varphi m}{2f\omega}\right)v_k^2}$$

令

$$\sqrt{\frac{2f\omega}{\theta\varphi m}} = v_j$$

v_j 即极限速度,代入上式求得以 l 为函数的速度方程为

$$v = v_j\sqrt{1-\left(\frac{l_1+l_k}{l_1+l}\right)^{\theta}\left(1-\frac{v_k^2}{v_j^2}\right)} \quad (2\text{-}26)$$

由于 l_k 及 v_k 都是已知的燃烧结束点诸元,则在 l_k 及 l_g 之间给出不同的 l 值,即求得

各相应的 v 值,其中包括炮口的初速 v_g 为

$$v_g = v_j \sqrt{1 - \left(\frac{l_1 + l_k}{l_1 + l_g}\right)^\theta \left(1 - \frac{v_k^2}{v_j^2}\right)} \tag{2-27}$$

式(2-27)表明:在一定装填条件下,v_g 是随着弹丸行程长 l_g 增加而增加的。当 l_g 趋近于无限大时,v_g 将趋近于极限速度 v_j。这实际上也就表明,当 l_g 越大时,火药气体的能量利用得越充分,获得的有效功率也就越大。

(2) 压力的函数式:$p = f_2(l)$。

求出了 $v = f_1(l)$ 之后,将给定 l 时所求得的 v 分别代入式(2-25),即求得相应的压力:

$$p = \frac{f\omega}{S} \frac{1 - \dfrac{v^2}{v_j^2}}{l_1 + l} \tag{2-28}$$

为了计算方便起见,我们也可以采用另一种形式的公式,即根据燃烧结束点的压力公式:

$$p_k = \frac{f\omega}{S} \frac{1 - \dfrac{v_k^2}{v_j^2}}{l_1 + l_k}$$

以及式(2-26),消去其中的 $1 - \dfrac{v^2}{v_j^2}$ 及 $1 - \dfrac{v_k^2}{v_j^2}$ 而得到下式:

$$p = p_k \left(\frac{l_1 + l_k}{l_1 + l}\right)^{1+\theta} \tag{2-29}$$

当 $l = l_g$ 时,求得炮口压力 p_g 为

$$p_g = p_k \left(\frac{l_1 + l_k}{l_1 + l_g}\right)^{1+\theta} \tag{2-30}$$

到此已求得第二时期的 $p-l$ 及 $v-l$ 曲线,再加上第一时期的 $p-l$ 及 $v-l$ 曲线,从而求得整个的 $p-l$ 及 $v-l$ 曲线。

4. 时间曲线的计算

根据以上解法,我们仅能解出 $p-l$ 和 $v-l$ 曲线。但是在实际应用方面,无论是炮架设计还是引信设计,都要应用到 $p-t$ 曲线,而且不论是压电测压法还是压阻测压法所测出的又都是 $p-t$ 曲线。实测的 $p-t$ 曲线是经常用来作为检验理论计算正确程度的主要标准,所以有必要进行 $p-t$、$v-t$ 曲线计算。由于我们已经解出 $v-t$ 曲线,而根据速度的定义:

$$v = \frac{dl}{dt}$$

进行如下的积分:

$$t = \int_0^l \frac{dl}{v}$$

即可求得时间 t,为了求得这样的积分,不难看出,还必须从已知的 $v-l$ 曲线转化为

$1/v-l$ 曲线并进行图解积分,如图 2-3 所示。该图线表明,当 l 趋近于 0 时,被积函数 $\dfrac{1}{v}$ 将趋近于无穷大,所以在起始段不能进行图解积分。对于这种积分,只能采取近似的方法来处理。这里所采取的方法是,将要求的 t 分成两段来处理,即:

$$t = t' + t'' = t' + \int_{l'}^{l} \dfrac{\mathrm{d}l}{v}$$

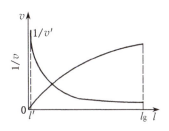

图 2-3 $v-l$ 及 $1/v-l$ 曲线

在计算时首先给定 l',并求出与 l' 相应的 t',然后对给定的 l' 到任一 l 之间进行图解积分,从而求得 t''。所以这种方法的近似性质主要是在 t' 这个量的误差上。

关于 t' 的确定,通常采取 0 到 l' 之间速度的平均值,即:

$$t' = \dfrac{l'}{\dfrac{v'}{2}} = \dfrac{2l'}{v'} \tag{2-31}$$

于是求得:

$$t = \dfrac{2l'}{v'} + \int_{l'}^{l} \dfrac{\mathrm{d}l}{v} \tag{2-32}$$

显然,这种方法的误差在于取平均值 $v'/2$,而且与所取 l' 的大小有关,所取的 l' 越大,误差也将越大。因此,为了尽可能减小误差,就必须在 $v-l$ 曲线中取较小的 l' 值。一般弹道计算的结果表明,当 l' 值取得恰当时,误差是可以不计的。

当计算出 $p-l$、$v-l$、$p-t$ 及 $v-t$ 曲线后,即完成了整个弹道解法的过程。

5. 例题计算

上述解法仅适用于减面燃烧形状的火药。100 mm 加农炮所用的火药,正是单一的管状药,所以我们选取这种火炮进行弹道计算。通过计算结果与实验结果的比较,可以说明解法的准确程度和使用方法。

(1) 起始数据。

已知 100 mm 加农炮火炮结构诸元和装填条件为

  炮膛截面积 $S = 0.818 \text{ dm}^2$

  药室容积 $V_0 = 7.92 \text{ dm}^3$(新火炮为 7.84 dm³)

  弹丸全行程长 $l_g = 47.48 \text{ dm}$

  弹丸质量 $m = 15.6 \text{ kg}$

  挤进压力 $p_0 = 30 \text{ MPa}$

  装药量 $\omega = 5.5 \text{ kg}$

这种火炮的装药结构除了双芳—3 18/1 火药之外,还有 75 g 点火药、175 g 钝感衬纸和 25 g 除铜剂。双芳—3 18/1 火药的尺寸为

  $d = 1.9 \sim 2.3$ mm

$$2e_1 = 1.67 \sim 1.77 \text{ mm}$$
$$2c = 260 \text{ mm}$$

火药的弹道特征量根据密闭爆发器试验结果确定，其中利用铜柱法测出为
$$f = 849.7 \text{ kJ/kg}$$
$$\alpha = 1.1 \text{ dm}^3/\text{kg}$$

利用电阻法测出为
$$f = 948.6 \text{ kJ/kg}$$
$$\alpha = 0.92 \text{ dm}^3/\text{kg}$$

根据弹道计算结果，对于火药形状特征量取为
$$\chi = 1.35, \quad \chi\lambda = -0.35$$

与此相应的压力全冲量和次要功计算系数分别取为
$$I_k = 1.86 \text{ MPa} \cdot \text{s}, \quad \varphi = 1.222$$

火药气体的比热比 k 取 1.20。

对所进行试验的火炮，原来的弹道指标初速 v_0 及最大压力 $p_{m(T)}$ 为
$$v_0 = 900 \text{ m/s}$$
$$p_{m(T)} \leqslant 300 \text{ MPa}$$

在实际进行试验时，火炮已有中等磨损，测出一组的平均初速为
$$v_{0cp} = 886.6 \text{ m/s}$$

下降量为 1.5%。测量压力时，利用电阻法测定 $p-t$ 曲线的同时测量铜柱的最大压力，在此组中的一发试验结果为
$$p_{m(T)} = 283.3 \text{ MPa}$$

下降量为 5.6%，而与铜柱法相对应的电阻法所测出的最大压力则为 334.8 MPa，两者相差达 16%。

为了检验解法的准确程度，不仅仅要检验计算的初速和最大压力与实验值的符合程度，而且还要检验整个 $p-t$ 曲线的符合程度。因此，在本例题中不论是密闭爆发器所测出的常量还是符合计算所取的常量，都是以电阻测压法的数据为基础的。

(2) 弹道计算。

根据以上的起始数据，分别进行以下各时期的弹道计算。

① 前期弹道计算如表 2-2 所示。

表 2-2　前期弹道计算

顺　序	应　用　公　式	数　值　计　算
1	$\Delta = \dfrac{\omega}{V_0}$	$\dfrac{5.5}{7.92} = 0.694\ 5 (\text{kg/dm}^3)$

续表

顺序	应用公式	数值计算
2	$\psi_0 = \dfrac{\dfrac{1}{\Delta} - \dfrac{1}{\rho_p}}{\dfrac{f}{p_0} + \alpha - \dfrac{1}{\rho_p}}$	$\dfrac{\dfrac{1}{0.6945} - \dfrac{1}{1.6}}{\dfrac{948\,000}{20\,000} + 1.0 - \dfrac{1}{1.6}} = 0.01671$
3	$\sigma_0 = \sqrt{1 + 4\dfrac{\lambda}{\chi}\psi_0}$	$\sqrt{1 - 4\dfrac{0.35}{1.35^2} \times 0.01671} = 0.9936$
4	$Z_0 = \dfrac{2\psi_0}{\chi(1+\sigma_0)}$	$\dfrac{2 \times 0.1671}{1.35 \times 1.9936} = 0.01242$

应该说明的是,在求弹道解时,点火药、钝感衬纸和除铜剂对起始装填密度的影响可以忽略不计,而当它们形成气体之后的影响,可以归纳为余容的增加,所以可将 $\alpha = 0.92$ dm³/kg 增加到 1.0 dm³/kg 进行计算。此外,根据这种火炮具体磨损情况,我们取挤进压力为 20 MPa,点火压力忽略不计,可以看作抵消药室的热散失影响。

② 第一时期各常数的计算如表 2-3 所示。

表 2-3 第一时期各常数的计算

顺序	常数	数值	顺序	常数	数值
1	$x_k = 1 - Z_0$	0.9876	8	$\gamma = \dfrac{B_1 \psi_0}{K_1^2}$	0.005425
2	$K_1 = \chi\sigma_0$	1.3413	9	$l_0 = \dfrac{V_0}{S}$	9.68
3	$\dfrac{SI_k}{\varphi m} = v'_k$	800.2 m/s	10	$\alpha = \dfrac{l_0 \Delta}{\delta_1}$	2.521
4	$B = \dfrac{S^2 I_k^2}{f\omega\varphi m}$	2.34	11	$l_\Delta = l_0 \Delta\left(\dfrac{1}{\Delta} - \dfrac{1}{\rho_p}\right)$	5.480
5	$B_1 = \dfrac{B\theta}{2} - \chi$	0.584	12	$x_m = \dfrac{K_1}{\dfrac{B(1+\theta) - 2\chi}{1 + \dfrac{p_m}{f\delta_1}}}$	0.4210
6	$\dfrac{B}{B_1}$	4.007			
7	$\dfrac{B_1}{K_1}$	0.4354	(p_m 取 335 MPa)		

根据以上所作出的弹道解,理论值与实验值的比较如表 2-4、图 2-4 所示。

表 2-4 实验值与理论值的比较

项目	p_m /MPa	t_m /ms	v_g /(m·s⁻¹)	t_g /ms	p_g /MPa
计算值	334.2	5.43	885.6	11.7	92.1
实验值	334.8	5.25	886.6	10.5	91.5

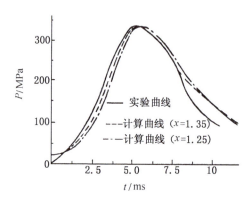

图 2-4 100 mm 加农炮的实验曲线与计算曲线的对比

比较以上的数据以及 $p-t$ 曲线表明,除了计算的 $p-t$ 曲线有 1.2 ms 的时间延迟之外,所有 p_m、t_m、v_g 及 t_g 各诸元以及整个 $p-t$ 曲线都符合得较好,这就表示,对于这种火炮火药所取的火药常量,利用这种解法可以给出较准确的结果。在计算 $p-t$ 曲线时,前期的时间没有计及在内。

③ 第一时期各诸元的计算如表 2-5 所示。

④ 第二时期各诸元的计算如表 2-6 所示。

2.2.2 多孔火药的弹道解法

现在制式火炮大部分都采用多孔火药。其中多数为 7 孔药,也有少数是 14 孔药。对一些大口径高膛压火炮甚至还出现了 19 孔药。这种情况表明多孔火药广泛应用是火炮装药发展的一个重要趋势。显然,随着多孔火药的发展,多孔火药的弹道解法比减面形状火药的弹道解法就具有更重要的意义。

1. 前期

同减面火药解法的情况一样,根据已知的装填条件分别计算出以下三诸元:

$$\begin{cases} \psi_0 = \dfrac{\dfrac{1}{\Delta} - \dfrac{1}{\rho_p}}{\dfrac{f}{p_0} + \alpha - \dfrac{1}{\rho_p}} \\ \sigma_0 = \sqrt{1 + 4\dfrac{\lambda}{\chi}\psi_0} \\ Z_0 = \dfrac{\sigma_0 - 1}{2\lambda} = \dfrac{2\psi_0}{\chi(\sigma_0 + 1)} \end{cases} \quad (2\text{-}33)$$

2. 增面燃烧阶段

同减面火药的解法相比较,在基本方程方面的差别,也仅仅是形状函数中的 λ 的符号而已。减面火药的 λ 为负号,多孔火药的 λ 为正号,因此,以这些基本方程所作出的弹道

第2章 内弹道方程组的解法

表 2-5 第一时期各诸元的计算

原始公式	顺序	计算顺序	0.01	0.05	0.10	0.20	0.30	最大压力 0.4210	0.50	0.60	0.70	0.80	0.90	燃烧结束
	1	x	0.01	0.05	0.10	0.20	0.30	0.4210	0.50	0.60	0.70	0.80	0.90	0.987 6
$v_k = 800.2$ m/s	2	$v = v_k x$ m/s	8.0	40.0	80.0	160.0	240.0	337.0	400.1	480.1	560.1	690.2	720.2	790.6
$K_1 = 1.3413$	3	$K_1 x$	0.013 4	0.067 1	0.134 1	0.268 3	0.402 4	0.564 3	0.670 7	0.804 9	0.938 9	1.073 0	1.207 2	1.324 7
$\chi = -0.35$	4	$-\chi x^2$	0.000 0	0.000 9	0.003 5	0.014 0	0.031 5	0.062 0	0.087 5	0.126 0	0.171 5	0.224 0	0.283 5	0.341 4
	5	ψ_0	0.016 7	0.016 7	0.016 7	0.016 7	0.016 7	0.016 7	0.016 7	0.016 7	0.016 7	0.016 7	0.016 7	0.016 7
$\psi = \psi_0 + K_1 x + \chi x^2$	6	ψ	0.030 1	0.082 9	0.147 3	0.271 0	0.387 6	0.519 0	0.599 9	0.695 6	0.784 1	0.865 7	0.940 4	1.000 0
	7	$\psi + \psi_0$	0.046 8	0.099 6	0.164 0	0.287 7	0.404 3	0.535 7	0.616 6	0.712 3	0.800 8	0.882 4	0.957 1	1.016 7
	8	$\overline{\psi}$	0.023 4	0.049 8	0.082 0	0.143 9	0.202 2	0.267 8	0.308 3	0.356 2	0.400 4	0.441 2	0.478 6	0.508 4
	9	l_Δ	5.480	5.480	5.480	5.480	5.480	5.480	5.480	5.480	5.480	5.480	5.480	5.480
$\alpha = 2.521$	10	$\alpha\overline{\psi}$	0.059	0.126	0.206	0.363	0.510	0.675	0.777	0.898	1.009	1.112	1.207	1.282
	11	$l_{\overline{\psi}} = l_\Delta - \alpha\overline{\psi}$	5.421	5.354	5.274	5.117	4.970	4.805	4.703	4.582	4.471	4.368	4.273	4.198
	12	l_Δ	5.480	5.480	5.480	5.480	5.480	5.480	5.480	5.480	5.480	5.480	5.480	5.480
	13	$\alpha\psi$	0.076	0.209	0.389	0.683	0.977	1.309	1.510	1.754	1.977	2.182	2.371	2.521
	14	$l_\psi = l_\Delta - \alpha\psi$	5.404	5.271	5.091	4.797	4.503	4.171	3.970	3.726	3.503	3.298	3.109	2.959
$\beta = \dfrac{B_1}{K_1} x = 0.435\ 4x$	15	β	0.004 4	0.021 8	0.043 5	0.087 1	0.130 6	0.183 3	0.217 8	0.261 2	0.304 8	0.348 3	0.391 9	0.430 0
$\gamma = 0.005\ 425$	16	$\log Z_x^{-1}$	0.001 1	0.005 8	0.014 0	0.032 7	0.052 7	0.078 7	0.096 9	0.121 0	0.146 7	0.147 0	0.203 5	0.231 1
$\dfrac{B}{B_1} = 4.007$	17	$\dfrac{B}{B_1} \log Z_x^{-1}$	0.004 4	0.022 2	0.056 1	0.121 0	0.211 2	0.315 4	0.388 3	0.484 9	0.587 7	0.697 1	0.815 2	0.926

续表

原始公式	顺序	计算顺序												燃烧结束
查 $\log Z_x^{-1}$ 的表	18	$Z_x^{\frac{B}{B_1}}$	1.010 3	1.052 5	1.138	1.321	1.626	2.067	2.445	3.054	3.870	4.978	6.535	8.434
	19	$Z_x^{\frac{B}{B_1}}-1$	0.010 3	0.052 5	0.138	0.321	0.626	1.067	1.445	2.054	2.870	3.978	5.535	7.434
	20	$l=l_\psi(Z_x^{\frac{B}{B_1}}-1)$	0.056	0.281	0.690	1.642	3.111	5.128	6.797	9.404	12.83	17.38	24.18	31.20
	21	l_ψ	5.404	5.271	5.091	4.797	4.503	4.171	3.970	3.726	3.503	3.298	3.109	2.959
	22	$l+l_\psi$	5.460	5.552	5.781	6.439	7.641	9.299	10.77	13.13	16.33	20.68	27.29	34.16
	23	ψ	0.030 1	0.082 9	0.154 3	0.271 0	0.387 6	0.517 0	0.599 9	0.695 6	0.784 1	0.865 7	0.940 4	1.000 0
	24	$-\dfrac{B\theta}{2}x^2$	0.000 0	0.000 6	0.002 3	0.009 4	0.021 1	0.041 5	0.058 5	0.084 2	0.115 0	0.149 8	0.189 5	0.228 3
	25	$\psi-\dfrac{B\theta}{2}x^2$	0.030 1	0.082 3	0.152 0	0.261 6	0.366 5	0.477 5	0.541 4	0.611 4	0.669 1	0.715 9	0.750 9	0.771 7
$\dfrac{f\omega}{S}=6.378\times10^5$	26	$p=\dfrac{f\omega}{S}\dfrac{\psi-\dfrac{B\theta}{2}x^2}{l+l_\psi}$	35.9	96.5	171.1	264.4	313.3	334.2	327.2	303.0	266.7	225.2	179.1	147.0
	27	$(1/v)\times10^4$	125	25.0	12.5	6.25	4.16	2.97	2.50	2.08	1.79	1.45	1.39	1.27
$t=\dfrac{2l'}{v}+\int_{t'}^{t}\dfrac{dl}{v}$ (其中 $2l'/v'$ 即 $x=0.01$ 的平均时间)	28	t/ms	1.40	2.46	3.40	4.08	4.71	5.43	5.86	6.48	7.13	7.87	8.84	9.77

表 2-6 第二时期各诸元的计算

原始公式	顺序	计算顺序			炮口
$p = p_k \left(\dfrac{l_1+l_k}{l_1+l}\right)^{1+\theta}$	1	l	37.00	42.00	47.48
$p = p_k \eta^{1+\theta}$	2	l_1	2.96	2.96	2.96
$p_k = 147.0$ MPa	3	$l+l_1$	39.96	44.96	50.44
	4	$\dfrac{l_k+l_1}{l+l_1} = \eta$	0.854 8	0.759 8	0.677 2
	5	$\log \eta$	0.931 9−1	0.880 7−1	0.870 7−1
			−0.068 1	−0.119 3	−0.169 3
	6	$(1+\theta)\log \eta$	−0.081 7	−0.143 1	−0.203 2
			0.918 3−1	0.856 9−1	0.796 8−1
	7	$\eta^{1+\theta}$	0.828 5	0.702 8	0.626 3
	8	$p = p_k \eta^{1+\theta}$	1 218	1 058	921
$v_j = \sqrt{\dfrac{2gf\omega}{\theta \varphi q}} = 1\,655$ m/s	9	$\theta \log \eta$	−0.013 6	−0.023 9	−0.033 9
$v = v_j \sqrt{1 - \eta^\theta \left[1 - \dfrac{B\theta}{2}(1-Z_0)^2\right]}$			0.986 4−1	0.976 1−1	0.966 1−1
	10	η^θ	0.969 2	0.946 5	0.925 0
	11	$1 - \dfrac{B\theta}{2}(1-Z_0)^2$	0.771 7	0.771 7	0.771 7
	12	$\eta^\theta \left[1 - \dfrac{B\theta}{2}(1-Z_0)^2\right]$	0.747 8	0.730 3	0.713 7
	13	$1 - \eta^\theta \left[1 - \dfrac{B\theta}{2}(1-Z_0)^2\right]$	0.252 2	0.269 7	0.286 3
	14	$v/(\text{m}\cdot\text{s}^{-1})$	831.0	859.4	885.6
	15	$(1/v) \times 10^4$	1.20	1.16	1.13
	16	t/ms	10.49	11.08	11.71

解,必须体现出这样的特点。从整个数学过程来讲,多孔火药同前面减面燃烧火药的解法一样,取 $x = Z - Z_0$ 作为自变量,先后解出 v、φ、l 及 p 的函数式。

现在我们按减面燃烧火药相同的数学过程,作出这一阶段的弹道解。

(1) 解出 v 的函数为

$$v = \frac{SI_{k1}}{\varphi m} x \tag{2-34}$$

式中 $I_{k1} = \dfrac{e_1}{u_1}$,而 e_1 则代表多孔火药增面燃烧阶段厚度的一半。

(2) 解出 ψ 的函数为

$$\psi = \psi_0 + K_1 x + \chi\lambda x^2 \tag{2-35}$$

(3) 解 l 的函数。

同减面燃烧火药的情况一样，对 l_ψ 取平均值时，则给出如下的积分：

$$\ln \frac{l + l_{\bar{\psi}}}{l_{\bar{\psi}}} = \int_0^x \frac{Bx\,\mathrm{d}x}{\psi_0 + K_1 x - B_1 x^2}$$

式中

$$B_1 = \frac{B\theta}{2} - \chi\lambda$$

对于减面燃烧火药而言，由于 λ 是负号，则不论 λ 的绝对值如何，B_1 总是正号，在这种条件下给出的 l 解为

$$l = l_{\bar{\psi}}(Z^{-\frac{B}{B_1}} - 1) \tag{2-36}$$

式中 Z 是 β 和 γ 的函数，$\beta = \frac{B_1}{K_1}x$，$\gamma = \frac{B_1\psi_0}{K_1^2}$，而 $b = \sqrt{1 + 4\gamma}$，故：

$$Z = \left(1 - \frac{2}{b+1}\beta\right)^{\frac{b+1}{2b}} \left(1 + \frac{2}{b-1}\beta\right)^{\frac{b-1}{2b}}$$

但是这个弹道解不能完全应用于增面燃烧形状火药，这是因为这类火药的 λ 是正号，因而根据 $\chi\lambda$ 同 $\frac{B\theta}{2}$ 的数值差别，有可能使 B_1 出现以下三种不同的情况：

① 当 $\chi\lambda < \frac{B\theta}{2}$ 时，则 $B_1 > 0$，这种情况下的 l 解应该同上述减面燃烧火药的完全一样。

② 当 $\chi\lambda = \frac{B\theta}{2}$ 时，则 $B_1 = 0$，根据这个特点，以上的积分应该表示为

$$\int_0^x \frac{Bx\,\mathrm{d}x}{\psi_0 + K_1 x} = \frac{B\psi_0}{K_1^2}[x' - \ln(1 + x')]$$

式中 $x' = \frac{K_1}{\psi_0}x$。

③ 当 $\chi\lambda > \frac{B\theta}{2}$ 时，则 $B_1 < 0$，在这种情况下，以上的积分就应该表示为

$$\int_0^x \frac{Bx\,\mathrm{d}x}{\psi_0 + K_1 x + B_1' x^2} = \frac{B}{B_1'}\int_0^\beta \frac{\beta'\,\mathrm{d}\beta'}{\gamma' + \beta' + \beta'^2} = \frac{B}{B_1'}\lg Z_x'$$

式中 $B_1' = \chi\lambda - \frac{B\theta}{2}$，$\beta' = \frac{B_1'}{K_1}x$，$\gamma' = \frac{B_1'\psi_0}{K_1^2}$，而 Z_x' 的函数则应表示为

$$Z_x' = \left(1 + \frac{2}{b'+1}\beta'\right)^{\frac{b'+1}{2b'}} \left(1 - \frac{2}{b'-1}\beta'\right)^{\frac{b'-1}{2b'}}$$

其中

$$b' = \sqrt{1 - 4\gamma'}$$

在现有的一般多孔火药装填条件下，多属于第三种情况。从已知的 γ 以 β 值按下式

解出 l。

$$l = l'_\psi [Z_x'^{\frac{B}{B_1}} - 1] \tag{2-37}$$

④ 根据已知的 l，按下式解出压力：

$$p = \frac{f\omega}{S} \frac{\psi_0 + K_1 x + B_1 x^2}{l + l_\psi} \tag{2-38}$$

式中

$$l_\psi = l_0 \left[1 - \frac{\Delta}{\rho_p} - \Delta\left(\alpha - \frac{1}{\rho_p}\right)\psi\right]$$

根据以上各函数式，从 $x=0$ 到 $x=x_s=1-Z_0$ 之间的各 x 值，分别解出各相应的 v、ψ、l 及 p 值，即得到第一阶段的弹道解。

关于最大压力，应该出现在增面燃烧阶段，同减面燃烧火药的情况一样，用如下公式计算 x_m，即：

$$x_m = \frac{K_1}{\dfrac{B(1+\theta)}{1+\dfrac{p_m}{f\delta_1}} - \chi\lambda}$$

所不同的仍然在于其中 λ 是正号。

在第一阶段解出了与 $x_s = 1 - Z_0$ 相应的各状态量之后，即以这些状态量作为起始条件解下一阶段的弹道。

3. 减面燃烧阶段

增面燃烧阶段之后，药粒分裂，开始进行减面燃烧。

在减面燃烧阶段，一般多孔火药虽然具有两种不同形状和尺寸的药粒，但可近似地用如下统一的形状函数来表示，即：

$$\psi = \chi_s \xi (1 - \lambda_s \xi)$$

式中 ξ 即代表已燃的相对厚度。

$$\xi = \frac{e}{e_1 + \rho}$$

其中

$$e_1 \leqslant e \leqslant e_1 + \rho$$

而 ρ 则为分裂后药粒的最小尺寸，对于标准的 7 孔药而言：

$$\rho = 0.295\,6\left(\frac{d_0}{2} + e_1\right)$$

至于形状函数中的 χ_s 及 $\chi_s \lambda_s$，则根据分裂瞬间燃烧结束点的条件式：

$$\left.\begin{array}{l}\psi_s = \chi_s \xi_s (1 - \lambda_s \xi_s) \\ 1 = \chi_s (1 - \lambda_s)\end{array}\right\}$$

解出 χ_s 及 $\chi_s \lambda_s$ 为

$$\left.\begin{array}{c}\chi_s=\dfrac{\psi_s-\xi_s^2}{\xi_s-\xi_s^2}\\[2mm]\chi_s\lambda_s=\chi_s-1\end{array}\right\}$$

确定出这一阶段的形状函数及火药形状特征量之后,采用如下的基本方程,即可作出这一阶段的弹道解。

$$\psi_s=\chi_s\xi(1-\lambda_s\xi)$$

$$\frac{\mathrm{d}e}{\mathrm{d}t}=u_1 p$$

$$Sp=\varphi m\frac{\mathrm{d}v}{\mathrm{d}t} \quad \text{或} \quad Sp=\varphi mv\frac{\mathrm{d}v}{\mathrm{d}l}$$

$$Sp(l+l_\psi)=f\omega\psi-\frac{\theta}{2}\varphi mv^2$$

式中

$$l_\psi=l_0\left[1-\frac{\Delta}{\delta}-\Delta\left(\alpha-\frac{1}{\delta}\right)\psi\right]$$

应该指出,由于这一阶段是上一阶段的继续,所以上一阶段结束点就是这一阶段的起始条件。我们即以这样的起始条件进行这一阶段的弹道解。

(1) v 的解析式。

将燃烧速度方程和弹丸运动方程联立,并进行如下的积分:

$$\int_{v_{k1}}^{v}\mathrm{d}v=\frac{SI_s}{\varphi m}\int_{\xi_s-Z_0}^{\xi-Z_0}\mathrm{d}\xi$$

求得与 ξ 相对应的速度 v

$$v-v_{k1}=\frac{SI_s}{\varphi m}(\xi-\xi_s)$$

式中

$$I_s=\frac{e_1+\rho}{u_1} \quad v_{k1}=\frac{SI_s}{\varphi m}(\xi_s-Z_0)$$

于是求得这一阶段的速度方程为

$$\frac{v}{v_{k1}}=\frac{\xi-Z_0}{\xi_s-Z_0} \tag{2-39}$$

(2) Λ 或 l 的解析式。

将弹丸运动方程和内弹道基本方程联立,得到如下的微分方程:

$$\frac{\mathrm{d}l}{l+l_\psi}=\frac{\varphi mv\mathrm{d}v}{f\omega\left(\psi-\dfrac{\theta\varphi m}{2f\omega}v^2\right)}$$

式中 l_ψ 由于在减面燃烧阶段,火药已接近全部烧完,所以这一阶段 ψ 的变化对 l_ψ 所产生的影响很小,完全可以将 l_ψ 当作常量来处理。

$$l_\psi=l_1=l_0(1-\alpha\Delta)$$

于是,令 $\Lambda=\dfrac{l}{l_0}$, $\Lambda_1=\dfrac{l_1}{l_0}$,并略去 Z_0 的影响而将 v 和 ψ 分别以 ξ 的函数代入上式,得:

$$\frac{\mathrm{d}\Lambda}{\Lambda+1-\alpha\Delta}=\frac{B_2\xi\mathrm{d}\xi}{\chi_s\xi-\chi_s\lambda_s\xi^2-\dfrac{B_2\theta}{2}\xi^2}$$

式中 B_2 即代表这一阶段的装填参量。

$$B_2=\frac{S^2 I_s^2}{f\omega\varphi m}$$

如果令

$$\overline{B}_2=\frac{B_2}{\chi_s\lambda_s},\qquad \overline{\xi}=\lambda_s\xi$$

再进行如下的积分：

$$\int_{\Lambda_{k1}}^{\Lambda}\frac{\mathrm{d}\Lambda}{\Lambda+1-\alpha\Delta}=\int_{\overline{\xi}_s}^{\overline{\xi}}\frac{\overline{B}_2\mathrm{d}\overline{\xi}}{1-\left(1+\dfrac{\overline{B}_2\theta}{2}\right)\overline{\xi}}$$

积分后，得到如下的解：

$$\frac{\Lambda+1-\alpha\Delta}{\Lambda_{k1}+1-\alpha\Delta}=\left[\frac{1-\left(1+\dfrac{\overline{B}_2\theta}{2}\right)\overline{\xi}}{1-\left(1+\dfrac{\overline{B}_2\theta}{2}\right)\overline{\xi}_s}\right]^{-\dfrac{\overline{B}_2}{1+\dfrac{\overline{B}_2\theta}{2}}} \qquad (2-40)$$

令

$$L=\left[1-\left(1+\dfrac{\overline{B}_2\theta}{2}\right)\overline{\xi}\right]^{-\dfrac{\overline{B}_2}{1+\dfrac{\overline{B}_2\theta}{2}}}$$

当 θ 一定时，L 仅是 $\overline{B}_2$ 和 $\overline{\xi}$ 的函数，我们可以编成 $L=f(\overline{B}_2,\overline{\xi})$ 的辅助函数表，从已知的 $\overline{B}_2$、$\overline{\xi}_s$ 及 $\overline{\xi}$，则可分别求出 L 及 L_s，从而解出 Λ 及 l。

（3）p 的解析式。

解出了 Λ 或 l 之后，直接代入下式，即可求出与 ξ 相应的压力值。

$$p=f\Delta\frac{\psi-\dfrac{B_2\theta}{2}(\xi-Z_0)^2}{\Lambda+\Lambda_1} \qquad (2-41)$$

当减面燃烧阶段结束时，我们以 $\xi=1$ 分别代入以上各式，即求出燃烧结束点的状态量 v_{k2}、Λ_{k2} 及 p_{k2}。

4. 第二时期

这一时期是绝热膨胀过程，同减面火药的解法一样，以燃烧结束点状态量作为起始条件，按下式解出压力和初速度：

$$\left.\begin{array}{l}p=p_{k2}\left(\dfrac{\Lambda_1+\Lambda_{k2}}{\Lambda_1+\Lambda}\right)^{1+\theta}\\[2mm] v=v_j\sqrt{1-\left(\dfrac{\Lambda_1+\Lambda_{k2}}{\Lambda_1+\Lambda}\right)^{\theta}\left(1-\dfrac{v_{k2}^2}{v_j^2}\right)}\end{array}\right\} \qquad (2-42)$$

2.2.3 混合装药的弹道解法

前面两小节所讨论的解法,就火药组成来讲,都属于单一装药。但实际应用中,有时还需要采用两种或两种以上不同类型的火药所组成的装药,这种装药称为混合装药。

混合装药主要用于榴弹炮。根据战术要求,榴弹炮的射程应该有大幅度变动,而且还要给出较大的落角,以保证弹丸的杀伤效果。显然,为了达到这样的要求,对于同一门火炮而言,就必须根据射程的不同采取不同的初速,而不同的初速又只能用不同的装药量才能得到。在这种情况下,如果仍用单一装药,虽然可以用减少装药量的方法来减小初速,但是随着装药量的减少,火药燃烧结束点将向炮口方向移动以致在炮口外燃烧结束,从而使得初速不能稳定,这种情况在内弹道设计中应该避免,但是如果采用不同厚度火药所组成的混合装药就有可能解决这样的问题。

除了榴弹炮之外,在靶场上进行火炮性能试验时,也常需要应用混合装药,例如在试验炮身及弹体强度时,我们就必须在保持初速不变的条件下将最大压力提高 10%～15%;而在试验炮架强度时,又必须在保持最大压力不变的条件下将初速提高 20%。显然,对于这些试验,仅用单一装药是不可能达到目的,而必须利用混合装药。例如对于前一种试验,我们可以在减少原装药量的情况下用一部分较薄的火药代替正常装药的方法来解决;对于后一种情况,我们又可以在增加原装药量的情况下用一部分较厚的火药代替正常装药的方法来解决。

如上所述,混合装药既然在内弹道中得到了广泛的应用,而且同单一装药比起来又有一定的弹道特点,因此也必然有适应这种装药情况的弹道解法。

通常混合装药由两种不同类型火药所组成,这里即以这类混合装药为典型,建立起内弹道模型,但容易推广到 n 种火药所组成的混合装药。

设有药量为 ω_1 和 ω_2 两种火药组成的混合装药,它们的厚度、形状系数、燃速系数及火药力都分别表示为 e_{11} 和 e_{12},$\chi_1\lambda_1$ 和 $\chi_2\lambda_2$,u_{11} 和 u_{12},f_1 和 f_2。

若 ω 为装药的总质量,则:

$$\omega = \omega_1 + \omega_2$$

如令

$$\alpha_1 = \omega_1/\omega; \quad \alpha_2 = \omega_2/\omega$$

分别表示薄、厚火药在总药量中所占的分数,显然有:

$$\alpha_1 + \alpha_2 = 1$$

当将火药在某一瞬间的已燃部分分别记为 ψ_1 及 ψ_2,则总药量的已燃部分 ψ 应表示为

$$\psi = \frac{\omega_1\psi_1 + \omega_2\psi_2}{\omega} = \alpha_1\psi_1 + \alpha_2\psi_2 \tag{2-43}$$

当设 Z_1 和 Z_2 分别表示两种火药的相对已燃厚度:

$$Z_1 = e_1/e_{11}; \quad Z_2 = e_2/e_{12}$$

则有(为简化起见,用两项式表示):

$$\psi_1 = \chi_1 Z_1 (1 + \lambda_1 Z_1); \qquad \psi_2 = \chi_2 Z_2 (1 + \lambda_2 Z_2)$$

由于下标 1 标志的是薄火药,且有 $e_{12} > e_{11}$,所以当薄火药先燃尽后,$\psi_1 = 1$。式(2-43)应改为

$$\psi = \alpha_1 + \alpha_2 \psi_2$$

直到 $\psi_2 = 1$,$\psi \equiv 1$,则转入火药全部燃尽后的情况,仍然采用式(2-25)所表示的第二时期方程组。

大部分混合装药中,通常两种火药之间的理化性能所导致的燃速系数和火药力差别并不显著,对前者可假设 $u_{11} = u_{12}$,对后者则取如下混合火药力作为两种火药火药力的统一取值。

$$f = \alpha_1 f_1 + \alpha_2 f_2$$

根据式(2-43)表示的混合装药燃气生成函数,及混合火药力和 $u_{11} = u_{12}$ 的假设,可以得到形式上同单一装药相似的内弹道模型,差别只是薄、厚火药有其各自的形状函数以及有薄火药燃气和厚火药燃气两个边界条件要考虑。

$$\begin{cases} \psi = \alpha_1 \psi_1 + \alpha_2 \psi_2 \\ \psi_1 = \chi_1 Z_1 (1 + \lambda_1 Z_1) \quad Z_1 = \dfrac{e}{e_{11}} \leqslant 1 \\ \psi_2 = \chi_2 Z_2 (1 + \lambda_2 Z_2) \quad Z_2 = \dfrac{e}{e_{12}} \leqslant 1 \\ \dfrac{\mathrm{d}e}{\mathrm{d}t} = u_1 p, u_{11} = u_{12} = u_1 \\ \varphi m \dfrac{\mathrm{d}v}{\mathrm{d}t} = Sp \\ Sp(l + l_\psi) = f \omega \psi - \dfrac{\theta \varphi m v^2}{2} \end{cases} \quad (2\text{-}44)$$

上述混合装药模型是在 $n = 1$ 及采用二项式形状函数写出的,更一般的情形在第 1 章中已经讨论,这里不再重复。

此外,当两种火药同时燃烧时,则混合装药的燃气生成速率由式(2-43)可得:

$$\frac{\mathrm{d}\psi}{\mathrm{d}t} = \alpha_1 \frac{\mathrm{d}\psi_1}{\mathrm{d}t} + \alpha_2 \frac{\mathrm{d}\psi_2}{\mathrm{d}t}$$

已知在几何燃烧定律及正比燃速定律的假定条件下,可有:

$$\frac{\chi}{I_k} \sigma = \alpha_1 \frac{\chi_1 \sigma_1}{I_{k1}} + \alpha_2 \frac{\chi_2 \sigma_2}{I_{k2}}$$

两种不同火药的药形如果差别不大,可以近似认为

$$\chi \sigma \approx \chi_1 \sigma_1 \approx \chi_2 \sigma_2$$

可以得到混合装药的相当压力全冲量 I_k 为

$$\frac{1}{I_k} = \frac{\alpha_1}{I_{k1}} + \frac{\alpha_2}{I_{k2}} \tag{2-45}$$

该公式在混合装药的内弹道设计中,将应用于薄、厚火药厚度或压力全冲量的确定。

就弹道解法而言,混合装药也同样可以用单一装药的分析解法来处理,只不过火药的特征量是混合装药的特征量。由于混合装药有厚火药和薄火药的差别,因此在同一压力变化规律条件下,这两种火药的燃烧结束时间有迟、早的差别,这种差别也正反映出混合装药解法过程的特点,而使混合装药解法比单一装药有更多的阶段性,只要我们掌握了各阶段的特点,就能很容易在单一装药解法的基础上建立混合装药的解法。具体求解过程如下:

1. 前期

这一时期的解法同单一装药的情况一样,是从已知的挤进压力 p_0 按以下三式分别解出以下三个诸元。

$$\left. \begin{aligned} \psi_0 &= \frac{\frac{1}{\Delta} - \frac{1}{\delta}}{\frac{f}{p_0} + \alpha - \frac{1}{\delta}} \\ \sigma_0 &= \sqrt{1 + 4\frac{\lambda}{\chi}\psi_0} \\ Z_{02} &= \frac{2\psi_0}{\chi(1+\sigma_0)} \end{aligned} \right\} \tag{2-46}$$

当然由于是两种厚度不同的火药同时燃烧,所以式中 χ 及 λ 为混合装药的形状特征量。

2. 第一时期

根据单一装药解法的各种基本假设,这一时期仍然有如下的各基本方程,所不同的仅仅是采用了混合装药的 ψ、χ 及 λ 各量,以及以厚火药表示的 Z_2 量。

$$\left. \begin{aligned} \psi &= \chi Z_2 + \chi\lambda Z_2^2 \\ \frac{de}{dt} &= u_1 p \\ Sp &= \varphi m \frac{dv}{dt} \quad \text{或} \quad Sp = \varphi m v \frac{dv}{dl} \\ Sp(l+l_\psi) &= f\omega\psi - \frac{\theta}{2}\varphi m v^2 \end{aligned} \right\} \tag{2-47}$$

正如前面所指出,由于两种火药的厚度不同,因而它们的燃烧结束时间和位置也各不相同,薄火药先燃完,厚火药后燃完,因此,这一时期又明显地区分为如下两个不同阶段进行求解。

(1) 薄火药燃完之前的阶段。

同单一装药的解法一样,我们取 $x = Z_2 - Z_{02}$ 为自变量,从而求出以 x 为函数的 v、ψ、l 及 p 各解:

$$\left. \begin{aligned} v &= \frac{SI_{k2}}{\varphi m}x \\ \psi &= \psi_0 + k_1 x + \chi\lambda x^2 \\ l &= l_{\bar{\psi}}(Z_x^{-\frac{B}{B_1}} - 1) \\ p &= \frac{f\omega}{S}\frac{\psi - \frac{B\theta}{2}x^2}{l + l_\psi} \end{aligned} \right\} \qquad (2\text{-}48)$$

显然,所有这些弹道解的方程同单一装药解法的完全一样,根据 x 的定义,它的变化范围应该是从前期的结束瞬间 $x=0$ 开始一直到薄火药燃完为止的 $x_{k(1)} = Z_{k1} - Z_{02}$,在这两个量范围之内取不同的 x 值,按以上的方程分别进行计算即可求得这一阶段的弹道解,而其中薄火药的燃烧结束诸元 $v_{k(1)}$、$\psi_{k(1)}$、$l_{k(1)}$ 及 $p_{k(1)}$ 即作为下一阶段的起始条件。

(2) 厚火药单独燃烧阶段。

现在我们即以上一阶段所给出的 $v_{k(1)}$、$\psi_{k(1)}$、$l_{k(1)}$ 及 $p_{k(1)}$ 作为起始条件,根据方程组(2-47)导出这一阶段的弹道解。

首先,我们导出的速度方程仍然为

$$v = \frac{SI_{k2}}{\psi m}x \qquad (2\text{-}49)$$

所不同的仅仅是这里 x 的变化范围是从薄火药燃烧结束的 $x_{k(1)}$ 到厚火药燃烧结束时的 $x_{k(2)} = 1 - Z_{02}$。

其次,我们导出这一阶段的 $\psi = f(Z_2)$ 函数式。

由于薄火药已经燃完,所以式(2-43)中的 $\psi_1 = 1$,于是该式即应表示为

$$\psi = \alpha_1 + \alpha_2(\chi_2 Z_2 + \chi_2\lambda_2 Z_2^2) \qquad (2\text{-}50)$$

将 $Z_2 = x + Z_{02}$ 代入,则得:

$$\psi = \psi_{0(2)} + k_{1(2)}x + \alpha_2\chi_2\lambda_2 x^2 \qquad (2\text{-}51)$$

式中 $\psi_{0(2)} = \alpha_1 + \alpha_2(\chi_2 Z_{02} + \chi_2\lambda_2 Z_{02}^2)$,$k_{1(2)} = \alpha_2\chi_2(1 + 2\lambda_2 Z_{02})$。

同单一装药解法一样,导出下面的微分方程:

$$\frac{\mathrm{d}l}{l_\varphi + 1} = \frac{\varphi m v \mathrm{d}v}{f\omega\left(\psi - \frac{\theta\varphi m}{2f\omega}v^2\right)} \qquad (2\text{-}52)$$

将以上 v 和 ψ 以 x 的函数代入,并进行如下的积分:

$$\int_{l_{k(1)}}^{l} \frac{\mathrm{d}l}{l_\psi + l} = \int_{x_{k(1)}}^{x} \frac{Bx\,\mathrm{d}x}{\psi_{0(2)} + k_{1(2)}x - B_{1(2)}x^2} \qquad (2\text{-}53)$$

式中 $B = \frac{S^2 I_{k2}^2}{f\omega\varphi m}$,$B_{1(2)} = \frac{B\theta}{2} - \alpha_2\chi_2\lambda_2$。

同样地,结果对左边的积分取 $l_{\bar{\psi}}$,积分后得:

$$\ln \frac{l_{\bar{\psi}}+l}{l_{\bar{\psi}}+l_{k(1)}} = \ln(Z^{\frac{B}{B_{1(2)}}} \cdot Z_{0(2)}^{\frac{B}{B_{1(2)}}}) \tag{2-54}$$

从而求得弹丸行程为

$$l = (l_{\bar{\psi}}+l_{k(1)})Z_{0(2)}^{\frac{B}{B_{1(2)}}} \cdot Z^{-\frac{B}{B_{1(2)}}} - l_{\bar{\psi}} \tag{2-55}$$

式中 $Z_{0(2)}^{\frac{B}{B_{1(2)}}}$ 对第二阶段的任何点而言都是常数,它是 γ 及 $\beta_{(2)}$ 的函数,而

$$\beta_{(2)} = \frac{B_{1(2)}}{k_{1(2)}} x_{k(1)}$$

最后根据已知的 v、ψ 及 l,按下式计算出与 x 相应的压力:

$$p = \frac{f\omega}{S} \frac{\psi - \frac{B\theta}{2}x^2}{l+l_\psi} \tag{2-56}$$

已知厚火药的燃烧结束点为 $x_{k(2)}=1-Z_{02}$,以 $x_{k(2)}$ 值代入以上各式,即分别求出 $v_{k(2)}$、$l_{k(2)}$、$p_{k(2)}$ 各状态量,这也表示混合装药第一时期结束的诸元。

至于最大压力的计算问题,在这样的混合装药情况下,一般说来最大压力总是出现在第一阶段。因此,我们应该在这一阶段取最大压力的条件式 $\frac{\mathrm{d}p}{\mathrm{d}l}=0$ 进行计算。

当厚火药燃完之后即进入第二时期,不过这一时期的解法同单一装药的情况完全相同,这里就不再叙述。

§2.3 梅逸尔—哈特简化解法

2.3.1 简化假设及方程组

梅逸尔—哈特在内弹道方程组假设的基础上,作了进一步简化,主要包括:
(1) 挤进压力为零,即火药燃烧的同时,弹丸就开始运动。
(2) 燃气余容与单位质量装药的初始体积相等。
(3) 燃烧过程中火药燃烧面积不变。

在以上简化假设基础上,内弹道方程组(2-1)可表达为

$$\begin{cases} \psi = z \\ \dfrac{\mathrm{d}z}{\mathrm{d}t} = \dfrac{p}{I_k} \\ Sp = \varphi m \dfrac{\mathrm{d}v}{\mathrm{d}t} \\ \dfrac{\mathrm{d}l}{\mathrm{d}t} = v \\ Sp(l+l_1) = f\omega\psi - \dfrac{\theta}{2}\varphi m v^2 \end{cases} \tag{2-57}$$

式中
$$l_1 = l_0(1-\alpha\Delta)$$

2.3.2 求解过程

1. 第一时期

在第一时期求解过程中,取 ψ 为自变量。由式(2-57)中的第 2 式和第 3 式消去 $p\mathrm{d}t$ 项,考虑到 $\mathrm{d}z = \mathrm{d}\psi$,则有:

$$\mathrm{d}v = \frac{SI_\mathrm{k}}{\varphi m}\mathrm{d}\psi$$

积分上式,得:

$$v = \frac{SI_\mathrm{k}}{\varphi m}\psi \tag{2-58}$$

再由式(2-57)中的第 3 式和第 4 式可得:

$$Sp\mathrm{d}l = \varphi mv\mathrm{d}v$$

此式与式(2-57)中的第 5 式相比较得出:

$$\frac{\mathrm{d}l}{l+l_1} = \frac{\varphi mv\mathrm{d}v}{f\omega\left(\psi - \frac{\theta\varphi m}{2f\omega}v^2\right)}$$

代入式(2-58)式,并令

$$B = \frac{S^2 I_\mathrm{k}^2}{f\omega\varphi m} \tag{2-59}$$

则有:

$$\frac{\mathrm{d}l}{l+l_1} = B\frac{\mathrm{d}\psi}{1-\frac{B\theta}{2}\psi}$$

积分上式整理后,得:

$$l = l_1\left\{\left[1\Big/\left(1-\frac{B\theta}{2}\psi\right)^{\frac{2}{\theta}}\right]-1\right\} \tag{2-60}$$

参量 B 称为装填参量。对于指数燃速公式的情况,装填参量应写成:

$$B = \frac{S^2 e_1^2}{f\omega\varphi m\overline{u}_1^2}(f\Delta)^{2(n-1)} \tag{2-61}$$

将式(2-58)、式(2-60)代入式(2-57)中的第 5 式整理后可得:

$$p = \frac{f\omega}{Sl_1}\psi\left(1-\frac{B\theta}{2}\psi\right)^{1+\frac{2}{\theta}} \tag{2-62}$$

若令

$$p_1 = \frac{f\omega}{Sl_1} = \frac{f\omega}{V_0 - \alpha\omega}$$

则有：
$$p = p_1\left(\psi - \frac{B\theta}{2}\psi^2\right)\left(1 - \frac{B\theta}{2}\psi\right)^{\frac{2}{\theta}} \tag{2-63}$$

综上所述，式(2-58)、式(2-60)、式(2-62)三式给出了第一时期参量 v、l、p 随 ψ 的变化规律的关系式。如果三式中消去 ψ，并令

$$y = \frac{l}{l_1}$$

则可导得 v、p 与 y 的关系式：

$$v = \frac{2f\omega}{\theta S I_k}\left[1 - \frac{1}{(1+y)^{\frac{\theta}{2}}}\right] \tag{2-64}$$

$$p = p_1 \frac{2}{B\theta}\{1 - [1/(1+y)^{\frac{\theta}{2}}]\}\frac{1}{(1+y)^{\frac{\theta}{2}+1}} \tag{2-65}$$

最大膛压点的位置与数值应是第一时期解的重要结果。利用上式对 l 微分，并令

$$\frac{dp}{dl} = 0$$

可得：

$$1 + \frac{l_m}{l_1} = \left[(1+\theta)\Big/\left(1+\frac{\theta}{2}\right)\right]^{\frac{\theta}{2}} \tag{2-66}$$

$$p_m = \frac{p_1}{B}\frac{1}{1+\theta}\left[\left(1+\frac{\theta}{2}\right)\Big/(1+\theta)\right]^{\frac{2+\theta}{\theta}} \tag{2-67}$$

由式(2-67)可以看出，最大膛压值仅与 p_1、B、θ 三个参数有关。

令 $\psi = 1$，则可求得火药燃烧结束时的速度、行程和膛压值，即：

$$\begin{cases} v_k = \dfrac{S I_k}{\varphi_m} \\ l_k = l_1\left\{\left[1\Big/\left(1-\dfrac{B\theta}{2}\right)^{\frac{2}{\theta}}\right] - 1\right\} \\ p_k = p_1\left(1 - \dfrac{B\theta}{2}\right)^{1+\frac{2}{\theta}} \end{cases} \tag{2-68}$$

这里用下角标 k 来表示燃烧结束点的参考量值。

2. 第二时期

第二时期是火药燃气继续绝热膨胀并推动弹丸做功的时期。从基本方程式(2-57)出发，不难推得这时期弹丸速度随行程变化的关系式为

$$v = v_j\sqrt{1 - \left(\frac{l_1 + l_k}{l_1 + l}\right)^{\theta}\left(1 - \frac{B\theta}{2}\right)} \tag{2-69}$$

式中 v_j 为弹丸极限速度；而压力关系式为

$$p = \frac{f\omega}{S}\frac{1 - \left(\dfrac{v}{v_j}\right)^2}{l + l_1} \tag{2-70}$$

当 $l=l_g$ 时，即可得到炮口的弹道诸元。

§2.4 数值解法

2.4.1 量纲为1的内弹道方程组

对于一般形式的内弹道方程组，微分方程是非线性的，只有通过数值方法求解，求解的过程主要包括：

(1) 对选用的内弹道数学模型进行处理，使量纲为1。
(2) 选用适当的数值求解方法。
(3) 编制和调试计算机程序。
(4) 上机计算。

通常采用的内弹道模型是多孔火药情况，即：

$$\left.\begin{aligned}
&\psi=\begin{cases}\chi Z(1+\lambda Z+\mu Z^2) & (Z<1)\\ \chi_s \dfrac{Z}{Z_k}(1+\lambda_s \dfrac{Z}{Z_k}) & (1\leqslant Z<Z_k)\\ 1 & (Z\geqslant Z_k)\end{cases}\\
&\dfrac{\mathrm{d}Z}{\mathrm{d}t}=\begin{cases}\dfrac{u_1}{e_1}p^n & (Z<Z_k)\\ 0 & (Z\geqslant Z_k)\end{cases}\\
&v=\dfrac{\mathrm{d}l}{\mathrm{d}t}\\
&Sp=\varphi m\dfrac{\mathrm{d}v}{\mathrm{d}t}\\
&Sp(l+l_\psi)=f\omega\psi-\dfrac{\theta}{2}\varphi m v^2
\end{aligned}\right\} \quad (2\text{-}71)$$

其中，$l_\psi=l_0\left[1-\dfrac{\Delta}{\rho_p}-\Delta\left(\alpha-\dfrac{1}{\rho_p}\right)\psi\right]$；$\Delta=\dfrac{\omega}{V_0}$；$l_0=\dfrac{V_0}{S}$；$\chi_s=\dfrac{\psi_s-\xi_s}{\xi_s-\xi_s^2}$；$\lambda_s=\dfrac{1-\chi_s}{\chi_s}$；

$\psi_s=\chi(1+\lambda+\mu)$；$Z_k=\dfrac{e_1+\rho}{e_1}$；$\xi_s=\dfrac{e_1}{e_1+\rho}$。

引入相对变量，使方程组量纲为1。

$$\bar{l}=\dfrac{l}{l_0};\quad \bar{t}=\dfrac{v_j}{l_0}t;\quad \bar{p}=\dfrac{p}{f\Delta};\quad \bar{v}=\dfrac{v}{v_j}$$

式中

$$v_j=\sqrt{\dfrac{2f\omega}{\theta\varphi m}}$$

为编程方便起见，将式(2-71)全部变成量纲为1形式的微分方程组：

$$\begin{cases}
\dfrac{\mathrm{d}\psi}{\mathrm{d}\bar{t}} = \begin{cases} \chi(1+2\lambda Z+3\mu Z^2)\sqrt{\dfrac{\theta}{2B}}\,\bar{p}^n & (Z<1) \\ \dfrac{\chi_s}{Z_k}\left(1+2\lambda_s\dfrac{Z}{Z_k}\right)\sqrt{\dfrac{\theta}{2B}}\,\bar{p}^n & (1\leqslant Z<Z_k) \\ 0 & (Z\geqslant Z_k) \end{cases} \\[4pt]
\dfrac{\mathrm{d}Z}{\mathrm{d}\bar{t}} = \begin{cases} \sqrt{\dfrac{\theta}{2B}}\,\bar{p}^n & (Z<Z_k) \\ 0 & (Z\geqslant Z_k) \end{cases} \\[4pt]
\dfrac{\mathrm{d}\bar{l}}{\mathrm{d}\bar{t}} = \bar{v} \\[4pt]
\dfrac{\mathrm{d}\bar{v}}{\mathrm{d}\bar{t}} = \dfrac{\theta}{2}\bar{p} \\[4pt]
\dfrac{\mathrm{d}\bar{p}}{\mathrm{d}\bar{t}} = \dfrac{l_0}{(\bar{l}+\bar{l}_\psi)v_j}\left[1+\Delta\left(\alpha-\dfrac{1}{\rho}\right)\bar{p}\right]\dfrac{\mathrm{d}\psi}{\mathrm{d}\bar{t}} - \dfrac{1+\theta}{\bar{l}+\bar{l}_\psi}\bar{p}\bar{v}
\end{cases} \quad (2\text{-}72)$$

其中

$$\bar{l}_\psi = 1 - \dfrac{\Delta}{\rho_p} - \Delta\left(\alpha-\dfrac{1}{\rho_p}\right)\psi;\ B = \dfrac{S^2 e_1^2}{f\omega\psi m u_1^2}(f\Delta)^{2(1-n)}$$

在电子计算机求解内弹道方程中,选用什么数值方法十分重要,目前主要采用四阶龙格—库塔法,其优点是计算中步长可任意改变,且不存在计算起步问题,特别适合内弹道循环的计算需求。

2.4.2 龙格—库塔法

对于一阶微分方程组:

$$\begin{cases} \dfrac{\mathrm{d}y_i}{\mathrm{d}x} = f_i(x_1, y_1, y_2, \cdots, y_n) \\ y_i(x_0) = y_{i0} \end{cases} \quad i=1,2,\cdots,n$$

四阶龙格—库塔公式可写成:

$$y_{i,k+1} = y_{i,k} + \dfrac{h}{6}(K_{i1}+2K_{i2}+2K_{i3}+K_{i4}) \quad i=1,2,\cdots,n$$

其中,步长 $h = x_{k+1} - x_k$

$$\begin{cases}
K_{i1} = f_i(x_k, y_{1k}, \cdots, y_{nk}) \\
K_{i2} = f_i\left(x_k+\dfrac{h}{2}, y_{1k}+\dfrac{hK_{11}}{2}, \cdots, y_{nk}+\dfrac{hK_{n1}}{2}\right) \\
K_{i3} = f_i\left(x_k+\dfrac{h}{2}, y_{1k}+\dfrac{hK_{12}}{2}, \cdots, y_{nk}+\dfrac{hK_{n2}}{2}\right) \\
K_{i4} = f_i(x_k+h, y_{1k}+hK_{13}, \cdots, y_{nk}+hK_{n3})
\end{cases} \quad (2\text{-}73)$$

2.4.3 内弹道计算步骤及程序框图

在了解计算模型及计算方法的基础上,可上机编程,一般按以下步骤进行:

1. 输入已知数据

(1) 火炮构造及弹丸诸元：S、V_0、l_g、m。

(2) 装药条件：f、ω、α、ρ_p、θ、u_1、n、e_1、χ、λ、μ、χ_s、λ_s。

(3) 起始条件：p_0。

(4) 计算常数：φ_1、λ_2。

(5) 计算条件：步长 h。

通常全弹道过程划分为 100～200 点即可，可作为确定步长的参考。在程序调试时，可按所选步长及 1/2 步长等进行计算，根据不同步长对结果的影响大小及所需的计算精度，就可获得合理步长的实际经验。

2. 常量计算

$$\varphi = \varphi_1 + \lambda_2 \frac{\omega}{m}; \qquad \Delta = \frac{\omega}{V_0}; \qquad l_0 = \frac{V_0}{S};$$

$$v_j = \sqrt{\frac{2f\omega}{\theta\varphi m}}; \qquad B = \frac{S^2 e_1^2}{f\omega\varphi m u_1^2}(f\Delta)^{2-2n}; \qquad \bar{l}_g = l_g/l_0$$

3. 初值计算

$$\bar{v}_0 = \bar{t}_0 = 0; \qquad \bar{p}_0 = \frac{p_0}{f\Delta}; \qquad \psi_0 = \frac{\frac{1}{\Delta} - \frac{1}{\rho_p}}{\frac{f}{\bar{p}_0} + \left(\alpha - \frac{1}{\rho_p}\right)}$$

$$Z_0 = \left[\sqrt{1 + \frac{4\lambda\psi_0}{\chi}} - 1\right] \Big/ 2\lambda$$

式中 Z_0 是 $\psi(Z)$ 近似用二项式时的计算公式，对于 $\psi(Z)$ 是三项式时，可以近似应用，亦可以用逐次逼近法解三次方程 $\psi_0 = f(Z_0)$ 来确定 Z_0。

4. 弹道循环计算

弹道循环计算中间应包括最大压力搜索、特征点判断等，具体计算方法将在 2.4.4 节中详述。

5. 输出

一般将相对量换算成绝对量后输出成表格及曲线。

相应的主程序框图及龙格—库塔法子程序框图如图 2-5 和图 2-6 所示。

2.4.4 特殊点的计算方法

内弹道曲线中的最大膛压点、火药燃烧分裂点、燃烧结束点、炮口点都被称为特殊点。在这些特殊点中，燃烧分裂点和燃烧结束点的计算精度会影响此后曲线上其他点的值，而最大膛压点和炮口点的计算虽然不影响其他点，但它是解法的主要结果参数，也要求它尽可能地与理论值相接近。下面将介绍这些特殊点计算的处理方法。

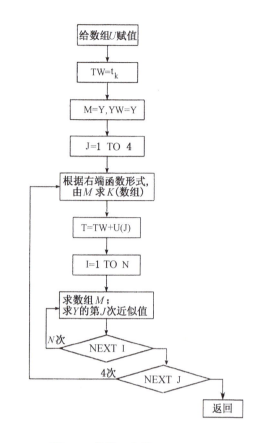

图 2-5　主程序框图　　　　　图 2-6　龙格—库塔法子程序框图

1. 最大压力点值的计算

最大压力点的计算可分为两步。第一步是寻求包括最大压力点的单峰区间,在递推进行的弹道曲线计算过程中,逐点比较前、后两点的压力大小,一旦压力变化从上升变为下降,则取满足 $\bar{p}_i > \bar{p}_{i-1}$, $\bar{p}_i > \bar{p}_{i+1}$ 的 i 点为中心,两倍步长的区域即 $[\bar{t}_{i-1}, \bar{t}_{i+1}]$ 为最大压力点的搜索区间。

第二步是将最大压力位置精确化,搜索的方法也很多,通常的优选方法如爬山法、黄金分割法等均可采用。这里介绍比较可靠实用的黄金分割法,它的基本思想是通过合理地选择计算点,使用较少的函数计算工作量来缩小含有极值区间的长度,直到极值点的存在范围达到允许误差。

在区间的收缩方法上,使用了单峰区间消去原理,由两个函数值比较消去无极值区间。在比较点的位置选择上,此方法把第一个点选在离起点 0.382 区间长的地方,第二点选在它的对称位置即 0.618 区间长位置。这种设置方法能够在每次舍去无极值区间后,保留点始终在新区间的 0.618 或 0.382 长度处,这样,仅需在其对称位置上再作一次计算即可继续进行比较。

在得到最大压力区间的起点 $[\bar{t}_{i-1},\bar{t}_{i+1}]$ 后,假设 $\bar{t}_a=\bar{t}_{i-1}$、$\bar{t}_b=\bar{t}_{i+1}$,计算步骤如下:

(1) 在长度为 $2h$ 的区间中取 0.382、0.618 处的比较点 $\bar{t}_1$、$\bar{t}_2$,计算 $\bar{p}_1$、$\bar{p}_2$ 值。

(2) 比较 $\bar{t}_1$、$\bar{t}_2$ 两点压力值,若 $\bar{p}_1>\bar{p}_2$,则最大压力在 $[\bar{t}_a,\bar{t}_2]$ 内,用 $\bar{t}_2$ 代替 $\bar{t}_b$、$\bar{t}_1$ 代替 $\bar{t}_2$、$\bar{p}_1$ 代替 $\bar{p}_2$,将 $\bar{t}_1$ 替换为新区间 $[\bar{t}_a,\bar{t}_2]$ 内 0.382 处的点,重新计算对应的 $\bar{p}_1$ 值后继续比较;若 $\bar{p}_1<\bar{p}_2$,则最大压力在 $[\bar{t}_1,\bar{t}_b]$ 区间内,用 $\bar{t}_1$ 代替 $\bar{t}_a$、$\bar{t}_2$ 代替 $\bar{t}_1$、$\bar{p}_2$ 代替 $\bar{p}_1$,将 $\bar{t}_2$ 替换为新区间 $[\bar{t}_1,\bar{t}_b]$ 内 0.618 处的点,重新计算对应的 $\bar{p}_2$ 值后继续比较。

(3) 精度判别,决定重复上述步骤还是结束计算。

黄金分割法求最大压力点值的程序框图如图 2-7 所示。

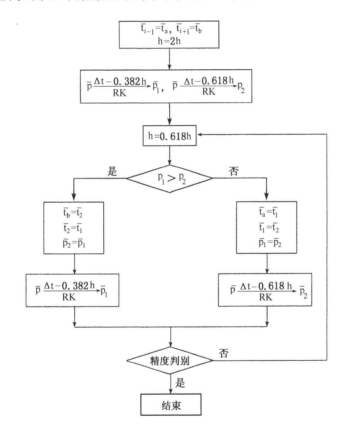

图 2-7 黄金分割法求最大压力点值程序段框图

2. 其他特殊点的计算

从理论上讲,燃烧分裂点、燃烧结束点、炮口点的计算,可由 $y_0(\bar{t})=y_a$ 的条件解出相应的时间 $\bar{t}_a$,然后调整步长,由特殊点前的弹道诸元算出特殊点的诸元,这种方法涉及一个非线性方程的求解问题,运算的工作量较大。这里采用另一种方法,就是直接采用特殊点的特征量作为内弹道方程的自变量,从简单的算术运算求得特殊点的计算步长,从而求得各量值。

以炮口点计算为例,将行程作为自变量,量纲为 1 的微分方程变为

$$\left.\begin{aligned}\frac{\mathrm{d}z}{\mathrm{d}\bar{l}}&=\sqrt{\frac{\theta}{2B}}\,\frac{\bar{p}^n}{\bar{v}}\\ \frac{\mathrm{d}\bar{v}}{\mathrm{d}\bar{l}}&=\frac{\theta}{2\bar{v}}\bar{p}\\ \frac{\mathrm{d}\bar{t}}{\mathrm{d}\bar{l}}&=\frac{1}{\bar{v}}\end{aligned}\right\}$$

计算步骤为

(1) 求炮口点区间：当 $\bar{l}_{i+1}>\bar{l}_g$ 时，取 i 点诸元为炮口点计算的初值。

(2) 炮口点计算：取步长 $\Delta\bar{l}=\bar{l}_g-\bar{l}_i$，使用方程组(2-72)，运用龙格—库塔法直接求出炮口点诸元。

使用上述方法求解特殊点，要在整个计算过程中使用不同的自变量，计算火药燃烧特征点时用相对已燃厚度 z 作自变量，炮口点诸元计算时则用相对行程 $\bar{l}$ 为自变量。为了简化程序，只要将右端函数：

$$K_i=f_i(K_{\bar{l}},K_{\bar{v}},K_{\bar{t}},K_z)$$

乘一系数，即变成：

$$K_i=\frac{1}{K_a}f_i(K_{\bar{l}},K_{\bar{v}},K_{\bar{t}},K_z)$$

这样，自变量与方程组的改变，不会给程序的编制带来太多的麻烦。

2.4.5 计算例题

利用完成的电子计算机编码，对 57 mm 高射炮进行内弹道解法计算，输入的原始数据如表 2-7 所列。

表 2-7 57 mm 高射炮原始数据

符号	数值	单位	符号	数值	单位
ρ_p	1 600	kg/m³	λ	0.12	
ω	1.16	kg	μ	0.0	
f	950	kJ/kg	χ_s	1.696	
θ	0.25		λ_s	$-0.410\,4$	
α	0.001	m³/kg	m	2.8	kg
u_1	5.127×10^{-8}	m/(s·Pa^n)	S	0.002 66	m²
n	0.83		V_0	0.001 51	m³
e_1	0.000 55	m	l_g	3.624	m
d	0.000 55	m	φ	1.168	
χ	0.75		p_0	3×10^7	Pa

计算结果如表 2-8 所示，整理成 $p-t$、$p-l$、$v-t$、$v-l$ 的曲线如图 2-8~图 2-11 所示。实测初速 $v_0=1\,000$ m/s，铜柱测压器测得膛底最大压力为 $p_{m(t)}=300$ MPa，换算到压电测压值为 $p'_{m(t)}=1.12\times300=336$（MPa）。以特殊点值与实验所测结果比较来看吻合较好，说明程序是可用的。

表 2-8 57 mm 高射炮的计算结果

l/dm	t/ms	v/(m·s^{-1})	p/MPa	p_t/MPa	p_d/MPa	ψ	Z
0.03	0.47	17.0	64.4	68.3	56.3	0.045 3	0.060 0
0.19	0.94	51.1	122.4	129.7	106.8	0.089 1	0.117 1
0.55	1.141	110.9	199.8	211.8	174.5	0.160 0	0.208 2
1.27	1.87	199.7	272.1	288.4	237.6	0.261 2	0.334 8
2.46	2.34	309.6	309.4	327.9	270.2	0.385 7	0.485 9
最大压力							
3.08	2.53	355.8	312.5	331.2	272.9	0.438 7	0.548 8
4.18	2.81	425.8	307.3	325.6	268.3	0.520 4	0.644 1
6.44	3.28	536.3	282.5	299.3	246.6	0.654 0	0.796 0
燃烧分裂点							
9.19	3.75	635.9	251.0	265.9	219.1	0.780 2	0.935 3
10.74	3.98	681.5	235.7	249.8	205.8	0.840 9	1.000 0
12.38	4.22	723.1	212.2	224.8	185.3	0.870 1	1.060 0
15.94	4.69	794.6	172.7	183.1	15.8	0.915 7	1.165 8
19.80	5.15	853.2	142.4	150.8	124.3	0.948 6	1.255 4
23.92	5.62	901.8	119.1	126.2	104.1	0.972 4	1.332 2
28.24	6.09	942.8	101.0	107.1	88.2	0.989 9	1.398 8
燃烧结点							
31.61	6.44	969.6	90.0	95.4	78.6	1.000 0	1.443 4
32.74	6.56	977.7	86.5	91.6	75.5	1.000 0	1.443 4
炮口点							
36.24	6.91	1 000.7	76.9	81.5	67.2	1.000 0	1.443 4

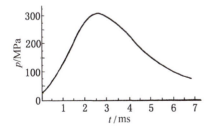

图 2-8 预测的 57 mm 高射炮 $p-t$ 曲线

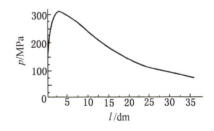

图 2-9 预测的 57 mm 高射炮 $p-l$ 曲线

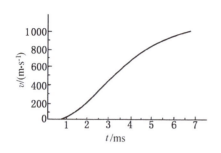

图 2-10　预测的 57 mm 高射炮 $v-t$ 曲线

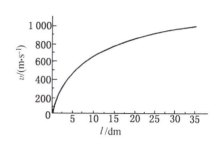

图 2-11　预测的 57 mm 高射炮 $v-l$ 曲线

§2.5　枪内弹道解的特殊问题

枪和炮都属于身管武器,它们都有相同的作用原理和相同的射击现象。但是,由于它们的战技要求不同以及弹道性能方面的差异,习惯上总是以口径为标准将它们区分为两种不同类型的武器。凡是口径在 20 mm 以下的称为枪,在 20 mm 以上的则称为炮。

枪的内弹道模型仍可用方程组(2-1),只是有关系数的取值不同。首先从挤进过程来看,炮弹是通过弹带挤进膛线,而枪弹是以整个弹丸圆柱部全部挤进膛线,因此枪弹挤进压力较高,在静态条件下,挤进压力 p_0 一般取 40~50 MPa,约比炮弹大 20%~30%。

其次是枪的热损失较大。枪为连发需要,一般在侧壁开有导气孔,让部分膛内火药气体进入侧向导气装置,作为自动机的原动力或者作为后坐制退器。这部分火药气体能量损失在枪内弹道计算中,就以次要功系数增大出现。另外,枪发射过程中,弹丸摩擦阻力较大,也增加了热损失,导致次要功系数变大。一般情况下,对于 7.62 mm 步枪,φ_1 可取 1.08~1.10,对于 12.7~14.5 mm 机枪,φ_1 可取 1.06~1.08,它们均比炮的 φ_1 大 5% 左右。

§2.6　内弹道表解法

2.6.1　内弹道相似方程

内弹道方程组经量纲为 1 的变换后,一些火炮弹药系统的特性参量不再单独显含在方程的系数中,而归并成少数的综合参量,因此变换后的模型所作出的各相对量的解,就代表了一定条件下弹道规律的共性,而具体火炮的特性,则体现在这些特性系数中。所以特性系数是共性和特性的转换条件。这种在一定条件下,弹道规律所具有的共性表明,标志弹道特性的弹道量与标志火炮弹药系统具体条件的特性系数之间具有比例关系,这种比例关系就称为弹道的相似性,而以各相对量表示的弹道模型,则称为弹道相似模型。但应指出,同一个内弹道模型所对应的相似模型并不是唯一的,它取决于特性系数的选取,不同的特性系数可以获得形式上不同的相似模型和不同的综合参量。

对内弹道方程组(2-1),如将各特性系数分别取为

$$\left.\begin{aligned}\eta_\mathrm{p} &= \frac{f\omega}{V_0} = f\Delta \\ \eta_\mathrm{V} &= Sl_0 = V_0 \\ \eta_\mathrm{v} &= v_\mathrm{j} = \sqrt{\frac{2f\omega}{\theta\varphi m}} \\ \eta_\mathrm{t} &= \frac{V_0}{Sv_\mathrm{j}}\end{aligned}\right\} \quad (2\text{-}74)$$

相应的量纲为 1 的量取为

$$\left.\begin{aligned}\Pi &= \frac{p}{\eta_\mathrm{p}} \\ \Lambda &= \frac{V}{\eta_\mathrm{V}} \\ \overline{v} &= \frac{v}{\eta_\mathrm{v}} \\ \tau &= \frac{t}{\eta_\mathrm{t}}\end{aligned}\right\} \quad (2\text{-}75)$$

方程组(2-1)可变换成如下的弹道相似方程:

$$\left.\begin{aligned}\psi &= \chi Z(1+\lambda Z+\mu Z^2) \\ \frac{\mathrm{d}Z}{\mathrm{d}t} &= \sqrt{\frac{\theta}{2B}}\,\Pi^n \\ \frac{\mathrm{d}\overline{v}}{\mathrm{d}\tau} &= \frac{\theta}{2}\Pi \\ \Pi(\Lambda+\Lambda_\psi) &= \psi - \overline{v}^2\end{aligned}\right\} \quad (2\text{-}76)$$

起始条件为

$$\tau = 0, \Lambda = 0, \overline{v}_0 = 0, \Pi = \Pi_0 = \frac{p_0}{f\Delta}$$

式中

$$\Lambda_\psi = 1 - \frac{\Delta}{\rho_\mathrm{p}}(1-\psi) - \alpha\Delta\psi$$

$$B = \frac{S^2 I_\mathrm{b}^2}{f\omega\varphi m}(f\Delta)^{2-2n}$$

B 是量纲为 1 的综合参量。因此,当火药的性质、形状和尺寸以及初始条件都一定时,也就是 χ、λ、μ、α、ρ_p、f、k、n 及 p_0 均为定值时,相似方程中共有 Π、Λ、$\overline{v}$、ψ、Z 和 τ 等六个变量和 Δ 及 B 两个综合参量。因此如果取其中的 Λ 为自变量,所有其他各个变量用 X 来代表,则 X 都应为 Λ、Δ 和 B 的函数。

$$X = X_1(\Lambda, \Delta, B) \quad (2\text{-}77)$$

当过程分别进行到最大膛压和火药燃烧结束点时,由于分别增加了 $\frac{\mathrm{d}\Pi}{\mathrm{d}\Lambda}=0$ 及 $\psi=1$ 的条件式,分别可以得到 Λ_m 和 Λ_k 仅是 Δ 和 B 的函数,于是特征点上所有弹道量都是 Δ 和 B 的函数。

$$X_\mathrm{m}=X_\mathrm{m}(\Delta,B) \tag{2-78}$$

$$X_\mathrm{k}=X_\mathrm{k}(\Delta,B) \tag{2-79}$$

火药燃烧结束以后阶段,按同样的方法将方程组(2-76)变换为如下形式:

$$\left.\begin{aligned}\frac{\mathrm{d}\bar{v}}{\mathrm{d}\tau}&=\frac{\theta}{2}\Pi\\ \Pi(\Lambda+\Lambda_1)&=1-\bar{v}^2\end{aligned}\right\} \tag{2-80}$$

式中 $\qquad \Lambda_1=1-\alpha\Delta$

这一阶段取 Λ 为自变量,且以 Π_k、Λ_k、$\bar{v}_\mathrm{k}$ 和 τ_k 作为起始条件,显然各弹道量仍是 Λ、Δ 和 B 的函数,即:

$$X=X_2(\Lambda,\Delta,B) \tag{2-81}$$

通过上述分析表明,只要火药的性质、形状以及挤进压力 p_0 都相同时,若各火炮弹药系统间具有相同的 Δ 和 B,那么就有相同的弹道相对量与 Λ 的变化曲线,即有相同的 $X-\Lambda$ 曲线或相同的 $X-\tau$ 曲线,以及有相同的 X_m 和 X_k。根据不同火炮系统各自的特性系数 η_p、η_V、η_v 和 η_t,就可换算为各自的弹道解。

2.6.2 内弹道表解法简介

应用弹道相似模型,预先对综合参量 Δ 和 B 的一系列值作出 Π、Λ、$\bar{v}$ 及 τ 的解,并以 Δ 和 B 为头标分别编成表格,如 $\Pi-\Lambda$ 压力表、$\bar{v}-\Lambda$ 速度表和 $\tau-\Lambda$ 时间表,总称为内弹道计算表。应用这种表作为工具,求解内弹道问题则称为表解法。

在电子计算机广泛应用前的时代,编制弹道表虽然需要耗费巨大的计算量,但用于日常的弹道计算却非常方便,也可以用来确定有关的协调常量的数值。此外还可以用在给定口径、弹重、初速及最大膛压等条件下进行弹道设计,以确定最佳的炮身尺寸及装药条件。因此在 20 世纪 60 年代以前,弹道表得到了广泛的应用,并出现了多种形式的表。这些表的编制都基于上述的相似原理,所差别的仅仅是特性系数和综合参量的形式,以及为了运用对象不同而取不同的常数值。例如苏联对一般火炮所用的弹道表,较著名的有 ГАУ 表,而对步兵武器则采用温特柴里表。ГАУ 表在我国应用较多,这里以 ГАУ 表为例,说明其编制方法和结构。

编制该表的常量分别取为

$$n=1; f=931.6\ \mathrm{kJ/kg};$$

$$\alpha=1.0\ \mathrm{dm^3/kg}; \rho_\mathrm{p}=1.6\ \mathrm{kg/dm^3};$$

$$k=1.20; \theta=k-1=0.2;$$

$$\chi = 1.06; \chi\lambda = -0.06; \chi\mu = 0;$$
$$p_0 = 30 \text{ MPa}$$

编表的变量并不采用量纲为 1 的量,而是进行了某些变换,如:

$$p = (f\Delta)\Pi; \quad v_T = \sqrt{\frac{2f}{\theta}} \, \overline{v} = \sqrt{\frac{\varphi m}{\omega}} \, v$$

$$t_T = \sqrt{\frac{\theta}{2f}} \, \tau = \frac{1}{l_0}\sqrt{\frac{\omega}{\varphi m}} \, t$$

其目的在于可简化由表值向实际的弹道量转换的计算,由于 f、θ 在编表时是取作常量,因此不难看出,转换后的自变量仍然是 Δ、B 和 Λ 的函数,于是分别编成以表格形式表示的函数关系

$$\begin{cases} v_T = v(\Lambda, \Delta, B) \\ p = p(\Lambda, \Delta, B) \\ t_T = t(\Lambda, \Delta, B) \end{cases} \tag{2-82}$$

式(2-82)分别称之为速度表、压力表和时间表。表中还标有与最大压力 $p_m = p(\Delta, B)$ 相应的 $\Lambda_m, v_{Tm}, t_{Tm}$ 以及与燃烧结束点 $\psi = 1$ 相应的 Λ_k, p_k, v_{Tk} 和 t_{Tk}。以这三个表为基础,又可编制出以 Δ 和 p_m 为头标的 v_T 随 Λ 变化的函数表,在弹道设计中使用尤为方便。

应用这些表,只要已知火炮弹药系统的结构数据和装填条件,就可以计算出表中的头标 Δ 和 B 的值,然后从表中可以查到与各个 Λ 值相对应的 v_T、p 和 t_T 值,再分别换算到与各 l 值相应的 v、p 和 t 的值,从而解出 $v-l$、$p-l$ 及 $v-t$ 和 $p-t$ 等曲线。其中与弹丸全行程长 l_g 相应的 v_g、p_g 及 t_g,即代表弹丸出炮口瞬间的弹道参量。

弹道表虽然是在一定形状和一定性质火药的条件下编制的,然而在实际应用时,它并不完全受这样条件的限制。例如对于以下三种情况,经过适当的修正,同样地可以应用 ΓΑУ 表。

(1) 火药性质不同时的用表方法。

我们已知当火药性质不同时,除了火药力 f 之外,其他与火药性质有关的特征量如 α、ρ_p 和 θ 的变化是不大的,可以不必考虑,而对火药力 f 变化的影响则按下面方法进行修正。

f 的变化与 p 成正比、与 v_T 平方成正比,而与 t_T 平方成反比。所以,当 $f \neq 931.6 \text{ kJ/kg}$ 时,则应用以下的关系式进行修正:

$$\begin{cases} \dfrac{p'}{p} = \dfrac{f'}{f} \\ \dfrac{v_T'}{v_T} = \sqrt{\dfrac{f'}{f}} \\ \dfrac{t_T'}{t_T} = \sqrt{\dfrac{f}{f'}} \end{cases} \tag{2-83}$$

除这个关系外,f 的变化对 B 的数值还有影响,故用表时 B 也要用 $f \neq 931.6 \text{ kJ/kg}$ 的数

值进行计算。

(2) 多孔火药的用表方法。

编制 ГАУ 表所用的火药形状特征量 $\chi=1.06$ 及 $\chi\lambda=-0.06$,相当于带状药、管状药这类简单形状减面燃烧火药,因此,这样的表就不能适用于增面燃烧的多孔火药。但从实践中总结出,标准的七孔药按下式把火药厚度转换成带状药的相当厚度:

$$(2e_1)_{带状}=\frac{10}{7}(2e_1)_{七孔} \tag{2-84}$$

如果用这样的药厚计算出对应的 I_k 并利用 ГАУ 表求解,所解出的最大压力和初速的数值可以近似地符合实际情况,但所得的 $P-l$、$v-l$ 曲线有较大的误差。特别是这种方法不能把多孔火药燃烧的增面阶段和减面阶段表现出来,因此,用 ГАУ 表解出的 Λ_k 数值完全失去了其原有的物理意义。

(3) 混合装药的用表方法。

ГАУ 表是以单一装药为基础编制的表,因此不能简单地直接来解决混合装药的弹道问题。但是,如果我们将混合装药的形状特征量取与 ГАУ 表相同的值,并利用混合原理来确定混合的压力全冲量,这样就可以将混合装药当作单一装药,从而就可利用 ГАУ 表近似地解混合装药的弹道问题了。

为此,我们将(2.43)式对时间微分,求得混合装药的气体生成速率:

$$\frac{d\psi}{dt}=\alpha_1\frac{d\psi_1}{dt}+\alpha_2\frac{d\psi_2}{dt}$$

根据气体生成速率的公式:

$$\frac{d\psi}{dt}=\frac{\chi}{I_k}\sigma P$$

得到下式:

$$\frac{\chi}{I_k}\sigma=\alpha_1\frac{\chi_1}{I_{k_1}}\sigma_1+\alpha_2\frac{\chi_2}{I_{k_2}}\sigma_2$$

在应用 ГАУ 表的情况下,火药形状特征量为 1.06,$\chi\lambda=-0.06$,从而可以认为

$$\chi\sigma\approx\chi_1\sigma_1\approx\chi_2\sigma_2\approx 1$$

于是求得混合的压力全冲量 I_k 为

$$I_k=\frac{I_{k_1}I_{k_2}}{\alpha_1 I_{k_2}+\alpha_2 I_{k_1}} \tag{2-85}$$

这就求得了相当于单一装药的 I_k,这个 I_k 数值在实际火药中是不存在的。根据式中所计算的 I_k,混合装药量 ω 以及混合火药力 f 等起始量又可计算出相当于单一装药的 Δ 及 B。

$$\Delta=\frac{\omega}{V_0}, B=\frac{S^2 I_k^2}{f\omega\varphi m}$$

然而再利用 ГАУ 表就可以直接作出相当于单一装药的混合装药弹道解。

按照以上所述混合装药的表解法,很明显,它是不可能给出正确弹道解的,特别是火

药燃烧结束位置的解更是如此。这是因为混合装药中的不同厚度火药有不同的燃烧结束位置,只有这样才能体现出混合装药的特点。而以单一装药来代替混合装药所作出的弹道解就不可能体现出这样的特点。它所解出的火药燃烧结束位置仅仅代表薄火药和厚火药燃烧结束值的中间值,这实际上是不存在的。但是实践证明,利用ГАУ表来解混合装药的弹道问题,虽然不能给出正确的压力曲线和速度曲线,然而所解出的最大压力和初速还能近似地符合实际情况,这也正是能够利用ГАУ表解混合装药弹道问题的一个主要依据。当然,严格说来,混合装药表解法的结果只能看成是初步的,最后仍然需要利用分析解法进行核算,来确定正确的火药燃烧结束位置。

在20世纪50年代至70年代之间,ГАУ表在我国曾得到相当广泛的应用。从ГАУ表的应用实践表明,使用表解法进行弹道计算虽然简便,但是受表格篇幅的限制,编表时所取的火药特性常量,如药形系数、燃速指数等对各种性质和形状的火药都取同一规定值,从而使得燃烧规律以及相应的弹道规律产生程度不等的误差,所以一般情况下,表解法计算曲线与实测的弹道曲线有差异是难免的。20世纪70年代以后,随着电子计算机技术的发展,在模型的解法程序中,所有常量可以作为输入数据,而随不同火药进行调整,因之可能提供更为准确的弹道解,逐步代替了原有的表解法。

§2.7 装填条件变化对内弹道性能影响及最大压力和初速的修正公式

2.7.1 装填条件变化对内弹道性能的影响

在研究武器的弹道性能中,不仅需要研究整个弹道曲线的变化规律,而且还要着重研究其中的某些主要弹道状态量,如最大压力及其出现的位置、初速和火药燃烧结束位置等内弹道状态量,这些量都标志着不同性质的弹道特性,并具有不同的实际意义,例如最大压力及其出现的位置就直接影响到身管强度设计问题;初速的大小又直接体现了武器的射击性能;而火药燃烧结束位置则标志着火药能量的利用效果。因此掌握它们的变化规律是有重要意义的。当然在这些量之中最大压力和初速尤为重要,所以在研究装填条件的变化对弹道性能的影响问题时,主要是指对最大压力和初速的影响。

装填条件包括火药的形状、装药量、火药力、火药的压力全冲量、弹丸质量、药室容积、挤进压力、拔弹力和点火药量等,下面我们分别研究它们的变化对弹道性能的影响。

(1) 火药形状变化的影响。

装填条件中火药形状的变化通常是由于两种不同原因引起的:一种是为了改善弹道性能,有目的地改变药形;另一种是由工艺过程所造成的,如:孔的偏心、碎药、端面的偏斜、药体弯曲、切药毛刺等偏差。此外还有火药燃烧过程中着火的不一致性等原因。所有这些因素都将影响标志火药形状特征量 χ 发生变化。在减面燃烧火药形状的情况下,χ

越大即表示火药燃烧减面性越大,压力曲线的形状变得越陡峭。在其他条件都不变情况下,χ 的增加,使最大压力增加,火药燃烧结束较早,从而使初速有所增加。但 χ 的变化,对 p_m、l_m、v_g 和 l_k 这四个量的影响程度并不相同。现以 100 mm 加农炮为例,利用恒温解法计算,以 $\chi=1.7$ 的弹道解为基准,与其他不同 χ 的弹道解进行比较,其结果如表 2-9 所示。

表 2-9 χ 变化对内弹道性能的影响

χ	$\Delta\chi/\%$	p_m/MPa	$\Delta p_m/\%$	l_m/m	$\Delta l_m/\%$	$v_g/(\mathrm{m\cdot s^{-1}})$	$\Delta v_g/\%$	l_k/m	$\Delta l_k/\%$
1.632	-4	316	-5.3	0.470	$+3.7$	875.6	-1.2	3.237	$+5.5$
1.666	-2	325	-2.6	0.461	$+1.8$	881.2	-0.61	3.152	$+2.8$
1.70	0	334	0	0.453	0	886.6	0	3.067	0
1.734	$+2$	344	$+2.8$	0.444	-1.96	891.8	$+0.59$	2.989	-2.5
1.768	$+4$	353	$+5.5$	0.436	-3.7	896.0	$+1.1$	2.914	-5.0

由表 2-9 可以看出,随着 χ 的增加,p_m 增加很快,v_g 增加很慢,而 l_m 和 l_k 都相应地减少。

应当指出,χ 的概念虽然是由几何燃烧定律引入的,但是由于几何燃烧定律的偏差,实际的 χ 值并不是几何尺寸的理论计算值,而是代表火药形状各种因素影响弹道性能的一个综合量。正由于 χ 对弹道性能有着十分敏感的影响,因而在实践中必须注意火药形状的选择、工艺条件的控制、工艺方法的改进以及合理设计装药结构等,以达到改善火炮弹道性能的目的。

(2) 装药量变化对内弹道性能的影响。

装药量的变化是经常遇到的,例如每批火药出厂时为满足武器膛压和初速的要求,总是采取选配装药量的方法,以达到所要求的初速或膛压的指标,因此掌握装药量变化对各弹道性能的影响有很大的实际意义。

从理论上分析,装药量的增加实际就是火药气体总能量的增加,因此在其他条件不变情况下,将使最大压力和初速增加。但是由于装药量的变化对最大压力的影响比对初速的影响大,所以随着装药量的增加,最大压力增加比初速增加要快。表 2-10 举出了 85 mm 高炮的实验结果。

表 2-10 装药量的变化对 p_m 和 v_0 的影响

ω/kg	$v_{0cp}/(\mathrm{m\cdot s^{-1}})$	p_{mcp}/MPa
3.855	989.1	309
3.930	1 000.7	316
4.005	1 018.3	342
4.080	1 033.8	362

最大压力对装药量的变化比对速度的变化要敏感得多,因此为了提高武器的初速,我们就不能单纯地采取增加装药量的方法。否则将会使最大压力过高。

(3) 火药力变化对内弹道性能的影响。

火药力的变化常常是由于采用不同成分的火药所引起的,例如就 5/7 火药而言,由于硝化棉的含氮量不同,就有 5/7 高、5/7 和 5/7 低三种不同牌号,因此它们所表现的弹道性能也各不相同。

已知火药力的增加实际上就是火药能量的增加。从弹道方程组中看出,由于火药力 f 和装药量 ω 总是以总能量 $f\omega$ 这样的乘积形式出现,因此变化 f 和变化 ω 具有相同的弹道效果,其差别也仅仅是两者对余容项的影响不同。ω 的变化可以引起余容项变化,而 f 的变化则与余容项无关。但是余容项的变化对各弹道性能的影响一般说来是不显著的,所以可以认为变化 f 和变化 ω 对弹道诸元的影响没有什么差别。下面以 76 mm 加农炮为例,计算火药力变化对各弹道性能的影响如表 2-11 所示。

表 2-11 火药力 f 的变化对内弹道性能的影响

$f/(\text{kJ} \cdot \text{kg}^{-1})$	l_m/m	p_m/MPa	l_k/m	η_k	$v_\text{g}/(\text{m} \cdot \text{s}^{-1})$	p_g/MPa
900	0.281	244	1.888	0.72	656.7	51
1 000	0.310	299	1.409	0.54	704.8	56
1 100	0.332	364	1.105	0.42	750.1	60
1 200	0.345	439	0.899	0.34	792.9	65

数据表明,火药力对最大压力和火药燃烧结束位置的影响比对初速的影响要显著得多。

(4) 火药压力全冲量对内弹道性能的影响。

火药压力全冲量 I_k 的变化包括两种情况,一种是火药厚度 e_1 的变化,另一种是燃烧速度系数 u_1 的变化。根据气体生成速率公式:

$$\frac{\text{d}\psi}{\text{d}t} = \frac{\chi}{I_\text{k}} \sigma p$$

表明 $\text{d}\psi/\text{d}t$ 与 I_k 成反比。所以在其他装填条件不变的情况下,I_k 越小,$\text{d}\psi/\text{d}t$ 越大,则压力上升越快,从而使最大压力和初速增加,而燃烧结束则相应地较早。现以 76 mm 加农炮为例,计算不同 I_k 值对各弹道性能影响如表 2-12 所示。

表 2-12 压力全冲量 I_k 的变化对内弹道性能的影响

$I_\text{k}/(\text{MPa} \cdot \text{s})$	l_m/m	p_m/MPa	l_k/m	η_k	$v_\text{g}/(\text{m} \cdot \text{s}^{-1})$
0.594	0.307	284	1.275	0.49	674.4
0.601	0.300	275	1.375	0.53	671.2

续表

I_k/(MPa·s)	l_m/m	p_m/MPa	l_k/m	η_k	v_g/(m·s^{-1})
0.609	0.205	267	1.478	0.57	667.8
0.625	0.288	251	1.733	0.67	660.6
0.633	0.820	244	1.887	0.72	656.7
0.647	0.274	233	2.167	0.83	650.2
0.660	0.271	222	2.497	0.96	643.4

表 2-12 数据清楚地表明，p_m 及 l_k 对于火药厚度的变化具有较大的敏感性，而对初速的影响则较小。为了能够在允许的最大压力下获得较高的初速，必须选用具有适当压力全冲量的火药，从而获得所需要的弹道性能。但由于火药在生产过程中，每批火药不论是几何尺寸还是理化性能都在一定范围内散布，因而火药的压力全冲量也不是一个恒定值。不同批数的火药，其压力全冲量 I_k 不一定相同，因而通常利用调整装药量的方法来消除因火药性能的不一致所产生的弹道偏差。

最后还应指出一点，火药的燃烧速度与温度有关，随着药温的变化，燃烧速度也会相应变化，从而导致压力全冲量变化。所以 I_k 对各弹道诸元影响的变化规律也反映了药温对各弹道诸元影响的规律。

（5）弹丸质量变化对内弹道性能的影响。

弹丸在加工过程中，由于公差的存在，因而弹丸质量的不一致性是不可避免的。弹丸质量的变化同样也会影响到各弹道诸元的变化。很明显，弹丸质量的增加就表示弹丸的惯性增加，其结果必然使最大压力增加、初速减小。在其他条件不变时，计算 76 mm 加农炮弹丸质量变化对各弹道诸元的影响如表 2-13 所示。

表 2-13 弹丸质量变化对内弹道性能的影响

m/kg	l_m/m	p_m/MPa	l_k/m	η_k	v_g/(m·s^{-1})
6.55	0.228	244	1.887	0.72	656.7
6.65	0.285	248	1.801	0.69	654.1
6.75	0.288	252	1.722	0.66	651.5
6.85	0.291	256	1.648	0.63	648.9
6.95	0.294	260	1.579	0.61	646.3
7.05	0.297	264	1.576	0.58	643.8

数据表明，随着弹丸质量的增加，最大压力增加而初速减小，燃烧结束位置也随着减小。85 mm 高炮的实验给出了类似的结果如表 2-14 所示。

表 2-14 85 mm 火炮的实验数据

m/kg	v_{0cp}/(m·s^{-1})	p_{mcp}/MPa
8.8	1 013.6	304
9.3	1 000.7	316
9.8	986.7	328
10.3	971.9	344

在实际射击中,为了修正弹丸质量变化对弹道诸元的影响,通常都将弹丸按不同质量分级。以标准弹丸质量为基础,凡相差(2/3)%划为一级,其分级的标志如下:

$-3\% \sim -2\frac{1}{3}\%$ $----$　　　　$+\frac{1}{3}\% \sim +1\%$ 　　$+$

$-2\frac{1}{3}\% \sim -1\frac{2}{3}\%$ $---$　　　　$+1\% \sim +1\frac{2}{3}\%$ 　　$++$

$-1\frac{2}{3}\% \sim -1\%$ $--$　　　　$+1\frac{2}{3}\% \sim +2\frac{1}{3}\%$ 　　$+++$

$-1\% \sim -\frac{1}{3}\%$ $-$　　　　$+2\frac{1}{3}\% \sim +3\%$ 　　$++++$

$-\frac{1}{3}\% \sim +\frac{1}{3}\%$ 　　$\pm$

其中,"$-$"号表示轻弹的标号;"$+$"号表示重弹的标号;"$\pm$"号表示弹丸质量散布的中值。在射击时,为了提高射击精度,一般射表中都会给出弹丸质量影响和修正值。

(6) 药室容积变化对弹道性能的影响。

药室容积变化也是经常会遇到的。例如测量火炮膛内压力时,需在药室中加入测压弹,从而引起了药室容积的减小;又如火炮在使用过程中逐渐磨损,也必然使得药室容积扩大。当然,火炮磨损所产生的弹道影响是复杂的,除了使药室容积加大外,还会产生使挤进压力降低等现象。药室容积的这种变化即表示气体自由容积的增大,必然引起各弹道诸元的相应变化,例如 85 mm 高炮在其他装填条件不变情况下,药室容积的变化对 p_m 和 v_0 影响的实验结果如表 2-15 所示。

表 2-15 药室容积变化对 p_m 和 v_0 的影响

V_0/m^3	v_{0cp}/(m·s^{-1})	p_{mcp}/MPa
5.624×10^{-3}	1 001	—
5.519×10^{-3}	1 008	336
5.449×10^{-3}	1 013	349
5.379×10^{-3}	1 016	356

(7) 挤进压力变化对弹道性能的影响。

挤进压力 p_0 虽然不属于装填条件,却是一个弹道的起始条件,它的变化对弹道性能也有一定的影响。引起挤进压力变化的原因有很多,其中包括火炮膛线起始部和弹带的结构,在使用过程中的磨损和其他各种复杂因素。为了说明挤进压力对弹道性能的影响,现以 76 mm 加农炮为例,在其他条件都不变的情况下,用不同的挤进压力计算出各弹道诸元如表 2-16 所示。

表 2-16 挤进压力变化对内弹道性能的影响

p_0/MPa	p_m/MPa	l_k/m	η_k	v_g/(m·s^{-1})
10	203	2.438	0.94	623.3
20	224	2.128	0.82	645.8
30	244	1.897	0.73	656.7
40	263	1.691	0.65	665.9
50	281	1.528	0.59	674.0
60	293	1.390	0.53	681.1

不难理解,挤进压力的增加即表示弹丸开始运动瞬间的压力增加,因而在弹丸运动之后,压力增长得也较快,使最大压力增加和燃烧结束较早,从而使初速也相应增加,如表 2-16 所示。就挤进压力对弹道性能的影响而言,我们应该从两方面来看:挤进压力的增加引起最大压力增加,这是不利的;但是可以改善点火条件,使点火燃烧达到更好的一致性,又是有利的。因此,即使对于滑膛炮,也需要一定的启动压力。

(8) 拔弹力变化对弹道性能的影响。

弹丸同弹壳或药筒之间相结合的牢固程度取决于拔弹力的大小,而拔弹力的大小又与口径、射速和装填方式等因素有关,如表 2-17 所示。

表 2-17 口径和射速对拔弹力大小的影响

火炮口径	射速/(n·min^{-1})	拔弹力/N
37 mm 高炮	160~180	9 000~12 000
57 mm 高炮	105~120	>35 000
100 mm 高炮	16~17	>20 000

不论从运输保管还是从使用上讲,具有一定的拔弹力都是必要的。如果拔弹力过小,弹丸可能因药筒分离导致火药流失,特别是在连续发射过程中易产生弹头脱落,甚至造成事故。所以不论枪弹还是定装式炮弹,对拔弹力都有一定要求。

从表 2-18 数据看出,增加拔弹力将使最大压力和初速增加,而前者又比后者增加的显著得多,这是因为拔弹力虽然不同于挤进压力,但拔弹力的变化将直接影响挤进压力的变化，从而影响各弹道诸元，这两者影响的弹道效果是类似的，所以在弹药装配过程中，应尽可能保持拔弹力的一致，否则易造成初速的分散。

表 2-18　枪弹拔弹力对膛压初速的影响

拔弹力/N	$v_0/(\mathrm{m\cdot s^{-1}})$	$p_\mathrm{m}/\mathrm{MPa}$
100	825	262
200	836	284
300	847	308

2.7.2　最大压力和初速的修正公式

内弹道模型的计算机程序，虽然可以通过输入不同装填条件的数据，得到相应的弹道解，作为研究各装填条件对弹道影响的依据，但是在火炮、弹药的生产部门或验收单位，为了检验火炮、弹药的性能所进行的内弹道靶场试验过程中，装填条件仅限于在小范围内变动。在这种情况下，经常需要应用形式简单的公式，以迅速方便地估计出装填条件的某个变化对弹道诸元所产生的影响，这种公式经常采用的是微分修正系数的形式：

$$\left.\begin{aligned}\frac{\Delta p_\mathrm{m}}{p_\mathrm{m}}&=m_x\frac{\Delta x}{x}\\ \frac{\Delta v_0}{v_0}&=l_x\frac{\Delta x}{x}\end{aligned}\right\} \tag{2-86}$$

式中　x 代表某个装填条件，如弹重 m、装药量 ω、火药能量特征量 f 等。在保持其他装填条件都一定的情况下，仅仅 x 发生变化，则 m_x 及 l_x 即分别代表 x 变化所导致最大膛压和初速变化的敏感系数，或称修正系数。显然，系数的符号表明装填条件 x 的变化与相应弹道量的变化方向是否一致，一致则为正号，否则为负；其数值的大小则标志影响的程度。当各个装填条件变化相互独立时，则多种装填条件同时变动所导致的最大膛压和初速的变化可表示为分别作用的代数和。例如苏联靶场曾应用的 ИКОПЗ 公式即这种形式，它给出了装药量、火药厚度、药室容积、弹丸质量、火药的挥发物含量及药温等因素的综合修正公式：

$$\left.\begin{aligned}\frac{\Delta p_\mathrm{m}}{p_\mathrm{m}}&=2\frac{\Delta\omega}{\omega}-\frac{1}{3}\frac{\Delta e_1}{e_1}-\frac{4}{3}\frac{\Delta V_0}{V_0}+\frac{3}{4}\frac{\Delta m}{m}-0.15(\Delta H\%)+0.0036\Delta t\ \mathrm{℃}\\ \frac{\Delta v_0}{v_0}&=\frac{3}{4}\frac{\Delta\omega}{\omega}-\frac{1}{3}\frac{\Delta e_1}{e_1}-\frac{1}{3}\frac{\Delta V_0}{V_0}-\frac{2}{5}\frac{\Delta m}{m}-0.04(\Delta H\%)+0.0011\Delta t\ \mathrm{℃}\end{aligned}\right\} \tag{2-87}$$

这种经验性的公式既然是大量试验结果的总结，在应用中亦必然有一定局限性。也就是说，只当使用条件同确定该公式的条件相同时，才能得到比较可靠的结果。上式在中等威力火炮，$v_0=400\sim600\ \mathrm{m/s}$ 时比较适用。为了扩大这类公式的使用，则式中的修正系数就不能取作恒定值,应当随装填条件而变。为此,苏联的斯鲁哈茨基曾建立了修正系数表,如表2-19和表2-20所示,表中各装填条件的最大膛压修正系数表示为 p_m 及 Δ 的函数,而初速的修正系数则表示为 p_m、Δ 及 Λ_g 的函数。但表中所列均为绝对值,符号应参见式(2-87)。

表 2-19 最大压力修正系数(含 l_{v_0})

	m_{I_k}				m_ω				m_f			
p_m/MPa \ Δ/(kg·dm^{-3})	0.5	0.6	0.7	0.8	0.5	0.6	0.7	0.8	0.5	0.6	0.7	0.8
200	1.49	1.40	1.32	1.24	2.04	2.17	2.29	2.38	1.60	1.78	1.72	1.64
250	1.50	1.46	1.40	1.33	2.14	2.28	2.43	2.57	1.81	1.81	1.76	1.67
300	1.50	1.50	1.46	1.40	2.22	2.39	2.56	2.74	1.78	1.81	1.78	1.69
350	1.43	1.51	1.50	1.44	2.30	2.49	2.69	2.90	1.73	1.78	1.78	1.70
400	1.36	1.48	1.50	1.46	2.38	2.59	2.82	3.05	1.66	1.73	1.76	1.71
450	1.24	1.42	1.48	1.47	2.45	2.69	2.94	3.19	1.58	1.68	1.74	1.71
	m_m				m_{v_0}				l_{v_0}			
200	0.69	0.73	0.76	0.78	1.36	1.45	1.52	1.59	$\Lambda_g=4$	6	8	10
250	0.72	0.78	0.81	0.83	1.48	1.58	1.67	1.74	0.34	0.23	0.16	0.14
300	0.72	0.80	0.84	0.86	1.57	1.68	1.78	1.86				
350	0.70	0.80	0.86	0.88	1.63	1.75	1.86	1.96				
400	0.66	0.79	0.87	0.89	1.66	1.80	1.92	2.03				
450	0.59	0.76	0.86	0.89	1.68	1.83	1.96	2.08				

此外,关于温度修正系数是通过压力全冲量 I_k 来体现的,因此可以通过压力全冲量修正系数来计算。火药的温度变化与 I_k 的变化采用如下的关系式计算。

对硝化棉类火药:

$$\frac{\Delta I_k}{I_k} = -0.0027 \Delta t$$

对硝化甘油类火药:

$$\frac{\Delta I_k}{I_k} = -0.0035 \Delta t$$

于是火药温度变化的修正系数 m_t 和 l_t 为

对硝化棉类火药:

$$m_t = -0.0027 m_{I_k}, \quad l_t = -0.0027 l_{I_k}$$

对硝化甘油类火药:

$$m_t = -0.0035 m_{I_k}, \quad l_t = -0.0035 l_{I_k}$$

表 2-20 初速修正系数

	pp_m/MPa	Λ_g = 4				6				8				10			
	$\Delta\Delta\Delta$/(kg·dm⁻³)	0.5	0.6	0.7	0.8	0.5	0.6	0.7	0.8	0.5	0.6	0.7	0.8	0.5	0.6	0.7	0.8
l_{l_k}	200	0.38	0.55	—	—	0.30	0.45	0.49	—	0.25	0.38	0.46	—	0.22	0.33	0.46	—
	250	0.24	0.39	0.53	—	0.18	0.29	0.44	0.48	0.16	0.26	0.37	0.46	0.14	0.22	0.32	0.45
	300	0.17	0.28	0.41	0.50	0.12	0.21	0.32	0.46	0.10	0.17	0.37	0.39	0.09	0.15	0.23	0.34
	350	0.12	0.20	0.31	0.43	0.09	0.15	0.23	0.35	0.07	0.12	0.19	0.29	0.07	0.11	0.17	0.26
	400	0.09	0.15	0.23	0.33	0.07	0.11	0.17	0.25	0.06	0.09	0.14	0.21	0.05	0.08	0.13	0.19
	450	0.07	0.12	0.18	0.26	0.05	0.09	0.13	0.18	0.05	0.08	0.11	0.15	0.04	0.07	0.10	0.14
l_w	200	0.86	0.97	—	—	0.76	0.87	0.95	—	0.73	0.83	0.92	—	0.72	0.80	0.89	0.93
	250	0.76	0.86	0.97	—	0.68	0.77	0.86	0.92	0.66	0.73	0.81	0.88	0.65	0.71	0.77	0.84
	300	0.68	0.77	0.86	0.94	0.63	0.69	0.75	0.82	0.61	0.66	0.71	0.77	0.60	0.65	0.69	0.74
	350	0.63	0.70	0.77	0.84	0.59	0.63	0.68	0.73	0.58	0.61	0.65	0.68	0.56	0.60	0.63	0.67
	400	0.60	0.65	0.71	0.76	0.56	0.59	0.63	0.66	0.55	0.58	0.60	0.62	0.54	0.56	0.58	0.61
	450	0.58	0.62	0.67	0.71	0.54	0.56	0.59	0.62	0.53	0.55	0.57	0.58	0.52	0.54	0.55	0.57
l_f	200	0.69	0.77	—	—	0.66	0.72	0.73	—	0.63	0.69	0.72	—	0.62	0.67	0.72	0.69
	250	0.63	0.69	0.75	—	0.61	0.66	0.71	0.72	0.59	0.64	0.69	0.71	0.57	0.62	0.66	0.71
	300	0.59	0.64	0.69	0.72	0.57	0.61	0.66	0.71	0.56	0.60	0.64	0.68	0.54	0.57	0.61	0.66
	350	0.57	0.60	0.64	0.69	0.55	0.58	0.62	0.66	0.54	0.57	0.60	0.64	0.53	0.55	0.58	0.62
	400	0.55	0.58	0.61	0.64	0.54	0.56	0.59	0.62	0.53	0.55	0.57	0.60	0.52	0.54	0.56	0.59
	450	0.54	0.56	0.59	0.62	0.53	0.55	0.57	0.59	0.52	0.54	0.56	0.57	0.52	0.53	0.55	0.57
l_m	200	0.28	0.18	—	—	0.32	0.26	0.19	—	0.34	0.29	0.21	—	0.36	0.31	0.26	0.21
	250	0.34	0.29	0.20	—	0.37	0.32	0.27	0.22	0.29	0.34	0.29	0.23	0.40	0.36	0.31	0.26
	300	0.38	0.33	0.28	0.22	0.40	0.36	0.32	0.27	0.42	0.38	0.34	0.29	0.43	0.39	0.35	0.30
	350	0.41	0.37	0.33	0.28	0.42	0.39	0.35	0.32	0.44	0.41	0.37	0.33	0.44	0.41	0.38	0.34
	400	0.43	0.39	0.36	0.32	0.44	0.41	0.38	0.35	0.45	0.43	0.40	0.37	0.45	0.43	0.40	0.37
	450	0.44	0.41	0.38	0.35	0.45	0.43	0.40	0.38	0.46	0.44	0.42	0.40	0.46	0.44	0.42	0.40

上述修正系数是根据内弹道数学模型计算得出的,由于数学模型的近似性,因此得出的修正系数与实际也有一定差异,所以当某火炮在研制试验或定型试验时,通常要由实际试验来确定其修正系数,尤其是药量和药温修正系数。不过有不少火炮的实测值和上述方法确定的值还是很接近的,因此经验值和由表确定的值,对研制过程中仍有实际的应用价值。但是必须注意,应用修正公式的前提是装填条件变化不大时,才能近似认为弹道量的变化与装填条件变化成正比;当装填条件变化大时,不宜使用该公式来修正,它将带来显著的误差。

在靶场试验中,为把测试值修正到标准条件和标准温度(我国规定炮为 15 ℃,枪为 20 ℃,以及除去膛内测压器所占容积的影响等),都要用修正公式。

举例如下:

例 1 当用 76 mm 加农炮射击时,火药温度为 12 ℃,利用放入式测压器得 $p_m=238$ MPa, $v_0=593$ m/s,如果该炮药室容积 $V_0=1\ 654$ cm³,测压器的容积 $V_c=35$ cm³。需确定在 $t=15$ ℃ 和未放入测压器时的标准装填条件下的 p_m 和 v_0 值。

因为 $\Delta V_0 = V_c$,因此射击是在 $V_0' = V_0 - V_c = 1\ 654 - 35 = 1\ 619$(cm³)和 $t=12$ ℃下进行的,当换算到标准条件下时,其修正量为

$$\frac{\Delta V_0}{V_0'} = \frac{35}{1\ 619} = 0.022 = 2.2\%$$

$$\Delta t = 15° - 12° = 3°$$

应用式(2-87)来计算弹道诸元修正量,得:

$$\frac{\Delta p_m}{p_m} = -\frac{4}{3}\frac{\Delta V_0}{V_0'} + 0.003\ 6\Delta t = -0.029 + 0.011 = -0.018$$

$$\frac{\Delta v_0}{v_0} = -\frac{1}{3}\frac{\Delta V_0}{V_0'} + 0.001\ 1\Delta t = -0.007 + 0.003 = -0.004$$

于是:

$$\Delta p_m = -0.018 \times 238 = -4.3\text{(MPa)}, \quad p_m = 238 - 4.3 = 233.7\text{(MPa)}$$

$$\Delta v_0 = -0.004 \times 593 = -2.4\text{(m/s)}, \quad v_0 = 593 - 2.4 = 590.6\text{(m/s)}$$

例 2 为使 p_m 不变,初速要增加 2%,则装药量和火药厚度应变化多少?

仍应用式(2-87)计算,由于:

$$\frac{\Delta p_m}{p_m} = 2\frac{\Delta \omega}{\omega} - \frac{4}{3}\frac{\Delta e_1}{e_1} = 0$$

或记 $\frac{\Delta \omega}{\omega} = x, \frac{\Delta e_1}{e_1} = y$,则有:

$$2x - \frac{4}{3}y = 0, x = \frac{2}{3}y$$

又

$$\frac{\Delta v_0}{v_0} = \frac{3}{4}\frac{\Delta \omega}{\omega} - \frac{1}{3}\frac{\Delta e_1}{e_1} = 0.02 = \frac{3}{4}x - \frac{1}{3}y$$

将 $x = \dfrac{2}{3}y$ 代入,得:

$$\frac{1}{2}y - \frac{1}{3}y = 0.02$$

$$\frac{1}{6}y = 0.02$$

$$y = 0.12 = 12\%$$

$$x = \frac{2}{3}y = 8\%$$

为满足此要求,应将药量增加 8%,同时为保持 p_m 不变,火药厚度相应要增加 12%。由于该结果表明变动的百分数已较大,且修正系数采用一般经验值,因此结果在定量上不应当认为是很可靠的,而只是指出变化的大致幅度。由此例可见,在 p_m 不变条件下,为了提高 1% 的初速,装药量则要增加近 4%。

第 3 章 膛内气流及压力分布

§3.1 引 言

在讨论火药燃烧、能量的转换以及弹丸运动时,都涉及火药气体压力这个物理量,在整个射击过程中,如果忽略弹丸的挤进过程,在膛内压力还没有达到挤进压力之前,可以近似认为火药是在定容情况下燃烧的,也就不存在单向的气体流动,因此可以近似地认为膛内各点的压力都是相等的。膛内压力超过挤进压力以后,弹丸在压力继续作用下开始加速运动。由于弹丸的运动在膛内形成了气流,且在弹底气体流动速度最高、膛底速度最低,即在弹后空间存在速度分布,因而也必然存在着压力分布。弹丸在膛内火药气体压力作用下不断加速,也就不断地破坏膛内压力平衡状态,因此在每一瞬间都要形成膛内压力分布。

经典内弹道理论是建立在热力学平衡态基础上的,求解的是火药气体在膛内的平均参数随时间的变化规律,在弹道计算和弹道设计时,除了需要平均压力外,有时还需要知道膛内压力分布,例如在内弹道压力测量时,测得的是膛内某一特定位置的压力值,理论和实验结果对比时,要求知道膛内平均压力和不同位置的压力关系;对于弹丸和引信设计者,关心的是弹底压力;对于火炮及后坐机构的设计者,需要知道的是膛底压力;对于身管设计人员需要知道膛内的压力分布;研究发射弹丸过程中的次要功,需要知道火药燃烧气体及未燃完的火药颗粒运动的动能,这就要求确定膛内弹后空间火药气体的速度分布规律,所有这些都说明必须要研究膛内压力分布的规律。内弹道均相流和两相流气动力数学模型可以解决这些问题。与经典内弹道理论相比,它们能更加细致地反应出膛内射击过程,特别是可以计算出膛内压力波对射击过程的影响以及可能出现的反常压力现象,但是由于内弹道气动力模型无法获得解析解,必须借助于电子计算机用数值方法求解,这就需要编制复杂的计算程序并花费大量的时间和精力,在实际应用方面受到很大的限制。本章将结合实际工程应用,介绍简化的近似分析解法。

§3.2 内弹道气动力简化模型

18 世纪末,著名的数学家和力学家拉格朗日(Lagrange J L)提出的拉格朗日问题是描述火炮膛内参数分布规律的一个经典问题,但凭目前的理论和技术水平还不能得到分析解,而 20 世纪 70 年代各国内弹道学家们相继提出的能细致描述膛内射击过程内弹道两相流问题更不能得到分析解。因此,为了研究压力分布的基本规律,提出以下基本假设。

(1) 不考虑气体沿膛壁流动时的摩擦阻力和气体的内摩擦,也就是忽略气体的黏滞性。因此,认为弹后空间任一截面上各点气流速度及压力都是相等的,就可由原来应考虑膛内各点的气流参量,简化为只考虑膛内各横断面上的气流参量。这样,气流参量就仅仅是一个坐标的函数了。

(2) 不考虑药室断面与炮膛断面之间的差异,认为药室直径与炮膛口径相等。实际上,药室与炮膛之间是通过过渡的锥体和坡膛连在一起的。在坡膛附近,由于横断面的缩小,气流的情况就要发生变化。有这个假设后,就由原来的变截面问题简化为等截面问题,忽略了由于截面变化引起的气流参数的变化。

(3) 忽略后坐的影响,即忽略后坐引起的对流的惯性力。

(4) 不考虑膛内压力波的传递和反射对压力分布的影响。事实上对于膛压和初速不太高的中等威力火炮,弹后空间的压力、速度和温度梯度是不太大的,可以近似忽略压力波的传递和反射。

(5) 膛内正在燃烧的药粒,由于在燃烧面的法线方向不断产生新的气体,使药粒产生彼此排斥的作用而发生流化现象,因此可以近似认为药粒均匀地散布在火药气体中。故而,假设气相和固相的速度相等,把两相问题简化为均相流问题。

基于以上基本假设,可以把连续方程和运动方程写成如下形式:

$$\frac{\partial \rho}{\partial t} + \frac{\partial (\rho u)}{\partial x} = 0 \tag{3-1}$$

$$\frac{\partial u}{\partial t} + u\frac{\partial u}{\partial x} = -\frac{1}{\rho}\frac{\partial p}{\partial x} \tag{3-2}$$

式中 ρ 是包括气体和正在燃烧药粒的混合密度;u 是混合流的流速;p 是压力。

以上两个方程有三个未知量 u、p、ρ,因此要计算弹后空间的压力分布,必须提出假设以补充缺少的方程。最常用的简化假设有:拉格朗日(Lagrange)假设;比例膨胀假设;毕杜克(Pidduk)极限解。通过这些假设可以确定弹后空间的密度变化规律或速度变化规律,从而求解出压力分布规律。以下分别讨论在这些假设下的内弹道气动力问题近似解,并进行分析讨论。

§3.3 比例膨胀假设下的压力分布

3.3.1 比例膨胀假设及推论

火药燃烧产生高温高压气体,火药气体膨胀推动弹丸运动,而弹丸的运动又加速了火药气体膨胀,因此气体膨胀的规律与气流各参量的变化有着密切的关系。为了能得到弹后空间压力分布的近似解,必须对气体膨胀的规律作出假设。比例膨胀假设为:在膛内全部流动过程中，弹后空间任一单元混合流的相对膨胀及气体相对质量等于整个弹后空间混合流的相对膨胀及气体的相对质量。

若任一单元气流的体积为 ΔV_x，如图 3-1 所示，在 dt 时间内单元气流体积变化为 $d\Delta V_x$。弹后空间总体积为 V，在 dt 时间内总体积的变化为 dV。膛内全部火药气体的质量为 j，混合流体的质量为 ω。于是比例膨胀假设用数学关系式表示为

$$\frac{d\Delta V_x}{\Delta V_x} = \frac{dV}{V} \tag{3-3}$$

若任一单元混合流体的气体密度为 ρ_g，混合流体的密度为 ρ，将两者比值：

$$\varepsilon = \frac{\rho_g}{\rho} \tag{3-4}$$

称为该单元混合流体内气体的相对质量。很显然，在火药未燃之前，$\varepsilon = 0$；火药燃完后，$\varepsilon = 1$。

$$\varepsilon = \frac{\rho_g}{\rho} = \frac{j}{\omega} \tag{3-5}$$

因为 j 和 ω 仅是时间的函数，那么气体的相对质量 ε 也仅是时间的函数，则有：

$$\frac{\partial \varepsilon}{\partial x} = 0 \tag{3-6}$$

式(3-6)表示气体相对质量沿弹后空间是均匀分布。

如果在弹后空间任取一体积 V_n，它由有限个单元体积所组成，如图 3-2 所示，即：

$$V_n = \sum_{i=1}^{n} \Delta V_i$$

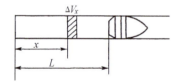

图 3-1 比例膨胀假设示意图

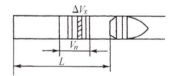

图 3-2 比例膨胀推论示意图

由式(3-3)，对于每一个单元体积有：

$$\frac{d\Delta V_1}{\Delta V_1} = \frac{d\Delta V_2}{\Delta V_2} = \cdots = \frac{d\Delta V_n}{\Delta V_n} = \frac{dV}{V}$$

根据等比定理，上式可表示为

$$\frac{d\Delta V_1 + d\Delta V_2 + \cdots d\Delta V_n}{\Delta V_1 + \Delta V_2 + \cdots \Delta V_n} = \frac{dV}{V}$$

或

$$\frac{\sum_{i=1}^{n} d\Delta V_i}{\sum_{i=1}^{n} \Delta V_i} = \frac{dV}{V}$$

因为

$$\sum_{i=1}^{n} \mathrm{d}\Delta V_i = \mathrm{d}V_n$$

$$\sum_{i=1}^{n} \Delta V_i = V_n$$

由此可得：

$$\frac{\mathrm{d}V_n}{V_n} = \frac{\mathrm{d}V}{V} \tag{3-7}$$

式(3-7)表示任一部分混合气体体积的相对膨胀等于整个弹后空间混合气流的相对膨胀。由(3-7)式，可以写出：

$$\frac{\mathrm{d}V_1}{V_1} = \frac{\mathrm{d}V_2}{V_2}$$

因此，由比例膨胀假设得出：弹后空间混合气流任何给定部分体积的相对膨胀，在膛内流动的全部时间内都是相同的。对式(3-7)积分，得：

$$\ln V_n - \ln V = \ln C$$

或

$$\frac{V_n}{V} = C \tag{3-8}$$

式中 C 是与时间无关的常数。

式(3-8)表明，弹丸在膛内运动的全部时间内，任一给定部分混合气流体积与膛内整个气流体积之比不变。这是比例膨胀假设的一个很重要的推论。

若在弹后空间任取两个单元体积 ΔV_1 和 ΔV_2，分别包含有混合气体的质量为 $\Delta \omega_1$ 和 $\Delta \omega_2$。由式(3-3)有：

$$\frac{\mathrm{d}\Delta V_1}{\Delta V_1} = \frac{\mathrm{d}\Delta V_2}{\Delta V_2} = \frac{\mathrm{d}V}{V} \tag{3-9}$$

因为

$$\Delta V_1 = \frac{\Delta \omega_1}{\rho_1}, \mathrm{d}\Delta V_1 = -\frac{\mathrm{d}\rho_1}{\rho_1^2}\Delta \omega_1, \Delta V_2 = \frac{\Delta \omega_2}{\rho_2}, \mathrm{d}\Delta V_2 = -\frac{\mathrm{d}\rho_2}{\rho_2^2}\Delta \omega_2$$

式中 ρ_1 和 ρ_2 分别为混合气体的密度，代入式(3-9)，可得：

$$\frac{\mathrm{d}\rho_1}{\rho_1} = \frac{\mathrm{d}\rho_2}{\rho_2} \tag{3-10}$$

式(3-10)表明，任意两个单元体积内的混合气体密度的相对变化都相等。因此，任意两个单元体积内混合气体密度相对变化率也应相等，令它们等于仅与时间有关的函数 $-K$，即：

$$\frac{1}{\rho_1}\frac{\mathrm{d}\rho_1}{\mathrm{d}t} = \frac{1}{\rho_2}\frac{\mathrm{d}\rho_2}{\mathrm{d}t} = -K$$

由于单元是任意取的，显然 K 与空间坐标 x 是无关的。

由连续方程式(3-1)

$$\frac{1}{\rho}\frac{\mathrm{d}\rho}{\mathrm{d}t}=-\frac{\partial u}{\partial x}$$

与式 $\dfrac{1}{\rho_1}\dfrac{\mathrm{d}\rho}{\mathrm{d}t}=\dfrac{1}{\rho_2}\dfrac{\mathrm{d}\rho_2}{\mathrm{d}t}=-k$ 相比较,可得:

$$\frac{\partial u}{\partial x}=K$$

积分上式,有:

$$u=Kx+\varphi(t) \tag{3-11}$$

式中 $\varphi(t)$ 是与时间有关的积分常数,它由边值条件来决定。对式(3-11)微分,则:

$$\frac{\mathrm{d}u}{\mathrm{d}t}=K\frac{\mathrm{d}x}{\mathrm{d}t}+x\frac{\mathrm{d}K}{\mathrm{d}t}+\varphi'(t)$$

注意到 $\dfrac{\mathrm{d}x}{\mathrm{d}t}=u$,则:

$$\frac{\mathrm{d}u}{\mathrm{d}t}=K[Kx+\varphi(t)]+x\frac{\mathrm{d}K}{\mathrm{d}t}+\varphi'(t)$$

即:

$$\frac{\mathrm{d}u}{\mathrm{d}t}=K_0 x+K\varphi(t)+\varphi'(t) \tag{3-12}$$

式中 $K_0=K^2+\dfrac{\mathrm{d}K}{\mathrm{d}t}$。

从式(3-11)和式(3-12)得出,在比例膨胀的假设下,气流速度和加速度沿身管轴线方向呈线性规律的分布。

3.3.2 膛底封闭情况下弹后空间的压力分布

仍然假设忽略药室和炮膛断面的差异,把身管内膛当作后封闭的圆柱形管道。由于不考虑后坐,则膛底流速为零,而弹底的流速等于弹丸速度,如图 3-3 所示。

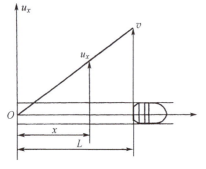

图 3-3 弹后空间速度分布

很显然,有:

$$x=0, \quad u=0$$
$$x=l, \quad u=v$$

这里 v 为弹丸运动速度,代入式(3-11),得:

$$\varphi(t)=0, \quad K=\frac{v}{L}$$

所以

$$u=zv \tag{3-13}$$

式中

$$z=\frac{x}{L} \tag{3-14}$$

z 是所研究单元混合流体的相对坐标。若 A 代表炮膛断面积,则:
$$V = AL$$
这样式(3-14)可以写为
$$z = \frac{V_x}{V}$$
由式(3-8)可以看出,单元混合流体的相对坐标 z 与时间无关,即:
$$\frac{\mathrm{d}z}{\mathrm{d}t} = 0$$
因此,加速度为
$$\frac{\mathrm{d}u}{\mathrm{d}t} = z \frac{\mathrm{d}v}{\mathrm{d}t} \tag{3-15}$$
将弹丸运动方程
$$\frac{\mathrm{d}v}{\mathrm{d}t} = \frac{A}{\varphi_1 m} p_\mathrm{b}$$
代入式(3-15),则:
$$\frac{\mathrm{d}u}{\mathrm{d}t} = \frac{A}{\varphi_1 m} p_\mathrm{b} z \tag{3-16}$$
式中 p_b 代表弹底压力。

求出气流加速度以后,就可以求解弹后空间的压力分布。由式(3-4),则有:
$$\rho = \frac{\rho_\mathrm{g}}{\varepsilon}$$
再由气流运动方程式(3-2),得:
$$\frac{\partial p}{\partial x} = -\frac{\rho_\mathrm{g}}{\varepsilon} \frac{\mathrm{d}u}{\mathrm{d}t}$$
由状态方程
$$\rho_\mathrm{g} = \frac{p}{RT}$$
和式(3-16)联立,得:
$$\frac{\partial p}{\partial x} = -p \frac{A}{\varphi_1 m} \frac{p_\mathrm{b}}{\varepsilon RT} z$$
或
$$\frac{1}{p} \frac{\partial p}{\partial z} = -\frac{AL}{\varphi_1 m} \frac{p_\mathrm{b}}{\varepsilon RT} z$$
积分上式,考虑到 T 随空间的分布比较均匀,积分时取平均值作为常数,得:
$$\ln p = -\frac{1}{2} \frac{AL}{\varphi_1 m} \frac{p_\mathrm{b}}{\varepsilon RT} z^2 + f(t) \tag{3-17}$$
式中 $f(t)$ 是与时间有关的积分常数,可由边界条件来确定。当 $x = 0$ 时,p 应等于膛底

压力,即 $p = p_t$,因而有:

$$f(t) = \ln p_t$$

代入式(3-17),得到:

$$\ln \frac{p}{p_t} = -\frac{1}{2}\frac{AL}{\varphi_1 m}\frac{p_b}{\varepsilon R \overline{T}}z^2$$

令

$$\Phi = \frac{1}{2}\frac{AL}{\varphi_1 m}\frac{p_b}{\varepsilon R \overline{T}} \quad (3-18)$$

所以

$$p = p_t e^{-\Phi z^2} \quad (3-19)$$

式(3-19)即弹后空间压力分布公式,它是一条指数平方衰减曲线,如图 3-4 所示。

将状态方程式及气体相对质量式(3-4)代入式(3-18),并注意到 $AL = V$,则:

$$\Phi = \frac{1}{2}\frac{V\rho}{\varphi_1 m}\frac{p_b}{\overline{p}}$$

因为 $V\rho = \omega$,并令 $\zeta_b = \dfrac{p_b}{\overline{p}}$,于是参量 Φ 有以下形式:

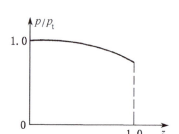

图 3-4 压力分布曲线

$$\Phi = \frac{1}{2}\frac{\omega}{\varphi_1 m}\zeta_b \quad (3-20)$$

式中 参量 Φ 称为压力衰减因子。由上式看出,当相对装药质量 ω/m 增加时,压力衰减因子将增大,则膛内压力分布的下降也加快。相对装药量的增大,意味着在其他条件相同时,弹丸运动速度加快,使弹后空间的气体加速膨胀,所以压力分布更迅速的衰减。

式(3-19)表示弹丸运动到某一位置时,弹后空间不同断面上的压力分布。但在内弹道计算中,只有压力分布公式还是不够的,在能量方程、状态方程及燃速方程中都包含压力这个变量,这些方程中的压力不能用某个断面上的压力,而应该用弹后空间的平均压力 $\overline{p}$。平均压力可以通过火药气体总内能公式得到明确的含义,火药气体总内能为

$$E = \frac{\overline{p}V}{k-1}$$

或

$$\overline{p} = (k-1)\frac{E}{V} \quad (3-21)$$

在弹后空间某瞬间的火药气体总内能可以由膛内各单元气流的内能之和求得,即:

$$E = \int_0^L e_x \mathrm{d}j \quad (3-22)$$

式中 e_x 为任取单元气流内火药气体比内能;$\mathrm{d}j$ 为单元气体的质量。

对单元气体来说,下列各式应成立,即:
$$e_x = \frac{pv_x}{k-1}$$
$$dj = \frac{A dx}{v_x}$$

式中 A 是炮膛断面积;v_x 是比容。

由式(3-22)得:
$$E = \frac{A}{k-1}\int_0^L p dx \qquad (3-23)$$

将式(3-23)代入式(3-21),由于 $V = AL$,得平均压力为
$$\bar{p} = \frac{1}{L}\int_0^L p dx \qquad (3-24)$$

从上式看出,平均压力是弹后空间压力分布的积分平均值。

将式(3-19)代入式(3-24),得:
$$\bar{p} = \int_0^L \frac{p_t}{L} e^{-\Phi z^2} dx = p_t I_1 \qquad (3-25)$$

式中
$$I_1 = \int_0^1 e^{-\Phi z^2} dz \qquad (3-26)$$

积分 I_1 可以通过概率积分求得,它的积分形式为
$$F(x) = \frac{2}{\sqrt{\pi}}\int_0^x e^{-y^2} dy$$

如令 $y = \sqrt{\Phi} z$,则有:
$$I_1 = \frac{1}{\sqrt{\Phi}}\int_0^{\sqrt{\Phi}} e^{-y^2} dy$$

与此相应的概率积分有如下形式:
$$F(\sqrt{\Phi}) = \frac{2}{\sqrt{\pi}}\int_0^{\sqrt{\Phi}} e^{-y^2} dy$$

因此有:
$$I_1 = \frac{1}{2}\sqrt{\frac{\pi}{\Phi}} F(\sqrt{\Phi}) \qquad (3-27)$$

式中 $F(\sqrt{\Phi})$ 可以由专门概率积分表查出。只要给出一系列 Φ 值,就可以计算出以 Φ 为参数的积分 I_1 的值。表 3-1 给出 Φ 与 I_1 之间的数值关系。

表 3-1 Φ 与 I_1 数值关系

Φ	0.00	0.01	0.02	0.03	0.04	0.05	0.06	0.07	0.08	0.09
0.00	1.000	0.997	0.994	0.990	0.987	0.984	0.980	0.977	0.974	0.971
0.10	0.968	0.964	0.960	0.956	0.954	0.952	0.949	0.946	0.943	0.939

续表

Φ	0.00	0.01	0.02	0.03	0.04	0.05	0.06	0.07	0.08	0.09
0.20	0.936	0.934	0.931	0.928	0.924	0.921	0.918	0.915	0.911	0.908
0.30	0.906	0.903	0.900	0.897	0.895	0.893	0.890	0.888	0.885	0.883
0.40	0.880	0.877	0.875	0.872	0.870	0.868	0.865	0.862	0.859	0.856
0.50	0.853	0.851	0.849	0.847	0.845	0.843	0.840	0.838	0.836	0.834
0.60	0.832	0.829	0.826	0.824	0.822	0.820	0.817	0.814	0.812	0.810
0.70	0.808	0.806	0.804	0.802	0.799	0.797	0.795	0.793	0.791	0.789
0.80	0.787	0.785	0.783	0.781	0.779	0.777	0.775	0.773	0.771	0.769
0.90	0.767	0.765	0.763	0.761	0.759	0.757	0.755	0.753	0.751	0.749
1.00	0.747	—	—	—	—	—	—	—	—	—

有了积分值 I_1，可以求出弹底压力和平均压力、膛底压力和平均压力的关系。由式(3-19)及式(3-25)，得：

$$\zeta = \frac{p}{\bar{p}} = \frac{e^{-\Phi z^2}}{I_1} \tag{3-28}$$

式中　ζ 是弹后空间任意截面上的相对压力。

当 $z = 1$ 时，即是弹底条件，由式(3-28)可得：

$$\zeta_b = \frac{p_b}{\bar{p}} = \frac{e^{-\Phi}}{I_1} \tag{3-29}$$

式中　ζ_b 是弹底相对压力。

当 $z = 0$ 时，即是膛底条件，类似有：

$$\zeta_t = \frac{p_t}{\bar{p}} = \frac{1}{I_1} \tag{3-30}$$

由式(3-29)和式(3-30)可得膛底压力和弹底压力之比，即

$$\zeta_{tb} = \frac{p_t}{p_b} = e^{\Phi} \tag{3-31}$$

表 3-2 和表 3-3 给出了以参数 Φ 为函数的 ζ_b 和 ζ_t 的数值。

表 3-2　Φ 与 ζ_b 数值关系

Φ	0.00	0.01	0.02	0.03	0.04	0.05	0.06	0.07	0.08	0.09
0.00	1.000	0.993	0.986	0.979	0.972	0.966	0.960	0.954	0.948	0.942
0.10	0.936	0.930	0.924	0.918	0.912	0.905	0.898	0.892	0.886	0.880
0.20	0.874	0.868	0.862	0.856	0.851	0.846	0.841	0.836	0.830	0.824

续表

Φ	0.00	0.01	0.02	0.03	0.04	0.05	0.06	0.07	0.08	0.09
0.30	0.818	0.813	0.807	0.801	0.795	0.789	0.784	0.778	0.772	0.767
0.40	0.762	0.757	0.751	0.746	0.740	0.735	0.730	0.725	0.720	0.714
0.50	0.709	0.705	0.700	0.695	0.690	0.685	0.680	0.675	0.670	0.665
0.60	0.660	0.655	0.651	0.647	0.642	0.637	0.633	0.629	0.624	0.619
0.70	0.615	0.610	0.605	0.601	0.597	0.593	0.588	0.584	0.580	0.574
0.80	0.570	0.566	0.562	0.558	0.554	0.550	0.546	0.542	0.538	0.534
0.90	0.530	0.526	0.522	0.518	0.514	0.510	0.506	0.503	0.500	0.497
1.00	0.494	—	—	—	—	—	—	—	—	—

表 3-3 Φ 与 ζ_t 数值关系

Φ	0.00	0.01	0.02	0.03	0.04	0.05	0.06	0.07	0.08	0.09
0.00	1.000	1.003	1.006	1.010	1.013	1.016	1.020	1.023	1.026	1.030
0.10	1.033	1.037	1.040	1.044	1.047	1.050	1.053	1.057	1.060	1.064
0.20	1.067	1.071	1.074	1.077	0.081	1.084	1.087	1.091	1.094	1.098
0.30	1.101	1.105	1.108	1.112	1.115	1.118	1.121	1.125	1.128	1.132
0.40	1.135	1.138	1.142	1.145	1.148	1.152	1.155	1.159	1.162	1.165
0.50	1.169	1.172	1.175	1.179	1.182	1.186	1.189	1.193	1.196	1.199
0.60	1.202	1.206	1.209	1.213	1.216	1.220	1.223	1.226	1.230	1.233
0.70	1.236	1.240	1.243	1.246	1.250	1.254	1.257	1.261	1.264	1.267
0.80	1.271	1.274	1.278	1.281	1.285	1.288	1.291	1.295	1.298	1.301
0.90	1.305	1.309	1.312	1.315	1.318	1.322	1.325	1.329	1.332	1.336
1.00	1.339	—	—	—	—	—	—	—	—	—

当计算弹底和膛底相对压力时,都必须知道参数 Φ 的数值,但从式(3-20)的 Φ 值表达式中可以看出,Φ 本身又包含 ζ_b,因此必须进行逐次逼近。即先给出一个 ζ_b 的预计值,由式(3-20)求出 Φ 的第一次近似值;根据第一次近似值,由表 3-2 查出第一次近似的 ζ_b,再由式(3-20)求出第二次 Φ 的近似值。若前后两次计算的 Φ 值很接近时,再由最后得到的 Φ 值查表 3-3 求得 ζ_t。

为了工程计算方便,还给出了以 $\omega/\varphi_1 m$ 为参数的 Φ、ζ_b、ζ_t、ζ_{tb} 函数表 3-4。当武器的装填条件给定后,即可算出 $\omega/\varphi_1 m$,并由表 3-4 查出各个相对压力值。

表 3-4 以 $\dfrac{\omega}{\varphi_1 m}$ 为参量的 Φ、ζ_b、ζ_t 及 ζ_{tb} 数值

$\dfrac{\omega}{\varphi_1 m}$	Φ	ζ_b	ζ_t	$\zeta_{tb}=\dfrac{\zeta_t}{\zeta_b}$	$\dfrac{\omega}{\varphi_1 m}$	Φ	ζ_b	ζ_t	$\zeta_{tb}=\dfrac{\zeta_t}{\zeta_b}$
0.05	0.024	0.985	1.008	1.023	0.95	0.370	0.779	1.124	1.445
0.10	0.048	0.968	1.016	1.049	1.0	0.385	0.770	1.130	1.468
0.15	0.071	0.953	1.024	1.074	1.1	0.415	0.754	1.140	1.516
0.20	0.094	0.938	1.032	1.099	1.2	0.443	0.738	1.150	1.560
0.25	0.115	0.925	1.039	1.123	1.3	0.470	0.722	1.159	1.604
0.30	0.137	0.912	1.046	1.147	1.4	0.497	0.709	1.168	1.647
0.35	0.157	0.899	1.052	1.170	1.5	0.522	0.696	1.176	1.690
0.40	0.177	0.888	1.059	1.194	1.6	0.546	0.684	1.184	1.733
0.45	0.197	0.877	1.066	1.217	1.7	0.570	0.672	1.192	1.775
0.50	0.216	0.865	1.073	1.240	1.8	0.590	0.661	1.200	1.817
0.55	0.234	0.854	1.079	1.263	1.9	0.617	0.650	1.207	1.859
0.60	0.253	0.844	1.085	1.286	2.0	0.640	0.640	1.215	1.900
0.65	0.271	0.834	1.091	1.309	2.1	0.661	0.630	1.223	1.941
0.70	0.289	0.824	1.097	1.331	2.2	0.682	0.620	1.230	1.982
0.75	0.306	0.815	1.103	1.354	2.3	0.703	0.611	1.237	2.025
0.80	0.322	0.806	1.108	1.377	2.4	0.723	0.602	1.244	2.068
0.85	0.338	0.796	1.114	1.400	2.5	0.724	0.594	1.251	2.110
0.90	0.354	0.787	1.119	1.422					

§3.4 拉格朗日假设条件下的近似解

3.4.1 拉格朗日假设

为了能求得简化分析解,著名数学和力学家拉格朗日提出了假设,即著名的拉格朗日假设。假设认为在膛内射击过程中弹后空间的混合气体密度 ρ 是均匀分布的,即:

$$\frac{\partial \rho}{\partial x}=0 \tag{3-32a}$$

或

$$\rho=\rho(t) \tag{3-32b}$$

3.4.2 膛底封闭条件下的压力分布

根据拉格朗日假设,由连续方程可以推出弹后空间的流速是线性分布的。根据

式(3-1),有:
$$\frac{\partial \rho}{\partial t} + \rho \frac{\partial u}{\partial x} + u \frac{\partial \rho}{\partial x} = 0$$

由式(3-32),得:
$$\frac{1}{\rho} \frac{\partial \rho}{\partial t} = -\frac{\partial u}{\partial x}$$

上式的等式左边与 x 无关,因此积分后为
$$u = K_1 x + K_2$$

式中　K_1 和 K_2 是 t 的函数,可由边界条件来确定,即当 $x=0$ 时 $u=0$,故
$$K_2 = 0$$

当 $x=L$ 时,$u=v$,故
$$K_1 = \frac{v}{L}$$

式中　v 是弹丸运动速度,于是速度分布可由下列公式来表示:
$$u = \frac{x}{L} v = zv \tag{3-33}$$

因此,加速度为
$$\frac{\mathrm{d}u}{\mathrm{d}t} = z \frac{\mathrm{d}v}{\mathrm{d}t} \tag{3-34}$$

将弹丸运动方程
$$\frac{\mathrm{d}v}{\mathrm{d}t} = \frac{A}{\varphi_1 m} p_\mathrm{b}$$

代入式(3-34),则得:
$$\frac{\mathrm{d}u}{\mathrm{d}t} = \frac{A}{\varphi_1 m} p_\mathrm{b} z \tag{3-35}$$

$$\frac{\partial p}{\partial x} = -\rho \frac{\mathrm{d}u}{\mathrm{d}t}$$

代入弹丸运动方程式(3-35),则:
$$\frac{\partial p}{\partial x} = -\frac{A\rho}{\varphi_1 m} p_\mathrm{b} z$$

或
$$\frac{\partial p}{\partial z} = -\frac{AL\rho}{\varphi_1 m} p_\mathrm{b} z$$

因为 $AL=V, V\rho=\omega$,于是
$$\frac{\partial p}{\partial z} = -\frac{\omega}{\varphi_1 m} p_\mathrm{b} z$$

对上式积分,可得:

$$p = -\frac{1}{2}\frac{\omega}{\varphi_1 m}p_{\text{b}}z^2 + \varphi(t)$$

$\varphi(t)$ 是时间 t 的任意函数,当 $z=1$ 时,即弹底处 $p=p_{\text{b}}$,因而有:

$$\varphi(t) = p_{\text{b}} + \frac{\omega}{2\varphi_1 m}p_{\text{b}}$$

代入上式,则

$$p = p_{\text{b}}\left[1 + \frac{\omega}{2\varphi_1 m}(1-z^2)\right] \tag{3-36}$$

由上式看出,弹后空间的压力分布是抛物线分布。

根据平均压力的定义,平均压力表示为

$$\bar{p} = \frac{1}{L}\int_0^L p\,\mathrm{d}x = \int_0^1 p\,\mathrm{d}z$$

由此可得:

$$\bar{p} = p_{\text{b}}\left(1 + \frac{\omega}{3\varphi_1 m}\right)$$

或

$$\zeta_{\text{b}} = \frac{p_{\text{b}}}{\bar{p}} = \frac{1}{1+\frac{\omega}{3\varphi_1 m}} \tag{3-37}$$

由式(3-36),令 $z=0$,即膛底条件:

$$\zeta_{\text{tb}} = \frac{p_{\text{t}}}{p_{\text{b}}} = 1 + \frac{\omega}{2\varphi_1 m} \tag{3-38}$$

再根据式(3-37)和式(3-38),得:

$$\zeta_{\text{t}} = \frac{p_{\text{t}}}{\bar{p}} = \left(1 + \frac{\omega}{2\varphi_1 m}\right)\zeta_{\text{b}} \tag{3-39}$$

3.4.3 有气体流出情况下膛内压力分布

1. 压力分布的推导

上面讨论了后封闭圆柱炮膛内的压力分布,但对于无后坐炮来说,由于炮尾装有为了平衡后坐的尾喷管,在射击过程中,有大量的气体从炮尾部流出。这时左边界条件随着气体流出而不断地发生变化,药室后端面的气体流速不等于零。而由于气体同时向两端流动,在炮膛中间某一个断面上必然存在流速为零的滞止点,是这类火炮压力分布的一个特点。

设射击某瞬间,弹丸位置距药室后端面的距离为 L,O 点表示滞止点,L_0 是以药室后端面为原点的滞止点位置,如图 3-5 所示。u 是混合物的流动速度,v 是弹丸运动速度,v_{xh} 是药室后端面处的流速。由上面的拉格朗日密度均匀分布的假设,可得以下

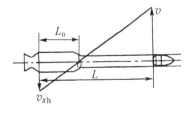

图 3-5 无后坐炮膛内速度分布图

流速公式,即:
$$u = K_1 x + K_2$$

式中　K_1 和 K_2 是时间 t 的函数,它由边界条件来确定。当 $x=0$ 时,$u=-v_{xh}$,所以
$$K_2 = -v_{xh}$$

当 $x=L$ 时,$u=v$,所以
$$K_1 = \frac{1}{L}(v + v_{xh})$$

得到流速公式为
$$u = \frac{1}{L}(v + v_{xh})x - v_{xh} \tag{3-40}$$

或
$$u = vz + (z-1)v_{xh} \tag{3-40'}$$

由上式看出,在有气体流出的情况下,弹后空间流速的分布仍然是线性的。它的加速度为
$$\frac{\mathrm{d}u}{\mathrm{d}t} = z\frac{\mathrm{d}v}{\mathrm{d}t} + (z-1)\frac{\mathrm{d}v_{xh}}{\mathrm{d}t} \tag{3-41}$$

在推导压力分布之前,先证明如下定理。

定理:膛内密度均匀分布假设是比例膨胀假设的充分条件。

证明:下面只对等截面底部有气流排出时的情况进行证明,即 $A(x)=A$。

设从膛底到某位置 x 的体积为
$$V_x = \int_0^x A(x)\mathrm{d}x = Ax$$

弹后空间总体积为
$$V_L = \int_0^L A(x)\mathrm{d}x = AL$$

$$\frac{\mathrm{d}V_x}{\mathrm{d}t}/V_x = \frac{[A(x)\cdot \mathrm{d}x + A(0)\mathrm{d}x]}{\mathrm{d}t}/V_x = \left[A(x)\cdot\frac{\mathrm{d}x}{\mathrm{d}t} + A(0)\frac{\mathrm{d}x}{\mathrm{d}t}\bigg|_{x=0}\right]/(Ax)$$

$$= \frac{A(x)u + A(0)v_{xh}}{Ax} = \frac{A(u+v_{xh})}{Ax} = (u+v_{xh})/x$$

$$\frac{\mathrm{d}V_L}{\mathrm{d}t}/V_L = \frac{A(L)\mathrm{d}x + A(0)\mathrm{d}x}{\mathrm{d}t}/V_L = \left[A(L)\frac{\mathrm{d}x}{\mathrm{d}t}\bigg|_{x=L} + A(0)\frac{\mathrm{d}x}{\mathrm{d}t}\bigg|_{x=0}\right]/(AL)$$

$$= \frac{A(L)v + A(0)v_{xh}}{AL} = \frac{v+v_{xh}}{L}$$

由式(3-40),得:
$$\frac{u+v_{xh}}{x} = \frac{v+v_{xh}}{L}$$

因此
$$\frac{\mathrm{d}V_x}{\mathrm{d}t}/V_x = \frac{\mathrm{d}V_L}{\mathrm{d}t}/V_L$$

对于任意部分 $x_1 \to x_2$ 的体积 $V_{x_1 x_2} = \int_{x_1}^{x_2} A(x)\mathrm{d}x$ 同样可得:

$$\frac{\mathrm{d}V_{x_1x_2}}{\mathrm{d}t}/V_{x_1x_2} = \frac{\mathrm{d}V_L}{\mathrm{d}t}/V_L$$

又

$$V_{x_1x_2} = \int_0^{x_2} A(x)\mathrm{d}x - \int_0^{x_1} A(x)\mathrm{d}x = V_{x_2} - V_{x_1}$$

$$\frac{\mathrm{d}V_{x_1}}{\mathrm{d}t}/V_{x_1} = \frac{\mathrm{d}V_L}{\mathrm{d}t}/V_L, \quad \frac{\mathrm{d}V_{x_2}}{\mathrm{d}t}/V_{x_2} = \frac{\mathrm{d}V_L}{\mathrm{d}t}/V_L$$

所以

$$\frac{\mathrm{d}V_{x_1}}{\mathrm{d}t} = \frac{\mathrm{d}V_L}{\mathrm{d}t} \cdot \frac{V_{x_1}}{V_L}, \quad \frac{\mathrm{d}V_{x_2}}{\mathrm{d}t} = \frac{\mathrm{d}V_L}{\mathrm{d}t} \frac{V_{x_2}}{V_L}$$

上面两式相减得:

$$\frac{\mathrm{d}V_{x_2}}{\mathrm{d}t} - \frac{\mathrm{d}V_{x_1}}{\mathrm{d}t} = \frac{\mathrm{d}V_L}{\mathrm{d}t} \frac{V_{x_2} - V_{x_1}}{V_L}$$

$$\frac{\mathrm{d}V_{x_1x_2}}{\mathrm{d}t}/V_{x_1x_2} = \frac{\mathrm{d}V_L}{\mathrm{d}t}/V_L$$

即任一单元的相对膨胀等于整个弹后空间的相对膨胀,即比例膨胀假设成立。

令 $H = \frac{v_{xh}}{v}$,把 H 称为速度比,由图 3-5 很容易得到以下关系:

$$\frac{L_0}{L} = \frac{H}{1+H} \tag{3-42}$$

如果不考虑药室断面和炮膛断面的差异,则

$$\frac{L_0 A}{LA} = \frac{V_0}{V} = \frac{H}{1+H}$$

式中 A 是炮膛断面积;V 是相应于弹丸位置在 L 处的体积;V_0 是相应 L_0 的体积。由前面的定理和比例膨胀推论式(3-8),V/V_0 应与时间无关,显然 H 也应与时间无关。所以式(3-41)可以写成:

$$\frac{\mathrm{d}u}{\mathrm{d}t} = z\frac{\mathrm{d}v}{\mathrm{d}t} + (z-1)H\frac{\mathrm{d}v}{\mathrm{d}t}$$

将弹丸运动方程代入上式,可得:

$$\frac{\mathrm{d}u}{\mathrm{d}t} = \frac{A}{\varphi_1 m}p_\mathrm{b}z + (z-1)H\frac{A}{\varphi_1 m}p_\mathrm{b}$$

考虑到有气体流出,设在该瞬间的总流量为 y,则混合物的平均密度为

$$\rho = \frac{\omega - y}{AL}$$

由运动方程,则有:

$$\frac{\partial p}{\partial x} = -\frac{\omega - y}{AL} \cdot \frac{A}{\varphi_1 m}p_\mathrm{b}[z + (z-1)H]$$

用变量 z 代替等式左边的 x,上式变为

$$\frac{\partial p}{\partial z} = -\frac{\omega - y}{\varphi_1 m}p_\mathrm{b}(1+H)z + \frac{\omega - y}{\varphi_1 m}p_\mathrm{b}H$$

对上式积分,得:

$$p = -\frac{1}{2}\frac{\omega-y}{\varphi_1 m}p_b(1+H)z^2 + \frac{\omega-y}{\varphi_1 m}p_b Hz + \psi(t)$$

其中,$\psi(t)$是时间t的任意函数。当$z=1$时,即弹底处$p=p_b$,所以有:

$$\psi(t) = p_b + \frac{\omega-y}{2\varphi_1 m}p_b(1+H) - \frac{\omega-y}{\varphi_1 m}p_b H$$

代入上式,则可得到以下的压力分布公式:

$$p = p_b\left[1 + \frac{\omega-y}{2\varphi_1 m}(1+H)(1-z^2) - \frac{\omega-y}{\varphi_1 m}H(1-z)\right] \quad (3-43)$$

由式(3-43)可以看出,在有气体流出的情况下,膛内任意瞬间压力分布的规律仍然是抛物线分布。若$H=0,y=0$,则上式转化为一般火炮的压力分布公式,即:

$$p = p_b\left[1 + \frac{\omega}{2\varphi_1 m}(1-z^2)\right]$$

由式(3-43),当$x=0$时,即表示药室后端处的压力p_{xh},则有:

$$p_{xh} = p_b\left[1 + \frac{\omega-y}{2\varphi_1 m}(1-H)\right] \quad (3-44)$$

当$x=L$时,表示弹底压力p_b。

由式(3-42),滞止点位置则可表示为

$$L_0 = \frac{H}{1+H}L$$

若已知速度比H及弹丸的行程L,根据上式可求出滞止点的位置L_0。若$z=L_0/L$,即表示滞止点处的压力p_0,由式(3-43)可得:

$$p_0 = p_b\left[1 + \frac{\omega-y}{2\varphi_1 m}\left(\frac{1}{1+H}\right)\right] \quad (3-45)$$

根据平均压力的定义,则

$$\bar{p} = \frac{1}{L}\int_0^L p\,\mathrm{d}x = p_b\left[1 + \frac{\omega-y}{3\varphi_1 m}\left(1 - \frac{H}{2}\right)\right] \quad (3-46)$$

式(3-44)~式(3-46)分别给出了药室后端面压力p_{xh}、滞止点压力p_0及平均压力$\bar{p}$与弹底压力p_b的关系。这些关系除了取决于比值$(\omega-y)/m$以外,还取决于速度比H。

2. 速度比 H 对压力分布的影响

(1) 当$H=0$时,退化为一般火炮的压力分布公式,这时滞止点压力和药室后端面压力都相当于膛底压力。

(2) 当$H=1$时,即弹丸运动速度等于气流通过药室后端面的速度,膛内压力分布曲线对称于滞止点位置,$p_{xh}=p_b$。

(3) 当H单调增加时,p_{xh}、p_0及$\bar{p}$都减小。由式(3-45)可知,当$H\to\infty$时,$p_0=p_b$,即滞止点在弹底位置。由式(3-42)同样可以得出这个结论,因为$\lim\limits_{H\to\infty}\dfrac{H}{1+H}=1$,则

$$L_0 = L$$

但 H 又不能无限增大,它受到了式(3-44)的限制,否则 p_{xh} 可能出现负值,失去物理意义。为了保证 $p_{xh} > 0$,则

$$1 + \frac{\omega - y}{2\varphi_1 m}(1 - H) > 0$$

因此

$$H < \frac{2\varphi_1 m}{\omega - y} + 1$$

(4) 在任何一个速度比 $H > 0$ 的情况下,滞止点压力 p_0 总是最大的。

3. 速度比的确定

要计算无后坐炮膛内压力分布和滞止点位置 L_0,关键问题是如何求出速度比 H,下面进一步讨论速度比的确定方法。设药室后端面面积为 A_{xh},流速为 v_{xh},则通过该断面的流量为

$$G = A_{xh} \rho v_{xh} \tag{3-47}$$

再根据火药气体均匀分布的假定,在任一瞬间火药气体的密度为

$$\rho = \frac{\omega - y}{(V_0 + Al)} \tag{3-48}$$

式中 l 是弹丸的实际行程;V_0 是药室容积。

流量计算公式为

$$G = C_A v_j A_* \frac{p}{f\sqrt{\tau}} \tag{3-49}$$

式中 $v_j = \sqrt{\frac{2f\omega}{\theta \varphi m}}$,$C_A = \varphi_2 \sqrt{\frac{\theta \varphi m}{2\omega}} \Gamma$,$\Gamma = \sqrt{k}\left(\frac{2}{k+1}\right)^{\frac{k+1}{2(k-1)}}$。这里 A_* 为喷管临界截面。若已知射击过程中的 p 和 $\tau = T/T_1$ 的变化规律,即可由式(3-49)计算流量的变化规律,再由式(3-47)得:

$$v_{xh} = \frac{G(V_0 + Al)}{A_{xh}(\omega - y)} \tag{3-50}$$

由相应的弹丸运动速度 v,则可求出速度比 H。由此可见,要计算速度比,必须解无后坐炮的弹道方程,求得 $p-l$,$v-l$,$y-l$ 及 $\tau-l$ 的函数关系,才能通过式(3-50)计算出 v_{xh}。所以计算无后坐炮的压力分布必须和弹道求解同时进行。

3.4.4 考虑膛内面积变化的膛内压力分布

前面是在膛内面积不变的条件下讨论弹后空间压力分布的规律,而真实膛内面积沿炮膛轴向是变化的,以下介绍用隔离体受力分析的方法推导膛底压力 p_t、弹底压力 p_b 以及平均压力 $\bar{p}$ 三者之间的换算关系。真实膛内面积变化如图 3-6 所示,药室部分面积为 A_0,经过斜肩部分(坡膛)过渡到身管部分面积为 A_1,由于坡膛很短,故可以近似地认为膛内面积变化呈图 3-7 所示的突变形式,面积为 A_0 的部分长 L_0,从突变处到弹底位置的

长为 L_1,下面在这种简化下,假设膛内混合流体密度均匀分布,进行推导。

图 3-6 膛内面积真实变化   图 3-7 膛内面积近似变化

考虑膛内面积变化的一维气体连续方程为

$$\frac{\partial A\rho}{\partial t} + \frac{\partial A\rho u}{\partial x} = 0 \tag{3-51}$$

如果面积变化已知,在密度均匀分布的假设下可推得速度分布关系式。以 a 标记膛底,c 标记面积突变处,b 标记弹底。

对于 $a \to c$ 段,膛内面积不变化,容易推得膛内速度线性分布,设 v_0^- 为面积突变处气流速度的左极限,则 $a \to c$ 段速度分布为

$$u = \frac{x}{L_0} v_0^- \tag{3-52}$$

对于 c 点截面,即面积突变处,在密度均匀分布的假设下,有连续方程:

$$v_0^- A_0 = v_0^+ A_1$$

式中 v_0^+ 为面积突变处气流速度的右极限,

$$v_0^- = \frac{A_1}{A_0} v_0^+ \tag{3-53}$$

对于 $c \to b$ 段,面积也是不变化的,速度亦为线性分布,设为

$$u = a_1 x + a_2$$

a_1、a_2 是时间 t 的函数,由边界条件

$$x = L_0, \qquad u = v_0^+$$
$$x = L_0 + L_1, \quad u = v$$

这里 v 仍表示弹丸运动速度,得:

$$u = \frac{v - v_0^+}{L_1}(x - L_0) + v_0^+ \tag{3-54}$$

由此可见,膛内气流速度为分段线性分布,且在面积突变处速度间断,如图 3-8 所示。

速度分布函数已求出,但函数中 v_0^-、v_0^+ 是未知的,应与弹丸运动速度有一个关系,为求这个关系,设膛内面积变化函数为 $A(x)$,则从膛底到某位置 x 处的体积为 $\int_0^x A(x)\mathrm{d}x$,弹后空间总体积为 $\int_0^L A(x)\mathrm{d}x$(L 以膛底为坐标原点弹底的

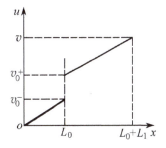

图 3-8 考虑面积变化的膛内气流速度分布

位置),所以膛内密度为

$$\rho = \frac{\omega}{\int_0^L A(x)\mathrm{d}x}$$

式中 ω 为装药量,由密度在整个弹后空间不变的假设,得膛底到某位置 x 的质量为

$$m_x = \frac{\omega \int_0^x A(x)\mathrm{d}x}{\int_0^L A(x)\mathrm{d}x}$$

$\mathrm{d}t$ 时刻以后膛底到 x 位置的平均密度为

$$\rho_x = \frac{\dfrac{\omega \int_0^x A(x)\mathrm{d}x}{\int_0^L A(x)\mathrm{d}x} - \dfrac{\omega}{\int_0^L A(x)\mathrm{d}x} u A(x) \mathrm{d}t}{\int_0^x A(x)\mathrm{d}x}$$

$\mathrm{d}t$ 时刻以后整个弹后空间的平均密度为

$$\rho_L = \frac{\omega - \dfrac{\omega}{\int_0^L A(x)\mathrm{d}x} v A(L) \mathrm{d}t}{\int_0^L A(x)\mathrm{d}x}$$

由密度均匀分布假设,令 $\rho_x = \rho_L$,得:

$$u = \frac{\int_0^x A(x)\mathrm{d}x}{\int_0^L A(x)\mathrm{d}x} \frac{A(L)}{A(x)} v \tag{3-55}$$

这是膛内速度分布的普遍关系式。对于目前考虑的对象,令 $x = L_0$,得:

$$v_0^- = \frac{A_1 L_0}{A_0 L_0 + A_1 L_1} v \tag{3-56}$$

再由式(3-53)得:

$$v_0^+ = \frac{A_0 L_0}{A_0 L_0 + A_1 L_1} v \tag{3-57}$$

将式(3-56)代入式(3-52)得:

$$u = \frac{A_1 x}{A_0 L_0 + A_1 L_1} v \tag{3-58}$$

所以

$$\frac{\mathrm{d}u}{\mathrm{d}t} = \frac{A_1 uv}{A_0 L_0 + A_1 L_1} + \frac{A_1 x}{A_0 L_0 + A_1 L_1} \frac{\mathrm{d}v}{\mathrm{d}t} - \frac{A_1^2 x v^2}{(A_0 L_0 + A_1 L_1)^2}$$

将式(3-58)代入上式得:

$$\frac{\mathrm{d}u}{\mathrm{d}t} = \frac{A_1 x}{A_0 L_0 + A_1 L_1} \frac{\mathrm{d}v}{\mathrm{d}t} \tag{3-59}$$

这是 $a \to c$ 段的膛内气流加速度分布。对于 $c \to b$ 段,同样可得到加速度分布函数,将式(3-57)代入式(3-54)得:

$$u = \frac{A_1 vx}{A_0 L_0 + A_1 L_1} + \frac{(A_0 - A_1) L_0 v}{A_0 L_0 + A_1 L_1} \tag{3-60}$$

对上式求导,得:

$$\frac{\mathrm{d}u}{\mathrm{d}t} = \frac{A_1 x + (A_0 - A_1) L_0}{A_0 L_0 + A_1 L_1} \frac{\mathrm{d}v}{\mathrm{d}t} \tag{3-61}$$

由此可见,两个区段加速度亦服从线性分布规律。

取图 3-7 中 $a \to c$ 的气流为隔离体,受力为 $p_t A_0 - p_0 A_0$,这段气流的质量为 $\theta_0 \omega$,其中

$$\theta_0 = \frac{A_0 L_0}{A_0 L_0 + A_1 L_1}$$

由式(3-59),$a \to c$ 段气流的平均加速度为

$$\bar{a}_{ac} = \frac{1}{2} \frac{A_1 L_0}{A_0 L_0 + A_1 L_1} \frac{\mathrm{d}v}{\mathrm{d}t} = \frac{1}{2} \frac{A_1}{A_0} \theta_0 \frac{\mathrm{d}v}{\mathrm{d}t}$$

由牛顿第二定律得:

$$\frac{1}{2} \frac{A_1}{A_0} \theta_0^2 \omega \frac{\mathrm{d}v}{\mathrm{d}t} = (p_t - p_0) A_0$$

由弹丸运动方程:

$$\frac{\mathrm{d}v}{\mathrm{d}t} = \frac{A_1 p_b}{\varphi_1 m} \tag{3-62}$$

得:

$$p_t - p_0 = \theta_0^2 \frac{\varepsilon'}{2} \left(\frac{A_1}{A_0}\right)^2 p_b \tag{3-63}$$

这里 $\varepsilon' = \frac{\omega}{\varphi_1 m}$。

取图 3-7 中,$c \to b$ 段的气流为隔离体,受力 $p_0 A_1 - p_b A_1$,这段气流质量为 $(1-\theta_0)\omega$,c 处气流的加速度由式(3-61)得:

$$a_c = \frac{A_0 L_0}{A_0 L_0 + A_1 L_1} \frac{\mathrm{d}v}{\mathrm{d}t} = \theta_0 \frac{\mathrm{d}v}{\mathrm{d}t}$$

而 b 处气流的加速度为 $a_b = \frac{\mathrm{d}v}{\mathrm{d}t}$。所以 $c \to b$ 段气流的平均加速度为

$$a_{cb} = (1 + \theta_0) \frac{1}{2} \frac{\mathrm{d}v}{\mathrm{d}t}$$

再由牛顿第二定律得:

$$(p_0 - p_b) A_1 = (1 - \theta_0) \omega \frac{1 + \theta_0}{2} \frac{\mathrm{d}v}{\mathrm{d}t}$$

所以

$$p_0 - p_b = \frac{1-\theta_0^2}{2}\varepsilon' p_b \tag{3-64}$$

上式运用了弹丸运动方程式(3-62),由式(3-63)和式(3-64)两式解得:

$$p_0 = \left[1 + \frac{\varepsilon'}{2}(1-\theta_0^2)\right]p_b \tag{3-65}$$

$$p_t = \left\{1 + \frac{\varepsilon'}{2}\left[1 - \left(1 - \frac{A_1^2}{A_0^2}\right)\theta_0^2\right]\right\}p_b \tag{3-66}$$

式(3-65)代入式(3-66)得:

$$p_t = p_0 \frac{1 + \frac{\varepsilon'}{2}\left[1 - \left(1 - \frac{A_1^2}{A_0^2}\right)\theta_0^2\right]}{1 + \frac{\varepsilon'}{2}(1-\theta_0^2)} \approx \left[1 + \frac{\varepsilon'}{2}\left(\frac{A_1}{A_0}\right)^2\theta_0^2\right]p_0 \tag{3-67}$$

以上三式表示膛内三个特殊点压力之间的关系。

考虑膛内面积变化的压力平均值应为

$$\bar{p} = \frac{1}{V}\int_0^L p_x A \, dx$$

就这里讨论的问题有:

$$\bar{p} = \frac{1}{A_0 L_0 + A_1 L_1}\left[A_0 \int_0^{L_0} p_x \, dx + A_1 \int_{L_0}^{L_0+L_1} p_x \, dx\right]$$
$$= \frac{1}{A_0 L_0 + A_1 L_1}(A_0 L_0 \bar{p}_1 + A_1 L_1 \bar{p}_2) = \theta_0 \bar{p}_1 + (1-\theta_0)\bar{p}_2 \tag{3-68}$$

其中,$\bar{p}_1$、$\bar{p}_2$ 分别为两个区段的平均压力,即:

$$\bar{p}_1 = \frac{1}{L_0}\int_0^{L_0} p_x \, dx$$

$$\bar{p}_2 = \frac{1}{L_1}\int_{L_0}^{L_0+L_1} p_x \, dx$$

设药室部分缩径长为 L'_0,即 $A_1 L'_0 = A_0 L_0$。这样:

$$p_0 = \left\{1 + \frac{\varepsilon'}{2}\left[1 - \left(\frac{L'_0}{L}\right)^2\right]\right\}p_b$$

这里 $L = L'_0 + L_1$。此处 p_0 就是将药室当作与身管等截面的缩径药室拉格朗日问题的压力分布。

$$p'_x = \left\{1 + \frac{\varepsilon'}{2}\left[1 - \left(\frac{x}{L}\right)^2\right]\right\}p_b \tag{3-69}$$

在 $x = L'_0$ 时的值,可取:

$$\bar{p}_1 = \frac{1}{L'_0}\int_0^{L'_0} p'_x \, dx \tag{3-70}$$

$$\bar{p}_2 = \frac{1}{L - L'_0}\int_{L'_0}^{L} p'_x \, dx \tag{3-71}$$

得:

$$\bar{p}_1 = p_b\left\{\left[1+\frac{\varepsilon'}{2}\left(1-\frac{1}{3}\left(\frac{L'_0}{L}\right)^2\right)\right]\right\} = p_b\left\{\left[1+\frac{\varepsilon'}{2}\left(1-\frac{\theta_0^2}{3}\right)\right]\right\}$$

这里利用了

$$\theta_0 = \frac{A_0 L_0}{A_0 L_0 + A_1 L_1} = \frac{L'_0}{L'_0 + L_1} = \frac{L'_0}{L}$$

由等面积下的 p_t、p_b 的关系式,有:

$$\bar{p}_1 = p_t \frac{1+\frac{\varepsilon'}{2}\left(1-\frac{\theta_0^2}{3}\right)}{1+\frac{\varepsilon'}{2}} \approx p_t\left(1-\frac{\varepsilon'}{6}\theta_0^2\right) \tag{3-72}$$

将式(3-69)代入式(3-71),得:

$$\bar{p}_2 = p_b\left\{1+\frac{\varepsilon'}{2}\left[1-\frac{1}{3}\frac{L^2+LL'_0+L'^2_0}{L^2}\right]\right\} = p_b\left\{1+\frac{\varepsilon'}{2}\left[1-\frac{1}{3}(1+\theta_0+\theta_0^2)\right]\right\}$$

$$= p_b\left[1+\frac{\varepsilon'}{3}\left(1-\frac{\theta_0}{2}-\frac{\theta_0^2}{2}\right)\right] \tag{3-73}$$

将式(3-72)和式(3-73)代入式(3-68)得:

$$\bar{p} = \theta_0 p_t\left(1-\frac{\varepsilon'\theta_0^2}{6}\right) + (1-\theta_0)p_b\left[1+\frac{\varepsilon'}{3}\left(1-\frac{\theta_0}{2}-\frac{\theta_0^2}{2}\right)\right]$$

将式(3-66)代入上式整理得:

$$\bar{p} = p_b\left\{1+\frac{\varepsilon'}{3}\left[1-\frac{3\theta_0^3}{2}\left(1-\frac{A_1^2}{A_0^2}\right)\right]\right\} \tag{3-74}$$

再将式(3-66)代入上式得:

$$\bar{p} = \frac{1+\frac{\varepsilon'}{3}\left[1-\frac{3}{2}\theta_0^3\left(1-\frac{A_1^2}{A_0^2}\right)\right]}{1+\frac{\varepsilon'}{2}\left[1-\theta_0^2\left(1-\frac{A_1^2}{A_0^2}\right)\right]} p_t$$

化简得:

$$\bar{p} = p_t\left\{1-\frac{\varepsilon'}{6}\left[1-3(\theta_0^2-\theta_0^3)\left(1-\frac{A_1^2}{A_0^2}\right)\right]\right\} \tag{3-75}$$

式(3-74)和式(3-75)分别是考虑膛内面积变化条件下的平均压力、弹底压力和膛底压力之间的关系。

从以上的推导可以看出:

(1) 推得的膛底压力 p_t、弹底压力 p_b 和平均压力 $\bar{p}$ 三者之间的关系式(3-66)、式(3-74)和式(3-75)三式在 $A_1 = A_0$ 时,分别为

$$p_t = p_b\left(1+\frac{\varepsilon'}{2}\right), \quad \bar{p} = p_b\left(1+\frac{\varepsilon'}{3}\right), \quad \bar{p} = p_t\left(1-\frac{\varepsilon'}{6}\right)$$

这就是等截面拉格朗日问题的结果,说明目前研究的问题包含了等截面问题。

(2) 在三个关系式(3-66)、式(3-74)和式(3-75)中令 $\theta_0 = 0$,也得到等截面拉格朗日

问题的结果,因为 $\theta_0=0, L_0=0$ 就是等截面问题。

(3) 考虑膛内面积变化,膛内压力换算与等截面情况是有差别的,特别是弹道循环初期,这种差别是很大的。以 $\theta_0=\dfrac{2}{3}, \dfrac{A_0}{A_1}=2$ 为例,可得:

$$\bar{p} = \left(1-\dfrac{\varepsilon'}{9}\right)p_t$$

(4) 弹道循环后期随着 L_1 的增大,θ_0 变得很小,考虑与不考虑膛内面积变化差别不大。

(5) 由式(3-55)知,膛内面积任意变化,均可推导获得速度分布函数,膛内面积间断,速度分布亦间断,但压力分布是连续的。

3.4.5 内弹道计算中应用的压力换算关系

1. p_t、p_b、$\bar{p}$ 的换算

在内弹道计算中,一般取基于拉格朗日假设的压力分布解,即:

$$p = p_b\left[1+\dfrac{\omega}{2\varphi_1 m}\left(1-\dfrac{x}{L}\right)^2\right] \tag{3-76}$$

平均压力:

$$\bar{p} = \dfrac{1}{L}\int_0^L p\,\mathrm{d}x = p_b\left(1+\dfrac{\omega}{3\varphi_1 m}\right)$$

或

$$\dfrac{p_b}{\bar{p}} = \dfrac{1}{1+\dfrac{\omega}{3\varphi_1 m}} \tag{3-77}$$

$$\dfrac{p_t}{p_b} = 1+\dfrac{\omega}{2\varphi_1 m} \tag{3-78}$$

$$\dfrac{p_t}{\bar{p}} = \dfrac{\left(1+\dfrac{1}{2}\dfrac{\omega}{\varphi_1 m}\right)}{\left(1+\dfrac{1}{3}\dfrac{\omega}{\varphi_1 m}\right)} \tag{3-79}$$

由经典内弹道模型可以求解不同时刻膛内的平均压力,再由式(3-77)和式(3-79)可求出不同时刻膛底和弹底压力。

上述反映膛内各种压力之间关系的公式,都是不考虑药室扩大对气流影响的假设下导出的。若考虑药室扩大的影响,则为

$$\bar{p} = \dfrac{\varphi_1+\lambda_2\dfrac{\omega}{m}}{\varphi_1+\lambda_1\dfrac{\omega}{m}}p_t \tag{3-80}$$

式中

$$\lambda_1 = \frac{1}{2} \frac{\dfrac{1}{\chi_k} + \Lambda_g}{1 + \Lambda_g}$$

$$\lambda_2 = \frac{1}{3} \frac{\dfrac{1}{\chi_k} + \Lambda_g}{1 + \Lambda_g}$$

而
$$\Lambda_g = l_g/l_0, \quad \chi_k = l_0/l_{ys}$$

式中 Λ_g 是弹丸相对全行程度；χ_k 是药室扩大系数，当 $\chi_k = 1$ 时（不考虑截面积变化），λ_1 和 λ_2 分别为 $\dfrac{1}{2}$ 和 $\dfrac{1}{3}$，这与不考虑药室扩大影响的结果是一致的。

2. 实测压力的换算

在实践中有时要通过弹道实验进行验证和理论上的符合计算。通常将测压器放入药筒的底部，测量膛内的最大压力，此压力可以看作膛底最大压力 p_{tm}。实验证明，铜柱测压器测得的压力比真实的压力要低，所以要引入一个大于 1 的系数 N' 来修正，即：

$$p_{tm} = N' p_{m(T)} \tag{3-81}$$

式中 $p_{m(T)}$ 代表铜柱测压器在膛底测得的最大压力，通过上式可以将其换算为膛底的压力 p_{tm}。修正系数 N' 取决于测压器的结构，测压铜柱的规格以及 $p_{m(T)}$ 的大小。N' 一般在 $1.0 \sim 1.2$ 变化，通常取 1.12，也就是将铜柱测压值增大 12% 来表示膛底的实际最大压力 p_{tm}，这个压力相当于用压电法测得的压力，它比较接近于真实的压力值，也就是说，如果用压电法测试，而压电传感器又是装填在药筒底部，就不需要进行换算了。

在内弹道基本方程中，都采用平均压力，所以在实际计算时，还要把铜柱测得的膛底最大压力 p_{tm} 换算为最大压力瞬间的平均压力 $\bar{p}_m$。由式(3-80)和式(3-81)有

$$\bar{p}_m = \frac{N'\left(\varphi_1 + \lambda_2 \dfrac{\omega}{m}\right)}{\varphi_1 + \lambda_1 \dfrac{\omega}{m}} p_{m(T)} \tag{3-82}$$

在进行枪或一些专用弹道炮的测试时，通常将传感器固连装配在药室侧面或药室前端，这时测得的压力就近似看作是平均压力，只要把铜柱测压值换算成真实的压力值就可以了。

总之必须根据测试的具体条件，将测得的压力换算成相当于平均压力的实际值后，才能与理论计算结果相比较。

§ 3.5　毕杜克极限解

在近似求解膛内压力分布方面，毕杜克曾经做了很多深入的研究工作。他求出了在弹丸运动的最后阶段对各种可能的解都比较接近的极限解。在求解过程中，仍然假设气固两

相的速度相等,并且均匀的混合,不考虑火药的燃烧,热力学过程符合绝热过程,即:

$$p\left(\frac{1}{\rho}-\alpha\right)^k = C \tag{3-83}$$

式中 C 为适用于全流场的常数。

采用拉格朗日坐标,如图 3-9 所示。在起始瞬间,弹丸的坐标为 b。因为是一维流动,所以只需要一个拉格朗日变数 a。任取一无穷小的气体单元,起始坐标为 a,而 t 时刻该单元运动到 x 处,弹底的坐标为 $y(t)$。这时 a 处的气体单元内密度为 $\rho(a,t)$,它是坐标 a 和时间 t 的函数。设 $p(a,t)$ 为该单元内气体的压力,k 为绝热指数,α 为余容。在拉格朗日坐标下的气动力基本方程为

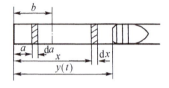

图 3-9 拉格朗日坐标示意图

连续方程:

$$\rho(a,t)\frac{\partial x}{\partial a} = \rho(a,0) \tag{3-84}$$

运动方程:

$$\rho(a,t)\frac{\partial^2 x(a,t)}{\partial t^2} = -\frac{\partial p(a,t)}{\partial x} \tag{3-85}$$

若以 M 代表弹丸的虚拟质量,$M = \varphi_1 m$,则弹丸运动方程为

$$M\frac{d^2 y}{dt^2} = Ap(y,t) \tag{3-86}$$

式中 $p(y,t)$ 表示弹底压力,A 是炮膛断面积。

积分(3-85)式,则

$$\int_0^b -dp(a,t) = \int_0^y \rho(a,t)\frac{\partial^2 x(a,t)}{\partial t^2}dx$$

$$p(0,t) - p(y,t) = \int_0^y \rho(a,t)\frac{\partial^2 x(a,t)}{\partial t^2}dx$$

于是可得:

$$\frac{p(0,t)}{p(y,t)} = 1 + \frac{A}{M}\int_0^y \rho(a,t)\frac{\partial^2 x(a,t)}{\partial t^2}\left(\frac{d^2 y}{dt^2}\right)^{-1}dx$$

$$= 1 + \frac{A}{M}\int_0^b \rho(a,0)\frac{\partial^2 x(a,t)}{\partial t^2}\left(\frac{d^2 y}{dt^2}\right)^{-1}da \tag{3-87}$$

式中 $p(0,t)$ 代表膛底压力。要求出膛底压力和弹底压力的压力比,必须求出等式右边的积分,但是求该积分是很困难的。下面先设法求出膛内的密度分布,然后再求出压力分布。

由式(3-83)和式(3-84),将运动方程(3-85)写成以下的形式:

$$\rho(a,0)\frac{\partial^2 x(a,t)}{\partial t^2} = -C\frac{\partial}{\partial a}\left[\frac{1}{\rho(a,t)} - \alpha\right]^{-k} \tag{3-88}$$

采用下述的坐标变换：

$$z = x - \int_0^a \alpha \rho(a,0) \mathrm{d}a \tag{3-89}$$

新变量 z 用来代替 x，由式(3-84)，则有：

$$\frac{\partial z}{\partial a} = \frac{\partial x}{\partial a} - \alpha \rho(a,0) = \rho(a,0)\left[\frac{1}{\rho(a,t)} - \alpha\right] \tag{3-90}$$

在式(3-88)中引入新变量 z。由式(3-89)有：

$$\frac{\partial^2 x}{\partial t^2} = \frac{\partial^2 z}{\partial t^2}$$

另外由式(3-90)，得：

$$\frac{\partial}{\partial a}\left[\frac{1}{\rho(a,t)} - \alpha\right]^{-k} = \frac{\partial}{\partial a}\left[\frac{\partial z}{\partial a}\frac{1}{\rho(a,0)}\right]^{-k}$$

$$= -k\left[\frac{\partial z}{\partial a}\frac{1}{\rho(a,0)}\right]^{-(k+1)}\left[\frac{\partial^2 z}{\partial a^2}\frac{1}{\rho(a,0)} - \frac{1}{\rho^2(a,0)}\frac{\partial z}{\partial a}\frac{\mathrm{d}\rho(a,0)}{\mathrm{d}a}\right]$$

把上式代入式(3-88)，则得：

$$\frac{\partial^2 z}{\partial t^2} = kC\left[\rho(a,0)^{k-1}\left(\frac{\partial z}{\partial a}\right)^{-(k+1)}\right]\left[\frac{\partial^2 z}{\partial a^2} - \frac{1}{\rho(a,0)}\frac{\mathrm{d}\rho(a,0)}{\mathrm{d}a}\frac{\partial z}{\partial a}\right] \tag{3-91}$$

式(3-91)是关于 z 的二阶非线性偏微分方程，对这类偏微分方程，可以用分离变量的方法给出以下形式的解：

$$z = f(z_0)\varphi(t) \tag{3-92}$$

式中 $z_0 = (z)_{t=0}$，并且取 $\varphi(0) = 1$。现在求满足以下条件的特解。假定式(3-92)中，$t = 0$，而 $f(z_0) = z_0$，因此有：

$$z = z_0 \varphi(t) \tag{3-93}$$

由式(3-93)，可以导出以下关系：

$$\frac{\partial z}{\partial a} = \frac{\mathrm{d}z_0}{\mathrm{d}a}\varphi(t) = [1 - \alpha\rho(a,0)]\varphi(t) \tag{3-94}$$

代入式(3-90)，则有：

$$\frac{1}{\rho(a,t)} - \alpha = \left[\frac{1}{\rho(a,0)} - \alpha\right]\varphi(t) \tag{3-95}$$

由式(3-94)，可得：

$$\frac{\partial^2 z}{\partial a^2} = -\alpha \frac{\partial \rho(a,0)}{\partial a}\varphi(t) \tag{3-96}$$

在式(3-91)中代入式(3-93)、式(3-94)及式(3-96)，并注意到：

$$\frac{\partial \rho(a,0)}{\partial a} = \frac{\mathrm{d}\rho(a,0)}{\mathrm{d}a} = \frac{\mathrm{d}\rho(z_0,0)}{\mathrm{d}z_0}\frac{\mathrm{d}z_0}{\mathrm{d}a}$$

则可求得：

$$\varphi^k \frac{d^2\varphi}{dt^2} = -kC[1-\alpha\rho(z_0,0)]^{-k}[\rho(z_0,0)]^{k-2}\frac{1}{z_0}\frac{d\rho(z_0,0)}{dz_0} \tag{3-97}$$

式(3-97)左边与 z_0 无关,而右边则与时间 t 无关,从而完成了分离变量的工作。很显然式(3-97)两边应等于某个与 z_0、t 无关的常量,用 B 来表示,即:

$$\varphi^k \frac{d^2\varphi}{dt^2} = B \tag{3-98}$$

$$-kC[1-\alpha\rho(z_0,0)]^{-k}[\rho(z_0,0)]^{k-2}\frac{1}{z_0}\frac{d\rho(z_0,0)}{dz_0} = B \tag{3-99}$$

其目的在于求出膛内的密度分布规律,从而求出压力分布的规律,以下着重讨论式(3-99)。对上式进行积分,则有:

$$-\int_{\rho(0,0)}^{\rho(z_0,0)}[1-\alpha\rho(z_0,0)]^{-k}\rho(z_0,0)^{k-2}d\rho(z_0,0) = \int_0^{z_0}\frac{Bz_0}{kC}dz_0 \tag{3-100}$$

等式左边的积分为

$$\int_{\rho(0,0)}^{\rho(z_0,0)}[1-\alpha\rho(z_0,0)]^{-k}[\rho(z_0,0)]^{k-2}d\rho(z_0,0)$$

$$= -\int_{\rho(0,0)}^{\rho(z_0,0)}\left[\frac{1}{\rho(z_0,0)}-\alpha\right]^{-k}d\left[\frac{1}{\rho(z_0,0)}-\alpha\right]$$

$$= \frac{1}{k-1}\left\{\left[\frac{1}{\rho(z_0,0)}-\alpha\right]^{-k+1}-\left[\frac{1}{\rho(0,0)}-\alpha\right]^{-k+1}\right\}$$

于是式(3-100)积分的结果为

$$\frac{1}{\rho(z_0,0)}-\alpha = \left[\frac{1}{\rho(0,0)}-\alpha\right]\left[1-\frac{B(k-1)z_0^2}{2kC}\left(\frac{1}{\rho(0,0)}-\alpha\right)^{k-1}\right]^{-\frac{1}{k-1}} \tag{3-101}$$

运用弹底条件 $a=b$,由式(3-89)可得:

$$z_0 = b - \frac{\alpha\omega}{A}$$

式中 ω 为装药质量,即:

$$\omega = \int_0^a \rho(a,0)A\,da$$

令

$$\Omega = \frac{B(k-1)}{2kC}\left[\frac{1}{\rho(0,0)}-\alpha\right]^{k-1}\left(b-\frac{\alpha\omega}{A}\right)^2 \tag{3-102}$$

将 Ω 代入式(3-101),并考虑到式(3-95)的关系,则

$$\frac{1}{\rho(z_0,t)}-\alpha = \left[\frac{1}{\rho(0,0)}-\alpha\right]\varphi(t)\left\{1-\Omega\left[z_0\Big/\left(b-\frac{\alpha\omega}{A}\right)\right]^2\right\}^{-\frac{1}{k-1}} \tag{3-103}$$

若在上式中令 $t=0$,则得到起始时刻的密度分布:

$$\frac{1}{\rho(z_0,0)}-\alpha = \left[\frac{1}{\rho(0,0)}-\alpha\right]\left\{1-\Omega\left[z_0\Big/\left(b-\frac{\alpha\omega}{A}\right)\right]^2\right\}^{-\frac{1}{k-1}} \tag{3-104}$$

很容易看出,当 $z_0 = 0$ 时表示为膛底密度;当 $z_0 = b - \alpha\omega/A$ 时则表示为弹底密度。即:

$$\frac{1}{\rho(b,0)} - \alpha = \left[\frac{1}{\rho(0,0)} - \alpha\right](1-\Omega)^{-\frac{1}{k-1}}$$

在起始瞬间从膛底到弹底方向上,密度是减小的,这与火炮的实际装填情况有差别。但随着弹丸的运动,密度由膛底到弹底应是减小的,实际的解应该与毕杜克的极限解相接近。

由式(3-83)和式(3-103),可以得到:

$$p(z_0,t) = C\left[\frac{1}{\rho(0,0)} - \alpha\right]^{-k} \varphi(t)^{-k} \left\{1 - \Omega\left[z_0 \Big/ \left(b - \frac{\alpha\omega}{A}\right)\right]^2\right\}^{\frac{k}{k-1}} \quad (3\text{-}105)$$

式(3-105)表示膛内任意瞬间的压力分布,温度分布也可以由状态方程

$$p\left(\frac{1}{\rho} - \alpha\right) = RT \quad (3\text{-}106)$$

来确定。将式(3-103)和式(3-105)代入式(3-106)得:

$$RT(z_0,t) = C\left(\frac{1}{\rho(0,0)} - \alpha\right)^{1-k} \varphi^k \left\{1 - \Omega\left[z_0 \Big/ \left(b - \frac{\alpha\omega}{A}\right)\right]^2\right\} \quad (3\text{-}107)$$

再将式(3-83)代入式(3-106),得到:

$$RT = C\left(\frac{1}{\rho} - \alpha\right)^{1-k}$$

所以

$$RT(0,0) = C\left(\frac{1}{\rho(0,0)} - \alpha\right)^{1-k}$$

这样得到:

$$RT(z_0,t) = RT(0,0)\varphi(t)^{1-k} \left\{1 - \Omega\left[z_0 \Big/ \left(b - \frac{\alpha\omega}{A}\right)\right]^2\right\} \quad (3\text{-}108)$$

根据式(3-89)和式(3-93),任何气体单元的坐标可以由下式来确定:

$$x(a,t) = a + z_0[\varphi(t) - 1] \quad (3\text{-}109)$$

于是,这些单元气体的速度应为

$$\frac{\partial x(a,t)}{\partial t} = z_0 \frac{\mathrm{d}\varphi}{\mathrm{d}t} \quad (3\text{-}110)$$

对于 Ω 和 $[\rho(0,0)^{-1} - \alpha]$ 这两个变量,可以通过弹丸运动方程和质量守恒方程来确定。因为弹底在膛内任意瞬间的坐标 $y(t)$ 应等于 $x(b,t)$,因此由式(3-109)和式(3-98),得到

$$M\frac{\mathrm{d}^2 y}{\mathrm{d}t^2} = M\frac{\mathrm{d}^2 x(b,t)}{\mathrm{d}t^2} = Mz_0\mid_{a=b}\frac{\mathrm{d}^2\varphi(t)}{\mathrm{d}t^2} = M\left(b - \frac{\alpha\omega}{A}\right)B\varphi^{-k}$$

由式(3-105),在弹底的条件下,可得:

$$Ap(b,t) = AC\left[\frac{1}{\rho(0,0)} - \alpha\right]^{-k}(1-\Omega)^{\frac{k}{k-1}}\varphi(t)^{-k}$$

注意，在拉格朗日坐标下压力为 $p(a,t)$，在欧拉坐标下压力应是另一个函数形式，但仍用函数符号 $p(x,t)$。在新的 z,z_0 坐标下也都用同一符号，读者不难区分。上式左边本应为 $Ap\left(b-\dfrac{\alpha\omega}{A},t\right)$，但它表示弹底压力，故用符号 $Ap(b,t)$。于是弹丸运动方程 (3-86) 式可以写成以下形式：

$$M\left(b-\frac{\alpha\omega}{A}\right)B = AC\left[\frac{1}{\rho(0,0)}-\alpha\right]^{-k}(1-\Omega)^{\frac{k}{k-1}} \qquad (3\text{-}111)$$

根据质量守恒原理，弹后空间火药气体的质量应等于装药量 ω。并由式 (3-89) 得：

$$\mathrm{d}z_0 = \mathrm{d}a[1-\alpha\rho(a,0)]$$

则有：

$$\begin{aligned}
\omega &= A\int_0^b \rho(a,0)\mathrm{d}a \\
&= A\int_0^{b-\frac{\alpha\omega}{A}} \frac{\rho(a,0)}{1-\alpha\rho(a,0)}\mathrm{d}z_0 \\
&= A\left[\frac{1}{\rho(0,0)}-\alpha\right]^{-1}\int_0^{b-\frac{\alpha\omega}{A}}\left\{1-\Omega\left[z_0\Big/\left(b-\frac{\alpha\omega}{A}\right)\right]^2\right\}^{\frac{1}{k-1}}\mathrm{d}z_0
\end{aligned}$$

或

$$\omega = A\left(b-\frac{\alpha\omega}{A}\right)\left[\frac{1}{\rho(0,0)}-\alpha\right]^{-1}\int_0^1 (1-\Omega\zeta^2)^{\frac{1}{k-1}}\mathrm{d}\zeta \qquad (3\text{-}112)$$

式中 $\zeta = \dfrac{z_0}{b-\frac{\alpha\omega}{A}}$。由式 (3-111) 和式 (3-102) 消去 B，则得：

$$M\left(b-\frac{\alpha\omega}{A}\right)\frac{\Omega}{\dfrac{k-1}{2kC}\left[\dfrac{1}{\rho(0,0)}-\alpha\right]^{k-1}\left(b-\dfrac{\alpha\omega}{A}\right)^2} = AC\left[\frac{1}{\rho(0,0)}-\alpha\right]^{-k}(1-\Omega)^{\frac{k}{k-1}}$$

整理后得：

$$\left[\frac{1}{\rho(0,0)}-\alpha\right]^{-1} = \frac{M\Omega}{\dfrac{(k-1)A}{2k}(1-\Omega)^{\frac{k}{k-1}}\left(b-\dfrac{\alpha\omega}{A}\right)} \qquad (3\text{-}113)$$

将式 (3-113) 代入式 (3-112)，可得：

$$\int_0^1 (1-\Omega\zeta^2)^{\frac{1}{k-1}}\mathrm{d}\zeta = \frac{(k-1)\omega(1-\Omega)^{\frac{k}{k-1}}}{2kM\Omega} \qquad (3\text{-}114)$$

上式可以通过 k 及 ω/M 来确定 Ω。由式 (3-113)，则有：

$$\frac{1}{\rho(0,0)}-\alpha = \frac{A(k-1)}{2k}\left(b-\frac{\alpha\omega}{A}\right)\frac{(1-\Omega)^{\frac{k}{k-1}}}{M\Omega} \qquad (3\text{-}115)$$

根据式 (3-114)，可以写成 $\Omega = f(\omega/M,k)$ 的函数关系。因为在实用上常常遇到 ω/M 的比值，因此将 Ω 这个函数可以按 ω/M 的幂级数展开，设有如下形式的幂级数：

$$\Omega = \frac{k-1}{2k}\frac{\omega}{M}\left[a_1 + a_2\frac{\omega}{M} + a_3\left(\frac{\omega}{M}\right)^2 + \cdots\right] \tag{3-116}$$

式中 $a_1, a_2, a_3 \cdots$ 是待定系数。将式(3-114)两边用泰勒级数展开,并将式(3-116)代入级数,只保留 ω/M 的平方项。由等式两边同次项系数相等的原则,可确定出式(3-116)中的待定系数,即:

$$a_1 = 1$$
$$a_2 = \frac{1}{6k} - \frac{1}{2}$$
$$a_3 = \frac{1}{180k^2} - \frac{1}{10k} + \frac{1}{4}$$
$$\cdots$$

从而有:

$$\Omega = \frac{(k-1)\omega}{2kM}\left[1 + \left(\frac{1}{6k} - \frac{1}{2}\right)\frac{\omega}{M} + \left(\frac{1}{4} - \frac{1}{10k} + \frac{1}{180k^2}\right)\left(\frac{\omega}{M}\right)^2 + \cdots\right] \tag{3-117}$$

将式(3-115)中的$(1-\Omega)^{\frac{k}{k-1}}$展开为级数形式,并只取前三项。然后将式(3-117)代入,整理后可得到:

$$\frac{1}{\rho(0,0)} - \alpha = \left(\frac{Ab}{\omega} - \alpha\right)\left[1 - \frac{1}{6k}\frac{\omega}{M} + \left(\frac{1}{45k^2} + \frac{7}{120k}\right)\left(\frac{\omega}{M}\right)^2 + \cdots\right] \tag{3-118}$$

根据式(3-105),令 $z_0 = 0$,即得到膛底压力:

$$p_t = C\left[\frac{1}{\rho(0,0)} - \alpha\right]^{-k}\varphi(t)^{-k} \tag{3-119}$$

当 $z_0 = b - \alpha\omega/A$ 时,即得到弹底压力为

$$p_b = C\left[\frac{1}{\rho(0,0)} - \alpha\right]^{-k}\varphi(t)^{-k}(1-\Omega)^{\frac{k}{k-1}} \tag{3-120}$$

于是任意时间的弹底压力与膛底压力的压力比为

$$\frac{p_b}{p_t} = (1-\Omega)^{\frac{k}{k-1}} \tag{3-121}$$

用同样的方法将上式展开为级数,并将式(3-117)代入,则有:

$$\frac{p_b}{p_t} = 1 - \frac{\omega}{2M} + \left(\frac{1}{4} + \frac{1}{24k}\right)\left(\frac{\omega}{M}\right)^2 - \left(\frac{1}{8} + \frac{13}{240k} + \frac{1}{360k^2}\right)\left(\frac{\omega}{M}\right)^3 + \cdots \tag{3-122}$$

或

$$\frac{p_t}{p_b} = 1 + \frac{1}{2}\frac{\omega}{M} - \frac{1}{24k}\left(\frac{\omega}{M}\right)^2 + \left(\frac{1}{80k} + \frac{1}{360k^2}\right)\left(\frac{\omega}{M}\right)^3 + \cdots \tag{3-123}$$

若近似地取前两项,则有:

$$\frac{p_t}{p_b} = 1 + \frac{1}{2}\frac{\omega}{M} = 1 + \frac{1}{2}\frac{\omega}{\varphi_1 m}$$

这个结果与拉格朗日假设下所获得的结果是一致的。

下面再来求平均压力。炮膛内火药气体的平均压力可以根据不同的定义来计算,以下

按气体质量求平均压力,即:

$$\bar{p} = \frac{A}{\omega}\int_0^y p(x,t)\rho(x,t)\mathrm{d}x$$

将式(3-105)代入,并以 $\rho(a,0)\mathrm{d}a$ 代替 $\rho(x,t)\mathrm{d}x$,则

$$\bar{p} = \frac{AC}{\omega}\left[\frac{1}{\rho(0,0)} - \alpha\right]^{-k}\varphi(t)^{-k}\int_0^b (1-\Omega\zeta^2)^{\frac{k}{k-1}}\rho(a,0)\mathrm{d}a$$

$$= \frac{AC}{\omega}\left[\frac{1}{\rho(0,0)} - \alpha\right]^{-k}\varphi(t)^{-k}\int_0^{b-\frac{\alpha\omega}{A}} (1-\Omega\zeta^2)^{\frac{k}{k-1}}\frac{\rho(a,0)}{1-\alpha\rho(a,0)}\mathrm{d}z_0$$

由膛底压力公式(3-119),则

$$\frac{\bar{p}}{p_\mathrm{t}} = \frac{A}{\omega}\int_0^{b-\frac{\alpha\omega}{A}} (1-\Omega\zeta^2)^{\frac{k}{k-1}}\frac{\rho(a,0)}{1-\alpha\rho(a,0)}\mathrm{d}z_0$$

根据式(3-104),上式可以改写为

$$\frac{\bar{p}}{p_\mathrm{t}} = \frac{A\left(b - \frac{\alpha\omega}{A}\right)\left[\frac{1}{\rho(0,0)} - \alpha\right]^{-1}}{\omega}\int_0^1 (1-\Omega\zeta^2)^{\frac{k+1}{k-1}}\mathrm{d}\zeta$$

再将式(3-112)代入,消去 ω,则得:

$$\frac{\bar{p}}{p_\mathrm{t}} = \frac{\int_0^1 (1-\Omega\zeta^2)^{\frac{k+1}{k-1}}\mathrm{d}\zeta}{\int_0^1 (1-\Omega\zeta^2)^{\frac{1}{k-1}}\mathrm{d}\zeta} = \frac{I(k+1)}{I(1)} \tag{3-124}$$

式中 $I(n) = \int_0^1 (1-\Omega\zeta^2)^{\frac{n}{k-1}}\mathrm{d}\zeta$。按 $\frac{\omega}{M}$ 的比值将积分 $I(k+1)$ 和 $I(1)$ 展成级数,则得:

$$\frac{\bar{p}}{p_\mathrm{t}} = 1 - \frac{\omega}{6M} + \frac{30k^2 + 13k - 12}{360k^2}\left(\frac{\omega}{M}\right)^2 + \cdots \tag{3-125}$$

若取前两项,即:

$$\frac{\bar{p}}{p_\mathrm{t}} = 1 - \frac{1}{6}\frac{\omega}{M} = 1 - \frac{1}{6}\frac{\omega}{\varphi_1 m}$$

很显然,上述结论与拉格朗日假设所求得的结果也是一致的。

关于压力比,毕杜克和肯特(Kent)令 $\varepsilon' = \frac{\omega}{\varphi_1 m}$,还给出了以下形式的结果:

$$p_\mathrm{b} = p_\mathrm{t}(1-a_0)^{-\eta-1} \tag{3-126}$$

$$\bar{p} = p_\mathrm{t}\left(1 + \frac{\varepsilon'}{\delta}\right) \tag{3-127}$$

式中 δ 称为毕杜克-肯特常数,由下式表示:

$$\frac{1}{\delta} = \frac{1}{2\eta+3}\left[\frac{1}{a_0} - \frac{2(\eta+1)}{\varepsilon'}\right] \tag{3-128}$$

其中, a_0 为毕杜克-肯特解的特征参数,对照式(3-126)和式(3-121)知, a_0 与 Ω 相对应,并且

$$\eta = \frac{1}{k-1}$$

文蒂和克拉维茨以新变量 θ、β、c_1 来表示 $\dfrac{1}{\delta}$，表达式为

$$\frac{1}{\delta} = \frac{1}{2\eta+3}\left[1+\theta\eta\frac{1+c_1\beta\eta}{1+c_1\eta}\right] \quad (3\text{-}129)$$

并以 ε' 和 η 为变量编制了求 $\dfrac{1}{\delta}$ 的表。表 3-5 是以 ε' 为自变量求 β 的数值表，表 3-6 为以 ε' 为自变量求 β 的数值表，而表 3-7 是以 ε' 和 η 为自变量求 c_1 的数值表。查表求得 θ、β、c_1 以后，代入式(3-129)即可求得 $\dfrac{1}{\delta}$。

表 3-5　毕杜克—肯特解表 $\theta - \varepsilon'$ 表

ε'	θ	ε'	θ	ε'	θ	ε'	θ
0.00	0.666 7	0.50	0.608 2	1.0	0.562 1	2.0	0.492 9
0.05	0.660 1	0.55	0.603 1	1.1	0.554 0	2.1	0.487 2
0.10	0.653 7	0.60	0.598 1	1.2	0.546 2	2.2	0.481 6
0.15	0.647 5	0.65	0.593 3	1.3	0.538 7	2.3	0.476 3
0.20	0.641 4	6.70	0.588 5	1.4	0.531 4	2.4	0.471 0
0.25	0.635 5	0.75	0.583 9	1.5	0.524 4	2.5	0.466 0
0.30	0.629 8	0.80	0.579 3	1.6	0.517 7	2.6	0.461 0
0.35	0.624 2	0.85	0.574 9	1.7	0.511 2	2.7	0.456 2
0.40	0.618 7	0.90	0.570 5	1.8	0.504 9	2.8	0.451 6
0.45	0.613 4	0.95	0.566 3	1.9	0.498 8	2.9	0.447 0

表 3-6　毕杜克—肯特解表 $\beta - \varepsilon'$ 表

ε'	θ	ε'	θ	ε'	θ
0.0	1.000 0	1.0	1.069 1	2.0	1.136 4
0.1	1.006 7	1.1	1.076 0	2.1	1.143 0
0.2	1.013 6	1.2	1.082 9	2.2	1.149 4
0.3	1.020 5	1.3	1.089 7	2.3	1.155 9
0.4	1.027 4	1.4	1.096 5	2.4	1.162 3
0.5	1.034 4	1.5	1.103 3	2.5	1.168 6
0.6	1.041 3	1.6	1.110 0	2.6	1.174 9
0.7	1.048 3	1.7	1.116 7	2.7	1.181 2
0.8	1.055 3	1.8	1.123 3	2.8	1.187 4
0.9	1.062 2	1.9	1.129 9	2.9	1.193 6

表 3-7　毕杜克—肯特解表 $c_1 - \varepsilon'$, η 表

ε'	η					
	1/2	1	2	3	4	5
0.0	1.000	1.000	1.000	1.000	1.000	1.000
0.2	1.016	1.016	1.016	1.016	1.016	1.016
0.4	1.029	1.029	1.029	1.029	1.029	1.030
0.6	1.038	1.039	1.039	1.039	1.039	1.039
0.8	1.045	1.046	1.046	1.047	1.047	1.047
1.0	1.051	1.051	1.052	1.052	1.053	1.053
2.0	1.059	1.061	1.063	1.064	1.065	1.065
3.0	1.053	1.057	1.061	1.063	1.064	1.065
4.0	1.042	1.047	1.053	1.055	1.057	1.058

§ 3.6　三种假设下压力分布的讨论

本章讨论了几种具有代表性的内弹道气动力问题的近似解,亦即比例膨胀假设下的近似解、拉格朗日假设下的近似解以及毕杜克极限解。这些解虽然各自采用不同的假设,但它们几乎得到了相同的结果。比例膨胀假设的实质是,规定了在弹丸运动过程中弹后空间混合气流膨胀的规律,认为弹后任一个单元气流的相对膨胀等于弹后空间整个气流的相对膨胀;从而气体相对密度 $\varepsilon = \rho_g/\rho$ 为均匀分布。拉格朗日假设是规定了弹后空间混合气流密度为均匀分布,即 $\partial \rho/\partial x = 0$。这两个假设均可以推出弹后空间气流速度线性分布的规律,但比例膨胀假设对混合气流密度没有作出限制,在推导压力分布时可以反映出热力学参数变化对压力分布的影响,而拉格朗日假设反映不出这种影响,所以它们得到的压力分布结果是不同的,前者是指数衰减压力分布规律,后者是抛物线分布规律。拉格朗日假设把密度始终看作均匀分布,这与实际情况不符合,毕杜克解实际上应用了在弹丸开始运动之前膛内气体密度不均匀的假定,这也是没有根据的,但是可以设想,实际解与弹丸运动最后阶段的解相差是很小的。由于膛内流动过程十分复杂,可以认为各种假设具有同等程度的近似性质,因而在同等程度上是可以接受的。准确到 $\varepsilon' = \dfrac{\omega}{\varphi_1 m}$ 一次项的毕杜克解和比例膨胀近似解都与拉格朗日近似解一致,故可以说,拉格朗日解是毕杜克极限解和比例膨胀近似解的一级近似。

以下作一个比较,来说明比例膨胀近似解和拉格朗日近似解两者的接近程度。在密度均匀分布的假设下所得到的压力比为

$$\frac{p_t}{p_b} = 1 + \frac{1}{2}\frac{\omega}{\varphi_1 m}, \quad \frac{\bar{p}}{p_b} = 1 + \frac{1}{3}\frac{\omega}{\varphi_1 m}$$

根据表 3-4 计算不同的 $\omega/\varphi_1 m$ 值所得到的 p_t/p_b 和 $\bar{p}/p_b$，并用上两式的形式表示其结果，即：

$$\frac{p_t}{p_b} = 1 + \lambda_1 \frac{\omega}{\varphi_1 m}, \quad \frac{\bar{p}}{p_b} = 1 + \lambda_2 \frac{\omega}{\varphi_1 m}$$

计算结果如表 3-8 所示。

表 3-8　$\dfrac{\omega}{\varphi_1 m}$ 与 λ_1 和 λ_2 的函数关系

$\dfrac{\omega}{\varphi_1 m}$	λ_1	λ_2	$\dfrac{\omega}{\varphi_1 m}$	λ_1	λ_2
0.1	0.493	0.320	1.5	0.458	0.287
0.5	0.485	0.315	2.0	0.451	0.279
1.0	0.471	0.300	2.5	0.442	0.272

将表 3-8 中的 λ_1 和 λ_2 数值与 1/2 和 1/3 相比较即可看出，当相对装药量 ω/m 较小时，两种假设下的结果区别不大；当相对装药量增大时，差别就比较大，并将对内弹道基本问题产生很大的影响。这主要是当 ω/m 增大时，弹丸的运动速度加快，使得弹后的气流加速膨胀，不能简单地服从某种规律。应该指出，当 $\omega/m > 1$ 以后，膛内压力波的传递和反射对弹后空间的压力分布将产生显著影响，三种近似解都不可能反映出膛内的实际情况，所以近似解只适用于 ω/m 较小的情况。当 $\omega/m > 1$ 时，应该采用两相流气动力模型进行求解。

将式(3-19)展开为幂级数：

$$p = p_t \left(1 - \Phi z^2 + \frac{1}{2}\Phi^2 z^4 - \frac{1}{6}\Phi^3 z^6 + \cdots\right)$$

对于一般火炮的装填条件来说，$\varphi_1 = 1.03 \sim 1.05$，$\omega/m < 0.5$，因此 Φ 值通常小于 0.25，而 $0 \ll z \ll 1$。对于上述的级数，可只取前两项，即：

$$p = p_t(1 - \Phi z^2) \tag{3-130}$$

当 $z = 1$ 时，即为弹底条件。再根据状态方程：

$$p_b = \rho_b RT$$

式中　ρ_b 是弹底处火药气体密度，参量 Φ 为

$$\Phi = \frac{\omega}{2\varphi_1 m}$$

则

$$\frac{p_b}{p_t} = 1 - \frac{1}{2}\frac{\omega}{\varphi_1 m}$$

或

$$\frac{p_t}{p_b} = 1 + \frac{1}{2}\frac{\omega}{\varphi_1 m}$$

上式与式(3-38)是一致的。同理，由式(3-26)有：

$$I_1 = \int_0^1 e^{-\Phi z^2} dz \approx \int_0^1 (1 - \Phi z^2) dz = 1 - \frac{1}{3}\Phi$$

则由式(3-25)得：

$$\frac{p}{p_t} = 1 - \frac{1}{6}\frac{\omega}{\varphi_1 m} \approx \frac{1 + \frac{1}{3}\frac{\omega}{\varphi_1 m}}{1 + \frac{1}{2}\frac{\omega}{\varphi_1 m}}$$

很显然,上式与式(3-39)是一致的。这就证明了拉格朗日假设可以看作比例膨胀假设的一级近似。

实际上,密度均匀分布假设必然满足比例膨胀假设。换句话说,密度均匀分布是比例膨胀假设的充分条件。其关于底部有气流时的情况已在 3.4.3 证明。对于封闭情况等面积问题的证明很简单,若取某个单元体积 ΔV,则它包含有气体质量 $\Delta \omega$,V 是某瞬间弹后空间体积,其总质量为 ω。则根据密度均匀分布假设,有:

$$\frac{\Delta V}{V} = \frac{\Delta \omega}{\omega}$$

由于 $\Delta \omega, \omega$ 是物质体积对应的质量,不随时间而变化,对上式微分后则有:

$$\frac{V \mathrm{d}\Delta V - \Delta V \mathrm{d}V}{V^2} = 0$$

因此可得:

$$\frac{\mathrm{d}\Delta V}{\Delta V} = \frac{\mathrm{d}V}{V}$$

上式即是比例膨胀假设的数学表达式。

事实上,上述结论无论膛内面积函数如何均成立,以下证明之。仍设面积变化函数为 $A(x)$,则膛底到任意位置 x 的体积为 $V_x = \int_0^x A(x)\mathrm{d}x$,弹后空间总体积为 $V_L = \int_0^L A(x)\mathrm{d}x$,两者体积的相对变化分别为

$$\frac{\mathrm{d}V_x}{V_x} = \frac{\mathrm{d}\int_0^x A(x)\mathrm{d}x}{\int_0^x A(x)\mathrm{d}x} = \frac{A(x)u\mathrm{d}t}{\int_0^x A(x)\mathrm{d}x}$$

和

$$\frac{\mathrm{d}V_L}{V_L} = \frac{\mathrm{d}\int_0^L A(x)\mathrm{d}x}{\int_0^L A(x)\mathrm{d}x} = \frac{A(L)v\mathrm{d}t}{\int_0^L A(x)\mathrm{d}x}$$

由式(3-55)知:

$$\frac{\mathrm{d}V_x}{V_x} = \frac{\mathrm{d}V_L}{V_L}$$

上式亦为比例膨胀假设的数学表达式。从密度均匀分布推导得到了比例膨胀假设,说明前者是后者的充分条件,后者是前者的必要条件。

三种近似解得到膛底压力和弹底压力之比仅取决于 ω/m 的结论,并在整个射击过程中保持为常数。然而内弹道气动力问题的精确解结果表明,p_t/p_b 是变化的,并呈波动形式,实验结果也证明了精确解的这个结论。

实验方法是同时测出膛底和弹底的 $p-t$ 曲线,然后求出不同瞬间 p_t/p_b 的比值。图 3-10 所示为 76 mm 加农炮药室和弹底实测压力曲线。图 3-11 所示为 p_t/p_b 与时间关系的实验曲线。

若次要功计算系数 φ_1 取实验的符合值,由实验测得 $\varphi_1=1.11$。76 mm 加农炮的装药量 $\omega=1.13$ kg,$m=6.20$ kg,则拉格朗日解为

$$\frac{p_\text{t}}{p_\text{b}}=1+\frac{\omega}{2\varphi_1 m}=1.1$$

从实验结果看出,开始阶段实验值比理论值小,后来实验值超过理论值,但实验值的平均结果却又非常接近于理论值的 $1+\omega/2\varphi_1 m$。因此,近似解反映了实验值的平均结果。由精确解的计算表明,当 ω/m 比值不太大时,p_t/p_b 虽然以波动的形式变化,但其平均值也趋近于近似解的结果。近似解与实际结果之间产生这种差异,是因为在研究中忽略了火药逐渐燃烧这个因素;其次,由于火药燃烧不断地加入新生成的气体以及弹丸运动而产生的气体膨胀,在膛内出现复杂的压力波系,它必然要影响膛底和弹底的压力变化规律。另外,点火过程也可能使药床局部密实,局部密实的火药床点火后,会产生大振幅的局部压力急升,严重时甚至发生膛炸现象。涉及火药燃烧的内弹道两相流理论可以解释并在定量上计算这些复杂现象。

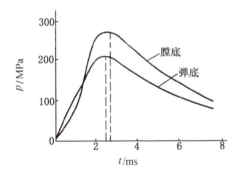

图 3-10 膛底和弹底实测压力曲线

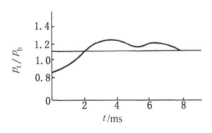

图 3-11 p_t/p_b 实验处理曲线

第 4 章 内弹道势平衡理论

内弹道势平衡理论是我国著名的内弹道学专家鲍廷钰教授首次提出来的。从其理论基础上来看，虽然也属于以热力学为基础的内弹道学范畴，但有别以往的经典内弹道学理论。内弹道势平衡理论是通过对枪炮膛内实测压力曲线规律的分析，在深入研究膛内热力学过程的基础上提出来的。该理论应用宏观综合的分析方法，研究膛内复杂的火药燃烧规律与内弹道过程的内在联系。用膛内实际气体生成函数代替以几何燃烧定律为基础的气体生成函数。以势平衡点的状态作为标准态，建立起内弹道数学模型，为内弹道学研究提供了一种新的理论与方法。

§ 4.1 内弹道势平衡理论基本概念

4.1.1 态能势 π

由内弹道能量平衡方程，并将式中的 $\varphi m v^2/2$ 根据弹丸运动方程将其表示为膨胀功 $W=\int_0^V p\mathrm{d}V$ 形式，则有：

$$p(V+V_\psi) = f\omega\psi - (k-1)\int_0^V p\mathrm{d}V$$

式中

$$V_\psi = V_0 - \frac{\omega}{\rho_p} - \left(\alpha - \frac{1}{\rho_p}\right)\omega\psi$$

为了方便不同能量形式的研究，将方程改变为

$$p\left(V+V_0-\frac{\omega}{\rho_p}\right) = f\omega\beta\psi - (k-1)\int_0^V p\mathrm{d}V \tag{4-1}$$

式中

$$\beta = 1 + \left(\alpha - \frac{1}{\rho_p}\right)\frac{p}{f} \tag{4-2}$$

其中，V_0 为药室起始容积，V 为弹丸运动到某一瞬间的弹后内膛容积。

令 ε 表示以下的态能，即：

$$\varepsilon = p\left(V+V_0-\frac{\omega}{\rho_0}\right) \tag{4-3}$$

ε 仅决定于燃气的状态，故将其称为火药燃气的态能。

对式(4-3)微分，则

$$\begin{aligned}\mathrm{d}\varepsilon &= \left(V+V_0-\frac{\omega}{\rho_0}\right)\mathrm{d}p + p\mathrm{d}V \\ &= \mathrm{d}\pi + \mathrm{d}W\end{aligned} \tag{4-4}$$

其中，dW 为膨胀功的微分，而 $d\pi$ 是下述函数的微分，即：

$$\pi = \int_0^V \left(V + V_0 - \frac{\omega}{\rho_p}\right) dp \tag{4-5}$$

很显然，式(4-5)表示可能做功的潜在的能量，所以将 π 定义为态能势。

4.1.2 势平衡及势平衡点

若射击过程的起始条件为 $t=0, p=p_0, V=0, v=0$，p_0 为起动压力。对式(4-4)积分，则

$$\varepsilon - \varepsilon_0 = \pi - \pi_0 + W$$

式中

$$\varepsilon_0 = \pi_0 = p_0 \left(V_0 - \frac{\omega}{\rho_p}\right)$$

于是

$$\varepsilon = \pi + W \tag{4-6}$$

将上式代入式(4-1)，则得到态能势的具体表达式：

$$\pi = f\omega\beta\,\psi - k\int_0^V p\,dV$$

$$= \pi_\psi - \pi_V \tag{4-7}$$

该式表明，态能势 π 可以分成两项的代数和，一项是随火药燃烧所产生的能量势：

$$\pi_\psi = f\omega\beta\,\psi \tag{4-8}$$

另一项则是火药燃气膨胀做功而减小的能量势：

$$\pi_V = k\int_0^V p\,dV = \frac{k}{2}\varphi m v^2 \tag{4-9}$$

根据式(4-5)态能势 π 的定义，在 $p-V$ 曲线上它应代表沿 p 轴上的曲线面积，因此，通过 $p-V$ 曲线的变化规律可以分析出态能势的变化规律，如图 4-1 所示。在压力上升段，π 将随压力增加而增加，直到 $p=p_m$，这时 π 也达到最大值。以后则随 p 的减小而减小，当到某一点 E 时，π 降至零。E 点以后，则 $\pi<0$，并随着压力的下降而继续减小。

态能势 π 的变化规律也就是式(4-7)中 π_ψ 和 π_V 这两种势之间变化的体现，如图 4-2 所示。根据图 4-1 和图 4-2，表明在压力上升段，π_ψ 比 π_V 上升较快，使其差值 π 态能不断地增加，到最大压力点时，π 亦相应达到最大值。以后 π_ψ 的上升减慢，在 E 点处与 π_V 曲线相交，该瞬间两种势正好相等，即：

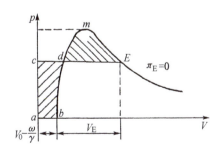

图 4-1 $p-V$ 曲线的势平衡点

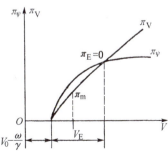

图 4-2 $\pi = \pi_\psi - \pi_V$ 的变化曲线

或
$$\pi_{\psi E} = \pi_{VE}$$
$$f\omega\beta_E\psi_E = k\int_0^V p\,dV = \frac{k}{2}\varphi m v^2 \tag{4-10}$$

从图 4-1 中可以看出，$p-V$ 曲线图中的以下两个面积应相等，即：
$$\text{面积} \overparen{acdb} = \text{面积} \overparen{dmE}$$

图 4-1 中的 E 点称为势平衡点，它表明影响压力变化的两种相反的势之间达到了瞬时平衡。

4.1.3 势平衡点的火药已燃百分数 ψ_E

根据式(4-6)，当达到势平衡点时，$\pi_E=0$，则有：
$$\varepsilon_E = W_E$$

或
$$p_E\left(V_E + V_0 - \frac{\omega}{\rho_p}\right) = \int_0^{V_E} p\,dV = \frac{\varphi m v_E^2}{2} \tag{4-11}$$

由式(4-10)，上式可表示为
$$p_E\left(V_E + V_0 - \frac{\omega}{\rho_p}\right) = \frac{f\omega\beta_E\psi_E}{k} = \frac{\varphi m v_E^2}{2} \tag{4-12}$$

式(4-12)称为势平衡点能量特性关系式，它联系了势平衡点瞬间的 p_E、V_E、v_E 和 ψ_E 等势平衡点的内弹道参数。

由式(4-12)可以导出势平衡点火药已燃百分数 ψ_E，即：
$$\psi_E = \frac{k}{2}\frac{\varphi m v_E^2}{f\omega\beta_E}$$

根据弹丸运动方程和势平衡点冲量关系：
$$p_E t_E = \int_0^{t_E} p\,dt = I_E \tag{4-13}$$

则有：
$$v_E = \frac{SI_E}{\varphi m} \tag{4-14}$$

由拉格朗日假设，膛底压力和平均压力 p 的关系如下：
$$\frac{p_t}{p} = \frac{\varphi_t}{\varphi}$$

则
$$\psi_E = \frac{k}{2}\left(\frac{\varphi}{\varphi_t}\right)^2 \frac{S^2 I_{Et}^2}{f\omega\beta_E \varphi m} \tag{4-15}$$

式中
$$I_{Et} = \int_0^{t_E} p_t\,dt$$

式(4-15)表明了 ψ_E 和 I_{Et} 这两个与燃气生成规律密切相关的量，与装填条件之间存在着内在的联系，它们将火药燃烧现象与膛内其他现象连接起来，成为膛内热力过程的主要组成部分。

根据式(4-15),从实测的 p_t-t 曲线及已知的装填条件,由已知的势平衡点冲量关系式(4-13),确定势平衡点的位置及相应的 I_{Et},就可以得到 ψ_E 值。表 4-1 就是用这种方法对一些制式枪炮实测 p_t-t 曲线确定的 I_{Et} 所计算出的 ψ_E。

表 4-1 五种枪炮装药系统实测 $p-t$ 曲线计算的 ψ_E

参量 武器类型	S /dm²	ω /kg	m /kg	I_{Et} /(kPa·s)	f /(J·kg^{-1})	k	$\left(\dfrac{\varphi}{\varphi_t}\right)^2$	β_E	ψ_E
7.62mm 枪 (3/1 短管药)	0.004 76	0.003	0.009 6	148	8.3·10⁵	1.28	0.92	1.09	0.91
12.7mm 枪 (4/7 火药)	0.013 2	0.017	0.043 2	264	8.6·10⁵	1.28	0.90	1.09	0.79
14.5mm 枪 (5/7 火药)	0.016 8	0.031	0.063 9	358	8.8·10⁵	1.25	0.88	1.10	0.86
37mm 高炮 (7/14 火药)	0.111	0.205	0.732	468	9.0·10⁵	1.25	0.92	1.08	0.94
100mm 高炮 (18/1 火药)	0.818	5.5	15.6	156 8	9.3·10⁵	1.25	0.91	1.09	0.96

现在进一步讨论势平衡点在研究火药燃烧规律中的作用和意义。

因为 ψ 是火药燃气生成量的大小,它在过程中的变化与火药的形状、尺寸及燃烧条件都有关系,因此,不同火药及不同燃烧条件亦将有不同的 ψ_E。如上所述,ψ_E 反映了过程的特征,它必然亦是燃烧规律的一般特征值。在几何燃烧定律的情况下,火药燃烧过程中,有分裂点及燃烧结束点等特征点,相应地有分裂点的 ψ_S 和燃烧结束的 $\psi=1$ 等特征值。但我们已经分析过,在膛内实际燃烧条件下,这些特征点实际上并不存在,各个药粒并不可能同时分裂。就全体药粒而言,只可能某一个药粒分裂最初开始和最后一个药粒分裂结束而形成一个时间区间。在这区间中,燃烧面是逐渐变化的。从表 4-1 中可以看出,对于一些简单形状火药,ψ_E 接近火药燃烧结束点 $\psi=1$ 的值,但仍小于 1,而且药粒较大,尺寸越均匀,ψ_E 越接近于 1。如 18/1 火药的 $\psi_E=0.96$ 比 3/1 的 $\psi_E=0.91$ 更接近几何燃烧定律下的理想值 1。对于多孔火药,ψ_E 均小于且接近于各自药形所对应的 ψ_S 值,而且药粒越大越均匀,则与 ψ_S 的差值也越小。因此,ψ_E 可以作为判别火药形状尺寸一致性及点火均匀性的一个特征值。实验发现,ψ_E 仅与火药装药结构及其形状尺寸等有关,而与装填条件变化基本上无关。

§4.2 膛内火药实际气体生成函数

4.2.1 实际燃烧定律的表示方法

以几何燃烧定律为基础的燃气生成函数,是根据火药几何尺寸建立起来的,采用已燃相对厚度 $Z=e/e_1$ 为自变量,给出 $\sigma=f_1(Z)$ 和 $\psi=f_2(Z)$ 数学形式的燃气生成函数。在实际燃烧定律中,不能将已燃相对厚度 Z 作为自变量,因为火药燃烧不遵循几何燃烧定律,在射击过程中也就难以确定 Z 的变化规律。因此,需要确定一个既能反映火药燃烧过程,又可以测量的燃气生成函数的自变量,建立起实际燃烧定律的燃气生成函数关系式。

根据枪炮膛内实测的 $p-t$ 曲线所换算的冲量时间曲线 $I-t$、速度曲线 $v-t$ 和容积变化曲线 $v-t$,再应用内弹道基本方程换算为 $\psi-t$ 曲线,并确定出势平衡点的 ψ_E 和 I_E。以这些数据为基础,取势平衡点为标准态的相对压力冲量:

$$\bar{Z}=I/I_E \tag{4-16}$$

为自变量。膛内实际燃气生成函数则可通过 $\psi-I$ 所换算的 $\psi-\bar{Z}$ 曲线拟合,用以下的多项式来表示:

$$\psi=\bar{\chi}\bar{Z}(1+\bar{\lambda}\bar{Z}+\bar{\mu}\bar{Z}^2+\cdots) \tag{4-17}$$

其中,$\bar{\chi}$、$\bar{\lambda}$ 和 $\bar{\mu}\cdots$ 都是 $\psi-\bar{Z}$ 的拟合系数,这些拟合系数不同于几何燃烧定律中的 χ、λ、μ,它们不仅与火药的形状尺寸有关,而且与装药条件及内弹道过程有关。对于通常的内弹道计算,则取多项式中三项或四项就足够精确。

一般情况下,火药燃烧过程分为主体燃烧阶段和碎粒燃烧阶段,并以势平衡点 $\bar{Z}=1$、$\psi=\psi_E$ 作为联结两个不同燃烧阶段的边界条件。

4.2.2 主体燃烧阶段的燃气生成函数

以实测 $p-t$ 曲线换算的 $\psi-\bar{Z}$ 曲线来拟合式(4-17)所示的 $\psi=f(\bar{Z})$,可以有多种方法,如利用曲线全面信息的最小二乘法及选择几个特征点的拟合法。不同方法得到的各个系数有一些差别,但都能很好描述其变化规律。如采用特征点拟合法,为使得结果规范化,应当规定特征点的取法。在 $p-t$ 曲线上,从起点开始,依次有 $p-t$ 曲线上升段上 $p=p_e$ 的拐点、最大压力点、最大态冲量点以及势平衡点这些具有不同物理涵义的特征点,且沿 $\psi-\bar{Z}$ 曲线大致均匀地分布,而且又都能准确地确定,对曲线拟合的规范化比较有利。因此,通过这些点的坐标取一组曲线的平均值,则可确定出以下四次式函数来表达膛内燃气生成规律。

$$\psi=\psi_0+\bar{\chi}\bar{Z}(1+\bar{\lambda}\bar{Z}+\bar{\mu}\bar{Z}^2+\bar{\xi}\bar{Z}^3) \tag{4-18}$$

式中 ψ_0 代表与弹丸起动压力 p_a 相应的已燃部分。为了研究该函数的实际意义,对上式微分：

$$\frac{\mathrm{d}\psi}{\mathrm{d}\bar{Z}} = I_\mathrm{E}\frac{\mathrm{d}\psi}{p\mathrm{d}t} = I_\mathrm{E}\Gamma = \bar{\chi}(1 + 2\bar{\lambda}\bar{Z} + 3\bar{\mu}\bar{Z}^2 + 4\bar{\xi}\bar{Z}^3) \qquad (4\text{-}19)$$

式中 Γ 为燃气生成猛度。当 $\bar{Z}=0$ 时，有：

$$\left(\frac{\mathrm{d}\psi}{\mathrm{d}\bar{Z}}\right)_{\bar{Z}=0} = I_\mathrm{E}\Gamma_0 = \bar{\chi} \qquad (4\text{-}20)$$

式(4-20)表明系数 $\bar{\chi}$ 与起始瞬间的燃气生成猛度 Γ_0 成比例，由式(4-19)可得 Γ 的表达式：

$$\Gamma = \Gamma_0(1 + 2\bar{\lambda}\bar{Z} + 3\bar{\mu}\bar{Z}^2 + 4\bar{\xi}\bar{Z}^3) \qquad (4\text{-}21)$$

微分并令 $\mathrm{d}\Gamma/\mathrm{d}Z=0$，可解得以下两个根：

$$\bar{Z}_\mathrm{C} = \frac{-\bar{\mu} \pm \sqrt{\bar{\mu}^2 - \frac{8}{3}\bar{\lambda}\bar{\xi}}}{4\bar{\xi}} \qquad (4\text{-}22)$$

式(4-22)表明，当 $\bar{\mu}^2 > \frac{8}{3}\bar{\lambda}\bar{\xi}$ 时，$\Gamma-\bar{Z}$ 曲线有极小值和极大值两个极值点。由极小值向极大值变化时，Γ 值是增加的，因此是渐增性燃烧的特征，一般多孔火药的 Γ 曲线上都有这两个极值点存在。

当达到势平衡点时，$\bar{Z}=1$，则从式(4-18)和式(4-21)分别给出如下的边界条件：

$$\psi_\mathrm{E} = \psi_0 + \bar{\chi}(1 + \bar{\lambda} + \bar{\mu} + \bar{\xi}) \qquad (4\text{-}23)$$

$$\Gamma_\mathrm{E} = \Gamma_0(1 + 2\bar{\lambda} + 3\bar{\mu} + 4\bar{\xi}) \qquad (4\text{-}24)$$

此外，当用于一般的内弹道解法及编制弹道表时，也可取三次式

$$\psi = \psi_0 + \bar{\chi}\bar{Z}(1 + \bar{\lambda}\bar{Z} + \bar{\mu}\bar{Z}^2) \qquad (4\text{-}25)$$

以及相应的 Γ 函数

$$\Gamma = \Gamma_0(1 + 2\bar{\lambda}\bar{Z} + 3\bar{\mu}\bar{Z}^2) \qquad (4\text{-}26)$$

必须指出，此时 Γ 是个二次函数，其曲线只有一个极值点，因此它不能充分描述 Γ 变化的细节，但并不太影响 $\psi(\bar{Z})$ 的拟合精确程度，所以还可用于内弹道解法中。其极值点位置为

$$\bar{Z}_\mathrm{C} = -\bar{\lambda}/3\bar{\mu} \qquad (4\text{-}27)$$

4.2.3 碎粒燃烧阶段的燃气生成函数

在这一阶段，剩余碎片药粒尺寸散布很大，几何形状复杂，燃烧表现有显著的减面性。其边界条件是从势平衡点 $\psi=\psi_\mathrm{E}$，$\bar{Z}=1$ 变化到燃烧结束点 $\psi=1$，$\bar{Z}=\bar{Z}_\mathrm{k}$。此外，根据势平衡点与统计平均厚度相对应的概念，势平衡点是两个阶段燃气生成函数的转变点，但不是突变点，故该点上燃气生成函数值及其一阶导数都必须相等，才能保证燃气生成量在该点是光滑连续的。将这一阶段的燃气生成函数采用如下的三项式：

$$\psi = \bar{\chi}_S \bar{Z}(1 + \bar{\lambda}_S \bar{Z} + \bar{\mu}_S \bar{Z}^2) \tag{4-28}$$

微分此函数即得出相应的 Γ 函数式：

$$\Gamma = \Gamma_S(1 + 2\bar{\lambda}_S \bar{Z} + 3\bar{\mu}_S \bar{Z}^2) \tag{4-29}$$

其中

$$\Gamma_S = \bar{\chi}_S / I_E \tag{4-30}$$

在势平衡点，应有：

$$\psi_E = \bar{\chi}_S(1 + \bar{\lambda}_S + \bar{\mu}_S)$$

$$\Gamma_E = \Gamma_E(1 + 2\bar{\lambda}_S + 3\bar{\mu}_S)$$

为保持其连续性，略去式(4-23)中的微小量 ψ_0 并由式(4-24)可得下述等式：

$$\psi_E = \bar{\chi}(1 + \bar{\lambda} + \bar{\mu} + \bar{\xi}) = \bar{\chi}_S(1 + \bar{\lambda}_S + \bar{\mu}_S)$$

$$\Gamma_E = \Gamma_0(1 + 2\bar{\lambda} + 3\bar{\mu} + 4\bar{\xi}) = \bar{\chi}_S(1 + 2\bar{\lambda}_S + 3\bar{\mu}_S)$$

已知式中 $\bar{\chi} = I_E \Gamma_0$ 及 $\bar{\chi}_S = I_E \Gamma_E$，于是有以下等式：

$$\frac{1 + \bar{\lambda}_S + \bar{\mu}_S}{1 + 2\bar{\lambda}_S + 3\bar{\mu}_S} = \frac{1 + \bar{\lambda} + \bar{\mu} + \bar{\xi}}{1 + 2\bar{\lambda} + 3\bar{\mu} + 4\bar{\xi}} \tag{4-31}$$

此外，当火药燃完时，ψ 应等于 1 而燃气生成猛度 Γ 应为零，则

$$\bar{\chi}_S \bar{Z}_k (1 + \bar{\lambda}_S \bar{Z}_k + \bar{\mu}_S \bar{Z}_k^2) = 1 \tag{4-32}$$

$$1 + 2\bar{\lambda}_S \bar{Z}_k + 3\bar{\mu}_S \bar{Z}_k^2 = 0 \tag{4-33}$$

其中，$\bar{\chi}_S$ 还可表示为

$$\bar{\chi}_S = \psi_E / (1 + \bar{\lambda}_S + \bar{\mu}_S) \tag{4-34}$$

因此，当已知 ψ_E 及 $\bar{\lambda}$、$\bar{\mu}$、$\bar{\xi}$ 时，由式(4-31)~式(4-34)即可解出第二阶段的 $\bar{\chi}_S$、$\bar{\lambda}_S$、$\bar{\mu}_S$ 及 $\bar{Z}_k$，从而完全确定出该阶段的燃气生成函数。

第二阶段的燃气生成函数，根据其边界条件即可完全确定，不必应用在这一阶段的实测 $p-t$ 曲线。由于本阶段的燃气生成量远小于第一阶段，所以这种处理方法也能良好地体现出这一阶段的实际燃气生成规律。

应用上述方法对 14.5 mm 机枪不同药温及不同药量情况下的 $p-t$ 曲线进行计算，确定出各组主体燃烧阶段实验系数的平均值 $\bar{\chi}$、$\bar{\lambda}$、$\bar{\mu}$ 及 $\bar{\xi}$，再以这些系数按式(4-22)计算出 $\bar{Z}_{c1}$ 及 $\bar{Z}_{c2}$，从而得到相应的 ψ_{c1} 和 ψ_{c2}，再令 $\Delta\psi_c = \psi_{c2} - \psi_{c1}$，所得结果如表 4-2 所示。

表 4-2 14.5 mm 机枪 $p-t$ 曲线所确定的燃烧规律系数

药温	装药量/kg	$\bar{\chi}$	$\bar{\lambda}$	$\bar{\mu}$	$\bar{\xi}$	ψ_{c1}	ψ_{c2}	$\Delta\psi_c$
50℃	0.031	0.923	−1.208	2.577	−1.488	0.158	0.573	0.415
	0.028	0.951	−0.729	1.440	−0.813	0.195	0.572	0.377

续表

药温	装药量/kg	$\bar{\chi}$	$\bar{\lambda}$	$\bar{\mu}$	$\bar{\xi}$	ψ_{c1}	ψ_{c2}	$\Delta\psi_c$
20℃	0.032 5	0.920	−1.377	2.930	−1.634	0.154	0.586	0.432
	0.031	0.867	−0.743	1.655	−0.958	0.151	0.556	0.405
	0.028	0.924	−0.827	1.487	−0.795	0.211	0.556	0.359
−40℃	0.032 5	0.840	−0.776	1.430	−0.744	0.179	0.546	0.367
	0.031	0.858	−0.781	1.397	−0.721	0.189	0.544	0.355

在确定碎粒燃烧阶段的燃气生成函数后,可以求出全过程的 $\Gamma-\psi$ 曲线,不同药量及药温的 Γ 曲线形状相似。图 4-3 给出常温条件下的 $\Gamma-\psi$ 曲线,图中虚线表示 $\Gamma-\psi$ 曲线的二次式。

14.5 mm 枪使用的是七孔火药,由图 4-3 可见,在势平衡点以前基本上属于增面燃烧,但在初始阶段,与火药在密闭爆发中定容燃烧一样,有起始峰值存在。当由起始峰值下降至 ψ_{c1} 点时,燃烧面的增加起主要作用,Γ 曲线直到 ψ_{c2} 点为止是上升的。ψ_{c2} 以后则开始缓慢下降,表现出减面性,这表示分裂的药粒数增加,直到势平衡点 ψ_E,这时药粒接近全部分裂。以后的 Γ 迅速下降,表明碎粒燃烧阶段的燃烧面急剧地减小。

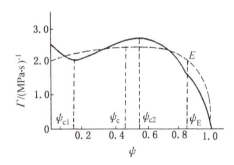

图 4-3 14.5 mm 机枪常温 $\Gamma-\psi$ 曲线

从表 4-2 可以看出,在不同装药量和不同药温的情况下,ψ_{c2} 与 ψ_E 一样几乎是一个定值,不受装填条件的影响。而 ψ_{c1} 的数值却是随着药量的减少和药温下降而有明显的增加,这主要是受到起始燃烧条件(如点火条件)的影响。

§4.3 应用实际燃烧规律的内弹道解法

4.3.1 关于解法的几点说明

本节所述的解法,除了仍保留拉格朗日假设外,以往的经典解法中一些假设必须进行某些修正,现分别说明如下。

(1) 应用以内弹道势平衡理论为基础的实际燃烧定律,取代几何燃烧定律的假设。由于采用可测量的压力冲量变化来代替表达燃烧过程中不可测量的火药厚度变化,因此,在弹道模型中只需引入实际燃气生成函数,以取代几何燃烧定律的形状函数。模型中不包含燃速方程,只是在确定势平衡点参数时才用到燃速方程。这与以往的经典内弹道方程中必须同时应用形状函数及燃速方程有很大的差别。

(2) 火药力 f 和阻力系数 φ_1,均通过实际测量的 $p-t$ 曲线和内弹道基本方程来实际确定。

(3) 以往的经典解法都以挤进压力或相应的同类假设作为起始条件。本节解法采用以势平衡点作为起始条件向弹丸运动起点方向求解,这是本节解法的一个重要特点。

4.3.2 以势平衡点为标准态的内弹道相似方程组

由 §4.1 可以得到内弹道基本方程和弹丸运动方程为

$$\varepsilon = \pi_\psi - (k-1)W \tag{4-35}$$

$$dW = \varphi m v \, dv \tag{4-36}$$

势平衡点的能量关系式(4-12)可表示为

$$\varepsilon_E = W_E = \frac{\pi_{\psi E}}{k} \tag{4-37}$$

如将势平衡点的状态作为标准态,所有状态参量都转化成与标准态的比值而成为量纲为 1 的相对量,即:

$$\bar{P} = \frac{P}{P_E}, \quad \bar{V} = \frac{V + V_0 - \dfrac{\omega}{\rho_p}}{V_E + V_0 - \dfrac{\omega}{\rho_p}}, \quad \bar{Z} = \frac{I}{I_E} = \frac{v}{v_E}, \quad \bar{t} = \frac{t}{t_E}$$

则

$$\bar{\varepsilon} = \frac{\varepsilon}{\varepsilon_E} = \bar{p}\bar{V}$$

$$\bar{\pi}_\psi = \frac{\pi_\psi}{\pi_{\psi E}} = \frac{f\omega\beta\psi}{f\omega\beta_E\psi_E} = \frac{\beta\psi}{\beta_E\psi_E}$$

$$\bar{W} = \frac{W}{W_E} = \frac{\int_0^V p\,dV}{\int_0^{V_E} p\,dV} = \frac{\int_0^V p\,dV}{p_E\left(V_E + V_0 - \dfrac{\omega}{\rho_p}\right)}$$

$$= \int_0^{\bar{V}} \bar{p}\,d\bar{V} = \frac{\varphi m v^2}{\varphi m v_E^2} = \bar{Z}^2$$

将式(4-37)各量分别除以式(4-35)及式(4-36)的相应项,得如下的相似方程:

$$\left. \begin{array}{l} \bar{p}\bar{V} = k\bar{\pi}_\psi - (k-1)\bar{Z}^2 \\ \bar{p}\,d\bar{V} = 2\bar{Z}\,d\bar{Z} \end{array} \right\} \tag{4-38}$$

按 §4.2 中所述的实际燃气生成函数,$\bar{\pi}_\psi$ 仅为 $\bar{Z}$ 的函数,与式(4-38)一起可以解出:

$$\bar{P} = \bar{P}(\bar{Z}), \quad \bar{V} = \bar{V}(\bar{Z})$$

此外,根据

$$\bar{Z} = \frac{I}{I_E} = \frac{\int_0^t p\,dt}{p_E t_E} = \int_0^{\bar{t}} \bar{p}\,d\bar{t}$$

有：
$$\bar{t} = \int_0^{\bar{Z}} \frac{\mathrm{d}\bar{Z}}{\bar{p}}$$

由 $\bar{p}(\bar{Z})$ 就可以求出 $\bar{t}(\bar{Z})$，故可以得到 $\bar{p}(\bar{t})$ 和 $\bar{V}(\bar{t})$ 关系。

实际燃气生成规律表明，不论何种形状的火药都存在与统计平均厚度相应的势平衡点，并以此为边界条件，将火药燃烧划分为主体燃烧阶段和碎粒燃烧阶段，且各阶段的燃气生成函数有不同的表达式。在 $\psi=1$ 以后，则属于火药燃完阶段。因此式(4-38)中的 π_ψ 应分别采用

$$\pi_\psi = \begin{cases} \dfrac{\beta}{\beta_\mathrm{E}}[\bar{\psi}_0 + \bar{\chi}_0 \bar{Z}(1+\bar{\lambda}\bar{Z}-\bar{\mu}\bar{Z}^2)], & 0 \leqslant \bar{Z} \leqslant 1; \\ \dfrac{\beta}{\beta_\mathrm{E}}[\bar{\chi}_{S0}\bar{Z}(1+\bar{\lambda}_S\bar{Z}-\bar{\mu}_S\bar{Z}^2)], & 1 < \bar{Z} \leqslant \bar{Z}_\mathrm{k}; \\ \dfrac{\beta}{\beta_\mathrm{E}\psi_\mathrm{E}}, & \bar{Z} > \bar{Z}_\mathrm{k}. \end{cases} \quad (4\text{-}39)$$

三次式的简化形式。为不失一般性，系数 $\bar{\mu}$ 前采用负号。其中，在略去微小的 ψ_0 时，有：

$$\bar{\chi}_0 = \frac{\bar{\chi}}{\psi_\mathrm{E}} = 1/(1+\bar{\lambda}-\bar{\mu}) \tag{4-40}$$

及

$$\bar{\chi}_{S0} = \frac{\bar{\chi}_S}{\psi_\mathrm{E}} = 1/(1+\bar{\lambda}_S-\bar{\mu}_S) \tag{4-41}$$

$$\bar{\psi}_0 = \psi_0/\psi_\mathrm{E} \tag{4-42}$$

则 β/β_E 是参量 $\left(\alpha-\dfrac{1}{\rho_\mathrm{p}}\right)p_\mathrm{E}/f$ 及变量 $\bar{p}$ 的函数：

$$\frac{\beta}{\beta_\mathrm{E}} = \frac{1+\left(\alpha-\dfrac{1}{\rho_\mathrm{p}}\right)\dfrac{p}{f}}{1+\left(\alpha-\dfrac{1}{\rho_\mathrm{p}}\right)\dfrac{p_\mathrm{E}}{f}} = \frac{1+\left(\alpha-\dfrac{1}{\rho_\mathrm{p}}\right)\dfrac{p_\mathrm{E}}{f}\bar{p}}{1+\left(\alpha-\dfrac{1}{\rho_\mathrm{p}}\right)\dfrac{p_\mathrm{E}}{f}} \tag{4-43}$$

通常 $\dfrac{\beta}{\beta_\mathrm{E}}$ 在启动压力点 $\beta_a/\beta_\mathrm{E} \approx 0.96$ 到最大压力 $\beta_m/\beta_\mathrm{E} \approx 1.06$ 的范围内变化。如果方程中取 β/β_E 为其势平衡点的平均值 $\dfrac{\bar{\beta}}{\beta_\mathrm{E}} = \dfrac{1}{t_\mathrm{E}}\int_0^{t_\mathrm{E}}\dfrac{\beta}{\beta_\mathrm{E}}\mathrm{d}t = 1$，再略去 $\bar{\psi}_0$，即令 $\bar{\psi}_0 = 0$，方程组就可以作出分析解。但是目前应用电子计算机求出该方程的数值解已很方便，这里对近似分析解不再赘述。

在求解时，可应用如下的初始条件及边界条件。

(1) 主体燃烧阶段与碎粒燃烧阶段之间的势平衡点条件，即：
$$\bar{Z}_\mathrm{E} = 1, \quad \bar{V}_\mathrm{E} = 1, \quad \bar{p}_\mathrm{E} = 1, \quad \bar{t}_\mathrm{E} = 1$$

(2) 碎粒燃烧阶段结束点条件即火药燃尽条件：
$$\bar{Z} = \bar{Z}_\mathrm{k}, \quad \psi = 1$$

(3) 弹丸出炮口瞬间，$\bar{V} = \bar{V}_\mathrm{g}$ 为已知，则与其相应的其他量分别为 $\bar{Z}_\mathrm{g}, \bar{p}_\mathrm{g}$ 及 $\bar{t}_\mathrm{g}$。

(4) 弹丸的弹带全部挤进膛线的瞬间,此时对应的压力为挤进压力 p_0 而不是启动压力 p_a,这个挤进压力与经典弹道解法中瞬时挤进压力的概念和数值是不同的。若弹带宽度为 l_B,则此瞬间

$$\overline{V}_B = \frac{V_B + V_0 - \dfrac{\omega}{\rho_p}}{V_E + V_0 - \dfrac{\omega}{\rho_p}}$$

由于 l_B 通常很小,故 $V_B = Sl_B$ 常可略去,即:

$$\overline{V}_B \approx \overline{V}_{(V=0)} = \overline{V}_0$$

当从已知势平衡点的相应条件作为起始条件,分别向炮口和弹丸运动起点两相反方向求解时,则可利用条件(3)得炮口点;利用 $\overline{V} = \overline{V}_0$ 条件,则可得相应的 $\overline{Z}_0, \overline{p}_0, \overline{t}_0$。这些就表示了挤进过程结束时的参量。因为 $\overline{Z}_0 = v^0/v_E$,表示弹丸在 $\overline{Z} = 0$ 及与 ψ_0 相应的压力 p_a 作用下,开始挤入膛线,经过 $t_0 = \overline{t}_0 t_E$ 时间,压力增加到 $p_0 = \overline{p}_0 p_E$,弹丸的弹带全部挤入了膛线,弹丸这时具有运动速度为 $v^0 = \overline{Z}_0 v_E$。

从弹丸启动到出炮口,从受力状况来说,应区分为两个不同的阶段,即弹带强制挤进阶段和弹带全部挤进以后阶段。实际上,方程(4-36)只反映了后一阶段弹丸受力状态下的运动方程,因此上述求解方法计算到弹带全部挤入膛线瞬间为止,这是合理的做法。而且只要 $\overline{\pi}_\psi$ 符合燃气的实际生成规律,就能够由此确定较符合实际情况的挤进压力,这也是本章弹道解法的特点,即提供了一个有效的确定挤进压力的弹道方法。为了说明该方法确定的挤进压力的合理性和可靠性,可举出一些其他方法的结果进行比较。

为了研究弹带挤进过程中的压力变化规律与挤进压力,通常在力学分析基础上,近似建立弹带挤进膛线时的阻力规律和运动方程,以弹带宽度 l_B 作为弹丸运动的边界条件,求解方程组,得出各弹道量变化规律。例如谢烈柏梁可夫在其所著的内弹道学中引用了奥波波可夫的研究结果,以1942年 76 mm 式加农炮的计算为例,解出 $p_0 = 158$ MPa,而按上述弹道方法如后面所示的 14.5 mm 机枪的弹道解,给出 $p_0 = 153$ MPa。两者很接近,均比所谓的瞬时挤进压力取为 30 MPa 要大得多。还有如周彦煌等在《实用两相流内弹道学》一书中也对挤进过程进行了研究,并按照其建立的动态挤进模型计算了 37 mm 高炮等四种火炮挤进终了点的弹道参数,如表4-3所示。

表 4-3 计及挤进阻力的弹道计算结果

火炮 \ 挤进终了点诸元	时间 /ms	速度 /(m·s^{-1})	压力 /MPa
37 mm 高炮	4.9	50	164.5
76 mm 加农炮	7.9	48	162.3
100 mm 滑膛炮	7.5	27	77.8
122 mm 榴弹炮	6.6	63	158.7

表 4-3 是表示弹丸从启动到弹带挤进终结时弹道参数的变化，表中的压力表示挤进终结时膛内火药气体压力，也就是挤进压力 p_0，它比通常假设挤进压力 $p_0=30$ MPa 要大得多。

4.3.3　势平衡点各弹道量的确定

上述的弹道相似方程求解得出的是以势平衡点为标准态的相对量，因此为得到弹道参量的变化规律，还必须知道势平衡点的弹道参量 v_E、V_E、p_E 及 t_E。

为了计算势平衡点的弹道参量，必须已知有关火药燃烧特性的特征量如 ψ_E、I_0 及 p^0 等，然后按以下程序计算。

（1）根据已知火炮的装填条件及 ψ_E，按式(4-15)解出 I_{Et} 及相应的 v_E。

$$I_{Et}=\frac{\varphi_t}{\varphi}\cdot\frac{1}{S}\sqrt{\frac{2f\omega\beta_E\psi_E\varphi m}{k}} \tag{4-44}$$

$$v_E=\frac{SI_{Et}}{\varphi_t m} \tag{4-45}$$

（2）若火药燃速公式为二项式，即：

$$\frac{de}{dt}=u_0+u_1 p$$

从 $t=0$ 积分到势平衡点 $t=t_E$，则有：

$$e_E=u_0 t_E+u_1 I_E$$

令 $I_0=e_E/u_1$，$p^0=u_0/u_1$，它们对同一批火药来说是反映火药性能的常数，可以通过测定 $p-t$ 曲线获得这些常数，再根据 $p_E t_E=I_E$，则

$$I_E=I_0-p^0 t_E$$

由上式，代入 I_{Et} 后可得：

$$t_E=\frac{I_0-I_{Et}}{p^0} \tag{4-46}$$

及

$$p_{Et}=\frac{I_E}{t_E} \tag{4-47}$$

（3）由下式从已知的 v_E 及 t_E 解出 V_E。

$$V_E+V_0-\frac{\omega}{\rho_p}=\frac{v_E t_E S}{2} \tag{4-48}$$

这里所解出的 I_{Et} 和 p_{Et} 均以膛底压力为基准，这是假定 I_0、p^0 的确定均基于膛底实测的压力。

§4.4　确定燃气生成系数的弹道方法

如前所述，与经典解法相比较，由内弹道规律本身确定相应的燃气生成系数是本解法的一个基本特点，也是保证解法准确性的重要因素。本节将分别论述确定主体燃烧阶段

和碎粒燃烧阶段燃气生成系数的实用简化方法,这个方法与§4.2中所述的方法不同,不需要膛内实测的 $p-t$ 曲线的全部信息,而是根据最大膛压点的有关信息来确定。这种方法虽然简单,但能反映出主要弹道特征。

4.4.1 主体燃烧阶段

最大膛压点总是在主体燃烧阶段发生,它也是体现火药燃烧性能和弹道性能的重要特征点。将式(4-39)中主体燃烧阶段的 π_ψ 代入式(4-38)中的能量方程,并两边微分,设 $\beta=\bar{\beta}=\beta_E$,得:

$$\bar{V}\frac{d\bar{p}}{d\bar{Z}}+\bar{p}\frac{d\bar{V}}{d\bar{Z}}=k\bar{\chi}_0(1+2\bar{\lambda}\bar{Z}-3\bar{\mu}\bar{Z}^2)-2(k-1)\bar{Z}$$

按照最大压力点的条件,$d\bar{p}=0$,而 $\bar{p}\dfrac{d\bar{V}}{d\bar{Z}}=2\bar{Z}$,并将 $\bar{\chi}_0=1/(1+\bar{\lambda}-\bar{\mu})$ 代入,即可得到最大压力点 $\bar{Z}_m$ 应满足的条件式:

$$3\bar{\mu}\bar{Z}_m^2+2(1-\bar{\mu})\bar{Z}_m-1=0 \qquad (4-49)$$

式(4-49)表明,最大压力点的相对压力冲量 $\bar{Z}_m$ 仅与渐减性系数 $\bar{\mu}$ 有关,实际计算表明,$\bar{\mu}$ 每变化 $\Delta\bar{\mu}$,则相应 $\Delta\bar{Z}_m$ 与 $\Delta\bar{\mu}$ 的比值为

$$\Delta\bar{Z}_m/\Delta\bar{\mu}\approx 0.1$$

所以 $\bar{Z}_m$ 随 $\bar{\mu}$ 的变化是很缓慢的,当 $\bar{\mu}$ 从 0 变化到 0.5 时,$\bar{Z}_m$ 从 0.5 变化到 0.549。虽然这是在取 $\psi_0=0$ 及 $\beta=\beta_E$ 的条件下得出的,但计及 ψ_0 及 β 为变量且 $\beta_m\neq\beta_E$ 时,计算表明,$\bar{Z}_m$ 仍基本上与 $\bar{\lambda}$ 值无关,且 $\bar{\psi}_0$ 及 f/p_E 的取值对 $\bar{Z}_m$ 影响很小,并且保持 $\Delta\bar{Z}_m/\Delta\bar{\mu}\approx 0.1$ 的规律,如表 4-4 所示。

表 4-4 $\bar{Z}_m$ 和 $\bar{\mu}$ 的关系示例

	$\bar{\mu}$	0.10	0.15	0.20	0.25
$\bar{\psi}_0=0.008$ $\dfrac{f}{p_E}=4.0$	$\bar{\lambda}=0.50$	0.527	0.532	0.539	0.544
	$\bar{\lambda}=0.12$	0.529	0.534	0.540	0.545
$\bar{\psi}_0=0.008$ $\dfrac{f}{p_E}=6.0$	$\bar{\lambda}=0.50$	0.520	0.525	0.531	0.536
	$\bar{\lambda}=0.12$	0.521	0.526	0.532	0.537

从表 4-4 的数据可以得出这样的结论,即一般火炮单一装药的 $\bar{Z}_m$ 都是在略大于 0.5 的狭小范围内变化,且几乎与装药条件和弹道条件无关。这个结论一方面可为系数 $\bar{\mu}$ 的确定提供依据;另一方面在实际测量 $p-t$ 曲线的最大压力点位置 t_m 时,因为 t_m 的误差对 p_m 值影响很小,但对 I_m 或 $\bar{Z}_m$ 的影响则很显著,因此可利用上述结论作为判别 t_m 测量准确性的依据。

根据方程组(4-38)表明,当 k 为定值时,$\bar{p}$、$\bar{V}$、$\bar{t}$ 等变量都应当是 $\bar{\lambda}$、$\bar{\mu}$、$\bar{Z}$ 的函数,可统一表示为

$$\bar{X} = \bar{X}(\bar{\lambda}, \bar{\mu}, \bar{Z})$$

而最大压力条件式(4-49)则表明 $\bar{Z}_m$ 仅是 $\bar{\mu}$ 的函数:

$$\bar{Z}_m = \bar{Z}(\bar{\mu})$$

因此,与 $\bar{Z}_m$ 相应的 $\bar{p}_m$、$\bar{V}_m$、$\bar{t}_m$ 等就仅是 $\bar{\lambda}$ 和 $\bar{\mu}$ 的函数:

$$\bar{X}_m = \bar{Z}_m(\bar{\lambda}, \bar{\mu})$$

于是 $\bar{X}$ 可以表示为 $\bar{X}_m$、$\bar{Z}_m$ 和 $\bar{Z}$ 的函数:

$$\bar{X} = \bar{X}(\bar{X}_m, \bar{Z}_m, \bar{Z})$$

上述各函数关系表明,当给定 $\bar{\mu}$ 一个值时,$\bar{Z}_m$ 也是定值,则 $\bar{X}_m$ 仅是 $\bar{\lambda}$ 的函数,如果要维持 $\bar{X}_m$ 的值不变,则一定的 $\bar{\mu}$ 必须与一定的 $\bar{\lambda}$ 值相对应,形成一定的组合。虽然这种不同 $\bar{\lambda}$ 和 $\bar{\mu}$ 的组合将对应不同的 $\bar{Z}_m$,但正如前面数据所表明的那样,$\bar{\mu}$ 的变化对 $\bar{Z}_m$ 的影响很小,而 $\bar{Z}_m$ 的变化对弹道解的影响也是较小的,因而实际上可将 $\bar{Z}_m$ 当作定值来处理,即在保持 $\bar{Z}_m$ 不变的条件下,$\bar{\lambda}$ 和 $\bar{\mu}$ 的不同组合可以给出几乎相同的弹道解。

表 4-5 中的数据表明,四种不同 $\bar{\lambda}$ 和 $\bar{\mu}$ 组合所作出的弹道解,除了接近起点的 $\bar{Z} = 0.025$ 的 $\bar{t}$ 有稍大的差别外,其余数据的一致性都很好。这说明,不论采用哪一种组合都有基本相同的弹道解。此外,从数据可见,$\bar{\lambda}$ 与 $\bar{\mu}$ 是按着 $\Delta\bar{\lambda}/\Delta\bar{\mu} = 1.4$ 的规律组合的。对其他弹道解而言,这种规律仍适用。

表 4-5 四组 $\bar{\lambda}$ 和 $\bar{\mu}$ 的弹道解比较

	$\bar{\mu}$	0.10	0.15	0.20	0.25
$\psi_0 = 0.008$	$\bar{\lambda}$	0.22	0.29	0.36	0.43
	$\bar{p}_m$	1.445	1.445	1.445	1.445
	$\bar{V}_m$	0.43	0.43	0.43	0.43
$\dfrac{f}{p_E} = 4.00$	$\bar{t}_m$	0.625	0.631	0.635	0.638
	$\bar{Z}_m$	0.527	0.533	0.539	0.544
	$\bar{P}$	0.200	0.198	0.196	0.193
$\bar{Z} = 0.025$	$\bar{V}$	0.175	0.175	0.175	0.175
	$\bar{t}$	0.036	0.032	0.027	0.023
	$\bar{P}$	1.122	1.112	1.103	1.095
$\bar{Z} = 0.25$	$\bar{V}$	0.257	0.257	0.258	0.258
	$\bar{t}$	0.417	0.417	0.417	0.417
	$\bar{P}$	1.442	1.441	1.440	1.440
$\bar{Z} = 0.50$	$\bar{V}$	0.396	0.397	0.399	0.400
	$\bar{t}$	0.606	0.607	0.608	0.608
	$\bar{P}$	1.316	1.320	1.325	1.330
$\bar{Z} = 0.75$	$\bar{V}$	0.620	0.621	0.622	0.623
	$\bar{t}$	0.784	0.785	0.785	0.786

由此可见,对一定的 $\bar{\mu}$ 值,火药燃烧规律对弹道规律的影响可以由 $\bar{\lambda}$ 体现,于是最大压力点的各个相对弹道量 $\bar{p}_m$、$\bar{V}_m$ 及 $\bar{t}_m$ 都是 $\bar{\lambda}$ 的函数。计算表明,$\bar{p}_m$ 随 $\bar{\lambda}$ 的增加而减小,而 $\bar{p}_m$ 越小,说明在一定 p_m 下 p_E 就越大,也就是压力曲线变化越平缓,表明火药的燃烧渐增性大。因此,$\bar{\lambda}$ 值的大小也反映了燃烧渐增性的大小。$\bar{p}_m$ 数值与 $\bar{\lambda}$ 值一一对应,因此 $\bar{p}_m$ 也可以作为标志火药燃烧性能的一种弹道特征量,显然,这个量应当与火药的性能有关,而与装填条件及弹道条件无关。从方程组(4-38)的结构可以看出,在这相似方程组中不再包含具体的装填条件参量,实践证实了这一结论。人们曾对多种火药进行过不同装药量的试验,并从实测的 $p-t$ 曲线确定出了 $\bar{p}_m$ 数据,如表 4-6 所示。表中数据清楚地说明,在实验误差范围内,每种火药的 $\bar{p}_m$ 都接近定值,且基本上与装填条件无关。

表 4-6 不同火药在不同装药量条件下所确定的 $\bar{p}_m$ 值

7.62 mm 3/1 火药		12.7 mm 机枪 4/7 火药		14.5 mm 机枪 5/7 火药		76 mm 加农炮 9/7 火药	
ω/kg	$\bar{p}_m$/MPa	ω/kg	$\bar{p}_m$/MPa	ω/kg	$\bar{p}_m$/MPa	ω/kg	$\bar{p}_m$/MPa
$2.85 \cdot 10^{-3}$	1.32	0.015 3	1.38	0.027 0	1.41	1.026	1.46
$3.0 \cdot 10^{-3}$	1.37	0.017 0	1.38	0.031 0	1.45	1.080	1.45
$3.15 \cdot 10^{-3}$	1.37	0.018 7	1.40	0.032 5	1.42	1.134	1.46

4.4.2 碎粒燃烧阶段

对于碎粒燃烧阶段的实际燃气生成规律,在 §4.2 节中运用式(4-28)及边界条件已经建立了系数 $\bar{\lambda}_S$ 和 $\bar{\mu}_S$ 的方法。该方法虽便于进行火药燃烧性能的分析研究,但在内弹道解法中还可加以简化,与主体燃烧阶段一样,现从弹道规律来讨论其系数的确定问题。

首先,$\psi=1$ 是该阶段燃烧结束的明确的边界条件,由于该阶段所剩火药仅是原来装药较小的一部分,因而即使燃烧结束点的确定有一些误差,所引起的弹道影响也是很微小的,所以 $\bar{\lambda}_S$ 和 $\bar{\mu}_S$ 的确定可以有一定近似性,即在势平衡点的两个连续条件中,可以保持 ψ 的连续性而忽略 Γ 的连续性,即:

$$\psi_E = \bar{\chi}_S(1+\bar{\lambda}_S-\bar{\mu}_S)$$

其中,$\bar{\mu}_S$ 前用负号,这并不影响一般性。由此即可由 ψ_E 及 $\bar{\lambda}_S$、$\bar{\mu}_S$ 确定 $\bar{\chi}_S$:

$$\bar{\chi}_S = \psi_E/(1+\bar{\lambda}_S-\bar{\mu}_S)$$

此外,在燃烧结束点,则应满足 $\psi=1$ 及 $\Gamma=0$ 的边界条件,因而有:

$$\bar{\chi}_S \bar{Z}_k(1+\bar{\lambda}_S \bar{Z}_k - \bar{\mu}_S \bar{Z}_k^2) = 1$$
$$1+2\bar{\lambda}_S \bar{Z}_k - 3\bar{\mu}_S \bar{Z}_k^2 = 0$$

这两个关系式中如消去 $\bar{\mu}_S$ 或 $\bar{\lambda}_S$,则得:

$$\bar{\lambda}_S = \bar{\lambda}_S(\psi_E, \bar{Z}_k) \tag{4-50}$$

第 4 章　内弹道势平衡理论

$$\bar{\mu}_S = \bar{\mu}_S(\psi_E, \bar{Z}_k)$$

这两个函数，当任意给定 $\bar{\lambda}_S$ 或 $\bar{\mu}_S$ 时，都将有 $\bar{Z}_k$ 随 ψ_E 增加而减小的规律。同样根据方程组(4-38)，碎粒燃烧阶段的各个变量 $\bar{X}$ 是 $\bar{\lambda}_S$、$\bar{\mu}_S$ 及 $\bar{Z}$ 的函数，也可以表示为 ψ_E、$\bar{Z}_k$ 和 $\bar{Z}$ 的函数。对于同一个弹道计算来说，ψ_E 是一个定值，则给定不同的 $\bar{\lambda}_S$，就有不同的 $\bar{\mu}_S$ 及 $\bar{Z}_k$。$\bar{Z}_k$ 变化很小，所以不同的 $\bar{\lambda}_S$ 及 $\bar{\mu}_S$ 组合所得出的弹道解几乎完全相同，为证实这一点，现列出 $\bar{\lambda}_S=0.1$ 和 $\bar{\lambda}_S=-0.1$ 这两个符号相反的 $\bar{\lambda}_S$ 下的弹道解，如表 4-7 所示。

表 4-7　$\bar{\lambda}_S=0.1$ 和 $\bar{\lambda}_S=-0.1$ 的弹道解比较

$\bar{Z}$	$\bar{\lambda}_S=0.10$			$\bar{\lambda}_S=-0.10$		
	$\bar{P}$	$\bar{V}$	$\bar{t}$	$\bar{P}$	$\bar{V}$	$\bar{t}$
1.020	0.966	1.04	1.020	0.967	1.04	1.020
1.200	0.663	1.54	1.245	0.670	1.54	1.243
1.400	0.373	2.59	1.646	0.378	2.58	1.639
1.600	0.164	5.05	2.457	0.163	5.02	2.443
$\psi_E=0.85$	$\bar{Z}_k=1.532$			$\bar{Z}_k=1.485$		

表 4-7 的数据表明，虽然 $\bar{Z}_k$ 在两种情况下约有 3% 的差异，但所有的 $\bar{P}$、$\bar{V}$、$\bar{t}$ 的解可以认为都接近一致，所以不同 $\bar{\lambda}_S$、$\bar{\mu}_S$ 的组合给出相同弹道解的这一特性，同主体燃烧阶段的情况一样，这表明火药燃烧规律可用三项式表示，而且其中一个系数可以适当地给定，其另一系数即已足够反映其燃烧特性及对弹道特性的影响。

§4.5　最大膛压和初速的模拟预测

通过密闭爆发器实验来模拟枪炮膛内最大压力和初速，这是内弹道势平衡理论的一种实际应用。弹道模拟公式根据势平衡点的参量，分别建立弹道性能与势平衡点参量之间和势平衡点参量与密闭爆发器的有关参量之间的关系，现分别建立这两种关系如下。

4.5.1　势平衡点参量与 p_m 及 v_0 的关系式

根据势平衡点的能量关系式(4-12)得：

$$p_E\left(V_E+V_0-\frac{\omega}{\rho_p}\right)=\frac{f\omega\beta_E\psi_E}{k}=\frac{\varphi}{2}mv_E^2$$

如令 $L_E=\dfrac{V_E+V_0-\omega/\rho_p}{V_0-\omega/\rho_p}$，且有 $p_m=p_E\bar{p}_m$，$v_0=v_E\bar{Z}_g$，则可得：

$$p_m=\frac{\omega}{V_0-\dfrac{\omega}{\rho_p}}\frac{\beta_E}{k}\frac{f\psi_E\bar{p}_m}{L_E} \tag{4-51}$$

$$v_0 = \sqrt{\frac{\omega}{\varphi m}} \sqrt{\frac{\beta_E}{k}} \sqrt{2f\psi_E} \quad \overline{Z}_g \tag{4-52}$$

式(4-51)和式(4-52)给出了 p_m 及 v_0 与装药量、弹重、内膛结构及势平衡点有关参量 $\overline{p}_m$、ψ_E、L_E 等之间的关系。

若在各批火药中选定一批为基准批,有关的参数标以上标"0"代表该基准批的参数,则被检测的任一批火药在同样的炮、弹条件下,其 p_m 及 v_0 都应满足式(4-51)及式(4-52),即 p_m/p_m^0 及 v_0/v_0^0 的关系式为

$$\frac{p_m}{p_m^0} = \frac{\omega}{\omega^0} \frac{V_0 - \frac{\omega^0}{\rho_p}}{V_0 - \frac{\omega}{\rho_p}} \frac{\overline{p}_m/L_E}{\overline{p}_m^0/L_E^0} \frac{f\psi_E}{f^0\psi_E^0} \tag{4-53}$$

$$\frac{v_0}{v_0^0} = \sqrt{\frac{\omega}{\omega^0} \frac{f\psi_E}{f^0\psi_E^0}} \quad \frac{\overline{Z}_g}{\overline{Z}_g^0} \tag{4-54}$$

由于考虑到不同批号火药之间的组分、形状、尺寸以及装药量等实际的差异很小,因而绝热指数 k、次要功系数 φ 及余容影响系数 β_E 等可取作相等,即:

$$\frac{k}{k^0} \approx 1, \quad \frac{\varphi}{\varphi^0} \approx 1, \quad \frac{\beta_E}{\beta_E^0} \approx 1$$

为了建立起势平衡点参数与密闭爆发器有关参数的关系,式(4-53)和式(4-54)中右端有关的势平衡点各参量还应转换为火药在密闭爆发器中燃烧性能的有关参量。

4.5.2 膛内燃烧性能参数与密闭爆发器燃烧性能参数之间的对应关系

式(4-53)中的 $f\psi_E/f^0\psi_E^0$ 及 $\dfrac{\overline{p}_m/L_E}{\overline{p}_m^0/L_E^0}$,它们分别标志检测火药与基准火药在膛内的能量比值和燃气生成渐增性的比值,显然这两种火药在密闭爆发器燃烧条件下亦应存在着相应的比值。

1. 能量的对应关系

根据火药的定容燃烧热 Q_V 与其相应的真实火药力 f_1 之间的比例关系,无论在膛内的热散失 ΔQ 还是密闭爆发器的热散失 $\Delta \widetilde{Q}$ 实际应用中都采用降低火药力的方法进行修正,如以 f 及 $\widetilde{f}$ 分别表示计及热散失的膛内和密闭爆发器内的实际火药力,则

$$\frac{\Delta Q}{Q_V} = \frac{f_1 - f}{f_1}, \quad \frac{\Delta \widetilde{Q}}{Q_V} = \frac{f_1 - \widetilde{f}}{f_1}$$

因为不同批火药在相同射击试验,与相同密闭爆发器试验条件下,应该具有相同的相对热损失。因此,基准批与检测批的真实火药力 f_1^0 和 f_1 与实际火药力 f 及 $\widetilde{f}$ 等应有以下等式:

$$\frac{f_1^0 - f^0}{f_1^0} = \frac{f_1 - f}{f_1}$$

$$\frac{f_1^0 - \tilde{f}^0}{f_1^0} = \frac{f_1 - \tilde{f}}{f_1}$$

从而可以导出:

$$f/f^0 = \tilde{f}/\tilde{f}^0$$

即两批火药的膛内实际火药力比值与密闭爆发器内实际火药力之比是相等的。

根据密闭爆发器压力曲线拐点和势平衡点的已燃百分数的关系 $\psi_E/\psi_E^0 = \psi_e/\psi_e^0$,并与上式合并,则得到势平衡点与拐点之间能量的对比关系式:

$$f\psi_E/f^0\psi_E^0 = \tilde{f}\psi_e/\tilde{f}^0\psi_e^0 \tag{4-55}$$

式中 下标"e"代表拐点参数。

2. 火药燃气生成渐增性的相互关系

根据§4.2所述的方法,在密闭爆发器的情况下,可以用以下多项式来表示火药在定容下的燃气生成函数:

$$\psi = \tilde{\chi}\bar{Z}(1 + \tilde{\lambda}\bar{Z} + \cdots)$$

式中

$$\bar{Z} = \frac{I}{I_e} = \frac{\int_0^t p\,dt}{\int_0^{t_e} p\,dt}$$

是以拐点为基准的相对压力冲量,$\tilde{\chi}$、$\tilde{\lambda}$ 等则是相应的静态燃气生成系数,由上式得:

$$\frac{d\psi}{dt} = \tilde{\chi}(1 + 2\tilde{\lambda}\bar{Z} + \cdots)\frac{p}{I_e} \tag{4-56}$$

定容燃烧条件的 $p-t$ 曲线上可以用以下特征量来表征其渐增性燃烧的状况:

$$\eta_1 = \frac{t}{\psi}\frac{d\psi}{dt}, \quad \eta_2 = \frac{pt}{I}$$

式中 η_1 为 t 时刻的燃气生成速率 $d\psi/dt$ 与相应平均燃气生成速率 ψ/t 的比值,η_2 则为 t 瞬间的燃气压力与相应平均压力 I/t 的比值。火药燃烧的渐增性越好,则相应的平均燃气生成速率或平均压力越大,则 η_1 或 η_2 数值应越小。η_1 和 η_2 分别是以微分形式和积分形式表征同一概念,从式(4-56)可得两者之间的关系为

$$\eta_1 = \varphi(\bar{Z})\eta_2$$

其中

$$\varphi(\bar{Z}) = \frac{1 + 2\tilde{\lambda}\bar{Z} + \cdots}{1 + \tilde{\lambda}\bar{Z} + \cdots}$$

实际上 $\varphi(\bar{Z})$ 可以从实测的 $p-t$ 曲线求得,因为

$$\varphi(\bar{Z}) = \frac{\eta_1}{\eta_2} = \frac{t}{\psi}\frac{d\psi}{dt}\frac{I}{pt}$$

由密闭爆发器的压力公式可得

$$\psi = \frac{\beta_m}{\beta} \frac{p}{p_m}$$

$$\frac{d\psi}{dt} = \frac{\beta_m}{\beta^2} \frac{1}{p_m} \frac{dp}{dt}$$

式中

$$\beta = 1 + \left(\alpha - \frac{1}{\rho_p}\right) \frac{p}{f}$$

$$\beta_m = 1 + \left(\alpha - \frac{1}{\rho_p}\right) \frac{p_m}{f}$$

将 ψ 及 $d\psi/dt$ 代入，并略去近于 1 的 β，则可得：

$$\varphi(\bar{Z}) = \frac{I}{p^2} \frac{dp}{dt} = \frac{I\dot{p}}{p^2} \tag{4-57}$$

对不同批火药而言，基准批与检测批的实际燃气生成渐增性在相同 $\bar{Z}$ 条件下应有：

$$\frac{\eta_1}{\eta_1^0} = \frac{\varphi(\bar{Z})}{\varphi^0(\bar{Z})} \frac{\eta_2}{\eta_2^0}$$

式中 $\bar{Z}$ 的变化范围是从 0 到 1。为了体现拐点以前全过程两种燃烧渐增性的对比关系，上式可以表示为

$$\left(\frac{\eta_1}{\eta_1^0}\right)_e = \varepsilon \left(\frac{\eta_2}{\eta_2^0}\right)_e$$

式中 ε 采用如下的平均值：

$$\varepsilon = \frac{1}{n} \sum_{i=1}^{n} \frac{\varphi(\bar{Z}_i)}{\varphi^0(\bar{Z}_i)}$$

其中，n 为 $\bar{Z}=0$ 与 $\bar{Z}=1$ 之间所取的分点数，将式(4-57)代入，且 $\bar{Z}_i = I_i/I_e = I_i^0/I_e^0$，则给出由实测 $p-t$ 曲线计算 ε 的公式：

$$\varepsilon = \frac{1}{n} \sum_{i=1}^{n} \frac{\dot{p}_i}{\dot{p}_i^0} \left(\frac{p_i^0}{p_i}\right)^2 \frac{I_e}{I_e^0} \tag{4-58}$$

式(4-58)中包含有基准药和检测药实测 $p-t$ 曲线在 $\bar{Z}_i = \bar{Z}_i^0$ 条件下各对应 i 点的压力和压力陡度，还包含有拐点的压力全冲量，并集中了 $p-t$ 曲线所体现的火药实际燃气生成规律的大量信息，因而能够反映出不同批火药实际燃气生成规律之间的差异，是一个重要的特征量。

为了使 η_1/η_1^0 与 η_2/η_2^0 这两个具有同样物理概念，且数值上仅略有差别的比值以综合的量来表达，以便与膛内表达燃烧渐增性的 $\dfrac{p_m/L_E}{p_E^0/L_E^0}$ 相对应，取两者的几何平均值是合理的，令

$$\frac{\eta_e}{\eta_e^0} = \sqrt{\left(\frac{\eta_1}{\eta_1^0}\right)_e \left(\frac{\eta_2}{\eta_2^0}\right)_e} = \sqrt{\varepsilon} \left(\frac{\eta_2}{\eta_2^0}\right)_e$$

记 $\bar{\varepsilon} = \sqrt{\varepsilon}$，将 $(\eta_2/\eta_2^0)_e$ 按其定义代入，并认为膛内渐增性参量的比值与密闭爆发器内渐增

性参量的比值是相同的,则

$$\frac{\overline{p}_m/L_E}{p_E^0/L_E^0}=\overline{\varepsilon}\frac{p_e t_e/I_e}{p_e^0 t_e^0/I_e^0} \tag{4-59}$$

3. 最大膛压和初速的模拟公式

根据式(4-55)及状态方程:

$$p_e(V_0-\frac{\widetilde{\omega}}{\rho_p})=\widetilde{f}\widetilde{\omega}\beta_e\psi_e$$

对检测药和基准药的密闭爆发器试验均在相同的装药条件下进行,故在略去 β_e 与 β_e^0 微小差异的情况下,有:

$$\frac{f\psi_E}{f^0\psi_E^0}=\frac{\widetilde{f}\psi_e}{\widetilde{f}^0\psi_e^0}=\frac{p_e}{p_e^0} \tag{4-60}$$

将此式及式(4-59)和式(4-60)代入式(4-53)和式(4-54),即:

$$\frac{\overline{p}_m}{p_m^0}=\frac{\omega}{\omega^0}\frac{V_0-\dfrac{\omega^0}{\rho_p}}{V_0-\dfrac{\omega}{\rho_p}}\left(\frac{p_e}{p_e^0}\right)^2\frac{t_e}{t_e^0}\frac{I_e^0}{I_e}\overline{\varepsilon} \tag{4-61}$$

$$\frac{v_0}{v_0^0}=\sqrt{\frac{\omega}{\omega^0}\frac{p_e}{p_e^0}}\frac{\overline{Z}_g}{\overline{Z}_g^0} \tag{4-62}$$

式(4-61)和式(4-62)表明,不同批火药分别以装药量 ω^0 及 ω 射击所得到的 $\overline{p}_m/p_m^0$ 比值,仅取决于密闭爆发器实测 $p-t$ 曲线有关数据,而与装药结构无关,所以其对单一装药和混合装药都能同样适用,只是在混合装药情况下,密闭爆发器的试验样品应当与火炮装药有相同的混合比。但是 v_0/v_0^0 比值的情况就有所不同,它不仅与密闭爆发器实测的 p_e/p_e^0 有关,而且还取决于膛内参量 $\overline{Z}_g/\overline{Z}_g^0$,所以还需要研究该参量与密闭爆发器有关参量的关系。

由于 $\overline{Z}_g$ 仅是 ψ_E 和 $\overline{V}_g$ 的函数,即:

$$\overline{Z}_g=f(\overline{V}_g,\psi_E)$$

式中

$$\overline{V}_g=\frac{V_g+V_0-\dfrac{\omega}{\rho_p}}{V_E+V_0-\dfrac{\omega}{\rho_p}}$$

所以 $\overline{Z}_g$ 除了随 ω 变化外,还将随火药燃烧性能的变化而变化,此变化是通过 ψ_E 和 V_E 的变化而发生的。但是,这种变化的函数关系与定容燃烧性能之间的联系只能应用实践方法确定。

按照碎粒燃烧阶段及燃烧结束阶段弹道表的计算以及大量弹道试验表明,不同批号火药在正常条件下的燃烧性能散布导致 ψ_E 和 V_E 的变化对 $\overline{Z}_g$ 的影响实际上都很小。因此,在一般单一装药情况下,将式(4-62)中的 $\overline{Z}_g/\overline{Z}_g^0$ 取为1,就可以使预测的初速准确度满足实用要求(一般要求误差不大于 1%,而膛压由于测量精度的缘故,一般要求误差不大于 3%)。但是在混合装药以及某些性能变化较大的单一装药情况下,则统计平均厚度的散布较大,也就是拐点和势平衡点的散布较大,应当考虑 $\bar{Z}_g/\bar{Z}_g^0$ 的修正。$\bar{Z}_g$ 值的变化本质上由于势平衡点的变化而引起,若势平衡点提前,则 $\bar{Z}_g$ 将加大,而势平衡点提前即意味着拐点的提前,即该批火药的 I_e 将减小,这说明该批火药静态的 I_e 与其在膛内时的 $\bar{Z}_g$ 值大小是反向变化的。再结合考虑公式结构的对称性以及有利于减小压力测量误差对模拟结果的影响等,为此根据大量的实践数据,表明将式(4-62)采用如下形式:

$$\frac{v_0}{v_0^0} = \sqrt{\frac{\omega}{\omega^0} \frac{p_e}{p_e^0} \frac{I_e^0}{I_e}} \tag{4-63}$$

即通过比值 I_e/I_e^0 部分消除拐点压力测量散布的影响,同时也体现了 $\bar{Z}_g/\bar{Z}_g^0$ 散布的影响。实践证明,应用式(4-63)不论是单一装药还是混合装药都同样适用。

但是在混合装药的情况下,其拐点位置随厚、薄火药的混合比不同而有显著差异。例如,对 122 mm 榴弹炮来说,按照全装药及六号装药的混合比所进行的密闭爆发器试验,前者薄火药仅占 16%,测出拐点的 ψ_e 约为 0.8,而单独厚火药测出的 ψ_e 约为 0.77,两者很接近,可以认为势平衡点与该混合状态下的拐点相对应。直接采用拐点的 p_e/I_e,按式(4-63)进行初速模拟计算。但是,六号装药的薄火药约占 60%,所以其 $p-t$ 曲线的拐点出现在薄火药的平均分裂点附近,对应的 ψ_{e1} 约为 0.6 左右,而通过计算确定的相应厚火药的平均分裂点 ψ_{e2} 约为 0.91 左右。由此可见,势平衡点既不与拐点 e_1 对应,亦不与厚火药的分裂点 e_2 对应,而应在这两点之间。因此,为了确定与势平衡点相对应的 p_e/I_e,可以以 e_1 及 e_2 两点的 p_{e1}/I_{e1} 和 p_{e2}/I_{e2} 的加权平均求得,即:

$$\frac{p_e/I_e}{p_e^0/I_e^0} = \alpha_1 \left(\frac{p_{e1}/I_{e1}}{p_{e1}^0/I_{e1}^0} \right) + \alpha_2 \left(\frac{p_{e2}/I_{e2}}{p_{e2}^0/I_{e2}^0} \right) \tag{4-64}$$

式中 α_1 及 α_2 为薄、厚火药的混合比,由此得到的值应用式(4-63)进行初速模拟计算。

下面以单一装药单基药,按照式(4-61)及式(4-63)两式模拟 57 mm 高炮最大膛压和初速的结果,如表 4-8 所示。

表 4-8 57 mm 高炮应用八批 11/7 火药的模拟结果

参量＼批号	10/60	2/62	15/67	50/71	16/78	11/66	49/71
ω/kg	1.171	1.125	1.167	1.162	1.149	1.185	1.175
p_e/p_e^0	1.011 4	1.042 3	0.998 1	1.003 5	0.994 9	0.963 0	1.012 0
I_e/I_e^0	1.003 0	1.011 4	1.001 9	1.002 1	0.988 6	0.980 9	1.019 1
$\bar{\varepsilon}$	1.006 9	1.036 0	0.993 3	1.000 4	1.010 9	0.983 8	0.997 1
$\bar{V}_\infty$	0.988 5	1.066 9	0.995 0	1.003 4	1.025 2	0.965 9	0.981 9
$\bar{P}_{m测}$	1.052 0	1.036 5	0.983 1	0.987 7	0.995 7	0.986 7	0.993 7
$\bar{P}_{m模}$	1.038 9	1.043 0	0.992 6	1.001 9	0.987 3	0.962 9	1.020 5

续表

参量＼批号	10/60	2/62	15/67	50/71	16/78	11/66	49/71
$\Delta \bar{P}_m$	−1.31	0.65	0.95	1.42	−0.84	−2.38	2.68
$\bar{v}_{0测}$	1.011 9	0.995 7	0.991 6	0.993 5	0.992 1	0.999 2	1.002 4
$\bar{v}_{0模}$	1.007 2	0.998 0	0.999 4	0.999 8	0.996 7	0.999 7	1.001 2
$\Delta \bar{v}_0 / \%$	−0.47	0.23	0.78	0.63	0.46	0.05	−0.12
基准药参量	批号 30/76　装药量 $\omega=1.164(\text{kg})$　容积 $V_0=1510(\text{cm}^3)$ 爆发器参量：拐点压力 $P_e=184.6(\text{MPa})$　拐点冲量 $I_e=414.08(\text{MPa}\cdot\text{ms})$ 射击参量：　最大压力 $P_m=295.7(\text{MPa})$　初速 $V_0=1003.9(\text{m/s})$							

表 4-8 中 $\bar{V}_\omega$ 是式(4-61)中 $\dfrac{\omega}{\omega^0}\dfrac{V_0-\dfrac{\omega^0}{\rho_p}}{V_0-\dfrac{\omega}{\rho_p}}$ 与 ω 有关量的倒数。

第 5 章　内弹道设计与装药设计

前面的几个章节介绍了枪炮的射击现象,并根据有关理论和实验建立了内弹道基本方程组。通过对内弹道基本方程组的求解,得到了对射击过程中膛内火药气体压力变化和弹丸运动速度变化规律的进一步认识,并通过这些规律的认识解决了内弹道解法这个重要的实际问题。但在内弹道学中认识射击过程中的各种规律并不是我们最终的目的,也不能只停留在对射击现象的各种规律的认识上,更重要的是运用这些规律去改进武器,设计出性能更好的武器。如何把这些规律应用于新武器的设计呢?这是本章内弹道设计与装药设计所要介绍的主要内容。

§5.1　内弹道设计

根据火炮构造诸元和装填条件,利用内弹道基本方程组,分析膛内火药气体压力变化规律和弹丸的运动规律,称为内弹道解法,是内弹道学的正面问题。而在已知要求的内弹道性能和火炮的设计指标,利用内弹道基本方程组,确定火炮的构造诸元和弹药的装填条件,称为内弹道设计或弹道设计,是内弹道学的反面问题。本节将介绍内弹道设计的基本方法和几种典型武器的内弹道设计特点。

5.1.1　引言

内弹道设计是武器设计的基础。为了对内弹道设计有一个比较明确的了解,现首先介绍一下武器的整个设计过程。

用强大的火力,在宽广的正面和不同的纵深,能够迅速突然地集中火力给敌人以歼灭性的打击,就要求火炮应具有完成战斗任务所需要的射程或射高、弹丸摧毁目标所必需的炸药量或在一定射程内击穿一定厚度装甲所必需的弹丸动能、在一定的时间内发射尽可能多的射弹以及良好的武器机动和火力机动性能,因此,武器弹药系统设计的最基本的战术技术指标是武器的射程、弹丸的威力、射击精度和武器的机动性能。

但是,在这些战术技术要求当中,它们之间往往是互相矛盾互相制约的。例如要求增加武器的威力,实际上就是要增加弹丸的炮口动能,因而火炮的后坐动能也就随着增加,为了保证射击的稳定性,就要相应增加武器的质量,这又会使武器的机动性能变坏。影响武器威力的因素主要是弹丸的质量、弹丸的初速及发射速度等。影响武器机动性的主要因素是武器的战斗全重 Q_{zh}。弹丸的质量和初速,又可以用炮口动能 E_g 来表示,因此用炮口动能和战斗全重的比值

$$\eta_Q = \frac{E_g}{Q_{zh}} \tag{5-1}$$

式中　$E_g = \frac{1}{2}mv_g^2$。

则在一定程度上可以反映出威力和机动性的关系,这个比值 η_Q 通常称为金属利用系数。一些典型武器的金属利用系数如表 5-1 所示。

由表 5-1 可以看出,随着炮口动能的增加,一般来说武器的战斗全重也相应增加;另外由于射速的提高或方向射界的扩大,武器的战斗全重也都相应增加,因此高射炮和自动武器的金属利用系数都比较小。从表 5-1 中还可以看出,使用炮口制退器在一定程度上解决了武器威力和机动性之间的矛盾,使得金属利用系数显著增加。例如 1960 年式 122 mm 加农炮使用炮口制退器以后,与无炮口制退器的苏 1931/1937 年式 122 mm 加农炮相比,金属利用系数由 1.10 kJ/kg 增加到了 1.92 kJ/kg。但是随着炮口制退器效率的增大,炮口冲击波的强度也会随之增加,将对炮手造成伤害。

表 5-1　制式枪炮威力参数

枪炮名称	E_g/kJ	Q_{zh}/kg	η_Q/(kJ·kg^{-1})	炮口制退器效率/%
1954 年式 7.62 mm 手枪	0.53	0.80	0.66	—
1956 年式 7.62 mm 半自动步枪	2.14	3.85	0.56	—
1956 年式 7.62 mm 冲锋枪	1.99	3.9	0.51	—
1956 年式 7.62 mm 机枪	2.14	7.4	0.29	—
1954 年式 12.7 mm 重机枪	17.42	157	0.11	—
1956 年式 14.5 mm 高射机枪	29.6×4(四联)	2 100	0.06	—
1955 年式 57 mm 战防炮	1 538.6	1 250	1.23	—
1956 年式 85 mm 加农炮	2 998.8	1 725	1.74	52.7
1960 年式 122 mm 加农炮	1 0682.0	5 550	1.92	50
苏 1931/1937 年式 122 mm 加农炮	7 996.8	7 250	1.10	—
1959 年式 130 mm 加农炮	14 455.0	7 700	1.88	35.9
1959 年式 152 mm 加农炮	12 887.0	7 700	1.67	2.85
1954 年式 122 mm 加榴炮	2 881.2	2 450	1.18	—
1955 年式 37 mm 高射炮	274.4	2 100	0.13	—
1959 年式 57 mm 高射炮	1 399.4	4 500	0.31	38
1959 年式 100 mm 高射炮	6 311.2	9 350	0.67	35
1986 年式 100 mm 反坦克炮	6 869.1			

应该指出,威力和机动性这对矛盾之间,威力是矛盾的主要方面,武器的设计首先应满足不同威力的要求,同时又要考虑到武器机动性的问题。但是当威力超过一定限度以

后,武器的机动性也会转化为矛盾的主要方面。所以在战术技术论证时,必须根据具体情况进行全面考虑,分析各种矛盾,找出其主要矛盾,提出合理的战术技术要求。当然这些要求也不是一成不变的,而是随着技术的发展和战术的改变而改变的。

确定武器的战术技术要求以后,就可以在这个基础上确定出武器的口径 d、满足战术技术要求的最大射程 X_m 和弹丸击中目标时所必须有的动能或炸药量。然后根据目标的性质,利用弹丸设计的有关知识确定出弹丸质量 m。在口径 d、弹丸质量 m 确定之后,又可根据弹丸的性质选取合理的弹形,确定出弹形系数 i,从而计算出弹道系数 C。由外弹道学可知,最大射程 X_m 是初速 v_g、弹道系数 C 及最大射角 θ_0 的函数,即:

$$X_m = f(v_g, C, \theta_0) \tag{5-2}$$

式中 $C = \dfrac{id}{m} \times 10^3$,$i$ 是弹形系数,它主要取决于弹形,特别是决定弹丸头部长度的一个特征量。各种典型的弹丸的弹形系数如表 5-2 和表 5-3 所示。

表 5-2 旋转弹丸的弹形系数

弹 丸 种 类	弹 形 系 数
海 25 mm 舰炮杀伤燃烧曳光弹	1.3
海 30 mm 舰炮杀伤爆破燃烧弹	1.4
1956 年式 85 mm 加农炮杀伤榴弹	1.1
1960 年式 122 mm 加农炮杀伤爆破榴弹	1.0
1959 年式 130 mm 加农炮杀伤爆破榴弹	1.0
1959 年式 152 mm 加农炮杀伤爆破榴弹	1.1
1954 年式 122 mm 榴弹炮杀伤爆破榴弹	1.2
1959 年式 57 mm 高射炮杀伤爆破榴弹	1.2
1959 年式 100 mm 高射炮杀伤爆破榴弹	1.2

表 5-3 尾翼弹及次口径脱壳弹的弹形系数

弹 丸 种 类	弹 形 系 数
82 mm 迫击炮杀伤弹	1.00
160 mm 迫击炮杀伤弹	1.00
85 mm 加农炮气缸尾翼破甲弹	1.90
新 40 火箭弹(超口径)	4.00
82 mm 无后坐炮火箭增程弹	3.70
100 mm 滑膛脱壳弹	1.35
120 mm 滑膛脱壳弹	1.40

一般火炮的最大射程角 θ_0 约为 $43°$，对于远射程的火炮，最大射程角约为 $52.5°$，所以当已知最大射程 X_m、弹道系数 C 以及最大射程角 θ_0 以后，就可以根据外弹道理论计算出满足该射程的初速 v_0，对于枪或反坦克武器则可以根据着点速度 v_c 计算出满足一定直射距离的弹丸初速。上述设计过程通常称为外弹道设计。

在外弹道设计完成之后，即进入内弹道设计阶段。我们可根据外弹道设计确定出的口径 d、弹重 m 和初速 v_0 作为起始条件，利用内弹道理论，选择适当的最大压力 p_m、药室扩大系数 χ_k 以及火药品种，计算出满足上述条件的优化的装填条件（如：装药量、火药厚度等）和膛内构造诸元（如药室容积 V_0、弹丸全行程长 l_g、药室长度 l_{V_0} 及炮膛全长 L_{nt} 等）。

需要指出的是，内弹道解法是根据已知的膛内构造诸元与装填条件解出压力曲线和速度曲线，它只有一个解。而内弹道设计则不同，它是根据给定的口径 d、弹重 m、初速 v_0 和选定的最大膛压 p_m 解出膛内构造诸元和装填条件，也就是由少数已知量解出多数未知量，所以在满足给定的条件下可以有很多个设计方案，这就必须在设计计算过程中对各方案进行分析和比较，然后从中选择最合理的方案。

在确定了内弹道设计方案之后，还应该对该方案作出正面问题的解，求出压力曲线和速度曲线。这些曲线和内弹道设计出的构造参数及装填条件又是进一步设计炮身、炮架以及弹药的依据，例如当已知膛内构造诸元及膛内压力曲线时就可以进行炮（枪）身强度设计，从而计算出炮身管壁的厚度；根据膛内压力曲线和速度曲线还可以进行反后坐装置及炮架系统的设计。对弹药系统设计来说，根据最大压力就可以对弹体、药筒及点火具进行强度设计，并计算出危险断面上的炸药应力；同时，根据膛内压力曲线和速度曲线还可以进行引信的设计。当确定装填条件以后，就可以进行装药及其结构的设计，并可拟出火药制造工艺和加工设备（如压药的模具）的设计要求。由此可见，内弹道设计是整个武器设计的重要环节，其为武器设计提供了基本的数据，因此它在很大程度上影响着武器设计的质量。

5.1.2 内弹道设计基本方程

在上一节中已经指出，典型的内弹道设计问题可以归纳为在已知火炮口径 d、弹丸质量 m 和弹丸初速 v_0 的条件下，选择适当的最大压力 p_m、药室扩大系数 χ_k 以及火药品种，然后计算出能满足上述条件的膛内构造参数和装填条件。因此，内弹道设计的理论基础也就是内弹道解法的理论基础，其实质就是利用内弹道方程组解内弹道的反面问题。

由给定的火炮口径 d、弹丸质量 m、弹丸初速 v_0 和最大压力 p_m 等少数已知量解出膛内构造诸元和装填条件等众多未知量，将是一个多解问题。根据内弹道设计的要求，我们必须做到所设计出的武器能够具有规定的初速，这是内弹道设计的一个最根本的要求。因此，如果这个问题不能得到解决，那么设计出来的任何方案都将是毫无意义的。同时由于我们对所设计的武器，不论从能量的利用率还是从初速的稳定性方面来考虑，都要求火药能在膛内燃烧结束。因此，我们可以利用第 2 章中介绍的计及挤进压力的分析解法，分析给定条件与膛内构造参数和装填条件之间的关系,因为这种解法能够比较正确地反映火炮射击过程的本质。

根据计及挤进压力的分析解法中第二时期初速解的公式:

$$v_g^2 = v_j^2 \left\{ 1 - \left(\frac{\Lambda_k + 1 - \alpha \Delta}{\Lambda_g + 1 - \alpha \Delta} \right)^{k-1} \left[1 - \frac{B(k-1)}{2}(1-Z_0)^2 \right] \right\} \tag{5-3}$$

由于

$$\frac{v_g^2}{v_j^2} = \frac{v_g^2}{\dfrac{2f\omega}{(k-1)\varphi m}} = \varphi \dfrac{\frac{1}{2}mv_g^2}{\dfrac{f\omega}{k-1}} = \varphi \gamma_g \tag{5-4}$$

式中 γ_g 是火炮的有效功率。将式(5-4)代入式(5-3),可得:

$$\varphi \gamma_g = 1 - \left(\frac{\Lambda_k + 1 - \alpha \Delta}{\Lambda_g + 1 - \alpha \Delta} \right)^{k-1} \left[1 - \frac{B(k-1)}{2}(1-Z_0)^2 \right] \tag{5-5}$$

或改写为

$$(\Lambda_g + 1 - \alpha \Delta)(1 - \varphi \gamma_g)^{\frac{1}{k-1}} = (\Lambda_k + 1 - \alpha \Delta) \left[1 - \frac{B(k-1)}{2}(1-Z_0)^2 \right]^{\frac{1}{k-1}} \tag{5-6}$$

分析式(5-6)的右边,当火药性质、形状、挤进压力一定时,Λ_k 及 B 都是 Δ 及 p_m 的函数,而 Z_0 是 Δ 的函数,故上式右边仅是 Δ 及 p_m 的函数,即:

$$(\Lambda_k + 1 - \alpha \Delta) \left[1 - \frac{B(k-1)}{2}(1-Z_0)^2 \right]^{\frac{1}{k-1}} = K(p_m, \Delta) \tag{5-7}$$

将式(5-7)代入式(5-6),并解出 Λ_g,可得:

$$\Lambda_g = \frac{K(p_m, \Delta)}{(1 - \varphi \gamma_g)^{\frac{1}{k-1}}} + \alpha \Delta - 1 \tag{5-8}$$

式(5-8)表示,当火药性质一定时,Λ_g 应该是 p_m、Δ 和 $\varphi \gamma_g$ 的函数,即:

$$\Lambda_g = f(p_m, \Delta, \varphi \gamma_g) \tag{5-9}$$

式中 $\varphi \gamma_g = \dfrac{\frac{1}{2}\varphi m v_g^2}{\dfrac{f\omega}{k-1}} = \dfrac{\varphi}{\dfrac{\omega}{m}} \dfrac{v_g^2}{2} \dfrac{k-1}{f}$,$\varphi = \varphi_1 + \dfrac{\omega}{3m}$。因为次要功计算系数也是 ω/m 的函数,所以 $\varphi \gamma_g$ 是 ω/m 和 v_g 的函数,即:

$$\varphi \gamma_g = f\left(\frac{\omega}{m}, v_g \right) \tag{5-10}$$

式中 v_g 是起始条件,p_m 是在设计之前选定的,因此在这种情况下,由(5-9)可知,Λ_g 仅仅是 Δ 和 ω/m 的函数,即:

$$\Lambda_g = f\left(\Delta, \frac{\omega}{m} \right) \tag{5-11}$$

即已知 d、m、v_g 和火药性质一定并在选定 p_m 的条件下,指定属于装填条件的 Δ 及 ω/m 两个量,就可以计算出属于膛内构造诸元之一的弹丸相对行程长 Λ_g。所以式(5-9)和式(5-11)表示了在给定初速 v_g、最大压力 p_m 的情况下,构造参数和装填条件之间的函数关系,这就是内弹道设计的基本方程。通过对该方程的求解,我们就可以得到一系列的内弹道设计方案。

另外由于

$$\frac{V_0}{m} = \frac{1}{\Delta} \frac{\omega}{m} \tag{5-12}$$

所以在指定了 Δ、ω/m 后,即可计算出药室容积 V_0。有了 Λ_g 和 V_0 这些基本的构造参数,其他量就不难根据火炮膛内简单的几何关系去求解了,例如

$$l_g = l_0 \Lambda_g = \frac{V_0}{S} \Lambda_g \tag{5-13}$$

式中 S 为炮膛横断面积,即:

$$S = \eta_s d^2 \tag{5-14}$$

系数 η_s 被称为膛线深度特征量,是根据膛线的深度确定的。故在确定 η_s 后即可以计算出 S,并计算出弹丸全行程长 l_g。

又由于药室扩大系数 χ_k 也是选定的,根据 χ_k 的定义为

$$\chi_k = \frac{l_0}{l_{V_0}}$$

因此,在选定 χ_k 并计算出 l_0 后,即可计算出药室长度 l_{V_0}:

$$l_{V_0} = \frac{l_0}{\chi_k} \tag{5-15}$$

而 l_g 与 l_{V_0} 之和即炮膛全长 L_{nt}。

由此可见,内弹道设计基本方程是解出膛内构造参数和装填条件之间关系的一个基本方程。当指定 Δ 和 ω/m 这两个量后,即可通过此式计算出所有膛内构造参数,如 l_g、V_0、l_{V_0}、L_{nt} 等。

但是,在具体进行内弹道设计当中,我们还无法解出式(5-9)或式(5-11)的解析表达式,来直接计算火炮的膛内构造参数。早期的内弹道设计中是把上述的函数关系在给定一些条件下编成内弹道设计表,然后通过查表来解决实际的内弹道设计问题。随着计算机技术的发展,目前人们已经编制了多种内弹道设计软件,可以快速地进行内弹道计算和方案设计,有了这些软件我们进行内弹道设计就更加方便了。

5.1.3 设计方案的评价标准

方案的选择是一个复杂问题,因为既要考虑到尽可能地满足战术技术各方面的要求,又要考虑到弹道性能是否优越,因此在选择方案时,我们除了可以直接比较各不同方案的构造参数及装填条件之外,另外还需要选取一些与弹道性能有关的特征量作为对不同方案的弹道性能的评价标准。下面我们列举这些评价标准,并讨论它们之间的相互关系。

1. 火药能量利用效率的评价标准

在目前技术条件下,火炮的能源都是利用火药燃烧后所释放出的热能,因此在武器中火药能量是不是能够得到充分利用,显然应当作为评价武器性能的一个很重要的标准,即有效功率:

$$\gamma_g = \frac{\frac{1}{2}mv_g^2}{\frac{f\omega}{k-1}} \tag{5-16}$$

装药利用系数:

$$\eta_\omega = \frac{\frac{1}{2}mv_g^2}{\omega} \tag{5-17}$$

在火药性质一定的条件下,以上两个标准实际上也就是一个标准,因为

$$\eta_\omega = \frac{f}{k-1}\gamma_g \tag{5-18}$$

所以在评定弹道设计方案时,采用其中的一个就可以了。它们数值的大小表示了装药利用效率的高低,从火药能量利用这个角度来说,η_ω 或 γ_g 应该越大越好。在一般火炮中 γ_g 的数值在 0.16~0.30 之间。

2. 炮膛工作容积利用效率的评价标准

在射击过程中,膛内火药气体的压力是变化的,而 $p-l$ 曲线下面的面积 $\int_0^{l_g} p\,dl$ 则反映了压力曲线变化的特点和做功的大小。例如图 5-1 中的曲线 1 和曲线 2,假设它们的 p_m 是相同的,而曲线 1 比曲线 2 下降得缓慢些,所以这两条曲线虽然有着相同的 p_m 和 l_g,但它们的曲线下面的面积 $\int_0^{l_g} p\,dl$ 是不同的,曲线 1 要大一些。如果我们以 p_m 和 l_g 所构成的矩形面积作为基准,那么它们的压力曲线下的面积在这个矩形面积中所占有的比例也就不同。若以 η_g 代表这样的比例,则

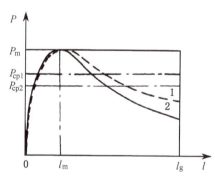

图 5-1 $p-l$ 曲线及平均压力

$$\eta_g = \frac{\int_0^{l_g} p\,dl}{p_m l_g} \tag{5-19}$$

我们把式(5-19)所定的 η_g 称为充满系数。因为这个量的大小反映了压力曲线下的面积充满 $p_m \cdot l_g$ 矩形面积的程度,同时也反映了压力曲线平缓或陡直的变化情况。如图 5-1 中的曲线 1 就比较平缓,所以它的充满系数 η_g 也应该较大。显然,曲线变化的情况又与火药燃烧的情况有关,增面性大的火药,压力曲线就比较平缓,因此 η_g 的大小也意味着火药燃烧的渐增性的大小。

如果在式(5-19)中,分子、分母同乘以炮膛横断面积 S,则

$$\eta_{\mathrm{g}} = \frac{S\int_0^{l_{\mathrm{g}}} p\mathrm{d}l}{Sl_{\mathrm{g}} p_{\mathrm{m}}} = \frac{S\int_0^{l_{\mathrm{g}}} p\mathrm{d}l}{V_{\mathrm{g}} p_{\mathrm{m}}}$$

式中　$Sl_{\mathrm{g}} = V_{\mathrm{g}}$ 为炮膛工作容积,而分子 $S\int_0^{l_{\mathrm{g}}} p\mathrm{d}l$ 则为火药气体压力所做的功,故从上式可知, η_{g} 也代表了在 p_{m} 一定时的单位炮膛工作容积所做的功,所以 η_{g} 又表示了炮膛工作容积的利用效率。

为了能方便地计算出 η_{g},必须对上式进行适当的转化。因为由弹丸运动方程可得:

$$S\int_0^{l_{\mathrm{g}}} p\mathrm{d}l = \frac{1}{2}\varphi m v_{\mathrm{g}}^2$$

故代入 η_{g} 式中后可得:

$$\eta_{\mathrm{g}} = \frac{\frac{\varphi}{2} m v_{\mathrm{g}}^2}{V_{\mathrm{g}} p_{\mathrm{m}}} \tag{5-20}$$

又因平均压力 p_{cp} 为

$$p_{\mathrm{cp}} = \frac{\int_0^{l_{\mathrm{g}}} p\mathrm{d}l}{l_{\mathrm{g}}}$$

则 η_{g} 又可以表示为平均压力为最大压力的比,即:

$$\eta_{\mathrm{g}} = \frac{p_{\mathrm{cp}}}{p_{\mathrm{m}}} \tag{5-21}$$

由式(5-21)可以看出,$p_{\mathrm{cp}} < p_{\mathrm{m}}$,因此 $\eta_{\mathrm{g}} < 1$。它的大小与武器性能有关,一般火炮的 η_{g} 约在0.4~0.66之间,加农炮的 η_{g} 较大,榴弹炮的 η_{g} 较小。几种典型火炮的 η_{g} 如表5-4所示。

3. 火药相对燃烧结束位置的特征量 η_{k}

若弹丸行程长为 l_{g}、火药燃烧结束位置为 l_{k},则火药相对燃烧结束位置 η_{k} 定义为

$$\eta_{\mathrm{k}} = \frac{l_{\mathrm{k}}}{l_{\mathrm{g}}} \tag{5-22}$$

在弹道解法中已经指出,分析解法是以几何燃烧定律的假设为基础的。但由于火药点火的不均匀性以及厚度的不一致,所以计算出的火药燃烧结束位置 l_{k} 并不能代表所有药粒的燃烧结束位置,仅是一个理论值,实际上各药粒的燃烧结束位置分散在这个理论值的附近一定区域内,因此当理论计算出的火药燃烧结束位置 l_{k} 接近炮口时,必然会有一些火药没有燃烧完就飞出了炮口,在这种情况下不仅火药的能量不能得到充分的利用,而且由于每次射击时未燃完火药的情况不可能一致,因而会造成初速的较大分散。所以在选择方案时,一般火炮的 η_{k} 应小于0.70;而对于步兵武器,则由于药粒较小,制造时药粒厚度的相对误差较大,故一般要求 η_{k} 应小于0.60;加农炮的 η_{k} 在0.50~0.70之间。由于榴弹炮是分级装药,考虑到小号装药也能在膛内燃烧完,所以榴弹炮全装药的 η_{k} 在0.25~0.30之间。各种典型火炮的 η_{k} 如表5-4所示。

表 5-4　各类典型火炮的 η_ω、η_g、η_k 和 p_g 值

火炮名称 \ 方案评价标准	η_ω/(kJ·kg^{-1})	η_g	η_k	p_g/MPa
1955 年式 57 mm 战防炮	1 061	0.646	0.612	
1956 年式 85 mm 加农炮	1 209	0.640	0.506	73.8
1960 年式 122 mm 加农炮	1 089	0.664	0.548	104.4
1959 年式 130 mm 加农炮	1 120	0.650	0.495	99.9
1959 年式 152 mm 加农炮	1 207	0.604	0.540	64.8
1955 年式 57 mm 高射炮	1 338	0.484	0.546	68.6
1959 年式 57 mm 高射炮	1 176	0.558	0.599	78.5
1959 年式 100 mm 高射炮	1 098	0.606	0.564	94.0
1954 年式 122 mm 榴弹炮	1 392	0.479	0.277	42.3
1956 年式 152 mm 榴弹炮	1 482	0.419	0.290	33.3

4. 炮口压力

在射击过程中,当弹丸离开炮口以后,膛内火药气体仍具有较高压力(50～100 MPa)和较高温度(1 200～1 500 K),并以很高的速度向外流出。流出的火药气体猛烈地冲击炮口附近的空气,使空气受到突然的压缩,因而在炮口附近产生了空气密度和压力的突跃,形成了强度很高的炮口冲击波及声响。很显然炮口压力越高,冲击波的强度也越大,因此过大的炮口压力所产生的冲击波将对炮手身体产生有害的影响,而这种影响随着口径增大更为显著,所以在方案选择时应对炮口压力有一定的限制,把这种有害的影响尽可能减小。各种典型火炮的炮口压力 p_g 如表 5-4 所示。

5. 武器寿命

火炮在使用过程中,由于高温火药气体的烧蚀作用和高速气流的冲刷作用,以及弹丸运动的摩擦作用,使得武器的射击性能不断衰退,因而就产生了使用寿命的问题,武器的寿命通常是以该武器在丧失一定战术和弹道的性能以前所能射击的发数来表示。这里所指的弹道性能通常是:

(1) 弹丸射击的密集度 $B_z \times B_s$ 增大至 8 倍。

(2) 弹丸初速降低 10%,对高射炮和海军炮来说,降低 5%～6%。

(3) 射击时切断弹带。

(4) 以最小号装药射击时不能解除引信保险的射弹数超过了 30%。

由于影响武器寿命的因素有很多,而且也很复杂,它涉及膛内结构、弹带构造、金属材料、火药性能及射击方式等一些因素。在武器设计中,必须考虑这些因素,使武器保持一定的寿命。但在内弹道设计方案中,应着重考虑以下一些影响寿命的因素作为方案选择的依据。

(1) 最大压力。

根据弹丸作用在膛线导转侧上的力的公式,我们可以分析出在最大压力处作用在膛线导转侧上的力 N 也将达到最大值。因此随着射击次数的增加,在最大压力处的膛线也将会产生最大的磨损;另外由于膛压的增加,火药气体的密度也会相应的增大,因此传给炮膛内表面的热量也就越多,这样就加剧了火药气体对炮膛的烧蚀。所以从提高武器寿命的要求来讲,最大压力 p_m 太高是有害的。

(2) 装药量。

一般说来,口径越大或初速越大的武器,装药量与膛内表面积的比值也就越大,因而膛内表面上的温度也越高,烧蚀现象越严重,所以装药量的多少常常是决定武器寿命的一个重要的因素。为了提高武器的寿命,在内弹道设计时应尽可能地选择装药量较小的方案。

(3) 弹丸相对行程长。

武器的身管越长,火药气体与膛内表面接触的时间也越长,因此火药气体对炮膛表面的烧蚀也更加严重,使得武器寿命下降。但是在给定初速的条件下,弹丸行程越长,装药量可以相对地减少,对提高武器的寿命又是有利的,所以弹丸行程长对武器寿命存在着有利的和不利的两方面的影响。

根据上述的分析和实验的结果,对于武器寿命的计算提出以下半经验半理论的公式,以作为评价弹道方案的相对标准。

$$N_{tj} = K \frac{\Lambda_g + 1}{\frac{\omega}{m} \Lambda_g \left(\frac{v_1}{v_g}\right)^2 v_g^2} \tag{5-23}$$

式中 Λ_g 为弹丸相对行程长;v_g 为弹丸初速;ω/m 为相对装药量;v_1 为在弹丸沿着炮膛运动时间内火药气体在药室颈部的平均流速;K 为考虑到金属材料机械性能、膛线结构、最大压力及火药性能等因素的系数。

因为 $\Lambda_g \left(\frac{v_1}{v_g}\right)^2$ 的乘积在给定药室扩大系数 χ_k 的条件下,其数值变化范围是很小的,所以在给定 v_g 情况下,式(5-23)可以简化为以下的形式:

$$N_{tj} = K' \frac{\Lambda_g + 1}{\frac{\omega}{m}} \tag{5-24}$$

式(5-24)通常称为条件寿命,可作为方案选择的相对标准,从保证良好寿命来说应选择 N_{tj} 最大的方案。对于加农炮而言,$K' \approx 200$ 发射数。

以上介绍了五种评价方案的标准,在内弹道设计时,可根据这些标准来选择合理的方案。但是在这里也应该指出,不同的标准虽然具有不同的意义,但是它们之间却存在着一定的内在联系。因此,当从一个方案转化到另一个方案时,所有这些标准都是有规律地变化的。为了能够迅速地进行方案的设计与选择,我们就必须掌握这些弹道方案评价标准之间的联系及其转化的规律性。下面我们将进一步讨论这些问题。

我们知道，内弹道设计是在给定初速条件下进行的，根据弹丸运动方程，可以得到以下的初速方程：

$$v_g = \sqrt{\frac{2S}{\varphi m} \int_0^{l_g} p \mathrm{d}l} \tag{5-25}$$

由式(5-25)可以看出，不论选择什么样的构造参数和装填条件，也不论压力曲线的变化情况如何，而只要压力行程曲线下的面积按式(5-25)关系满足给定的初速 v_g，则都可以达到设计方案的要求，即满足给定初速的方案是无穷的。但当 $\int_0^{l_g} p \mathrm{d}l$ 相同时，在设计方案中显然会存在着这样两种典型的情况，一种是 l_g 一定而有不同的 p_m；另一种则是 p_m 一定而有不同的 l_g。

首先讨论前一种情况，即有相同的 l_g 和不同的 p_m 情况下保持压力行程曲线下的面积相等。我们只要在装填条件上将装药量及火药厚度进行适当的调整，完全可以使它们的 $\int_0^{l_g} p \mathrm{d}l$ 保持相等。这是因为薄火药燃烧结束较早，因而具有较大的 p'_m 以及较小的 l'_k 和 p'_g，而厚火药则相反，它的燃烧时间较长，因而具有较低的 p''_m，但有较大的 l''_k 及 p''_g。它们压力曲线的变化特征可以用图 5-2 来表示。

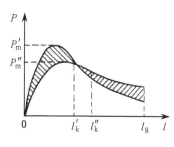

图 5-2 p_m 不同，而曲线下面积相同

图 5-2 表明，薄火药的曲线变化较陡，厚火药的曲线则较平坦。它们的最大压力 p_m 虽然有所差别，但由于薄火药在开始阶段所多出的面积与以后阶段厚火药所多出的面积正好相等，因而使这两条曲线下的面积也相等，从而得到相同的初速。

如果我们将前面所介绍的一些评价标准应用来分析这两种弹道方案，不难看出，应用薄火药时，最大压力 p_m 较大，火药燃烧结束较早，所以提高了火药能量利用的效率，但曲线变化很陡直，因此在这种情况下有较大的 η_ω，但有较小的 η_g、η_k 及 p_g。而应用厚火药时正好相反，它的 η_ω 较小，而 η_g、η_k 及 p_g 则较大。这就说明了在 η_ω、η_g、η_k 及 p_g 这四个评价标准之间存在着一定的联系，表现出它们之间的内在矛盾。

现在我们再讨论后一种情况，即 p_m 一定而有不同的 l_g 时的情况。在这种情况下，我们也可以同样地应用装药条件的变化来达到保证初速一定的目的。如果采用较薄的火药，则必须在减少装药量的同时使弹丸全行程长增加。相反，如果火药较厚，则装药量应该较多，且弹丸全行程长要相应地缩短。它们的压力曲线如图 5-3 所示。

比较图 5-3 所示的这两条曲线可以看出，在保持相同的 p_m 的情况下，厚火药的曲线比较平坦，而薄火药的曲线陡直。但由于薄火药因延长 l_g 而使压力曲线下多出的面积正好等于厚火药的压力曲线所高出于薄火药的曲线那部分的面积，所以这两条曲线下面的面积仍可保持相等，也就是保持初速相等。如果也用以上的评价标准来分析这两条曲线，则同前面的情况一样，薄火药有较大的 η_ω，但有较小的 η_g、η_k 及 p_g。而厚火药则相反。所以同样说明了在这几个评价标准之间的关系。

根据以上的分析,说明在进行方案选择时这些方案评价标准是存在矛盾的。总是要出现某些标准较好而另一些标准较差的情况,绝不可能期望所有的标准都达到理论的要求。

以上只是就 η_ω、η_g、η_k 和 p_g 这四个标准来说明了存在于它们之间的关系。至于寿命问题,由于影响的因素较多,难以掌握其变化趋势,所以没有一起来讨论。

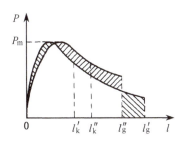

图 5-3 l_g 不同,而曲线下面积相同

5.1.4 内弹道设计指导图与最小膛容

内弹道设计指导图就是根据炮膛构造诸元和装填条件的内在联系,作出它们之间互相联系的几何图线,以达到指导弹道设计的目的。

由式(5-11)及式(5-12),即:

$$\Lambda_g = f\left(\Delta, \frac{\omega}{m}\right)$$

$$\frac{V_0}{q} = \frac{1}{\Delta}\frac{\omega}{m}$$

以及

$$\Lambda_g = \frac{l_g}{l_0} = \frac{Sl_g}{Sl_0} = \frac{V_g}{V_0}$$

$$V_{nt} = V_g + V_0 = V_0(\Lambda_g + 1)$$

将上式两边除以 m,则

$$\frac{V_{nt}}{m} = \frac{V_0}{m}(\Lambda_g + 1) \tag{5-26}$$

式中 V_{nt} 是炮膛容积,它等于药室容积 V_0 与炮膛工作容积 V_g 之和。

从以上各式看出,当给定初速 v_g 及最大压力 p_m 的条件下,弹丸相对行程长 Λ_g、相对药室容积 V_0/m 以及相对炮膛容积 V_{nt}/m 均是 Δ 和 ω/m 的函数。如果我们以 ω/m 和 Δ 作为曲线的坐标,将膛内构造诸元、装填条件及其他一些弹道参量随 ω/m 和 Δ 的变化规律绘成曲线,那么,这样的曲线图形就可以清楚地表明各弹道参量的变化规律。因此它能指导我们在弹道设计方案计算中改变方案计算时应遵循的方向。这样的图线我们称为指导图。

指导图以 Δ 为横坐标,ω/m 为纵坐标,其图形如图 5-4 所示。

从图 5-4 中可以看出,在 Δ 和 ω/m 平面上的任意一点都代表在满足给定的 p_m 和 v_g 条件下的一组炮膛构造诸元和装填条件。由此可知,弹道设计的解是不一定的,应该有多解,也就是可以用不同的炮膛构造诸元和装填条件来满足预先所规定的初速 v_g 和最大压力 p_m。以下我们分别来讨论图形中的各种曲线的物理意义。

(1) 等膛容(V_{nt}/m)线:这种图线接近卵形,同一卵形线上的膛容都相等,卵形越大,膛容也越大。卵形线中间的 M_0 点代表的膛容为最小,所以 M_0 点所对应的方案称为最小

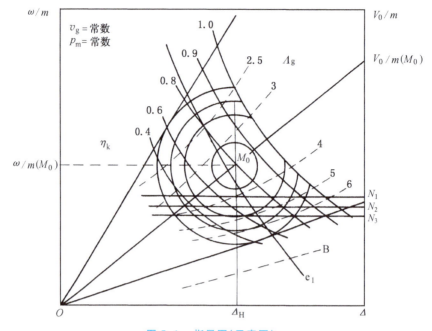

图 5-4　指导图(示意图)

膛容方案。膛容变化规律是以最小膛容 M_0 点为中心,离 M_0 点越远,膛容也就越大。

(2) 等药室容积(V_0/m)线:从原点引出的与 Δ 轴成一定角度的直线都是等药室容积线,凡在同一条直线上的 V_0/m 都相等,因为

$$\frac{V_0}{m} = \frac{\omega}{m}\frac{1}{\Delta} = \tan\alpha$$

所以与 Δ 轴的夹角 α 越大的直线,V_0/m 也越大。从图 5-4 上还可以看出,对同一等膛容线来说,其可以与两条等药室容积线相切,一条是代表药室容积最大值,一条是代表药室容积最小值。

(3) 等弹丸相对行程长(Λ_g)线:由于

$$\Lambda_g = \frac{V_g}{V_0} = \frac{\dfrac{V_{nt}}{m} - \dfrac{V_0}{m}}{\dfrac{V_0}{m}}$$

所以只要知道 $\Delta-\omega/m$ 平面图上任一点的 V_{nt}/m 及 V_0/m 值,即可定出该点的 Λ_g,如将相同的 Λ_g 值连成曲线,即成图 5-4 中虚线所表示的等 Λ_g 线。由于 V_0/m 越往左上方越大,所以 Λ_g 越往左上方越小,越往右下方越大。

(4) 等相对燃烧结束位置(η_k)线:由于 Λ_k 是 Δ 和 ω/m 的函数,所以将 $\Delta-\omega/m$ 平面图上每一点 Λ_k 和 Λ_g 求出之后,即可求出该点的 $\eta_k = \Lambda_k/\Lambda_g$ 值,将相同 η_k 的各点连成曲线,即成图 5-4 中的等 η_k 线。η_k 最大值为 1,它相当于火药在炮口燃烧结束。

(5) 等寿命(N)线:因为火炮条件寿命公式为

$$N_{tj} = K' \frac{\Lambda_g + 1}{\dfrac{\omega}{m}}$$

其中,Λ_g 是 Δ 和 ω/m 的函数,只要在 $\Delta - \omega/m$ 的平面图上求出每点 Λ_g 之后,即可作出 N 线,寿命 N 随 ω/m 的增加而减小。

(6) $\Delta - B$ 线:在 p_m 一定时,装填参量 B 仅是 Δ 的函数。图线表明 B 随 Δ 增加而增加,接近直线关系。

(7) η_ω 线:根据 η_ω 的定义

$$\eta_\omega = \frac{\dfrac{v_g^2}{2}}{\omega/m}$$

在 v_g 给定的情况下,η_ω 相当于 ω/m 轴上的倒数值,沿 ω/m 轴向上,η_ω 值减小。因为这个量变化很明显,故图上没有表示出来。

(8) η_g 线:根据 η_g 的定义

$$\eta_g = \frac{\varphi}{2V_g} \frac{m v_g^2}{p_m} = \frac{\varphi\, v_g^2}{2\left(\dfrac{V_{nt}}{m} - \dfrac{V_0}{m}\right) p_m}$$

当 p_m 和 v_g 一定时,由于 V_{nt}/m 及 V_0/m 均是 Δ 和 ω/m 的函数,因此,η_g 也是 Δ 和 ω/m 的函数,等 η_g 线如图 5-5 所示。由图 5-5 可以看出,当保持 Δ 不变的条件下,η_g 随着 ω/m 增加而增加,而对于同一条的等 η_g 线上,必有一个最小的 ω/m 相对应。

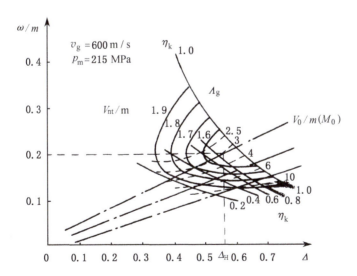

图 5-5　指导图(实际)
$v_g = 600 \text{ m/s}, p_m = 215 \text{ MPa}$

从上述公式还可以看出,如果不考虑 φ 的影响,则在同一等药室容积线上与 V_{nt}/m 线相切的这一点的 V_{nt}/m 最小,故这点的 η_g 值为最大,而离开这切点以后,不论向什么方向,V_{nt}/m 都将逐渐增大,这就表示 η_g 减小。通过这样的分析,也可以明确 η_g 的变化概念。

在实际的设计当中,指导图不仅仅指出了方案计算的方向,同时还可以给我们明确指出可取的设计方案的区域,例如在实际设计当中,为了保证火药在膛内燃烧结束,加农炮设计特别是榴弹炮设计都不利用曲线 $\eta_k = 0.8$ 的右上方区域;此外,在火炮结构上要求药室容积不能太大,也就是 Λ_g 不能太小,所以 OM_0 线左上方区域通常也不考虑,这样的设计范围只限于 M_0 点以下的扇形面积之内。同时还要考虑到在现在炮用管状药下,实际最大装填密度 $\Delta_j \leqslant 0.75$,单孔和七孔粒状药的装填密度 $\Delta_j \leqslant 0.8 \sim 0.9$,因此在设计时,装填密度 Δ 也不能大于此数值。

指导图中的 M_0 点所对应的方案是最小膛容方案,这种方案只能在高初速情况下($v_g > 1\ 300 \sim 1\ 500$ m/s)才能采用。在较低初速情况下($v_g = 600 \sim 1\ 000$ m/s),由于最小膛容方案具有较小的弹丸相对全行程长 $\Lambda_g(3.0 \sim 3.3)$,因此,药室容积 V_0 及相对装药量 ω/m 都十分大。燃烧结束相对位置 η_k 接近炮口($\eta_k \geqslant 0.8$),装药利用系数 η_ω 却又很小($850 \sim 800$ kJ/kg)。η_ω 的下降是由于在大的 ω/m 情况下,消耗在推动火药气体及未燃完火药所需要的功也就增大,这主要表现在次要功计算系数 $\varphi = \varphi_1 + b(\omega/m)$ 中的 $b(\omega/m)$ 项的增大,因此,用于推动弹丸运动的能量就相对的减小。所以在一般情况下,最小膛容方案只能作为一个参考方案。

最小膛容的装填密度 Δ_H 取决于最大压力 p_m、火药性质及火药形状,随着 p_m 的增加而增加,但和 ω/m 无关。在 $p_0 = 30$ MPa 的条件下,Δ_H 与 p_m 及火药形状特征量 χ 的关系如表5-5所示。

对带状药而言($\chi = 1.06$ 和 $p_0 = 30$ MPa),最小膛容所对应的装填密度 Δ_H 可以由下述公式来计算:

$$\Delta_H = \sqrt{\frac{p_m - 30}{570}} \tag{5-27}$$

式中 p_m 的单位为 MPa。

应该指出,对于不同的 v_g 和 p_m,指导图总的变化规律是相同的,但图线的形状将有所差别。因此,只要我们掌握指导图上各种弹道参量的变化规律,就可以帮助我们迅速地找到较优越的弹道设计方案。

表 5-5 Δ_H 与 p_m 及火药形状特征量 χ 的关系

火药形状	χ	p_m 200	240	280	320	360	400
带 状	1.06	0.54	0.60	0.66	0.71	0.76	0.80
管 状	1.00	0.55	0.62	0.68	0.73	0.77	0.82
七 孔	0.72	0.66	0.74	0.78	0.84	0.88	0.93

图 5-5 和图 5-6 所示为实际情况下作出的指导图。

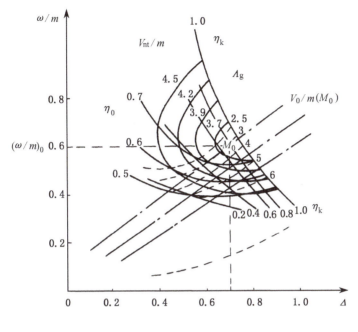

图 5-6　指导图(实际)
$v_g = 1\,000$ m/s, $p_m = 300$ MPa

5.1.5　内弹道设计步骤

以上根据内弹道设计的基本方程,讨论了内弹道设计指导图,这些都是进行内弹道设计的基本工具。但是在利用内弹道设计基本方程及指导图进行弹道设计时,还需要拟订出具体方法及其计算步骤。在一般情况下,内弹道设计是在战术技术论证和外弹道设计基础上进行的。内弹道设计除了外弹道设计确定出的口径 d、弹丸质量 m 及初速 v_g 作为起始数据外,还必须自行选定最大压力 p_m 和药室扩大系数 χ_k。对于枪的弹道设计来说,还通常给定枪膛全长 L_{nt}/d。在具体进行计算时,还要指定不同的 Δ 及 ω/m,这样就可以得到不同的设计方案。那么,这些参量的选择依据又是什么呢?以下我们分别来讨论如何来选择这些参量。

1. 起始参量的选择

(1) 最大压力 p_m 的选择。

最大压力 p_m 的选择是一个很重要的问题,它不仅影响到火炮的弹道性能,而且还直接影响到火炮、弹药的设计问题。因此,最大压力 p_m 的确定,必须从战术技术要求出发,一方面要考虑到对弹道性能的影响,同时也要考虑到炮身的材料、弹体的强度、引信的作用及炸药应力等因素。由此看出 p_m 的选择适当与否将直接影响武器设计的全局,因此,必须深入地分析由最大压力的变化而引起的各种变化。

在其他条件不变的情况下,提高最大压力可以缩短身管,增加 η_ω 以及减小 η_k。这就表明火药燃烧更加充分,提高了能量利用效率,同时也有利于初速的稳定,提高射击精度,这些都有利于弹道性能的改善,所以从内弹道设计角度来看,提高最大压力是有利的。但是随着 p_m 的提高,其对火炮及弹药的设计也带来了不利的影响。

① 虽然增加最大压力可以缩短身管长度,有利于火炮的勤务操作,行军机动。但是,由于最大压力增加,为了保证炮身的强度,身管的壁厚要相应地增加,炮尾或自动机的结构尺寸也要相应增大,因而会使炮身的质量增加,影响到武器的机动性。

② 增加最大压力,必然也增加了作用在弹体上的力,为了保证弹体强度,弹丸的壁厚也要相应的增加。若弹丸质量一定,则弹体内所装填的炸药量也就减少,从而使得弹丸的威力降低。

③ 增加最大压力,使得作用在炸药上的惯性力也相应增加,若惯性力超过炸药的许用应力,就有可能引起膛炸,影响到火炮使用的安全性。

④ 由于增加最大压力,在射击过程中药筒或弹壳的变形量也就增大,可能造成抽筒的困难。现有自动武器的使用经验证明,当 $p_m>360$ MPa 时,抽壳的故障较多,会影响到自动作用可靠性。

⑤ 由于最大压力增加,作用在膛线导转侧上的力也会相应增加,因而增加了对膛线的磨损,使武器寿命降低。

综合上述分析可以看出,最大压力 p_m 的变化所引起其他因素的变化是很复杂的,因此在确定最大压力时,我们必须从武器——弹药系统设计全局出发,具体情况具体分析。如要求初速比较大的武器,像高射武器、远射程加农炮以及采用穿甲弹的反坦克炮等,一般情况下,最大压力都比较高,通常在 300 MPa 以上。而要求机动性较好的武器,如自动或半自动的步兵武器、步兵炮和山炮以及配有爆破榴弹或以爆破榴弹为主的火炮,一般情况下,最大压力都比较低一些,通常在 300 MPa 以下。因为爆破榴弹是以炸药和弹片杀伤敌人,如果膛压过高,对增加炸药量是不利的,所以目前的榴弹炮的最大压力一般都低于 250 MPa。为了在不改变火炮阵地的情况下,在较大的纵深内杀伤敌人,榴弹炮的装药结构都采用分级装药,因此最小号装药的最大压力不能低于解脱引信保险所需要的压力,通常要大于 60~70 MPa,所以榴弹炮的最大压力的选择更为复杂。表 5-6 列出了目前各类典型武器所选用的最大压力。

表 5-6　各类典型武器所选用的最大压力

武　器　名　称	p_m/MPa	武　器　名　称	p_m/MPa
1956 年式 7.62 mm 半自动步枪	275	1955 年式 57 mm 反坦克炮	304
1956 年式 7.62 mm 班用机枪	275	100 mm 脱壳滑膛反坦克炮	321

续表

武 器 名 称	p_m/MPa	武 器 名 称	p_m/MPa
1954 年式 12.7 mm 高射机枪	304	1954 年式 122 mm 榴弹炮	230
1956 年式 14.5 mm 高射机枪	324	1956 年式 152 mm 榴弹炮	220
(德)43 式 75 mm 步兵炮	147	(苏)37 年式 152 mm 加榴炮	230
(德)40 式 105 mm 山炮	245	1959 年式 152 mm 加农炮	230
1959 年式 57 mm 高射炮	304	1960 年式 122 mm 加农炮	309
1959 年式 100 mm 高射炮	300	1959 年式 130 mm 加农炮	309

表 5-6 中所列出的各类火炮的 p_m 数据可以作为在弹道设计中确定最大压力时的参考。但是,随着炮用材料机械性能的提高和加工工艺的改进及对火炮的弹道性能要求的提高(如提高弹丸的初速),最大压力 p_m 也有提高的趋势。例如新 122 榴弹炮(60~122L)的初速由 1954 年式 122 mm 榴弹炮的初速 515 m/s 提高到 612 m/s,最大压力也相应的由 230 MPa 提高到 270 MPa。因为弹丸初速的获得是由膛内火药气体压力对弹丸做功的结果,那种要求在现有火药的条件下,既不提高最大压力,而又要大幅度地增加初速的观点是违背事物内在规律的。这样要求的结果势必导致过长的身管或过大的药室容积,使得火炮的其他战术技术性能变坏。因此,最大压力的确定必须从火炮设计的全局出发,综合考虑确定。

(2) 药室扩大系数 χ_k 的确定。

在内弹道设计时,药室扩大系数 χ_k 也是事先确定的。根据 χ_k 的意义,如果在相同的药室容积下,χ_k 值越大,则药室长度就越小。药室长缩短就使整个炮身长缩短;另外对自动武器来说,药室缩短就使得炮弹全长缩短,因此可以缩短后坐和复进的时间,有利于提高发射速度。但 χ_k 增大后也将带来不利的方面,即令炮尾及自动机的横向结构尺寸加大,造成了武器质量的增加;另外由于 χ_k 的增大,药室和炮膛的横断面积和差值也增大,根据气体动力学原理,坡膛处的气流速度也要相应的增加,因此,加剧了对膛线起始部分的冲击,使得火炮寿命降低。药室和炮膛的横断面积相差越大,药筒收口的加工也越困难。χ_k 值越小,药室就越长,这会对发射过程中抽筒不利。而长药室往往容易产生压力波的现象,引起局部压力的急升。所以 χ_k 值也应根据具体情况,综合各方面的因素来确定。表 5-7 列出了目前各类典型武器所选用的药室扩大系数 χ_k。

表 5-7 各类典型武器所选用的药室扩大系数

武 器 名 称	药室扩大系数 χ_k	武 器 名 称	药室扩大系数 χ_k
1956 年式 7.62 mm 半自动步枪	1.500	1960 年式 122 mm 加农炮	1.485
1954 年式 12.7 mm 高射机枪	1.990	1959 年式 130 mm 加农炮	1.490
1956 年式 14.5 mm 高射机枪	2.530	1959 年式 152 mm 加农炮	1.190
20 mm 高射炮(WA-705)	1.970	1954 年式 122 mm 榴弹炮	1.100
1959 年式 57 mm 高射炮	1.905	1956 年式 152 mm 榴弹炮	1.085
1959 年式 100 mm 高射炮	1.610	(苏)37 年式 152 mm 加榴炮	1.030
1955 年式 57 mm 反坦克炮	1.700	新 122 mm 榴弹炮(60-122L)	1.160
1956 年式 85 mm 加农炮	1.220	(苏)115 mm 脱壳滑膛坦克炮	1.370

(3) 火药类型的选择。

在内弹道设计中,选择火药的类型是相当重要的,它可以弃去不具有基本条件的发射药品种,根据装药设计的基本参数提出几个可供考虑的火药配方。初选火药时,要注意以下几点:

① 一般选用制式火药,即现有的生产产品或经过验证是成熟的火药品种。目前可供选用的火药仍然是单基药、双基药、三基药以及由它们派生出来的准备应用的火药,如混合酯火药、硝胺火药等。经验已经证明,与武器系统同时进行火药新设计的选择火药方式经常都是不成功的,因为新火药设计和研制的周期较长,难以与武器系统的设计和研究同步。

② 以火炮寿命和炮口动能为依据,选取燃温和能量相当的火药,如寿命要求高的大口径榴弹炮、加农炮,一般不宜选用热值高的火药;相反,迫击炮、滑膛炮、低膛压火炮,则不用燃速低和能量低的火药;高膛压、高初速的火炮,尽量不利用能量低的火药。属于高能火药的包括双基药、混合酯火药,其火药力为 1 127～1 176 kJ/kg;属于低燃温、能量较低的火药有单基药和含降温物质的双基药,其燃温可控制在 2 600～2 800 K,火药力为 941～1 029 kJ/kg;三基药和高氮单基药则属于中等能量范围的火药,火药力为 1 029～1 127 kJ/kg,燃温为 2 800～3 200 K。

③ 火药的力学性质是初选火药的重要依据,尤其是高膛压武器,应尽量弃去强度不高的火药。重点考虑火药的冲击韧性和火药的抗压强度。在现有的火药中,单基药的强度明显高于三基药。在高温高膛压以及在低温使三基药脆化的条件下,外加载荷有可能使三基药产生碎裂。双基药、混合酯火药的高温冲击韧性和抗压强度要比单基药高,但双基药和混合酯火药在常、低温段有一个转变点,在低于转变点的温度后,它们的冲击韧性急剧降低,并明显低于单基药的冲击韧性。一般火炮的条件,现有火药品种的双基药、单

基药、三基药和混合酯火药的力学性能都能满足要求。但对高膛压武器及超低温条件下使用的武器,则必须除去强度不适合的火药品种。

④ 要满足膛压、速度和温度系数要求,一般低能量火药,膛压和初速的温度系数要小,即随温度的变化,初速和膛压变化不大。高能火药的温度系数通常较大,所以要求低温初速降小、高温膛压不高的火炮,都要审核火药的温度系数。如果处理恰当,低能火药的弹道效果很可能好于高能火药的弹道效果。

在上述4条初选火药的依据中,最主要的出发点是火药的能量,即在装药条件下,火药的潜能能否和炮口动能相适应。

2. 内弹道方案的计算步骤

在讨论内弹道设计基本方程及其指导图时,曾经指出膛内构造诸元和一些弹道参量都是 Δ 和 ω/m 的函数。因此在具体进行弹道设计计算时,还必须指定 Δ 和 ω/m。在给定的起始条件下,每一组的 Δ 和 ω/m 就可以计算出一个内弹道方案,而 Δ 和 ω/m 的确定又与武器的具体要求有关。下面我们分别讨论这两个量的选择问题。

(1) 装填密度 Δ 的选择。

在弹道设计中,装填密度 Δ 是一个很重要的装填参量。装填密度的变化直接影响到炮膛构造诸元的变化,如果在给定初速 v_g 和最大膛压 p_m 的条件下,保持相对装药量 ω/m 不变,则随着 Δ 的增加,药室容积 V_0 单调递减;而装填参量 B 及相对燃烧结束位置 η_k 却单调的递增;至于弹丸行程全长 l_g 的变化规律,在开始阶段随 Δ 增加而减小,当 $\Delta=\Delta_m$ 时,l_g 达到最小值,然后又随 Δ 增加而增大;而充满系数 η_g 的变化规律恰好相反,在开始阶段随 Δ 增加而增大,当 $\Delta=\Delta_m$ 时,η_g 达到最大值,然后随 Δ 增加而减小,如图5-7所示。

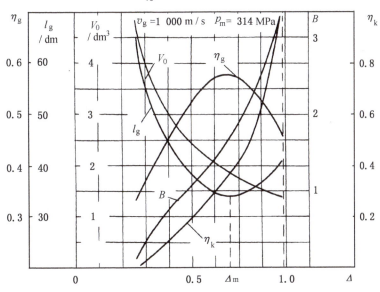

图 5-7 弹道参量和 Δ 的关系

在选择 Δ 时，我们还可以参考同类型火炮所采用的 Δ。现有火炮的数据表明，在不同类型火炮中，Δ 的变化范围较大；但在同类型火炮中，其变化范围较小。各种类型火炮的装填密度 Δ 见表 5-8。

表 5-8　各类武器的装填密度

武器类型	$\Delta/(\mathrm{kg \cdot dm^{-3}})$	武器类型	$\Delta/(\mathrm{kg \cdot dm^{-3}})$
步兵武器	0.70～0.90	全装药榴弹炮	0.45～0.60
一般加农炮	0.55～0.70	减装药榴弹炮	0.10～0.35
大威力火炮	0.65～0.78	迫击炮	0.01～0.20

从表 5-8 看出：步兵武器的装填密度比较大，因为增加 Δ 可以减小药室容积，有利于提高射速。榴弹炮的装填密度一般都比加农炮的装填密度小，因为榴弹炮的最大压力 p_m 一般都低于加农炮的 p_m。而榴弹炮又采用分级装药，如果全装药的 Δ 取得太大，在给定 p_m 和 v_g 条件下，火药的厚度要相应的增加，火药的燃烧结束位置也必然要向炮口前移，因此有可能在小号装药时不能保证火药在膛内燃烧完，影响到初速分散，所以榴弹炮的 Δ 要比加农炮的 Δ 小一些。加农炮的 Δ 介于步兵武器和榴弹炮之间，因为加农炮担负着直接瞄准射击的任务，如击毁坦克、破坏敌人防御工事，所以不仅要求加农炮的初速大，而且要求其弹道低伸、火线高要低，采用较大的装填密度 Δ，可以缩小药室容积，有利于降低火线高和提高射速。

选择装填密度 Δ 除了考虑不同火炮类型的要求之外，还要考虑到实现这个装填密度的可能性，因为一定形状的火药都存在一个极限装填密度 Δ_j。七孔火药 $\Delta_\mathrm{j}=0.8\sim0.9$ kg/dm³，长管状药 $\Delta_\mathrm{j}=0.75$ kg/dm³。如果我们选用的 $\Delta>\Delta_\mathrm{j}$，那么这个装填密度是不能实现的。步兵武器火药的药粒都比较小，Δ_j 也比较大，某些火药的 Δ_j 可以接近于 1。

（2）相对装药量 ω/m 的选择。

在内弹道设计当中，弹丸质量 m 是事先给定的，因此改变 ω/m 也就是改变装药质量 ω。如果给定 p_m 和 v_g 而保持 Δ 不变，随着 ω/m 的增加，药室容积 V_0 将单调递增，因为增加装药质量 ω 也就是增加对弹丸做功的能量，所以获得同样初速条件下，弹丸行程全长 l_g 可以缩短一些，它随 ω/m 增加而单调的递减，并且在开始阶段递减较快，后来递减逐渐减慢，ω/m 超过某一个值以后，l_g 几乎保持不变。如图 5-8 所示。

在现有的火炮中，ω/m 的变化范围要比 Δ 的变化范围大得多，在 0.01～1.5 之间变化，所以一般都不直接选择 ω/m，而是选择与 ω/m 成反比的装药利用系数 η_ω，即：

$$\eta_\omega = \frac{v_\mathrm{g}^2}{2} \Big/ \frac{\omega}{m}$$

对同一类型的火炮而言，η_ω 只在很小范围内变化，例如：

　　　　　全装药榴弹炮　　　1 400～1 600 kJ/kg
　　　　　中等威力火炮　　　1 200～1 400 kJ/kg

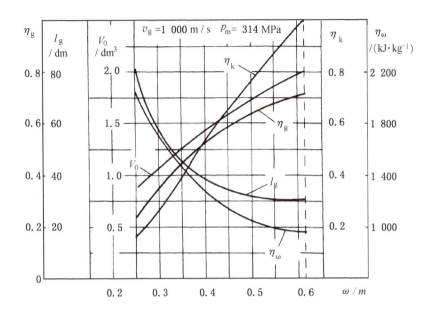

图 5-8 弹道参量和 ω/m 的关系

步枪及反坦克炮　　　1 000～1 100 kJ/kg
大威力火炮　　　　　800～900 kJ/kg

以上数据可以给我们在弹道设计时选择 η_ω 作参考。当选定 η_ω 之后,根据给定的初速即可计算出 ω/m。

还必须指出:上述 p_m、χ_k、Δ 及 ω/m 等参量的选择并不是一次就能完成的,所以在弹道设计方案的计算过程中,还需要对起始选择的参量进行多次修改,最后才能选出合理的弹道设计方案。

另外,在进行内弹道设计起始参量选择当中,也可以参考现有火炮弹道方案的设计数据所作出的图解。如果采用相对炮身全长 L_{sh}/d、相对药室容积 $C_{V_0} = V_0/d^3$、相对装药量 $C_\omega = \omega/d^3$ 及威力系数 $C_\varepsilon = E_g/d^3$,并以 L_{sh}/d 作为横坐标,根据现有各种类型火炮的设计数据,可以作出如图 5-9 所示的主要弹道参量随 L_{sh}/d 变化的图解。当已知相对炮身全长时,即可由图 5-9 确定出 p_m、v_g、C_{V_0}、C_ω 及 C_ε,并且由 C_{V_0}、C_ω、C_ε 计算出 Δ 和 η_ω,即:

$$\Delta = \frac{C_\omega}{C_{V_0}} = \frac{\omega}{V_0}$$

$$\eta_\omega = \frac{C_\varepsilon}{C_\omega} = \frac{E_g}{\omega}$$

从图 5-9 看出:随着 L_{sh}/d 的增加,v_g、p_m、C_ω、C_{V_0} 及 C_ε 均单调的递增。这也说明了对于一般火炮,在现有的火药条件下,随着初速的提高,必然是身管增长或者是装药量增加及药室增大和最大压力提高。

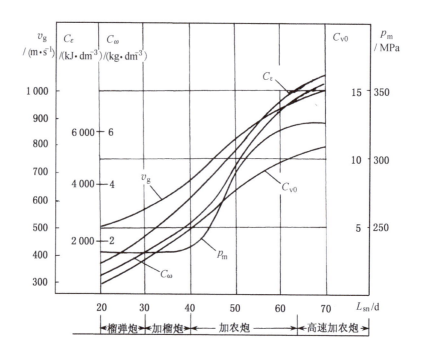

图 5-9 主要弹道参量与炮身相对长统计曲线

(3) 根据选定的 Δ、ω/m 按下式计算装药量 ω、药室容积 V_0 和次要功计算系数 φ 为

$$\omega = \frac{\omega}{m} \cdot m$$

$$V_0 = \frac{\omega}{\Delta}$$

$$\varphi = \varphi_1 + \lambda_2 \frac{\omega}{m}$$

其中
$$\lambda_2 = \frac{1}{3} \frac{\dfrac{1}{\chi_k} + \Lambda_g}{1 + \Lambda_g}$$

在方案估算时,λ_2 可以近似的取 $1/3$。式中的 φ_1 值按不同类型火炮取不同的常数。

(4) 在确定了药室容积 V_0、装药量 ω 以后,当火药性质、形状、挤进压力指定以后,就可以通过内弹道方程组,求出满足给定最大膛压 p_m 的火药弧厚值 $2e_1$。

(5) 由式(5-11)可知,通过内弹道方程组,还可以求出满足给定初速的弹丸相对全行程长 Λ_g。

(6) 根据 Λ_g 的定义:

$$\Lambda_g = \frac{l_g}{l_0} = \frac{V_g}{V_0}$$

式中 $l_0 = V_0/S$;$S = \eta_s d^2$。

因此,可以分别求出炮膛工作容积 V_g 及弹丸行程全长 l_g。

（7）根据选定的 χ_k 求出药室的长度：

$$l_{V_0} = \frac{l_0}{\chi_k}$$

从而求出炮膛全长：

$$L_{nt} = l_g + l_{V_0}$$

以及炮身全长：

$$L_{sh} = l_g + l_{V_0} + l_c$$

式中 l_c 代表炮闩长,通常取 $l_c = 1.5 \sim 2.0d$,即取 $1.5 \sim 2$ 倍口径。由于炮身长习惯上用口径倍数来表示,所以也有必要算出 L_{sh}/d。

【例题】

已知起始条件：

$$d = 57 \text{ mm}, \quad m = 2.8 \text{ kg}, \quad v_g = 1\,000 \text{ m/s}$$

（1）起始参量的确定。

根据前面的论述,可见最大压力 p_m 和药室扩大系数 χ_k 是根据多方面的因素综合考虑确定的。为了简单地说明内弹道的设计步骤,现将最大压力 p_m 和药室扩大系数 χ_k 取为原 57 mm 高射炮的数据：

$$p_{m(T)} = 303 \text{ MPa}, \quad \chi_k = 1.9$$

相对装药量和装填密度取为

$$\frac{\omega}{m} = 0.425, \quad \Delta = 0.79 \text{ kg/dm}^3$$

则装药利用系数和装药量为

$$\eta_\omega = \frac{v_g^2}{2} \Big/ \frac{\omega}{m} = 1\,176 \text{ kJ/kg}, \quad \omega = m \cdot \frac{\omega}{m} = 2.8 \times 0.425 = 1.19\text{(kg)}$$

计算 λ_1 和 λ_2 必须要先知道 Λ_g,根据现有加农炮的统计,Λ_g 的在 $4.0 \sim 8.0$ 之间,暂取 $\Lambda_g = 6.4$,则 λ_1、λ_2 分别为

$$\lambda_1 = \frac{1}{2} \frac{\frac{1}{\chi_k} + \Lambda_g}{1 + \Lambda_g} = \frac{1}{2} \frac{\frac{1}{1.9} + 6.4}{1 + 6.4} = 0.467\,9$$

$$\lambda_2 = \frac{1}{3} \frac{\frac{1}{\chi_k} + \Lambda_g}{1 + \Lambda_g} = \frac{1}{3} \frac{\frac{1}{1.9} + 6.4}{1 + 6.4} = 0.311\,9$$

因此,可以计算出次要功计算系数 φ 及弹道设计压力（即平均压力）p_m：

$$\varphi = \varphi_1 + \lambda_2 \frac{\omega}{m} = 1.03 + 0.311\,9 \times 0.425 = 1.163$$

$$p_m = 1.065 \frac{\varphi p_{m(T)}}{1 + \lambda_1 \frac{\omega}{m}} = 1.035 \times 303 = 313\text{(MPa)}$$

综合以上的计算,我们就得到了 p_m、Δ 及 ω/m 这三个量的数据,因此可以利用上述介绍的计算步骤进行内弹道方案的计算。

(2) 选定火药性质、形状并计算装药量 ω、药室容积 V_0 和身管截面积 S。

选用单基七孔火药,其理化性能及能量参数则根据相关试验测量结果得:

火药力　　$f = 950$ kJ/kg　　　　比热比　　$k = 1.2$
余容　　　$\alpha = 1.0$ dm^3/kg　　火药密度　$\rho_p = 1.6$ kg/dm^3
燃速系数　$u_1 = 0.18$(cm/s)·MPa^n　燃速指数　$n = 0.80$
内孔直径　$d_0 = 0.4$ mm　　　　药粒长度　$2c = 14.5$ mm

由式(5-12)和式(5-14)计算出药室容积 V_0 和身管截面积 S 为

$$V_0 = \frac{\omega}{\Delta} = \frac{1.19}{0.79} = 1.51 (\text{dm}^3)$$

$$S = \eta_s d^2 = 0.82 \times 0.57^2 = 0.266 (\text{dm}^2)$$

(3) 选定弹丸的挤进压力 p_0。

由于所设计的火炮为线膛炮,因此挤进压力根据其他线膛火炮的数据确定:

$$p_0 = 30 \text{ MPa}$$

(4) 通过内弹道方程组的符合计算(即内弹道解法),求出满足给定最大膛压 p_m 的火药弧厚值:

$$2e_1 = 1.11 \text{ mm}$$

计算过程如图 5-10 所示。

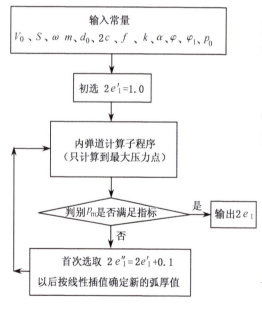

图 5-10　火药弧厚计算流程

(5) 通过内弹道方程组(即内弹道解法)的符合计算,求出满足给定初速 v_g 的弹丸全行程长 l_g(即 Λ_g) 及炮口压力 p_g 为

$$l_g = 35.54 \text{ dm}, \quad p_g = 89.8 \text{ MPa}$$

计算过程如图 5-11 所示。考虑到护膛剂等因素的影响,初速的设计余量系数取 1.01,即 $v_g = 1\,010$ m/s。

(6) 计算药室的长度:

$$l_0 = \frac{V_0}{S} = \frac{1.51}{0.266} = 5.676 (\text{dm})$$

$$l_{V_0} = \frac{l_0}{\chi_k} = \frac{5.676}{1.9} = 2.987 (\text{dm})$$

(7) 计算出炮膛全长 L_{nt} 和炮身全长 L_{sh}:

$$L_{nt} = l_g + l_{V_0} = 36.787 \text{ dm}$$

$$L_{sh} = l_g + l_{V_0} + l_c = 37.927 \text{ dm}$$

式中 l_c 是炮膛长度，一般 $\dfrac{l_c}{d} = 1.5 \sim 2.0$，我们取其上限。

(8) 计算炮膛工作容积利用系数 η_g：

$$\eta_g = \dfrac{\eta_\omega \cdot \varphi \Delta}{\dfrac{l_g}{l_0} p_m}$$

$$= \dfrac{1\,176 \times 1.163 \times 0.79 \times 5.676}{35.54 \times 313}$$

$$= 0.551$$

(9) 计算火炮条件寿命：

$$N_{tj} = K' \dfrac{\Delta_g + 1}{\dfrac{\omega}{m}}$$

$$= 200 \times \dfrac{\dfrac{35.54}{5.676} + 1}{0.426} = 3\,289(发)$$

同理，我们保持 ω/m 不变，改变 Δ 为 0.77 计算第二个方案，或者 Δ 保持不变，改变 ω/m 为 0.40 计算第三个方案，计算结果列于表 5-9 中。从表中看出：方案 1 的设计结果很接近现有的 57mm 高射炮的弹道方案。

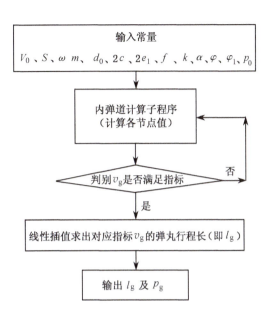

图 5-11　弹丸全行程长 l_g 和炮口压力 p_g 计算流程

表 5-9　57 mm 高射炮内弹道设计方案

方案序号	1	2	3	4	原方案
p_m/MPa	313	313	313	313	313
Δ/(kg·dm^{-3})	0.79	0.77	0.79	0.77	0.79
ω/m	0.425	0.425	0.40	0.40	0.425
η_ω/(kJ·kg^{-1})	1 176	1 176	1 250	1 250	
φ	1.163	1.163	1.155	1.155	1.163
ω/kg	1.19	1.19	1.12	1.12	1.19
V_0/dm^3	1.510	1.545	1.418	1.455	1.510
$2\beta_1$/mm	1.16	1.14	1.12	1.10	1.17
l_g/dm	35.54	35.30	37.65	37.40	36.24
p_g/MPa	85.3	85.6	74.4	74.6	78.5
l_0/dm	5.676	5.808	5.331	5.470	5.677

续表

方案序号	1	2	3	4	原方案
l_{w_0}/dm	2.797	3.057	2.806	2.879	2.980
L_{nt}/dm	38.517	38.357	40.456	40.279	
L_{st}/dm	39.657	39.497	41.596	41.319	
η_g	0.551	0.554	0.516	0.519	
$N_{tj}/\text{发}$	3 289	3 330	4 031	3 919	

通过弹道设计的计算,我们就可以得到一系列的弹道方案,然后根据战术技术要求和弹道设计方案评价标准,经过对方案的比较和全面的评价,选出其中较优越的方案,从而确定新火炮的膛内构造诸元和装填条件。在此基础上,还须进一步作出正面问题的解,分别计算出 $p-l$、$p-t$ 和 $v-l$、$v-t$ 曲线,为武器——弹药系统的结构及其强度设计提供依据。

在这里要着重指出,从最大压力位置 l_m 到炮口截面为止,作用在这段身管上各个断面的最大压力实际上是弹丸相应在各个位置时的弹底压力 p_d,因此在计算身管强度时,要把平均压力换算为弹底压力。在前面的章节中,我们已经推导了 p 和 p_d 的关系,即:

$$p_d = \frac{\varphi_1}{\varphi} p$$

式中 φ_1 和 φ 都是次要功计算系数,而 $\varphi > \varphi_1$。实际上就是把身管在获得最大压力瞬间的位置开始到炮口截面为止的平均压力减小 φ_1/φ 倍。另外,从膛底到最大压力位置之间的压力分布近似地采用线性变化规律,即由 p_{dm} 到 p_t 之间用直线连接,如图 5-12 所示,其中

$$p_t = N' p_{m(T)}$$

从图 5-12 可以看出,实际作用在身管各断面上的最大压力是图中虚线所表示的压力曲线。但在进行身管强度设计时,还要考虑高温和低温对压力曲线的影响,所以在计算出常温压力曲线以后,还需要计算出高温和低温情况下的压力曲线。目前常用的标准温度取 15 ℃,低温取 -40 ℃。高温随口径不同而不同,当口径 $d > 57$ mm 时,取 +40 ℃,而当 $d < 57$ mm 时,取 +50 ℃。某些航空炮的高温标准还要取高一些。这些高、低温标准是根据各国气候条件而定的。

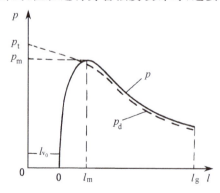

图 5-12　作用在身管内壁上的最大压力曲线

为了计算出可能作用在身管内壁各个断面上的最大压力值,应在同一压力曲线图上建立 +15 ℃、+40 ℃ 以及 -40 ℃ 的压力曲

线,并在这些曲线的全部综合中引出它们最高点的包络线。于是从药室底部到 +40 ℃ 时的燃烧结束位置将采用 +40 ℃ 时的压力曲线部分;中间一段采用 15 ℃ 时的压力曲线部分;而在炮口部分则采用 -40 ℃ 时的压力曲线部分。

高温时的膛底压力可以通过温度对压力影响的经验公式来修正,即:

$$p_{(+40\ ℃)} = N' p_{m(T)(+40\ ℃)}$$

其中

$$p_{m(T)(+40\ ℃)} = p_{m(T)(+15\ ℃)}(1 + m_t \Delta t)$$

式中 m_t 是最大压力的温度修正系数,实质是初温改变引起燃速系数 u_1 的变化。m_t 和燃速系数 u_1 的修正系数 m_{u_1} 有如下的关系:

硝化甘油火药 $m_t = 0.003\,5 m_{u_1}$

硝化棉火药 $m_t = 0.002\,7 m_{u_1}$

现在以 1959 年式 57 mm 高射炮为例,根据前面弹道设计所确定的构造参数和装填条件,分别计算出常温和高、低温的压力曲线以及实际作用在身管内壁上的最大压力曲线,如图 5-13 所示。

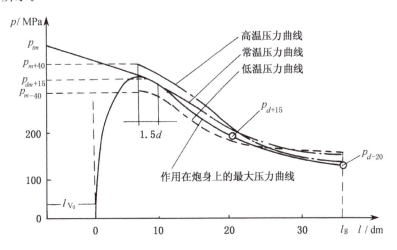

图 5-13   常、高、低温压力曲线及作用在身管内壁上的最大压力曲线

以上讨论了弹道设计的共同规律和一般的计算方法,但是对不同的火炮类型来说,在弹道设计的具体方法上仍然有所差别。下面就以弹道设计的共同规律性为指导,进行不同火炮类型的弹道设计的研究,从而进一步掌握弹道设计的共同的本质及其设计方法。

5.1.6 加农炮内弹道设计的特点

炮兵为了射击空中活动目标、地面装甲目标和在远距离上支援步兵战斗,需要有一种射程远、初速大的火炮,这一类火炮习惯上称为加农炮。它包括有各种地面加农炮、高射炮、反坦克炮、坦克炮和舰炮等,其初速一般都在 700 m/s 以上,弹道低伸,身管长度大于口径 40 倍。从现有这类火炮参数统计中,可以把它们的弹道特点归纳为以下几个方面:

1. 在内弹道性能方面

这类火炮初速较大。为了保证有较大的初速,加农炮的最大膛压 p_m 较高。同时为了使弹丸获得较大的炮口动能,加农炮的压力曲线下做功面积较大,也就是膛压曲线比较"平缓",因此炮膛工作容积利用系数 η_g 较大。炮口压力 p_g 较高。火药燃烧结束相对位置 η_k 接近炮口,一般为 $0.5 \sim 0.7$,而加农炮的 η_ω 较小。

2. 在装填条件方面

加农炮的装填密度都比较大,一般为 $0.65 \sim 0.80$。为了勤务操作的方便和提高射击的速度,中、小口径多采用定装式的装药。大口径加农炮由于弹药较重,常采用分装式装药。但根据加农炮的弹道特点和射击任务要求,不论哪一种形式的装药,变装药的数目都比榴弹炮少,大口径加农炮变装药数最多也只有四级至五级。另外,相对装药 ω/m 也比较大,一般为 $0.25 \sim 0.60$。

3. 在火炮膛内结构方面

为了降低火炮的火线高和提高射速,加农炮大都采用了长身管小药室的设计方案,同时采用较大的药室扩大系数 χ_k。因此在火炮外观上,其身管较长,一般为 $40 \sim 70$ 倍口径。

下面我们着重讨论加农炮在弹道设计上的特点。

我们曾经指出弹道设计的中心问题是在给定最大压力 p_m、口径 d、弹丸质量 m 以及火药性能的条件下,计算出满足给定初速 v_g 的火炮膛内构造诸元和装填条件。换句话说,设计方案必须满足初速的要求。而加农炮要求初速比较高,因此根据第二时期初速公式分析其提高初速的可能性。第二时期的初速公式为

$$v_g = v_j \sqrt{1 - \left(\frac{l_1 + l_k}{l_1 + l_g}\right)^{k-1} \left[1 - \frac{B(k-1)}{2}(1 - Z_0)^2\right]}$$

其中
$$v_j = \sqrt{\frac{2f\omega}{(k-1)\varphi m}}$$

从公式中可以看出,增加初速可以有两个途径,一个是增加身管长度 l_g。因为增加身管长度也就是增加了火药气体对弹丸所做的膨胀功,使火药气体的能量更充分的转化为弹丸的动能,所以增加了弹丸的初速。l_g 越大,式中根号内的数值也越大,因此,v_g 也就越大。另一个途径是提高极限速度 v_j,实际上是增加火药的总能量。但由于 l_g 加大必然会增加火炮质量,再考虑到火炮运动的机动性和射击的稳定性,身管的长度不能不受到一定的限制。若通过极限速度 v_j 来提高初速,在弹丸质量和火药性质一定的条件下,提高极限速度实际上就是增加装药质量。装药质量增加的结果,固然提高了初速,但也会引起最大压力的上升。由于身管金属材料的强度、弹体强度、炸药应力等因素的限制,最大压力也不能任意的提高。如果想要保持最大压力不变,则还要改变其他的装填条件才有可能。从在前面的讨论中可知,最大压力是装填密度 Δ 和装填参量 B 的函数,即:

$$p_m = f(\Delta, B)$$

装药量增加时,装填密度 Δ 将会增大,如果要保持最大压力不变,B 也将随着 Δ 的增

加而增加。当火炮内膛尺寸、弹丸质量及火药性质一定时,增加 B 实际上就是增加 I_k,也就是增加火药的厚度。显然随着火药厚度的增加,火药燃烧的结束位置也逐渐向炮口移动,以至火药不能在炮膛内燃烧结束。因此在保持最大压力不变的情况下,用增加装药量 ω 的方法提高初速也要受到一定限制。由于受到这些限制,所以加农炮弹道设计方案的选择性较小。

如果保持最大压力 p_m 和弹丸相对行程全长 Λ_g 不变,可以通过内弹道设计基本方程求得装填密度 Δ 和炮口速度 v_g 的关系曲线(即解内弹道方程组),如图 5-14 所示,Δ_1 是对应火药瞬时燃完的装填密度,Δ_i 是对应着火药燃烧结束位置在炮口时的装填密度。由图 5-14 中可以看出,在 p_m 及 Λ_g 一定的条件下,随着装填密度的增加,初速 v_g 也逐渐增加,当装填密度增加到某一个值 Δ_m 时,这时初速到达了最大值 v_{gm},再增加装填密度时,初速又缓慢地减小。如果单从加农炮要求初速大这一特点来看,选择 Δ_m 似乎是比较恰当的。但是事物是复杂的,是由多方面的因素决定的,对应 Δ_m 的初速固然较大,可是它所对应的火药燃烧结束位置太接近炮口,难以保证初速的稳定,所以选 Δ_m 并不理想。实际上应选 Δ_m 左边的装填密度,即 $\Delta < \Delta_m$。经验证明,选择与 $v_{g\Theta} = v_{gi}$ 所相应的 Δ_Θ 比较合理,因为在一般情况下,$v_{g\Theta}$ 比 v_{gm} 只小 0.5%~2.0%,但 Δ_Θ 比 Δ_i 却小 5%~15%,而且 η_k 一般也都在 0.6 以下。因此,选用 Δ_Θ 不仅保证了初速的稳定性,而且节省了火药,同时初速减小也不多,所以习惯上称 Δ_Θ 为最经济装填密度。

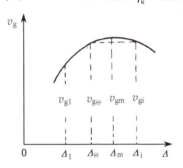

图 5-14 $p_m =$ 常量;$\Lambda_g =$ 常量时 v_g 与 Δ 的关系

根据以上的分析,如果将这种设计方案用到指导图上,那么一般加农炮的方案仅能存在于最小膛容右下部的扇形区域内。换句话说,也只能在这样的区域内,才能得到优越的方案。这种方案所取的装填密度一般都大于最小膛容所对应的装填密度 Δ_H。这也说明了加农炮的装填密度为什么比较大的原因。但对于大威力火炮而言($v_g = 1\,000 \sim 1\,200$ m/s),最大压力 $p_m = 350 \sim 400$ MPa,这种情况下的弹道方案决不能在 Δ_H 的右方,事实上可能的装填密度 Δ 位于 Δ_H 的左方,即 $\Delta < \Delta_H$。所以它在指导图上的设计区域仅在最小膛容左下方的扇形区域内。这种现象的出现,主要是最小膛容所对应的装填密度 Δ_H 是随着最大压力增加而增加的,另外 Δ_H 还与火药性质及形状有关。对于管状药而言,对应在 $p_m = 350 \sim 400$ MPa 情况下的 $\Delta_H = 0.75 \sim 0.81$,而管状药的极限装填密度 $\Delta_j = 0.75$。显然,如果选择大于 Δ_H 的方案,那么这种方案所对应的装填密度是不可能实现的。如果采用七孔火药,它的极限装填密度 $\Delta_j = 0.80 \sim 0.90$,但在这种条件下所对应的 $\Delta_H = 0.88 \sim 0.93$,所以实际上可选取的装填密度仍然小于 Δ_H。由于上述的原因,大威力火炮的弹道方案往往处在指导图上最小膛容的左下方,燃烧结束相对位置 η_k 在 0.45~0.50。由于压力曲线比较"陡",所以炮膛工作容积利用系数 η_g 在 0.50~0.55。

在确定了装填密度 Δ 的选择范围以后,就可以根据选定的最大设计压力 p_m,利用内弹道方程组求出火药的弧厚 $2e_1$ 和 ω/m,并根据内弹道设计程序改变某些起始条件去计算若干方案,从中选择合理的设计方案。

5.1.7 榴弹炮内弹道设计的特点

除加农炮之外,在战场上经常使用的另一种类型火炮就是榴弹炮。这种火炮主要用来杀伤、破坏敌人隐蔽的或暴露的有生力量和各种防御工事。榴弹炮发射的主要弹种是榴弹。榴弹是靠爆炸后产生的弹片来杀伤敌人的。大量的实验证明,榴弹爆炸弹片飞散开的时候具有一定的规律性。弹片可以分成三簇:一簇向前,一簇向后,一簇成扇面形向弹丸的四周散开,如图 5-15 所示。向前的弹片约占弹片总数 20%,向后的弹片约占 10%,侧方约占 70%。根据这一情况,为了充分发挥榴弹破片的杀伤作用,弹丸命中目标时,要求落角不能太小。因为落角太小时,占弹片总数比例最大的侧方弹片大都钻入地里或飞向上方,从而减小了杀伤作用。所以弹丸的落角 θ_c 最好不小于 $25°\sim 30°$。

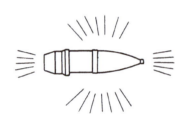

图 5-15 榴弹破片飞散分布图

从外弹道学理论可知,对同一距离上的目标射击,弹丸落角的大小和弹丸的初速及火炮的射角有关,射角大,落角也大,所以榴弹炮的弹道比较弯曲。同时为了有效地支援步兵作战,要求榴弹炮具有良好的弹道机动性,也就是指在火炮不转移阵地的情况下,能在较大的纵深内机动火力。显然,如果仍然采用单一装药,火炮只具有一个初速是不能同时满足以上两个要求的。所以经常通过改变装药质量的方法,使榴弹炮具有多级初速来满足这种要求。现有的榴弹炮大多采用分级装药,二次装填,变装药数目大约在十级左右。为了在减少装药质量的情况下能使火药在膛内燃烧完,榴弹炮通常采用弧厚不同的火药组成混合装药。如 1954 年式 122 mm 榴弹炮的装药就是由 4/1 和 9/7 两种火药组成。根据这些特点,榴弹炮的弹道设计必然比较复杂。一般情况下,榴弹炮的弹道设计应该包括以下三个步骤:

1. 全装药设计

根据对火炮最大射程的要求,通过外弹道设计,给出口径 d、弹丸质量 m 及全装药时的初速 v_g。同时经过充分论证选用一定的最大压力 p_m 和药室容积扩大系数 χ_k。在这些前提条件下,设计出火炮构造诸元和全装药时的装填条件,这就是全装药设计的任务。

榴弹炮的弹道设计计算仍然是按照一般设计程序来进行的,但是在选择方案时应当注意到榴弹炮的弹道特点。为了使小号装药在减少装药量的情况下仍然可以在膛内燃烧结束,全装药的 η_k 必须选择较小的数值。根据经验,榴弹炮的全装药 η_k 一般取 $0.25\sim 0.30$ 较适宜。

如果将榴弹炮全装药的弹道设计特点应用在指导图上,那么,其较合理的方案应该位于最小膛容方案(M_0点)的左下方。这时所得的炮膛工作容积利用系数 η_g 为 $0.40\sim0.50$。

有一点应该注意的,因为榴弹炮采用的是混合装药,所以全装药设计出的 ω、$2e_1$ 等都是混合装药参量,既不是厚火药的特征量也不是薄火药的特征量。如果要确定厚、薄两种火药的厚度,则必须在最小号装药设计中来完成。

2. 最小号装药设计

由于在全装药设计中已经确定了火炮膛内结构尺寸及弹重,所以最小号装药设计是在已知火炮构造诸元的条件下,计算出满足最小号装药初速的装填条件。根据火炮最小射程的要求,可以从外弹道给定最小号装药的初速 v_{gn},同时它的最大压力必须保证在各种条件最低的界限下能够解脱引信的保险机构,所以最小号装药的最大压力 p_{mn} 是指定的,不能低于某一个数值,一般为 $60\sim70$ MPa。

因为最小号装药是装填单一的薄火药,因此通过设计计算得到的装药质量 ω_n 和弧厚 $2e_1$ 代表薄火药的装药量和弧厚。

根据上述的情况,最小号装药设计的具体步骤如下:

(1) 根据经验在 $\Delta_n=0.10\sim0.15$ 选择某一个 Δ_n 值,并由已知的药室容积 V_0 计算出最小号装药的装药量 ω_n,即:
$$\omega_n=V_0\Delta_n$$

(2) 由已知弹丸质量 m 计算次要功计算系数 φ_n:
$$\varphi_n=\varphi_1+\frac{1}{3}\frac{\omega_n}{m}$$

式中　φ_1 值可以在 $1.05\sim1.06$ 选取。

(3) 根据选定的最小号装药的火药类型,考虑到热损失的修正,确定火药的理化性能参数。

(4) 由选定的 Δ_n、v_{gn} 和 Δ_g,利用内弹道方程组进行内弹道符合计算,确定最小号装药的最大膛压 p_{mn} 和选用的火药的弧厚 $2e_{1n}$。如果 p_{mn} 小于指定的最小号装药的最大压力数值,则仍需要增加 Δ_n 值后再进行计算,一直到 p_{mn} 高于规定值为止。

(5) 计算厚火药的弧厚 $2e_{1m}$。

因为全装药的相当弧厚 $2e_1$ 和薄火药的弧厚 $2e_{1n}$ 均已知,而全装药的 ω 和最小号装药的 ω_n 也已知,因此可以求出厚、薄两种装药的百分数:
$$\alpha'=\frac{\omega_n}{\omega}\qquad \alpha''=1-\alpha'$$

则厚火药的弧厚 $2e_{1m}$ 为
$$2e_{1m}=\frac{\alpha''\cdot 2e_1}{1-\alpha'\dfrac{2e_1}{2e_{1n}}}$$

(6) 厚火药弧厚的校正计算。

将步骤(5)中求出的薄火药和厚火药的弧厚及装药质量再代入全装药条件中,进行混合装药的内弹道计算,如装药的 p_m 和 v_g 满足设计指标,则设计的薄、厚火药的弧厚和装药质量符合要求;如不满足,则可通过符合计算,调整厚火药的弧厚和装药质量参数,直到满足要求的最大压力和初速为止。

3. 中间号装药的设计

中间号装药设计主要解决两个问题:一个是全装药和最小号装药之间初速的分级;另一个是每一初速级对应的装药量应该是多少。

榴弹炮中间号初速分级主要依据外弹道原理来区分。如前所述,为了发挥榴弹炮的杀伤效力,弹丸的落角不宜太小,因此射角 θ_0 最好不小于 $20°$。当射角小于 $20°$ 时,对地面目标或对水平目标射击,不仅落角小,而且易于产生跳弹现象,这都会影响射击效果。所以在初速分级时必须考虑这一因素。榴弹炮的最大射程角一般取 $45°$,所以首先根据全装药的弹丸质量 m、弹形系数 i 和初速 v_g 分别求出射角 $\theta_{01} = 45°$ 和 $\theta_{02} = 20°$ 时的射程 $X_{45°}$ 及 $X_{20°}$,其中 $X_{45°}$ 即是火炮的最大射程。这两个射程之差即给出使用全装药的射程间隔。为了确定出一号装药的初速,可在全装药射角为 $20°$ 时的射程 $X_{20°}$ 上加一个弹道重叠量 Π_1,Π_1 一般取 $(X_{45°} - X_{20°}) \times 4\%$,然后令 $X_{20°} + \Pi_1$ 作为一号装药 $45°$ 射角的射程。在已知一号装药的射程、射角及弹道系数后,就可以根据外弹道表求出一号装药的初速 v_{g1}。有了初速 v_{g1} 之后,再求出一号装药射角 $20°$ 时的射程 $X_{20°1}$。同样原理,又在一号装药射角 $20°$ 时

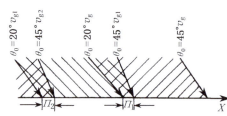

图 5-16 榴弹炮初速分级射程重叠量

的射程上加一个弹道重叠重量 Π_2,令 $X_{20°1} + \Pi_2$ 为二号装药 $45°$ 射角的射程,由此又求出二号装药的初速 v_{g2}。以此类推,一直求出全部射程间隔的各级初速为止,如图 5-16 所示。

为了更清楚说明这一原理,我们以初速和射程为坐标,作出 $\theta_0 = 45°$ 与 $\theta_0 = 20°$ 的射程和初速关系的图解,如图 5-17 所示。因此,当给定最大射程 X_m 以后,就可以在图上确定出对应该射角为 $45°$ 时全装药的初速 v_g。对同一初速 v_g,射角 θ_0 不同时,对应的射程 X 也不相同。$\theta_0 = 20°$ 时射程为 X_1,在 X_1 上加一个射程重叠量 Π_1,作为次一级装药射角为 $45°$ 时的射程。我们可以在图上由 A 点引水平线交于 $\theta_0 = 45°$ 的曲线上 B 点,然后由 B 点引垂线交于横坐标,其交点即一号装药的初速 v_{g1}。以此类推,一直到给定的最小射程 X_{min} 为止,这样就可以求出各级装药的初速 v_{gi}。

从榴弹炮中用不同号装药的射击结果证明:初速和混合装药质量的关系实际上接近于直线的关系,如图 5-18 所示。所以当选定全装药的装药质量 ω 和最小号装药的装药质量 ω_n 以后,其余中间各号的装药质量 ω_i 可以在上述确定初速分级的基础上,按下述的线性公式来计算:

$$\omega_i = \omega_n + \frac{\omega - \omega_n}{v_g - v_{gn}}(v_{gi} - v_{gn})$$

按上述公式求出的 ω_i 是对应每一级初速的装药量,但这只作为装药设计的参考数

据。考虑射击勤务的简便，在进行装药设计时各分级装药间应当采用等重药包，或某几个相邻初速级用等重药包，因此对计算出的各级装药 ω_i 还要做适当的调整才能确定下来。

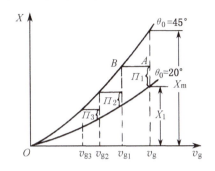

图 5-17　榴弹炮初速分级

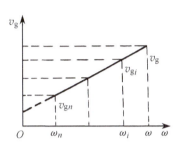

图 5-18　初速随装药量的关系

5.1.8　枪的内弹道设计特点

枪的类型比较多，有些是属于单兵携带的近距离射击武器，如步枪、冲锋枪，有些是用于对集团有生力量和低空目标射击的轻重机枪和高射机枪。虽然这些枪的用途和战斗性能各不相同，但是从战术要求来讲，它们都具有火力猛、质量小及机动性好的特点。因此根据这些特点，在枪的设计方面，我们不但要求具有足够的威力和较高的射速，而更重要的还要尽可能减小枪的质量。显然，为了达到这样的要求，枪的内弹道设计就不能不具有自己的一些特点。

首先一个特点是表现在弹重系数方面。枪的口径较小，且要使射击的弹丸具有足够的威力，它就必须有较大的弹重系数 $C_q(C_q = m/d^3)$。例如，一般火炮的 C_q 为 $10 \sim 16 \text{ kg/dm}^3$，而枪的 C_q 则增大到 $20 \sim 30 \text{ kg/dm}^3$，几乎增大了一倍。

其次，在这样大的 C_q 情况下，为了使得弹丸具有较大的初速，即与相同初速的火炮比较起来，枪就具有较大的相对身管长度 L_{nt}/d。在一般情况下，也几乎比火炮大一倍左右。

此外，为了提高枪的机动性和射速，就必须使它的药室容积和药室长度减小。因为药室容积的减小，将使弹壳体积、枪弹尺寸和枪机尺寸都相应减小，显然，这些尺寸的减小也就必然能够使得装填枪弹所需要的枪机行程长度减小，从而提高了发射速度。同时由于枪机和机匣尺寸的减小，将会使整个自动机的质量减轻，而在整个枪身质量中，自动机的质量通常都占较大的比例。由此可见，药室容积的减小，对于减小枪身质量是有很大影响的，并且这种影响的大小应该与枪的口径有关，因为武器的口径越小，自动机质量占整个枪身质量的比例也越大，即武器的口径越小，这种影响也将越大。所以在设计时通常选取小药室容积的方案，这对提高武器的性能是有利的。当然在较大口径（例如 20 mm 左右）的自动武器情况下，药室长度也不宜过小，这是因为在这种情况下减小药室长度，实际上就表示增加自动机的横向尺寸，这样不但不能减轻枪身质量，甚至还会增加枪身质量。所以对于药室容积及药室长度的设计必须根据具体的口径情况来确定。不过就一般的情况来讲，枪的药室扩大系数 χ_k 都比较大，一般都在 $1.5 \sim 3.0$。为了在较小的药室情况下能够装填较多的火药,枪的装填密度一般都比较大,例如,一般火炮的 Δ 为 $0.60\sim0.75\ \text{kg/dm}^3$,而枪的 Δ 则达到 $0.85\sim0.95\ \text{kg/dm}^3$,现在甚至还有超过 1.0 的趋势。

为了保证达到这样高的装填密度,同火炮火药比起来,一般的枪用火药都具有以下特点:

(1) 采用短小的单孔药粒、七孔药粒、球形或异形球形药粒。火药的表面用石墨处理增加光滑度以便易于增加装填密度。此外,为了防止在高装填密度下压力急速上升,大多数火药都经过钝化处理,以使火药燃烧表现出一定的渐增性。

(2) 为了保证在一定的初速情况下,尽可能使用较小的装药质量,就必须提高火药的能量,所以枪用火药一般都是高氮量的硝化棉,它的火药力比火炮火药大 $8\%\sim10\%$。

(3) 由于枪的相对身管长度较长以及火药的钝化减小了燃速系数 u_1,这就使得枪用火药具有较大的相对火药厚度 e_1/d。

(4) 由于枪药的药粒很小,因此在制造火药的成型过程中,同火炮火药比起来,其药粒尺寸易产生较大的误差,再加上在钝化过程中,因药粒之间的钝化程度不一致,以至各层的燃烧速度也会产生误差。所有这些误差都可能使部分火药的燃烧结束点向枪口方向移动,甚至出枪口之外,这就容易产生初速的分散。实验证明,这些原因可能导致初速分散增加 3%。

枪用火药的特点虽然可以使装填密度增加,但是也应该指出,装填密度增加太大将使药室内的自由空间太小,从而使得点火药气体传播和引燃产生困难,这样必然要影响点火的一致性。

除了以上的一些特点之外,由于弹丸的结构不同,因而在挤进条件方面,枪弹也有一定的特点。由于枪弹没有弹带,它是以整个圆柱部分挤进膛线,因而有较大的挤进压力,例如一般火炮的 p_0 为 $25\sim30\ \text{MPa}$,枪的 p_0 则为 $35\sim45\ \text{MPa}$。除了挤进压力较大之外,在整个运动过程中的阻力,枪弹也比炮弹大得多。因此,按 $\varphi=\varphi_1+\omega/3m$ 进行次要功计算系数的计算时,枪应该取较大的 φ_1 值,一般为 1.10。

关于膛壁热散失的问题,我们在建立内弹道能量平衡方程时,已经指出过,枪具有较大热散失的特点,这里不再重复。至于这种热损失的修正,可以通过降低火药力 f 的方法间接考虑。

关于枪的一些弹道特征量,如 η_ω 及 η_g,一般是介于大威力加农炮和榴弹炮之间,如表 5-10 所示。

表 5-10　各类枪炮弹道特征量比较

武器类型 弹道特征量	大威力加农炮	枪	全装药榴弹炮
$\eta_\omega/(\text{kJ}\cdot\text{kg}^{-1})$	$900\sim800$	$950\sim1\,400$	$1\,400\sim1\,600$
η_g	$0.50\sim0.70$	$0.30\sim0.50$	$0.20\sim0.40$

而最大压力则同大威力加农炮相同,一般是在 280~350 MPa 之间,这些数据可以作为设计时选择方案的参考。

在枪的弹道设计中经常遇到的情况是已知 d、m 和 v_g,并给定或选定 p_m 和 L_{nt}/d,在这样的条件下进行方案的计算,然后在所得出的若干方案中选择最好的方案。

§5.2 内弹道优化设计

内弹道过程是一个复杂的过程。由于人们认识的局限性和计算工具的限制,传统的内弹道工程设计总是根据经验和判断先制定设计方案,然后再进行"系统分析",对制定的方案确定的装填条件和火炮构造参数进行内弹道性能分析和试验验证,如满足给定的战术技术指标要求,则"制定"的方案就被确定;否则就再重新制定方案,直到满足要求为止。由于方案一定,内弹道的各种性能就被确定了,所以系统分析具有唯一性,被确定的方案只能是可行方案,并不一定是最优方案。内弹道优化设计是在综合各方面的因素、要求、约束、指标等基础上,用优化方法在众多的可行方案中选出一个最优的设计方案。综上所述,内弹道优化设计固然比传统的工程设计复杂、困难得多,但是所选定的方案更合理、更科学;可以缩短设计周期,提高设计质量。本节将介绍内弹道优化设计的一般方法。

5.2.1 优化设计的目的

内弹道设计的任务是根据外弹道设计确定的火炮口径 d、弹丸质量 m、初速 v_g 作为起始条件,在选定的最大压力 p_m 的约束下,利用内弹道学的有关公式,计算出能满足上述条件的、有利的装填条件(如装药质量 ω、火药弧厚 $2e_1$)和膛内构造参数(如药室容积 V_0、弹丸行程长 l_g、药室长度 l_{w_0}、炮膛全长 L_{nt} 等)。

火炮武器系统的内弹道设计是整个系统设计的核心,其先进性是衡量火炮武器系统先进性的主要指标,因此内弹道优化设计是火炮武器系统优化设计的关键。装填条件和火炮构造诸元本身也是火炮武器系统的主要系统参数,具有一定的功能和使命。装填条件和火炮构造诸元参数确定,其代表的火炮武器性能也就被确定。每一组装填条件和火炮构造诸元都代表了一个设计方案,但是满足同一战术技术指标要求的设计方案却不只一个,且都是可行方案。内弹道优化设计就是根据给定的战术技术指标要求和现有的工程技术条件,应用专业理论和优化方法,从满足战术技术指标要求的众多可行方案中,按照所希望的性能指标选出最优的设计方案,即最优化总体参数的最优组合。最优的总体参数确定的装填条件和火炮构造诸元是最优的系统,具有最优的弹道性能。

5.2.2 优化设计步骤

1. 建立内弹道设计数学模型

建立数学模型就是把所研究系统的已知量和未知量用数学方程的形式加以描述。内弹道方程组用数学方程的形式给出了装填条件和火炮构造诸元与内弹道性能的关系。内弹道优化设计的对象是内弹道过程，即在满足内弹道性能指标的条件下，寻求设计目标函数的装填条件和火炮构造诸元。因此，内弹道设计的基本方程是内弹道方程组。

2. 确定设计变量

设计变量是内弹道优化设计中待定的参数。内弹道优化设计时涉及的参数很多，如装药量、火药弧厚、装填密度、药室容积、药室扩大系数、弹丸全行程长、炮身长，等等，其有的是对内弹道性能影响比较大的参数，也有次要参数；有独立参数，也有互相依赖的非独立参数；有变参数，也有相对固定的参数。因此，在众多的参数中，必须确定哪些是设计变量，需要赋予初值且作为优化结果计算出来；哪些作为设计参数，只需在设计时给予确定值，不必作为优化结果求出的。确定设计变量一般要注意以下原则：

(1) 设计变量应该是相互独立的变量。在应用任何优化方法解决优化设计问题都要求设计变量是独立的。

(2) 设计变量的取值范围应该是有限的。在优化设计中，每个设计变量的取值不可能是无限的，而是确定了区间范围。因此设计变量区间就是由设计条件确定的设计变量的边界值构成的，在设计区间内的每一点都代表了一个设计方案。

(3) 设计变量应是对目标函数有着矛盾的影响，且影响较大的那些变量。因为只有这样，目标函数才能有明显的极值存在，才有优可寻。

总之，选择设计变量没有一个严格的规律可以遵循，需要根据经验和问题的性质而定。一般在进行内弹道优化设计时，首先要找出设计参数，然后对设计变量分其主次，将物理意义明确、对目标函数产生较大影响且是独立的、需要得出优化结果的一些参数作为变量。在筛选参数时，有些参数不能直接判断，而需设计变量的函数，然后通过计算公式进行计算。若不必求出这些参数的最优解，则可将这些参数作为约束条件来处理。

3. 建立约束条件

约束条件或称约束方程是对内弹道优化设计时各种参数取值的某些限制，或是对优化设计问题本身提出的限制条件，约束条件是检验设计方案合格的标准。内弹道优化设计约束条件的提出一般是火炮的使用条件、现有的技术储备和弹药等因素决定的。一般这些约束条件有以下几项：

(1) 最大压力 p_m：如前所述，确定最大压力不仅要考虑弹道性能，而且要考虑到身管的材料性能、弹体的强度、引信的作用和炸药应力等因素。

(2) 最大的装填密度 Δ：最大装填密度一般是指能够实现的最大装药量。它一般取决于火药的密度和形状、药室结构、药室内附加元件的数量和装填方式等。

(3) 最大的药室容积 V_0：对于坦克炮和自行火炮一般都对药室容积有一定的限制。过大的药室容积不仅占据了较大的空间，而且还增加了自动机构装填和抽筒的自由空间，影响了车辆内部空间的合理使用。

(4) 最大的炮身全长 L_{sh}：武器的机动性是内弹道设计的一个重要指标，增加身管长度都将影响武器的机动性能。同时限制身管的长度不仅增加了武器的机动性能,而且也给武器平衡系统的设计降低了难度。

(5) 炮口初速 v_g:初速是内弹道设计需要满足的一个重要指标。满足要求的初速,内弹道设计方案才有意义。

除上述常见的约束条件外,在内弹道设计中还经常将炮口压力、火药相对燃烧结束位置等作为约束条件。对于不同的火药种类,要求的约束条件也不同,并且这些约束条件一般不是单独出现的,而经常是几种约束条件同时出现。特别是最大压力和初速是内弹道设计的基本的约束条件。

约束条件一般分为等式约束和不等式约束,如最大压力和初速一般是作为等式约束的形式给出:

$$p_m = p_{m标}$$
$$v_g = v_{g标}$$

而装填密度则一般是作为不等式给出:

$$\Delta < \Delta_{极限}$$

即装填密度必须小于极限装填密度,才能保证设计方案是可行方案。

4. 选择目标函数

如上所述,满足约束条件的设计方案只是一个可行方案,即合格的方案,但可行方案不一定是最优方案。因此,在内弹道优化设计问题中,除了约束条件外还有对设计方案评价"优劣"的标准,即目标函数。目标函数就是用来评价所追求的设计目标(指标)优劣的数学关系式。可以选择一个目标函数,也可以选择多个目标函数,但所用目标函数都应该是设计变量的函数。在内弹道优化设计中通常将下列参数用作目标函数:

(1) 初速 v_g(或炮口动能):初速在大多数内弹道设计中是作为约束条件给出的,但也有时是作为设计所追求的目标函数。在火炮结构、装药、弹丸等诸多因素被限制(约束)的条件下,初速一般作为目标函数,追求最大的初速(或最大的炮口动能)的内弹道设计方案。

(2) 有效功率 γ_g:有效功率(即火药能量利用效率)反映了火炮能量的利用率,是衡量火炮弹道性能的一个重要指标。

(3) 装药利用系数 η_ω:装药利用系数和有效功率具有相近的物理意义,当火药性质一定时,这两个标准实际上是一个标准,从火药的能量利用这个角度来讲,这两个参数越大越好。实现最大的火炮效率一直是内弹道优化设计所追求的目标。

(4) 炮膛工作容积利用效率 η_g,又称充满系数:这个量的大小反映了压力曲线平缓或陡直的变化情况。对于不同的火炮要求的范围也不同,加农炮要求 η_g 较大,榴弹炮要求 η_g 较小。

(5) 工作膛容 V_g:工作膛容是指弹丸运动到炮口瞬间,弹后火药气体所占据的空间,与 η_g 一样,对不同的火炮其要求也不一样。

除上述这些参数外,在内弹道优化设计中,有时选择的目标函数还包括了火炮条件寿命等一些附加目标函数,并选择多个目标函数来衡量一个设计方案的优劣。在约束条件下,常把多目标函数变成极大或极小的问题,这种把多目标函数变成极大或极小的方法,称为多目标最优化方法,而把用这种方法解决多目标函数的极大或极小问题,称多目标最优化问题。

目标函数是用来评价所追求目标(指标)优劣的数学关系式。目标函数是设计变量的函数,目标函数的维数取决于设计变量的个数。

5. 选择优化设计方法

选择优化设计方案与选择设计方案的评比(评价)方法是分不开的。内弹道优化设计实际上是用直接法进行优化设计的。它通过数学模型,求出对应设计方案的各项指标,然后进行方案评比,判断出方案的优劣,以决定取舍。这种优化设计方法很多,如内点罚函数法、复合形法、割平面法、可行方向法、变换技术等。在这里我们介绍一下复合形法在内弹道优化设计中的应用。

(1) 复合形法的数学形式。

内弹道优化设计问题都可以写成以下的优化设计问题:

极小化函数 $f(X)$

满足条件 $Q_j(X) \leqslant 0 \quad j=1,2,\cdots,m;$

$$X_l(i) \leqslant X(i) \leqslant X_u(i) \quad i=1,2,\cdots,n;$$

式中 $f(X)$ 是目标函数;$Q_j(X)$ 是约束条件;$X(i)$ 是参数的取值范围。

(2) 复合形法基本思想:假定有一个初始可行点 X_l(满足 m 个约束条件),然后产生一个序列的具有 $k \geqslant n+1$ 个顶点的多面体以寻找约束极小点。

(3) 步骤。

① 找出满足 m 个约束条件的 $k \geqslant n+1$ 个点。

$$X_j(i) = X_l(i) + R_{i,j}[X_u(i) - X_l(i)] \quad i=1,\cdots,n; j=1,\cdots,k$$

式中 $X_j(i)$ 是 X_j 点的第 i 个分量;$R_{i,j}$ 是 $(0,1)$ 区间的随机数。

满足约束条件的诸点的形心可用下式求出:

$$X_0 = \frac{1}{k-1}\sum_{j=1}^{h-1} X_j$$

② 计算每个点(顶点)的目标函数。取目标函数的最大点 X_h,用反射法求出新点 X_r:

$$X_r = (1+\alpha)X_0 - \alpha X_h$$

式中 $\alpha \geqslant 1$,

$$X_0 = \frac{1}{k-1}\sum_{j=1,j \neq h}^{k} X_j$$

③ 检查 X_r 点是否为可行点。

若可行,且 $f(X_r) < f(X_h)$,则用 X_r 代替 X_h,转向步骤②。若 $f(X_r) \geqslant f(X_h)$,则减小 α 值,转向步骤②,重新计算,直至 $f(X_r) < f(X_h)$。

④ 收敛性检验。

方法 1：复合形已缩至一个很小的尺寸。即复合形诸顶点 X_1、X_2、$\cdots$、X_k 中任意两顶点的距离都小于给定的小量 ε。

方法 2：函数的标准偏差有效值足够小。即：

$$\left\{\frac{1}{k}\sum_{j=1}^{k}[f(X)-f(X_j)]^2\right\}^{\frac{1}{2}} \leqslant \varepsilon$$

式中　X 是当前诸顶点的形心；ε 是给定的一个小的正数。

⑤ 使用注意。

(a) α 的初始值一般取 1.30。

(b) k 值一般取 $2n$，若 n 大于 5 时，可取较小的值。

(c) 若可行域是非凸的，则不能保证各可行点的形心也是可行的。若此形心是不可行的，则不能用上述方法找出点 X_r。在内弹道优化设计中，选择合理的变量取值范围以后，这种情况不会出现。

5.2.3　应用举例

1. 问题的提出

最小膛容方案设计是内弹道优化设计的一个常见的方案。虽然最小膛容方案并不一定是实际火炮设计中选取的方案，但是确定该方案后，可以更好地利用内弹道设计指导图指导内弹道设计方案的选取范围。因此，确定最小膛容方案是内弹道设计的首要工作。

根据优化设计理论，内弹道最小膛容方案的设计问题可以写成以下的优化设计问题：

目标函数　　　$\min f(X) = V_0 + S\, l_g$

约束条件　　　$p_m = p_{m标}$

$v_g = v_{g标}$

$X = X(\omega, 2e_1, V_0, l_g)$

$X_1 \leqslant X \leqslant X_u$

在这里约束条件最大压力 p_m 和初速 v_g 是两个固定的值，因此我们可以利用这两个条件解出两个设计变量。根据前面的分析，在 4 个设计变量中，影响最大压力 p_m 的变量只有 ω、$2e_1$ 和 V_0，而当最大压力 p_m 一定时，对初速的影响只有弹丸的行程 l_g。因此我们仅选择装药量 ω 和药室容积 V_0 作为设计变量，而火药弧厚 $2e_1$ 和弹丸的行程 l_g 则写成最大压力 p_m、初速 v_g、装药量 ω 和药室容积 V_0 的函数，即：

$$2e_1 = f(p_m, V_0, \omega)$$
$$l_g = f(p_m, V_0, \omega, v_g)$$

上述的优化设计问题可以写成：

目标函数　　　$\min f(X) = V_0 + S\, l_g$

约束条件　　　$p_m = p_{m标}$

$$v_g = v_{g标}$$
$$X = X(\omega, V_0)$$
$$X_l \leqslant X \leqslant X_u$$

2. 计算步骤

(1) 产生初始复合形的顶点。

设 $S_j(j=1,\cdots,2n-1)$ 为 $(0,1)$ 区间均匀分布的随机数,则初始复合形的第一个顶点为

$$X_1(i) = X_l(i) + S_1(i)[X_u(i) + X_l(i)], i=1,\cdots,n$$

式中 $n=2, X(1)=\omega, X(2)=V_0$。

检验 $X(1)$ 的可行性,如果不在可行域内,则重新产生随机数再选点,直到第一个顶点在可行域内为止。用同样方法产生其他 $2n-1$ 个顶点,并使之成为可行点,从而构成复合形的顶点,这 $2n(=4)$ 个顶点就构成了初始复合形,即:

$$X_j(i) = X_l(i) + S_j(i)[X_u(i) + X_l(i)] \quad j=1,\cdots,4; i=1,\cdots,2$$

(2) 计算中心点 X_c,并检验其可行性。

计算复合形所有的顶点的函数值 $f(X)$,并找出函数值的最大点 X_h,然后舍去 X_h,计算其余各顶点的中心 X_c,即

$$X_c = \frac{1}{2n-1} \sum_{j=1, j \neq h}^{2n} X_j$$

检验 X_c 是否为可行点,如果是可行点,则进行下一步,否则从所有的顶点中找出函数值最小的点 X_g,以 X_g 为起点,X_c 为端点的超立方体中重新利用随机数产生新的复合形。

(3) 求反射点 X_r。

反射点 X_r 的计算公式:

$$X_r = X_c + \alpha(X_c - X_h)$$

式中 α 的初始值一般取 1.3。

检验 X_r 是否在可行域内,如果不在,则将 α 减半,再次计算 X_r。如此反复,直到 X_r 在可行域内为止。

(4) 比较反射点与最坏点的函数值。

计算反射点 X_r 的目标函数 $f(X_r)$,并与最坏点 X_h 的目标函数相比较。

如果 $f(X_r) < f(X_h)$,则以 $X(X_r)$ 代替 $X(X_h)$,形成新的复合形,并找出该复合形所有顶点的中心点 X_c:

$$X_c = \frac{1}{2n} \sum_{j=1}^{2n} X_j$$

然后进行下步计算。

如果 $f(X_r) \geqslant f(X_h)$,则将反射系数 α 减半,然后转向步骤(3)重新计算。

(5) 收敛性检验。

复合形各顶点处的目标函数值满足

$$\left\{\frac{1}{k}\sum_{j=1}^{k}\left[f(X_c)-f(X_j)\right]\right\}^{\frac{1}{2}} \leqslant \varepsilon$$

时,终止计算,X_c 为最优解。

3. 程序框图(见图 5-19)

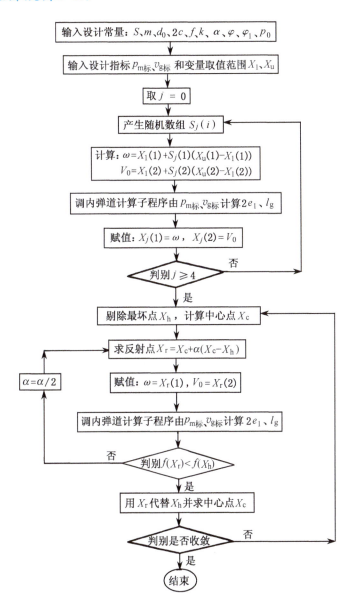

图 5-19 优化设计流程

【例题】 计算第 5.1.5 节中例题的最小膛容方案:

目标函数 $\quad \min f(\omega, V_0) = V_0 + S\, l_g$

约束条件　　　$p_m = 313$ MPa

$v_g = 1\,000$ m/s

$\Delta \leqslant 0.85$ kg/dm³

表 5-11 列出了计算结果，最小膛容方案在 9.54 dm³ 附近。

表 5-11　最小膛容方案计算结果

序号	ω/kg	V_0/dm³	$2e_1$/mm	l_g/dm	Δ/(kg·dm⁻³)	V/dm³	α	X_{cw} ω/kg	X_{cv_0} V/dm³	剩余方案序号
1	1.000	1.300	1.020	40.50	0.769	12.073				
2	1.120	1.455	1.100	37.40	0.770	11.400				
3	1.190	1.545	1.140	35.30	0.770	10.930				
4	1.190	1.510	1.160	35.54	0.788	10.960	1.3	1.170	1.503	2,3,4
5	1.391	1.767	1.265	30.00	0.787	9.747	1.3	1.257	1.607	3,4,5
6	1.435	1.805	1.300	29.50	0.795	9.652	1.3	1.339	1.706	3,5,6
7	1.533	1.915	1.360	28.70	0.801	9.549	1.3	1.453	1.829	5,6,7
8	1.795	2.198	1.530	27.80	0.817	9.593	1.3	1.588	1.972	6,7,8
9	1.844	2.239	1.570	27.70	0.824	9.607	0.4	1.724	2.117	7,8,9
10	1.840	2.198	1.590	27.85	0.837	9.606	1.3	1.723	2.100	7,8,10
11	1.559	1.919	1.390	28.80	0.812	9.580	0.5	1.629	2.011	7,8,11
12	1.524	1.917	1.350	28.90	0.795	9.604	1.3	1.629	2.011	7,8,11
13	1.766	2.133	1.530	28.00	0.828	9.581	0.5	1.619	1.989	7,11,13
14	1.531	1.885	1.378	28.90	0.812	9.572	0.05	1.541	1.906	7,11,14
15	1.530	1.895	1.375	28.80	0.807	9.556		1.541	1.910	7,11,15

§5.3　装药设计

在内弹道设计中已经指出，内弹道方案的设计是武器设计的基础，并且内弹道方案所给出的仅是构造参数和装填条件的一些主要数据。由于内弹道理论存在的误差，根据这些数据制造出来的武器——弹药系统不一定完全能达到所要求的弹道指标，往往需要通过装药来调整。此外，为了保证弹道稳定性和提高火炮寿命，不仅要选择一定的装药，而且还要确定恰当的点火结构、装药形式以及各种附加物。所有这方面的内容，我们称为火药装药设计。所以火药装药设计是内弹道设计的继续，是武器弹药设计的重要组成部分。随着武器的发展以及对武器性能要求的不断提高，火药装药设计的重要性也越来越突出。但是，由于这个问题所涉及的面比较广泛，理论还不够完善，所以这里我们仅根据现有装药设计的经验，介绍一般的规律。

5.3.1 火药装药及装药元件

火药装药是弹药的一个组成部分,通常是指在保证武器具有一定的弹道性能的情况下进行一次发射所需要的定量火药以及其他所有的元件。有时也把药筒和点火具包括在火药装药的范围内。

装药通常是由以下的装药元件组成:

1. 发射药

发射药是火药装药的基本组成元件,也是在装药中比例最大的部分。目前,在火炮和轻武器中使用的火药类别是多种多样的,不仅仅成分不同,而且形状和尺寸也各不相同。根据弹道性能的要求,可以选择适当牌号的火药。

2. 点火药

点火药是火药装药中不可缺少的第二个元件。点火药的作用就是在尽可能短的时间内,使发射药全面同时着火以保证火药正常地燃烧,从而产生稳定的弹道性能。

点火药可以由两部分组成。一是基本点火具,它可以直接给予装药或辅助点火药一定的最初热量而点燃装药。常用的基本点火具有火帽、击发底火、电底火、击发门管等。另一是辅助点火药,用来加强基本点火具的点火能力。辅助点火药大多由黑火药和速燃无烟药制成。

点火是火药燃烧的起始条件,点火的好坏直接影响到火药燃烧进行的状况,从而影响火药装药的弹道性能。点火过强是造成膛内气体压力骤然增高的原因之一。微弱和缓慢的点火会导致装药不均匀点燃和迟发火现象,这是产生弹道性能不稳定和射击时烟雾增多的主要原因。为了保证火药的正常燃烧就应选择合适的点火药量和正确地确定点火药在装药中的位置。

3. 其他元件

装药中除发射药和点火药外还可能有护膛剂、除铜剂、消焰剂,紧塞具和密封盖等,但并不是所有的武器弹药中都应用了这些元件,而是根据武器的具体要求有选择地采用。这些元件都有它其一定的重要作用,现分别简单地说明如下:

护膛剂:在火药装药中使用护膛剂可以减轻火药气体对炮膛的烧蚀作用,从而提高身管使用寿命。大口径火炮普遍使用护膛剂,中小口径火炮当初速大于 800 m/s 时也都采用护膛剂。经验证明,使用护膛剂后可以提高火炮身管寿命 2~5 倍。

除铜剂:在火药装药中使用除铜剂是为了清除膛线表面的积铜。射击时铜质的弹带在膛线上切割和摩擦,使得一部分铜粘附在膛线上。积铜较多时会使膛线表面不平滑,影响弹丸在膛内正常运动,降低射击精度。积铜严重时甚至会阻滞弹丸运动,造成胀膛现象。使用除铜剂后可以避免这些现象而显著提高射击精度。

消焰剂:发射时由于火药气体中的一氧化碳和氢等可燃气体与空气中的氧在炮身外发生化学作用,往往会产生炮口焰或炮尾焰。炮口焰妨碍炮手观测目标,夜间射击又容易暴露炮位；炮尾焰可能伤害射手和引燃阵地上的弹药。因此应当尽量消除炮口焰，更不允许产生炮尾焰。在装药中加入消焰剂就是为了消除火焰或减弱火焰强度。

紧塞具：通常包括塞于药筒口部的一个盂形厚纸盖——紧塞盖与固定装药用的纸垫和纸筒。它们的作用是：在平时，固定装药，防止药粒由于在运输时窜动而发生互相冲击或摩擦的现象，以至使药粒损坏，影响装药的弹道性能；在装填时，防止发射药向前窜动，保证确实点火；在射击时，利用紧塞盖的紧塞作用，保证药筒口部较迅速地贴在火炮药室壁上，有利于密闭火药气体，减少火药气体对膛线起始部的烧蚀。

密封盖：一个有提环的盂形纸盖，其上涂有密封油（石蜡、地蜡和石油脂的熔合物）。它只用在弹丸和药筒分装式的药筒装药中，起防潮作用，在射击时应当取出。

把火药、点火药和装药的其他元件（或部分元件）合理地配置在药筒和药室中的一定位置上，这就称为装药结构。

装药结构在火药装药技术中是非常重要的，因为装药结构是否恰当，直接影响到火药的点燃过程、传火过程和单体火药燃烧的规律性，也会影响到其他元件是否能够正确地发挥作用。所以不仅各装药元件的性质和数量对武器的弹道性能有显著的影响，而且装药结构和武器的弹道性能也有着十分密切的关系。

5.3.2 装药设计的一般步骤

装药设计的主要任务和最终目的就是确定火药类别及牌号，以便使武器达到战术技术所要求的射程、初速以及其他指标。因此，装药设计和内弹道设计是密切相关的。内弹道设计方案最终是由装药设计来保证，它们之间的差别仅仅在于内弹道设计偏重于弹道方案合理性的选择和武器火力系统总体方案的论证，装药设计则着重于火药装药方案的选择和装药结构细节的设计。

1. 装药设计的一般步骤

装药设计工作大体可以分为以下几个步骤：

（1）分析武器的战术技术要求和制定装药设计任务书。

（2）火药设计：选择火药的性质，确定火药的热量。为了缩短武器的研制过程，一般应尽量选择目前正在生产的制式火药。

（3）装药的内弹道设计：选择火药的形状，进行弹道设计，确定装药质量、装填密度和火药燃烧层厚度。

（4）装药结构设计：根据弹道设计结果，选择火药牌号，修改及确定燃烧层实际厚度和单体火药的其他尺寸。参考现有的装药结构，确定火药在装药中排列方法和装药的结构形式。确定辅助点火药的性质、重量和位置。确定护膛剂、除铜剂和消焰剂的质量和位置。制定出装药设计说明书并绘制出装药结构的草案图。

（5）装药试制：通过以上四个设计步骤装药设计工作并没有完成，因为整个设计方案还没有经过实践的检验。因此还要根据设计方案制备火药样品，检验这些火药样品的物理化学性能和射击的弹道性能。再经过小批量的火药装药试制和试验，修改原来的设计方案，最后绘制正式装药设计图纸，到此就完成了装药设计工作。

在实际工作中，还可能遇到给已定型火炮选配新装药的情况，这时装药设计工作将要受到该火炮—弹药系统具体条件的约束，但设计步骤和新火炮没有什么区别。

2. 对装药设计任务书的要求

火药装药设计应当依据装药设计任务书所提出的各项要求进行。

在装药设计任务书中应指明设计的对象，给出为装药设计和计算所需要的火炮诸元：火炮口径、药室容积、由药室底断面到膛线起始部的距离、弹丸行程长和炮膛横断面积；弹丸的质量、种类和长度。

在装药设计任务书中还应提出以下几方面的要求：

(1) 弹道要求。

保证武器能够获得设计所规定的弹道性能，这是装药设计的最基本要求，这些性能包括：

① 在设计任务书中应注明标准温度下（+15 ℃）弹丸的初速、初速的或然误差、全装药与变装药的火药气体最大压力（一组平均压力）和单发最大压力，对于变装药还应注明初速的区分；口径在 76 mm 以上的火炮单发膛压跳动一般要求不大于平均值的±5%，口径在 57 mm 和 57 mm 以下的火炮单发膛压跳动不得大于平均值的±7%，迫击炮用最大装药射击时单发膛压允许跳动±7%，用最小号装药射击时允许跳动±20%。

② 要求火药在膛内完全烧完。

③ 在最大限度上降低弹道性能指标与温度的关系，要求在高温+50 ℃、低温-40 ℃时也应将弹道性能指标保持在一定范围内。

(2) 战术技术要求。

研制武器的目的在于装备部队，应用于战场。为了确实满足实战条件的各种要求，除了满足弹道要求外，还应满足战术技术方面的要求：

① 根据具体的火炮条件，应尽可能保证有较高的寿命，避免有较严重的烧蚀现象。

② 发射时应尽可能减少炮口焰并保证没有炮尾焰。

③ 发射时应当少烟。

④ 装药使用安全简便，装药结构力求简单，要便于夜间操作。

⑤ 标记简明易懂。

(3) 生产上和经济上的要求。

在进行装药设计这项工作时，还要全面考虑到安排大批生产和战时生产可能遇到的各种问题，做到：

① 能大量生产，工艺过程简便，各工序尽可能做到机械化和自动化。

② 成本低廉，尽可能不用昂贵、稀缺的材料来制作元件，原材料必须立足于国内。

③ 装药能顺利地装入药筒或药室内，不应产生"装不下"的现象，粒状硝化棉火药（或

粒状与管状药混合)装药的允许装填密度一般不超过 0.80 kg/dm³,管状药的装药应不超过 0.74 kg/dm³。

④ 保证在保管运输中装药具有一定的牢固性,且长期保存不应变质。

以上这些要求是对装药普遍的、基本的要求,尽管有时在设计任务书中不一定逐条明确地写出,但进行装药设计时必须加以考虑。此外,对于不同类型、不同用途的武器,还可能提出一系列特定的要求。

5.3.3 装药结构及分类

火药装药结构设计是指正确而合理地安排发射火药、点火药以及其他装药元件:除铜剂、护膛剂、消焰剂等的位置,确定各元件的用量和型号(其中发射药的重量已在弹道设计方案中确定)。经验证明装药的结构设计是火药设计过程中非常重要的一个步骤。如果装药结构安排不当,将会使弹道性能不稳定、膛压反常、初速跳动,并使所设计的方案达不到预期的弹道效果,有时还会发生许多有害的现象,甚至贻误战机,伤害射手。因此在制式武器弹药的生产过程中,必须严格按照装药图纸进行生产,控制好装药结构的一致性,从而才能保证武器的弹道一致性。在新武器的研制过程中,继内弹道设计之后,合理的装药结构设计是保证武器具有良好弹道性能的重要环节。

由于武器性能不同,装药结构也不相同,根据目前一些制式武器的装药结构,可以将装药结构概括地区分为以下几种类型:

1. 步兵武器的装药结构

步兵武器的装药是属于药筒定装式装药。它是用一种牌号的粒状药散装在带有火帽的弹壳内,然后把弹丸和弹壳结合起来即构成一发完整的弹药。枪弹装药用火帽点燃,不需要再用辅助点火药,也没有其他元件,因此结构非常简单。

枪弹装药又可分为两类:一为手枪装药;另一为步枪装药。因为手枪和冲锋枪枪管很短,火药气体的最大压力也不太高,为了保证火药能在很短的时间内燃尽,所采用的多是燃烧层很薄而燃烧面又很大(多孔性)的高热量火药,如多-125 和多-45,在国外还采用双基片状药。现在国内外正在研究使用球形药和扁形药(异形球形药)。

7.62 mm 手枪弹装药结构如图 5-20 所示。

在步枪和机枪的枪弹装药中通常使用增面燃烧的硝化棉粒状火药或经过钝化处理的片状和单孔粒状硝化棉火药。我国的步枪枪弹多采用樟脑钝化的单孔硝化棉粒状或球形药,大威力高射机枪装药则采取七孔硝化棉火药。其他国家还有使用二硝基甲苯或中定剂钝化的硝化棉火药。使用增面燃烧火药和燃速渐增性火药的目的就是为了在保持一定最大压力的情况下,增加一定的装药量,使武器的初速得到提高,从而增加枪的威力。由于步枪的装填密度比较大,因此步枪装药要求火药有较大的假密度和良好的流散性,所以多用小粒药。使用小粒药,还容易实现装药工艺的自动化。

56 式 7.62 mm 步枪枪弹装药结构如图 5-21 所示。

第 5 章 内弹道设计与装药设计

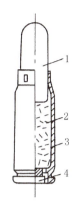

图 5-20　手枪枪弹装药结构
1—弹头;2—发射药;3—弹壳;4—火帽

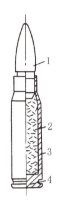

图 5-21　步枪枪弹装药结构
1—弹头;2—发射药;3—弹壳;4—火帽

2. 药筒定装式火炮装药结构

现有中小口径线膛火炮都应用药筒定装式装药,如 37 mm、57 mm、85 mm、100 mm 等口径的加农炮、高射炮。这一类火炮初速都比较大,相应的火药装填密度也比较大。所以在这种装药中大部分都使用粒状药,如七孔或十四孔的硝化棉火药,少数中等口径的加农炮采用双基管状火药。粒状药有的散装在药筒内,也有的先制成药捆再装入药筒内。装药用底火或者再加上辅助点火药作为点火系统;大部分装药中都使用护膛剂和除铜剂;为了固定装药都使用了紧塞具;所有装药元件按一定结构都安放在药筒内,药筒和弹丸以一定的收口力量加以结合。

1955 年式 37 mm 高射炮榴弹的装药就是一个典型的药筒定装式装药,如图 5-22 所示。发射药是 7/14 的粒状硝化棉火药,散装在药筒内。装药用底-2 式底火和 5 g 2# 小粒黑火药制成的辅助点火药包作为点火系统。在药筒内表面和发射药之间放有一层钝感衬纸,在发射药上方放有除铜剂。整个装药用厚纸盖和厚纸圈固牢。药筒和弹丸配合后,在药筒口部辊口结合。

在装药中采用多孔粒状药一方面可以增加装填密度,另一方面同一种牌号火药可以用在不同药室长度的若干种火炮装药中,因而具有广泛的实用性。粒状药的缺点是火药单体的位置紊乱,在药筒较长时,上层药粒点燃较难。实践证明,紊乱状态的粒状药在其装药长度大于 500 mm 以上时,离点火药较远的一端,药粒就有可能产生迟点燃的现象。这是

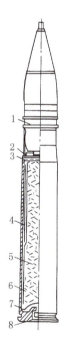

图 5-22　1955 年式 37 mm 高炮榴弹装药结构
1—弹丸;2—紧塞盖;3—除铜剂;
4—钝感衬纸;5—7/14 火药;
6—药筒;7—点火药;8—底火

因为紊乱的粒状药传火途径非常曲折,会使得点火药气体生成物的传播受到阻碍,因此点火距离越长,越难达到全面点燃的要求,为了解决这个问题,在装药结构上采取了以下几个措施:

(1) 利用杆状点火具,使点火药一直延长到装药内部。
(2) 利用几个点火药包,分配在装药底部、中部或顶部,进行"接力"点火。
(3) 用少量的单孔管状药扎成药束,作为传火管插在散装粒状药内改善点火条件。

37 mm 高射炮装药长 210 mm,57 mm 高射炮装药长 298 mm,都不算太长,因而装药的点火系统只有底火和点火药,没有其他装置。而 85 mm 加农炮药筒长 558 mm,则必须安排传火装置。

1959 年式 85 mm 加农炮装药结构如图 5-23 所示。

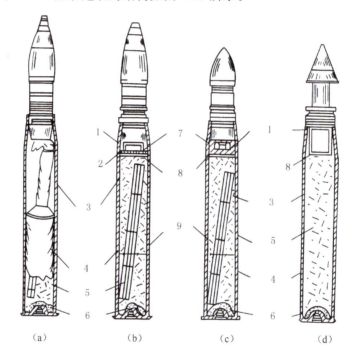

图 5-23 1959 年式 85 mm 加农炮装药结构
(a)减装药杀伤榴弹;(b)全装药杀伤榴弹;(c)曳光穿甲弹;(d)曳光超速穿甲弹
1—紧塞盖;2—厚纸盖;3—药筒;4—药包袋;5—发射药;
6—点火药;7—厚纸筒;8—除铜剂;9—护膛剂

85 mm 加农炮的全装药是由 14/7 和 18/1 两种火药制成的,14/7 火药占全部装药量的 88%,18/1 管状药占 12%。装药时先将 18/1 药束放入药袋内,然后把 14/7 倒入药袋。装药上放有除铜剂,药袋外包有钝感衬纸,然后药袋再装入药筒内。装药是用底-4 式底火和 1# 小粒黑火药制成的辅助点火药包点火,18/1 管状药束贯穿整个装药起传火管作用。

85 mm 加农炮杀伤榴弹还配有减定装药。装药量减少后,装药高度将达不到药筒长度的三分之二。经验证明,如装药太短,火药燃烧时,在膛内易产生压力激波,使膛压反常增高,当装药高度大于药筒长 2/3 时就可避免这一现象。所以 85 mm 加农炮的减装药中仍然采用了一束管状药,其长度为从药筒底部直到弹丸底部。装药时先将它放在药袋中,然后倒入粒状药,装好后在粒状药上部用线扎紧,将粒状药固定住,然后把除铜剂栓在颈部,再把整个药袋放入药筒中,因为这种装药结构很像一个瓶子,所以称为瓶形结构。这种结构不仅仅改善了点火条件,同时也避免了压力波的问题,并且可以使装药稳固地固定在药筒内。

1959 年式 100 mm 高射炮则是使用管状药组成药筒定装药装药的典型。其榴弹采用双芳 3—18/-25 火药。因为 100 mm 高炮的药室长已达到了 607 mm,随着火炮口径增大,药室长度加长,如果再用粒状药,装药同时点火就比较困难,而使用管状火药则可以改善装药中的传火条件,因此,大口径加农炮多使用管状火药。在装药时先把管状药扎成两个药束,依次放入内壁已装好钝感衬纸的药筒中,装药上放有除铜剂和紧塞具。装药用底-13 式底火和黑火药制成的辅助点火药包作为点火系统,如图 5-24 所示。

3. 药筒分装式火炮装药结构

使用这种装药结构的火炮有:大、中口径榴弹炮,加农榴弹炮和大口径加农炮,如 122 mm 和 152 mm 榴弹炮,152 mm 加农榴弹炮,122 mm、130 mm 和 152 mm 加农炮等。药筒材料一般使用金属材料制造。目前,在高膛压火炮中,为了抽筒的方便和经济上的考虑,广泛地使用了含能或不含能的可燃材料制成的可燃药筒以替代金属药筒。可燃药筒可分为全可燃药筒和半可燃药筒两种,半可燃药经常有一个金属短底座。

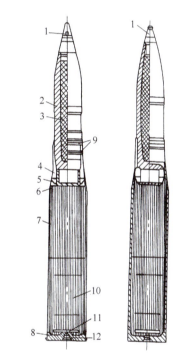

图 5-24　1959 年式 100 mm 高射炮装药结构

1—引信;2—弹头;3—炸药;4—厚纸筒;5—抑气盖;
6—除铜剂;7—护膛剂;8—药筒;9—弹带;
10—发射药;11—点火药;12—底火

药筒分装式装药一般都是混合装药组成的可变装药,但也有个别情况为单一装药,这种混合装药可用多孔和单孔的粒状药,也可用单基或双基管状药,其用薄火药制成基本药包,用厚火药制成附加药包。为了装药结合简单和战斗使用方便,附加药包大都制成等重量药包。单独使用基本药包射击时,必须保证规定的最低初速和解脱引信保险所必需的最小膛压,全装药必须保证规定的最大初速和允许的最大膛压。因此,这种类型的装药在结构上考虑的因素就更多了。

因为使用这类装药的火炮口径较大,点火系统都是由底火和辅助点火药包所组成。依据具体的装药结构,辅助点火药包可以集中地放在药筒底部,也可以分散放在几处。大威力火炮变装药中还使用护膛剂和除铜剂,中等威力以下的装药中只用除铜剂。

由于这类火药大都采用了药包的形式,所以药包布就成为这种类型装药的一个基本组成元件,且药包之间的传火将会受到药包布的阻碍,因此,对药包布就必须提出一定的要求。这些要求主要包括三个方面:一方面是要有足够的强度;其次就是不能严重地妨碍火焰传播;再一方面就是在射击后不能在膛内留有残渣。目前常用的药包布材料有人造丝、天然丝、亚麻细布、棉麻细布、各种薄的棉织布(平纹布等)、硝化纤维织物和赛璐珞等。

药包位置的安放规律构成了这类装药结构的一个突出特点,药包位置的确定直接影响到点火条件的优劣、弹道性能的稳定以及阵地操作和射击勤务方便的问题。

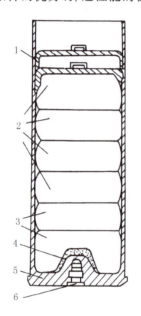

图 5-25　1910/30 年式 122 mm 榴弹炮
装药结构

1—密封盖;2—等重药包;3—基本药包;
4—点火药;5—药筒;6—底火

例如 1910/30 年式 122 mm 榴弹炮的装药如图 5-25 所示。它的基本药包和附加药包都是扁圆状的,一个一个重叠起来组成了整个装药,实际上每一个药包都形成了由两层药包组成的横断隔垫,点火药气体要穿过十几层药包布才能达到装药顶端,这样就恶化了点火条件,造成弹道的不稳定性。因此这种结构形式已经被淘汰。

1954 年式 122 mm 榴弹炮装药是用 4/1 火药组成扁圆状的基本药包。基本药包下部装有 30 g 枪用有烟药作为辅助点火药,单独缝在一个口袋里。基本药包放置在底-4 式底火上部。用 9/7 火药组成八个附加药包,每四个一组,下面放四个较小的等重药包,上面放四个较大的等重药包,上药包约为下药包质量的三倍。附加药包都制成圆柱形,每组四个并排放置。由于药包间有较大的缝隙,这就便于点火药气体生成物向上传播,因而改善了点火条件,如图 5-26 所示。在整个装药上方放置有除铜剂及一厚纸盖作为紧塞具,为了防止火药在平时保管时受潮,其顶部还加有密封盖。

1956 年式 152 mm 榴弹炮的装药结构和 1954 年式 122 mm 榴弹炮的装药是相似的。八个附加药包均是用 12/7 火药制成,同样分成上、下两组。基本药包也是采用 4/1 火药制成。在点火系统上,由于它的药室容积比 122 mm 榴弹炮更大,若采用一个点火药包点火强度显得不够,因此在基本药包下部和上部缝有两个用黑火药制成的辅助点火药包。

下点火药包点火药量重 30 g,位于底-4 式底火之上、基本药包之下;上点火药包点火药重 20 g,位于基本药包和附加药包之间,如图 5-27 所示。

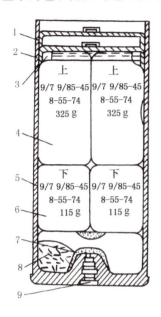

图 5-26　1954 年式 122 mm 榴弹炮装药结构
1—密封盖;2—紧塞盖;3—除铜剂;4—上药包;5—下药包;
6—基本药包;7—点火药;8—药筒;9—底火

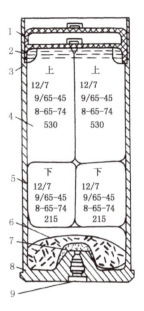

图 5-27　1956 年式 152 mm 榴弹炮装药结构
1—密封盖;2—紧塞盖;3—除铜剂;4—上药包;5—下药包;
6—基本药包;7—点火药;8—药筒;9—底火

以上两种火炮都是用粒状药组成变装药的典型。苏 1931/37 年式 122 mm 加农炮的装药则是利用管状药组成药筒式分装药的典型。该炮装药由一个基本药束和三个附加药束采用乙芳-37/1 一种牌号火药。为了减少药包布对点火的影响,它的基本药束和中间附加药束都不用药布包裹。基本药束下部扎有一个由 130 g 枪药制成的辅助点火药包,外面用钝感衬纸包裹,直接放在药筒内,辅助点火药包压在底-4 式底火的上方。中心附加药束放置在基本药束上方的中间位置。其他两个附加药束为等重药束,采用药包布制成两个药包,药包为扁平形,每个药包上缝两条长线,使每个药包分成三等分,中间装入火药。放在中心药束两边后,这两个等重附加药束就像一个等边六边形包围着中心附加药束。在整个装药上方放有除铜剂。与其他火炮不同的一点是其使用两个紧塞盖作为紧塞具,如图 5-28 所示。射击时除全装药外还可以使用 1 号,2 号和 3 号装药,即依次取出一个、两个附加药束和中间附加药束。

1960 年式 122 mm 加农炮的减变装药是由粒状药和管状药组成的,所以它在装药结构上又具有与上述几种火炮不同的特点。它的基本药包是由 12/1 管状药和 13/7 两种火药组成的双缩颈的瓶形装药,附加药包是由两个等重 13/7 药包组成。装药时,先把一个圆环形的消焰药包放在底火凸出部的周围,再放入下部带有点火药的基本药包。由于它是双缩颈的瓶形装药,所以解决了减变装药的装药高度问题。在第二个细颈部上扎有除铜剂。两个等重附加药包的内层有护膛剂,附加药包分成四等分,套在第二个细颈部上时成为一个四边形把基本药包包围在中间,装药上方有紧塞具和密封盖,如图 5-29 所示。

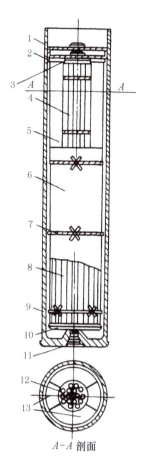

图 5-28 苏 1931/37 年式 122 mm 加农炮装药结构

1—密封盖;2—紧塞盖;3—除铜剂;4—中间药束;
5—等重药包;6—钝感衬纸;7—捆紧绳;
8—基本药包;9—药筒;10—点火药;
11—底火;12—中间药束;13—等重药包

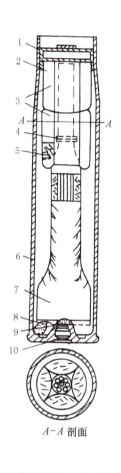

图 5-29 1969 年式 122 mm 加农炮减变装药结构

1—密封盖;2—紧塞盖;3—等重药包;4—除铜剂;
5—钝感衬纸;6—药筒;7—三号装药;8—点火药;
9—消焰剂;10—底火

4. 药包分装式火炮的装药结构

药包分装式的装药结构同药筒分装式的装药结构大体相同,其差别即在于一个是用药包盛放装药,另一个则是用药筒盛放装药。由于这类装药是采用药包盛放装药,因此它有下述几个特点:一是在药包上有绳子、带子、绳圈等附件可以用来把药包绑扎在一起。二是装药平时保存在锌铁密封的箱子内。三是射击时,装药直接放入火炮的药室,因此应用这类装药的火炮炮闩必然要具有特殊的闭气装置。采用这类装药的火炮主要是大口径的榴弹炮和加农炮。

这种装药可以由一种或是两种牌号的火药组成。它可能是整套的,以保证获得所有的规定初速。也可能是组合的,一部分能获得若干个速度级,包括最大初速;另一部分能获得另一些速度级,包括最小初速。

苏 1931 年式 203 mm 榴弹炮装药如图 5-30 所示,其由两部分组成。

第一部分为减变装药,由基本药包和四个等重附加药包组成。基本药包和附加药包都采用 5/1 硝化棉火药,装在丝制的药包内。在基本药包上缝有由 85 g 枪药组成的辅助点火药包。

第二部分为全变装药,由基本药包和六个装在丝制药包内的 17/7 硝化棉等重药包组成。基本药包上缝有辅助点火药包,用 200 g 粗粒黑火药制成。

两部分装药都有除铜剂,都是用缝在基本药包上的丝带穿过附加药包上的丝圈绑扎结合的。

苏 1915 年式 305 mm 榴弹炮装药如图 5-31 所示。由三部分组成,第一部分为全变混合装药,有两个基本药包,下药包用 15/7 火药,上药包用 9/7 火药,还有四个等重的由 15/7 组成的附加药包。第二部分为全变装药,是由基本药包和一个 15/7 附加药包制成。第三部分为减变装药,由 9/7 火药组成的基本药包和两个 15/7 火药制成的附加药包组成。这三部分的基本药包上都缝有由 300 g 黑火药制成的辅助点火药包。

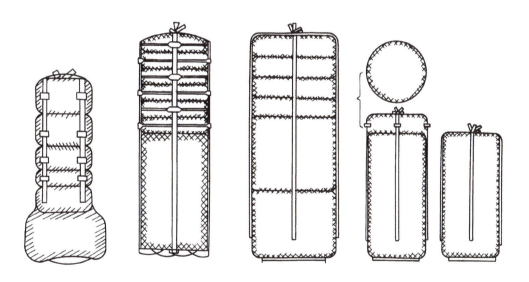

图 5-30 苏 1931 年式 203 mm 榴弹炮装药结构

图 5-31 苏 1915 年式 305 mm 榴弹炮装药结构

5. 刚性模块组合装药结构

刚性装药是相对于软装药(布袋装药)而言的。对一般大口径火炮,常用变装药及全装药的不同形式装药。通过布袋的整包装、分包装以及它们的组合而形成从小到大、不同射程的各号装药。有些组合是在射击时临时进行的。近年来,从两个方面的要求,需要对软包装装药进行改进,一个是因为炮口口径变大,装药量增加,软包装难以操作;另一个是软包装不适于机械传输,影响射速。在这种情况下发展了刚性装药。由基础的刚性装药件的组合,可形成不同号的整装药。刚性装药由可燃、固定、便于组合的容器以及装填发射药、装药元件所组成。

美国 155 mm 自行榴弹炮火炮系统 M109 系列装药最有代表性。其装药有 M3、M3A1、M4A1、M4A2、M119、MAA9A、M203 系列及 M11 等。它们是内装单基药或叁基药,或它们的混合药的分装式或整装式袋装药。装弹速度较慢,安全性、射速满足不了需要。现用 XM215、XM216、M203A1 代替 M3A1、M4A2、M119A1 和 M203 装药。XM215、M203A1 是可燃容器内装入发射药形成的单个装药,XM216 则包括三个分装药。图 5-32 所示为 155 mm 炮布袋装药简图和 155 mm 刚性组合装药系统简图。图 5-33 所示为 XM215 装药的内部结构。图5-34所示为 XM216 装药组合示意图。

155 mm 火炮的刚性组合装药有小号装药。小号装药是单个的 1 号装药,型号为 XM215,如图 5-33 所示。

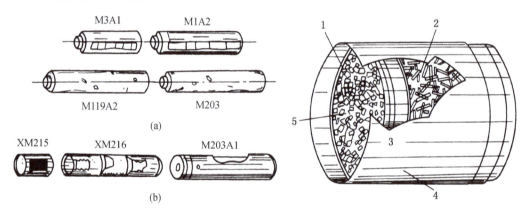

图 5-32 155 mm 火炮布袋装药和刚性组合装药简图　图 5-33 155 mm 组合式装药的 XM215 装药结构
　　　(a) 布袋装药;(b) 刚性组合装药　　　　　　　1—点火器;2—M1 发射药;3—1 号装药;
　　　　　　　　　　　　　　　　　　　　　　　　　4—可燃药筒;5—点火药

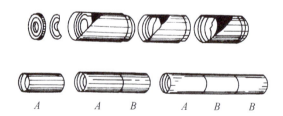

图 5-34 155 mm 组合式装药的 XM216 装药结构

XM215 是由一个直径为 147.3 mm、长为 152.4 mm 的刚性可燃药筒以及内装 1 404 g的单孔 M1 型单基发射药组成。其用于发射 M483A1 式子母弹,可提供 230.6 m/s 的初速,以满足大射角 4 km 最小射程的要求。弹底的点火药是由硝化纤维素火帽内装 85 g 全可燃点火药(CBI)的 14.2 g 黑火药组成。

对于中等射程范围用的组合式装药(2～4 号装药),型号为 XM216,有三个中间初速,其外形与结构如图 5-32 所示。

XM216 装药构成为组件 A 适用于 2 号装药;组件 A 和 B 适用于 3 号装药;组件 A、B、B 适用于 4 号装药。

其中组件 A 由长为 266 mm、直径为 147 mm 的可燃药筒以及内装 3.5 kg M31A1E1 型三基开槽单孔棒状药组成。组件 B 由长为 178 mm、直径为 147 mm 的可燃药筒以及内装 2.8 kg 的 M31A1E1 型三基开槽单孔棒状药组成。

为了获得 M549A1(火箭增程弹)30 km 的最大射程,采用了型号为 XM217 的单号的 5 号装药。该装药采用直径为 158.7 mm、长为 768.3 mm 的可燃药筒,内装 13.16 kg M31A1E1 型三基开槽单孔棒状药。这种药正在发展为 M203E2 装药,以代替目前的 M203 药包分装式装药。

6. 迫击炮的装药结构

由于迫击炮的构造和弹道性质与一般线膛火炮有较大的差别,因此迫击炮的装药结构必然也和一般火炮有所不同。迫击炮装药由两部分组成,即基本装药和辅助装药。迫击炮的基本装药是把一定数量的黑火药和双基药装在一个厚纸筒内,纸筒底部是一个金属壳,上面压有火帽,火药用压紧在纸筒上部的厚纸板将其固定,如图 5-35 所示。纸筒插在迫击炮弹的稳定管内,用专门装置或借助于药筒凸起部将基本药管固定。迫击炮的辅助装药一般都装在稳定管外面,依弹道性能要求分成若干个等重药包,药包的形状是依据火药形状和弹尾构造特点来决定的。

在射击时,击针击发底火,首先点燃基本药管中的火药,火药燃烧达到一定的压力即冲破基本药管的纸筒,经过稳定管的小孔流入弹后空间,即药室,引燃扎在稳定管外面的辅助装药,因此迫击炮的基本装药既是该炮的最小号装药,又是辅助装药的点火具。实践证明:基本药管的性能对迫击炮的弹道稳定性的影响是非常显著的。

由于迫击炮膛压低、相对弹丸行程短,而初速又要分级采用变装药,因此所使用的火药都是属于高燃速、肉厚较薄的双基简单形状火药,如片状、带状、环状等。最近正在研究使用球形药或新型粒状药。

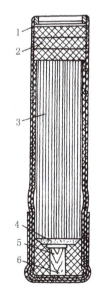

图 5-35 迫击炮基本装药结构

1—漆;2—厚纸塞;3—管壳;4—2 号黑药;5—发火台;6—火帽

1963 年式 82 mm 迫击炮基本装药是用双带 115×46 火药装在厚纸筒内制成,在纸筒底的黄铜壳上压有克-3 式火帽,在火药上放有厚纸垫圈并进行药管收口。辅助装药是用双环 14 32/65 火药装在细麻布的药包内制成,共有三个等重药包,把它们捆扎在稳定管上,如图 5-36 所示。

7. 无后坐炮装药结构

无后坐炮在炮尾装有喷管,射击时有大量火药气体从炮尾流出,依靠火药气体的反作用力降低了由于后坐施加在炮架上的载荷,从而大大降低了整个武器的质量,所以有大量气体流出,即成为无后坐炮弹道上的一个突出特点,这个特点必然也反映在装药结构上。第一,由于有大量火药气体流出,故无后坐炮大都属于低压火炮,在低压下为了保证火药能够正常燃烧,无后坐炮都有特殊的点火系统,而且所用的点火药药量比同口径一般火炮要多很

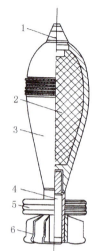

图 5-36 1963 年式 82 mm 迫击炮装药结构

1—引信;2—炸药;3—弹体;
4—基本药包;5—附加药包;
6—尾翼

多;第二,在火药气体大量流出时,也携带着大量未燃完的药粒一齐流动,因此无后坐炮装药结构上还应当考虑减少火药流失即所谓挡药的问题;第三,因大量气体从炮尾流出,用于推送弹丸做功的火药气体只是一部分,所以与初速相同的一般火炮相比装药量大约多出两倍;第四,在装药结构上应当保证有足够的压力时火药气体才开始流出,即有一定的喷口打开压力;第五,为适应低压的弹道特点,无后坐炮多采用高热量、高燃速的单基多孔火药或是双基带状火药。

无后坐炮装药有两种典型的情况:

(1) 1957 年式 75 mm 无后坐炮是属于具有多孔药筒型线膛无后坐炮的典型情况,如图 5-37 所示。

75 mm 无后坐炮的装药是由 9/14 高钾硝化棉火药组成,火药全部装在一个有许多小孔的药筒内,药筒内有一层用牛皮纸做的纸筒。装药点火系统是由底-1 式底火和装有 20 g $\phi 3-5$ 黑药的传火管组成。射击时首先击发底火,点燃传火管的黑药,点火药气体从传火管小孔喷出点燃发射药,达到一定压力后,火药气体冲破纸筒从小圆孔流入药筒外面的药室,然后通过药室底部的喷管流出炮尾。其点火系统的主要特点是用杆状点火具来加强点火;火药气体冲破多孔药筒内纸筒的压力就是喷口打开压力,因此可以用纸筒的厚度和药筒的孔径来控制这个压力,75 mm 无后坐炮药筒的小孔直径为 $\phi 6.35$ mm,一共 990 个,总面积为 315.53 cm^2;多孔药筒的主要目的是起挡药作用。因此这类无后坐炮火药流失量较少,弹道比较容易稳定,但炮尾结构尺寸较大,使用不方便。

(2) 1965 年式 82 mm 无后坐炮是尾翼稳定滑膛无后坐炮的典型,如图 5-38 所示。

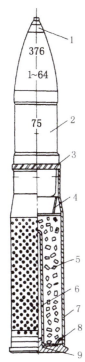

图 5-37 1957 年式 75 mm 无后坐炮装药结构
1—引信;2—弹体;3—弹带;4—纸筒;5—发射药;
6—传火管;7—药筒;8—药包布;9—底火

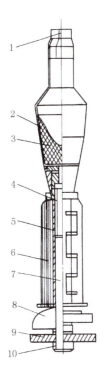

图 5-38 1965 年式轻 82 mm 无后坐炮装药结构
1—防滑帽;2—药形罩;3—炸药;4—尾管;5—传火孔;
6—药包;7—点火管;8—尾翼;9—定位板;10—螺盖

轻 82 mm 无后坐炮的炮弹是尾杆尾翼稳定形式,因此它的弹形很像一个迫击炮弹,而其装药结构也像一个迫击炮的全装药。在尾杆内安放有装药的点火机构,点火药采用大粒黑火药,放在纸管内,组成点火管。尾管上开有传火孔。发射药采用双带 425×150 火药,放在丝制的药袋内,绑扎在稳定管上。在药包下方靠近弹尾的尾翅上有一个塑料制的挡药板。而在尾翅下部又有一个塑料制的定位板,射击后火药气体有一定压力时,打碎定位板从喷口流出,这就相当于喷口打开压力。这种装药结构的无后坐炮比 75 mm 无后坐炮的药室结构要紧凑得多,全炮更轻便,但火药流失较大,弹道性能不容易稳定。

5.3.4 装药中的点火系统设计

装药能否正确地发挥它的作用,获得所要求的弹道性能,除了要有正确的弹道设计、合理地选择发射药以及合理地确定装药结构外,很大程度取决于火药装药的点燃条件是否合适。因此,本节主要介绍枪炮常用的制式点火器材,剖析装药的点火过程,找出影响点火的因素,从而使我们能够控制火药装药的点火条件,制定出装药结构设计中选择点火药所遵循的原则。

1. 点火器材

火药受到一定的外来能量后才能引起燃烧。因此,火炮射击时要利用点火具,给予简单的激发冲量(如冲激、刺激、加热等)而产生热冲量点燃火药装药。目前常用的点火具有药筒火帽、底火、击发门管和电底火等。为了加强点火冲量,有些火炮还增用了辅助点火药包。下面简单介绍这些点火器材的主要性能。

(1) 药筒火帽。

药筒火帽的性能会影响到弹丸的弹道性能,甚至影响火炮的发射情况,所以对它必须提出严格要求。

① 药筒火帽应具有一定的外廓尺寸,尺寸应与枪炮的药筒结构紧密配合。

② 有适当的感度,在击针冲击之下能产生一定的冲击能量以保证火帽的确实作用。

③ 有良好的点火能力,能可靠地点燃辅助点火药和发射药。实践证明,火帽产生的火焰温度和火焰强度(即火焰长度及燃烧生成物气体的压力)是火帽点火能力的主要标志。火帽的火焰温度越高,装药越接近于瞬时发火;火焰强度越大和作用于发射药的时间越长,火帽可以点燃的表面越大。如果火帽点火能力不够时,则可能发生"迟发火"现象。

④ 作用一致。火帽点火能力在一定范围内增大是有利的,但是点火能量强度过大的火帽会导致膛压增高。为了保证弹丸有良好的弹道性能,火帽作用必须一致。

⑤ 使用安全。火帽应能足以承受制造、运输与勤务处理中不可避免的振动和撞击。

⑥ 保存时性质安定。

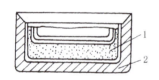

图 5-39　药筒火帽

1—击发药；2—火帽壳

⑦ 构造简单,制造容易,成本低廉。

目前常用的药筒火帽构造上大体由三或四个构件组成。三个构件的火帽如图 5-39 所示。

它由火帽壳、击发剂和盖片组成。火帽壳是一个有一定形状和准确尺寸的铜制凹形壳体。击发剂由雷汞 $Hg(ONC)_2$(起爆药)、氯酸钾 $KClO_3$(氧化剂)和硫化锑 Sb_2S_3(可燃物)混合而成。火帽的点火能力主要取决于击发剂的成分比例、药剂质量、混合的均一性和装入火帽壳的压装压力。盖片是锡或铅或羊皮纸制成的小圆片,平时起防潮作用,射击时它的厚薄对火帽性能也有影响。

四构件的火帽多了一个击砧,击砧是锥形或拱形金属片,它的尖端抵在击发剂上,后部由帽壳固定,击砧和击针夹击击发剂使得火帽作用更可靠。

表 5-12 举出了若干枪炮所用的药筒火帽的性能。

射击时击针撞击药筒火帽的外壳,火帽壳产生了变形,使击发剂所受的压力增大,击针的动能转化为热能。当热能足够大时即引起了击发剂的燃烧,从而生成热量和气体物质,使压力增强,冲破盖片,高温气体物质和灼热粒子进入药筒或药室,进而引燃了辅助点火药或装药。

(2) 底火。

口径在 25 mm 以下的火炮可以单独使用药筒火帽作为点火具,37 mm 口径以上的火炮发射药量较大,需要更大的激发冲量才能保证正常点火,因此往往需要用少量黑火药作为辅助点火剂。

将火帽与黑火药结合成一体的装置称为底火和击发门管。

各种底火和击发门管的构造基本上是类似的,它们的区别只在个别零件的不同。主要组成部分包括:底火本体或门管本体,黑火药装药,击发火帽和击砧,此外,还有封闭火药气体的专门装置。

在定装式和药筒分装式的弹药中底火安装在药筒底部的驻室,而在药包分装式的弹药中则底火装在炮闩的门管驻室。

表 5-12 火 帽 性 能

序号	火帽的名称	击发剂百发数/%			点火药质量/g	$Q_{V(水)}$/J	V_1/mL	用 途
		雷汞	氯酸钾	硫化锑				
1	手枪药筒火帽	25	37.5	37.5	0.018			小口径手枪
2	手枪药筒火帽	25	37.5	37.5	0.02	28.5	3.7	
3	7.62 mm 枪弹火帽	16	55.5	28.5	0.03	41.9	5.6	步枪枪弹药筒
4	7.62 mm 枪弹火帽	25	37.5	37.5	0.03	42.7	5.4	步枪轻弹药筒
5	7.9 mm 枪弹火帽	17.5	44.0	38.5	0.03			也适用于反坦克武器药筒
6	14.5 及 12.7 mm 枪弹火帽	25	37.5	37.5	0.04	56.9	7.4	
7	底火火帽	25	37.5	37.5	0.02	28.5	3.7	
8	迫击炮用火帽	35	40	25	0.05	71.2	9.3	

底火的黑火药量应保证底火有足够的点火能力,以使发射装药着火确实并得到正常的弹道性能。底火本体应有足够的强度,要能够承受火药气体的压力,防止火药气体由炮闩冲出。在射击后底火和击发门管应该容易从药筒或炮闩中取出。底火和击发门管必须保证在运输、勤务处理和装填时的振动情况下不会着火,以免发生危险。

下面介绍几种目前应用的底火:

① 底-4 式底火和底-2 式底火。

底-4 式底火构造如图 5-40 所示。它由黄铜或钢制成底火体,在底火体底部装有用螺套压紧的火帽。火帽上方是发火砧,射击时它可以使火帽确实作用。在发火砧中间装有紫铜锥形塞,它起到一个单向活门的作用。射击后,火帽火焰将锥形塞抬起,气体冲入底火体上部,把装在上部的黑药饼(6.1 g)点燃。黑火药燃烧后,火药气体压力反过来把紫铜锥形塞压紧,防止了火药气体从底火底部冲出。在黑药瓶上有盖片、垫片,起防潮作用。

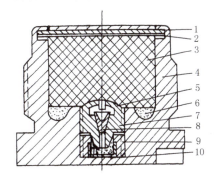

图 5-40 底-4 式底火
1—盖片;2—垫片;3—黑药饼;4—底火体;5—纸片;
6—料状黑药;7—发火台;8—锥形塞;
9—螺套;10—火帽

底-4式底火可承受的最大膛压为 350 MPa，它用在 57～122 mm 等口径火炮的药筒上。

底-2式底火在结构上与底-4式底火完全相同，只是外形尺寸稍小些，黑药饼重 0.22 g，用在口径较小的火炮上。

② 底-13 和底-5 式底火。

这两种底火的构造和底-4 式底火相似，如图 5-41 和图 5-42 所示。

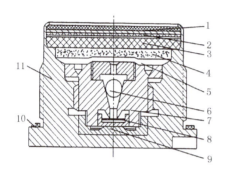

图 5-41　底-13 式底火

1—盖片；2—垫片；3—黑药饼；4—粒状黑药；
5—纸片；6—紧塞铜球；7—发火台；8—火帽；
9—加强盂；10—垫圈；11—底火体

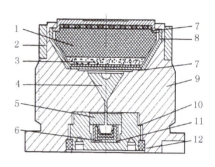

图 5-42　底-5 式底火

1—黑药饼；2—加固套筒；3—粒状黑药；4—衬碗；
5—锥形塞；6—压螺；7—纸片；8—套圈；
9—底火体；10—火帽座；11—发火台；12—铝环

它们的底火体较厚，底-13 式底火用紫铜球作为密闭装置，因此它们能承受较高的压力，可以用在最大膛压为 400 MPa 的火炮上。底 13 式底火的黑药饼重 2.7 g，底-5 式底火黑药饼重 1.25 g，都比底-4 式轻。

③ 4 底-1 式底火。

这种底火用在 75 mm 无后坐炮上。为了适应低压有气体流出火炮的点火需要，在这种底火的上方可以旋一个较长的传火管，以便加强点火作用，底火上方黑火药为 0.5 g，如图 5-43 所示。

(3) 辅助点火药。

在装药中使用的辅助点火药主要是黑火药。

黑火药是由硝酸钾、木炭、硫黄混合而成。硝酸钾是氧化剂，受热后可以

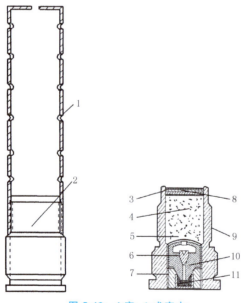

图 5-43　4 底-1 式底火

1—传火管；2—底火；3—黄铜片；4—火点药；5—纸片；
6—紧塞锥形体；7—压螺；8—磁漆；9—底火体；
10—发火台；11—火帽

分解出氧。

$$4KNO_3 \xrightarrow{350\ ℃} 2K_2O + 2N_2 + 5O_2$$

木炭作为燃烧剂,与硝酸钾放出的氧作用,生成气体和大量的热。

$$C + O_2 \longrightarrow CO_2 + 395.58\ kJ$$

$$2C + O_2 \longrightarrow 2CO + 226.04\ kJ$$

硫在黑火药中起黏合作用,把各种成分粘在一起,使黑火药具有一定的形状和强度,同时与氧作用生成气体与热量,三种成分的比例大约是:硝酸钾 75%、木炭 15%、硫 10%。

$$S + O_2 \longrightarrow SO_2 + 290.09\ kJ$$

黑火药依其粒度可以分成四种品号:

大粒黑火药	5.1~10.2 mm
1# 小粒黑火药	1.25~2.0 mm
2# 小粒黑火药	0.75~1.25 mm
3# 小粒黑火药	0.15~0.75 mm

黑火药的真密度为 1.60~1.93 kg/dm³,假密度为 0.87~1.1 kg/dm³。黑火药的真密度与黑火药的燃速有密切关系,密度越大,燃速越小。

黑火药的发火点为 265 ℃~320 ℃。干燥的黑火药容易用火焰、电火花和热金属丝等点燃,如黑火药的密度、表面光滑度和含硫量增加时,其可燃性便降低。军用黑火药通常含水约为 0.7%~1%,如果由于保管不善,黑火药因吸湿而受潮,其点燃和燃烧就会发生困难。如果黑火药中含水量达到 2% 则点火发生困难,水分如达到 15% 则根本不能点燃。在低压时,若没有空气存在,用普通的热金属丝也不能将黑火药点燃。

1 kg 黑火药燃烧后可生成固体 0.564 kg,标准条件下的气体体积为 282 dm³,放出热量为 2 930~3 350 kJ,爆温可达 2 200 ℃~2 500 ℃,火药力约为 250~300 kJ/kg。常压下,黑火药的着火速度约为 1~3 m/s。

黑火药做辅助点火药时,大都制成辅助点火药包。

除黑火药外,有时还使用多孔性硝化棉火药作为辅助点火药。这种火药基本成分与单基药成分相同,只是在火药配方中再加入了一定量的硝酸钾,如加入火药配方的 45%、85% 或 22% 等,火药压制成型后,进行浸泡,火药中的硝酸钾就溶解在水中,这时在火药药粒中原硝酸钾所占据的位置上就留下了很多小孔,硝酸钾含量越多,孔数也就越多。这种火药由于药粒具有多孔性,起始燃烧表面很大,气体生成得特别快,因此可以作为辅助点火药,也可以作为枪药。它的点火能力虽不如黑火药,但热量比黑药高。

多孔性硝化棉火药的发火点为 170 ℃~180 ℃,它很容易被火帽点燃,爆热 $Q_{V(水)}$ 可达 3 770 kJ/kg。

有时辅助点火药可以选用以黑火药为基础的混合点火药,即在黑火药中混入一些小粒的单基药或双基药。这种点火药既可以发挥黑火药点火能力强的优点,又可以弥补黑火药热量不高的缺点。

2. 点火过程

火药的点火是一个复杂的热学和化学热力学的过程,而且进行得很迅速。为了更清楚地说明这个过程,我们依其作用次序分成四个阶段:

(1) 点火剂的引发。

(2) 辅助点火药的燃烧。

(3) 辅助点火药燃烧产物沿装药表面的传播。

(4) 装药中药粒表面的加热和点燃。

这四个阶段是连续发生的,有时前一个阶段还没有结束,装药的局部区域早已开始了下一个阶段。

(1) 点火药的引发。

当火帽受击针冲击后,火帽药剂便开始燃烧,生成气体、固体和热量,反应式如下:

$$5KClO_3 + Sb_2S_3 + 3Hg(ONC)_2 \rightarrow 3Hg + 5KCl + Sb_2O_3 + 3N_2 + 6CO_2 + 3SO_2$$

由实践可知,1 g 火帽药剂燃烧后可以生成 186 mL 气体、0.23 mL 固体和 1 400 J 热量。

在一般条件下,每点燃 1 cm^2 火药装药表面,应当使用的点火药热量约为 4~20 J,例如手枪弹、步枪弹等。如果要点燃更多的装药量和更大尺寸的火药,这点热量就显得不够,应加入辅助点火药(或称为传火药)。在实践中得知,点燃 10~15 g 火药装药须用一个火帽加 0.5 g 黑火药;若点燃 0.2~1.0 kg 的炮用药须用一个火帽另加 3~7 g 黑火药。火药装药量超过 1 kg 时,除采用底火火帽外,辅助点火药量应为装药量的 0.5%~5%。

(2) 辅助点火药的燃烧。

利用黑火药作为辅助点火药时,其可在火帽燃烧剂生成的火焰作用下迅速被点燃,根据实验已知黑火药的发火点为 265 ℃~320 ℃。黑火药的燃烧过程是很复杂的,反应过程不仅与黑火药成分有关,而且与黑火药的燃烧条件有关。以 KNO_3 74.8%、S 11.8% 和 C 13% 组成的黑火药为例,反应式为

$$16KNO_3 + 21C + 7S \rightarrow 13CO_2 + 3CO + K_2SO_4 + 5K_2CO_3 + 2K_2S_3 + 8N_2$$

黑火药的燃烧速度与压力有着密切关系,如表 5-13 所示。

表 5-13 黑火药的燃烧速度与压力的关系

压力/MPa	0.1	50	100	150	200	250
燃速/(cm·s^{-1})	0.80	6.4	8.0	9.2	10.1	10.9

黑火药燃烧后,它的气体生成物和固体生成物就开始在一定的压力下以一定的速度沿装药表面传播而点燃装药。

(3) 辅助点火药燃烧产物沿装药表面的传播。

在火炮中装药之间充满着一个大气压的空气。辅助点火药燃烧后生成的气体和固体物质以很大速度沿装药表面运动,由于热的传导与对流而使药粒表面加热,同时装药周围的压力不断上升。这种传播与运动的过程和点火药产物传播道路的长短、曲折等情况密切相关。点火药气体在运动中因热传递而冷却,距点火药近的火药表面最先点火,被点燃的药粒也产生了高温气体,与黑火药气体一起再使更远的部分点火。以后的点火过程主要就是依赖于火药本身气体生成物的作用,随着压力的升高,使燃烧更为猛烈,从而使点火更有效地进行。因此点火总是有一个过程的。但是为了得到弹道的一致性,在火炮中点火应当尽量趋于一致。我们经常把能够获得稳定一致的弹道效果的点火称为有效点火。用实验方法可以测定出某些武器在有效点火时的点火时间,例如:

7.62 mm 步枪	0.67 ms
20 mm 空军炮	1.0 ms
45 mm 反坦克炮	2.2 ms
1918 年式 150 mm 加农炮	80 ms

在内弹道学中为了处理问题方便起见,并不专门研究点火过程,往往认为有效点火是瞬时完成的,因为点火时间对于火药全部燃烧时间要短得多,所以这种假设是近似合理的。

实践证明,装药结构对辅助点火药燃烧产物的传播有着显著的影响。

① 如果装药是由管状药束制成,装药长度不大(100~200 mm),辅助点火药气体可以很快地充满全部装药,几乎可以同时将全部火药表面点燃。

② 如果装药是由粒状药制成,长度较大(500~1 000 mm)时,辅助点火药气体不能同时充满全部装药,因而离辅助点火药远的火药点燃较迟,从而产生显著的燃烧不一致的情况。

③ 散装粒状药的松紧程度对点火有显著影响,因为辅助点火药的气体产物通过散乱的粒状药时,气流穿过狭窄而弯曲的通道,气体的温度和压力迅速地降低。所以装填粒状药时不能超过或低于规定的装药高度,以保证传火条件的一致性。

④ 药包布能减弱传火气体的气流速度,当点火气体穿透或破坏厚的和致密的药包布时,要消耗很大的能量,因此装药中必须选用不严重阻碍点火的丝织物或薄的棉织物作为药包布材料。

(4) 装药中火药表面的加热和点燃。

火药点火可以分为两种类型:把火药均匀地加热到某个温度,然后停止外界供给热量,全部火药自动升温而发生点燃,这称为自动点火;另一种是火药中点火的情况,在点火药气体和灼热的固体粒子作用下,先引起火药的局部燃烧,此局部燃烧放出的热量再传给下一层火药,使火药继续燃烧,这种燃烧过程在燃烧理论上称为强迫点火。

火药的强迫点火过程可以分为两个阶段:一是点火药的热源将热传给火药的表面,这主要是靠点火药的灼热固体粒子以热传导的方式和高温的点火药气体以对流方式以及点火药火焰的热辐射方式,使得火药表面层温度升高,并使化学反应速度加快,这时火药即开始燃烧,这就是着火阶段。第二阶段是火药表面反应放出的热量,向内层传递,在传热过程中,如果在单位时间内,内层的吸热大于散热,内层的温度就升高,反应速度也加快,火焰就会向内层传播,这称为燃烧阶段。正常的点火,就是要保证火药的着火和燃烧的最初阶段能正常进行。

3. 强迫点火理论和点火强度指标

以传热学和化学的观点作为基础,可以把点火理论归纳成公式。虽然用这些理论的结果可以粗糙地描述点火过程某些方面的关系,分析出影响点火的主要因素,定性地给出点火强度的指标,但用来对给定的火药的点火作定量计算或用来指导火炮点火系统的设计,是不完全和不充分的。

为了建立点火理论,我们必须假设一种非常简单的点火过程的模型。这个模型就是假设发射药的点火只取决于点火药气体对火药表面的传热,当火药表面从点火药气体中吸收的热量达到足够大时,火药即可着火,这个热量的最小值一般表示为 Q_m。点火热源的温度 T_d 是一个恒定数值,均匀地对火药加热,点火药气体状态参数的关系服从理想气体状态方程,则:

$$T_d = \frac{p_d}{R\rho_{gd}}$$

式中　T_d 为点火药气体温度;R 为点火药气体常数;p_d 为点火药气体压力;ρ_{gd} 点火药气体密度。

单位时间内点火药气体传给发射药表面的热量,用传热公式可以表示为

$$\frac{dQ}{dt} = Cu\rho_{gd}(T_d - T_0)S_0 \tag{5-28}$$

式中　T_0 为发射药的初温;C 为点火药气体的比热;u 为点火药气体分子碰击火药表面的法向平均速度;S_0 为火药的受热表面;t 为传热时间。

如令

$$\zeta = 1 - \frac{T_0}{T_d}$$

从状态方程得知:

$$T_d\rho_{gd} = \frac{p_d}{R}$$

则式(5-28)可改写成:

$$\frac{dQ}{dt} = \frac{Cu\zeta}{R}p_d S_0$$

令 $\alpha_1 = Cu\zeta/R$,称为理论传热系数。

则

$$\frac{dQ}{dt} = \alpha_1 p_d S_0$$

由于在上式中没有考虑点火药气体沿火药表面的紊乱流动现象和点火药气体中含有炽热的固体粒子等因素，因此在传热系数中应引入一个大于1的系数 α_2；又由于点火药气体传播是有一个过程的，因而装药各部分加热情况并不一致。为了简化起见，我们假设火药表面的点火药气体温度是一致的，并对点火药气体压力取平均值。由于这一假设引起的误差由系数 α_3 修正，所以有：

$$\frac{\mathrm{d}Q}{\mathrm{d}t} = \alpha_1 \alpha_2 \alpha_3 p_\mathrm{d} S_0$$

令

$$\alpha = \alpha_1 \alpha_2 \alpha_3 = \frac{Cu\zeta}{R}\alpha_2\alpha_3$$

故

$$\frac{\mathrm{d}Q}{\mathrm{d}t} = \alpha p_\mathrm{d} S_0 \tag{5-29}$$

式中 α 称为总传热系数，是与点火药气体性质、火药初温、点火过程、点火温度、点火结构和装药结构有关的一个量。

从式(5-29)可以看出，为了保证正常的点火条件，必须根据装药中火药的形状、尺寸与装药量来选择点火药的种类、用量和合理的点火结构。而点火药气体的压力是点火强度的重要标志之一。但点火压力只代表了点火强度条件的一个方面，要使火药点燃，火药吸收的热量应大于某一个最低热量 Q_m，若 t_m 为点火药气体把这么多热量传给火药表面所需时间，则从式(5-29)积分得：

$$Q_\mathrm{m} = \alpha S_0 \int_0^{t_\mathrm{m}} p_\mathrm{d} \mathrm{d}t$$

令

$$q_\mathrm{m} = \frac{Q_\mathrm{m}}{S_0}$$

则

$$q_\mathrm{m} = \alpha \int_0^{t_\mathrm{m}} p_\mathrm{d} \mathrm{d}t \tag{5-30}$$

式中 q_m 表示要使火药点燃，火药的单位表面应当吸收的最低热量。因此要能得到有效的点火，火药单位表面实际分配的热量 q_1 应大于 q_m。所以 q_1 就成为点火设计中的重要依据，这是点火强度的又一重要指标。用微量量热计可以直接测得一般火药表面加热层的热层，证明有效点火时，q_1 为 $7.6 \sim 9.6 \mathrm{J/cm}^2$。

从式(5-30)还可以看出若要保证 q_m 大于某一个数值，在总传热系数 α 一定时，对点火压力—时间曲线下的面积也必须有一定的要求。但是为了方便起见，我们经常用点火的最大压力 p_B（p_d 的最大值）、点火压力 p_d 达到最大值 p_B 的点火时间 t_B 以及点火药气体压力上升后的变化趋势来加以判别。点火药压力 p_d 不仅影响到点火药热量向火药传递的情况，而且还标志着点火药气体在装药中的传播能力，所以点火药气体压力的最大值 p_B

往往作为点火强度的指标,它必须大于一定的数值。在一定的点火气体压力 p_B 下,为了使热量来得及传给火药,还必须保证一定的点火时间。因为形成点火最大压力 p_B 也是有一个过程的,这个过程的快慢直接影响到点火药气体在装药中传播的快慢。为了得到各发装药燃烧的一致性,各发点火压力曲线也必须是近似一致的,即点火压力和点火时间跳动不大,各发点火压力曲线上升的趋势应该接近一致(集束性好)。

因此在点火系统设计中我们经常提出以下几条作为点火强度的指标:
① 点火药气体压力平均最大值 p_B。
② 点火时间 t_B。
③ 点火药气体压力曲线上升的趋势。
④ 装药单位表面积所吸收的热量 q_1。
⑤ 点火压力曲线的集束性。

这些指标都是从点火药方面提出的,由于装药的具体条件不同,对这些指标的要求也会有所不同。对于一般线膛武器,我们主要是控制点火压力、点火时间和点火热量,因为在控制这些量后其他两项指标就比较容易满足了。而对于有气体流出的低压火炮,则这五项指标都必须考虑。

为了达到点火指标的要求,我们应当控制好点火的条件。实践证明,对于一般武器,选择好点火药的种类、点火药量及合理安排点火结构是控制各项点火指标最有效的方法。

4. 辅助点火药包的设计

(1) 点火药种类的选择。

最常用的点火药是黑火药。黑火药燃烧后产生占其产物重量 55.7% 的固体粒子,这些微粒上聚集了一部分热量成为灼热粒子。当这些粒子接触到火药表面时,会把热量集中地传给火药的某一点,能较好地使装药局部加热,使这部分装药迅速引燃,再扩大到其他部分。因此黑火药的点火能力较强。另外黑火药生成物中有大量的钾离子 K^+,它是一种消焰剂,所以利用黑火药点火本身就可以起到消焰作用。但黑火药的热量较低,在射击时会产生烟,射击后膛内残留物质较多,容易污染炮膛,在运输保管中容易磨碎和吸潮,所以其还有不少缺点。

多孔性硝化棉火药的热量较高,燃烧时不产生固体粒子,点火能力虽然不如黑火药强,但有利于无烟射击的要求。在半自动炮闩和有炮口制退器的火炮上采用这种点火药容易产生炮尾焰,为了消除炮尾焰,需在装药中另加入消焰剂,这又增加了发射时的烟,将抵消使用多孔性硝化棉火药的优点,更重要的是多孔性硝化棉火药的性能不稳定。

(2) 点火药量的选择。

在密闭爆发器中进行实验时我们是按照下列公式,在指定最大压力条件下来估算点火药用量的。

$$p_B = \frac{f_B \omega_B}{V_0 - \dfrac{\omega}{\rho_p} - \alpha_B \omega_B} \tag{5-31}$$

式中　所用各符号含义可参阅第 1 章。指定一个点火压力,求得一个点火药用量,对应一个点火时间。实验证明,点火药气体压力越低,点火时间就越长。当 $p_B = 12.5$ MPa 时,可以认为火药在密闭爆发器中是瞬时点燃的,如表 5-14 所示。

表 5-14　密闭爆发器中点火压力与点火时间的关系

p_B/MPa	2	4	6	12.5
t_B/s	0.02	0.008	0.004	瞬时

但是,在密闭爆发器中由计算所得的点火药气体压力并没有考虑爆发器和火药表面对点火药气体压力的影响,所以实测的点火药气体压力数值比理论计算值要偏低。装药中火药的总表面积越大,实测的点火药气体压力就越低。为了比较由于装药表面积不同引起的点火药气体压力的变化情况,可以用不燃烧的惰性物质如木块、陶瓷、硬橡胶等模拟火药的形状、尺寸,使装填物保持一定的表面积。我们从表 5-15 的实验中可以看出,随着装填物增多,装药表面增加,也即吸热表面增大,实测的点火药气体压力比依状态方程计算出的压力低得越来越多。

表 5-15　密闭爆发器中加入惰性物质对点火压力的影响

有烟火药质量/g	点火药气体压力/MPa								
	无惰性物质		密闭爆发器中惰性物装填密度						
			$\Delta=0.2$/(kg·dm^{-3})		$\Delta=0.3$/(kg·dm^{-3})		$\Delta=0.3$/(kg·dm^{-3})		
	计算值	实验值	计算值	实验值	计算值	实验值	计算值	实验值	
0.996	5	4.6	5.6	3.3	6.2	2.1	7.3	2.0	
1.916	10	9.5	11.4	8.1	12.3	8.3	14.6	4.7	
2.850	15	14.7	17.3	13.0	18.8	10.2	22.1	9.3	

由此可见,为了保证装药具有一定的点火药气体压力,我们不应当仅仅依靠理论的估算就来确定点火药量,还必须考虑具体的结构情况,才能正确选择点火药用量。密闭爆发器实验中得出的规律对火炮同样是适用的。在为火炮装药选择点火药量时,简单地用状态方程估算并不能得到满意的结果,目前火炮装药选择点火药用量主要是依靠实验法和经验公式。

① 实验法。

可以采用弹道实验法,在实验时在其他装填条件不变情况下只改变点火药用量,同时测定火炮的最大膛压、初速和装药的引燃时间,即自击发底火开始到弹丸出炮口为止。尽管这个时间不是点火时间(点火过程仅是装药引燃时间中的一小段),但是这个时间比较容易测得,可以作为参考。以德国 150 mm 加农炮为例,实验结果列于表 5-16 中,并绘成图 5-44。

由 5-44 图中可以看出,最大膛压是随着点火药量的增长成直线增加的;初速的变化范围不大,随着点火药量增加而略有增加,均在初速的误差范围以内;装药的引燃时间在点火药量少时变化非常剧烈,当点火药量为 75 g 时,引燃时间达到一适应数值,此后再增加点火药量,装药引燃时间不再变化。因此,我们可以选取 75 g 为该炮的点火药量。因为小于这个量,装药引燃时间会随点火药量减少而显著增加,在这种情况下装药燃烧就很不稳定,而会使膛压和初速产生显著的跳动。如果大于这个量,在弹道上可以引起膛压增高而初速却并不相应地增加,点火药用量过多还会引起射击时烟多、膛内残渣多等缺点,显然这种情况是不利于炮性能发挥的。

表 5-16 德 150 mm 加点火药量对主要弹道诸元的影响

辅助点火药量/g	25	50	75	100	125	15
最大膛压/MPa	238	263	268	272	279	283
初速/(m·s^{-1})	751	749	753	755	767	759
装药引燃时间/ms	882	312	83	92	75	78

如果能够利用实验测出从击发火帽到弹丸全部挤进膛线这一段所谓"前期"时间,也就是测出从击发开始到膛内形成点火药气体压力,火药开始点燃,直到弹丸挤进膛线这样一段时间,这对选择点火药量会更有帮助,例如在某一门火炮中装药量用 180 g,改变火药成分和点火药量即得到了表 5-16 上所述的实验结果。

将四种火药前期时间和点火药量制成图 5-45。

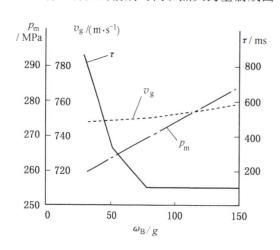

图 5-44 点火药量对主要弹道诸元的影响

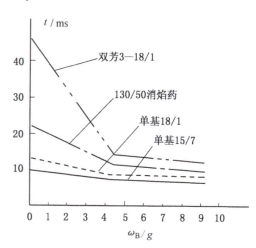

图 5-45 某火炮点火药量与前期时间的关系

根据表 5-17 和图 5-45,我们可以选择该炮的点火药量,即前期时间开始保持常量所对应的点火药量是合适的。由图 5-45 可见各种火药的 ω_B 都在 5 g 左右。从表 5-17 中可以看出对应的较合适的点火压力约为 4 MPa,较合适的点火热量为 10~12 J/cm^2。四种火药相互比较,双芳 3-18/1 前期时间较长,130/50 火药中含有消焰剂,因此前期时间也较长,而 18/1 和 15/7 两种硝化棉火药前期时间相差不多。

表 5-17 某炮火药成分和点火药量对前期时间的影响

火药牌号	ω_B/g	p_B/MPa	q_1/(J·cm^{-2})	p_0/MPa	前期时间/s
15/7	1.2	0.9	2.8	26	0.010 0
15/7	5.2	3.9	12	31	0.007 0
15/7	9.2	6.9	21	26	0.007 3
18/1	1.2	0.9	2.4	25	0.012 5
18/1	5.2	3.9	10	24	0.007 8
18/1	9.2	6.9	17.6	24	0.006 0
130/50 消焰药	1.2	0.9	2.7	20	0.022 1
130/50 消焰药	5.2	3.9	11.6	19	0.010 6
130/50 消焰药	9.2	6.9	20.6	21	0.008 1
双芳-3 18/1	1.2	0.9	2.5	20	0.043 8
双芳-3 18/1	5.2	3.9	10.6	19	0.012 8
双芳-3 18/1	9.2	6.9	18.7	20	0.011 8

② 经验公式法。

根据大量试验,总结出选用点火药量的经验公式。

经验公式(1)

$$\omega_B = \frac{S_0 q_1}{\varphi Q_{V(水)}}(1+K) \tag{5-32}$$

式中 ω_B 为辅助点火药量(g);S_0 为装药的总表面积(cm^2);q_1 为点燃每平方厘米装药表面所需的热量(J/cm^2);φ 为热损失系数;$Q_{V(水)}$ 为点火药的定容水态爆热(J/g);K 为决定于装药结构和装药尺寸的系数。

系数 φ、K 和 q_1 的大小应根据实验来定,在一般情况下可取 $\varphi=1$,$K=0$,$q_1=1.5$ 作为估算火炮点火药量的一次近似值。

这一经验公式完全是根据装药单位表面积所需的热量 q_1 作为估算的基础,列举几种火炮的点火药诸元可作为设计的参考,具体见表 5-18。

表 5-18 点火药诸元

火炮名称	ω/g	S_0/cm^2	ω_B/g	Q_B/J	$q_1=\dfrac{Q_B}{S_0}$/(J·cm^{-2})
20 mm 空军炮	19	291	0.52	1 424	4.90
37 mm 高射炮	220	2 478	5.01	13 837	5.57
57 mm 反坦克炮	1 500	12 125	7.53	20 792	1.72
85 mm 高射炮	2 480	16 452	32.53	89 870	5.44
85 mm 加农炮	2 520	23 672	23.73	94 027	3.98
152 mm 榴弹炮	3 480	56 036	51.53	158 956	2.85

经验公式(2)

$$\frac{\omega_B}{\omega} = \frac{17.6 \times 2e_1 \left(\dfrac{\rho_p}{\Delta} - 1\right)}{Q_{V(水)}} \tag{5-33}$$

式中　ω_B 为辅助点火药量(g)；ω 为装药量(g)；$2e_1$ 为火药燃烧层厚度(mm)；ρ_p 为火药密度(g/cm^3)；Δ 为装填密度(g/cm^3)；$Q_{V(水)}$ 为火药的爆热(J/g)。式中"17.6"为一经验系数,是由实验确定的。这一公式是以装药量为基础来估算点火药量,它是在定性分析基础上推导出来的,因此不如第一个公式准确。

经验公式(3)

$$\frac{\omega_B}{\omega} = 常数 \tag{5-34}$$

根据经验,当辅助点火药用多孔性单基药时式中常数常取 0.4% 左右,如用黑火药时,其常数取 0.8%,这是一种粗略的估算方法。有时为了估算的更准确,可先对同类型火炮进行统计,求出这类火炮的 $\dfrac{\omega_B}{\omega}$ 散布情况,参阅这些数据来选择恰当的常量。

(3) 辅助点火药位置的选择。

辅助点火药的点燃效果不仅和点火药量有关,而且与放在装药中的位置有密切关系。当装药的药筒或药包不很长时,辅助点火药一般都是放置在底火和发射药之间。如果由粒状药组成而用较长的药筒或药包时,可以将辅助点火药装在一定长度的点火管中,点火管与底火直接连接,即所谓杆状点火结构,而带状药和杆状药则不能用这种方法,因为在装药中部点火药气体横向传播会把带状药或管状药冲坏,破坏了火药形状,使弹道性能无规律地反常跳动。所以对这两种药形点火药总是集中在装药的两端或是药包的间隙处。

不论什么形状的火药,当装药长度超过了 0.7~0.8 m 时,如果仅在底火上放置一个点火药包,往往不能保证装药瞬时全面点燃,而会造成膛压初速的反常跳动。为了避免这种现象,可把辅助点火药分成两个药包,一个在底火上部,一个在装药将近一半的地方。实践经验告诉我们,第二个药包不宜放置在装药的最上端,因为这样的话,点火药就起不到"接力"点火作用,又容易使装药两头受压使药粒破碎。分成两个点火药包时,点火药量要调节适当,可以均分,也可以令中间点火药包药量多一些,但下点火药包药量不能太少,否则会使起始点火能力过弱。

在变装药中,因为有大量的附加药包,射击时这些附加药包可能要取出,所以辅助点火药包一般不固定在附加药包上。分成两个点火药包时,则分别放置在基本药包的上面和下面。

如果装药的尺寸更大,也可以将点火药包分成三个以上。

5. 影响点火的其他因素

上面我们着重从辅助点火药这一个侧面分析了某些因素对点火的影响,这是不全面的。因此我们还应从被点燃物质——火药和外界条件——药温来分析。

各种火药依据它们是否容易点燃,大体可以排成下列顺序:

(1) 黑火药。

(2) 热值较高的硝化甘油火药。

(3) 硝化纤维素火药。

(4) 石墨滚光和钝化处理过的硝化纤维素火药。

不过这里应该指出,这种顺序的排列仅仅是相对和近似的,这是因为影响火药被点燃的因素很复杂,并不是固定不变的,总括起来与以下几个方面因素和点燃性能有关:

(1) 火药的气化点和分解温度。当外界条件一定时,这两个量越高,说明使火药开始燃烧所需的点火热量也就越高,火药也就越不容易点燃。

(2) 实践证明燃速越大的火药,越容易点燃。

(3) 火药的热传导系数 λ 对点火的影响是复杂的。λ 如果过大,点火热量刚刚传给火药表面,火药局部加热尚未达到发火程度,热量又很快向火药深处传递散失,因此 λ 过大时点火是困难的。λ 如果过小,点火药气体不容易把热量传给火药表面,因此点火也会发生困难。

(4) 火药的密度 ρ_p 与 λ 值有密切关系。在一般情况下,ρ_p 大时 λ 也大。因此火药密度对点火的影响也是复杂的。但是火药密度是火药紧密程度的标志,火药结构越疏松的越容易点火。

(5) 火药的形状和表面状况与点火也有关,火药表面越粗糙的越容易点火,而经过石墨滚光和钝化处理过的火药难点大。

(6) 火药燃烧反应速度的温度系数越大,越容易点火。

这一系列影响点火的因素,不是孤立地起作用,而是互相关联的。点火难易受这些因素的综合影响,在不同条件下,由不同的因素起主导作用。所以用某一个因素来解释不同条件下的点火情况,必然是行不通的。

除了火药本身的物理化学性质对点火有着明显影响外,火药的初始温度对点火也有显著影响。表 5-19 给出了辅助点火药量为 5.2 g、火药装药量为 180 g 时火药的初温和点火时间的关系。

由表 5-19 中可以看出,火药初温由 $-45\ ℃$ 增至 $+40\ ℃$ 时,弹道前期的时间约减少 1/2,而装药的点火时间约减少了 2/3~5/6。因为在低温条件下要把火药点燃,须将火药表面层加热到一定温度,并维持火药内部具有一定的温度梯度,这比初始温度高时所需的点火药热量要多。在点火药量和其他条件不变时,必然要延长点火时间。因此在设计辅助点火药用量时,不仅要保证常温下的点火一致性,而且要保证低温条件下能有确实的和一致的点火条件。

表 5-19　某火炮火药的初始温度对点火的影响

火药牌号	装药初温/℃	挤进压力/MPa	弹道前期/s	点火时间/s
18/1	−45	22.6	0.013 0	0.006 4
18/1	0	26.0	0.010 5	0.004 4
18/1	18	24.0	0.007 8	0.002 0
18/1	45	26.2	0.006 6	0.001 0
双芳-3 18/1	−45	11.4	0.021 2	0.015 8
双芳-3 18/1	0	20.4	0.014 7	0.007 5
双芳-3 18/1	18	19.6	0.012 8	0.006 2
130/50	−45	18.6	0.016 6	0.008 6
130/50	0	20.4	0.013 7	0.006 2
130/50	18	19.0	0.010 6	0.003 7
130/50	40	22.4	0.009 5	0.002 5

6. 低压火炮的点火问题

由于无后坐炮和迫击炮的火药装填密度很小，散热表面较大，射击时还伴随有气体流出现象，因此比一般火炮点火困难。为了保证点火的一致性，不仅需要有足够的点火强度，还必须有有效的点火装置。

有药筒的无后坐炮，如 75 mm 无后坐炮，火药在药室内的装填密度为 0.264 kg/dm³，在药筒中的装填密度达 0.68 kg/dm³。因为发射药集中在药筒内部，尽管药室很大，但点燃条件接近一般火炮的情况，所以只要在 4 底-1 式底火上加一个传火管，管中装入 $\phi 3 \sim \phi 5$ mm 的大粒黑火药，加强一下点火作用就可以了。

无药筒式的无后坐炮，如 82 mm 无后坐炮和各种口径的迫击炮，少量的发射药装在较大的药室中，要保证它们的有效点火，就必须用特殊的点火系统。这两类火炮大都是尾翼弹，弹丸上的稳定管往往也就是点火管，在管内装有点火药管。在迫击炮上还具有基本装药的作用。实践证明，点火管对这两种火炮的弹道稳定性影响非常大，因此点火管的设计就成为这两种火炮装药设计中的一个突出的重要问题。

点火管的第一个作用是使点火药集中，使点火药本身能在局部较高的压力下稳定燃烧。不难设想，在不使用点火管时，点火药一开始燃烧，最初形成的点火药气体压力就把点火药粒分散到容积很大的药室全部空间，使点火压力迅速下降。在这种情况下，点火药燃烧速度很慢，并且降低了向火药表面传热的速度，因此把点火过程拖得很长，点火强度不够，造成弹道不稳定。使用点火管后，点火药集中在管内不大的容积里，装填密度为 $0.6 \sim 1.0$ g/cm³，很容易使点火药在管内压力较高的条件下迅速地燃烧。如果是没有稳定管结构的低压火炮，为了这个目的，一般都使用特制的点火药盒，把点火药集中起来，如瑞典的 84 mm 滑膛无后坐炮就是这种点火结构,也有的无后坐炮把点火管装在炮尾上。

点火管的第二个作用是形成足够的点火压力,使发射药能够均匀地着火,所以总是设法保证点火管达到一定压力时,点火管的传火孔才打开,以保证一定的点火强度。

点火管的第三个作用是通过传火孔的分布来控制点火药气体的传播规律。

如某些迫击炮利用点火管作为基本药管,那么点火管的第四个作用就是作为最小号装药,以获得最小一级的初速。

(1) 点火装药方面。

① 所用底火和火帽的性能。在点火管中点火药的绝对数量是较少的,在这种情况下,发火机械性能上的差异对点火药燃烧情况影响非常显著,而低压火炮中点火对弹道性能影响又是突出的,所以可以推论在低压火炮中底火和火帽性能变化对弹道性能的影响也要比一般火炮大得多。在 82 mm 无后坐炮点火管中,改变底火种类,所得结果如表 5-20 所示。

② 点火药的种类和用量。显然,改变点火药量仍然是控制低压点火强度的主要手段。再以 82 mm 无后坐炮点火实验为依据,点火管内压力是随点火药量增加而增加的,但压力跳动一般不随点火药量改变,实验结果如表 5-21 所示。

表 5-20　82 mm 无后坐炮底火药量对点火管压力的影响

底火黑药饼药量/g	0.3	0.4	0.5			1.0
点火药量/g	46	48	46	47	40	40
点火管内平均最大压力/MPa	52	70	63	80	67	196
压力相对跳动量/%	22.4	17.1	30.8	32.2	47.6	16.1

表 5-21　82 mm 无后坐炮点火药量对点火管压力的影响

点火药量/g	40	41	42	43	44	45	46	47
管内平均最大压力/MPa	52	57	54	61	62	68	63	80
压力跳动量/%	37	31.7	43.1	16.4	36	35	35.1	32.2

与一般火炮相比,无后坐炮相对点火药量 ω_B/ω 的百分比特别大,如 57 mm 加农炮的 $\omega_B/\omega=1.66\%$,122 mm 榴弹炮的 $\omega_B/\omega=1.34\%$,而 57 mm 无后坐炮 $\omega_B/\omega=2.27\%$,82 mm 无后坐炮的 $\omega_B/\omega=9.7\%$。尽管相对点火药量相差很远,但是装药单位表面积所吸收的点火热量却基本上是一致的。57 mm 加农炮 $q_1=10.5$ J/cm²,82 mm 无后坐炮的 q_1 也只有 7.6 J/cm²。

③ 点火药的形状和粒度。它们直接关系到点火管内部火焰传播情况。点火管内传火情况不良,会引起点火管压力跳动,进而使武器弹道性能跳动。因此点火管中使用的点火药大多使用大粒黑火药或使用管状药、带状药,只有在保证良好传火情况下才使用小

粒药。

④ 点火药纸筒的材料性能和厚度。因为这是控制点火管的传火孔打开压力的一个重要因素,点火药纸筒厚度生产上的公差和材料性能变化都会影响点火管强度,使得传火孔打开压力产生跳动。

⑤ 点火药和装药的初温。点火管内压力随温度增高而增大,压力跳动也随温度增高而增加。82 mm 无后坐炮点火管试验中得到如下的近似关系,其中 Δt 代表温度差。

$$\Delta p = (0.004 - 0.005) \Delta t \cdot p_m$$

(2) 点火管结构方面。

① 点火管的内腔尺寸。点火管内腔容积 V_{0d} 和点火药量 ω_B 共同决定了点火管内的装填密度 Δ_d,$\Delta_d = \omega_B / V_{0d}$。$\Delta_d$ 与点火管内压力增长规律有着密切关系。另外,点火管内腔的长细比是影响点火药气体在管内传播规律的重要因素。如果长细比太大,容易造成点火管性能不稳定,甚至产生维也里波。

② 传火孔的小孔形状、面积和数目。传火孔一般是圆形,也有用窄长形的,传火孔面积大小与打开压力有密切关系。在点火纸筒厚度不变情况下,传火孔面积越小,打开压力越高。而传火孔的数目 n 乘以小孔面积则得到点火管总的传火面积 S_d,它是点火管点火强度的一个标志量。在 82 mm 无后坐炮点火管中所作的实验结果列于表 5-22。

表 5-22　82 mm 无后坐炮传火孔对点火管压力的影响

传火孔径 /mm	传火孔数	传火面积 /cm²	点火药量 /g	管内最大压力平均值 /MPa	压力相对跳动量 /%
$\phi 5$	12	2.36	35	46	52.8
$\phi 5$	12	1.51	35	56	49.1
$\phi 4$	16	2.01	35	53	28.5

传火面积 S_d 除和点火压力有着密切的关系外,还决定着点火药气体从点火管中流出的流速和秒流量。S_d 过大,不能保证有足够大的点火压力和流速,使点火管失去其加强点火的作用。S_d 过小,虽然保证了点火药气体从传火孔流出时有一定的压力和流速,但点火药气体的秒流量太小,又不能保证发射药表面迅速地得到足够的热量,也是不能达到加强点火效果的,所以点火管必须有合适的 S_d 值。

③ 传火孔配置的位置。传火孔位置对点火的影响很复杂,从点火管内部的关系来看,如果在接近火帽一端配置的传火孔多,则容易造成压力还没有来得及向远离火帽一端传递,局部压力就把这些传火孔打开了,造成管内传火不稳定,引起点火管性能跳动。同时由于起始点火药气体压力作用,管内点火药有向前堆积的趋势,使远离火帽一端的管内局部压力升高。如果这一端传火孔数目安排多一些,就可以使点火管两端压力差减小。从对管外的关系来看,传火孔位置关系到点火药在装药中传播的方向和规律以及装药前

后两端点火强度的差异。在采用多孔火药或粒状药作发射药时,传火孔可以均匀地分布在尾管全长上,这对均匀点火是有利的。但是用带状药和管状药时,为了不致破坏药形,传火孔大多集中于装药的两端。装药两端点火强度大时,接近炮闩部位的局部压力高,容易提前把喷口打开,显然这不利于发射药的点燃和燃烧。但是如果远离炮闩一端的点火强度较大,装药受到一个向后推动力量,在喷口打开后发射药容易流失。所以对于这方面的问题我们必须根据火炮的具体情况进行实验,然后才能得出分配传火孔位置的依据。

④ 点火药纸筒和点火管的配合公差。如果纸筒不能紧密地贴在点火管内壁上,就不能保证打开传火孔时冲成圆形或窄长形的孔,有可能在不高的压力下就使纸筒断裂,因此就达不到所要求的打开传火孔的压力。而当点火纸筒在长度上比点火管内腔长度要短时,容易造成空腔一端局部压力升高和点火管性能不稳定。

除了以上这些条件外,装药结构、药室和弹尾的结构对点火作用都有影响。这些条件的变化都会引起点火强度和点火过程的变化。特别是无后坐炮的喷口打开情况与迫击炮膛壁和弹丸之间间隙的大小对点火影响更为显著。虽然在无后坐炮设计时总是使喷口打开压力大于点火压力,但由于点火是一个过程,往往在点火药未燃完而部分火药却已开始燃烧的情况下喷口就打开了,这是引起无后坐炮弹道性能没有一般火炮那样稳定的又一个重要原因。这些影响集中地反映在点火管内压力增长的规律上和点火管外药室点火压力的变化规律上。

在点火管内的压力变化可以分为三个阶段。第一阶段是从底火发火后一直到传火孔打开之前,是定容燃烧阶段,没有气体流出。如果令 ω_B 为点火药量,V_{0d} 为点火管容积,f_B 为点火药的火药力,p^0 为点火管内的平均压力,则

$$p^0 = \frac{f_B \Delta_d \psi}{1 - \frac{\Delta_d}{\rho_{pB}}(1-\psi) - \alpha_B \Delta_d \psi}$$

式中

$$\Delta_d = \frac{\omega_B}{V_{0d}}$$

α_B 为点火药气体余容;ρ_{pB} 为点火药的密度;ψ 为点火药已燃的相对量。如果 p_0^0 为打开传火孔的平均压力,在打开传火孔瞬间,管内压力为

$$p_0^0 = \frac{f_B \Delta_d \psi_0}{1 - \frac{\Delta_d}{\rho_{pB}}(1-\psi_0) - \alpha_B \Delta_d \psi_0} \tag{5-35}$$

ψ_0 即打开传火孔瞬间点火药已燃的相对量,在点火药性质已知,p_0^0 指定时,根据式(5-35)可以求出 ψ_0。

第二阶段是打开传火孔后直到点火药燃烧结束。在这一阶段点火药继续燃烧,并且伴随着气体从传火孔流出。则有关系式:

$$p^0 = \frac{f_B \Delta_d (\psi - \eta)}{1 - \frac{\Delta_d}{\rho_{pB}}(1-\psi) - \alpha_B \Delta_d (\psi - \eta)} = \frac{f_B \Delta_d (\psi - \eta)}{\Lambda_\psi} \tag{5-36}$$

式中

$$\Lambda_\psi = 1 - \frac{\Delta_d}{\rho_{pB}}(1-\psi) - \alpha_B \Delta_d (\psi - \eta)$$

如果点火药燃烧服从几何燃烧定律和正比燃速定律,且认为点火管内的温度是不变的,则:

$$\frac{d\psi}{dt^0} = \frac{\chi}{I_x}\sigma p^0$$

$$\frac{d\eta}{dt^0} = \frac{\varphi_2 A S_d p^0}{\omega_B}$$

式中 S_d 为传火孔总面积;t^0 为自传火孔打开瞬间起始的时间。

因此

$$\frac{dp^0}{dt^0} = \frac{p^0 \Delta_d}{\Lambda_\psi} \cdot \left[\left(\frac{f_B}{p^0} + \alpha_B - \frac{1}{\rho_{pB}}\right)\frac{d\psi}{dt^0} - \left(\frac{f_B}{p^0} + \alpha_B\right)\frac{d\eta}{dt^0}\right] \tag{5-37}$$

当达到点火管内最大压力 p_m^0 时,有条件式 $\frac{dp^0}{dt^0} = 0$,此时

$$\left(\frac{f_B}{p_m^0} + \alpha_B - \frac{1}{\rho_{pB}}\right)\frac{\chi \sigma_m}{I_x} = \left(\frac{f_B}{p_m^0} + \alpha_B\right)\frac{\varphi_2 A S_d}{\omega_B} \tag{5-38}$$

这一阶段直到点火药燃烧完时,即 $t^0 = t_x^0$ 时才结束。

详细分析,在点火药燃烧结束后,点火管内外还可能存在有压力差,气体还要流动,直到管内外压力平衡时,点火管工作才能结束,即第三阶段。但在点火药燃烧结束后,管外发射药也已点燃,管内外压力差出现了复杂的情况,由于这一阶段对点火影响很小,没有必要计算这一过程。所以我们总是假设 $t^0 = t_k^0$ 时,管内压力为 p_B,并且 $p_k^0 = p_B$。

点火管传火孔打开后,点火药气体流入药室,使药室中点火压力增高。假设在点火药气体流出过程中发射药一点也没有燃烧,喷口没有打开,点火药气体没有流失现象,那么药室中的压力 p_d 应为

$$p_d = \frac{\tau f_B \omega_B \eta}{V_0 - \frac{\omega}{\rho_p} - \alpha_B \omega_B \eta - V_{0d}} \tag{5-39}$$

式中 V_0 为药室容积;ω 为装药量;ρ_p 为火药的密度;α_B 为点火药的余容;τ 为由于散热使得点火药气体温度降低的系数,$\tau < 1$。当 $t^0 = t_k^0$ 时,$p_d = p_B$,则:

$$p_B = \frac{\tau f_B \omega_B}{V_0 - \frac{\omega}{\rho_p} - \alpha_B \omega_B} \tag{5-40}$$

实践证明,在一般火炮中,点火过程是在密闭条件下进行的,没有气体流出,且药室容

积较小,装填密度较大,点火压力可以迅速发生,不需要持续较长的时间,各发点火之间的点火压力时间曲线差异也不大,因此只用一个标志量——点火压力最大值 p_B 作为点火强度指标就够了;而在无后坐炮和迫击炮中,药室容积较大,装填密度较小,在点火过程中往往伴随有气体流出的现象,点火压力不易迅速上升,也不易长久地保持足够大的点火压力,各发的点火药气体压力-时间曲线可能有较大的差异,这样如仍用一个点火药气体压力最大值 p_B 作为点火强度的指标就不够了,必须以点火药气体压力-时间曲线作为基础,全面利用强迫点火理论提出的点火强度指标作为衡量标准。

在研究点火时,通过实验所要测的量更多。

① 点火管最大压力的平均值:

$$p_{cp}^0 = \frac{\sum_{i=1}^{n} p_i^0}{n}$$

通常 n 取 10 发。一组中跳动量:

$$\frac{p_{max}^0 - p_{min}^0}{p_{cp}^0}\%$$

式中 p_i^0 为各发点火管最大压值;p_{cp}^0 为点火管内最大压力平均值;p_{max}^0 为一组实验中 p_i^0 的最大值;p_{min}^0 为一组实验中 p_i^0 的最小值。

② 点火管内的压力-时间曲线,并经常标示出传火孔打开信号,测量出各部位传火孔打开的时间差。

③ 点火管两端的压力差值。

④ 点火管在空药室中的压力-时间曲线。

⑤ 点火管在模拟发射药的惰性物质的药室中的压力时间曲线及最大点火压力 p_B。

⑥ 用微量量热计测量发射药单位表面吸收的点火热量 q。

⑦ 一定点火条件下火炮的 p_m、v_0 和 r_{v_0},特别是压力-时间曲线。

第6章 特种发射技术内弹道理论

特种发射技术的种类很多,其内弹道过程非常复杂,本章主要针对无后坐炮发射技术、迫击炮发射技术、膨胀波发射技术、平衡炮发射技术、高低压发射技术以及超高自射频发射技术等的内弹道理论进行介绍。

§6.1 无后坐炮内弹道理论

6.1.1 无后坐炮发射原理及内弹道特点

1. 无后坐炮发射原理

在火炮的发展史上,减轻火炮质量、提高其机动性,一直是火炮武器发展中的重要研究课题。武器的质量减轻,对其武器的转移和投放及提高火力的机动性都具有重要的意义。随着火炮威力的增大,最大膛压和后坐力都随之增加,使得炮身、炮架的质量加大而降低了火炮的机动性。现代战争对火炮武器的要求,不仅要有足够的威力,而且还要具有良好的机动性。这种战术技术要求,对于步兵装备的反坦克武器更具有现实意义。无后坐炮就是在这种实战需求下发展起来的。

无后坐炮是应用火箭发动机的推力原理,在炮尾处装有拉瓦尔喷管。在射击过程中,膛内的火药气体一方面推动弹丸向前运动,另一方面又从喷管中高速流出。火药气体推动弹丸运动的同时,使炮身产生后坐力,而火药气体的高速流出,使炮身产生反后坐力。通过装药和炮膛结构的合理匹配,使整个发射系统保持动量平衡,炮身基本上处于静止状态。这就是无后坐炮发射的基本原理。从原理上可以看出,无后坐炮实际上就是火炮和火箭发动机的结合体。

无后坐炮根据战术使用目的不同,在结构上分为线膛和滑膛两种形式。近年来,因无后坐炮主要用于反坦克武器,使用的弹种以破甲弹为主,故以滑膛炮管为多。图 6-1 所示为一种滑膛无后坐炮结构简图。这种结构不论在外形还是点火结构方面都与迫

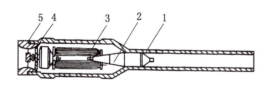

图 6-1 滑膛无后坐炮结构简图
1—身管;2—弹丸;3—药包;4—隔板;5—喷管

击炮很相似。弹丸既有尾翼又有尾管。尾管内装有点火药,管的前后端开有传火孔,以便对主装药进行点火。在弹体定心处与炮膛表面之间有一定的间隙。为了保证点火的一致

性以及调整气体流出对弹道性能的影响,必须使火药气体达到一定压力之后才能打开喷口。因此在喷管进口断面处装有胶木制成的圆形隔板将喷口封闭,使其达到一定压力后才能将隔板打开。这样可以通过隔板的强度来调整气体流出的时间,达到改善内弹道性能的目的。

无后坐炮在射击时,由于一部分气体通过喷管流出,不可避免地带来一些缺点:如射击时炮尾形成一个火焰区,使射击勤务困难增大,且容易暴露目标;由于火药在半密闭情况下燃烧,膛压不高,因而难以获得较高的初速;同时有未燃完的火药从喷管中流出,会造成较大的初速分散。

由于无后坐炮基本上能消除炮身的后坐,因而不需要像一般火炮那样的笨重炮架和复杂的反后坐装置,使火炮的总质量减小,提高火炮的机动性。用单位火炮质量所获得炮口动能表示的火炮金属利用系数 η_Q 来衡量火炮的机动性。在表 6-1 中所列出各种类型火炮的 η_Q 值的比较中可以看出,无后坐炮的 η_Q 为最大,即它的机动性最好。

表 6-1 各种类型火炮金属利用系数

火炮类型	金属利用系数 $\eta_Q/(\text{kJ} \cdot \text{kg}^{-1})$
师和军大口径加农炮	1.08～1.86
反坦克炮	1.17～1.47
榴弹炮	0.69～1.47
无后坐炮	1.27～4.90

2. 无后坐炮的内弹道特点

与一般火炮相比较,无后坐炮在射击过程中有大量火药气体从喷管中流出,这是它的最基本的特点。由于气体流出影响到内弹道性能的流动参数分别有流量 $\dot{m}$、总流量 y 和推力 F,故在一维等熵条件下,它们分别表示为

$$\dot{m} = \varphi_2 A S_j \frac{p}{\sqrt{\tau}} \tag{6-1}$$

$$y = \int_0^t \dot{m} \mathrm{d}t = \varphi_2 A S_j \int_0^t \frac{p \mathrm{d}t}{\sqrt{\tau}} \tag{6-2}$$

$$F = C_F S_j p \tag{6-3}$$

式中

$$A = K_0/\sqrt{f}, \quad \tau = \frac{T}{T_0}$$

$$K_0 = \left(\frac{2}{k+1}\right)^{\frac{k+1}{2(k-1)}} \sqrt{k}$$

式中 φ_2 为流量修正系数;S_j 为喷管喉部面积;τ 为相对温度;p、T 分别表示燃烧室中的平均压力和平均温度;T_0 为滞止温度;C_F 是推力系数,它是绝热指数 k 和面积比 S_A/S_j 的函数。若 k 分别取 1.20 和 1.30,推力系数随面积比 S_A/S_j 的变化如表 6-2 所示,其中 S_A 为喷管出口面积。

表 6-2 推力系数 C_F 随 S_A/S_j 变化

k \ S_A/S_j	1.0	1.4	1.8	2.0	3.0	4.0	10.0
1.20	1.242	1.369	1.439	1.466	1.554	1.607	1.742
1.30	1.285	1.374	1.438	1.461	1.537	1.582	1.689

从表 6-2 中看出，C_F 随着 S_A/S_j 的增加而增加，但只是在 S_A/S_j 较小的情况下，C_F 才增加较快，以后增加缓慢。所以在喷管设计时，为了不过多地增加喷管的质量，一般取 S_A/S_j 略大于 4，或其直径比 d_A/d_j 为 $2.0 \sim 2.3$。

若计算火药燃烧过程中气体流量，并假定火药燃速为正比燃烧定律，即：

$$\frac{\mathrm{d}Z}{\mathrm{d}t} = \frac{p}{I_k}$$

式中 I_k 为压力全冲量，于是式(6-2)可以表示为

$$y = \varphi_2 A S_j I_k \int_0^z \frac{\mathrm{d}Z}{\sqrt{\tau}}$$

以装药量 ω 表示的相对流量 η 为

$$\eta = \frac{y}{\omega} = \frac{\varphi_2 A S_j I_k}{\omega} \int_0^z \frac{\mathrm{d}Z}{\sqrt{\tau}} = \bar{\eta}_k \int_0^z \frac{\mathrm{d}Z}{\sqrt{\tau}} \tag{6-4}$$

式中

$$\bar{\eta}_k = \frac{\varphi_2 A S_j I_k}{\omega}$$

$\bar{\eta}_k$ 称为无后坐炮气体流出参量，是标志无后坐炮内弹道性能的一个重要参量。它的物理意义是在 $\tau=1$ 情况下火药燃烧结束瞬间的相对气体流出量，在一般情况下，这个量为 $0.6 \sim 0.7$。

由于有气体流出，无后坐炮的膛压和初速比较低。与相同性能的一般火炮相比较，它所用的装药量和药室容积又都大得多，但装填密度比较小，一般在 $0.3 \mathrm{kg/dm^3}$ 左右。此外，因为无后坐炮的膛压不高，为了保证火药在炮膛内燃烧结束，必须使用药厚较薄的速燃火药，因而它的装填参量 B 就特别小，通常在 $0.2 \sim 0.8$ 变动，而一般火炮为 $1.9 \sim 2.3$。

无后坐炮的弹道特征量，同一般火炮相比较，也有显著的差别。若 $E_g = m v_g^2 / 2$ 表示为炮口动能，两种火炮类型的弹道特征量如表 6-3 所示。表中的数据表明，无后坐炮的 C_ε、η_ω 和 γ_g 比一般火炮的要小得多，但 η_g 则比一般火炮略大一些。

表 6-3 无后坐炮和一般火炮的弹道特征量

序号	弹道特征量	无后坐炮	一般火炮
1	威力系数 $C_\varepsilon = E_g/d^3 / (\mathrm{kJ \cdot dm^{-3}})$	$120 \sim 1\,800$	$900 \sim 16\,000$
2	装药利用系数 $\eta_\omega = E_g/\omega / (\mathrm{kJ \cdot kg^{-1}})$	$160 \sim 500$	$800 \sim 1\,600$
3	弹道效率 $\gamma_g = E_g / \frac{f\omega}{\theta}$	$0.04 \sim 0.13$	$0.20 \sim 0.35$
4	示压效率 $\eta_g = \varphi E_g / S l_g p_m$	$0.50 \sim 0.75$	$0.40 \sim 0.65$

无后坐炮的射击起始条件与一般火炮也存在差别。在无后坐炮射击开始时,存在弹丸开始运动时的挤进压力 p_0 和喷口打开时的打开喷口压力 p_{0m}。如果这两种压力的大小不相等,则将影响弹丸运动和喷口打开的时间,从而影响到膛内的压力变化规律和炮身的运动情况,可能存在三种情况:

(1) $p_0 > p_{0m}$,即喷管打开之后,弹丸才开始运动。在 p_{0m} 增加到 p_0 的过程中,气体流出所产生的推力使炮身前冲。

(2) $p_0 < p_{0m}$,即弹丸运动之后,喷管才开始打开。在 p_0 上升到 p_{0m} 的过程中,弹丸的运动使炮身产生后坐。

(3) $p_0 = p_{0m}$,在这种情况下,弹丸运动与喷管打开同时开始,使炮身保持静止状态,这是无后坐的理想情况。

从以上分析表明,无论是 p_0 和 p_{0m} 本身的变化,还是它们之间的差值的变化,都会影响到无后坐炮内弹道性能和炮身运动的情况,给无后坐炮内弹道问题带来一些复杂的因素。

6.1.2 无后坐条件

无后坐条件是保证无后坐炮在射击过程中不产生后坐的条件。要实现这个目的,必须使气体从喷管流出所产生的推力和弹丸及火药气体运动所产生的后坐力相互抵消,或两者所产生的动量保持平衡。很显然,这种无后坐条件也必然与喷管、火炮内膛结构及装填条件存在一定的关系。无后坐条件的确定,对于无后坐炮的喷管设计有着重要的意义。

为了确定无后坐炮的无后坐条件,我们必须根据射击过程中不同阶段的性质,分析各种形式的动量,再利用动量平衡原理导出一定的关系式。

无后坐炮的射击过程,明显地可以分成两个不同的阶段,一个是弹丸出炮口之前的阶段,另一个是弹丸出炮口之后的阶段。前一阶段的动量变化包括有气体流出喷管、弹丸运动以及火药气体在膛内运动这三部分。后一阶段没有弹丸运动,而仅有火药气体在膛内运动,并从喷管和炮口两处流出所产生的动量。不过,在这些动量之中,火药气体在膛内的运动情况,不论是第一阶段还是第二阶段,都可以近似地认为一半向前运动,另一半向后运动,从而使它们的动量相互抵消。这虽然是一种近似的假设,但是具有一定的真实性。根据这样的假设,在动量平衡中,我们就不必考虑这种动量的存在。

首先分析第一阶段的动量变化,并假定挤进压力不等于喷口打开压力。我们设炮膛断面积为 S,喷管喉部断面积为 S_j,喷管的反作用推力系数为 C_F。当弹丸运动和气体流出达到某一瞬间压力 P 时,则在该瞬间气体从喷管喷出对炮身产生的作用力为 $C_F S_j P$,而弹丸运动对炮身的作用力则为 SP,这两个力的方向正好相反,前者向着炮口,后者向着炮尾。

如以 t_0 表示弹丸开始运动的时间,t_{0m} 表示喷口打开的时间,而以 t_g 表示弹丸出炮口瞬间的时间,则第一阶段内从喷口打开一直到弹丸出炮口的整个过程,因气体流出所产生的动量变化应为

$$\boldsymbol{R}_1 = C_F S_j \int_{t_{0m}}^{t_g} P \mathrm{d}t$$

而从弹丸开始运动一直到弹丸出炮口的整个过程,因弹丸运动所产生的动量变化,则:

$$R_2 = S\int_{t_0}^{t_g} P\mathrm{d}t$$

于是,这一阶段的总动量变化应为

$$\begin{aligned}R_{\mathrm{I}} &= R_1 + R_2 \\ &= C_{\mathrm{F}}S_{\mathrm{j}}\int_{t_{0\mathrm{m}}}^{t_g} P\mathrm{d}t - S\int_{t_0}^{t_g} P\mathrm{d}t \\ &= (C_{\mathrm{F}}S_{\mathrm{j}} - S)\int_{t_0}^{t_g} P\mathrm{d}t + C_{\mathrm{F}}S_{\mathrm{j}}\int_{t_{0\mathrm{m}}}^{t_0} P\mathrm{d}t\end{aligned}$$

根据弹丸运动方程,已知:

$$\int_{t_0}^{t_g} P\mathrm{d}t = \frac{\varphi m}{S}v_{\mathrm{g}}$$

如果火药的燃烧速度服从正比定律,则从 $t_{0\mathrm{m}}$ 到 t_0 这个阶段的压力冲量 $\int_{t_{0\mathrm{m}}}^{t_0} P\mathrm{d}t$ 可以表示为

$$\int_{t_{0\mathrm{m}}}^{t_0} P\mathrm{d}t = I_{\mathrm{k}}(Z_0 - Z_{0\mathrm{m}})$$

于是 R_{I} 可写成下式:

$$R_{\mathrm{I}} = (C_{\mathrm{F}}\overline{S}_{\mathrm{j}} - 1)\varphi m v_{\mathrm{g}} + C_{\mathrm{F}}S_{\mathrm{j}}I_{\mathrm{k}}(Z_0 - Z_{0\mathrm{m}})$$

式中 $\overline{S} = S_{\mathrm{j}}/S$ 称为相对的喷管喉部断面积。

现在我们再讨论第二阶段的动量变化。

当弹丸射出炮口之后,膛内的火药气体即向炮口和喷口两个相反方向同时流出,设流出过程的某瞬间气体压力为 p,则前者产生对炮身的作用力为 $C_{\mathrm{F0}}Sp$,而后者产生对炮身的作用力为 $C_{\mathrm{F}}S_{\mathrm{j}}p$。那么这一阶段的总动量变化应为

$$R_{\mathrm{II}} = (C_{\mathrm{F}}S_{\mathrm{j}} - C_{\mathrm{F0}}S)\int_0^{t_{\mathrm{h}}} p\mathrm{d}t$$

式中 t_{h} 即代表后效时期作用终了的时间,C_{F0} 是 $S_{\mathrm{a}}/S_{\mathrm{j}} = 1$ 时的推力系数。

假设 M 为火炮的质量,v 为火炮在射击过程中的运动速度,则火炮的动量应为这两个阶段的动量之和。

$$Mv = R_{\mathrm{I}} + R_{\mathrm{II}}$$

当整个过程无后坐时,即 $v = 0$,于是求得无后坐条件为

$$\begin{aligned}(C_{\mathrm{F}}\overline{S}_{\mathrm{j}} - 1)\varphi m v_{\mathrm{g}} + C_{\mathrm{F}}S_{\mathrm{j}}I_{\mathrm{k}}(Z_0 - Z_{0\mathrm{m}}) + \\ (C_{\mathrm{F}}S_{\mathrm{j}} - C_{\mathrm{F0}}S)\int_0^{t_{\mathrm{h}}} p\mathrm{d}t = 0\end{aligned} \quad (6-5)$$

式(6-5)清楚地表明,标志喷管结构的喉部面积 S_{j} 或 $\overline{S}_{\mathrm{j}}$ 不仅仅与火炮结构有关,而且还与弹丸及装药系统的结构有关,其中也包含有体现挤进压力 p_0 和喷口打开压力 $p_{0\mathrm{m}}$ 以及已燃的相对火药厚度 Z_0 和 $Z_{0\mathrm{m}}$ 这两个量。显然,如果这两个压力不同,那么在其他条件都一定的情况下,式中就可能有 $Z_0 > Z_{0\mathrm{m}}$ 或 $Z_0 < Z_{0\mathrm{m}}$ 这两种情况存在。此外,对于第

二阶段,也存在 $C_F S_j$ 和 $C_{F0} S$ 的不相等的情况。因此,为了满足上式以达到炮身无后坐的目的,不同的情况将给出不同的 S_j。不过,应该指出,这样所给出的 S_j,虽然可以保持整个射击过程中的炮身平衡,但并不表明炮身没有受到不平衡力的作用。实际上,不论是射击的开始阶段(Z_0 和 Z_{0m} 不相等),还是弹丸出炮口之后的阶段($C_F S_j$ 和 $C_{F0} S$ 不相等),炮身都将受到不平衡力的作用。只不过作用的时间很短,而炮身又有较大的惯性,按上式所给出的 S_j 能够产生相反力来抵消这种不平衡力,而使火炮在整个射击过程中保持平衡。正因为如此,对于这种火炮,我们只能称为无后坐炮,而不能称为无后坐力炮。

但是,如果在射击的开始阶段,挤进压力 p_0 和喷口打开压力 p_{0m} 完全相等,也就是弹丸运动和喷口打开是同时开始,那么

$$Z_0 = Z_{0m}$$

此外,还假定,在弹丸出炮口之后的阶段,火药气体从炮口和喷口流出所产生的反作用力完全相等,即:

$$C_F S_j = C_{F0} S$$

这样,以上的无后坐条件式则应表示为

$$C_F \overline{S}_j - 1 = 0 \tag{6-6}$$

这就表示,在整个射击过程中的每一瞬间,弹丸向前运动所产生的动量和气体从喷管流出所产生的动量都保持平衡,而使炮身不受任何不平衡力的作用。只有这种火炮,才能称为既是无后坐炮,又是无后坐力炮。这是属于理想的无后坐,而式(6-6)则称为理想的无后坐条件式。

以上所导出的理想无后坐条件,实际上并不存在。但是,一般的无后坐炮的挤进压力 p_0 和喷口打开压力 p_{0m} 固然并不完全相等,而它们本身的值以及它们的差值都较小,在无后坐条件式中并不产生显著的影响。至于第二阶段的 $C_F S_j$ 及 $C_{F0} S$,因为在一般情况下,$C_F/C_{F0} \approx 1.3$,而 $\overline{S}_j = S_j/S \approx 0.65 \sim 0.70$,这两个量也接近相等。这样的分析表明,式(6-6)表示的无后坐条件虽然有一定的近似性,但仍有较好的准确性。在实际应用时,为了消除误差,同时考虑到喷管本身的损耗等因素,可以用修正系数 χ_0 来进行修正:

$$\overline{S}_j = \frac{1}{\chi_0 C_F} \tag{6-7}$$

这个系数可以通过无后坐炮的动力平衡射击试验来确定。根据多种无后坐炮的 $\overline{S}_j$ 数据,以及相应的 C_F 理论值,求得的 χ_0 在 0.92 附近不大的范围内变动。某些无后坐炮的 $\overline{S}_j$ 值如表6-4所示。

表 6-4 某些无后坐炮的 $\overline{S}_j$ 值

火炮名称	1965 年式 82 mm 无后坐炮	营 82 mm 无后坐炮	苏 82 mm 无后坐炮	捷 82 mm 无后坐炮	美 75 mm 无后坐炮	美 106 mm 无后坐炮	40 mm 火箭筒 J-203
S_j/dm^2	0.396 8	0.365 8	0.411	0.372	0.30	0.674 7	0.083
S_j/S	0.751	0.692 6	0.779	0.704	0.679	0.765	0.715

6.1.3 无后坐炮内弹道方程

由于无后坐炮在射击过程中有气体流出,因此,在内弹道方程中除了增加流量方程以外,对气体状态方程和能量方程也必须重新讨论。并假设在射击过程中的某一瞬间 t,火药已燃相对厚度为 Z,已燃百分数为 ψ,相对气体流量为 η。这时膛内的气体压力为 p,温度为 T,弹丸行程为 l,弹丸速度为 v。根据这些变量建立起无后坐炮的内弹道方程组。

1. 流量和相对流量

在一维等熵的条件下,由式(6-1),代入弹丸极限速度,即:

$$v_j = \sqrt{\frac{2f\omega}{\theta\varphi m}}$$

式(6-1)可以改写为

$$\dot{m} = C_A v_j S_j \frac{p}{f\sqrt{\tau}} \tag{6-8}$$

式中

$$C_A = \varphi_2 \sqrt{\frac{\theta\varphi m}{2\omega}} K_0$$

根据式(6-2),相对流量为

$$\eta = \frac{y}{\omega} = \frac{C_A v_j S_j}{f\omega}\int_0^t \frac{p\,dt}{\sqrt{\tau}} \tag{6-9}$$

或

$$\frac{d\eta}{dt} = \frac{C_A v_j S_j}{f\omega} \frac{p}{\sqrt{\tau}} \tag{6-10}$$

2. 气体状态方程

由于有气体流出,在某瞬间 t,留在膛内的气体量为 $\psi - \eta$,则状态方程为

$$p(V + V_\psi) = RT\omega(\psi - \eta)$$

式中 $V = Sl$,而 V_ψ 则表示为

$$V_\psi = V_0 - \frac{\omega}{\rho_p}(1-\psi) - \alpha\omega(\psi - \eta)$$

将 $V_0 = Sl_0$ 和 $\Delta = \omega/V_0$ 代入上式,则有:

$$V_\psi = Sl_0\left[1 - \frac{\Delta}{\rho_p}(1-\psi) - \alpha\Delta(\psi-\eta)\right] = Sl_\psi$$

式中

$$l_\psi = l_0\left[1 - \frac{\Delta}{\rho_p}(1-\psi) - \alpha\Delta(\psi-\eta)\right]$$

则状态方程为如下形式:

$$Sp(l + l_\psi) = RT\omega(\psi - \eta) = f\tau\omega(\psi - \eta) \tag{6-11}$$

3. 能量平衡方程

某一时间间隔内,火药燃烧掉 $\omega d\psi$,燃烧温度为 T_1,定容比热为 C_v,则所放出的能

量为
$$C_v T_1 \omega \mathrm{d}\psi$$
这里所消耗掉的能量主要有两部分:一部分为推动弹丸做的功:
$$\varphi m v \mathrm{d}v$$
另一个部分为气体流出所带走的能量:
$$C_p T \omega \mathrm{d}\eta$$
留在膛内的能量为
$$\mathrm{d}[C_v T \omega (\psi - \eta)]$$
根据能量守恒定律,则
$$\mathrm{d}[C_v T \omega (\psi - \eta)] = C_v T_1 \omega \mathrm{d}\psi - \varphi m v \mathrm{d}v - C_p T \omega \mathrm{d}\eta$$
式中 C_p、C_v 均取整个射击过程的平均值。C_v,C_p 与绝热指数 k 有如下的关系:
$$C_v = \frac{R}{k-1} = \frac{R}{\theta}$$
$$C_p = \frac{kR}{k-1} = \frac{(1+\theta)R}{\theta}$$
则能量平衡方程为
$$\mathrm{d}[\tau(\psi-\eta)] = \mathrm{d}\psi - \frac{\theta \varphi m}{f\omega} v \mathrm{d}v - (1+\theta)\tau \mathrm{d}\eta \tag{6-12}$$
式中 $\tau = T/T_1$,$f = RT_1$。

或
$$\frac{\mathrm{d}\tau}{\mathrm{d}t} = \frac{1}{\psi-\eta}\left[(1-\tau)\frac{\mathrm{d}\psi}{\mathrm{d}t} - \frac{\theta \varphi m}{f\omega} v \frac{\mathrm{d}v}{\mathrm{d}t} - \theta\tau\frac{\mathrm{d}\eta}{\mathrm{d}t}\right] \tag{6-13}$$

4. 无后坐炮内弹道方程组

无后坐炮内弹道方程组中,火药燃速方程与弹丸运动方程和一般火炮的表示形式是相同的。综合以上的推导,无后坐炮内弹道方程组为

$$\left.\begin{aligned}
\frac{\mathrm{d}Z}{\mathrm{d}t} &= \frac{\bar{u}_1}{e_1} p^n \\
\frac{\mathrm{d}\psi}{\mathrm{d}t} &= \chi \frac{\mathrm{d}Z}{\mathrm{d}t}\lambda + 2\chi\lambda Z \frac{\mathrm{d}Z}{\mathrm{d}t} \\
\frac{\mathrm{d}l}{\mathrm{d}t} &= v \\
\frac{\mathrm{d}v}{\mathrm{d}t} &= \frac{S}{\varphi m} p \\
\frac{\mathrm{d}\eta}{\mathrm{d}t} &= \frac{C_A v_j S_j}{f\omega} \frac{p}{\sqrt{\tau}} \\
\frac{\mathrm{d}\tau}{\mathrm{d}t} &= \frac{1}{\psi-\eta}\left[(1-\tau)\frac{\mathrm{d}\psi}{\mathrm{d}t} - \frac{\theta\varphi m}{f\omega} v \frac{\mathrm{d}v}{\mathrm{d}t} - \theta\tau\frac{\mathrm{d}\eta}{\mathrm{d}t}\right] \\
p &= \frac{f\omega\tau}{S(l+l_\psi)}(\psi-\eta)
\end{aligned}\right\} \tag{6-14}$$

初始条件为

$$t=0, \quad v=l=\eta=0, \quad \tau=1, \quad p=p_0$$

$$\psi=\psi_0=\frac{\dfrac{1}{\Delta}-\dfrac{1}{\rho_p}}{\dfrac{f}{p_0}+\alpha-\dfrac{1}{\rho_p}}$$

$$\sigma=\sigma_0=\sqrt{1+4\frac{\lambda}{\chi}\psi_0}$$

$$Z=Z_0=\frac{\sigma_0-1}{2\lambda}$$

6.1.4 无后坐炮内弹道方程组的数值解法

由式(6-14)可以看出，无后坐炮内弹道方程组是由 6 个一阶微分方程和一个代数方程组成，一般情况下，不存在分析解。只有对火药燃速方程相对温度 τ 进行某些简化处理后，才可以得到分析解。另外，无后坐炮的拉格朗日问题也比一般火炮复杂，在一维情况下，膛内气体流动的滞止点位置是不断地变化的，不像一般火炮那样，滞止点可以近似地处在膛底部位。因此，在通常情况下，都采用数值解。

为了便于计算软件编制，将式(6-14)化为量纲为 1 的方程组形式，即：

$$\left.\begin{aligned}
\frac{\mathrm{d}Z}{\mathrm{d}\bar{t}} &= \sqrt{\frac{\theta}{2B}}\, \Pi^n \\
\frac{\mathrm{d}\psi}{\mathrm{d}\bar{t}} &= \chi\frac{\mathrm{d}Z}{\mathrm{d}\bar{t}} + 2\chi\lambda Z\frac{\mathrm{d}Z}{\mathrm{d}\bar{t}} \\
\frac{\mathrm{d}\Lambda}{\mathrm{d}\bar{t}} &= \bar{v} \\
\frac{\mathrm{d}\bar{v}}{\mathrm{d}\bar{t}} &= \frac{\theta\,\Pi}{2} \\
\frac{\mathrm{d}\eta}{\mathrm{d}\bar{t}} &= C_A \bar{S}_j \frac{\Pi}{\sqrt{\tau}} \\
\frac{\mathrm{d}\tau}{\mathrm{d}\bar{t}} &= \frac{1}{\psi-\eta}\left[(1-\tau)\frac{\mathrm{d}\psi}{\mathrm{d}\bar{t}} - 2\bar{v}\frac{\mathrm{d}\bar{v}}{\mathrm{d}\bar{t}} - \theta\,\tau\frac{\mathrm{d}\eta}{\mathrm{d}\bar{t}}\right] \\
\Pi &= \frac{\tau}{\Lambda+\Lambda_\psi}(\psi-\eta)
\end{aligned}\right\} \quad (6\text{-}15)$$

式中 $\bar{v}=v/v_j, \Lambda=l/l_0, \Pi=p/f\Delta, \bar{t}=v_j t/l_0, \bar{S}_j=S_j/S$，分别称为相对速度、相对行程、相对压力、相对时间和相对面积。量纲为 1 的装填参量 B 和 Λ_ψ 分别为

$$B=\frac{S^2 \mathrm{e}_1^2}{f\omega\varphi m \bar{u}_1}(f\Delta)^{2(1-n)}$$

第 6 章 特种发射技术内弹道理论

$$\Lambda_\psi = 1 - \frac{\Delta}{\rho_p}(1-\psi) - \alpha\Delta(\psi-\eta)$$

根据第 3 章给出考虑气体流出的压力分布及滞止点位置的计算公式,即:

$$\left.\begin{aligned}
\dot{m} &= C_A v_j S_i \frac{p}{f\sqrt{\tau}} \\
v_{xh} &= \frac{\dot{m}(V_0 + Sl)}{S_{xh}(\omega - y)} \\
H &= \frac{v_{xh}}{v} \\
p_{xh} &= p_d\left[1 + \frac{\omega-y}{2\varphi_1 m}(1-H)\right] \\
p_0 &= p_d\left[1 + \frac{\omega-y}{2\varphi_1 m}\frac{1}{1+H}\right] \\
p &= p_d\left[1 + \frac{\omega-y}{3\varphi_1 m}\left(1-\frac{H}{2}\right)\right] \\
L_z &= \frac{H}{1+H} L
\end{aligned}\right\} \quad (6\text{-}16)$$

由式(6-15)和式(6-16),采用四阶龙格—库塔(Runge-Kutta)法或吉尔(Gill)法,计算出无后坐炮内弹道参量变化规律。解的顺序是先通过方程组(6-15)计算出某瞬间的 p、v、l 及 τ,然后通过式(6-16)求出速度比 H、滞止点位置及喷管进口断面压力 p_{xh}、滞止点压力和弹底压力 p_d 等参量。依次交替计算,直到弹丸底部出炮口。

以 65~82 mm 无后坐炮为实例。根据方程组(6-15)和(6-16)进行数值解,并与实验结果相比较。65~82 mm 无后坐炮的装填条件和结构参数如表 6-5 所示。

表 6-5 65~82 mm 无后坐炮起始参数

名 称	数 值	名 称	数 值
口径 d/mm	82	炮膛面积 S/dm²	0.528 1
药室容积 V_0/dm³	3.022	喉部面积 S_j/dm²	0.389
弹丸行程长 l_g/dm	10.2	弹丸质量 m/kg	2.81
装药质量 ω/kg	0.53	喷口打开压力 p_{0m}/MPa	5.0
火药力 f/(kJ·kg⁻¹)	1 000	余容 α/(dm³·kg⁻¹)	1.0
绝热指数 k	1.32	形状特征量 χ	1.25
形状特征量 λ	−0.2	燃速指数 n	0.69
次要功计算系数 φ	1.05	流量系数 φ_2	1.03
装填参量 B	0.77	流动参量 C_A	0.652
极限速度 v_j/(m·s⁻¹)	1 048.9		

各内弹道参量计算结果如表 6-6 所示。表中 l 表示弹丸的行程，t 为时间，v 为弹丸速度。p_{xh}、p_z、p 和 p_d 分别代表喷管进口断面压力、滞止点压力、平均压力和弹底压力。L_z 和 H 代表滞止点位置和速度比。M、K、G 分别代表最大压力、火药燃烧结束和弹丸出炮口时的参量。

表 6-6 内弹道参量计算结果

l/dm	t/ms	v/(m·s^{-1})	p_{xh}/MPa	p_z/MPa	p/MPa	p_d/MPa	L_z/dm	H
0.001	0.130	1.3	1.55	8.68	6.50	8.60	2.639	9.728
0.009	0.390	5.0	7.77	10.99	10.10	10.80	2.336	4.010
0.028	0.650	10.4	12.23	14.97	14.27	14.62	2.162	2.787
0.065	0.910	17.9	16.76	19.33	18.69	18.81	2.051	2.221
0.123	1.170	27.3	21.23	23.68	23.06	22.99	1.982	1.885
0.208	1.430	38.7	25.36	27.67	27.08	26.83	1.947	1.662
0.326	1.690	51.8	28.88	31.04	30.48	30.00	1.945	1.507
0.479	1.950	66.3	31.62	33.61	33.08	32.59	1.975	1.397
0.671	2.210	81.8	33.50	35.30	34.81	34.27	2.038	1.321
0.904	2.470	97.9	34.51	36.13	35.68	35.12	2.134	1.270
M								
1.086	2.645	108.9	34.74	36.25	35.82	35.28	2.218	1.247
1.180	2.730	114.2	34.73	36.19	35.78	35.24	2.264	1.240
1.498	2.990	130.4	34.31	35.61	35.24	34.75	2.430	1.229
1.858	3.249	146.3	33.37	34.53	34.21	33.77	2.634	1.234
2.258	3.509	161.6	32.08	33.11	32.82	32.46	2.878	1.256
2.697	3.769	176.2	30.55	31.47	31.22	30.92	3.164	1.295
3.174	4.029	190.1	28.88	29.71	29.49	29.26	3.996	1.351
3.685	4.289	203.2	27.16	27.91	27.77	27.26	3.879	1.439
K								
3.760	4.326	205.0	26.88	27.62	27.43	27.26	3.935	1.439
4.229	4.549	214.9	21.87	22.35	22.22	22.08	4.077	1.332
5.797	5.242	235.6	12.33	12.49	12.44	12.37	4.601	1.120
7.475	5.936	247.7	7.60	7.66	7.64	7.60	5.189	0.999
9.221	6.629	255.3	5.02	5.05	5.04	5.01	5.804	0.918
G								
10.200	7.010	258.4	4.09	4.11	4.10	4.08	6.148	0.883

图 6-2 表示 $p-t$ 和 $v-t$ 曲线,图 6-3 所示为 $p-l$ 和 $v-l$ 曲线。图 6-4 所示为滞止点位置 L_z 随弹丸行程 l 变化曲线。计算的 $p-t$ 曲线和实测结果的对比如图 6-5 所示。从图中看出,计算的 $p-t$ 曲线与实测之间有所区别。

从图 6-4 看出,在喷口打开瞬间,滞止点大约在弹底部位,但当弹丸开始运动后,滞止点位置很快向药室方向移动,达到最小值时,滞止点又向身管方向移动。这种变化规律可以这样来解释:当打开喷口的瞬间,弹丸的运动速度比较小,而这时通过药室后端面的流速要比弹丸速度大得多,这时的速度比 H 最大,所以滞止点很接近于弹底。但随着弹丸速度逐渐地增加,速度比很快减小,影响滞止点向药室方向移动。然而由于火药气体不断生成,膛压很快升高,气流速度也随之增加,速度比也增大,所以滞止点逆转向身管方向运动。在射击的后一阶段,这时火药已经燃烧结束,膛压很快下降,速度比也缓慢地减小,但滞止点仍向炮口方向移动。这是因为影响滞止点位置除速度比 H 以外,还依赖于弹丸的行程 L,滞止点位置 L_z 与 L 成正比,速度比虽然在减小,但 L 却不断地增加,所以滞止点继续向炮口移动。

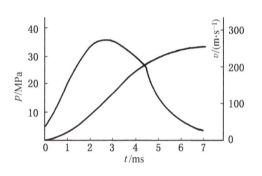

图 6-2 计算的 p-t 和 v-t 曲线

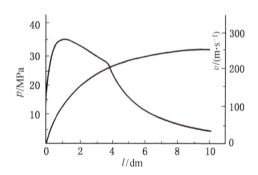

图 6-3 计算的 p-l 和 v-l 曲线

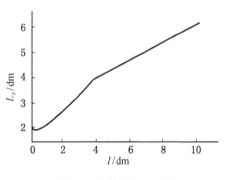

图 6-4 计算的 L_z-l 曲线

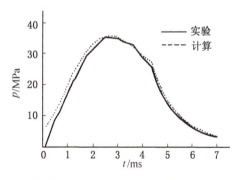

图 6-5 计算的 p-t 曲线和实验对比

6.1.5 无后坐炮的次要功计算系数

根据无后坐炮的内弹道特点,对次要功计算系数必须进行某些修正。次要功计算系

数定义为
$$\varphi = 1 + K_2 + K_3 + K_4 + K_5$$
式中 K_2 为弹丸旋转功系数，K_3 为摩擦功系数，K_4 为火药气体运动功系数，K_5 为炮身后坐功系数。

对于无后坐炮而言，则
$$K_5 = 0$$

不论是滑膛无后坐炮，还是线膛无后坐炮，其摩擦功都远小于一般火炮，所以可以认为
$$K_3 \approx 0$$

滑膛无后坐炮没有旋转功，所以
$$K_2 = 0$$

线膛无后坐炮的旋转功则与一般火炮相同，取 $K_2 \approx 0.01$。所有这些系数都容易确定，但是 K_4 则不同，它不像一般火炮那样是一个定值。因为无后坐炮在射击过程中不断地流出火药气体，气体运动功也就随着不断减小，而且还产生不同于一般火炮的膛内压力分布。所以我们讨论无后坐炮次要功计算系数 K_4 的问题，实际上也就是讨论无后坐炮的膛内压力分布问题。

无后坐炮在整个射击过程中不断有气体流出，因此它的膛内压力分布问题比一般火炮要复杂得多。其主要原因有两方面：一方面是气体的流出使得炮膛内运动的火药及火药气体的质量不断减少；另一方面是由于在射击过程中，一部分气体随着弹丸向前运动，另一部分气体向喷管方向运动，因而在膛内形成两个相反方向的气流。在这两个气流之间必然有速度为零的滞止点存在，并且滞止点的位置随射击过程的进行不断地变动。射击开始，若在打开喷口同时弹丸就开始运动，则滞止点在弹底和喷管喉部之间的某一个位置，但很接近于弹底。随着弹丸向前运动，气体向前流动的速度相应地增加，滞止点应相对地向后移动。但是气体从喷管中流出的速度总是大于弹丸运动的速度，因此随着弹丸的运动，滞止点仍然向炮膛中间移动，在滞止点两边形成不同情况的压力分布。

对于一般火炮，滞止点在膛底，由此得到 $K_4 = \omega/(3m)$。对于无后坐炮而言，情况完全不同，其滞止点不固定，而是在炮膛内移动。根据这些特点，如果按照与一般火炮相同方法导出 K_4，则 K_4 应表示为

$$K_4 = \frac{1}{3} \frac{\omega}{m} (1 - \eta) \xi \tag{6-17}$$

式中 η 为无后坐炮某瞬间的相对流量；$\omega(1-\eta)$ 则代表该瞬间膛内的火药和燃气质量；ξ 为滞止点位置的修正量。所以无后坐炮的 K_4 是变量，在相同的装填条件下，它比一般火炮的 K_4 要小一些，例如在 82 mm 无后坐炮的装填条件下，$\omega = 0.530$ kg，$m = 2.877$ kg，$\bar{\eta}_k = 0.9368$，如果 η 和 ξ 分别都用平均值 $\bar{\eta}_k/2$ 及 $1/2$ 来处理，则平均的 K_4 也只有 0.015。所以对于这种无后坐炮而言，φ 的理论值可近似地取为 1.0，实际应用时，为了进

行初速的修正,又经常将其当作经验系数来处理,并在理论值附近范围内取值。

§6.2 迫击炮内弹道

6.2.1 迫击炮及其弹药结构

迫击炮比榴弹炮的弹道更为弯曲,射击死角很小,能命中其他炮种不能命中的目标。迫击炮的结构简单,炮身轻便,拆卸后可以人扛马驮,便于山地作战,机动性好。迫击炮弹的装填系数也较大,威力大于同口径的弹种。因此,迫击炮目前仍然得到广泛的使用。

迫击炮之所以有这些战术上的优点,和它特殊的火炮弹药系统和弹道性能是分不开的。所以在叙述迫击炮弹道问题之前,我们应对它的构造先作一个简单的描述。

迫击炮的身管结构非常简单,既没有膛线,也没有炮闩,仅是一个光滑的圆管,如图 6-6 所示。圆管的后端用螺纹和炮尾相连接,在连接处装有铜制的紧塞环,以防止火药气体从螺纹处漏出。炮尾的构造也非常简单,其底部有一个炮杆,整个炮身即以它支撑在底板上。在炮尾底部中央装有凸出的击针,射击时,炮弹在炮口处装填,炮弹因重力作用沿炮管滑下,一直落到炮膛底部,使基本药管的底火与击针撞击而发火。

为了适应前装滑膛迫击炮的射击和弹道要求,迫击炮的弹药系统也应该有它的特点,如图 6-7 所示。

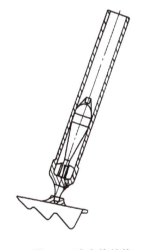

图 6-6 迫击炮结构

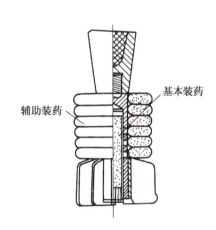

图 6-7 迫击炮弹药结构

1. 迫击炮弹具有尾翼的稳定装置

为了保证弹丸飞行的稳定性,迫击炮弹都具有尾翼的稳定装置。尾翼装在尾管的底部,尾管的上端用螺纹和弹体连接。尾翼的片数一般都是偶数,最少的 6 片,最多的 12 片,片数多少与弹丸的类型有关。此外,尾管上一般都有 8~12 个传火孔,作为装药的传火之用。

2. 迫击炮弹的弹体与膛壁之间存在间隙

为了使炮弹顺利下落,保证击针撞击时能够具有足够的动能,从而使底火确实点火,迫击炮弹的定心部与膛壁之间必须具有足够大的间隙,以便在弹丸下落时排除膛内的空气。因此迫击炮弹的直径应该略小于炮膛直径。

3. 迫击炮弹具有特殊的装药结构和特殊的点火方式

由于迫击炮的弹尾很长并装有稳定装置,所以与同类口径的一般火炮比起来,迫击炮的药室容积是很大的。此外,根据战术的要求,一般迫击炮的初速和最大压力都比较低,因此,装药量一般都很小,从而使得装填密度也很小,在 $0.04 \sim 0.15 \text{ kg/dm}^3$ 变动。在这样小的装填密度情况下,如何保证装药均匀而稳定地点燃,从而得到较好的射击精度,就成为迫击炮装药的一个重要问题。为了解决这个问题,迫击炮的装药一般分为两个组成部分。一部分称为基本装药,装填在用衬纸包装的基本药管内,起着传火的作用,其装填密度很大,一般为 $0.65 \sim 0.80 \text{ kg/dm}^3$,药管的底部装有底火。另一部分称为辅助装药,它由环形药或其他形状火药分装成等质量的药包,辅助药牢固在尾管的周围。不同数目的药包具有不同等级的初速。63 式 82 mm 迫击炮的装药号数和初速等级如表 6-7 所示。

表 6-7 63 式 82 mm 迫击炮的装药号数与初速

装药号数	0 号(基本装药)	1 号	2 号	3 号
装药量/g	8	21.5	35	48.5
初速/(m·s^{-1})	77	135	176	211

辅助装药的点火完全依靠基本装药,所以基本装药的作用既代表 0 号装药,同时又是点火药。整个基本药管的结构也正是以这样的条件进行设计的。在射击时,底火首先点燃尾管内的基本装药。由于这种装药在尾管中的装填密度很大,所以基本装药点燃之后,不仅压力上升很快,而且压力升得很高,一般可以达到 $80 \sim 100 \text{ MPa}$。当达到破孔压力时,高压的火药气体即冲破衬纸从传火孔流进药室,这类似于高低压原理。由于火药气体具有很大压力和足够的能量,能较容易地点燃管外装填密度较小的辅助装药,并保证它们稳定燃烧,从而保证了迫击炮弹道性能的稳定性。

6.2.2 迫击炮的弹道特点

根据迫击炮的火炮弹药系统以及射击原理,迫击炮具有以下一些弹道特点:

1. 基本装药的燃烧情况对弹道性能具有显著的影响

根据迫击炮的装药结构,可以看出它的点火情况是比较复杂的,影响燃烧稳定性的因素也是比较多的,例如基本装药点燃的一致性、衬纸的强度、传火孔的面积和位置,以及辅助装药的结构等,都将直接影响整个装药燃烧的一致性,从而影响射击精度。

应该指出,当基本装药的火药气体流出尾管点燃辅助装药之后,由于气体的流出使管内的压力迅速下降,管内未燃完的基本装药与管外的辅助装药,基本上在相同压力下燃烧。也就是说,基本装药和辅助装药在不同厚度下同时燃烧,气体生成规律是复杂的。在这种装药结构的情况下,一方面由于所用的火药都很薄,另一方面由于基本装药仅占全部装药的一小部分(例如在 82 mm 迫击炮中仅为 1/6),基本装药在点燃辅助装药以后的燃烧情况,不会对射击过程产生显著的影响,所以在进行内弹道分析解法时,我们可以近似假定基本装药是瞬时燃完的。在燃完的瞬间,火药气体即冲出传火孔并使辅助装药全面点火,与此同时弹丸开始运动。

2. 迫击炮火药具有它的特点

如前所述,迫击炮是用同一种火药的等重药包来得到不同等级初速的。因此为了保证最小号装药在膛内燃烧结束,全装药的燃烧结束位置距炮尾必须很近,为此,迫击炮火药都是燃速较大的薄火药,也就是 I_k 很小的火药。因为 I_k 很小,所以迫击炮全装药的装填参量 B 也很小,一般在 0.6 左右。分析解法的计算结果也可证明,在这样的装填参量情况下,全装药燃烧结束的位置几乎同最大压力的位置完全重合。

3. 在射击过程中有气体流失

由于迫击炮弹的定心部和膛壁之间有一定的间隙,所以在整个射击过程中,随着弹丸的运动,火药气体将不断地从间隙流出,它的流量应该按式(6-18)进行计算,即:

$$\dot{m} = \varphi_2 A S_\Delta \frac{p}{\sqrt{\tau}} \qquad (6-18)$$

式中 S_Δ 即间隙面积,它是炮膛断面积 S 和弹丸定心部断面积 S' 的差值,

$$S_\Delta = S - S'$$

τ 为相对温度。由于迫击炮的气体流出量很小,所以可以取 $\tau=1$,则相对流出量应表示为

$$\eta = \frac{y}{\omega} = \frac{\varphi_2 A S_\Delta \int_0^t p \, dt}{\omega}$$

如果假定火药燃烧速度定律是正比的,在第一时期,则有:

$$\eta = \frac{\varphi_2 A S_\Delta I_k}{\omega} Z = \bar{\eta}_k Z$$

式中

$$\bar{\eta}_k = \frac{\varphi_2 A S_\Delta I_k}{\omega}$$

代表火药燃烧结束瞬间的相对流出量。一般迫击炮的 $\bar{\eta}_k$ 都很小,只有百分之几。例如 82 mm 迫击炮的 $\bar{\eta}_k$ 为 0.043。但在整个射击过程中,即弹丸达到炮口瞬间的相对流出量 η_g 则增加到 0.10 左右。显然,气体的流出就意味着能量的额外消耗。流出量的变化又将直接影响最大压力和初速的变化,从而影响射击精度。

4. 迫击炮具有较大的热散失

迫击炮的装填密度小,相对说来药室容积较大,所以当基本装药燃烧所生成的气体从传火孔流出时,迅速地膨胀而冷却,同时由于药室内的金属表面积很大(其中包括定心部

后面的弹体和炮膛的表面积,尾管内外表面积以及尾翼表面积),而弹丸运动又较慢,因而火药气体与炮膛表面有较长的接触时间。在这种情况下,热的散失当然要比一般火炮大得多。目前,这种热散失可利用测压方法进行间接计算,即在同样的装填结构情况下,用测压器测量基本装药燃完瞬间的最大压力值 p_{m1},然后按下式直接算出火药力 f_1:

$$f_1 = p_{m1}\left(\frac{1}{\Delta_0} - \alpha_1\right) \tag{6-19}$$

式中 $\Delta_0 = \omega_1/V_0$ 代表基本装药在整个药室容积中的装填密度,V_0 为药室容积。α_1 代表基本装药的余容。这样算出来的 f_1 称火药力换算值。一般说来,它比真实火药力 f 小 $1/4 \sim 1/3$。这种方法实质上就是利用减小基本装药火药力的方法来修正热散失。当然,这种方法仅考虑到射击过程开始阶段的热散失修正,而没有考虑到弹丸运动之后全过程的修正,这是不够完善的。应该指出,在弹丸运动之后,膛内金属表面已经变热,且气体从间隙流出,对炮膛前部分的表面实际上起了预热的作用,因此可以认为这部分的热散失可以略而不计。

5. 次要功计算系数也有它的特点

根据迫击炮的弹道特点,次要功计算系数同一般火炮比起来,也应该有一定的特点。一般火炮次要功计算系数的定义为

$$\varphi = 1 + K_2 + K_3 + K_4 + K_5$$

现在我们就按照迫击炮的特点分析各个 K_i 值。由于迫击炮没有弹丸旋转的功,摩擦功也很小,可以略而不计,所以 $K_2 = 0$,$K_3 = 0$,$K_4 = \omega/(3m)$,由于迫击炮的 ω/m 很小,一般所计算出的 K_4 并不超过 0.01,所以也可以取 $K_4 = 0$。所有这些次要功系数的特点,正体现了迫击炮的弹道特点。

在计算后坐运动功系数 K_5 时,迫击炮的特点就更为明显,而且还比较复杂。因为迫击炮的后坐不仅与支撑它的座板有关,而且还和土地条件有关。现在我们专门研究 K_5 的计算问题。

根据一般火炮所导出的 K_5 为

$$K_5 = \frac{m}{Q_0} \frac{\left(1 + \frac{1}{2}\frac{\omega}{m}\right)^2}{\left(1 + \frac{m}{Q_0} + \frac{\omega}{Q_0}\right)^2}$$

在一般火炮中,由于 ω/m 较大,不能省略,而 m/Q_0 及 ω/Q_0 都很小,可以略去。但在迫击炮的情况下则不同:ω/Q_0 及 ω/m 都很小,可以略去,而 m/Q_0 较大,不能省略。这样就得到如下与一般火炮不同的 K_5 简化式:

$$K_5 = \frac{m}{Q_0} \cdot \frac{1}{\left(1 + \frac{m}{Q_0}\right)^2} = \frac{mQ_0}{(Q_0 + m)^2}$$

根据以上分析,迫击炮的次要功计算系数可表示为

$$\varphi = 1 + \frac{m Q_0}{(Q_0 + m)^2} \tag{6-20}$$

对于刚性的迫击炮架而言,由于座板将后坐力传向地面,这时土地也起反后坐装置的作用,后坐阻力就等于土地阻力,因此在后坐质量 Q_0 中,除了炮身和座板的质量之外,还包括产生阻力的那部分土地质量。

$$Q_0 = Q_{炮身} + Q_{座板} + Q_{土地} \tag{6-21}$$

式中 $Q_{土地}$ 的确定,可以利用以下的经验公式:

$$Q_{土地} = 485 \times S_{座板}^{3/2} \tag{6-22}$$

式中 $S_{座板}$ 即代表座板的面积。$Q_{土地}$ 的单位为 kg,$S_{座板}$ 的单位为 m²。按照这个公式计算出的 $Q_{土地}$ 值是相当大的。例如,120 mm 迫击炮的 $Q_{土地}$ 等于 385 kg,几乎为炮身和座板质量的两倍,从而求得 $\varphi=1.03$。在实际的弹道解法中,φ 常常是当作经验系数来处理,常取 $\varphi=1$ 或略大于 1 的数值。这与计及 K_5 所求得的 φ 值仍很接近。

6.2.3 基本假设和内弹道方程

1. 基本假设

根据迫击炮的装药及内弹道过程的特点提出以下假设:

(1) 尾管未破孔以前,基本装药在尾管内定容燃烧,打开传火孔以后,燃气从尾管中流出并点燃辅助装药。在基本装药未燃完前,按基本装药和辅助装药构成的混合装药处理。基本装药燃完后,辅助装药单独燃烧,直至燃完。

(2) 基本装药和辅助装药按各自燃烧规律燃烧,燃速公式采用指数燃烧定律。

(3) 热损失不作直接计算,通过减小火药力的方法,间接修正热损失的影响。

(4) 气体从间隙中流出时,满足临界状态的条件。对于某些装有闭气环的情况,可令 $S_\Delta = 0$。

2. 基本方程

(1) 喷口未打开前,基本装药定容燃烧的计算公式。

$$\left.\begin{aligned}
\psi_0 &= \frac{\dfrac{1}{\Delta_1} - \dfrac{1}{\rho_p}}{\dfrac{f}{p_{TK}} + \alpha - \dfrac{1}{\rho_p}} \\
\sigma_0 &= \sqrt{1 + 4\dfrac{\lambda_1}{\chi_1}\psi_0} \\
Z_0 &= \dfrac{\sigma_0 - 1}{2\lambda_1}
\end{aligned}\right\} \tag{6-23}$$

式中 $\Delta_1 = \omega_1/V_d$,ω_1 为基本装药的装药量,V_d 为尾管容积,p_{TK} 为破孔压力,χ_1、λ_1 为基本装药的形状特征量,ρ_p 为火药密度。

(2) 基本装药和辅助装药混合燃烧阶段基本方程。

$$\left.\begin{aligned}
&\frac{dZ_1}{d\bar{t}} = \sqrt{\frac{\theta}{2B_1}} \Pi^{n_1} \\
&\frac{dZ_2}{d\bar{t}} = \sqrt{\frac{\theta}{2B_2}} \Pi^{n_2} \\
&\frac{d\psi}{d\bar{t}} = \alpha_1 \left(\chi_1 \frac{dZ_1}{d\bar{t}} + 2\chi_1 \lambda_1 Z_1 \frac{dZ_1}{d\bar{t}} \right) + \alpha_2 \left(\chi_2 \frac{dZ_2}{d\bar{t}} + 2\chi_2 \lambda_2 Z_2 \frac{dZ_2}{d\bar{t}} \right) \\
&\frac{d\Lambda}{d\bar{t}} = \bar{v} \\
&\frac{d\eta}{d\bar{t}} = C_A \bar{S} \frac{\Pi}{\sqrt{\tau}} \\
&\frac{d\tau}{d\bar{t}} = \frac{1}{\psi - \eta} \left[(1-\tau) \frac{d\psi}{d\bar{t}} - 2\bar{v} \frac{d\bar{v}}{d\bar{t}} - \theta\tau \frac{d\eta}{d\bar{t}} \right] \\
&\Pi = \frac{\tau}{\Lambda + \Lambda_\psi} (\psi - \eta)
\end{aligned}\right\} \quad (6\text{-}24)$$

式中

$$\Lambda_\psi = 1 - \frac{\Delta}{\rho_p}(1-\psi) - \alpha\Delta(\psi-\eta)$$

$$B_1 = \frac{S^2 e_1'^2}{f\omega\varphi m \bar{u}_{11}^2} (f_1 \Delta)^{2(1-n_1)}$$

$$B_2 = \frac{S^2 e_1''^2}{f\omega\varphi m \bar{u}_{12}^2} (f_2 \Delta)^{2(1-n_2)}$$

$$C_A = \varphi_2 \sqrt{\frac{\theta\varphi m}{2\omega}} K_0$$

$$K_0 = \sqrt{k} \left(\frac{2}{k+1}\right)^{\frac{k+1}{2(k-1)}}, \qquad \bar{S} = \frac{S_\Delta}{S}$$

下标 1,2 分别表示基本装药和辅助装药的参量。

(3) 初始条件。

$\bar{t}=0$, $\bar{v}=\Lambda=\eta=Z_2=0$, $Z_1=Z_0$

$$p_0 = \frac{C_T f \Delta_T \psi_0}{1 - \frac{\Delta_T}{\rho_p}(1-\psi_0) - \alpha \Delta_T \psi_0 - \frac{\Delta_i}{\rho_p}} \quad (6\text{-}25)$$

式中 $\Delta_T=\omega_1/V_0$；$\Delta_i=\omega_i/V_0$，ω_i 为第 i 号辅助装药质量；V_0 为药室容积；C_T 为热损失修正系数。

6.2.4 迫击炮内弹道计算

一般情况下，方程(6-24)不存在分析解，只有在某些简化条件下才可以进行分析解，如《内弹道学》中，在解决混合装药问题时，提出混合能量的概念，并假设基本装药瞬时燃完,同时打开传火孔点燃辅助装药。这样将混合装药变成单一装药问题,基本装药作为点火药。在能量方程中考虑基本装药的能量,则能量方程为

$$Sp(l+l_\psi) = f_1\omega_1 + f_i\omega_i\psi - \bar{f}_\psi y - \frac{\theta}{2}\varphi mv^2 \tag{6-26}$$

式中 f_i 和 ω_i 分别表示第 i 号辅助装药的火药力和装药质量;y 为气体流出的总流量。其中 $f_1\omega_1$ 是基本装药加入的能量。若假定火药服从正比燃烧定律,则总流量 y 表示为

$$y = \omega_i\eta = \varphi_2 AS_\Delta I_k Z \tag{6-27}$$

式(6-26)中 $\bar{f}_\psi$ 为混合火药力,表示为

$$\bar{f}_\psi = \frac{f_1\omega_1 + f_i\omega_i\psi}{\omega_1 + \omega_i\psi} \tag{6-28}$$

取 $\psi=1/2$,即火药燃烧一半条件下,式(6-28)为

$$\bar{f} = \frac{f_1\omega_1 + f_i\omega_i/2}{\omega_1 + \omega_i/2} \tag{6-29}$$

在能量方程(6-26)中的 f_1、f_i 和 $\bar{f}_\psi$ 都用 $\bar{f}$ 来代替,给出一个统一的火药力数值。

根据上述假设,迫击炮的能量方程可以表示为

$$Sp(l+l_\psi) = \bar{f}\omega\left[\frac{\chi_0}{1+\chi_0} + \frac{\psi}{1+\chi_0} - \bar{\eta}_k Z - \frac{\theta\varphi m}{2\bar{f}\omega}v^2\right] \tag{6-30}$$

式中

$$\chi_0 = \frac{\omega_0}{\omega_i}; \quad \omega = \omega_1 + \omega_i$$

$$l_\psi = l_0\left[1 - \frac{\Delta}{\rho_p}(1-\psi) - \alpha(\psi-\eta)\Delta\right]$$

很显然,经过这样的简化处理后,虽然可以获得分析解,但把迫击炮复杂的内弹道循环过于简单化,而且对火药力的概念也会造成误解。因为火药力决定于火药的组分,不应随着内弹道过程而变化。

在计算机相当普及的今天,对方程组(6-24)可以采用数值解法。该方程组由 6 个一阶微分方程和一个代数方程组成,包含变量有 Z_1、Z_2、ψ、Π、$\bar{v}$、Δ、τ 和 $\bar{t}$,指定 $\bar{t}$ 为自变量,7 个变量与 7 个方程相对应,因此方程组(6-24)是封闭的。数值解是用四阶龙格—库塔法或吉尔法。最大压力点和燃烧结束点的计算采用黄金分割法。现在以 82 mm 迫击炮为例,给出数值计算结果。82 mm 迫击炮装填条件和结构诸元如表 6-8 所示。

表 6-8 装填条件与结构诸元

基本装药	形状特征量 λ_1	−0.056 6	辅助装药	形状特征量 λ_2	−0.056 6
	形状特征量 χ_1	1.155		形状特征量 χ_2	1.155
	燃速指数 n_1	0.69		燃速指数 n_2	0.69
	装药质量 ω_1/kg	0.040 5		装药质量 ω_2/kg	0.040 5
	装填参量 B_1	0.70		装填参量 B_2	0.70
火药力 f/(kJ·kg^{-1})		980	余容 α/(dm^3·kg^{-1})		0.85

续表

火药密度 ρ_p/(kg·dm^{-3})	1.6	绝热指数 k	1.15
药室容积 V_0/dm^3	0.731	尾管容积 V_d/dm^3	0.011
弹丸质量 m/kg	3.8	弹丸行程长 l_g/dm	10.203
炮膛断面积 S/dm^2	0.527 7	弹丸定心部面积 S_1/dm^2	0.519 5
破孔压力 p_{TK}/MPa	9.5	流量参数 C_A	1.006
热损失修正系数 C_T	1.0	次要功计算系数 φ	1.0

计算结果如表 6-9 所示。表中 p_t、p 和 p_d 分别表示膛底压力、平均压力和弹底压力；τ 表示相对温度。M、K 和 G 表示最大压力、燃烧结束和炮口位置的弹道参量。计算的 p—l 和 v—L 曲线，p—t 和 v—t 曲线，如图 6-8 和图 6-9 所示。从图中看出，由于迫击炮应用的火药很薄，曲线表现非常陡直，以致最大压力位置和燃烧结束点位置几乎完全重合。从压力曲线的变化规律表明，迫击炮的弹道性能应该具有较大的 η_ω 和较小的 η_g。

表 6-9 82 mm 迫击炮弹道参量计算结果

l/dm	t/ms	v/(m/s)	p_t/MPa	p/MPa	p_d/MPa	ψ	τ
0.00	0.32	0.8	2.84	2.84	2.82	0.042 3	0.998
0.01	0.65	3.1	6.94	6.92	6.89	0.104 2	0.997
0.02	0.97	7.9	13.56	13.53	13.47	0.207 3	0.995
0.06	1.30	16.6	22.58	22.53	22.42	0.356 9	0.992
0.14	1.62	30.0	32.85	32.78	32.62	0.551 0	0.987
0.26	1.94	48.3	42.30	42.20	42.00	0.778 2	0.979
K_1							
0.28	1.98	50.3	43.07	42.97	42.77	0.801 0	0.978
0.45	2.27	70.0	46.36	46.26	46.04	0.971 8	0.967
K_2							
0.49	2.32	73.4	46.63	46.53	46.32	1.000	0.964
0.72	2.59	91.2	40.26	40.17	39.99	1.000 0	0.946
1.04	2.92	109.0	33.55	33.48	38.33	1.000 0	0.925
1.42	3.24	123.9	28.01	27.95	27.82	1.000 0	0.903
1.84	3.57	136.3	23.56	23.50	23.40	1.000 0	0.883
2.30	3.89	146.9	20.01	19.97	19.88	1.000 0	0.865
2.79	4.21	155.8	17.19	17.15	17.07	1.000 0	0.848
3.31	4.54	163.6	14.92	14.98	14.82	1.000 0	0.833
3.85	4.86	170.4	13.08	13.05	12.99	1.000 0	0.819
4.41	5.19	176.3	11.57	11.54	11.49	1.000 0	0.806
4.99	5.51	181.6	10.32	10.29	10.25	1.000 0	0.794

续表

l/dm	t/ms	v/(m/s)	p_t/MPa	p/MPa	p_d/MPa	ψ	τ
5.59	5.83	186.3	9.27	9.25	9.21	1.000 0	0.783
6.20	6.16	190.6	8.38	8.37	8.33	1.000 0	0.773
6.82	6.48	194.5	7.63	7.61	7.58	1.000 0	0.764
7.46	6.81	198.0	6.98	6.96	6.93	1.000 0	0.755
8.11	7.13	201.2	6.42	6.40	6.38	1.000 0	0.747
8.77	7.45	204.2	5.93	5.91	5.89	1.000 0	0.740
9.43	7.78	207.0	5.50	5.48	5.46	1.000 0	0.733
10.11	8.10	209.6	5.11	5.10	5.08	1.000 0	0.726
G							
10.20	8.15	209.9	5.06	5.05	5.03	1.000 0	0.725
M							
0.49	2.32	73.4	46.64	46.53	46.32	1.000	0.964

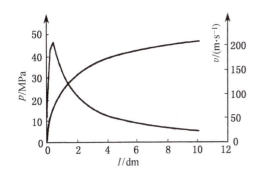

图 6-8　82 mm 迫击炮 $p-l$ 和 $v-l$ 曲线

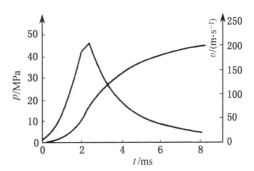

图 6-9　82 mm 迫击炮 $p-t$ 和 $v-t$ 曲线

用铜柱测压器测得 82 mm 迫击炮的最大压力为 38.0～39.0 MPa。按通常的铜柱测压和压电测压的换算系数 $N'=1.12$，换算到压电测压的最大压力为 42.6～43.6 MPa。初速实测值为 202～205 m/s。计算的最大压力为 46.5 MPa，初速为 209.9 m/s，它们与实测值之间具有较好的一致性。

§6.3　膨胀波火炮内弹道理论

随着军事科技的飞速发展，复杂的现代战争形势对武器系统整体性能的要求日益提高，各种集精确打击、多任务派遣以及生存能力于一身的轻型化、信息化武器系统成为当前各国竞相研制的目标。常规火炮由于自身结构以及发射方式的制约，发射过程中产生的巨大后坐及高身管热量,使其无法满足上述要求。为了解决常规火炮存在的性能缺陷,提升总体作战能力以适应现代战争的需要,降低发射过程中产生的后坐和身管热量是首要解决的问题。基于新发射机理而研制的膨胀波火炮系统,以其在不影响作战威力的前提下,显著降低发射过程中产生的后坐和身管热量的优越性能,成为当前解决这一制约常规火炮作战性能的有效途径。

6.3.1 膨胀波火炮的发射机理

在火炮发射过程中,如果炮尾突然打开,药室内火药燃气在压力梯度作用下,从炮尾高速向后喷出,药室内燃气压力迅速下降,这种下降现象被称为"膨胀波"或者"火药燃气稀释"现象。药室内压力下降现象在炮膛内的扩展速度(膨胀波传播速度)和声波的传播速度是相同的,因此压力下降现象传播到弹底存在一个时间的滞后,膨胀波火炮正是利用这一延迟特性,在炮尾加装后喷装置,通过控制后喷装置的打开时机和打开速度,利用燃气后喷产生的前冲量及后喷动能实现减小后坐和降低身管热量的目的,如图 6-10 所示。

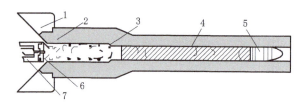

图 6-10　惯性炮尾开闩方式的膨胀波火炮
1—喷嘴;2—开口;3—药筒本体;4—炮膛;
5—弹丸;6—药筒底托;7—炮门

如果能够精确地控制后喷装置的打开时机,使膨胀波在弹丸飞离炮口前追赶不上弹丸即可实现在不影响弹丸初速的条件下减小后坐和降低身管热量。可以说,膨胀波火炮在后喷装置打开前与常规闭膛火炮的发射过程是一致的,在后喷装置打开后与无后坐炮的发射过程相类似,只是在性能上有较大的改进。

6.3.2 膨胀波火炮的特点

基于全新推进技术研制的膨胀波火炮与常规火炮相比,具有以下性能优势:

(1) 减小或消除后坐。在膨胀波火炮发射过程中,膛内火药燃气后喷产生的前冲量将显著减小发射过程中产生的后坐。在膨胀波火炮发射实验中,发射初速为 1 150 m/s 的北约标准 35 mm 炮弹时,后坐能量能够减少 80% 以上,发射初速为 686 m/s 的大号装药榴弹时,后坐能量估计能够减少 75%。

(2) 减轻身管烧蚀。在膨胀波火炮发射过程中,由于膛内大量火药燃气的后喷,身管升温现象及冲刷腐蚀现象均得到了减轻。

(3) 提高发射速度。后坐冲量的减小可以使得膨胀波火炮后坐周期缩短,身管升温情况得到改善使得膨胀波火炮单位时间内可以承受更多次弹丸的发射,此外膛内火药燃气的二次排放(通过膛口和后喷装置)使其排出时间缩短。以上因素使得膨胀波火炮可以获得更大的爆发射速和持续射速。

(4) 减小炮口焰及炮口冲击波。膨胀波火炮通过引入后喷装置，将常规闭膛火炮炮口燃气一次性排放分解成两次排放，减小了用于生成炮口焰和发射征候的能量，减轻了炮口冲击效应。此外发射过程中燃气后喷产生的膨胀波对膛内燃气进行冷却和降压后，还降低了二次炮口焰生成的可能性。

(5) 减轻重量。后坐冲量的减小使得膨胀波火炮不需配备复杂的后坐缓冲装置，身管受热及烧蚀腐蚀作用的减轻使得身管变薄变轻，结合先进的复合材料技术，与常规火炮相比，膨胀波火炮的重量可减轻一半甚至更多。

(6) 可变装药。膨胀波火炮通过调节后喷装置的打开时机，对弹丸初速进行调节，实现变装药结构的弹道性能。

(7) 提高持续作战能力。使用体积小、重量轻、坚固耐用的炮弹能够大大减轻炮弹的再补给负担。与常规火炮相比，膨胀波火炮能够携载更多的炮弹，从而提高了火炮的持续作战能力。

(8) 清洁药室。当采用可燃药筒时，最大的缺点是设计时必须处理好可燃药筒的结构刚度、快速的炮尾闭锁方法和火药残渣允许量三者之间的关系。膨胀波火炮利用燃气后喷产生的超音速气流能够清除膛内的余烬、残渣和碎片，保持药室清洁。

尽管根据当前的分析结果和实验成果，膨胀波火炮尚未发现任何不可逾越的技术问题，但在膨胀波火炮研制开发的过程中，如何精确控制后喷打开装置以及如何使火炮从整体结构上与炮尾焰的排放相适应仍然成为膨胀波火炮需要面临的技术挑战。

6.3.3 膨胀波火炮发射过程的研究现状

膨胀波火炮是由美国陆军坦克车辆与武器装备司令部军械研究开发与工程中心（TACOM-ARDEC）Benét 实验室的艾里克·凯斯（Eric Kathe）博士于 1999 年 3 月，在美陆军提出武器系统整改策略的基础上，针对当前火炮系统存在的性能问题而提出的一种新概念低后坐武器系统。由于设计理念独特，性能优越，膨胀波火炮概念在问世后便受到了美国陆军的极大重视，曾一度作为 FCS 计划中乘车战斗系统（MCS）和非直瞄火炮系统（NLOS-C）两个子系统的主战武器，并赢得了美国陆军装备司令部的 2002 年十大发明奖，同时该技术的发明人艾里克·凯斯博士也赢得了 2003 年度美国陆军研究与发展成就奖。

在膨胀波火炮研制开发的过程中，Benét 实验室以 Kathe 为首的研究小组，为了测试膨胀波火炮的发射性能而进行了相关的试验研究。2001 年 8 月，其在俄亥俄州伊利湖靶场进行了膨胀波火炮的第一次试发实验，该实验使用的样炮是由 105 mm 多用途火炮和弹药系统（MRAAS）的武器部件及转膛装填系统结合瑞士 Oerlikon 35 mm 高射炮炮身改装而成的，发射弹药选用的是经过改装的药筒底盖可分离的 35 mm Oerlikon TP 炮弹。在测试过程中，研究小组针对不同的后喷结构进行了 30 次试发试验，通过布置在身管不同位置处的测压点和测温点、炮口初速测试装置、后坐测试装置以及高速摄像仪，记录了发射过程中,膛内各位置处的压力和温度的变化、膨胀波波阵面的推进过程以及弹丸初速和后坐力的数值,并取得了良好的实验结果。随后,阿瑞斯军械公司又将 M1A2 主战坦克上装备的 M256 型 120 mm 滑膛炮改装成膨胀波样炮,并将其安装在轻型装甲车辆底盘上,同时利用 M829A2 动能穿甲弹改装成一些试发炮弹进行相关的试发实验。

对于火炮发射过程的理论研究最早采用的是建立在热力学基础上的经典内弹道理论。该理论在拉格朗日假定下,以弹后空间各变量的平均值描述内弹道循环过程,主要计算最大膛压和弹丸初速,在装填密度不大、膛压不高的情况下,计算结果的合理性较好。由于经典内弹道理论给出的是弹丸空间各变量平均值随时间的变化规律,对于膨胀波火炮后喷装置打开后,膛内燃气后喷产生的膨胀波在膛内的传递过程,经典内弹道理论不能进行准确的描述,无法给出后喷过程中膛内火药燃气的流动规律,为此针对膨胀波火炮发射过程的研究都是建立在现代内弹道理论基础之上的。

在膨胀波火炮研制初期,Kathe 运用经过修正的集总参数模型预测膨胀波波阵面的位置,并计算了不同口径膨胀波火炮的后喷打开时机。随后 Dunn 等人与以 Kathe 为首的研究小组,利用在求解多相流动的 LTCP 编码和处理强间断的 TVD 方法基础上,联合开发的能够处理具有移动边界和附加质量的火药燃烧内弹道模型 GTBL 编码,对于膨胀波火炮膛内的两相燃烧流动现象进行求解分析,并与采用 NOVA 编码得到的结果进行比较,所得结果除了弹底气相温度等个别结果有所偏差外,其余均有较好的一致性。随着膨胀波火炮研制工作的顺利开展,Kathe 以博士论文的形式,对膨胀波火炮的发射机理、发射过程进行了系统的阐述,并给出了膨胀波火炮的具体结构。随后 Coffee 在总结用于求解内弹道模型各类编码的基础上,结合用于求解液体发射火炮内弹道过程的计算程序,采用基于有限容积的 ALE 编码对 35 mm 口径膨胀波火炮内弹道过程进行数值仿真,给出了不同后喷结构方案下的内弹道过程及后坐运动特性分析。

国内南京理工大学、202 所等单位也在开展相关的研究。

6.3.4 后喷装置的设计要求及打开方式

膨胀波火炮最核心的问题就是后喷装置的设计。后喷装置的作用是精确控制膨胀波火炮的开尾时机,实现膛内火药燃气的延迟后喷。后喷装置可靠、稳定、有效的工作,是实现发射过程中减小后坐、降低身管热量的前提条件。为了避免由于后喷装置失效对膨胀波火炮发射性能带来的不利影响,膨胀波火炮对后喷装置提出了严格的设计要求,后喷装置的结构设计、打开方式必须严格按照给定的标准实施。

1. 后喷装置的设计要求

膨胀波火炮对后喷装置的打开时机、打开过程及结构性能等方面提出了严格的设计要求,具体包括以下几个方面:

(1) 后喷打开时机准确可控;
(2) 后喷打开过程迅速可靠且具有可重复性;

(3) 后喷结构合理适当;
(4) 具有较强的抗烧蚀和抗化学腐蚀能力;
(5) 弹丸初速衰减程度最低。

2. 后喷装置的打开方式

当前用于控制膛内燃气延迟后喷的打开方式有很多种,主要包括凸轮驱动后喷打开方式、气动驱动后喷打开方式、计算机时控后喷打开方式、主动式爆炸隔板以及惯性炮尾驱动后喷打开方式等。其中满足膨胀波火炮后喷装置设计要求,适合于火炮发射结构的主要有主动式爆炸隔板和惯性炮尾驱动两种后喷打开方式。下面分别对主动式爆炸隔板和惯性炮尾驱动后喷打开方式的实现过程和性能特性进行分析。

(1) 主动式爆炸隔板(Detonated Rupture Disks)。

主动式爆炸隔板后喷打开方式是一种依靠爆炸隔板的力学特性实现燃气延迟后喷的打开方式,其结构如图 6-11 所示,具体的实现过程为:在药室与扩张喷管连接处安装具有一定力学强度的爆炸隔板,发射过程中当作用在隔板上的燃气压力超过隔板自身的破坏极限时,隔板将迅速破裂,使药室与扩张喷管连通,膛内燃气在压力梯度作用下开始后喷。通过改变爆炸隔板的厚度及材料的力学性能可实现对膛内燃气后喷时间的控制。

由于主动式爆炸隔板打开方式属于力学破坏方式,打开过程极其迅速(打开过程所需时间处于 0.1 ms 量级),同时在后喷燃气的高速冲刷下,其破碎残片不会在药室内有任何的残留,为此在无后坐火炮中得到了广泛的应用。考虑到膨胀波火炮发射过程中,在实现减小后坐和降低身管热量效果的同时保证炮口动能不受影响,其后喷打开时机一般为膛压达到最大值后的某一时刻,为此直接采用压力破坏方式的爆炸隔板控制燃气后喷时机的打开方式并不能达到理想的效果。但利用火药燃气的热烧蚀作用或通过外触发器起爆,使爆炸隔板既能承受最大膛压又能在预定的时间内破碎的方法,则可实现主动式爆炸隔板打开方式在膨胀波火炮后喷装置中的应用,由于其相关技术并不成熟,故当前并没有在膨胀波火炮中得到实际的应用。

(2) 惯性炮尾驱动方式(Inertial Breech Actuator)。

惯性炮尾驱动后喷打开方式是一种依靠可移动炮尾的后坐运动实现燃气延迟后喷的打开方式,其结构如图 6-11 所示,具体的实现过程为:在药室与扩张喷管连接处安装可自由移动的活动炮尾(惯性炮尾),发射过程中惯性炮尾在膛内燃气的作用下进行后坐运动,当运动到一定距离后,药室与扩张喷管连通,膛内燃气在压力梯度作用下开始后喷。通过改变惯性炮尾的启动压力、自身重量及移动距离可实现对膛内燃气后喷时机的控制。

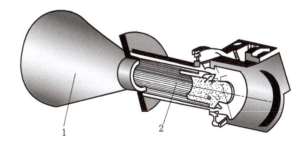

图 6-11 惯性炮尾后喷装置结构示意图
1—扩张喷管;2—惯性炮尾

由于惯性炮尾是直接由膛内火药燃气驱动的,其打开过程迅速可靠,同时在后坐缓冲的作用下可实现自动恢复,可重复性好,为此惯性炮尾驱动方式成为当前膨胀波火炮首选的后喷打开方式。

6.3.5 膨胀波火炮内弹道模型建立及数值模拟

膨胀波火炮发射过程的内弹道现象是相当复杂的。本节主要针对惯性炮尾式炮闩打开方式对膨胀波火炮系统运用经典内弹道理论进行内弹道模型的建立和仿真。通过数值求解,全面分析膨胀波火炮发射过程中各内弹道特征量的变化规律;其次与常规闭膛火炮内弹道过程进行对比分析。

1. 物理模型

该模型采用拉格朗日假设,考虑到开闩前后系统本身后坐很小,因此忽略身管后坐对内弹道参量的影响,同时假设开闩过程为瞬时完成。假设同型号的常规火炮为自由后坐。为描述问题方便,规定后坐力和后坐冲量以朝向炮尾方向为正方向。对于惯性炮尾式膨胀波火炮系统,整个发射过程根据喷口打开前后膛内燃气流动的变化规律可分为以下几个阶段:

(1) 开闩前阶段。通过底火点燃发射药生成火药燃气向弹底传播,当弹底压力达到弹丸启动压力后,推动弹丸向前运动,此时属于关闩状态,惯性炮尾不动,后喷装置未被打开,膛内燃气流动呈单向流动状态,滞止点在膛底位置,这一阶段膛内流动现象与一般火炮内弹道相同。炮膛合力方向为正,主要包括:火药燃气作用在惯性炮尾底部的力、作用在药室锥面上的力以及弹丸对膛线作用的轴向分力。

(2) 动态开闩阶段。随着火药的不断燃烧,当膛底压力达到惯性炮尾启动压力后,推动炮尾向后运动,膛内流动状态发生改变,呈现两相流动状态,滞止点向后移动。当炮尾达到最大行程时后喷装置突然打开,膛底附近区域火药燃气开始向外喷出,产生膨胀波向前传播,滞止点开始前移。此时炮膛合力方向由朝向炮尾突变为朝向炮口。

(3) 开闩后阶段。后喷装置完全打开后,膛内火药燃气部分推动弹丸继续向前运动,部分继续反向喷出,滞止点继续向炮口方向推移直到弹丸飞出炮口。这一阶段膛内流动现象与无后坐火炮内弹道类似。炮膛合力方向为负,主要包括:火药燃气喷出喷管的反推力、作用在药室锥面上的力以及弹丸对膛线作用的轴向分力。

(4) 后效期阶段。弹丸飞离炮口后,一部分火药燃气从炮口喷出对系统产生后坐力,另一部分继续从喷管喷出对系统产生向前的推力,滞止点在膛内某一位置为常值。这一阶段膛内流动现象与无后坐火炮内弹道也类似。炮膛合力方向为负,主要包括火药燃气对喷管和炮口的推力。

2. 数学模型

根据膨胀波火炮的工作原理,结合经典内弹道的数学模型,计及惯性炮尾的运动过

程,由集总参数模型可得到内弹道方程为

$$\begin{cases} \dfrac{\mathrm{d}z}{\mathrm{d}t} = \begin{cases} \dfrac{u_1}{e_1} p^n & z \leqslant 1 \\ 0 \end{cases} \\ \dfrac{\mathrm{d}l}{\mathrm{d}t} = v \\ \dfrac{\mathrm{d}v}{\mathrm{d}t} = \dfrac{Sp}{\varphi m} \\ \dfrac{\mathrm{d}l_1}{\mathrm{d}t} = \begin{cases} v_1 & p \geqslant p_E, l_1 \leqslant l_E \\ 0 \end{cases} \\ \dfrac{\mathrm{d}v_1}{\mathrm{d}t} = \begin{cases} \dfrac{S_1 p}{\varphi_1 m_1} & p \geqslant p_E, l_1 \leqslant l_E \\ 0 \end{cases} \\ \dfrac{\mathrm{d}\tau}{\mathrm{d}t} = \dfrac{1}{\psi-\eta}\left[(1-\tau)(x+2x\lambda z)\dfrac{\mathrm{d}z}{\mathrm{d}t} - \theta\tau\dfrac{\mathrm{d}\eta}{\mathrm{d}t} - \dfrac{\theta}{f\omega}\left(\varphi m v\dfrac{\mathrm{d}v}{\mathrm{d}t} + \varphi_1 m_1 v_1\dfrac{\mathrm{d}v_1}{\mathrm{d}t}\right)\right] \\ \dfrac{\mathrm{d}\eta}{\mathrm{d}t} = \begin{cases} 0 & p \geqslant p_E, l_1 \leqslant l_E \\ \dfrac{C_A S_1 v_j}{f\omega}\dfrac{p}{\sqrt{\tau}} \end{cases} \\ \psi = xz + x\lambda z^2 \\ p = \dfrac{f\omega\tau(\psi-\eta)}{S(l_\psi+l)+S_1 l_1} \\ l_\psi = l_0\left[1 - \dfrac{\Delta}{\delta}(1-\psi) - \alpha\Delta(\psi-\eta)\right] \end{cases} \tag{6-31}$$

其中,
$$C_A = \sqrt{\dfrac{\theta\varphi m(\varphi+1)}{2\omega}}\left(\dfrac{2}{\theta+2}\right)^{\frac{\theta+2}{2\theta}}$$

$$l_\psi = l_0\left(1 - \dfrac{\Delta}{\rho_p} - \Delta\left(\alpha - \dfrac{1}{\rho_p}\right)\psi + \alpha\Delta\eta\right)$$

$$B = \dfrac{S^2 e_1^2}{f\omega\varphi m u_1^1}(f\Delta)^{2(1-n)}$$

$$l_E = \dfrac{m+\omega/2}{3m_1}l_g$$

式中 Z 为火药相对已燃厚度;k 为绝热指数($\theta=k-1$);n 为火药燃速指数;S 为炮膛截面积;f 为火药力;ω 为装药量;Δ 为装填密度;φ 为次要功计算系数;m 为弹丸质量;ψ 为相对已燃体积;l、v 分别为弹丸的行程和速度;l_1、v_1 分别为惯性炮尾的行程和速度;p_E 为惯性炮尾启动压力;l_E 为惯性炮尾最大行程;m_1 为惯性炮尾质量;S_1 为惯性炮尾截面积;η、τ 分别为相对流量、相对温度;ρ_p 为火药密度;α 为气体余容。

3. 膨胀波火炮内弹道过程仿真结果分析

根据膨胀波火炮发射过程的分析可知,在惯性炮尾启动前阶段,膛内发射药的燃烧流动环境与常规闭膛火炮一致,膛内的内弹道各状态参量的分布规律同常规闭膛火炮保持一致。但是随着惯性炮尾的运动,膛内的流动状态开始发生变化,当后喷装置打开后,由于膛内火药燃气的大量外流及膨胀波在膛内的传递效应使得膛内的各状态参量的分布规律呈现明显的变化。计算的初值如表 6-10 所示。

表 6-10 35 mm 膨胀波火炮内弹道参数

参数/单位	数　　值
药室容积 V/m³	$367.250\,0 \times 10^{-6}$
药室直径 d/m	$5.500\,0 \times 10^{-2}$
装药量 ω/kg	0.033 0
弹丸质量 m/kg	0.550 0
比热比 k	1.259 0
药粒长度 $2c$/mm	2.608 0
弧厚 $2e_1$/mm	0.872 0
内径 d_0/mm	0.250 0
外径 D_0/mm	1.994 0
弹丸全行程 l/m	2.963 0
启动压力 P_0/MPa	35.000 0
次要功系数 φ	1.206 0
火药密度 ρ/(kg·m⁻³)	1 570
火药力 f/(J·kg⁻¹)	912 000
余容 α/(m³·kg⁻¹)	0.001 104

从图 6-12 膛底压力对比分布中可以看到，在后喷装置打开前期，两者的压力分布是一致的，但是在后喷装置打开后，由于膛底区域燃气持续后喷，膨胀波火炮膛底区域压力迅速衰减，与常规闭膛火炮相比其压力衰减程度十分明显，同样在图 6-13 中，膛内平均温度也随着后喷装置的打开急速下降。而从图 6-14 速度分布中可知，由于后喷时间打开合理，燃气后喷对弹底压力几乎没有带来任何影响，膨胀波火炮和常规闭膛火炮两者弹丸速度基本保持一致，只是在弹丸即将出炮口附近时，随着膨胀波的传播而有微小幅度的衰减，两者弹丸的炮口速度几乎是一致的。

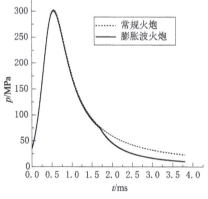

图 6-12　膨胀波火炮与常规
火炮膛压对比曲线

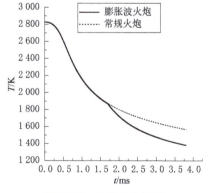

图 6-13　火炮膛内平均
温度对比曲线

惯性炮尾达到启动压力后，在膛内燃气的作用下进行后坐运动，当运动到一定距离后，到达其最大行程，停止运动，膛内燃气在压力梯度作用下开始后喷。惯性炮尾的运动状态如图 6-15 和图 6-16 所示。由图 6-17 可以看出，当惯性炮尾达到最大开闩行程后，后喷装置打开，流量随时间明显增大。

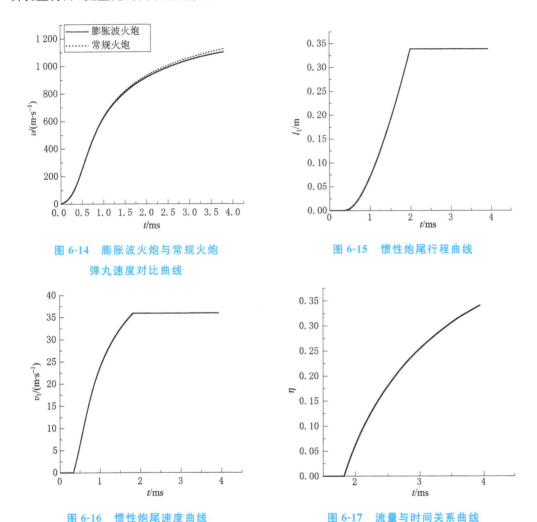

图 6-14　膨胀波火炮与常规火炮弹丸速度对比曲线

图 6-15　惯性炮尾行程曲线

图 6-16　惯性炮尾速度曲线

图 6-17　流量与时间关系曲线

6.3.6　膨胀波波速仿真及最佳开尾时间的确定

惯性炮尾后喷装置通过调节惯性炮尾的运动参数来实现后喷打开时机的控制。如果后喷打开时机过早，则膨胀波波前在弹丸出炮口前到达弹底，弹丸速度受到影响；如果打开时机过晚，则没有充足的火药燃气后喷，膨胀波火炮减小后坐和降低身管热量的能力不能充分发挥。为此准确地获取后喷装置最佳的后喷打开时机，即准确地获取在弹丸出炮口瞬时使膨胀波波前到达弹底的开尾时机，是实现膨胀波火炮最佳发射性能的前提条件，同时最佳的后喷打开时机也是决定后喷装置结构参数选取的重要参数。通过对膨胀波在膛内传播速度的计算可获得最佳的后喷打开时机。

1. 膨胀波速计算公式

如图 6-18 所示，设 t 时刻弹丸行程为 l，膨胀波传播到 l_r，此处气流速度为：

$$v_g = vz \tag{6-32}$$

$$Z = \begin{cases} \dfrac{l_r S_b}{V + lS}, & (l_r < l_0 + l_e) \\ \dfrac{(l_r - l_0 - l_e)S_b + V}{l_0 S + V} \end{cases} \tag{6-33}$$

$$V = (l_0 + l_e) S_b \tag{6-34}$$

式中　v 为弹丸速度；l_0 为药室长度；V 为药室容积。

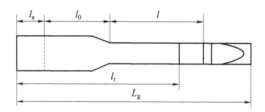

图 6-18　计算模型

当地声速为

$$c_g = \sqrt{\gamma RT} \tag{6-35}$$

根据气体动力学可知，膨胀波在身管中是以声速向前传播的，其速度等于膛内火药燃气速度和当地声速的叠加。则膨胀波速度为

$$v_r = v_g + c_g \tag{6-36}$$

2. 内弹道拟合求解方法

根据公式(6-36)，理论上只要求得发射过程中火药燃气及当地声速的速度分布规律，即可得到膨胀波在火炮膛内的传播速度，从而得到最佳的后喷打开时机。但在实际求取火药燃气速度及当地声速分布规律的过程中，必须获取后喷装置打开后膛内燃气的流动变化规律，即必须预先确定一个打开时机，由此可知膨胀波速的求解和打开时机的确定两者是互为前提相互耦合的，直接求解比较困难。

利用膨胀波的传播特性(膨胀波只对波前到达区域内介质的流动特性产生影响，对波前未到达区域内介质的流动特性不产生影响)，假设膨胀波波前在弹丸出炮口瞬时到达弹底，即后喷装置以最佳的后喷打开时机打开，此时由于弹丸在整个膛内运动过程中始终未受到燃气后喷的影响，弹底区域燃气流动性质同闭膛条件下保持一致，为此利用同类型闭膛火炮内弹道数据拟合膨胀波在膛内的传播速度，采用反推法，选取弹丸出炮口时刻为初始时刻，以炮口截面中心为初始计算位置，进行倒推计算，进而得到最佳的后喷打开时机。

如图 6-19 所示,取炮口截面中心点,为初始计算点,弹丸出炮口时刻 t_{exit} 为初始时刻,$0-x$ 沿身管轴向方向,身管全长为 L_d。令 t 时刻 x 位置处膛内火药燃气速度及当地声速的分布 $v_g(x,t)$ 和 $c_g(x,t)$,时间步长为 Δt。具体的计算流程如下:

(1) 由得到不后喷条件下火药燃气速度及当地声速的分布 $v_g(x,t)$ 和 $c_g(x,t)$;

(2) 由公式(6-36)计算得到膨胀波初始速度:$v_r^0 = v_g(L_d, t_{\text{exit}}) + c_g(L_d, t_{\text{exit}})$;

(3) 由 v_r^0 计算得到 Δt 时刻膨胀波的传播距离:$l_r^1 = v_r^0 \Delta t$;

(4) 由 l_r^1 计算得到 Δt 时刻 $L_d - l_r^1$ 对位置处膨胀波的传播速度为

$$v_r^1 = v_g(L_d - l_r^1, t_{\text{exit}} - \Delta t) + c_g(L_d - l_r^1, t_{\text{exit}} - \Delta t)$$

(5) 重复(3)、(4)的计算方法可得到 $n\Delta t$ 时刻($n \geqslant 2$)膨胀波的传播距离和传播速度分别为

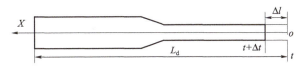

$$v_r^n = v_g(L_d - l_r^{n-1}, t_{\text{exit}} - n\Delta t) + c_g(L_d - l_r^n, t_{\text{exit}} - n\Delta t)。$$

判断:若 $L_d - l_r^n > v_r^n \Delta t$,则继续计算,否则计算终止,由此得到最佳的后喷打开时机为

$$t_{\text{open}} = t_{\text{exit}} - n\Delta t - \frac{L_d - l_r^n}{v_r^n} \tag{6-37}$$

图 6-19 计算模型

3. 波速及行程计算结果

图 6-20 所示为膨胀波行程与弹丸行程随时间的变化规律,其清楚地说明了弹丸行程和膨胀波行程的相互对应关系刚好在炮口位置重合。喷管打开时机为 1.707 4 s,即最佳打开时机。

图 6-21 和图 6-22 清楚地表明了膨胀波气体动力学变化规律。图 6-21 表明了燃气速度、当地声速和膨胀波波速随时间的叠加关系。图 6-22 所示为燃气速度和膨胀波速随行程的变化关系。

惯性炮尾的打开时机对于膨胀波火炮的性能有着重要影响,对其性能发挥至关重要。本节根据经验公式估算惯性炮尾开闩行程,利

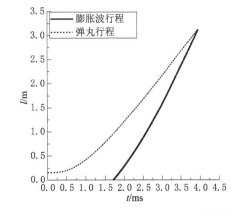

图 6-20 膨胀波、弹丸行程随时间变化曲线

用反推法计算了惯性炮尾式膨胀波火炮膨胀波在身管内的传播速度和行程,得到了燃气速度、当地声速、膨胀波波速之间关系及随时间变化规律。分析比对了膨胀波行程与弹

行程之间的关系,两者刚好在炮口位置重合。

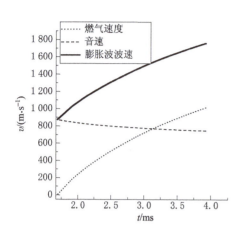

图 6-21　燃气速度、当地声速、膨胀波速随时间变化曲线

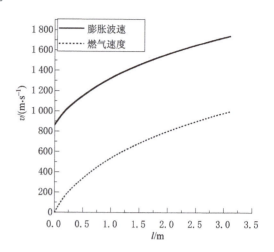

图 6-22　燃气速度、膨胀波速随行程变化曲线

§6.4　平衡炮内弹道理论及数值模拟

6.4.1　引言

无后座炮在射击过程中,利用经喷管向后流出的火药气体的反作用来平衡炮身的后座。实现无后坐发射的途径有两种:一种是通过武器后端喷口排出火药的燃气来抵消后坐推力,从原理上讲,它是火炮与火箭燃烧室的结合体;另一种是将平衡体置于膛内,在发射过程中,用平衡体代替燃气从身管后部排出,达到无后坐目的,从原理上讲,这是一种双向发射火炮。采用后一种发射原理的火炮即称为平衡炮。

平衡炮最早出现在 15 世纪,当时意大利伟人达·芬奇提出了火炮同时向相反方向发射等质量的弹丸以达到无后坐力的"双头炮"设想。1914 年,美国海军少校戴维斯提出了同时发射不同质量的弹丸以达到平衡目的平衡炮。平衡发射是采用动量平衡原理设计的为减小后坐力两端均有发射物(一端为弹丸,一端为平衡体)被发射出的发射方式。目前采用平衡发射原理设计的发射平台有平衡炮、平衡单兵发射筒等,其结构一般中部为药室,药室一侧为弹丸、一侧为平衡体,药室内的发射药被点燃后产生的高温、高压燃气推动弹丸和平衡体向相反的方向运动,直至弹丸和平衡体飞离炮口。恰当地选择弹丸及平衡体的质量比及在膛内的运动行程比,可使两者同时或平衡体稍后脱离炮膛,弹丸获得预期的初速,而炮身既无前冲又无后坐。

平衡发射技术除作武器发射使用外,也常被作为武器系统性能测试试验的发射装置。例如,用平衡炮进行钻地弹发射;模拟运载火箭与导弹接近目标处的飞行与战斗部终点弹道及其终点效应。平衡炮的发射方式与运载火箭实弹实验的方式相比,不仅具有经济的特点,还有易于通过装药的调整控制弹道发射条件的特点,这是导弹发射所无法比拟的,这些特点使平衡炮成为研究战斗部性能的重要试验装置。

平衡炮作为发射性能的试验装置,需要通过能够反映装药条件对发射性能影响的数值模型来分析弹道的发射性能,但是在两个方向上推动发射体与平衡体的运动方式和常规火炮发射方式截然不同,传统的分析模型无法反映相应的发射过程,需要用新的模型描述;平衡炮的应用中要求在常规内弹道设计外,提供消除后坐的平衡设计;针对高炮口动能的发射要求采用大药室、大药量的装药结构给发射药均匀一致的点火燃烧带来困难,对平衡炮的发射装药工作的安全性提出了更高的要求。上述问题构成了平衡发射技术发展中的理论问题。

在试验研究中采用平衡发射技术较多,与其他发射方式相比,平衡炮发射技术无后坐、能降低研制费用、缩短研制周期;单兵武器中采用平衡发射技术可以实现无闪光、无后喷焰和无噪声的"三无"发射。因此近年来,平衡发射技术越来越受到重视,人们开展了大量平衡发射技术的研究工作。

6.4.2 平衡炮内弹道模型

1. 物理模型

平衡炮结构如图 6-23 所示,其膛内发射的物理过程是:通过电点火引燃点火药,点火药燃烧,产生高温高压的燃气和炙热的燃烧火药颗粒在中心传火管中传播,通过点燃传火药增加传火能量,从而进一步点燃药室内的发射药。发射药燃烧之后,产生高温高压的气体,提高了平衡体与发射体间的内膛压力。当达到一定压力之后,挤压平衡体与发射体上的弹带,并逐渐挤进内膛。

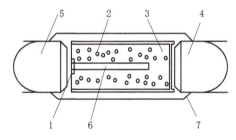

图 6-23 平衡炮示意图
1—点火药包;2—发射药;3—药室;4—发射体;
5—平衡体;6—传火管;7—坡膛

发射药不断燃烧,补充平衡体与发射体之间膛内的能量与气体,使膛内的燃气温度和压力不断上升。高压燃气推动平衡体与发射体加速运动。平衡体与发射体的运动又使膛内容积不断增大,发射燃气在扩大的容积中膨胀,促使内膛压力下降。发射药的燃烧与发射燃气的膨胀构成影响内膛压力变化的因素,当弹丸运动加速到一定程度时,火药燃烧产生的能量开始不足以补充弹后空间的加速扩张,膛内压力达到最大值。最后,随火药燃烧猛度的相对减缓,压力下降,在下降的压力作用下弹丸继续向前运动,最终平衡体与发射体飞离炮口,或者其中一个可能先出炮口。当某一端平衡体或发射体先飞离炮口时,该端高温高压燃气在膛内压力的推动下高速喷出,通过该端燃气射流,类似普通无后座的方式,部分平衡后坐动能,直到另平衡体或发射体最终以一定的初速发射出炮口。

整个发射过程涉及发射药的点火与燃烧、内膛气固两相流动状态的变化、燃气能量转化及弹丸的运动、发射中的后坐力变化。为了突显影响发射的主要物理过程,对上述物理过程提出如下假设:

(1) 发射起始瞬间,点火药瞬时完成。

(2) 假设火药颗粒的几何形状、尺寸一致,火药燃烧遵循几何燃烧规律。

(3) 发射药的燃烧,发射体、平衡体的运动都在平均膛压下进行,燃烧速度遵循平均压力指数燃烧规律。

(4) 发射药在燃烧期间与燃烧结束后,其燃烧生成物的成分与物理化学性质保持不变,也就是标志燃气性质的一些特征量,如气体比容、定压比容、定热比容的都看成常量来处理。

(5) 平衡体和发射体具有相同的挤进条件,即挤进压力相同。在平均压力超过挤进压力时,平衡体和发射体同时挤进内膛,开始运动,这个过程是瞬时完成的。

(6) 火药燃气服从诺贝尔—阿贝尔状态方程。

(7) 热散失和次要功用次要功系数 φ_1、φ_2 来表达。

(8) 炮膛与药室的直径差异很小,忽略炮膛截面积和药室截面积的差异。

(9) 火药燃气与未燃尽的火药固体颗粒在弹后空间是均匀分布的。

(10) 当其中一个弹丸发射出炮口时,气体从该端流出,假设气体的流出情况按照小孔气体流出的情况处理。

(11) 燃烧着的颗粒与火药燃气具有相同的运动速度,混合流为连续的一维无粘非定常混合流。

2. 数学模型

根据平衡炮的结构特点,点火药、传火药的影响及实验所需的内弹道诸元素(弹速 v、行程 l、膛压 p),建立平衡炮内弹道方程组。平衡炮内弹道方程组如下:

(1) 发射药燃烧时气体生成规律的几何燃烧定律和燃烧速度定律。燃烧速度方程:

$$\frac{\mathrm{d}Z}{\mathrm{d}t} = p^n \frac{u_1}{e_1} \tag{6-38}$$

发射药形状函数:

$$\psi = \begin{cases} \chi Z(1+\lambda Z+\mu Z^2), & 0 < Z < 1; \\ \chi_s Z(1+\lambda_s Z), & 1 \leqslant Z < Z_s; \\ 1, & Z_s \leqslant Z \end{cases} \tag{6-39}$$

式中 χ、λ、μ 为装药分裂前的形状特征量;χ_s、λ_s 为装药分裂时的形状特征量;Z_s 为装药燃烧结束时相对燃烧厚度,$Z_s = \dfrac{e_1+\rho}{e_1}$,$\dfrac{\rho}{\left(e_1+\dfrac{d_0}{2}\right)} = a$,$d$ 为多孔火药的孔径。

(2) 发射体、平衡体运动的方程。该方程考虑了平衡炮的具体结构特点及各种次要功。

$$Sp = \varphi_1 m_1 \frac{\mathrm{d}v_1}{\mathrm{d}t} \tag{6-40}$$

$$Sp = \varphi_2 m_2 \frac{\mathrm{d}v_2}{\mathrm{d}t} \tag{6-41}$$

$$v_1 = \frac{\mathrm{d}l_1}{\mathrm{d}t} \tag{6-42}$$

$$v_2 = \frac{\mathrm{d}l_2}{\mathrm{d}t} \tag{6-43}$$

式中 S 为弹丸最大横截面积；p 为膛内火药燃气压力；m_1 为弹丸质量；m_2 为平衡体质量；l_1 为弹丸行程；l_2 为平衡体行程；v_1 为弹丸速度；v_2 为平衡体速度；φ_1 为弹丸次要功系数；φ_2 为平衡体次要功系数。

(3) 膛内气体状态及能量转换过程的内弹道学基本方程。

在经典内弹道学方程的基础上，考虑平衡炮的结构特点及点火药、传火药的影响，提出了适用于平衡炮的内弹道基本方程。

$$Sp(l_1 + l_2 + l_\psi) = \omega f \psi + f_B \omega_B + f_C \omega_C - \frac{\theta}{2}\varphi_1 m_1 v_1^2 - \frac{\theta}{2}\varphi_2 m_2 v_2^2 \tag{6-44}$$

$$l_\psi = l_0 \left[1 - \frac{\Delta(1-\psi)}{\rho_P} - \Delta\alpha\psi - \frac{\Delta(\alpha_B\omega_B + \alpha_C\omega_C)}{\omega} \right] \tag{6-45}$$

式中 l_ψ 为药室自由容积缩径长；l_0 为药室容积缩径长，$l_0 = \frac{V_0}{S}$（V_0 为药室容积），ω 为装药质量；f 为装药的火药力；θ 为发射药热力参数，$\theta = 0.2$；f_B 为点火药的火药力；f_C 为传火药的火药力；α_B 为点火药余容；α_C 为传火药余容；ω_C 为传火药质量；ω_B 为点火药质量；ρ_P 为装药的密度；α 为装药的余容；Δ 为发射药装填密度。

6.4.3 平衡炮数值模拟及结果分析

当发射药确定即参数确定，根据多孔火药燃烧规律，方程(6-39)中火药分裂前和火药分裂时的形状特征量也可以确定。本实验采用的发射药为：三胍—15—24/19。方程(6-40)~(6-44)中的参数 S、m_1、m_2、ω、f、ρ_P、α、f_B、ω_B、α_B、f_C、ω_C、α_C、Δ、V_0 随发射药、点火药、传火药类型及药量的变化而变化。表 6-11 为平衡炮内弹道计算与仿真的原始数据表。

表 6-11 平衡炮原始数据一览表

物理量	数值	单位	物理量	数值	单位
S	0.032 365	m^2	u_1	1.78×10^{-8}	$m/(s \cdot Pa^n)$
V_0	0.033 006	m^3	n	0.858	
l_{g1}	8.187	m	e_1	0.002 4	m
l_{g2}	2.313	m	d	0.000 4	m
m_1	106	kg	ω_B	0.30	kg

续表

物理量	数值	单位	物理量	数值	单位
m_2	376.4	kg	α_B	0.001	m^3/kg
f	1 070	kJ/kg	f_B	250	kJ/kg
α	0.001 06	m^3/kg	ω_C	0.25	kg
ω	21.15	kg	α_C	0.001	m^3/kg
ρ_P	1 680	kg/m^3	f_C	300	kJ/kg
θ	0.2		p_0	3×10^7	Pa

结合平衡炮的结构特点和实验的具体情况,采用炮口径为 203 mm、弹丸质量为 106 kg、平衡体质量为 376.4 kg、火药装药量为 21.15 kg、火药形状选取十九孔火药进行实验。内弹道模型中的各个方程均为常系数一阶微分方程,用四阶龙格—库塔编程求解内弹道方程组,可得到平衡炮内弹道的 p、v_1、v_2 随 t 或 l 的变化曲线图。表 6-12 为平衡炮内弹道计算与仿真的实验结果数据表。

表 6-12 平衡炮内弹道计算结果

t/ms	l_1/m	l_2/m	v_1/(m·s^{-1})	v_2/(m·s^{-1})	p/MPa	ψ	Z
0.01	0.00	0.00	0.1	0.0	30.17	0.026 9	0.036 8
0.50	0.00	0.00	5.0	1.5	39.43	0.034 8	0.047 5
1.00	0.01	0.00	11.6	3.4	51.13	0.045 2	0.061 2
1.50	0.01	0.00	20.0	5.9	65.29	0.058 2	0.078 2
2.00	0.03	0.01	30.6	9.0	81.90	0.074 5	0.099 0
2.50	0.04	0.01	43.9	12.9	100.65	0.094 5	0.124 0
3.00	0.07	0.02	59.9	17.7	120.84	0.118 6	0.153 6
3.50	0.10	0.03	78.9	23.3	141.38	0.147 3	0.187 8
4.00	0.15	0.04	100.9	29.8	160.93	0.180 6	0.226 5
4.50	0.21	0.06	125.5	37.0	178.10	0.218 4	0.269 2
5.00	0.28	0.08	152.4	45.0	191.78	0.260 3	0.315 2
5.50	0.36	0.11	181.0	53.4	201.29	0.305 8	0.363 7
6.00	0.46	0.13	210.7	62.1	206.55	0.353 8	0.413 7
6.44	0.55	0.16	237.2	70.0	207.93	0.397 7	0.458 4
6.50	0.57	0.17	240.8	71.0	207.90	0.403 7	0.464 5
7.00	0.70	0.21	270.8	79.9	205.99	0.454 6	0.515 1
7.50	0.84	0.25	300.4	88.6	201.57	0.505 8	0.565 1
8.00	1.00	0.29	329.3	97.1	195.38	0.556 5	0.613 9

续表

t/ms	l_1/m	l_2/m	$v_1/(\mathrm{m \cdot s^{-1}})$	$v_2/(\mathrm{m \cdot s^{-1}})$	p/MPa	ψ	Z
8.50	1.17	0.34	357.1	105.4	188.05	0.606 5	0.661 3
9.00	1.35	0.40	383.8	113.2	180.08	0.655 2	0.707 1
9.50	1.55	0.46	409.4	120.8	171.86	0.702 5	0.751 1
10.00	1.76	0.52	433.7	128.0	163.64	0.748 2	0.793 4
10.50	1.99	0.59	456.9	134.8	155.62	0.792 3	0.833 9
11.00	2.22	0.66	478.9	141.3	147.89	0.834 6	0.872 7
11.50	2.47	0.73	499.8	147.5	140.54	0.875 2	0.909 8
12.00	2.72	0.80	519.7	153.3	133.59	0.914 2	0.945 3
12.50	2.98	0.88	538.6	158.9	127.05	0.951 5	0.979 3
13.00	3.26	0.96	556.6	164.2	119.29	0.977 1	1.011 9
13.23	3.39	1.00	564.4	166.5	114.74	0.980 6	1.026 1
13.50	3.54	1.04	573.2	169.1	109.67	0.984 2	1.042 3
14.00	3.83	1.13	588.4	173.6	101.04	0.989 6	1.070 6
14.50	4.13	1.22	602.5	177.8	93.30	0.993 6	1.097 1
15.00	4.43	1.31	615.6	181.6	86.34	0.996 5	1.121 8
15.50	4.74	1.40	627.6	185.2	80.08	0.998 4	1.144 9
16.00	5.06	1.49	638.8	188.5	74.44	0.999 5	1.166 6
16.50	5.38	1.59	649.3	191.5	69.35	0.999 9	1.187 0
17.00	5.71	1.68	659.0	194.4	64.75	0.999 9	1.202 0
17.50	6.04	1.78	668.1	197.1	60.62	0.999 9	1.202 0
18.00	6.38	1.88	676.6	199.6	56.90	0.999 9	1.202 0
18.50	6.72	1.98	684.6	202.0	53.54	0.999 9	1.202 0
19.00	7.06	2.08	692.2	204.2	50.49	0.999 9	1.202 0
19.50	7.41	2.19	699.3	206.3	47.70	0.999 9	1.202 0
20.00	7.76	2.29	706.0	208.3	45.17	0.999 9	1.202 0
20.50	8.12	2.39	712.4	210.2	42.84	0.999 9	1.202 0
20.60	8.19	2.42	713.6	210.5	42.40	0.999 9	1.202 0

图 6-24 所示为发射体和平衡体的速度曲线，图 6-25 所示为膛压随时间变化曲线。图 6-26 所示为内弹道中发射体、平衡体行程曲线。

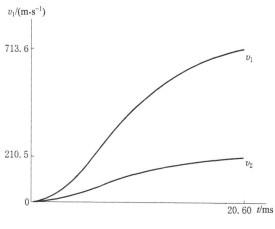

图 6-24 v-t 曲线

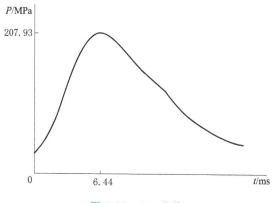

图 6-25 P-t 曲线

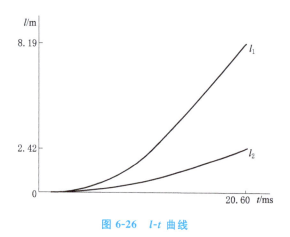

图 6-26 l-t 曲线

表 6-13 分别给出了发射体、平衡体炮口速度计算值和实测值,计算值与实测值十分

接近。弹丸初速误差在2%左右,平衡体初速误差在4%左右,满足实验所需精度,说明模型参数选取是合理的。

表 6-13 计算速度与实验速度的数据比较

序号	计算值 $v_1/(m \cdot s^{-1})$	实测值 $v_1/(m \cdot s^{-1})$	$\Delta v_1/\%$	计算值 $v_2/(m \cdot s^{-1})$	实测值 $v_2/(m \cdot s^{-1})$	$\Delta v_2/\%$
1	59.9	58.2	2.9	17.7	17.1	3.5
2	237.2	232.1	2.2	70.0	67.2	4.2
3	564.4	552.5	2.1	166.5	160.5	3.7
4	713.6	700.2	1.9	210.5	203.5	3.4

表 6-14 给出了最大膛压的计算值和实测值,最大膛压实测值与计算值的误差在4%左右,计算值与实测值非常吻合。根据一般火炮相似性原理,膛压变化曲线以及弹丸、平衡体行程曲线符合火药燃烧的规律,理论计算满足实验精度,进一步证明了平衡炮内弹道建模的正确性。

表 6-14 计算压力与实验压力的数据比较

序号	计算值 p/MPa	实测值 p/MPa	$\Delta p/\%$
1	160.93	155.31	3.6
2	207.93	203.25	2.3
3	114.74	110.98	3.3
4	42.40	40.91	3.6

§6.5 高低压火炮内弹道

6.5.1 高低压发射原理与假设

高低压火炮在发射过程中,存在高压室向低压室气体流动现象,其内弹道过程类似于无后坐炮。高低压发射原理非常适合于那种小装药量及膛压和初速均比较低的发射武器,如步兵使用的榴弹发射器。对于某些火箭和导弹的发射,要求发射过程中产生的过载不宜太大,因此,也常常采用高低压发射方式。尤其对无控火箭,采用高低压发射方式可以提高火箭弹的离轨速度,从而能明显地改善其射弹散布,提高射击精度。然而,在小装药量和低膛压的条件下,难以保证点火的一致性和火药的稳定燃烧,造成内弹道性能不稳定,使初速分散,影响到射击精度。高低压发射原理是火药在高压室内燃烧,形成一个使火药稳定燃烧的压力环境。达到一定压力后打开喷口,燃气从高压室流向低压室,然后再推动弹丸在发射管中运动。这样火药在高压室中既能保证充分燃烧,使内弹道性能稳定,又能使低压室中的压力不太高,以减轻发射管的质量,有效地提高弹丸的装填系数。

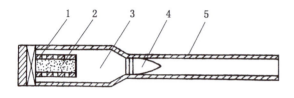

图 6-27 并联式高低压炮结构

1—高压室；2—火药；3—低压室；4—弹丸；5—身管

高低压炮的内膛结构有两种形式：一种是高压室和低压室串联配置,低压室在前与发射管相连接；另一种是高压室和低压室同轴并联配置,如图 6-27 所示。高压室在炮膛的中心位置,燃气沿径向流入低压室,结构也比较紧凑。

根据高低压发射特点提出以下假定：

(1) 假设在高压室的喷口处,流动满足临界状态,即：

$$\frac{p_2}{p_1} \leqslant \left(\frac{k}{k+1}\right)^{\frac{k}{k-1}} = 0.555 \quad (k=1.25)$$

其质量流量如式(6-1)所示,即：

$$\dot{m} = \varphi_2 A S_j \frac{p_1}{\sqrt{\tau}}$$

质量流量仅与高压室压力 p_1 有关,而与低压室压力 p_2 无关。

建议采用厚壁小孔流量公式,即：

$$\dot{m} = \varphi_2 \sqrt{\frac{2}{f}} S_j \sqrt{p_1(p_1-p_2)} \tag{6-46}$$

式中 流量系数 φ_2,对于 1.5~2 mm 的厚壁小孔,$\varphi_2 = 0.15$。

(2) 火药服从几何燃烧定律,形状函数采用二项式。

(3) 燃速采用指数燃速公式,即：

$$\frac{dZ}{dt} = \frac{\overline{u}_1}{e_1} p^n$$

(4) 火药始终留在高压室内燃烧,不进入低压室。

(5) 内弹道过程分为三个阶段：

① 喷口未打开前,火药处于定容燃烧状态；

② 喷口打开后到弹丸启动,燃气由高压室流向低压室,室内压力逐渐上升,但未膨胀做功；

③ 弹丸启动到弹丸射出炮口。高压室内火药继续燃烧直到火药燃烧结束,燃气不断地流入低压室并膨胀做功,推动弹丸运动,直到弹丸离开炮口。

6.5.2 基本方程

1. 喷口打开前

高压室处在密闭条件下燃烧,相当于密闭爆发器方程,即：

$$\left.\begin{array}{l}\psi = \chi Z + \chi\lambda Z^2 \\ \dfrac{\mathrm{d}Z}{\mathrm{d}t} = \dfrac{\bar{u}_1}{e_1} p_1^n \\ p_1 = \dfrac{f\omega\psi}{V_{01} - \dfrac{\omega}{\rho_p}(1-\psi) - \alpha\,\omega\psi}\end{array}\right\} \tag{6-47}$$

式中 p_1 为高压室压力;V_{01} 为高压室容积。

当高压室内燃气达到破孔压力 p_{pk} 时,高压室喷口全部打开,喷口的衬片为剪切破坏,则破孔压力为

$$p_{pk} = \frac{4b\,\tau_k}{d_1} \tag{6-48}$$

式中 b 为衬片的厚度;d_1 为喷口直径;τ_k 为衬片材料剪切强度。

将 p_{pk} 代入方程组(6-47)中的状态方程,则可以求出破孔时的火药已燃百分数 ψ_0,即:

$$\psi_0 = \frac{p_{pk}\left(V_{01} - \dfrac{\omega}{\rho_p}\right)}{f\omega - p_{pk}\left(\dfrac{\omega}{\rho_p} - \alpha\,\omega\right)} \tag{6-49}$$

根据 ψ_0,由方程组(6-47)求出 Z_0 和 t_0,并作为下一阶段的初始条件。

2. 打开喷口后

在这以后过程中,包含了两个阶段,弹丸启动前和弹丸启动后,但其方程的形式是完全一样的。这时的高压室内,既存在火药的燃烧,气体不断地生成,同时又有气体从喷口中流入低压室。低压室内压力逐渐上升,达到挤进压力时,弹丸开始运动,直至将弹丸射出炮口。描述高压室和低压室及身管中射击现象的内弹道方程如下:

(1) 高压室内弹道方程:

$$\left.\begin{array}{l}\dfrac{\mathrm{d}Z}{\mathrm{d}t} = \dfrac{\bar{u}_1}{e_1} p_1^n \\ \dfrac{\mathrm{d}\psi}{\mathrm{d}t} = \chi\dfrac{\mathrm{d}Z}{\mathrm{d}t} + 2\chi\lambda Z\dfrac{\mathrm{d}Z}{\mathrm{d}t} \\ \dfrac{\mathrm{d}\eta}{\mathrm{d}t} = \dfrac{C_A v_j S_j}{f\omega} \dfrac{p_1}{\sqrt{\tau_1}} \\ \dfrac{\mathrm{d}\tau_1}{\mathrm{d}t} = \dfrac{1}{\psi - \eta}\left[(1-\tau_1)\dfrac{\mathrm{d}\psi}{\mathrm{d}t} - \theta\,\tau_1 \dfrac{\mathrm{d}\eta}{\mathrm{d}t}\right] \\ p = \dfrac{f\omega\tau_1}{V_\psi}(\psi - \eta)\end{array}\right\} \tag{6-50}$$

式中 $V_\psi = V_{01} - \dfrac{\omega}{\rho_p}(1-\psi) - \alpha\omega(\psi - \eta)$

(2) 低压室及身管内弹道方程:

$$\left.\begin{aligned}\frac{d\tau_2}{dt} &= \frac{1}{\eta}\left(\theta\tau_1\frac{d\eta}{dt} - \frac{\theta\varphi m}{f\omega}v\frac{dv}{dt}\right) \\ \frac{dv}{dt} &= \frac{S}{\varphi m}p_2 \\ \frac{dl}{dt} &= v \\ Sp_2(l_0+l) &= f\omega\tau_2\eta \end{aligned}\right\} \quad (6\text{-}51)$$

式中
$$l_0 = \frac{V_{02} - \alpha\omega\eta}{S}$$

V_{02} 为低压室容积；l 为弹丸行程；τ_2 为相对温度。

6.5.3 高低压火炮内弹道方程求解方法

高低压火炮内弹道的解法要比一般火炮复杂得多。通常采用数值解，用四阶龙格—库塔法编制计算机程序，得到离散的数值结果。但在求解过程中，要考虑到高压室和低压室之间的耦合关系。喷口打开前可作为密闭容器内燃烧规律来处理，根据打开喷口压力确定 ψ_0、Z_0，作为下一阶段内弹道解的初始条件。然后先解高压室方程，求出一组 p_1、τ_1、η、ψ 和 Z 等值。弹丸启动前，低压室方程中 $v=l=0$，只有能量方程和状态方程。根据从高压室流入的相对流量 η，计算出 τ_2 和 p_2，直到 p_2 等于弹丸挤进压力。弹丸启动后，可根据方程(6-51)求出弹丸速度 v、行程 l、压力 p_2 和相对温度 τ_2。这样依次交换进行下去，直到弹丸出炮口为止。可以求得 p_1-t、p_2-t、p_2-l、$v-t$ 和 $v-l$ 等内弹道曲线。

典型的高低压火炮的内弹道曲线如图 6-28 所示。从图中看出，高压室相当于一个半密闭爆发器，其压力曲线变化规律与半密闭爆器内的压力变化规律很相似，最大压力点出现在火药燃烧结束，即 $p_{m1}=p_k$。对于七孔火药，p_{m1} 出现在火药分裂瞬间。低压室及身管内的压力上升缓慢，并且达到最大压力后下降也很缓慢。整个 p_2-l 曲线接近于压力不变的曲线。因此，弹丸速度曲线 $v-l$ 在相当长的一段行程内也接近于直线。

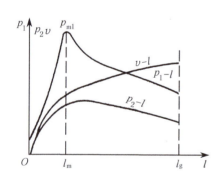

图 6-28 典型的高低压火炮内弹道曲线

§6.6 超高射频串联发射内弹道模拟与仿真

6.6.1 引言

超高射频弹幕武器系统就是采用金属风暴技术的一种武器系统。现代及未来战争中将会大量使用各种精确制导武器,对付精确制导武器的前提条件是及早发现、快速反应并实施拦截。超高射频弹幕武器系统反应时间短、射击频率高、在空中形成弹雨,一旦发现目标即可将其摧毁或毁伤。另外在战场上,除了要对有生目标进行防御和进攻外,还面临着武装直升机、中小型导弹、远程火箭弹、反舰掠海鱼雷和登陆艇等高机动性武器的袭击,以超高射频发射弹丸可形成能量密度高、落点相对集中的弹幕是进行反袭击的有效手段。因此,超高射频弹幕武器很适合作为保护作战部队、大型舰船和重要设施的防空、反导武器系统,所以它在未来战争中必然会具有很重要的作用,对我军近程防御系统的发展具有重大意义。

超高射频弹幕武器的核心技术是超高射频串联发射技术,而超高射频串联发射技术的两个关键技术是"内弹道一致性技术"和"弹丸定位技术"。超高射频串联发射技术的关键技术之一是"内弹道一致性技术"。超高射频弹幕武器串联发射过程中,由于前一发弹丸的发射可能会影响到后一发弹丸,因此内弹道过程相当复杂,射击频率、各弹丸行程长和装药量等因素的变化都会影响内弹道过程的稳定性,本节建立超高射频串联发射过程的经典内弹道数学物理模型,结合使用内弹道理论分析不同因素对超高射频串联发射内弹道过程的影响,优化内弹道性能,保证超高射频串联发射过程内弹道的一致性。

6.6.2 超高射频弹幕武器发射原理

1. 发射装置结构

从结构上来讲,常规火炮一般都有很多的零部件,并且很多是活动的。而利用超高射频串联发射技术的超高射频弹幕武器系统摒弃了这些活动部件,以一种全新的形式出现在人们面前。超高射频弹幕武器系统从结构上可以分为电子点火控制装置和发射装置两部分,如图 6-29 所示。

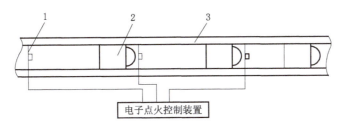

图 6-29 超高射频弹幕武器系统结构示意图
1—电子点火头;2—弹丸;3—火炮身管

电子点火控制装置主要由具有不同功能的众多电子控制模块组成,完成武器系统的控制任务,包括发射方式的选择与控制,系统状态的描述与反馈,最主要的是控制系统完成各种方式的发射。

超高射频弹幕武器系统的发射装置由一个身管组成,一定数量的弹丸装在身管中,弹丸与弹丸之间用发射药隔开,弹丸在前,发射药在后,依次在身管中串联排列,身管中对应每组发射药都设置有电子脉冲点火头,各电子脉冲点火头均与发射控制装置连接。

2. 内弹道过程描述

单发弹丸的内弹道过程为:发射时,通过电子控制处理器控制设置在身管中的电子脉冲点火节点,使其中的点火药(黑火药或者多孔性硝化棉火药)燃烧,产生高温、高压的气体和灼热的固体小粒子,这些气体及粒子从底火孔喷出来,通过对流和辐射加热主装药火药。当火药的表面温度达到它的着火温度时,使一部分靠近点火源的火药药粒开始燃烧。然后,火药气体和点火药气体混合在一起,迅速地点燃整个主装药床。弹后的高温、高压气体推动弹丸向前运动。随着火药的继续燃烧,不断产生具有很大做功能力的高温、高压气体。在气体的作用下,弹丸运动速度不断增加,弹后空间加大,弹后压力将在某一时刻出现峰值,随后气体压力开始下降。在弹丸运动的同时,主装药和火药气体的混合物也随着弹丸一起向前运动。当全部火药燃烧完全之后,火药气体将膨胀做功,一直到整个弹丸飞出炮口。

多发弹丸的内弹道过程为:当发出射击指令时,电子点火控制装置根据射击频率或射击时间间隔,最前端的一发弹丸的电子脉冲点火节点开始点火,进而点火药、发射药被逐步引燃,之后产生的气体将弹丸推出身管。而在第一发弹丸被击发之后,经过一段时间的延迟之后,控制装置击发第二发弹丸的电子脉冲点火节点,重复内弹道过程。所不同的是,后一发弹丸被击发的同时,有可能前一发弹丸还没有出炮口,那么后一发弹丸的弹前阻力就可能和前一发弹丸的弹前阻力不同,而是前一发弹丸的弹后压力。而对于前一发弹丸来说,这样的结果同样意味着膛底也将由原来的静止边界变化为运动边界。或者后一发弹丸被击发的同时,前一发弹丸已经出炮口,但是膛内压力还未下降到外界压力,这样后一发弹丸的弹前阻力也可能和前一发弹丸的弹前阻力不同。这些都将影响到内弹道学的一些重要参量,特别是最大膛内压力和弹丸的初速等参量。

6.6.3 超高射频串联发射内弹道模型的建立

1. 基本假设

超高射频串联发射内弹道模型是在常规火炮内弹道模型的基础上发展起来的,因此在内弹道模型的描述上具有一定的相似性和继承性。超高射频串联发射内弹道过程是一个极其复杂的物理化学过程,本节以经典内弹道理论为基础,建立超高射频串联发射的经典内弹道数学物理模型,并提出以下基本假设:

(1) 火药燃烧服从几何燃烧定律;

(2) 火药的燃烧和弹丸的运动都是在平均压力的条件下进行的,膛内燃气的流动遵循拉格朗日假设;

(3) 火药燃烧服从指数燃烧定律;

(4) 在燃烧期间和燃烧结束后,火药的燃烧生成物始终保持不变,即把火药力 f 和火药气体余容 α 当作常量来处理;

(5) 弹丸在膛内运动时,密闭良好,不存在漏气现象;

(6) 当弹丸射出炮口后,火药气体不断流出而使膛内气体压力不断变化,这个流出过程是在绝热情况下进行的;

(7) 当后一发弹丸的弹后压力克服启动压力且大于弹前压力时,弹丸才开始运动。

2. 基本方程组

基于以上假设,建立如下方程:

(1) 通常采用的内弹道模型是多孔火药情况,其形状函数方程为

$$\psi_i = \begin{cases} \chi Z_i(1+\lambda Z_i + \mu Z_i) & (Z_i < 1) \\ \chi_s \dfrac{Z_i}{Z_k}\left(1+\lambda_s \dfrac{Z_i}{Z_k}\right) & (1 \leqslant Z_i < Z_k) \\ 1 & (Z_i \geqslant Z_k) \end{cases} \tag{6-52}$$

i 为弹丸序号,$Z_k = \dfrac{e_1 + \rho}{e_1}$。

(2) 燃速方程:

$$\dfrac{\mathrm{d}Z_i}{\mathrm{d}t} = \begin{cases} \dfrac{u_1}{e_1}p^n & (Z_i < Z_k) \\ 0 & (Z_i \geqslant Z_k) \end{cases} \tag{6-53}$$

(3) 速度方程:

$$v_i = \dfrac{\mathrm{d}l_i}{\mathrm{d}t} \tag{6-54}$$

(4) 弹丸运动方程:

$$S(p_i - p_{\mathrm{pre},i}) = \varphi_i m_i \dfrac{\mathrm{d}v_i}{\mathrm{d}t} \tag{6-55}$$

式中:φ_i 为第 i 发弹的次要功计算系数,表达式为 $\varphi_i = \varphi_1 + \lambda_2 \dfrac{\omega_i}{m_i}$,其中,$\lambda_2$ 为修正系数;$p_{\mathrm{pre},i}$ 是第 i 发弹的弹前阻力。如果是第一发弹,则弹前阻力为 0;否则,如果某时刻第 $i-1$ 发弹还未出炮口,则 $p_{\mathrm{pre},i}$ 就等于第 $i-1$ 发弹的弹后压力,即:

$$p_{\mathrm{pre},i} = p_{i-1} \tag{6-56}$$

如果第 $i-1$ 发弹已经出炮口,则按绝热过程来处理膛内气体的流出过程,这时:

$$\begin{cases} p_{\mathrm{pre},i} = \dfrac{p_{\mathrm{g},i-1}}{(1+B't)^{\frac{2k}{k-1}}} \\ B' = \dfrac{k-1}{2}\varphi_{2,i-1} S_{\mathrm{kp}} K_0 \sqrt{\dfrac{p_{\mathrm{g},i-1}}{\alpha}} / \omega_{i-1} \\ K_0 = \left(\dfrac{2}{k+1}\right)^{\frac{k+1}{2(k-1)}} \sqrt{k} \end{cases} \tag{6-57}$$

式中 $p_{\mathrm{g},i-1}$ 为第 $i-1$ 发弹出炮口时的压力;$\varphi_{2,i-1}$ 为流量修正系数;α 为火药气体余容;k 为比热比;t 为第 $i-1$ 发弹出炮口后的气体流出时间。

(5) 能量平衡方程:

$$p_i(V_i - V_{i+1} + V_{\psi_i}) = f\omega_i\psi_i - \frac{\theta}{2}\varphi_i m_i v_i^2 \quad (6\text{-}58)$$

式中 $V_i = Sl_i, V_{i+1} = Sl_{i+1}, V_{\psi_i} = V_{0,i} - \frac{\omega_i}{\rho_p}(1-\psi_i) - \alpha\omega_i\psi_i$。

如果是最后一发弹，则不需考虑 V_{i+1} 项。

6.6.4 超高射频火炮数值模拟结果与分析

以某 30 mm 口径火炮的参数为基础，对身管中串联排列的 3 发弹进行低频连发和高频连发情况的模拟。各发弹的行程长分别为 1.1 m、1.3 m 和 1.5 m，而其他内弹道初始参数一致，如表 6-15 所示，表中 V_0 为药室初始容积，ω 为装药量，f 为火药力，ρ_p 为火药密度，p_0 为启动压力，k 为绝热指数。

表 6-15 内弹道初始参数

V_0/dm^3	m/kg	ρ/kg	$f/(\text{kJ}\cdot\text{kg}^{-1})$	$\rho_p/(\text{kg}\cdot\text{m}^{-3})$	$2e_1/\text{mm}$	p_0/MPa	k
0.14	0.389	0.109	1 000	1 600	0.6	30	1.25
3	3.101	884.15	326.16	3.050	897.87	360.99	

6.6.4.1 射击时间间隔的变化对内弹道性能的影响

1. 单独发射的情况

在装药量相同的条件下，单独发射时，所有弹丸的压力—行程曲线和速度—行程曲线如图 6-30 所示。由内弹道知识可知，在装药量相同的条件下，单独发射时，所有弹丸的最大膛压是相同的，而初速和内弹道过程时间则随着弹丸行程的增大而增大，炮口压力则随着弹丸行程的增大而减少。表 6-16 是弹丸单独发射的结果。

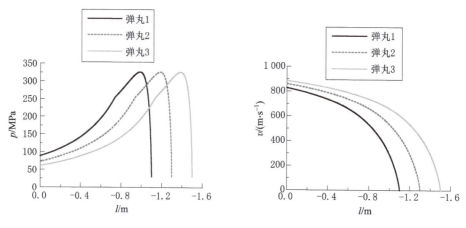

图 6-30 单独发射时，所有弹丸的压力—行程曲线和速度—行程曲线

表 6-16 弹丸单独发射的结果

项目	l_g/m	t_g/ms	$v_g/(m \cdot s^{-1})$	p_m/MPa	p_g/MPa
弹丸 1	1.1	2.635	829.02	326.16	88.32
弹丸 2	1.3	2.871	859.51	326.16	72.26
弹丸 3	1.5	3.101	884.15	326.16	60.73

2. 低频连发的情况

在低频连发的情况下,当前一发弹出炮口并且膛压下降到外界的一个标准大气压后,再发射下一发弹,则这一发弹不会受到前一发弹的影响,其内弹道过程等同于单独发射时的内弹道过程。

将(6-57)式变换为如下形式:

$$t=\frac{1}{B'}\left[\left(\frac{p_{pre,i}}{p_{g,i-1}}\right)^{\frac{1-k}{2k}}-1\right] \quad (6-59)$$

对给定的 $p_{pre,i}$ 可求出相应的时间,但是要注意的是式(6-57)和式(6-59)只能在临界状态下使用。假设外界压力为一个标准大气压,即 0.1 MPa,与之对应的临界压力为

$$p_{kp}=\frac{1}{\left(\frac{2}{k+1}\right)^{\frac{k}{k-1}}} \quad (6-60)$$

如果 $k=1.25$,计算得到 $p_{kp}=0.18$ MPa,即当膛内压力大于 0.18 MPa 时,就能保证火药气体从临界状态流出,可使用式(6-57)和式(6-59)计算气体压力数值。

由表 6-16 知,第一发弹的炮口压力为 88.32 MPa,算得降低到临界压力的时间 $t=5.67$ ms;第二发弹的炮口压力为 72.26 MPa,算得降低到临界压力的时间 $t=5.45$ ms。由点火压力燃烧到燃气压力克服拔弹力开始运动的时间可以抵消,这样第二发弹在第一发弹点燃 2.635+5.67=8.305(ms)后再点燃;第三发弹在第二发弹点燃 2.871+5.45=8.321(ms)后再点燃,就能使得各发弹的内弹道过程不相互影响,这样其内弹道过程应和各弹丸单独发射的内弹道过程相一致。取射击时间间隔为 8.5 ms,仿真软件计算得到的所有弹丸的压力—行程曲线和速度—行程曲线如图 6-31 所示,所有弹丸的压力—时间曲线和速度—时间曲线如图 6-32 所示,其验证了以上假设。表 6-17 是弹丸低频连发的结果。

表 6-17 弹丸低频连发的结果

项目	l_g/m	t_g/ms	$v_g/(m \cdot s^{-1})$	p_m/MPa	p_g/MPa
弹丸 1	1.1	2.635	829.02	326.16	88.32
弹丸 2	1.3	2.871	859.51	326.16	72.26
弹丸 3	1.5	3.101	884.15	326.16	60.73

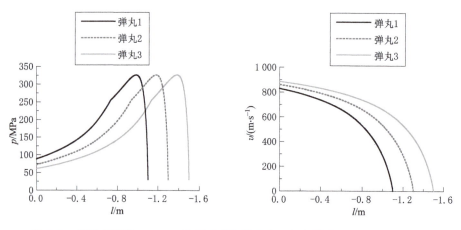

图 6-31　射击间隔为 8.5 ms 时，所有弹丸的压力—行程曲线和速度—行程曲线

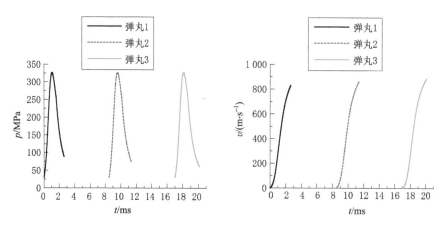

图 6-32　射击间隔为 8.5 ms 时，所有弹丸的压力—时间曲线和速度—时间曲线

3. 高频连发的情况

射击时间间隔低于 8.5 ms 时，各发弹之间相互影响，第 i 发弹的弹后空间既有自身运动导致的增加也有下一发弹运动导致的减少；而且它在运动过程中既受自身弹底压力的推动作用也受前一发弹弹后压力的阻碍作用。如果前一发弹已经出炮口，则按式(6-57)计算弹前阻力。下面主要讨论高频连发时膛内压力和速度的变化趋势。

(1) 射击时间间隔为 6 ms 时的情况。

当第二发弹的发射药在 6 ms 点燃时，第一发弹已经出炮口。当第二发弹丸弹后火药燃气压力克服启动压力和弹前阻力开始运动时，弹前阻力已经下降到 0.81 MPa。第三发弹的发射药在 12 ms 时点燃时，第二发弹已经出炮口，当第三发弹丸弹后火药燃气压力克服启动压力和弹前阻力开始运动时，弹前阻力已经下降到 1.22 MPa。这种情况下，各发弹的压力曲线基本一致，如图 6-33 和图 6-34 所示。第二、三发弹的膛压由 326.16 MPa 分别增加到 328.70 MPa 和 330.10 MPa，初速由 859.51 m/s 和 884.15 m/s 分别增加到

860.69 m/s 和 885.74 m/s。表 6-18 是射击时间间隔为 6 ms 时的结果。

表 6-18 射击时间间隔为 6 ms 时的结果

项目	l_g/m	t_g/ms	v_g/(m·s^{-1})	p_m/MPa	p_g/MPa
弹丸 1	1.1	2.635	829.02	326.16	88.32
弹丸 2	1.3	2.867	860.69	328.70	72.10
弹丸 3	1.5	3.095	885.74	330.10	60.57

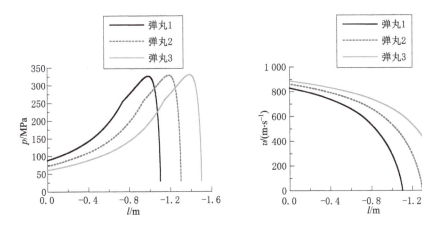

图 6-33 射击间隔为 6 ms 时，所有弹丸的压力—行程曲线和速度—行程曲线

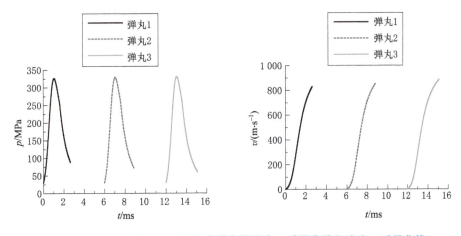

图 6-34 射击间隔为 6 ms 时，所有弹丸的压力—时间曲线和速度—时间曲线

（2）射击时间间隔为 4 ms 时的情况。

这种情况和射击时间间隔为 6 ms 时膛内的情况很相似，所有弹丸的压力—行程曲线和速度—行程曲线如图 6-35 和图 6-36 所示。当第二发弹的发射药在 4 ms 点燃时，第一发弹已经出炮口。当第二发弹丸弹后火药燃气压力克服启动压力和弹前阻力开始运动时,弹前阻力已经下降到 10.02 MPa。第三发弹的发射药在 8 ms 点燃时,第二发弹已经出炮口,当第三发弹丸弹后火药燃气压力克服启动压力和弹前阻力开始运动时,弹前阻力已经下降到 12.87 MPa。第二、三发弹的最大膛内压力由 326.16 MPa 分别增加到 353.45 MPa 和 360.99 MPa,初速由 859.51 m/s 和 884.15 m/s 分别增加到 871.61 m/s 和 897.87 m/s。表 6-19 是射击时间间隔为 4 ms 时的结果。

表 6-19 射击时间间隔为 4 ms 时的结果

项目	l_g/m	t_g/ms	v_g/(m·s^{-1})	p_m/MPa	p_g/MPa
弹丸 1	1.1	2.635	829.02	326.16	88.32
弹丸 2	1.3	2.833	871.61	353.45	71.00
弹丸 3	1.5	3.050	897.87	360.99	59.49

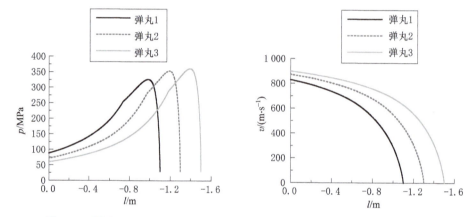

图 6-35 射击间隔为 4 ms 时,所有弹丸的压力—行程曲线和速度—行程曲线

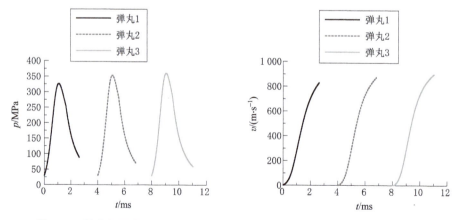

图 6-36 射击间隔为 4 ms 时,所有弹丸的压力—时间曲线和速度—时间曲线

(3) 射击时间间隔为 2 ms 时的情况。

当第二发弹的发射药在 2 ms 点燃时,第一发弹还未出炮口。由于存在着较大的弹前压力,所以第二发弹不立即运动,在定容条件下燃烧,直到火药燃气压力大于拔弹力和弹前阻力时弹丸才开始运动,即到 2.399 ms 时,火药燃气压力达到 139.32 MPa 时才开始运动。同理,到 4.351 ms 时,火药燃气压力达到 117.08 MPa 时第三发弹才开始运动。这种情况下,所有弹丸的压力—行程曲线和速度—行程曲线如图 6-37 所示,所有弹丸的压力—时间曲线和速度—时间曲线如图 6-38 所示。第二、三发弹的膛压分别增加到 636.25 MPa 和 576.95 MPa,初速分别增加到 933.16 m/s 和 942.02 m/s。

表 6-20 是射击时间间隔为 2 ms 时的结果。

表 6-20　射击时间间隔为 2 ms 时的结果

项目	l_g/m	T_g/ms	v_g/(m·s^{-1})	p_m/MPa	p_g/MPa
弹丸 1	1.1	2.635	829.08	326.18	88.62
弹丸 2	1.3	2.661	933.16	635.25	65.00
弹丸 3	1.5	2.899	942.02	576.95	55.45

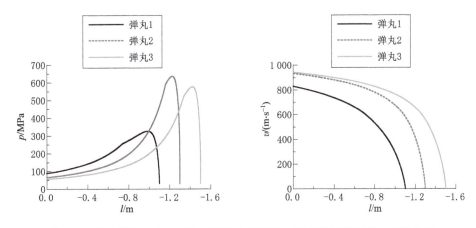

图 6-37　射击间隔为 2 ms 时,所有弹丸的压力—行程曲线和速度—行程曲线

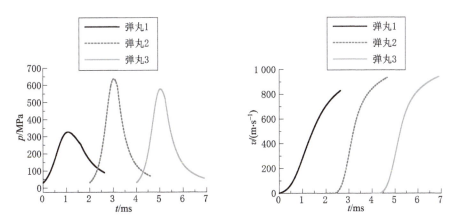

图 6-38　射击间隔为 2 ms 时,所有弹丸的压力—时间曲线和速度—时间曲线

6.6.4.2 装填条件的变化对内弹道性能的影响

在弹道的理论和实践中,会经常遇到各种装填条件的变化对弹道性能影响的实际问题。例如,在身管或弹丸的加工过程中,如果内膛的尺寸或者弹带的尺寸产生了较大的误差,这就要引起挤进压力以及膛内阻力的变化,从而也必然会引起最大膛内压力和初速的变化,影响武器的弹道性能。又例如,在火药的生产过程中,如果火药的胶化、成形、混批以及钝化等工艺过程的差异而使挥发物含量、药形、厚度等因素产生了不一致性,从而导致弹道性能的变化。此外还有在炮弹的生产过程中以及弹药装配过程中,如果弹丸质量、装药量、装药结构以及拔弹力等因素发生了变化,也必然会引起弹道性能的变化。

1. 装药量变化对内弹道性能的影响

图 6-39 是装药量变化时,低频连发(射击时间间隔为 8.5 ms)和高频连发(射击时间间隔为 4 ms)时最大膛内压力和初速随装药量改变的变化曲线,其中实线是压力曲线,虚线是速度曲线,数字为弹丸序号。在其他条件都不变时,装药量增大,装填密度也增大,实际上就是火药燃气总能量的增加,因此最大膛内压力和初速均相应地增加。从图 6-39 中可以看出,装药量的变化对最大膛内压力的影响要比对初速的影响大得多,即装药量的小量增加,将使最大膛内压力迅速增加而初速增加较小。随着装药量的增加,所有三发弹丸的最大膛内压力和初速也随之增加,且基本上不随射击时间间隔的变化而改变随装药量增加而增加的幅度[8]。

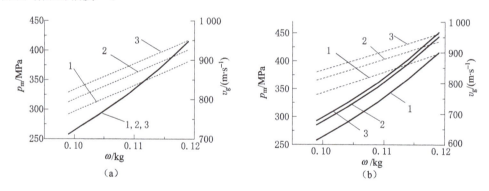

图 6-39 最大膛内压力和初速随装药量改变的变化曲线

(a) 低频连发(射击时间间隔为 8.5 ms);(b) 高频连发(射击时间间隔为 4 ms)

2. 发射药弧厚变化对内弹道性能的影响

图 6-40 所示为高频连发(射击时间间隔为 4 ms)时最大膛内压力和初速随发射药弧厚改变的变化曲线,其中实线是压力曲线,虚线是速度曲线,数字为弹丸序号。在装药量不变的情况下,若发射药弧厚减小,则药粒数量增多,即相当于燃烧面增加,气体生成速率升高,使最大膛内压力和初速也上升;反之,若发射药弧厚增加,则药粒数量减少,即相当于燃烧面减小,气体生成速率降低,使膛内压力和初速也下降。从图 6-40 中可以看出,随着发射药弧厚的增加,第一发弹丸的最大膛内压力和初速随之减小,且基本上不随射击时

间间隔的变化而改变变化幅度;第二、第三发弹丸的最大膛内压力和初速随着发射药弧厚的增加而减小,但是其减小幅度随着射击时间间隔的减小而减小。

3. 药室容积变化对内弹道性能的影响

图 6-41 所示为高频连发(射击时间间隔为 4 ms)时最大膛内压力和初速随药室容积改变的变化曲线,其中实线是压力曲线,虚线是速度曲线,数字为弹丸序号。当其他条件不变时,增大药室容积使气体自由容积增大,将使最大膛内压力和初速降低。从图 6-41 中可以看出,药室容积的变化对最大膛内压力的影响显著。随着药室容积的增加,所有三发弹丸的最大膛内压力和初速随之减小,且基本上不随射击时间间隔的变化而改变随药室容积增加而增加的幅度。

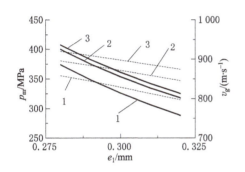

图 6-40 高频连发时,最大膛内压力和初速随弧厚改变的变化曲线

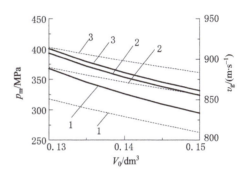

图 6-41 高频连发时,最大膛内压力和初速随药室容积改变的变化曲线

4. 启动压力变化对内弹道性能的影响

图 6-42 所示为高频连发(射击时间间隔为 4 ms)时最大膛内压力和初速随启动压力改变的变化曲线,其中实线是压力曲线,虚线是速度曲线,数字为弹丸序号。弹丸同身管之间相结合的牢固程度决定了启动压力的大小。启动压力虽然不属于装填条件,却是一个弹道的起始条件,它的变化对弹道性能也具有一定的影响。启动压力的增加,即表示弹丸开始运动瞬间的压力的增加,火药燃烧速度加快,使最大膛内压力增加,燃烧结束提前,初速增加。从图 6-42 中可以看出,随着启动压力的增加,第一发弹丸的最大膛内压力和初速也随之增加;第二发弹丸与第三发弹丸的最大膛内压力和初速开始随着启动压力的增加而增加,但是其增加幅度随着射击时间间隔的减小而减小。

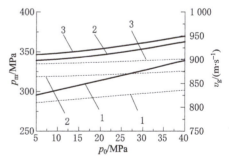

图 6-42 高频连发时,最大膛内压力和初速随启动压力改变的变化曲线

6.6.4.3 最大膛内压力和初速的定量修正公式

结合上节模拟结果,通过计算,本文得到了此 30 mm 口径火炮在低频连发(射击时间

间隔为 8.5 ms)和高频连发(射击时间间隔为 4 ms)时的最大膛内压力和初速的定量修正公式,其中不同装填条件之间的关系是非相关的。

低频连发(射击时间间隔为 8.5 ms)时,三发弹丸的最大膛内压力基本相同,因此可以用相同的最大膛内压力修正公式为

$$\begin{cases} \dfrac{\Delta p_m}{p_m} = 0.113 \dfrac{\Delta p_0}{p_0} + 2.63 \dfrac{\Delta \omega}{\omega} - 1.97 \dfrac{\Delta e_1}{e_1} - 1.57 \dfrac{\Delta V_0}{V_0} \\ \dfrac{\Delta v_{0_1}}{v_{0_1}} = 0.0272 \dfrac{\Delta p_{0_1}}{p_{0_1}} + 0.88 \dfrac{\Delta \omega_1}{\omega_1} - 0.557 \dfrac{\Delta e_{1_1}}{e_{1_1}} - 0.347 \dfrac{\Delta V_{0_1}}{V_{0_1}} \\ \dfrac{\Delta v_{0_2}}{v_{0_2}} = 0.024 \dfrac{\Delta p_{0_2}}{p_{0_2}} + 0.841 \dfrac{\Delta \omega_2}{\omega_2} - 0.503 \dfrac{\Delta e_{1_2}}{e_{1_2}} - 0.315 \dfrac{\Delta V_{0_2}}{V_{0_2}} \\ \dfrac{\Delta v_{0_3}}{v_{0_3}} = 0.0218 \dfrac{\Delta p_{0_3}}{p_{0_3}} + 0.811 \dfrac{\Delta \omega_3}{\omega_3} - 0.462 \dfrac{\Delta e_{1_3}}{e_{1_3}} - 0.29 \dfrac{\Delta V_{0_3}}{V_{0_3}} \end{cases} \quad (6\text{-}61)$$

高频连发(射击时间间隔为 4 ms)时的修正公式为

$$\begin{cases} \dfrac{\Delta p_{m_1}}{p_{m_1}} = 0.113 \dfrac{\Delta p_{0_1}}{p_{0_1}} + 2.63 \dfrac{\Delta \omega_1}{\omega_1} - 1.97 \dfrac{\Delta e_{1_1}}{e_{1_1}} - 1.57 \dfrac{\Delta V_{0_1}}{V_{0_1}} \\ \dfrac{\Delta p_{m_2}}{p_{m_2}} = 0.0572 \dfrac{\Delta p_{0_2}}{p_{0_2}} + 2.44 \dfrac{\Delta \omega_2}{\omega_2} - 1.75 \dfrac{\Delta e_{1_2}}{e_{1_2}} - 1.37 \dfrac{\Delta V_{0_2}}{V_{0_2}} \\ \dfrac{\Delta p_{m_3}}{p_{m_3}} = 0.0554 \dfrac{\Delta p_{0_3}}{p_{0_3}} + 2.39 \dfrac{\Delta \omega_3}{\omega_3} - 1.70 \dfrac{\Delta e_{1_3}}{e_{1_3}} - 1.34 \dfrac{\Delta V_{0_3}}{V_{0_3}} \\ \dfrac{\Delta v_{0_1}}{v_{0_1}} = 0.0272 \dfrac{\Delta p_{0_1}}{p_{0_1}} + 0.88 \dfrac{\Delta \omega_1}{\omega_1} - 0.557 \dfrac{\Delta e_{1_1}}{e_{1_1}} - 0.347 \dfrac{\Delta V_{0_1}}{V_{0_1}} \\ \dfrac{\Delta v_{0_2}}{v_{0_2}} = 0.0113 \dfrac{\Delta p_{0_2}}{p_{0_2}} + 0.788 \dfrac{\Delta \omega_2}{\omega_2} - 0.432 \dfrac{\Delta e_{1_2}}{e_{1_2}} - 0.271 \dfrac{\Delta V_{0_2}}{V_{0_2}} \\ \dfrac{\Delta v_{0_3}}{v_{0_3}} = 0.00998 \dfrac{\Delta p_{0_3}}{p_{0_3}} + 0.751 \dfrac{\Delta \omega_3}{\omega_3} - 0.382 \dfrac{\Delta e_{1_3}}{e_{1_3}} - 0.24 \dfrac{\Delta V_{0_3}}{V_{0_3}} \end{cases} \quad (6\text{-}62)$$

第 7 章 内弹道两相流及发射安全性分析

§7.1 引 言

经典内弹道理论是以平衡态热力学为基础,以集总参数法为模型研究膛内弹道参量平均值变化规律的理论,基本只适用于膛压和初速不太高、流速和压力梯度不太大或者 $\omega/m < 1$ 的情况。本书前面章节都是基于集中参数的零维模型,而火炮膛内实际情况与理想的几何燃烧定律还是有很大差距的,特别是现代战争对武器性能的要求越来越高,无论是提高空域作战效能的防空兵器及对付未来新型装甲目标的反坦克兵器,还是在大纵深宽阵面上对步兵提供火力支援的压制兵器,都需要大幅度提高弹丸的初速和炮口动能,对武器系统的安全性和可靠性提出了更高的要求。从内弹道角度来讲,要想提高弹丸的初速或者动能,必须发展高膛压火炮发射技术,通过增加火药能量或装填密度的方式将膛压由原来的 200~300 MPa 提高到 500~700 MPa。高初速、高膛压、高装填密度的火炮发射系统,会引起火炮膛内压力梯度的显著增加,使得压力波和火焰波几乎重叠,形成强压力波。压力波增强会导致火药颗粒间的应力增加,当应力超过火药破碎的极限压力时,火药颗粒发生破碎,火药的燃烧面积随即突然增大,气体的生成速率也随之急剧增加,这就引起了火炮膛内危险压力波的产生,引发膛炸事故,对武器系统的安全性和可靠性极为不利。特别是在低温条件下,由于火药冷脆,力学性能降低,火药颗粒破碎可能性增大,对火炮发射安全性是极其不利的。由于身管材料强度的限制,即使壁厚再厚也无济于事,况且武器的灵活性、机动性也不允许火炮尺寸特别大。危险压力波的存在对火炮操作人员和武器系统的安全带来了很大的威胁。所有这些现象使用经典内弹道理论是无法解释的。

内弹道发射过程中火药的点火与燃烧都是在燃气流中进行的,药粒与燃气之间发生的质量、动量和能量交换最终决定了弹后空间的压力、密度和温度分布。精细描述这一过程应当采用非定常的反应两相流体动力学的方法。以反应两相流体力学为基础的多相流内弹道理论,可在时间与空间上揭示气固两相物理量的变化规律,研究膛内压力波的形成、发展与变化的特性,分析火药破碎和药室自由空间等多种因素对内弹道性能的影响,展示气固两相相互作用、相间热交换以及颗粒间应力等细节,这些现象只能使用多相流动理论才能解释。

多相流体动力学理论在火炮内弹道领域的应用开始于 20 世纪 70 年代美国的内弹道学者 Kuo K K、Summerfield M M、Krier H、Gough P 等先后提出的内弹道两相流体力学模型,该模型以气体动力学原理为基础,研究弹后空间的燃气和固体药粒之间的质量、动量和能量的输运过程,同时考虑了气固相之间的相互作用,而把弹丸的运动作为一个边界条件来引入。这个模型最重要的一点是可以研究点火和传火的过程,使射击过程从点火开始就可以在理论上加以描述,因而可以用来研究点传火结构及装药对射击过程的影响。研究表明,负压差的存在和大小与点传火过程及装药结构有着密切的关系。

我国内弹道气动力原理的研究在 20 世纪 70 年代后期已经开展,在 20 世纪 80 年代已有专著出版,最早有金志明、袁亚雄编著的《内弹道气动力原理》《现代内弹道学》,周彦煌、王升晨等编著的《实用两相流内弹道学》《膛内多相燃烧理论及应用》,以及袁亚雄、张小兵编著的《高温高压多相流体力学基础》等,表明我国在这方面的研究进展也是很快的。

由于内弹道多相流体动力学涉及的知识领域非常宽泛,牵涉到的知识面也较广,因此,本书不能面面俱到,只是给初学者进行简单的入门介绍。本章主要从压力波产生机理及影响因素、内弹道多相流和安全性评估、发射安全性评估及操作规范等方面进行介绍。

§7.2 膛内压力波及其影响因素

7.2.1 膛内压力波现象

1880 年,法国工程师 Vielle P 采用铜柱测压器,将小颗粒的火药集中在密闭爆发器一端的情况下,测得压力呈"阶跃"上升的现象,并发现压力值也反常的增加。压力曲线随着装药密度 Δ 增加出现阶梯形的上升,当装填密度达到 $0.2 \text{ kg} \cdot \text{dm}^{-3}$ 时,密闭容器自由空间的一端产生急剧的压力增加,而这个压力值远远超过正常情况下的压力值。这种现象的发生是由于装药集中在一端,而火药颗粒尺寸又很小,火药被点燃以后,在装药和自由空间邻接处将产生很大的压力梯度。因此,使燃气和正在燃烧的药粒以很大的速度向自由空间的另一端流动。这种高速流动的气固混合物被密闭端的固壁所滞止,造成了压力的急升。从固壁反射回来的仍然是强压缩波,导致火药更快的燃烧,再次加强压缩波的强度,在容器中形成往复运动的压力波动现象。这种波动被称为 Vielle 波,也就是所谓的压力波现象。

膛内压力波形成的物理实质可以作如下定性描述。在火炮射击条件下装药体并非瞬间全面点燃,底火的燃烧产物首先点燃紧挨底火的点火药。点火药的燃烧在膛底形成一个点火波并同时点燃其附近的一部分装药。点火药和火药燃烧气体渗入装药体,以对流和辐射的方式加热药粒并使之点燃,随后导致火焰的传播。所形成的压力梯度和相间曳引力使得药粒向前加速撞击弹底,受到强烈的滞止作用,使弹底部位的压力增大。这种压力急升的原因除气体被滞止、弹底气体密度增加以外,还有药粒推向弹底,使局部的装药密度增大,甚至于发生药粒破碎现象,使气体生成速率局部增大。当弹底得到相当大的压力以后,会造成反向的压力梯度,使弹底的气流和燃烧药粒向膛底方向运动。这种反射的结果有可能使压力波减弱,也可能使压力波增强,以至发生异常的压力急升。这种在弹底和膛底间来回传播的压力波动,其增长或衰减取决于燃气生成速率、膛内有效的自由空间、火药床的渗透性和弹丸的运动。

对压力波的测量可以在火炮上进行,将一个压电传感器装在膛底,另一个传感器则安装在药室前端的药筒口部附近。在射击过程中同时测出膛底和药室前端的压力曲线,然后在对应的时间上描绘出膛底与药室前端压力差的变化曲线。在理想的没有压力波的情况下,膛底压力总比药室前端压力大,所以压力差曲线就不存在波动现象,如图 7-1 所示。在一般情况下膛内存在压力波动,图 7-2 表示了一种典型的膛内压力曲线和压力差曲线。压力差曲线不仅形象地描绘了膛内纵向压力波的演变情况,同时也可对压力波的大小进行定量的估计,进而对火炮的弹道稳定性作出评价。通常可以用膛底和弹底压力差—时间曲线上的第一个负压力差 $-\Delta p_i$(又称起始负压差)的大小作为衡量弹道稳定性的指标。

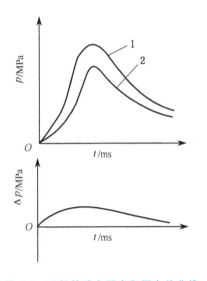

图 7-1 理想的膛内压力和压力差曲线
1—膛底;2—药室前端

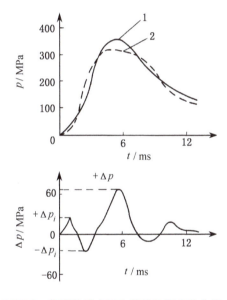

图 7-2 典型的膛内压力曲线和压力差曲线
1—膛底;2—药室前端

7.2.2 压力波形成机理

为了说明膛内压力波的产生和形成过程,可用一个底部点火的射击过程来描述。射击从击发底火开始,通过电或机械方法引发底火,由底火产生的燃气去引燃点火药。其燃烧后所产生的高温气体和灼热的固体微粒,以一定的速度喷射入火药床。燃烧产物的温度和压力随时间的分布决定于点火系统的结构。当火药表面被加热到足以燃烧的时候(达到着火点),接近于点火药部位的火药开始燃烧,形成一个初始的压力梯度和第一个正波幅。高温高压的火药气体和点火药气体混合在一起并迅速地渗透到未燃的火药区,它们以对流换热和辐射的方式加热火药表面,火药床被逐层点燃。这时将在火药床中形成一个火焰波的传播,膛内的气体生成速率也随之增大。

当膛内形成气、固两相后,由于火药床对气流产生阻尼及新燃气的不断加入,压力梯度逐渐被加强,并推动和挤压火药床向弹底方向运动。通过 X 光对膛内的探测,可以观察到火药床的运动规律。在火药床被压缩的过程中,火药床内形成应力波的传递,并在应力波的作用下,逐层地压缩火药床,在弹底形成高颗粒密集区,部分药粒由于挤压和撞击而破碎。一旦火焰波传到弹底,弹底部位的气体生成速率猛然增大,从而加强了弹底的反射波,形成了反向的压力梯度,导致第一负波幅的产生。

在反向压力梯度作用下,火药床又被推回到膛底,使弹底部的气体生成速率减小。由于弹丸运动,弹后空间增大,弹底部位的压力上升速率减慢,而这时膛底的压力上升速率逐渐增大,于是又形成正向的压力梯度,从而形成了第二个正波幅。这种在膛底和弹底之间往复的传播和反射,形成了膛内纵向压力波的传递过程。

在压力上升阶段,膛内的气体总是受到压缩,产生的压缩波以声速传播,且后一个压缩波的传播速度大于前一个压缩波的传播速度。这些压缩波将相互叠加起来,使得压力波振面越来越陡峭,最后形成大振幅的压力波。与此同时,弹丸在膛内压力作用下不断地被加速,弹后空间增大,这时在弹底产生一系列的膨胀波,压力梯度因此而被削弱,膛内压力分布趋于均匀。一般情况下,当膛内压力达到最大压力之后,压力波就会很快地衰减直至消失。但也可能造成这样一种极端的情况,由于点火条件恶化,药粒在弹底被严重击碎,使膛内局部压力急升,而弹丸运动不足以抑制这种上升的趋势,压力波的振幅不断增大,形成了极大的压力波头,因而发生灾难性的膛炸事故。

根据上述的分析,压力波形成的机理可归纳为以下几个要点:

(1) 点火激励是膛内压力波形成的"波源",点火源的位置及其点火冲量对压力波的形成和发展起着决定性的作用。

(2) 膛内压力波不仅是气相所发生的行为,而且是气、固两相共同作用的结果。火药颗粒在膛内运动及其分布对压力波的强度和传播有着重要的影响。

(3) 火药床的结构(如透气性、自由空间)明显地影响到压力波的形成和发展。

(4) 火药床中的火焰波(传热的"热"作用)与应力波(压缩的"力"作用)及压力波之间存在着相互影响和相互制约的关系。压力波促进火焰波在药床中的传播,火焰波又加强压力波的形成。在大颗粒火药床中,压力波超前于火焰波;在小颗粒药床中,压力波与火焰波几乎重叠。至于压力波与应力波之间的关系,在压力波的作用下,火药床受到压缩而形成应力波的传播,在应力波作用下火药床在弹底聚集,这是造成大振幅负向压力波的重要因素。

(5) 弹丸在膛内运动是削弱压力波的一种因素,当这种削弱压力波因素不足以抑制其压力波增长时,就有可能导致危险压力波的产生。

7.2.3 影响压力波的因素分析

火炮射击安全性与许多因素有关,如其往往与膛内产生的危险压力波有关。研究膛内压力波是为了通过合理的点火系统和装药结构设计达到抑制或减弱压力波的目的,以保证装药射击的安全性。因此,首先要分析影响压力波的各种因素,了解装药结构参数对压力波影响的物理实质。实验研究表明:压力波产生与点火的引燃条件、药床的初始气体生成速率、药床的透气性以及药室中初始自由空间的分布等有关。

1. 点火引燃条件

实验研究证明:点火方式是对膛内压力波影响最为显著的一个因素。不均匀的局部点火容易产生大振幅的压力波,严重情况下可能引起膛炸现象,而均匀一致的点火则可能明显地减小压力波强度。中心点火是一种轴向配置径向点火方式,点火均匀可减小点火波对药床的压缩,从而减弱了压力波的强度,所以在装药设计中,一般都采用金属点火管或可燃点火管,废弃了那种在膛底的局部点火方式。除点火位置分布外,对一个理想的点火系统还应注意由点火系统释放出的能量和气体压力的变化速率以及向火药床所提供的能量。当然,即使采用中心点火系统,也不能完全避免压力波的产生,但能得到很大的改善。

美国的内弹道学者 Horst A W 曾用相同质量的黑火药以九种不同点火方式的装药来研究其对压力波的影响。从这些点火研究表明:沿轴向均匀点火,使点火药气体能迅速分散的点火方式有利于降低压力波。

在药包装填条件下,由于装药结构比较复杂,点火系统的性能对压力波影响更加敏感。底火被击发后,喷出灼热的气体和固体粒子点燃底部点火药包。在底火孔与中心点火管之间对准较好时,火焰可直接穿过底部点火药包而进入中心点火管,并点燃管内的点火药。当对准位置存在某些偏差时,则底部点火药包的作用是通过布层,再点燃中心点火管的点火药,然后再点燃火药床。药床底部和膛底之间保持一定的距离,称为脱开距离 Δ。显然,点火总能量的输出和传递速率、底火排气孔的结构、装药的脱开距离、药包布的阻燃作用、孔的对准性和点火药在管中的分布都会对压力波产生影响。实验证明:装药的脱开距离 Δ 将影响中心点火管的功能,因此,它对压力波的影响尤为明显。当脱开距离趋于零(装药与膛底接触)或脱开距离较大(装药与弹底接触)时,其压力波最强;当脱开距离在某个范围时压力波出现最小值。这种现象主要是由脱开距离直接影响到中心点火管的工作性能而产生的。当脱开距离为零时,底火孔对中心点火管的偏斜影响必然很明显,不容易引燃中心点火管内的点火药,造成膛底的局部压力增大,使药床产生运动和挤压,从而导致压力波增加。当脱开距离较大时,底火的喷火孔离中心点火管太远,喷出的射流减弱,同样难以引燃中心点火管内的点火药,使得压力波增大。

可燃中心传火管在某些火炮的装药中已得到应用,其点火机理主要是利用可燃管将点火药均匀地配置在药床的轴线上,并构成一个传火通道,在管内建立一定压力后局部破裂（或破孔）而点燃周围的发射药。破裂的位置随机性很大，通常在靠近底火的后半部首先破裂，其主要取决于传火管内的装填条件及可燃管机械强度。若管的机械强度较低，则管在较低压力下就破裂，点火的一致性较差，压力波增大。若管的机械强度较大时，管在较高压力下破裂，点火的一致性得到改善，因此压力波就小。

2. 初始气体生成速率

初始气体生成速率对压力波的影响已经得到许多实验的证明，即初始气体生成速率越大，越容易产生大振幅的压力波。由经典内弹道学可知，气体生成速率 $\dfrac{d\psi}{dt}$ 取决于火药燃烧面及燃烧速度两个因素，即：

$$\frac{d\psi}{dt} = \chi\sigma\frac{dz}{dt}$$

式中　$z = \dfrac{e}{e_1}$；$\sigma = \dfrac{S}{S_1}$；ψ 为火药已燃百分数；e 为燃烧去的火药厚度；e_1 为初始火药厚度的一半。显然，初始气体生成速率取决于火药的初始燃烧面积 S_1 和低压力下的火药燃烧速率 $\dfrac{dz}{dt}$。就燃速而言，在低压力下不同火药的燃速可以相差几倍，燃速指数大的火药，在低压力下的燃速则比较慢，这就使得初始的气体生成速率比较小。因此，在射击的起始阶段膛内的压力梯度也较小，使任何局部产生的压力波将有较多的时间在药室内消失，从而使压力波衰减下来。计算结果表明：当燃速指数 n 从 0.75 变到 0.95 时，负向压力差 $-\Delta p_i$ 减小了一半。由此可以推论：若在点火一致性较差的情况下，由于初温对燃速的影响，在低温条件的压力波比高温时压力波要来得小。同时，可预测到钝化和包覆火药的采用也会使压力波减小，表 7-1 表示包覆火药试验的结果。表中 6/7-AI(35%) 表示 A 型配方 6/7 包覆火药占总装药量为 35%。装填方式分混装（两种装药均匀混合）和分装（包覆装药在下层，主装药在上层）。从表 7-1 中可以看出：使用包覆药后均使压力波减小，而分装的结构使压力波减小更多。

表 7-1　包覆火药的实验结果　　　　　　　　　　　　MPa

装药结构	p_m	$-\Delta p_i$
7/14 单一装药 190 g	357.7	27.0
7/14＋6/7-AI(35%)190 g 混装	370.0	21.4
7/14＋6/7-BI(25%)180 g 分装	337.5	8.7
7/14＋6/7-BI(25%)190 g 分装	386.8	2.1

另一个影响初始气体生成速率的是火药的起始燃烧表面。在内弹道等效的条件下，粒状火药的孔数越多，则起始燃烧表面也就越小，所以十九孔和三十七孔火药比七孔火药的起始燃烧表面要小。因此，十九孔和三十七孔火药比七孔火药的初始气体生成速率要

小,很显然,它具有降低压力波的作用。有人认为在某个临界压力和某个流动条件之前,内孔将滞后点燃,这也是促使多孔火药装填条件下压力波下降的一个原因。当然孔数越多,药粒的尺寸也相应地增大,药床的透气性也得到相应的改善,对压力波也起到抑制作用。

3. 装填密度

在同样的装药结构条件下,高膛压要比低膛压更容易出现压力波。这是为了得到较高的压力而提高装填密度的结果。因而压力波的产生也是随着装填密度和最大压力的增加而加强,如表 7-2 所示。$-\Delta p_i$ 代表负压差,即压力波的第一个负波幅。然而,还应当指出,这种影响还因装药尺寸和药床透气性的作用而变得更加复杂了。因为装填密度增大,必然使药床透气性减小,而促使压力波增强。

表 7-2 装药密度对压力波的影响

弹号	$\Delta/(\text{kg} \cdot \text{dm}^{-3})$	p_m/MPa	$-\Delta p_i$/MPa	理想最大压力(无压力波)/MPa
121	0.54	225	27	226
126	0.60	307	51	286
127	0.64	437	84	341

在榴弹炮的小号装药条件下,装药密度很小($0.1 \text{ kg} \cdot \text{dm}^{-1}$),如果装药集中在一端,也容易产生压力波,而若将装药分布在整个药室轴线方向上,压力波可以减弱。很显然,小装填密度下,也可能局部产生压力急升,以致当压力通过自由空间时,受到阻塞流动条件的有效限制而产生大振幅的压力波。当装药沿整个药室长度分布时,膛内压力分布也比较均匀,从而可以有效地减小压力梯度,不至于产生大振幅的压力波。

4. 火药床的透气性

火药床的透气性(空隙率)对压力波的形成有着相当敏感的作用。一个透气性良好的装药结构,能够使点火阶段的火药气体顺利地通过火药床,并迅速地向弹底方向扩散,有效地减小初始的压力梯度,对压力波的形成产生了抑制作用。若透气性不好(如高装填密度条件),点火阶段的气体将受到强烈的滞止,促使压力梯度增大,因而使压力波逐渐增强起来而形成大振幅的纵向压力波。例如,采用管状药的中心药束或者采用中心点火管,都可以增加火药床的透气性,并能降低压力波的强度。

在保持内弹道性能等效的条件下,火药床的透气性随着药粒尺寸的增大而增加。若总的燃烧表面保持不变,用十九孔或三十七孔火药比用七孔火药的药粒尺寸有明显的增加。所谓保持内弹道性能等效是指在相同装药量下获得相同的最大压力和初速。Horst A W 等人在这方面做了大量的实验工作,表 7-3 中列出了他们在 M185 加农炮上测得的负压差值。

表 7-3　不同形状火药对压力波的影响

装药批号	ω/kg	v_0/(m·s^{-1})	p_m/MPa	$-\Delta p_i$/MPa	点火延迟时间 t/ms
七孔(77G-069805)	10.89	796(18.5)	340(31.9)	87(11.4)	37(20.80)
十九孔(PE-480-43)	11.34	802(7.5)	320(28.7)	66(14.1)	26(3.8)
三十七孔(PE-480-40)	10.89	789(3.7)	302(4.8)	34(12.6)	32(9.0)
三十七孔(PE-480-41)	11.34	770(16.9)	299(33.2)	40(18.6)	35(16.4)

从表 7-3 中可以看出:用测量的初始负压差 $-\Delta p_i$ 来表示纵向压力波的大小随着药粒尺寸增大而减小。表 7-3 中数据是 3～5 发射击结果的平均值,括号中的数据是标准偏差。

为了增加火药床的透气性,在实验上可以将部分药粒整齐排列起来而不是随机装填。射击的结果如表 7-4 所示。从表 7-4 中看出:比起随机装填条件初速几乎没有变化,但初始负压和最大压力却减小了。最大压力与压差的关系,一般趋势仍然没有很大的影响。

表 7-4　装药排列情况对压力波的影响

装药批号	ω/kg	v_0/(m·s^{-1})	p_m/MPa	$-\Delta p_i$/MPa	点火延迟时间 t/ms
七孔(77G-069805)	10.89	802(18.5)	328(42.9)	79(42.9)	21(18.8)
十九孔(PE-480-43)	11.34	804(7.5)	269(11.7)	48(15.4)	32(21.7)

将整个装药外形直径做成小于药室内径,使其产生一个环形间隙,以此来增大火药床的透气性,这种装药结构称为次药室直径装药结构。在同时使用三十七孔火药的条件下,都用底部点火,将装药的外形直径缩小到 150 mm。射击结果如表 7-5 所示。从表 7-5 中看出:装药外形直径小于药室内径的比充满药室的负压差又进一步减小,而标准偏差也减小到 1.2。

表 7-5　装药外形对压力波的影响

装药外形	ω/kg	v_0/(m·s^{-1})	p_m/MPa	$-\Delta p_i$/MPa	点火延迟时间 t/ms
等药室内径	11.34	770(16.9)	299(33.2)	40(18.6)	35(16.4)
次药室内径	11.34	774(10.0)	283(14.6)	20(1.2)	51(21.1)

5. 药室自由空间的影响

Vielle P、Калакуцкий、Heddon S E 及 Nance G A 等内弹道学者在早期的研究工作中已经清楚地表明,装药前后存在自由空间将有促使产生压力波的作用。Horst A W 和 Gough P S 的研究指出,在点火开始瞬间所产生的压力梯度将引起整个火药床的运动,并且产生药粒相继挤压和堆积效应。如果装药存在自由空间的情况下,那么药粒将以一定速度撞击到弹底或膛底以及密封塞等这些内部边界上,形成了局部颗粒密度的增加,同时也减小了装药床的透气性,从而增加由于火药燃烧而驱动压力波向前的陡度。装药床的挤压所引起的局部空隙率的减小将导致负向压力梯度的加强。另外,还可能由于装药床的运动而产生药粒破碎的情况,使得燃烧面骤然增大而引起气体生成速率迅速增加,促使压力波强度更快地增强。

Horst A W 和 Gough P S 在 76 mm 口径加农炮上进行了装药内部边界条件对压力波影响的研究。其实验结果和理论分析使我们确信了边界条件的重要性。他们的结论是:当发射药稍加限制且火药床和弹底之间存在自由空间的情况下,那么就一定会预测到压力波振幅的增加。

存在自由空间而造成装药运动的药粒破碎问题,也是引起膛压反常增加的一个重要的原因。特别是在低温情况下,药粒容易变脆,这种破碎的可能性将大大地增加。

Soper W G 用 X 射线闪光仪测得点火时膛内药粒的速度分布,并观察到有些火药在撞击弹底之前的速度可能超过 200 m/s。采用 NOVA 编码对 200 mm 口径榴弹炮膛炸现象进行模拟,其结果表明在底部点火条件下,药粒撞击弹底上的速度至少为 60 m/s。很显然,这已经在很大程度上超过了临界撞击速度。因此,减少药粒的破碎率是装药设计应考虑的一个重要课题。一般的方法是改善点火系统的功能,以减小火药床的运动。在存在自由空间的情况下,应将自由空间分布在装药周围,消除靠近弹底的自由空间以减小药粒的撞击速度,并改善火药工艺及配方以提高药粒临界撞击速度值。

除由于装药运动而引起的药粒破碎外,还可能存在由于火药和装药元件以很大速度对弹底的冲击而引爆弹体中的弹药,或者使引信过早激发,发生严重的膛炸现象。Soper W. G. 利用闪光 X 射线仪在玻璃钢药室中进行实验所得的资料报道中指出:火药及其装药元件以大约为 250 m/s 的速度撞击到弹底上,这种撞击作用所引起的冲击激发作用已足以引爆弹体中的炸药。这时由于冲击作用在弹底部所产生的最大应力约为 241.3 MPa,而在侧壁传感器所测到的气体压力大约仅是这个值的 1/5。在这种情况下,仅采用气体压力测量还不足以给出内弹道性能的适当评价,还必须将测量仪器装在弹丸底部来测定这种冲击强度。

6. 其他因素

(1) 可燃药筒对压力波的影响。

目前,在一些大口径火炮中,普遍地采用了可燃药筒的装药结构。根据生产工艺的不同,可燃药筒可分为抽滤式和卷制式两种。抽滤式可燃药筒的内部结构比较疏松,属于一种多孔介质。与一般火药相比,其密度较小,而比表面(单位质量所具有的表面积)却相当大,可燃药筒的这种物理特性使得在燃烧过程中具有较大的气体生成速率。对于抽滤式可燃药筒,根据实验和计算表明,在膛内最大压力达到以前,它已经燃尽,这样使得在射击的初始阶段,整个药筒的气体生成速率增大,因此加剧了压力波的形成。

卷制式可燃药筒内部结构比抽滤式要致密得多,空隙率和比表面也都比较小,实验证明,这种可燃药筒对压力波的影响不是很明显。由此可见,可燃药筒对压力波的影响主要是由于内部结构的多孔性而引起气体生成速率的增大,从而促使压力波的增长。从减小压力波的要求考虑,通过生产工艺改变可燃药筒的内部结构,增加致密程度是相当重要的。

(2) 火药长期储存对压力波的影响。

发射药出厂以后,通常都要储存较长的时间,有的长达二三十年之久。由于各种不同的外界环境作用,发射药的物理化学性能会发生变化,从而使其内弹道性能下降,最终将导致这些弹药失效而报废。军械部门要定期抽查库存发射药内弹道性能的变化,进行质量监控。一般情况下,主要检测发射药的膛压、初速和初速或然误差。但实验发现,长期储存后的发射药对压力波也存在明显的影响。实验表明:新生产的 11/7 单基火药在 57 mm 弹道炮上测到的压力波曲线上的第一个负压差 $-\Delta p_i$ 为 5~6 MPa,而储存 20 年后的 $-\Delta p_i$ 值达到了 11~13 MPa,几乎增大了一倍。其主要原因是单基发射药在长期储存过程中,单体药粒中硝化棉和溶剂之间联结的削弱以及溶剂的挥发导致了表面层总挥发的改变。挥发物的逸出一方面因组分改变而使爆热值增加,另一方面使表面出现了更大的疏松结构,成为一种多孔性表面。这种多孔性的表面必然使火药在点火初期造成更大的初始气体生成速率,因而使 $-\Delta p_i$ 增大。

压力波不仅是膛胀、膛炸等反常内弹道现象的主要原因,而且还会引起其他一系列反常弹道现象。例如,由于压力波而使燃烧速度发生变化,燃烧速度的变化进而使气体生成速率变化,然后将进一步影响压力波动,使初速散布增大,射击精度下降;过高速度的药粒撞击在弹丸底部,其冲击激发作用有时足以引爆弹丸所装的炸药,造成早爆事故;压力波还会引起武器射击周期的变化,这给射速自动武器带来了极大的麻烦。因此,在装药设计中,充分考虑诸因素对压力波的影响具有极为重要的意义。

§7.3 内弹道两相流数值模拟及安全性分析

如果火炮内弹道及装药结构设计不合理,就有可能引起膛炸等灾难性事故,因此,在内弹道及装药结构设计过程中应当进行安全性分析。内弹道两相流数值模拟是进行安全性分析的重要手段。根据不同的需要,针对不同的装药结构进行内弹道两相流数值模拟时,可以建立各种模型进行模拟。本节选择比较典型的两种装药结构进行举例,一种是典型的两截装填的坦克炮,采用的是双流体模型;另一种是管粒混合的某舰炮,采用的是颗粒轨道模型。

7.3.1 某大口径坦克炮一维两相流数值模拟

1. 物理模型

某大口径坦克炮装药结构如图 7-3 所示。装药分两次装填,副药筒首先装填到位,随后主药筒进膛,并在主、副药筒之间形成一个间隙。在主药筒上端和副药筒底部,各有硝化棉纸盖,在纸盖上有透气孔,以便火焰传播。为了增加传火作用,除在主药筒内放置点火管外,在主药筒上端和副药筒下端还放置一个点火药包。可燃药筒内装有钝感衬纸、消焰药包等辅助元件,该装药结构很具有代表性。在射击过程中,不仅存在火药床、可燃药筒以及各种点火元件之间的相互作用,而且间隙与弹丸运动之后的纯气相区的存在也会给数值计算带来困难。基于此,特作如下假设:

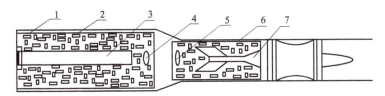

图 7-3　某大口径坦克炮装药结构示意图

1—主药筒;2—十九孔火药;3—点火管;4—点火药包;5—点火药包;6—副药筒;7—弹丸

(1) 膛内运动为准一维两相流动,考虑药室截面积变化、点火管及弹丸等体积的影响;

(2) 点火管内为一维两相流动,通过质量、动量、能量源项与药室内守恒方程耦合;

(3) 火药颗粒形状、尺寸严格一致,并且服从几何燃烧定律;

(4) 不考虑点火药包、可燃药筒的运动,点火药包内黑火药根据当地对流和辐射的热交换判断是否着火;

(5) 可燃点火管的压力大于一定压力时,就会破裂,假设管体破裂成裂缝,外形不变,而源项在当地释放。

2. 数学模型

(1) 基本方程。

① 气相质量方程:

$$\frac{\partial(\varphi\rho_g A)}{\partial t} + \frac{\partial(\varphi\rho_g u_g A)}{\partial x} = \dot{m}_c A + \sum \dot{m}_{ign} A + \dot{m}_k A \tag{7-1}$$

式中　$\dot{m}_c$ 为火药燃烧生成气体源项;$\dot{m}_{ign}$ 为各种点火具生成的源项;$\dot{m}_k$ 为可燃药筒燃烧生成气体源项。

② 气相动量方程:

$$\begin{aligned}&\frac{\partial(\varphi\rho_g u_g A)}{\partial t} + \frac{\partial(\varphi\rho_g u_g^2 A)}{\partial x} + (A\varphi)\frac{\partial p}{\partial x} = \\ &-f_s A + \dot{m}_c u_p A + \sum \dot{m}_{ign} u_{ign} A + \dot{m}_k u_k A\end{aligned} \tag{7-2}$$

③ 气相能量方程:

$$\frac{\partial\left[\varphi\rho_g A\left(e_g + \dfrac{u_g^2}{2}\right)\right]}{\partial t} + \frac{\partial\left[\varphi\rho_g u_g A\left(e_g + \dfrac{p}{\rho_g} + \dfrac{u_g^2}{2}\right)\right]}{\partial x} + p\frac{\partial(A\varphi)}{\partial t} =$$

$$-Q_\mathrm{p}A - f_\mathrm{s}u_\mathrm{p}A + \dot{m}_\mathrm{c}A\left(e_\mathrm{p} + \frac{p}{\rho_\mathrm{p}} + \frac{u_\mathrm{p}^2}{2}\right) + \sum\dot{m}_\mathrm{ign}H_\mathrm{ign}A + \dot{m}_\mathrm{k}H_\mathrm{k}A \tag{7-3}$$

④ 固相质量方程：

$$\frac{\partial[(1-\varphi)\rho_\mathrm{p}A]}{\partial t} + \frac{\partial[(1-\varphi)\rho_\mathrm{p}u_\mathrm{p}A]}{\partial x} = -A\dot{m}_\mathrm{c} \tag{7-4}$$

⑤ 固相动量方程：

$$\frac{\partial[(1-\varphi)\rho_\mathrm{p}u_\mathrm{p}A]}{\partial t} + \frac{\partial[(1-\varphi)\rho_\mathrm{p}u_\mathrm{p}^2A]}{\partial x} + A(1-\varphi)\frac{\partial p}{\partial x} +$$

$$\frac{\partial[(1-\varphi)RA]}{\partial x} = f_\mathrm{s}A - \dot{m}_\mathrm{c}u_\mathrm{p}A \tag{7-5}$$

(2) 辅助方程。

为了方程系封闭，需有以下辅助方程。

① 气相状态方程：

$$p\left(\frac{1}{\rho_\mathrm{g}} - \beta\right) = RT \tag{7-6}$$

式中 β 为余容。

② 颗粒间应力：

$$R_\mathrm{p} = \begin{cases} -\rho_\mathrm{p}c^2\dfrac{\varphi-\varphi_0}{1-\varphi}\dfrac{\varphi}{\varphi_0}, & \varphi \leqslant \varphi_0; \\ \dfrac{\rho_\mathrm{p}c^2}{2k(1-\varphi)}[1-\mathrm{e}^{-2k(1-\varphi)}], & \varphi_0 < \varphi < \varphi^*; \\ 0, & \varphi \geqslant \varphi^* \end{cases} \tag{7-7}$$

其中

$$c(\varphi) = \begin{cases} c_1\dfrac{\varphi_0}{\varphi}, & \varphi \leqslant \varphi_0; \\ c_1\mathrm{e}^{-k(\varphi-\varphi_0)}, & \varphi_0 < \varphi < \varphi^*; \\ 0, & \varphi \geqslant \varphi^* \end{cases}$$

式中 c_1 为当 $\varphi = \varphi_0$ 时的固相颗粒群声速 c。

③ 相间阻力：

$$f_\mathrm{s} = \frac{1-\varphi}{d_\mathrm{p}}|u_\mathrm{g} - u_\mathrm{p}|(u_\mathrm{g} - u_\mathrm{p})\rho_\mathrm{g} \times$$

$$\begin{cases} 1.75 & \varphi \leqslant \varphi_0 \\ 1.75\left(\dfrac{1-\varphi}{1-\varphi_0}\dfrac{\varphi_0}{\varphi}\right)^{0.45} & \varphi_0 < \varphi \leqslant \varphi_1 \\ 0.3 & \varphi > \varphi_1 \end{cases} \tag{7-8}$$

式中

$$\varphi_1 = \left[1 + 0.02\frac{1-\varphi_0}{\varphi_0}\right]^{-1}$$

④ 相间传热：
$$Q_p = \rho_p(1-\varphi)S_p q/M_p \tag{7-9}$$

当考虑对流和辐射两种形式的热交换时，则相间热交换比热流 q 为

$$q = (h_p + h_{re})(T_g - T_{ps})$$

$$h_p = 0.4 Re_p^{2/3} Pr^{1/3} \lambda_f / d_p$$

$$Re_p = d_p \rho_g |u_p - u_g| / \mu$$

$$\mu = C_1 T_g^{3/2}/(C_2 + T_g)$$

$$\lambda_f = C_3 T_g^{3/2}/(C_4 + T_g)$$

$$h_{re} = C_5(T_g + T_{ps})(T_g^2 + T_{ps}^2) \tag{7-10}$$

⑤ 颗粒表面温度：

$$\frac{dT_{ps}}{dt} = \frac{2q}{\lambda_p} \frac{\sqrt{a_p}}{\sqrt{\pi}} \frac{(\sqrt{t+\delta t} - \sqrt{t})}{\delta t} \tag{7-11}$$

⑥ 燃烧规律：

$$\frac{dr_p}{dt} = -\dot{d}$$

$$\dot{d} = bp^n$$

$$\dot{m}_c = \rho_p^2(1-\varphi)S_p \dot{d}/M_p \tag{7-12}$$

⑦ 单位体积、单位时间从点火孔流走的质量：

$$\dot{m}_{ign} = \begin{cases} c_0 n_0 S_{kp} \varphi \rho_g \left\{ \dfrac{2k}{k-1} RT \left[\left(\dfrac{p_1}{p}\right)^{2/k} - \left(\dfrac{p_1}{p}\right)^{\frac{k+1}{k}} \right] \right\}^{1/2} \dfrac{1}{A}, & \dfrac{p_1}{p} > 0.528; \\ c_0 n_0 S_{kp} \varphi \rho_{ign} \left[\dfrac{2k}{k-1} \left(\dfrac{2}{k+1}\right)^{\frac{2}{k+1}} RT \right]^{1/2} \dfrac{1}{A}, & \dfrac{p_1}{p} \leqslant 0.528 \end{cases} \tag{7-13}$$

式中 S_{kp} 为小孔面积；n_0 为单位长度下的点火管小孔数目；c_0 为流量系数；p_1 为管外压力；p 为管内气体压力。

$$\dot{m}_{ign} = \frac{(1-\varphi)\rho_p u_p}{\varphi \rho_g u_g} \dot{m}_g$$

（3）点火管守恒方程。

点火管方程为一维两相流动，与本节相同。管内外通过小孔或裂缝的质量、动量、能量项与主装药方程耦合。

3. 数值计算方法

（1）差分格式的选取。

把守恒方程组写成矢量形式

$$\frac{\partial \boldsymbol{U}}{\partial t} + \frac{\partial \boldsymbol{F}}{\partial x} = \boldsymbol{H} \tag{7-14}$$

对此双曲型方程组,选取具有二阶精度的 MacCormack 差分格式,格式为:

预估计算:

$$\overline{U}_j^{n+1} = U_j^n - \frac{\Delta t}{\Delta x}(F_{j+1}^n - F_j^n) + \Delta t H_j^n \tag{7-15}$$

校正计算:

$$\overline{\overline{U}}_j^{n+1} = \overline{U}_j^{n+1} - \frac{\Delta t}{\Delta x}(\overline{F}_j^{n+1} - \overline{F}_{j-1}^{n+1}) + \Delta t \overline{H}_j^{n+1}$$

$$U_j^{n+1} = \frac{1}{2}(U_j^n + \overline{\overline{U}}_j^{n+1}) \tag{7-16}$$

(2) 滤波技术。

在计算过程中,由于差分格式存在耗散性,波头可能出现振荡,随着计算的进行,振荡有可能累积使计算无法进行下去,特别是在身管变截面的条件下,面积导数也会产生间断。这些问题用人工黏性是不能消除的,因此要采用滤波的方法。常用的是 Shumann 滤波,采用加权平均方法,即:

$$U_j^n = \frac{1}{k+2}(U_{j-1}^n + kU_j^n + U_{j+1}^n) \tag{7-17}$$

其中,k 值取得太大起不了滤波作用,取得太小则可能导致"失真"现象,不能反映膛内的真实情况。

(3) 守恒性检查。

在计算过程中由于滤波等因素的影响,可能引起质量和能量不守恒。因此,有必要进行守恒性检查。若 V_i 代表某一单元体的体积,ρ_i 是相应的混合密度,根据质量守恒,总质量应为初始装药量 ω 和点火药量 ω_B 之和,即

$$\sum V_i \rho_i = \omega + \omega_B \tag{7-18}$$

若每个单元体内流体质量为 $m_i = V_i \rho_i$,e_i 是气相的比内能,u_i 是流速,E_p 是单位质量火药潜能,v 是弹丸速度,m 为弹丸质量,则总能量应为火药的初始能量,即

$$\sum \left[m_i e_i \varphi + \frac{1}{2} m_i u_i^2 E_p m_i (1-\varphi) \right] + \frac{1}{2} \varphi m v^2 =$$

$$\frac{f\omega}{k-1} + \frac{f_B \omega_B}{k_B - 1} \tag{7-19}$$

在计算过程中,若出现质量或能量不守恒的现象,说明程序的可靠性值得怀疑,应重新调试。

(4) 网格生成及合并技术。

当弹底压力大于挤进压力后,弹丸开始运动。弹丸运动前,采用半网格方法处理边界;弹丸运动后,运动边界的长度为 $0.5\Delta x$。随着弹丸的运动网格长度不断增加,一般当网格长度大于 $1.5\Delta x$ 时,应该增加一个内点网格。该点参数可通过插值方法求得。

在大口径长身管火炮中,由于增加的网格较多,计算工作量较大,特别是高初速火炮计算过程中,每个时间步长弹丸前进的距离较大,在网格生成时可能会带来一些问题。事实上当膛内压力达到最大压力后,膛内物理量沿轴向的梯度较小。基于此,通常当网格增加到一定数量后,将网格合二为一,有时甚至可以进行多次合并。网格合并后,不仅运行时间缩短了,而且计算效果也很好。

(5) 初始条件的确定。

初始条件可根据初始装填条件确定,但对于有装药间隙的情形可以适当抹平。另外在坡膛处,药室面积存在间断,处理时也可以适当抹平此间断。数值实践表明,这种办法是行之有效的。

(6) 边界条件的确定

膛底边界为固定边界,采用镜面反射法处理。

弹底边界在弹丸运动前,采用镜面反射法;在弹丸运动后,可以采用在控制体内对差分格式积分的方法,也可以在控制体内直接由质量、动量、能量守恒推导而得。本节采用运动控制体守恒方法推导弹后第一个网格的差分方程,如图7-4 所示。

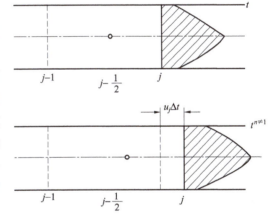

图 7-4 弹后控制体

弹丸运动方程为

$$Ap_j = \varphi_1 m \frac{dv}{dt} \tag{7-20}$$

式中 A 为身管截面积;φ_1 为次要功系数;m 为弹丸质量;v 为弹丸速度。弹丸行程为

$$x_j^{n+1} = x_j^n + u_j^{n+1/2} \delta t$$

该控制体 t 时刻固相质量为

$$m_p^n = [A\rho_p(1-\varphi)]_{j-\frac{1}{2}}^n (x_j^n - x_{j-1}^n)$$

Δt 时间内通过截面 A 流进的固相质量为

$$\Delta m_p = [A\rho_p(1-\varphi)u_p]_{j-1}^{n+\frac{1}{2}} \Delta t$$

Δt 时间内该控制体内所有固相燃烧掉的质量为

$$\Delta \dot{m}_r = -A\dot{m}_c^n (x_j^n - x_{j-1}^n) \Delta t$$

Δt 时间内流进的固相燃烧量为

$$\Delta m_p \psi_p$$

ψ_p 为相连网络内已燃烧量与已存在火药质量百分比。于是,该控制体 $t^n + \delta t^n$ 时刻固相质量为

$$m_p^{n+1} = m_p^n + \Delta m_p + \Delta \dot{m}_r + \Delta m_p \psi_p$$

而
$$m_p^{n+1} = A\rho_p (1-\varphi)_{j-\frac{1}{2}}^{n+1} (x_j^{n+1} - x_{j-1}^n)$$

在欧拉坐标下
$$x_{j-1}^{n+1} = x_{j-1}^n$$

因此,可以求得空隙率为
$$\varphi_{j-\frac{1}{2}}^{n+1} = 1 - \frac{m_p^{n+1}}{A\rho_p (x_j^{n+1} - x_{j-1}^n)} \tag{7-21}$$

又
$$\varphi_{J-\frac{1}{2}}^{n+1} = \frac{1}{2}(\varphi_{j-1}^{n+1} + \varphi_j^{n+1})$$

于是 $t^n + \Delta t$ 时刻点 j 处的空隙率为
$$\varphi_j^{n+1} = 2\varphi_{j-\frac{1}{2}}^{n+1} - \varphi_{j-1}^{n+1} \tag{7-22}$$

根据动量、能量方程,用类似的方法可以求得 $(u_p)_j^{n+1}$、$(\rho_g)_j^{n+1}$、$(E_g)_j^{n+1}$ 和 $(u_g)_j^{n+1}$。但一般情况下,$(u_g)_j^{n+1}$ 也可用弹丸速度代替。因此,气相动量守恒方程可以省略。

4. 计算结果及分析

图 7-5～图 7-8 所示为计算的空隙率和压力分布曲线。图 7-9 和图 7-10 计算的膛底压力与初速和实验有较好的一致性。

图 7-5、图 7-6 描述了膛内空隙率的变化规律。初始时刻由于装药间隙,药室中部空隙率为 1,随着火药颗粒不断点燃,在气、固相间阻力及颗粒间应力的作用下,推动火药颗粒沿轴向向弹底运动,弹底区域的火药越来越密集。这样,在膛底附近气体空隙率上升,而在弹底附近气体空隙率下降。火药全面着火后,由于弹后纯气相区的存在,使弹底附近的空隙率接近于 1。

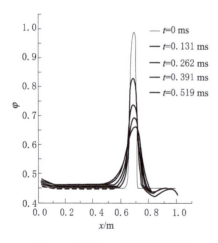

图 7-5 全面着火前空隙率曲线

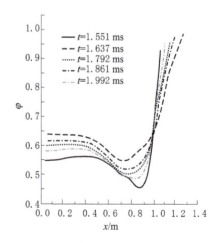

图 7-6 全面着火后空隙率曲线

图 7-7、图 7-8 分别为膛内不同时刻的压力分布曲线。主装药首先在 $x=0\sim0.12$ m 区域点燃。点火管部分点燃比较一致,压力梯度较小。由于点火管在整个药室长度所占

比例较小,从压力曲线上可以看到压力向弹底传播。膛底压力上升到 60 MPa 时,弹底部位主装药刚刚着火。当压力达到最大值后,由于火药全部燃完及弹丸的运动,使得膛内的压力逐渐下降。

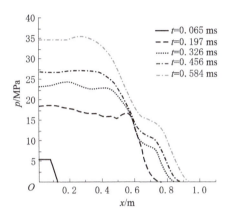

图 7-7　全面着火前压力曲线

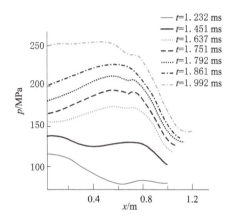

图 7-8　全面着火后压力曲线

图 7-9 所示为膛底压力计算曲线,与实验结果有较好的一致性。图 7-10 所示为弹丸 $v-t$ 曲线,理论计算的弹丸炮口速度为 1 673 m/s,实验测得的弹丸速度为 1 670 m/s,两者符合较好,有工程实用价值。

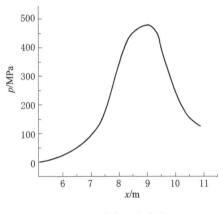

图 7-9　膛底压力曲线

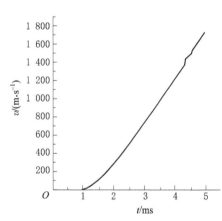

图 7-10　弹丸 $v-t$ 曲线

7.3.2　混合颗粒床中一维颗粒轨道模型及其数值模拟

火炮膛内火药颗粒的运动速度和轨迹对火炮射击安全性影响较大。颗粒速度较大时,火药撞击破碎产生异常压力将导致膛炸。某混合装药结构火炮系统受试验条件的限制,只能测出铜柱压力和初速,所获内弹道信息量极少。借助于数值模拟方法可以预测整个射击过程内弹道参量的变化规律,其对掌握和改进此火炮系统有实际意义。

1. 物理模型

某火炮混合装药结构如图 7-11 所示,它由一束 12/1 管状药、10/1 消焰剂与 9/7 粒状药组成混合装药,膛底有一点火药包,弹后存在一个自由空间,其中粒状药的外弧厚大于内弧厚。当底火击发后,首先点燃点火药包,点火药包燃烧生成的燃气与燃烧的固体颗粒点燃附近的火药床。火焰通过管状药迅速传播,火药燃烧产生的高温高压燃气克服弹丸挤进阻力,推动弹丸向前运动。根据以上的物理过程,提出以下基本假设:

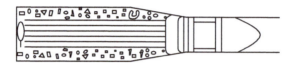

图 7-11 装药结构示意图

(1)气相为一维非定常无黏流动,用欧拉法描述;
(2)主装药床的颗粒运动用拉格朗日方法描述,忽略它们的湍流黏性和扩散效应;
(3)管状药的运动用变质量的质量、动量守恒方程描述;
(4)火药颗粒按初始尺寸和位置分组;
(5)火药颗粒沿各自的轨道运动,互不干扰,追踪它们各自的位置、速度和质量的变化;
(6)颗粒作用于气相场的质量源、动量源和能量源反映在气相方程的源项中;
(7)火药颗粒着火准则采用表面温度准则。

2. 数学模型

(1)基本方程。

① 气相守恒方程。

a. 气相质量方程:

$$\frac{\partial \varphi \rho_g A}{\partial t} + \frac{\partial \varphi \rho_g u_g A}{\partial x} = \dot{m}_p A + \dot{m}_1 A + \dot{m}_{ign} A \tag{7-23}$$

b. 气相动量方程:

$$\frac{\partial \varphi \rho_g u_g A}{\partial t} + \frac{\partial \varphi \rho_g u_g^2 A}{\partial x} + \varphi A \frac{\partial p}{\partial x} = -f_s A + \dot{m}_p u_p A + \dot{m}_1 u_1 A + \dot{m}_{ign} u_{ign} A \tag{7-24}$$

c. 气相能量方程:

$$\frac{\partial \varphi \rho_g E_g A}{\partial t} + \frac{\partial \varphi \rho_g (E_g + p/\rho_g) u_g A}{\partial x} + pA\frac{\partial \varphi}{\partial t} = -f_s u_p A - Q_p A +$$
$$\dot{m}_p A(e_p + p/\rho_p + u_p^2/2) + \dot{m}_1 A(e_1 + p/\rho_1 + u_1^2/2) + \dot{m}_{ign} H_{ign} A \tag{7-25}$$

其中

$$E_g = e_g + \frac{u_g^2}{2}$$

② 颗粒运动轨迹。

根据多相流动理论,流场中颗粒的运动方程为贝塞特—鲍瑟内斯克—奥西(Besset-Boussinesq-Oseen)方程,即:

$$m_p \frac{\mathrm{d}\boldsymbol{u}_p}{\mathrm{d}t} = -\boldsymbol{V}_p \nabla p + 3\pi f \mu d_p (\boldsymbol{u}_g - \boldsymbol{u}_p) + \frac{V_p \rho_g}{2}(\dot{\boldsymbol{u}}_g - \dot{\boldsymbol{u}}_p) +$$

$$\frac{3}{2}d_p^2 \sqrt{\rho_g \mu \pi} \int_0^t \frac{(\dot{\boldsymbol{u}}_g - \dot{\boldsymbol{u}}_p)}{\sqrt{t-s}}\mathrm{d}s + m_p \boldsymbol{g} \tag{7-26}$$

右式中,第一项为压力梯度力;第二项为定常阻力;第三项为虚拟质量力;第四项为贝塞特力;第五项为重力。

在火炮膛内,火药密度远大于气相密度,压力梯度项、虚拟质量力项、贝塞特力项均可略去,再略去重力的影响,方程可简化为

$$\frac{\mathrm{d}\boldsymbol{u}_p}{\mathrm{d}t} = \frac{f}{\tau}(\boldsymbol{u}_g - \boldsymbol{u}_p) \tag{7-27}$$

式中 τ 为速度松弛时间:

$$\tau = \frac{\rho_p d_p^2}{18\mu}$$

取单颗粒的阻力系数:

$$f = 1 + \frac{1}{6}Re_p^{2/3}$$

在时间步长 Δt 内,假设 f 是常量,积分上式得到颗粒速度及位置关系式:

$$u_p = u_g + (u_{p0} - u_g)\mathrm{e}^{-\frac{f\Delta t}{\tau}} \tag{7-28}$$

$$x_p = x_{p0} + u_g \Delta t + \frac{\tau}{f}(u_{p0} - u_p) \tag{7-29}$$

③ 管状药运动方程。

$$\frac{\mathrm{d}}{\mathrm{d}t}\int_{x_1}^{x_r}(1-\varphi)\rho_1 u_1 A\mathrm{d}x = -\int_{x_1}^{x_r}(1-\varphi)A\mathrm{d}p -$$

$$\int_{x_1}^{x_r}\dot{m}_1 u_1 A\mathrm{d}x + \int_{x_1}^{x_r}f_s \mathrm{d}x \tag{7-30}$$

$$\frac{\mathrm{d}x_1}{\mathrm{d}t} = u_1 \tag{7-31}$$

(2) 辅助方程。

① 状态方程。

$$p(1-\beta\rho_g) = \rho_g R T_g \tag{7-32}$$

② 燃烧规律。

混合装药结构采用的 9/7 粒状药如图 7-12 所示,其外弧厚大于内弧厚,内孔分裂时,外缘还未分裂。将燃烧过程分为四个阶段。

a. 第一阶段。

第一阶段是增面燃烧阶段。结束时,内部

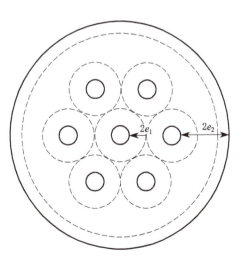

图 7-12 9/7 药粒示意图

分裂成六个小棱柱体与曲边单孔药。该阶段形状函数为

$$0 \leqslant z \leqslant 1, \quad \psi = \chi z(1 + \lambda z + \mu z^2) \tag{7-33}$$

其中

$$\chi = \frac{Q_1 + 2\Pi_1}{Q_1}\beta \qquad \lambda = \frac{n-1-2\Pi_1}{Q_1+2\Pi_1}\beta \qquad \mu = -\frac{(n-1)\beta^2}{Q_1+2\Pi_1}$$

$$Q_1 = \frac{D_0^2 - nd_0^2}{(2c)^2} \qquad \Pi_1 = \frac{D_0 + nd_0}{2c} \qquad \beta = \frac{2\delta_1}{2c} \qquad n = 7$$

b. 第二阶段。

第二阶段是减面燃烧阶段,六个小棱体燃完为止。形状函数用二项式表示为

$$1 < z \leqslant z_2 = (\delta_1 + \rho_1)/\delta_1, \quad \begin{cases} \chi = \dfrac{\psi_1 z_2^2 - \psi_2}{z_2(z_2 - 1)} \\ \lambda = \dfrac{\psi_2 - \psi_1 z_2}{\psi_1 z_2^2 - \psi_2} \end{cases} \tag{7-34}$$

式中 ψ_1 为第一阶段结束时的 ψ;ψ_2 为第二阶段结束时的 ψ。

$$\psi_2 = 1 - \frac{s_2[2c - 2(\delta_1 + \rho_1)]}{\frac{\pi}{4}(D_0^2 - nd_0^2)2c}$$

$$s_2 = \pi\left[\frac{D_0}{2} - (\delta_1 + \rho_1)\right]^2 - 6\left[\sqrt{3}(r+\delta_1)^2 + (r+\delta_1)^2\tan\alpha_2 + \left(\frac{2}{3}\pi - \alpha_2\right)(r+\delta_1+\rho_1)^2\right]$$

式中 r 表示内孔半径, $r = d_0/2$。

$$\cos\alpha_2 = (r+\delta_1)/(r+\delta_1+\rho_1), \quad \rho_1 = 0.1547(r+\delta_1)$$

c. 第三阶段

第三阶段是减面燃烧阶段,至曲边单孔药分裂为六个大棱柱体结束。形状函数为

$$z_2 < z \leqslant z_3 = c_2/\delta_1, \quad \begin{cases} \chi = \dfrac{z_2^2\psi_3 - z_3^2\psi_2}{z_2 z_3(z_2 - z_3)} \\ \lambda = \dfrac{z_3\psi_2 - z_2\psi_3}{z_2^2\psi_3 - z_3^2\psi_2} \end{cases} \tag{7-35}$$

式中 ψ_3 表示第三阶段结束时的 ψ。

$$\psi_3 = 1 - \frac{s_3(2c - 2\delta_2)}{\frac{\pi}{4}[D_0^2 - nd_0^2]2c}$$

$$s_3 = \pi\left(\frac{D_0}{2} - \delta_2\right)^2 - 6\left[\sqrt{3}(r+\delta_2)^2 + (r+\delta_1)^2\tan\alpha_3 + \left(\frac{2}{3}\pi - \alpha_3\right)(r+\delta_2)^2\right]$$

$$\cos\alpha_3 = (r+\delta_1)/(r+\delta_2)$$

d. 第四阶段,

第四阶段也是减面燃烧阶段,至火药全部燃完为止。形状函数为

$$z_3 < z \leqslant z_4 = (\delta_2 + \rho_2)/\delta_1, \quad \begin{cases} \chi = \dfrac{z_3^2 - z_4^2 \psi_3}{z_3 z_4 (z_3 - z_4)} \\ \lambda = \dfrac{z_4 \psi_3 - z_3}{z_3^2 - z_4^2 \psi_3} \end{cases} \tag{7-36}$$

式中 ρ_2 为大棱柱体的内切圆半径：

$$\rho_2 = \frac{(2-\sqrt{3})(r+\delta_1)[3(r+\delta_1)+(\delta_2-\delta_1)]}{(4-\sqrt{3})(r+\delta_1)+2(\delta_2-\delta_1)}$$

根据形状函数可求得气体生成量：

$$S_p = S_{p1} \sigma$$
$$M_p = M_{p1}(1-\psi)$$
$$\dot{m}_p = \frac{\sum b p^n \rho_p S_p}{V_{col}} \tag{7-37}$$

③ 相间阻力。

单颗粒所受定常阻力：

$$\boldsymbol{f}_d = 3\pi \mu f d_p (\boldsymbol{u}_g - \boldsymbol{u}_p) \tag{7-38}$$

相间阻力：

$$\boldsymbol{f}_s = \frac{\sum \boldsymbol{f}_d}{\boldsymbol{V}_{col}}$$

④ 相间传热系数。

单位时间、单位面积气相传到固相的能量，包括辐射和对流项：

$$q = (h_p + h_{re})(T_g - T_{ps})$$
$$Q_p = \frac{\sum q S_p}{V_{col}} \tag{7-39}$$

3. 数值计算方法

欧拉-拉格朗日混合方程通常用 Crowe C T 提出的 PSIC 方法求解。基本思路就是对气相场在欧拉坐标系中按单元控制体将方程积分，构成差分方程，对颗粒群则考虑各初始位置的颗粒在拉格朗日坐标系中的运动、质量、能量变化，并在气相单元内积分，求颗粒轨道及沿轨道的颗粒尺寸、速度的变化，颗粒群的质量、动量、能量源项作用于气相场，使之发生变化，同时气相场又影响颗粒的轨道及沿轨道变化的经历。

（1）求解条件。

① 初始条件。

所有物理量的初始态都处于常量或为初始装填条件。

$$p = 0.101\ 3 \text{MPa}, \quad T_{ps} = 293\ \text{K}, \quad T_g = 293\ \text{K}$$
$$\rho_g = 1/[RT_0/p_0 + \beta], \quad u_g = u_p = 0, \quad \varphi = \varphi(z)$$

② 边界条件。

a. 弹丸运动之前膛底和弹底边界是固定边界,应满足:

$$u_g|_{x=0} = u_g|_{x=L} = 0, \ u_p|_{x=0} = u_p|_{x=L} = 0$$

$$\frac{\partial p}{\partial x}\bigg|_{x=0} = \frac{\partial p}{\partial x}\bigg|_{x=L} = 0, \ \frac{\partial \rho}{\partial x}\bigg|_{x=0} = \frac{\partial \rho}{\partial x}\bigg|_{x=L} = 0$$

采用半网格镜面反射法:

$$u_{g,1} = -u_{g,2}, \ u_{g,L} = -u_{g,L-1}, \ u_{p,1} = -u_{p,2}$$

$$u_{p,L} = -u_{p,L-1}, \ p_1 = p_2, p_L = p_{L-1}, \ \rho_1 = \rho_2, \rho_L = \rho_{L-1}$$

b. 弹丸运动之后,采用控制体方法推导弹后第一个网格的差分方程。

(2) 单元划分。

气相场的空间步长为 4 mm,弹丸运动之前共有 108 个网格,随着弹丸的运动不断生成新的网格,直到弹丸出炮口程序运行结束,共有 1 120 个网格。

固相颗粒初始位置的划分与气相取相同步长的空间,任意时刻 t^n 其所有颗粒的运动参数都一样,颗粒轨迹与速度由方程(7.28)、(7.29)确定。

(3) 差分格式。

将气相守恒方程写成向量形式为

$$\frac{\partial \boldsymbol{U}}{\partial t} + \frac{\partial \boldsymbol{F}}{\partial x} = \boldsymbol{H} \tag{7-40}$$

采用对空间为两阶、时间为一阶的 MacCormack 两步格式,即:

$$\left.\begin{aligned}
\overline{\boldsymbol{U}}_j^{n+1} &= \boldsymbol{U}_j^n - \Delta t/\Delta x (\boldsymbol{F}_{j+1}^n - \boldsymbol{F}_j^n) + \Delta t \boldsymbol{H}_j^n \\
\overline{\overline{\boldsymbol{U}}}_j^{n+1} &= \overline{\boldsymbol{U}}_j^{n+1} - \Delta t/\Delta x (\overline{\boldsymbol{F}}_j^{n+1} - \overline{\boldsymbol{F}}_{j-1}^{n+1}) + \Delta t \overline{\boldsymbol{H}}_j^{n+1} \\
\boldsymbol{U}_j^{n+1} &= \frac{1}{2}(\boldsymbol{U}_j^n + \overline{\overline{\boldsymbol{U}}}_j^{n+1})
\end{aligned}\right\} \tag{7-41}$$

CFL 稳定条件为

$$\Delta t \leqslant \frac{C_0 \Delta x}{|u| + c} \tag{7-42}$$

(4) 计算方法。

由 CFL 稳定性条件求得时间步长 Δt,由差分方程积分方程。若固相颗粒正好落在某一气相格点上,则把这个位置上所有颗粒的源项加到对应的气相格点上;若不与某一气相格点重合,则按空间距离分配到两个不同的气相格点上。固相方程积分的时间步长与每一步的气相方程积分的时间步长相同。弹丸运动之后,网格增加到大于等于 $1.5\Delta x$ 时,则分裂生成一个新的网格点。

4. 计算结果及分析

图 7-13 所示为膛底压力随时间的变化曲线。图 7-14 所示为坡膛处压力随时间的变化曲线。图 7-15 所示为弹丸速度随时间的变化曲线。实验测得的膛底铜柱最大压力为 310 MPa,换算成电测压力最大膛底压力为 350.3 MPa,炮口弹丸速度为 980 m/s,计算所得的最大膛底压力为 347 MPa,炮口速度为 977.4 m/s,理论与实验有

较好的一致性。图 7-16 所示为膛底减去坡膛的压力差曲线,内弹道学中常用压力差曲线作为膛内安全性标准,计算所得的压力差负幅值为 40 MPa。图 7-17 所示为膛内不同时间压力随行程的变化曲线。图 7-18 和图 7-19 所示分别为管状发射药位移和速度随时间变化曲线。图 7-20 所示为火药颗粒在膛底、中间和前部的位移曲线。图 7-21 所示为对应的速度曲线。

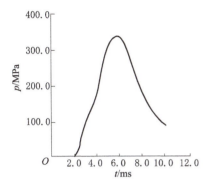

图 7-13　膛底压力曲线

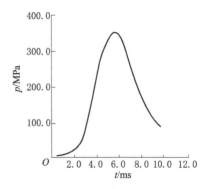

图 7-14　坡膛压力曲线

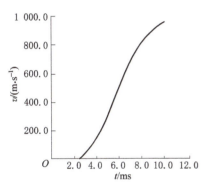

图 7-15　弹丸速度曲线

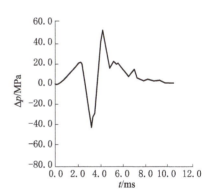

图 7-16　膛内压力差曲线

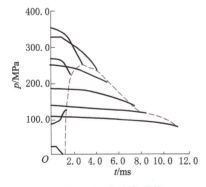

图 7-17　压力分布曲线

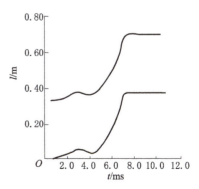

图 7-18　管状发射药位移曲线

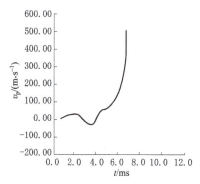

图 7-19　管状发射药速度曲线

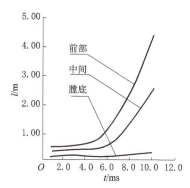

图 7-20　火药颗粒位移曲线

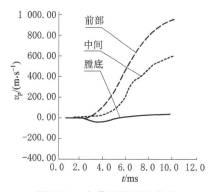

图 7-21　火药颗粒速度曲线

从计算的曲线可以看出,弹底处的火药颗粒运动速度较大,位移也较大,而膛底处的火药运动速度和位移较小。火药颗粒在膛内的来回运动是由压力波动引起的。由于管状药点传火性能较好,在点传火阶段,火药颗粒的运动速度较小,只有每秒几十米,不会引起火药的破碎,说明此结构的火炮系统是安全可靠的。其计算结果与两相连续介质模型有较好的一致性。

§7.4　装药安全性评估方法

通常采用压差曲线上的第一个负压差值 $-\Delta p_i$ 作为表征压力波强度的物理量。$-\Delta p_i$ 与点火系统、装药结构和火药的理化性能密切相关,因此可以通过它来评价装药设计方案的优劣和评估装药射击安全性。美国的内弹道学者除测定压差时间曲线外,还测出了 $-\Delta p_i$ 对最大压力 p_m 的敏感程度曲线作为装药射击安全性评估的依据,如图 7-22 所示。从曲线的变化规律可以看出,当 $-\Delta p_i$ 在某个范围变化时,随着 $-\Delta p_i$ 的增加 p_m 变化较小,也就是说 $-\Delta p_i$ 对 p_m 的影响不敏感。当 $-\Delta p_i$ 超过某个临界值时,$-\Delta p_i$ 的变化对 p_m 的影响显得相当敏感。用 $-\Delta p_i$ 作为压力波的标志量与衡量内弹道性能的主要标志量 p_m 联系起来,建立起 p_m 与 $-\Delta p_i$ 的单值函数曲线,我们称之为压力波敏感度曲线。它为装药安全性检验提供了一种有实用价值的方法。$-\Delta p_i$ 这个量大致可反映点火药气流渗透进火药床到弹底之前的滞止程度,以及药床压缩在弹底产生高颗粒密度区的稠密状况。显然这些因素都是产生压力波的主要原因。所以,$-\Delta p_i$ 在一定程度上反映了装药结构设计的完善程度。

装药安全性评估是在压力波安全性评估基础上进行的。在压力波安全性评估中,确定了压力波强度特征量 $-\Delta p_i$ 和压力波敏感度曲线,这是装药安全性评估的基础。

这种基于 $-\Delta p_i$ 的装药安全性评估方法是美国陆军在对 M198 155 mm 榴弹炮进行大

量装药设计试验的基础上提出来的,并制定了装药安全性评估实施规程《TOP》和《ITOP》。这里对该评估方法和规程做一具体的介绍。

装药安全性评估是在完成装药常规内弹道性能检测后进行的,被检测装药的膛压、初速和初速或然误差是否满足设计规定的要求。若内弹道指标满足要求,即可进行装药安全性评估,《ITOP》所规定的步骤如下:

第一步:进行内弹道试验,分析压力数据找出反常的迹象,如点火延迟时间过长(>300 ms),压力时间曲线在最大压力前出现拐点或阶跃现象、最大膛压偏高或炮口速度标准偏差太大、负压差过大。一般认为负压差极限值为:在膛压 207~350 MPa 条件下,第一个负压差 $-\Delta p_i$ 的

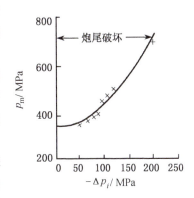

图 7-22　美 175 mm 火炮压力波敏感度曲线

平均值小于或等于 6.9 MPa 以及个别最大 $-\Delta p_i$ 在 63 ℃ 和 21 ℃ 时不超过 35 MPa,在 -51 ℃ 时不超过 20.7 MPa。如果上述反常现象一个也不曾出现,则认为发射装药是安全的,可以发放安全许可证。若发射装药实验出现上述任何一个反常现象,则应进行下面的实验。

第二步:用有意设置人为故障的装药进行射击试验,以诱发高的负压差,确定它们对最大压力的敏感度,如改变点火方式,增大点火强度,改变装药结构以减少透气性以及增大火药床可运动性,造成碰撞的恶劣条件等。

第三步:根据得到的射击数据,建立起 p_m 与 $-\Delta p_i$ 的敏感度关系曲线,如图 7-22 所示。分析特定的发射装药对压差的敏感度,如果装药敏感度非常小或最大压力基本上与 $-\Delta p_i$ 无关,则认为该装药是安全的,出现的压力波也是不危险的,可以发放安全许可证。若装药对压差分敏感,则须对压差的分布做详细研究。

第四步:如果有必要则须进行补充试验,用得到的射击数据获得如图 7-23 所示样品的累积分布。再按照两种不同的统计分布函数用柯尔莫哥洛夫－斯米诺夫(Kolmogorov-Smirnov)统计方法对图 7-23 的分布进行计算,就得到了超过破坏压力差临界值的概率,如图 7-24 所示。

第五步:如果对任一极限温度(高温或低温),此概率足够小,一般规定小于百万分之一,则认为装药是安全的,可以发放安全许可证。如果任意一种或两种场合的概率均明显大于百万分之一,则需要采取下面的方案:一是重新设计装药;二是在新的极限温度下进行补充试验以确定发射装药对温度的敏感度。

第六步:在改变一个或两个极限温度下进行补充射击,得到新的温度限时的最大压力与压差的敏感度曲线。

第七步:如果在新的极限温度下压差与最大压力的敏感度关系没有改进,或在某些不能接受的温度限下有明显的改进,则发射装药必须重新设计或就此中止。如果在可以接受的温度限上有明显的改进,则必须在该温度限下重新从第一步做起。装药安全性检验的流程如图 7-25 所示。

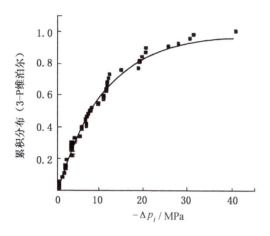

图 7-23 175 mm 火炮(M 86A2)的 $-\Delta p_i$ 累积分布

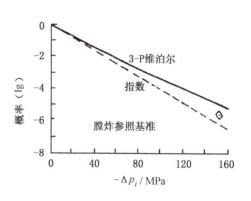

图 7-24 175 mm 火炮(M 86A2) 超过破坏压力差临界值的概率

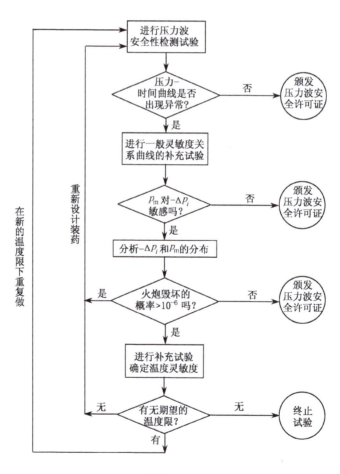

图 7-25 装药安全性评估流程

膛炸概率是指膛炸发生可能性大小的量值,可以通过发射弹药数和发生膛炸的次数计算出膛炸概率。但由于对发射弹药数统计有一定的误差,实际发生的膛炸概率只能是一个估计值。我国目前还没有制定有关武器系统事故分类及其可接受概率的标准。澳大利亚军械委员会在 1985 年 11 月召开的首次爆炸安全会议上,提出了关于武器系统和爆炸军械非正常作用后果及其可接受概率的关系,如表 7-6 所示。由于膛炸是灾难性的,所以在装药安全性评估的第五步中膛炸可接受概率为 10^{-6}。

表 7-6　事故类型和可接受概率

事故类型	事故性质	可接受概率
Ⅰ 灾难性的	人员丧生或全部主设备毁损	1×10^{-6}
Ⅱ 严重的	人员重伤或设备严重毁损	1×10^{-5}
Ⅲ 较轻的	人员轻伤或设备可以修复	1×10^{-4}
Ⅳ 可忽略的	对操作造成暂时不便或设备性能轻度下降	1×10^{-3}

第 8 章　火炮身管烧蚀磨损与寿命

§8.1　引　　言

枪(炮)内膛的烧蚀磨损是枪(炮)射击时发射装药所产生的高温、高压、高速火药气体和弹带及弹体对炮膛反复作用的结果。在高温、高压、高速火药气体和弹带及弹体的作用下，内膛不断受到损坏。通常，人们将内膛金属表面在反复冷热循环和火药气体的化学作用下，金属性质发生变化而出现龟裂或金属剥落的现象称为烧蚀。将火药气体的冲刷和弹带、弹体对炮膛的撞击摩擦及各种受力作用使炮膛表面损耗的现象叫作磨损。两种现象往往同时发生，有时很难区分。炮膛的损坏往往是两者综合作用的结果，尤其是武器快速发展的今天，随着人们对火炮射程、精度、射击速度、有效载荷的要求越来越高，炮身烧蚀成为非常突出的问题。这种烧蚀现象已普遍存在于各种类型的火炮之中，而且情况越来越严重，极大地影响了火炮性能的充分发挥。现代战争要求火炮不断向着高膛压、高初速和高射速的方向发展，以提高火炮的战斗威力。而身管作为火炮的重要组成部分，其烧蚀磨损的严重性就显得更加突出，这已成为未来身管武器发展的重要障碍。身管内膛的烧蚀磨损直接影响着火炮的战术技术性能。内膛的烧蚀磨损使火炮的内弹道性能不断下降、初速降低、最大射程减小、地面密集度和立靶密集度散布增大、引信连续瞎火，出现近弹、早炸等现象，最终导致寿命终止。如果说初速 866 m/s、膛压 274 MPa 的旧 37 mm 高炮身管寿命能达到 7 000 发以上，那么，初速高出 1 500 m/s、膛压大于 588 MPa 的高膛压火炮身管寿命则下降到 500 发以下。因此，需要对因烧蚀、磨损而导致火炮内膛结构破坏的原因、过程、机理进行深入的分析和研究，从而提出相应的防烧蚀抗磨损的技术措施，以提高火炮身管的寿命。

§8.2　身管烧蚀磨损现象

火炮身管内膛状况(结构尺寸、表面质量等)是身管烧蚀磨损现象最直观的体现，是判断身管寿命、分析射击精度的重要依据。因此在各种火炮、弹药的射击试验中，均要对身管进行静态检查和测量，用来检测身管的内径、炮口角、弯曲度、壁厚差、药室尺寸、表面状况等是否符合技术条件的规定，另外可以检测身管随射弹数的增多，内膛结构尺寸和表面的变化情况。

在常规兵器试验中，对火炮身管的内膛的静态检测，主要运用各种规格的测径仪、窥膛仪、弯曲度测量仪器等。在实验中，常用的内膛测径仪主要有电子测径仪、光学测径仪、机械测径仪和气动测径仪。由于电子测径仪测量精度高，且能够实现测量的自动化，大大提高了工作效率,缩短了试验周期,因此在试验中被广泛应用。而对于内膛表面磨损的状况,则采用光学窥膛仪。

8.2.1 内膛表面的变化

通常认为,火炮在射击相当多的发数后才出现烧蚀,且多为龟裂烧蚀。但经过一些实验研究后发现,大口径高膛压火炮在射击少则十几发,多则几十发后就产生了龟裂纹而且裂纹形成很迅速。

下面是利用光学窥膛仪对 120 mm 滑膛炮、130 mm 加农炮以及 105 mm 坦克炮在射击不同弹数情况下,因烧蚀磨损而引起内膛表面的变化情况进行的拍照。

图 8-1 所示为 120 mm 高膛压滑膛炮射弹不同发数时和炮膛不同部位的内膛磨损照片。从图片可以看出,射弹 200 多发,炮膛起始部就出现严重的龟裂,射弹 400 多发和 500 多发时龟裂更加严重,且龟裂纹加长变粗,条数增加,内膛表面还出现冲刷沟及一些凹凸不平的烧蚀坑。

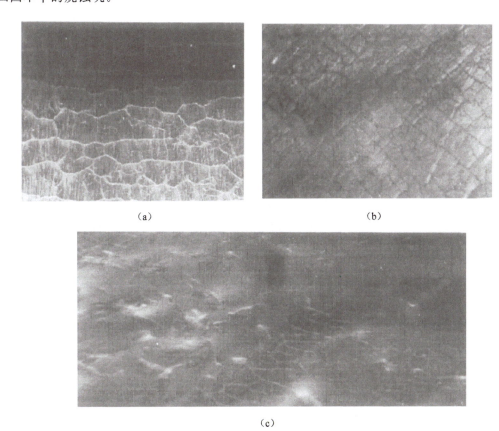

图 8-1 120 mm 滑膛炮内膛主要部位烧蚀磨损情况

(a) 距炮口端面 5 400 mm(射弹 278 发);(b) 距炮口端面 5 200 mm(射弹 451 发);
(c) 距炮口端面 5 200 mm(射弹 527 发)

图 8-2 和图 8-3 所示为 130 mm 加农炮不同射弹发数及炮膛不同位置的内膛烧蚀磨损情况。图 8-2(a)~图 8-2(c) 及图 8-3(a)~图 8-3(c) 分别代表距炮口端面 5 480 mm、5 430 mm 和 4 840 mm 处。从照片来看,射击一定数量的弹药后,内膛表面就出现网状裂纹,随着射击发数的增多,烧蚀裂纹的深度增加,宽度扩大,长度增长。身管内膛的部位不同烧蚀程度也不同,距离膛线起始部越近,烧蚀情况越严重。从图上可以看出,在距炮口端面 4 840 mm 到 5 840 mm 处,烧蚀的网状裂纹长度、宽度、深度逐渐加大。炮膛烧蚀的主要原因:其一是由于炮膛的烧蚀磨损,弹带不能完全密封火药气体,火药气体从炮膛和弹带间的间隙高速流过,对炮膛产生局部气蚀;其二为微裂纹中夹带着来自弹带的铜,因而容易使炮钢开裂,形成的横向和纵向裂纹相互连接在一起,最终发展成网状裂纹。

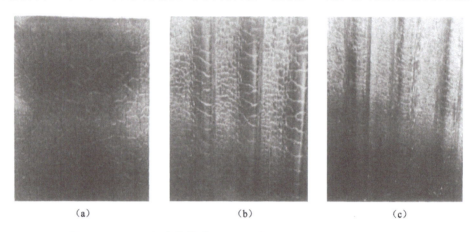

图 8-2　130 mm 加农炮射弹 200 发时内膛不同位置的烧蚀磨损情况

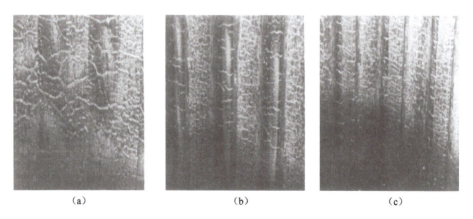

图 8-3　130 mm 加农炮射弹 500 发时内膛不同位置的烧蚀磨损情况

图 8-4 和图 8-5 所示为 105 mm 坦克炮射弹不同发数及身管不同位置的内膛磨损照片。图 8-4(a)、图 8-4(b) 及图 8-5(a)、图 8-5(b) 分别为射弹 761 发和射弹 474 发的情况。从图片上看,内膛各部位烧蚀情况不同,膛线起始部最为严重,膛线基本磨平;而炮口部磨

损不大，膛线清晰可见。此外，随着射击发数的增加，网状裂纹加长、加深、变粗，形成龟裂。

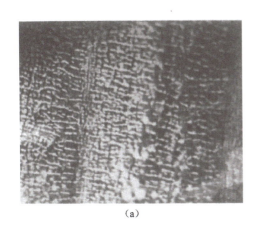
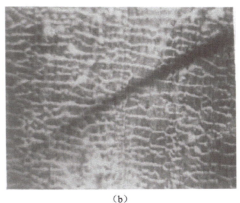

(a)　　　　　　　　　　　　　　(b)

图 8-4　105 mm 坦克炮距炮口端面 5 450 mm 处（膛线起始部）烧蚀磨损情况

通过上面的分析，可以把内膛表面的烧蚀磨损过程分为网裂和龟裂两个阶段。

网裂阶段为烧蚀的第一阶段，开始从阳线上出现径向细纹，以后逐渐形成闭合清晰的网状裂纹。按照网裂的程度不同，其可分为小网烧蚀、中网烧蚀和大网烧蚀。火炮射击发数不多时，烧蚀首先在膛线起始部阳线上出现横向细纹，在阴线上出现纵向细纹，形成小烧蚀网，如图 8-3 所示。小烧蚀网从膛线起始部向前蔓延逐渐形成闭合细小的网状裂纹。随着射弹发数的增多，小烧蚀网继续扩大，阴线、阳线上的裂纹形成闭合明显的裂纹，阳线导转侧的棱角被磨掉，形成中烧蚀网，如图 8-4 所示。随着射弹发数的增多，裂纹继续扩大变长、变宽、变深，形成大烧蚀网。龟裂阶段为烧蚀的后一阶段，这一阶段开始，膛线起始部出现气流小溪，阳线尚存，阴线、阳线的大烧蚀网纵横交错，裂纹粗大，有裂缝出现。之后，闭合裂纹加深，膛线起始部磨损，形成明显的裂纹，称为贝壳状的龟裂，严重时有烧蚀坑及冲刷沟，内膛表面凹凸不平，如图 8-1 和图 8-4 所示。烧蚀龟裂是内膛失效的典型形貌，在身管内膛常见。不同的火炮开始出现龟裂纹的射弹发数也有多有少。从所观察到的火炮身管来看，在射击一定的发数后，所有的加农炮和榴弹炮的内膛表面都会出现龟裂及冲刷沟，只是轻重不同而已，其中以加农炮最为严重。而加农炮以高膛压、高射速、大口径、大威力火炮更为突出。超高压大口径火炮烧蚀的发生异常迅速，在射击发数不多的情况下，就可能出现严重的烧蚀龟裂及冲刷沟，随着射击发数的增多，龟裂纹的宽度和深度将逐渐扩展。

从所观察火炮来看，随着射击发数增加，烧蚀龟裂的裂纹深度增加，裂纹宽度扩大，烧蚀厚度也增长。此外，身管内膛部位不同，烧蚀程度也不同，以膛线起始部最为严重，网状裂纹、龟裂纹和冲刷沟从炮膛起始部向炮口方向逐渐减轻，冲刷沟比龟裂减轻得更快。对烧蚀严重的火炮，一般在高膛压区以后，冲刷沟已无痕迹，但龟裂和网状裂纹仍明显可见。

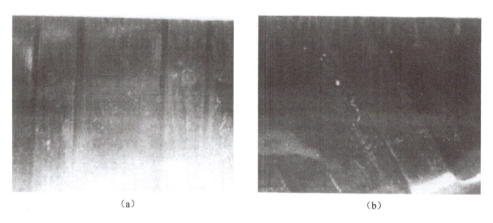

图 8-5　105 mm 坦克炮炮口处烧蚀磨损情况

主要原因是膛线起始部要经历弹带的挤进过程，挤进阻力较大，膛线受力大；另外，膛线起始部距离药室很近，火药集中在药室附近燃烧，此处的温度很高，烧蚀比较严重。

8.2.2　白层和热影响层

射击后炮管内膛的金相检验表明：膛壁存在着耐侵蚀的"白层"和热影响层，其显微组织和性能发生了显著变化。"白层"含有渗碳体、渗氮体和少量的 Fe_3O_4，保持了奥氏体以及快速冷却时生成的一些马氏体。"白层"分为内白层和外白层，外白层很薄、很硬，厚度一般为 $0.25\sim0.5~\mu m$，与内白层有显著的界限，其成分与发射药和内膛温度有关，较低温度下为 Fe_3C，较高温度下为 FeO。内白层比外白层软，其厚度为 $2\sim20~\mu m$，位于外白层和热影响层之间，但它与热影响层之间无明显界限，其成分为溶解了大量碳或氮而稳定化的残余奥氏体（含碳量可达 1%～2%）和一些快速冷却时形成的马氏体。"白层"内有裂纹，这些细小裂纹穿透"白层"一直延伸到热影响层。热影响层厚度为 $60\sim200~\mu m$，其成分与钢基体相同，但金相分析表明，其冶金性能发生了变化，显微组织为回火马氏体，但晶粒比钢基体更细，硬度较高，并有微观和宏观裂纹。

8.2.3　内膛尺寸的变化

利用电子测径仪可以测量在射击不同弹数的情况下，因烧蚀磨损而引起内膛直径的变化情况。

为了更直观反映内膛的烧蚀磨损情况，将所测量火炮的内膛直径测量结果绘制成曲线图，如图 8-6～图 8-8 所示。Δd 为炮膛磨损量，l 为距炮口距离。

从图 8-6～图 8-8 中所列的身管内膛尺寸变化情况可以看出，炮膛的烧蚀磨损情况随着火炮类型、使用情况不同而有所差异。同一门火炮，在身管的不同位置，烧蚀磨损程度也不同。沿身管全长内膛磨损情况基本分为三个区域，即严重磨损区、轻微磨损区和炮口磨损区。严重磨损区这个部位一般发生于从膛线起始部开始到向前约 10 倍口径长度上，在这一区域内火药气体冲刷剧烈,炮膛的烧蚀磨损严重。轻微磨损区为炮膛的中间区域,这一段较长,在该区域,内膛直径变化同膛线起始部比要小得多,烧蚀也较轻微且很均匀,所以也称为均匀磨损段。在距离炮口长度 1.5～2 倍口径范围内又出现较均匀磨损段稍严重些的磨损区域,称为炮口磨损段,但也有些个别类型的火炮炮口部位的磨损并无明显增大的趋势。如 130 mm 加农炮随射弹发数的增加,膛线起始部磨损急剧增大,在距炮口 5 700 mm 的膛线起始部,当射弹 200 发时,内径增大量达到 1.78 mm,当射弹 400 发,内径增大量达到 2.96 mm,当射弹 900 发时,内径增大量达到 6.78 mm;而在距炮口处 20 mm,当射弹 200 发时,内径增大量达 0.06 mm,射弹 400 发时,内径增大量达到 0.12 mm,当射弹 900 发时,内径增大量达到 0.48 mm。

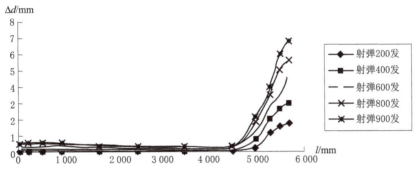

图 8-6　130 mm 加农炮内膛磨损量曲线

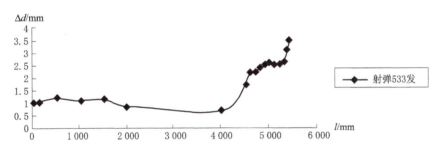

图 8-7　120 mm 滑膛炮内膛磨损量曲线

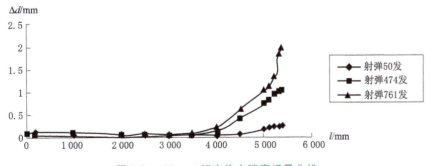

图 8-8　105 mm 坦克炮内膛磨损量曲线

8.2.4 药室长度的变化

由于火药气体的烧蚀冲刷及弹带的机械磨损,内膛表面不断磨损。随着射弹发数的增加,磨损越加严重,甚至在膛线起始部阳线和阴线都很难区分。弹丸起始部前伸,使火炮的药室容积不断增大。表 8-1 所示为 130 mm 加农炮的药室长度增长量与射弹发数的变化关系。从表 8-1 中可以看出,火炮药室增长量往往和这类火炮射弹发数相对应,射弹发数越多,膛线起始部烧蚀、磨损越严重,因此药室增长量也越大。内膛的严重烧蚀磨损使药室容积增大、弹丸的定位点前移、弹带导转不良,最终将导致火炮的弹道性能下降、弹丸转速降低及引信瞎火等。

表 8-1 130 mm 加农炮的药室长度增长量与射弹发数的变化关系

射弹数/发	0	100	200	300	400	500	600	700	800	900	1 000
实际药室长/mm	992	993	996	999	1 003	1 008	1 016	1 025	1 038	1 052	1 070
药室增长量/mm	0	1	4	7	11	16	24	33	46	60	78

8.2.5 膛线形状的变化

火炮发射时,随着射弹发数的增加,阳线的形状发生了明显的变化。由于弹丸在膛内运动时,弹带同膛线导转侧间相互挤压的压力很大,并有相对滑动因而比非导转侧的磨损大,膛线导转侧的迅速磨损造成阳线截面由最初的矩形变成弧形或三角形,特别是膛线的起始部最为突出,在寿命接近终止时,膛线起始部的阳线有可能被磨平。内膛轴向位置同一断面上各方向的磨损情况也不相同,阳线的磨损比阴线的磨损快得多。例如某加农炮射击 900 发弹后,距炮口 5 700 mm 处,阳线直径扩大 6.16 mm,而阴线直径仅扩大 1.33 mm。表 8-2 所示为某火炮内膛不同位置阳线和阴线的烧蚀磨损情况。

表 8-2 某加农炮不同位置阳线和阴线磨损量   mm

距炮口距离	20	200	500	900	1 700	2 500	3 500	4 500	5 000	5 500	5 700
阳线磨损量	0.49	0.55	0.53	0.55	0.54	0.70	0.75	1.12	2.47	5.95	6.16
阴线磨损量	0.12	0.12	0.15	0.16	0.14	0.20	0.23	0.27	0.30	0.44	1.33

火炮在射击的过程中,由于各种随机因素的作用,如高压、高温、高速气体的冲击作用、热量的传导、弹带的机械作用、弹丸的自重和旋转等,不仅会造成炮膛沿轴向方向各个断面的不均匀,而且在同一个断面上沿径向各个方向上的磨损也是不均匀的,使炮膛在磨损过程中形成不同程度的椭圆度。对某些火炮进行测量检查,结果表明:大多数火炮存在这种现象。这种椭圆度现象会造成炮弹在卡膛时闭气性差,射击过程中有气体泄漏现象,因而加剧了炮膛烧蚀磨损。

§8.3　内膛烧蚀与磨损机理

由前面所讨论的身管内膛破坏现象的实例可以确认在各类身管中,以高膛压大口径火炮身管及高速射高炮的身管烧蚀磨损问题最为突出,内膛破坏也最为严重。目前,虽然没有确切可靠的测试手段来精确测试射击过程中所发生在内膛表面的各种现象,但凭借对试验结果的观察和已发生现象的分析,可以把身管内膛的破坏原因归结为火药气体的热、化学、冲刷作用和弹带的挤压、摩擦等机械作用。

8.3.1　快速冷、热循环使内膛表面产生裂纹

热因素在身管烧蚀中起主要作用。热因素的单独作用可以导致三种破坏现象:
(1) 身管表面的热软化;
(2) 膛壁面的热相变;
(3) 表面的熔化。

热软化的影响与发射条件有关。对于低射速火炮,内膛表面的软化情况逐步增加,它对火药气体和气体压力侵蚀作用的敏感性也逐渐增加。对于高速射火炮,由于持续传入热量,壁面软化层就具有相对的厚度。

火炮发射时高温火药气体对内膛表面的瞬时作用,将内膛内表层加热到非常高的温度,内膛表面受热膨胀,但外层表面却仍然较冷。这种快速地加热和冷却,会使内膛表面的材料体积交替地膨胀,同时进行急剧的相变:超过 750 ℃时形成奥氏体或 γ 铁;在低于 750 ℃时,又转变为保持部分奥氏体的马氏体;在没有回火的脆性马氏体中很可能存在淬冷的龟裂。此外,这种变化的奥氏体结构比没有变化的铁素体(α 铁)更容易与火药燃气反应,因此也更容易被烧蚀。相变导致体积变化,此时只有形成龟裂纹才能使表面应力释放出来。

燃气与身管热变化层反应生成白层。外白层含有大量的碳,夹有初相的渗碳体(Fe_3C),内白层约含有百分之一的碳,底层是奥氏体。燃气中的含碳气体如甲烷、一氧化碳等均会与内膛表面起作用,大量的碳被金属溶解或穿透内膛表面而扩散。渗碳体和奥氏体促进了表面熔化和龟裂,因而使材料剥离。由于渗碳体的熔点较低,射击时会出现局部熔化,熔化层容易被火药燃气吹走,特别是在大口径的身管中。这些相的表面层比较脆弱,不能抵抗热的冲击作用,在钢内容易形成龟裂的晶核。龟裂的白层受热冲击或弹丸的机械磨损而剥落。奥氏体比容比 α-Fe 小 5%,由于奥氏体的形成以及快速冷却导致的体积变化,使材料产生很大的拉应力,这些应力通常只有在内白层和钢基层下部龟裂时才释放出来,这就产生了分支的龟裂,最后连在一起使材料剥落。

对于镀铬身管,由于身管表面周期性的加热,在镀铬层的下表面会出现一个变化层,在此产生裂纹并从表面向内部延伸。这种变化层结构松软,对弹丸的机械挤压比较敏感,

已经不能很好地支承镀铬层。相变也会造成镀铬身管的铬层裂纹,而镀铬身管表面铬层的龟裂会使钢与燃气直接接触发生反应,这些都会降低镀铬身管的防烧蚀性能。

8.3.2 火药气体的热作用和机械作用是烧蚀的主要因素

高温、高压、高速火药气体对炮膛烧蚀层的冲刷是加速炮膛烧蚀的极为重要的因素。研究发现,靠近内膛表面炽热的火药气体运动速度的快慢影响着火药气体和内膛表面热交换激烈程度和膛面升温的高低。由于火药气体的高速运动,导致膛面金属急剧升温,升温使内膛表面软化甚至熔化,很容易被吹蚀。

由于弹带作用和火药气体的冲刷,炮膛直径不断扩大。在阴线部位形成纵向的不断加宽加深的裂纹网,在阳线的顶部和导转侧受到弹带的机械磨损使内膛的径向尺寸扩大,由于膛线起始部的炮膛径向尺寸扩大,弹丸起动时弹带不可能与膛壁紧密配合密封火药气体。这时,弹后的高压气体以极高的速度(可达 1 800 m/s)冲过弹带与膛壁之间的间隙,对已烧蚀的膛面迅速加热使温度升高,甚至达到表层金属的熔点,气流沿着弹丸前进的方向有很强的剪切力,从而使熔化的内膛表面金属很容易被气流带走。某加农炮进行刻槽弹试验,目的是想减缓弹带切入膛线时对膛线的磨损作用,但却得到了相反的结果。由于弹带刻槽,闭气性受到了破坏,火药气体从弹带和膛线间的狭缝高速逸出,加速了该处的热交换过程,使狭缝处的金属急剧升温,甚至熔化,因而被高速火药气体冲刷带走。火药气体冲刷对炮膛烧蚀起着决定性的作用。因此,避免在弹丸和膛壁之间产生缝隙是延长大威力火炮身管寿命的一项重要措施。

观察表明:对于膛压低于 98 MPa 低膛压火炮,如迫击炮和使用刻槽弹无后坐力炮,尽管存在着炮弹和炮膛或弹带和膛线间的间隙,但炮膛起始部基本没有发现有烧蚀现象。这是因为膛内压力低,虽然存在漏气缝隙,但由于压差小,气流速度慢,不足以引起火药气体和膛壁间激烈的热交换而使膛面升温,气流冲刷也不严重。此外,炽热的火药气体中的碳、氮在高温、高压下源源不断渗入剧烈升温的膛壁表面,这又进一步造成了内膛表面金属熔点的下降,有时还会使内膛表面产生一层很薄的熔化层,熔化层被运动弹丸之后的高速运动火药气体冲刷掉从而促进了烧蚀。同时,弹带对膛线的磨损也加重了。

因此,膛内炽热火药气体温度及火药气体运动速度是造成烧蚀磨损的主要原因。它决定着火药气体和膛壁表面热交换激烈程度的大小及膛面温度的高低,从而决定着火药气体组分对膛面金属化学反应的快慢以及造成金属损失的冲刷的轻重,同时也决定着弹带切入膛线时阳线被磨损的难易。

8.3.3 火药气体与内膛表面金属的化学作用

火炮发射药不管是单基、双基还是三基火药,都是由碳、氢、氧、氮等组成的。此外还有些含有钾、硫、锡、铅的添加物如消焰剂、消烟剂、除铜剂等。火炮装药中还有相对少量的底火和点火具材料,它含有不少附加元素如钡、锑、铝、硼、钙、钾和硫。发射装药燃烧反

应物的主要成分是 CO、N_2、CO_2、H_2O、H_2、O_2，它们同身管材料发生氧化、碳化反应。火药气体中的 CO_2、H_2O、O_2 等可与炮钢材料发生氧化反应生成 FeO；火药气体中的 CO、CO_2 可与炮膛表面发生碳化反应。射击时，炮膛表面存在着化学反应，反应进行的速率取决于所用火药的类型及气体混合物的温度。射击第一发开始，碳的渗透就发生了，随着射击发数的增加，渗透量也增加。氮的渗透与碳的渗透形式相同，这就导致了奥氏体熔点下降，因此形成了"白层"。在发射双基药的火炮中，可以观察到单独的氧化物 FeO。发生氧化反应生成的 FeO 附着在内膛表面上，它是一种脆性物质，容易被火药气体冲刷掉或被弹带磨掉，从而加重了内膛的烧蚀。

渗碳体和奥氏体的形成会对炮钢的烧蚀起重要的作用。随着射击发数的增加，碳向钢结构中的扩散量也增加。随着渗碳体和高含碳量奥氏体的形成，熔点下降，会产生表面粒状化现象或热开裂现象。龟裂现象使钢表面进一步暴露在渗碳的气体中，进而形成白体。分叉裂纹的发展使它们连在一起，并使钢碎片分离，弹带上掉下来的铜夹在龟裂缝中加深了它的扩展，使材料脆裂。

尼勒尔和伯克米尔用离子束研究了火炮钢表面与火药燃气相互作用时的成分变化，具体检测了内膛表面的微米层中氮和氧的含量及其随深度的分布。在这个实验中，他们将 AISI 型 4140 号钢的喷管试样放在 37 mm 吹气室内，将 M1、M2 和 M30 三种发射药在下面条件下试验：没有护膛剂；TiO_2 + 石蜡；滑石 + 石蜡；聚氨酯泡沫材料。对于高爆温的 M2 发射药（3 319 K），滑石 + 石蜡护膛剂使喷管质量损失从 $(36.8±5.5)$ mg 减少到 $(6.9±3.2)$ mg。对于低爆温的 M1 火药（2 417 K），没有护膛剂时喷管损失也很低 $(4.9±1.9)$ mg，护膛剂引起的变化非常小。实验发现，低爆温发射药 M1 的表面氧和氮浓度最大，而 M2 的表面氧和氮浓度最小，但烧蚀最大。

斯图皮和沃特用实验研究了含氧层的厚度对磨损的影响，他们发射了不同爆温、不同火药成分的弹药，并采用 37 mm 吹气药室进行烧蚀喷管实验。实验发现，磨损情况随火药爆温的增大而增大。因此，发射装药的爆温越高，内膛烧蚀就越严重。

§8.4 防火炮烧蚀磨损的技术措施

针对引起身管烧蚀的热、化学、机械的因素，可以采用以下减少烧蚀磨损的直接方法：
(1) 研制低爆温烧蚀小的火药；
(2) 降低内膛表面温度；
(3) 设计结构合理的弹带和膛线，减小挤进压力；
(4) 采用改进的身管材料，或在炮钢的身管内提供镀层或内衬。

8.4.1 采用低爆温的火药

发射药的燃烧气体对火炮内膛的侵蚀主要决定于火焰的温度。对于一种给定的发射药来说,火焰温度通常被认为是影响烧蚀的主要因素。使用低火焰温度的发射药,传热速率将会降低,且烧蚀速率也较低,但低爆温的发射药做功的能力也小。人们一直在努力寻找一种配方的发射药,希望它具有较低的爆温但还具有较高的潜能。于是,人们提出了在 M199 托韦特榴弹炮所用的 M203A1 装药中,采用棒状的低爆温火药与护膛内衬相结合的方案。将粒状的爆温为 3 000 K 的 M30A1 火药换成棒状的爆温为 2 600 K 的 M31AE1 火药,使武器的磨损寿命从 1 750 发增加到 2 700 发。因为 M31AE1 能量较低,因此要求有更大的装药量,只有采用棒状结构才能满足要求,棒状药具有更好的装填性能。

8.4.2 采用缓蚀添加剂

缓蚀剂技术越来越得到人们的重视,20 世纪 50 年代中期,加拿大人发明了聚氨醋泡沫衬套。20 世纪 60 年代,瑞典人用二氧化钛加石蜡涂在人造丝布上制成缓蚀剂衬套,它的降烧蚀效果比聚氨醋泡沫更好。随着研究的深入,人们发现滑石粉的效果优于二氧化钛。与此同时,美国人发现将碳酸钙加入到单基药中,有明显的降烧蚀效果。我国从 20 世纪 70 年代开始,已经研制出了二氧化钛、滑石粉等几种缓蚀剂,并成功地用于多种武器。缓蚀添加剂的使用一直是降低热传递速率、减小火炮烧蚀的最有效的一种方法。缓蚀剂的装填量、装填结构、装填方式对身管的烧蚀寿命都有直接的影响。由于各种火炮的弹道性能、发射药和弹种不同,烧蚀规律也不同。因此,同一种缓蚀剂在不同武器上的降烧蚀效果不一样。

例如:滑石粉型缓蚀剂在某 125 mm 火炮上试验时,用于太根药可使烧蚀降低 5 倍,而用于高氮单基药,烧蚀只降低了 1 倍。又如,多元缓蚀剂可使 120 mm 自行火炮的身管寿命提高 2~3 倍,但在 105 mm 榴弹炮上效果却不明显。这是因为降烧蚀效果还与发射药本身的爆热、燃烧温度和火药燃烧后生成的气体成分有关。因此,要充分发挥缓蚀剂的作用,必须针对不同的武器进一步研究。通常缓蚀剂的加入量不超过火药量的 3%。因为,加入量过大时,在射击过程中可能来不及完全燃烧即被带出炮口,反而起不到降烧蚀作用,还会影响火炮的弹道性能。另外,缓蚀剂的降烧蚀效果与缓蚀衬里的装填结构有关。由于缓蚀衬里在炮弹中装填的位置、结构不同,对炮管内膛保护的部位也不同。例如,在 100 mm 滑膛炮上试验时,一种方案是将 130 g 缓蚀衬里装于药筒内壁周围,30 g 装于尾翼药包周围,射击 20 发弹后测炮管内膛直径变化,发现在炮管坡膛起始部和炮膛中部均受到很好的保护。另一种方案是将 170 g 衬里全部装于药筒内壁周围,射击 100 发弹后对炮管进行测量,结果只对内膛的起始段有明显的保护作用。

缓蚀剂的作用可以归纳为如下几个方面:

(1)缓蚀剂在高温高压条件下分解,分解产物形成一种保护层,阻碍了火药燃气中的碳、氧、氮等元素向膛内壁扩渗和火药气体对内膛表面的直接化学作用;此外,添加剂能改变火药气体的成分从而减轻对身管材料的氧化作用。

（2）添加剂中的有机物在高温高压火药气体的作用下发生熔化和热裂分解吸收大量的热量，降低了内膛表面的温度，沉积在内膛表面的缓蚀剂反应物导热率也极低，降低了热量向身管的传递；基于此，应该选择比二氧化钛和滑石热容量高的，能吸热分解或与火药反应的无机成分作为护膛添加物。

（3）缓蚀剂在身管内膛形成的保护层是一层坚硬的极薄的金属化合物，在弹丸的挤压和气流的冲刷过程中首先被消耗掉的应是保护层。在射击过程中，保护层随时被消耗掉，又随时在形成。因而始终能对身管内膛起着保护作用，减缓了身管内膛的磨损。

8.4.3 减小挤进压力和改进弹带材料

发射过程中，弹丸或弹带对阳线有机械撞击、磨削作用，使阳线削平，镀铬面破坏，它与钢形成低熔点容易剥离的合金，加速了身管的烧蚀。因此常常通过改进弹带设计、选择合适的弹带材料来减小炮膛弹带间的相互作用。第二次世界大战期间显著的成果是发明了预刻弹丸或使弹丸带有预刻的弹带，即在弹丸或弹带上都预先刻铣了与阳线吻合的槽，这种结构仍然能采用固态润滑剂外层来减小摩擦，其特别适用于镀铬身管。实验表明，将炮身镀铬技术与润滑预刻钢弹带结构相结合，在 12.7 mm 口径火炮上使烧蚀寿命提高了 20 倍。这种技术在应用中的缺点是在发射前必须将每发弹丸或弹带的齿槽与膛线对齐。

第二次世界大战以来，为了寻找更好的使弹带膛壁作用减小、摩擦系数小的弹带材料，人们做了很多试验。其中一项是德国人提出来的烧结铁弹带。烧结铁材料在英国、加拿大和美国都被采用过，并发现能减小起始段的烧蚀，但发现在炮膛前端由于磨损使烧蚀加重。

早在第一次世界大战时已经有人提出采用有机聚合物如热塑性塑料作为弹带材料。美国海军首先在 20 mm 身管上使用了尼龙弹带，发现它能有效密闭气体并在速度高达 1 042 m/s 时仍能保持滑爽。与预刻弹带弹丸一样，在镀铬身管中使用塑料弹带效果更佳。塑料弹带的其他优点是能更有效密闭高压气体，它具有较低的软化点，因此它们能侵润内膛表面，减少了对膛壁的热传导。弹带材料的磨损率一般与其熔点成反比，尼龙具有较低的熔点，因此它的磨损远比铜和钢材要快。由于大口径弹丸质量较大，它的尼龙弹带比小口径弹更容易变形。上述的所有塑料弹带实验结果都是在常规的膛线几何形状下得到的，这种膛线最早都是为铜弹带设计的。对于塑性弹带，应该采用其他的更佳的膛线几何形状。希利和赫斯对这个问题进行了大量的研究，通过对身管、塑料弹带和弹丸进行有限元计算分析以及实验室试验，得到了如图 8-9 所示的锯齿形膛线，其在 20 mm M56HE1 有塑料

图 8-9 锯齿形膛线外观图

弹带的弹丸上获得的效果最好。射击结果表明,在装药情况相同时锯齿形结构膛线可以获得更高的膛口速度。

8.4.4 应用身管内膛表面强化技术

近年来随着科学技术的发展,材料表面强化技术的发展日新月异,表面热处理技术五花八门。按表面热处理技术的物理化学过程可分为以下几个方面:

1. 表面形变强化

表面形变强化,即通过机械方法使金属表面层发生塑性变形,形成高硬度、高强度的硬化层,目前大口径火炮广泛采用的机械自紧技术就属此类范畴。经表面强化处理后,表面硬度可增加 20%～50%。

2. 表面热处理强化

表面热处理强化也称淬火,是利用固态相变,通过表面加热的方法对材料表层进行淬火。近年来,激光淬火以其优越的性能发展很快,采用大功率激光器能使表面硬化层深度达 3 mm,显著提高内膛的耐磨性。

3. 化学热处理强化

化学热处理强化,也称渗热处理(渗镀),其利用另外元素的渗入来改变金属表面的化学成分以实现表面强化,即利用热扩散的方法使欲镀金属渗入材料表面形成表面合金镀层。

4. 表面冶金强化

表面冶金强化是利用工件表层金属的重新熔化和凝固,以得到预期成分组织的一种表面处理技术。它可采用高能量快速加热,将金属熔化,或将涂在金属表面的合金材料融化,随后靠自激冷却进行凝固而得到的硬化层的。通过表面合金的强化可以获得特殊的结构层。

5. 表面薄膜强化

通过物理或化学方法在金属表面披覆一层与基体材料不同的膜层,形成耐磨层、抗蚀层等。常用的方法为电镀和化学镀,其中镀铬最为常见。铬是一种优秀的耐烧蚀材料,与炮钢相比,硬铬层的熔点高、化学惰性好,因而可有效减少身管内膛的磨损和烧蚀。因此,大口径武器身管内膛普遍镀硬铬。表面薄膜强化对提高身管寿命有明显的效益。

8.4.5 激光热处理身管镀铬层新工艺

身管镀硬铬存在着以下几个主要问题:

(1) 武器身管发射弹药时产生的高热负荷可能使铬镀层逐步剥落,无铬层的部位不再受到保护而发生磨损和烧蚀;

(2) 硬铬层硬度高、延性低,易发生机械损伤;

(3) 在火炮实际射击过程中,火药产生的大量热能会使身管内膛部分硬铬层发生瞬时不定的再结晶,从而使内膛的硬铬层性能不一致,进一步损坏硬铬层。

德国莱茵金属公司武器与弹药分公司通过研究,采用高能激光束对传统身管镀铬层进行再结晶热处理新工艺,可改善铬层组织和性能,提高大口径火炮和机枪身管的寿命。身管镀铬层激光热处理新工艺的思路是,对身管自紧后电镀的硬铬层进行短时间激光再结晶热处理,使全部硬铬层加热到500 ℃以上获得一致的铁素体再结晶组织,而钢基体的温度不超过300 ℃,对自紧钢基体的性能无影响,从而在保持自紧钢基体身管性能不变的前提下,改善硬铬镀层的性能。

采用高能激光束对身管内膛硬铬层进行再结晶热处理的主要过程是:在身管内膛设置反射镜;用5 kW二氧化碳激光器产生的激光束轴向射入身管内膛到达反射镜,反射镜使射入的激光束改变方向,垂直反射到身管内壁硬铬层,从而加热和热处理硬铬层。在热处理过程中,激光束在身管内壁与反射镜之间做轴向和径向相对移动,使激光束的焦点沿内膛阴膛线和阳膛线移动。高能激光束可以一次或多次加热硬铬层,多次加热比一次加热有利,其可使自紧身管基体材料的加热温度不超过300 ℃。可以通过调节激光功率参数、焦点的尺寸和处理速度控制功率密度和处理时间,从而控制硬铬层的热处理。也可采用高能灯短时间照射方法对硬铬层进行再结晶热处理。身管镀铬层激光再结晶热处理新工艺的优点是:

(1) 提高了硬铬层的抗热冲击性能;

(2) 铬层硬度大大降低,提高了延性;

(3) 可在身管内膛表面电镀较厚的持久铬层,与传统的镀铬身管相比提高了基体材料的防热能力;

(4) 铬层对射击时产生的机械负荷不敏感。

正因为具有上述优点,故其与具有标准硬铬层的身管相比,身管寿命得到了提高。

§8.5 身管寿命

火炮寿命对于火炮的战术性能是非常重要的,特别是现代战争要求火炮具有大威力、高射速的性能,火炮寿命就显得更加突出。火炮寿命分为两部分,其一是火炮身管寿命,其二是除身管外,火炮其他部件、零件的寿命。火炮寿命应理解为最大的射速条件下射击时,身管及各零部件在其丧失功能前射击的全装药的发数。火炮是个非常复杂的系统,由身管、上架、下架、大架及其他零部件等组成,对于一般火炮而言,很多部件发生故障均可以修复,且有些零件损坏了可以更换。对于身管来说,由于费用很高,少则几万元,多则十几万元,而且内膛结构是逐渐磨损,不可修复。因此,大、中口径火炮身管寿命是判别火炮寿命的主要条件。

身管的寿命包括疲劳寿命和烧蚀寿命。疲劳寿命是指火炮射击时,身管内膛承受反复的热和应力循环作用而发生裂纹,并沿管壁不断生产、扩展,最终当达到临界尺寸时发生脆性断裂破坏。烧蚀寿命是指射击时由于燃气烧蚀、冲刷与弹带挤压磨损造成内膛尺寸的变化,最终导致弹道性能恶化或丧失。在现代火炮技术条件下,采用了高强度的炮钢材料及身管自紧技术措施后主要矛盾为身管烧蚀寿命。以美国 M46-175 加农炮为例,研制初期火炮烧蚀寿命 375 发,而疲劳寿命仅 250 发,疲劳成为决定寿命的主要矛盾。当使用身管自紧技术,增强炮身抗疲劳能力后,疲劳寿命大幅度提高到 2 500 发,而此时采用二氧化钛护膛剂后,烧蚀寿命也相应提高,但仍只有 1 100 发,由此可见,烧蚀寿命已成为主要矛盾。

8.5.1 身管寿命判别条件及分析

火炮身管的实际寿命是以弹带削光,弹丸失去稳定性,使射击精度变坏和初速下降,初速或然误差增大,造成火炮不能完成其作战目的为表征的。目前我国国军标中是以下列标准来评估火炮寿命终止的。

1. 地面火炮

(1) 初速下降量超过规定指标;

(2) 射击距离公算偏差 (B_{xsh}) 与试验距离 (X_{sh}) 之比 (B_{xsh}/X_{sh}),比指标 (B_x/X_b) 增大 1.5% 或 1.5% 以上,即 ($B_{xs}/X_{sh} \geqslant B_x/X_b + 5\%$);

(3) 射击时出现弹带全部削光现象;

(4) 引信连续(不少于 2~3 次)瞎火和弹丸在弹道上早炸。

2. 坦克炮与野战反坦克炮

(1) 初速下降量超过规定指标;

(2) 在火炮有效射程内,立靶密集度射弹散布超过公算偏差的 8 倍,即 $(B_y B_z)_{sh} \geqslant 8(B_y B_z)_b$ 或横弹超过 50%;

(3) 出现地面火炮寿命终止标准。

3. 高射炮和海军炮

(1) 以 B_{xsh}/X_{sh} 表征弹丸距离散布增大量为 1.5% 或 1.5% 以上,即 ($B_{xs}/X_{sh} \geqslant B_x/X_b + 5\%$);

(2) 射击时出现弹带全部削光现象;

(3) 引信连续(不少于 2~3 次)瞎火和弹丸在弹道上早炸;

(4) 立靶密集度射弹散布超过公算偏差的 8 倍,即 $(B_y B_z)_{sh} \geqslant 8(B_y B_z)_b$ 或横弹超过 50%;

(5) 初速下降量超过规定指标。

以上标准中,只要出现一条,就认为身管寿命终止。在其寿命终止时,该炮已发射的全装药的发数,为其寿命期限内的最大射弹数。

4. 身管判别标准分析

身管能否继续使用主要是以是否能够完成战斗任务为标准。在不同的武器系统中,各种判定标准的重要性有所不同。以初速为例,弹丸初速下降会减小地面火炮的射程,降低反坦克火炮的直射距离和穿甲弹的穿甲厚度,延长高射炮弹丸到达飞行目标的时间,影响火炮的作战性能。但不同的火炮在寿命终止时的初速下降量是不同的。有的火炮当其丧失战术性能时,初速下降量往往很低,如某加农炮的初速仅下降了 2.1%,就因弹带削光而寿命终止了。而有些火炮在初速下降超过 10% 时其他性能仍然良好,对于在这种情况下初速的下降,进行适当的修正后仍可继续使用。而有些对初速要求严格的火炮如高射炮、反坦克炮,在初速下降量超过 5% 时,尽管其他各项性能仍然良好,却不能再继续使用了。因此,对于初速要求比较严格的火炮,应以完成任务的需求来具体规定它的初速下降量标准。

膛压的降低可能造成在小号装药时引信在膛内不能解脱保险,更严重时还可能导致弹丸留膛现象的发生。弹带削光将导致弹丸在膛内得不到飞行稳定所需的转速而使引信瞎火、弹丸横飞以及立靶密集度和地面密集度散布超过公算偏差。随着射弹发数的增多,散布面积的增大也是因炮而异的,有的火炮散布面积是逐渐增大,而有的火炮存在突变点,在突变点之前,散布面积远远低于规定指标,而在突变点之后散布面积远远超过标准。上述散布的突然增大是由于弹丸得不到飞行稳定所需的旋转速度造成的。由于弹丸丧失飞行稳定性,从而会出现近弹、散布增大、引信早炸、瞎火等现象。这时火炮将难以完成战斗任务,身管寿命终止。

实际上,判断寿命终止是以出现弹带削光、近弹、早炸和引信连续瞎火为基本依据的,而以初速下降百分数、散布面积增大、初速或然误差增大、膛压下降百分数作为参考。但是上述现象的出现都是内膛磨损到一定程度造成的,即内膛磨损造成初速、膛压下降和弹带削光,膛压下降造成引信不能解脱保险而瞎火;弹带削光导致弹丸飞行不稳定,使立靶密集度散布超过公算偏差或出现横弹现象。也就是说火炮寿命终止时,都对应一个内径磨损量,当内径磨损量达到时,火炮寿命也就终止了。因此,在指定火炮寿命终止的判定标准时,应该把内膛磨损达到一定数值作为判定火炮寿命终止的标准之一。

西方国家常以膛线起始部因烧蚀、磨损引起的内膛扩张量作为寿命的评价标准。美国的琼斯—布赖特巴特在对现有的 37~203 mm 火炮试验性能进行统计的基础上,提出火炮寿命中止时起始部最大径向磨损量 Δd_{max} 一般为原阳线直径的 3.5%~5%。我国在近几年的型号产品验收中也逐渐使用这种标准。

近代大威力加榴炮的身管失效多为射弹散布剧增或近弹及引信瞎火,甚至出现弹带削光现象,究其原因则是膛线起始部的烧蚀过大导致弹丸转速下降,甚至由于弹带与膛线的接触面积过小而在运动中逐层卷削以致弹带削光。这个过程作用机理较复杂,但它必然与扩大的起始部直径及弹带直径这两个特征量有关。从实践中可以发现以下规律:

(1) 对于一般弹带结构,当 $\Delta d_{max} \approx d_2 - d$ 时,身管寿命终结。Δd_{max} 为身管膛线起始部在寿命终结时内径改变量即总烧蚀磨损量,d 为内膛直径,d_2 为弹带直径,$d_2 - d$ 即为弹带挤进的过盈量。当总烧蚀量接近过盈量时,弹带与膛线无法正确相互作用,出现失效现象，导致寿命终结。

(2) 径向烧蚀磨损量 Δd 适合于静态检测。通过测量 Δd 可掌握火炮的剩余寿命，以作为身管继续使用能力的检查方式，便于部队推广使用。但涉及身管寿命的评估会受到各种复杂因素的影响，如炮身材料性能的波动，试验条件与发射强度发生的膛内工作状态差别，不同弹种及不同装药号间的当量折算关系等。因此，膛线起始部的烧蚀也不能代替弹道性能作为最终评定寿命中止的依据。对于具体的火炮，其寿命应该是弹丸稳定飞行前所能发射的全装药当量数。它应以某种弹道现象作为主要评定依据，以其他标准和起始部的膛线磨损量作为确定弹丸性能变化的补充依据。

上述的寿命判别法只能在试验场和研究部门使用，而部队由于受到技术、设备、场地等方面的限制不易用上述条件检测身管寿命，无法掌握寿命终止的时机。判别法中有些是身管寿命终止的表现形式，在寿命终止前不易检测。作战部队一旦观察到却因战时不能及时换装而失去指导意义。

5. 火炮在其现役期限内的内弹道性能变化的监测方法

在判断烧蚀火炮内弹道性能的变化情况时，过去通常采用以下的方法：

(1) 累计射弹数法。

每门火炮都有一本履历书，试验后把射击的弹数填写在履历书上，根据累计弹数判定火炮的身管质量状况。这一方法不能区分不同装药号、不同发射速度、不同装药温度、不同弹种对火炮的烧蚀磨损，只能粗略了解其弹道寿命情况。

(2) 直接射击方法。

采用火炮实弹射击，通过实测的弹道性能数据来判定火炮弹道寿命状况。这种方法虽然可准确判定火炮的身管弹道性能状况，但耗资太大。

(3) 药室增长量法。

即根据药室增长的长度来判断弹道性能的变化，实践证明，这种方法误差较大。在火炮内膛磨损的过程中，水平方向的磨损同垂直方向的磨损的不同，使炮膛在磨损过程中形成不同程度的椭圆度。而火炮的药室长度测量盘是一个正圆，使得测量结果与实际长度有一定的误差，也将会给结果带来误差。因此，必须建立新的身管寿命判别法，其检测原理要有科学性、适用性以及可操作性。在工厂、试验场和对部队的现役火炮能随时检测火炮的剩余寿命。

8.5.2　火炮寿命终止时寿命发数的计算公式

身管寿命通常用身管弹道性能告终前所能发射的总弹数表示。火炮身管寿命的常用计算公式如下：

(1) 安宁公式。

此公式是根据十八种不同口径的陆军炮身管和四种海军炮管，用硝化甘油火药射击时的实际数据归纳而成。

$$n = 60 \frac{d}{w} \left[\frac{\sigma_p}{2\,250} - 4\left(\frac{p_{\max}}{2\,250} - 1\right) \right] \frac{1}{b} \tag{8-1}$$

式中 n 为寿命发数(发), b 为弹带宽度(mm), σ_p 为炮钢材料的屈服极限(kgf[①]/cm²), d 为火炮口径(mm), $p_{\max}$ 为膛内最大压力(kgf/cm²)。

(2) 卡波公式。

法国学者卡波在对火炮材料的烧蚀磨损进行了分析并做了一些假设的情况下, 得到公式:

$$n = N_0 e^{-\beta t} \tag{8-2}$$

式中 n 为寿命发数(发), $\beta = \dfrac{k(1-\lambda)}{\theta}$, k 为常数, N_0 和 λ 为取决于火炮材料性能、火炮种类和装药条件的系数, θ 为材料的软化温度(℃), t 为炮膛表面的温度(℃)。

(3) 斯鲁哈斯基公式。

斯鲁哈斯基根据夏而邦尼关于大威力火炮由于涡流形成和涡流对金属表面机械作用而产生炮膛磨损的假设发展了卡波公式。其公式如下:

$$n = k_1 k_2 k_3 \alpha_k \frac{D^2 - d^2}{e^{0.002\,2} p_0 \dfrac{d}{\varepsilon} 10^{-3} + 0.002 T_1} \cdot \frac{\lambda + 1}{\omega v_0 \left[\lambda \left(\dfrac{v_1}{v_0}\right)^2 + \left(\dfrac{v_2}{v_0}\right)^2 \right]} \cdot e^{-0.001 t} \tag{8-3}$$

式中 n 为寿命发数(发); d 为火炮口径(mm); v_0 为火炮初速(m/s); D 为弹带外径(mm); α_k 为身管金属的冲击韧性(kgf/cm²); ε 为身管金属结构发生变化的内表面层的厚度(mm); T_1 为火药的燃气温度(℃); v_1 和 v_2 分别为弹丸在膛内运动时间内和后效时期的药室缩颈内火药气体的平均速度(m/s); p_0 为启动压力(kgf/cm²); k_1 为根据口径而变化的系数; k_2 为膛线缠度系数; k_3 为膛线深度系数; λ 为弹丸行程与药室缩颈长之比; t 为弹带嵌入膛线前内膛表面层的温度(℃)。

这些早期的公式大多数均是在一定的试验条件和假说下获得的一些经验近似公式, 没有较多的理论根据, 所以没有普遍适用性, 应用中往往不能得到可靠结果, 如根据安宁公式得出火炮的寿命发数随着火炮的口径增大而增大, 而实际结果却相反。

(4) 等效全装药系数法。

为了计算火炮在寿命终止时的全部射弹量, 需将火炮射击不同的装药或不同弹种的射弹发数换算成主弹种全装药射弹发数, 换算的方法是将火炮所射击不同的装药或不同弹种的射弹发数乘以等效全装药系数 EFC, 其计算公式如下:

$$EFC = (p_m / p_{m\text{全}})^{0.4} (v_0 / v_{0\text{全}}) (\omega / \omega_{\text{全}})^2 (E / E_{\text{全}}) \tag{8-4}$$

式中 p_m 为等效装药膛内压力; $p_{m\text{全}}$ 为全装药膛压; v_0 为等效装药的初速; $v_{0\text{全}}$ 为全装药的初速; ω 为等效装药的质量; $\omega_{\text{全}}$ 为全装药质量; E 为等效装药的潜能; $E_{\text{全}}$ 为全装药的潜能。

---

① 1 kgf=9.81 N。

式(8-4)是美国阿伯丁靶场的里尔根据当时的试验数据统计得出的,其在北约的一些国家被使用。在我国,又把它进一步简化,采用下面的形式:

$$EFC = (p_m/p_{m金})^{1.4}(v_0/v_{0金}) \tag{8-5}$$

目前,国内在计算火炮寿命发数时仍采用该式。

(5) 美国 SRC 公司根据 155 mm 火炮的试验数据得出一个计算该火炮单发磨损量的经验公式:

$$W = 0.421\ 6\{\exp[0.004\ 9(T_\omega - T_i)]\} \cdot 10^{-4} \tag{8-6}$$

式中 $T_\omega = 1.096 \dfrac{T_f - T_c - 600}{d} \cdot \sqrt{\omega p_m}$;$W$ 为单发磨损量(mm);d 为火炮口径(mm);ω 为装药量(kg);p_m 为膛内最大压力(MPa);T_i 为由于连续射击引起的膛壁温度值(K);T_f 为发射药爆温(K);T_c 为由于护膛剂衬纸使边界层温度下降值(K)。根据火炮寿命终止时的内膛径向磨损量 Δd,可计算出火炮的寿命发数。

8.5.3 身管寿命的预测方法

火炮寿命终止的标准只为我们判别火炮寿命的是否终止提供了依据,但是,作为生产方和使用的一方,所关心不只是随时了解火炮的寿命何时终止,更关心的是从新炮到寿命终止的过程中火炮的弹道性能的变化情况,以及在其寿命期限内的最大射弹发数。因此,如何准确确定火炮在其寿命期限内的射击弹数是一个非常重要的问题。

从火炮的寿命定义中可以看出,考核火炮寿命时,最理想的方法是随机抽取一门火炮,用全装药以规定允许的射速射击,在身管的战斗性能消失的瞬间,该火炮已发射的全装药的弹数即为该火炮的最大射弹量。采用这种试验方法求出的火炮寿命是非常准确的,但这种方法很不经济,既费时又费力,还要消耗大量的财力,在经济上是很难承受的。目前使用的火炮,在其寿命终止时,少则射击近千发弹药,多则几千发甚至上万发,仅仅为了寿命试验就消耗这么多的弹药同时还要损失一门火炮,显然是不合算的。因此,寿命试验常常与其他试验项目结合进行。如与内弹道性能试验、外弹道性能试验、强度试验、战斗射速射击试验等试验结合进行。这种方法在考核火炮其他性能的同时,也考核了火炮的寿命,既经济又快捷。但是,由于进行其他试验项目时,所用的装药号不同,有强装药、全装药、减装药,有时装药的温度也不同,有高温和低温试验等。此外,有些火炮还配备了许多弹种,如穿甲弹、破甲弹、榴弹等,需要将不同的装药条件及不同弹种的射击发数换算为常温全装药发数。其换算的方法是先求出等效全装药系数 EFC,然后乘以不同的装药条件或不同弹种的射击发数。将不同的装药条件及不同弹种的射击发数换算主弹种全装药射弹数的公式,采用的是式(8-5)。这个公式只考虑了火药本身因素如装药量的多少、火药力等对火炮寿命的影响,而其他外部因素没有考虑。影响火炮寿命的因素很多,也很复杂,除不同的装药量、不同种类的发射装药因素外,像不同的射击条件、射击环境及火炮的维护保养等对火炮的寿命都有影响。如火炮的射击频率对火炮的寿命发数影响很大。

对于同种火炮发射同样数量的弹药,如果火炮的射击速度、射击持续时间、射击间隔时间不同,火炮的烧蚀和磨损是不同的。射击速度快、射击持续时间长、间隔时间短,则火炮身管温度上升快,高温持续时间长,因此,火炮的烧蚀磨损就比较严重,它的寿命发数就少;反之,寿命发数就多。

此外,装药温度不同,对火炮的烧蚀磨损也不同。装药的温度越高,对火炮的烧蚀磨损越严重,则寿命发数越少。射击的环境温度对火炮的烧蚀磨损也有影响,用同一门火炮射击同一种弹药,冬天和夏天对火炮造成的影响就不一样。夏天环境温度高,火炮炮管温度升高较快,且炮管冷却较慢,因而炮管温度较高,且持续时间长,因此,火炮烧蚀磨损较严重。而冬天环境温度低,炮管温度上升较慢,且冷却较快,火炮的烧蚀和磨损较轻。南方部队和北方部队使用同种火炮射击同样弹药时,对火炮的烧蚀磨损也不同。南方的环境温度比较高,因此装药和炮管的温度比较高,火炮的烧蚀磨损比北方严重,火炮的寿命发数少。

可见,对于一定的磨损量 Δd,不同的射击条件其耗费的发数是不同的。火炮在全寿命的过程中,要射击许多弹药,这些弹药包括全装药、减装药,有时装药的温度也不同,如高温和低温试验等。此外,某些火炮不仅存在装药条件不同的问题,而且还存在不同弹种的问题,有些火炮配备有许多弹种,如穿甲弹、破甲弹、榴弹、碎甲弹。因此,对于火炮在其寿命过程中的每一个磨损量 Δd,往往是射击多个弹种或多个装药条件造成的,即 Δd 是多个变量之间试验结果的数学表示。确定这多个变量之间的关系,即多元回归分析问题。

1. 基于多元回归法判断火炮的寿命发数

对于同一种火炮来说,由于全国各地使用条件差别很大,不同的射击条件在相同的磨损量 Δd 下磨损的速度是不同的。因此,同种火炮在其寿命终止时,累计的射弹发数往往不同,有的甚至差别很大。因此,有必要建立一种标准的射击条件下的寿命发数判别方法,即在标准的环境温度、装药温度和射击速度条件下,用该火炮所配备的主弹种的全装药射击,在其寿命终止时,所射击的弹数作为该火炮的寿命发数。有了这样的一个标准条件为基准,在评估火炮寿命发数时就有了参照标准,即具有可比性,使火炮寿命的判别方法更趋于科学合理,寿命发数更加趋于精确。

由于火炮是逐发射击的,因此火炮的烧蚀磨损量是单发磨损累加的,即:

$$\Delta d = \sum_{0}^{n} \delta d_i \tag{8-7}$$

式中 Δd 为总的磨损量;δd_i 为单发射击的磨损量;n 为总的射弹发数。也就是说,随着射弹发数 n 的增加,膛线的磨损量 Δd 也是逐渐增大的,它们之间存在一定的必然联系。表 8-3 和表 8-4 所示为通过试验得到的 130 mm 加农炮与 100 mm 海炮内膛磨损与射弹发数 n 的数据。

表 8-3 130 mm 加农炮内径磨损量 Δd 与射弹发数 n

Δd/mm	0	0.18	0.48	1.02	2.44	2.51	3.58	3.72	4.36
n/发	0	5	17	100	233	300	460	500	589
Δd/mm	4.86	5.21	5.58	6.05	6.21	6.56	6.85	8.10	
n/发	624	709	800	953	1 003	1 145	1 224	1 448	

表 8-4 100 mm 海炮内径磨损量 Δd 与射弹发数 n

Δd/mm	0	0.71	1.00	1.13	1.22	1.31	1.44	1.66	1.76	1.90
n/发	0	65	110	118	130	142	162	198	213	237
Δd/mm	1.96	2.12	2.86	3.03	3.85	3.91	4.00	5.00	6.20	
n/发	248	275	414	447	617	630	649	878	1 174	

用回归的方法进行曲线拟合,求出射弹发数 n 与磨损量 Δd 的关系式。

130 mm 加农炮：

$$n = -1.696 + 64.886\Delta d + 17.563\Delta d^2 - 0.351\Delta d^3 \tag{8-8}$$

100 mm 海炮：

$$n = -2.392 + 81.359\Delta d + 25.937\Delta d^2 - 1.371\Delta d^3 \tag{8-9}$$

把回归结果和实验数据绘成曲线,如图 8-10 和图 8-11 所示。从图中可以看出:离散点与回归值符合很好;此外从相关系数来看,130 mm 加农炮回归式的相关系数 $R_{130} = 0.996$,100 mm 海炮回归式的相关系数 $R_{100} = 0.999\,9$。即回归式的效果很好。通过这个经验公式,根据火炮寿命终止时的 Δd_{max},可确定火炮的寿命发数;根据不同时期的 Δd,可确定该火炮的已射弹数。

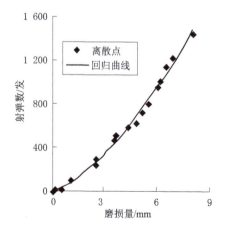

图 8-10 130 mm 加农炮射弹数与磨损量回归曲线

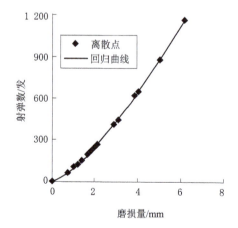

图 8-11 100 mm 海炮射弹数与磨损量回归曲线

2. 通过 BP 神经网络来预测身管寿命

通过前面的分析,火炮身管内膛烧蚀磨损与寿命密切相关。现行评定身管寿命的指标中只要有一项不合格就认为寿命终止了。然而在判定标准中,目前为止还很难用预测的方法来确定究竟何时何种指标超出了范围。但是,多年来的火炮试验证明,不管是初速下降与密集度增大,还是弹带削光,都是由烧蚀磨损量决定的。烧蚀磨损量越大,初速下降量就越大,引信不能解除保险的概率就越大;同时弹丸在飞行过程中稳定性变差,从而使得射击精度下降。另外弹带与膛线接触的条件变差,也就容易造成弹带削光现象,所以目前较为常用确定火炮全寿命的方法是确定最大烧蚀磨损量与身管寿命的关系。近年来,造价昂贵的高新技术火炮不断进入靶场试验,但由于费用的原因,对火炮进行实弹全寿命试验是不现实的。

BP 神经网络作为一种具有高度非线性映射能力的计算模型,已被广泛应用于模式识别、自动控制和数值分析等诸多领域。其最大优点是不需要知道具体的数学模型,仅通过学习样本数据即可进行十分精确的预测。在实测数据的基础上,利用 BP 神经网络优越的非线性逼近能力和泛化能力来计算炮膛烧蚀磨损量,并根据最大烧蚀磨损量进行身管寿命预测。

炮膛烧蚀磨损量的数值逼近与寿命预测的具体实现方法是利用一定射击发数下不同炮膛位置的烧蚀磨损量作为 BP 神经网络的输入,利用不同射击发数下相同位置的炮膛烧蚀磨损量作为输出来训练网络,将训练好的 BP 网络对增加射弹发数情况下炮膛烧蚀磨损量进行预测,并根据最大烧蚀磨损量来预测火炮寿命。

训练好的 BP 网络不仅具有很强的数值逼近能力,而且还具有较好的外延能力,即预测能力。只要样本数据充分合理,则 BP 网络具有很强的非线性逼近能力,在火炮内膛烧蚀磨损量的数值逼近及其寿命预测中,这种方法是可行的。在射弹量较少的情况下,利用有限的实测数据,可以预测火炮身管寿命,这无疑会大量节省试验费用。

3. 计算身管的温度场,估算因热原因引起的烧蚀量来预测其寿命

复合材料身管由于其具有较高的比强度、比刚度,非常适合在大威力火炮中使用,以减轻身管的重量,提高火炮的机动性和快速反应能力。发射过程中,高压、高速、高温的火药气体在身管内高速流动,导致身管壁内的温度急剧变化,从而在导热性能较差的复合材料身管内形成较大的温度梯度,容易在身管内产生不合适的变形,同时也会使身管金属内衬的工作温度升高,增加烧蚀磨损量,降低寿命。影响烧蚀过程主要有热、化学和机械三个因素,大量的实验观察表明,在影响烧蚀的众多因素中,身管膛壁表面的温度和对流换热是决定性因素。

对于身管膛壁的烧蚀磨损估算,各国专家和学者都一致认为武器身管膛壁磨损曲线符合指数规律,即:

$$W = A e^{B(T_p)} \tag{8-10}$$

式中 W 为单发身管膛壁磨损量(μm);T_p 为身管膛壁的峰值温度(K),A,B 是由身管的

材料和火药的性质等决定的。

射弹 n 发后,烧蚀量为

$$\varepsilon = \sum_{1}^{n} A e^{B(T_p)} \tag{8-11}$$

身管寿命终止的各项标准中,不管是火炮初速还是射击精度,以及弹丸弹带削平,都与火炮内膛径向烧蚀磨损量有着直接关系。火炮寿命终止时,径向的耗损量一般在原阳线直径的 3.5%～5%,因此可以将耗损量达到身管原直径的 5% 作为允许极限值,这样就可以估算出复合材料身管的寿命。

对于复合材料身管膛壁的峰值温度和整个复合材料身管的温度场,可利用不稳定准一维核心流模型和边界层模型,采用数值模拟的方法求出。为了分析采用复合结构后身管的烧蚀磨损情况,可设计 4 种方案。方案 1 为纯金属身管;方案 2 为带金属内衬的复合材料身管,其金属内衬厚度为 19.5 mm;方案 3 为带金属内衬的复合材料身管,金属内衬厚度为 29.5 mm;方案 4 与方案 2 的结构一样,不同的是在复合材料基体中加入了金属导热粉末使复合材料的热传导率提高。计算连发时每轮射击 12 发,每轮射击间隔 80 s。

计算结果表明:各个身管的膛壁温度以及单发磨损量是随着连发的弹数增加而递增的,而且复合层厚度越厚,增加的幅度越大。这说明用单发的磨损量来估算身管的烧蚀寿命是偏大的,而实际寿命比估算要小。

4. 基于灰色线性回归组合模型的火炮身管寿命预测

火炮的身管内膛烧蚀磨损使得身管内径越来越大,弹丸定位点前移,弹丸的挤进阻力降低,弹丸失去稳定性,导致射击精度变坏,初速或然误差增大,最终影响火炮身管寿命。火炮身管的内膛烧蚀磨损中膛线起始部最为严重,对火炮射击精度影响最大,另外身管膛线的阳线直径变化量较明显,容易测试。

取膛线的某条阳线起始部位为检测固定点,当该固定点位置的身管内径烧蚀磨损 Δd 达到或超过规定最大值 Δd_{max} 时,火炮身管寿命终止,此时的火炮射弹数为最大射弹数 n。因此,如果能够准确地检测或预测出 Δd 变化情况,建立 $\Delta d = f(n)$ 的数学关系式,就可预知火炮身管寿命终止时的最大射弹数 N,这可大大提高火炮的实用性能。

部分信息已知、部分信息未知的系统称为灰色系统,灰色预测通过原始数据的处理和灰色模型的建立,发现和掌握系统的发展规律,对系统的未来状态作出科学的定量预测。灰色预测是建立在时间轴上的现在与未来的定量关系,可通过灰色模型来预测事物的发展。火炮身管内径磨损 Δd 受诸多因素的影响,存在不确定性,它的变化既含有指数变化规律,又存在线性变化关系,因此可以认为其属于灰色系统的范畴。可以应用少量原始试验数据借助灰色预测理论对未来数据进行有效预测。

灰色线性回归组合模型是灰色 GM(1,1) 模型与线性回归模型相融合后得到的有机体,灰色线性回归组合模型改善了原线性回归模型中没有指数增长的趋势,同时也弥补了灰色 GM(1,1) 模型中没有线性因素的不足,因此该组合模型更适用于既有指数增长趋势又有线性趋势的序列。

以某型火炮膛线的某条阳线起始部位作为固定点,根据多根同型号火炮身管统计测得的磨损量数据作为已知的少量试验数据,利用灰色线性回归组合模型和 GM(1,1) 模型分别进行预测,Δd 的实测值与预测值的曲线比较如图 8-12 所示,从图中可以看出灰色线性回归组合模型预测曲线与实测值拟合程度比较好;而传统的 GM(1,1) 模型预测曲线与实测值偏差较大,预测效果较差。

根据该型多门火炮不同阶段的身管内径磨损数据,该型火炮在磨损量 $\Delta d = 6.21$ mm 时会出现弹丸上的弹带削光现象,所以该型火炮寿命终止的身管内径磨损量判别条件为 $\Delta d_{max} = 6.21$ mm,根据推导出的 $\Delta d = f(n)$ 数学关系模型,可预测计算出寿命终止时的最大射弹数为 1 235 发,而该型火炮实际的最大射弹数为 1 217 发,相对误差为 1.48%,在允许的精度误差范围之内。

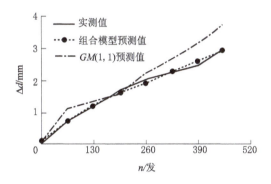

图 8-12 某型火炮身管内径磨损量 Δd 实测值与预测值的比较

灰色线性回归组合模型能够大量减少试验的射弹数,应用少量的原始试验数据就可大致确定某型火炮的寿命终止最大射弹数,因此,其经济性好且符合作战的要求。

5. 身管寿命的其他预测方法

(1) 基于内表面熔化层理论的身管寿命预测方法。

燃气热因素和燃气动力作用是造成火炮身管内膛烧蚀直径扩大的主要因素。在弹丸发射过程中存在着高温、高压、高速的火药燃气,使得身管内壁表面不断形成熔化层,熔化层在高速气流的作用下被带走,从而使得身管径向不断扩大。通过对身管内膛烧蚀机理深入分析,可以将烧蚀机理分为两类:

① 如果内膛表面温度低于其熔点,则主要烧蚀机理是燃烧气体与钢表面反应形成氧化皮并被高速气流带走。

② 如果表面温度高于其熔点,则烧蚀机理是身管内表面的熔化冲刷。

基于第 2 种情况,可以将烧蚀过程简化为:身管内膛表面在火药燃气的热作用下形成熔化薄层,熔化薄层在火药燃气的冲刷作用下被带走。不断地循环这两个过程直到火药燃气所提供的热流量不能够维持这个过程为止。利用一次发射所造成的熔化层总厚度与允许的径向磨损量相除从而得到基于身管内表面熔化为烧蚀机理主导因素的身管烧蚀寿命。基于这样的假设利用内弹道学和热传导理论给出计算熔化层厚度的积分方程、内膛传热的边界条件和液固界面的温度梯度积分方程,应用半无限大物体假设求出熔化层厚度的近似计算公式:

$$S(t) = \frac{\int_0^{t_2} h(t)(t_g - t_w) dt - \lambda_S (T_m - T_0) \frac{2\sqrt{t_2}}{\sqrt{\pi a}}}{\rho L} \quad (8-12)$$

式中 $S(t)$ 为熔化层厚度;t_2 为固液界面结束的时刻;t_g 为燃气温度;t_w 为固壁温度;λ_s 为固体导热系数;T_m 为身管熔点;T_0 为发射前身管内外表面平均温度;ρ 为炮钢材料密度;L 为熔解热。

利用式(8-12)可求出熔化层总厚度,然后除以允许的径向磨损量,从而得到基于身管内表面熔化为烧蚀机理主导因素的身管烧蚀寿命。

(2) 基于支持向量机的火炮身管烧蚀磨损预测模型。

采用最小二乘支持向量机算法,结合火炮射击试验数据,构建基于最小二乘支持向量机的火炮身管烧蚀磨损预测模型,对火炮身管内膛烧蚀磨损情况进行预测。

该模型的思路是:找出身管试验所测位置的烧蚀磨损量与磨损率(发射 N 发弹后的磨损增加量)之间的关系作为样本点。然后将这些样本点进行分组,一些样本点作为训练样本,其他的作为测试样本,运用支持向量机模型进行训练和测试,寻找精度满足要求时的参数 σ^2 和 γ。

最小二乘支持向量机参数确定后,该火炮身管磨损量与磨损率对应关系就已经确立,可以预测寿命区间内该类型火炮身管任意磨损程度对应的磨损率。

(3) 基于随机有限元法的武器身管寿命预测。

武器身管的寿命预测往往采用确定性有限元分析方法,但是这种确定性分析方法没有考虑身管加工过程的材料参数以及尺寸参数的随机误差对寿命的影响。基于随机有限元分析的方法是将身管危险截面(坡膛起始部)的尺寸和材料参数随机化,通过多次蒙特卡罗模拟,得出内膛径向磨损量的分布规律,从而得出身管烧蚀寿命。

6. 火炮身管寿命动态预测技术

利用身管径向磨损量判别法对射击条件进行标准化以后,身管寿命的预测即可以通过分析判断射击条件来实现。因此,只要能够实现对各种影响火炮身管寿命的射弹信息的自动识别,就可以逐渐实现火炮身管寿命的动态预测。而随着传感器测试以及信号处理技术的不断发展,结合使用火炮虚拟样机技术以及神经网络等实现射弹信息的自动识别,开发火炮身管寿命动态预测技术已经成为可能。

目前关于火炮寿命预测判别的各种方法之所以没有获得普遍的推广应用,主要在于其在科学性、适应性以及可操作性方面都具有一定的缺陷,无法适应于火炮设计、生产以及使用维修、报废等全寿命过程中。因此新建立的火炮身管寿命动态预测技术必须具有以下特点：

(1) 适用性。

适用范围不广是目前各种身管寿命判别及预测方法无法获得普遍应用的主要原因。火炮身管寿命动态预测技术应该能够使用于加农炮、榴弹炮、舰炮、高炮、滑膛炮等各类火炮，而且应该能够应用于火炮设计、生产、使用以及维修等各个过程，在火炮的全寿命过程都能准确预测身管寿命。

(2) 可操作性。

设备复杂、操作困难、需要耗费大量人力是现有身管寿命判别及预测方法无法在基层作战部队进行推广的主要原因。因此，火炮身管寿命动态预测技术应该具有结构简单、坚固耐用、操作方便、经济性好的特点，在各种操作环境下都必须能够有效的对身管寿命进行预测，使火炮的寿命状态真正能够掌握在各级火炮使用人员手中。

火炮身管寿命动态预测技术应该满足科学性、适应性以及可操作性这三个要求，试验结果表明，装药量、药温、弹种和射击频率这四种射击条件是影响火炮身管寿命的最主要因素。因此在射击条件标准化工作即将完成的情况下，实现装药量、药温、弹种和射击频率的动态识别是实现火炮寿命动态预测技术的基础。在传感器技术和数据处理方法迅速发展的今天，药温及射击频率的自动识别已完全能够实现。例如基于单片机的火炮装药温度实时测量装置，利用该装置可以准确地测量药温；而射弹计数器在一定程度上已经解决了射击频率的自动计算识别问题。同时，对于某一确定型号的火炮，其使用过程中使用的弹药种类基本上是确定的，例如榴弹炮主要以杀爆榴弹为主，滑膛炮主要以穿甲弹为主。因此，对于确定类型的火炮，其身管寿命动态预测技术的关键在于实现装药量的自动识别。

现服役火炮火药装药结构可以分为药筒定装式、药筒分装式、药包分装式以及模块装药式，对于身管寿命问题而言，药筒定装式火药装药结构不存在装药量变化的问题，而火炮采用药筒分装式、药包分装式以及模块装药式这三种火药装药结构实质都在于通过改变装药的药包个数来改变装药量。对于大口径地面火炮而言，其装药结构为药筒分装式，射击时根据装药号的不同来实现装药量的改变。因此，对于大口径地面火炮而言，其身管寿命动态预测技术实现的关键在于装药号的自动识别。

8.5.4 影响身管寿命的因素

影响身管寿命的因素有很多，也很复杂，它涉及火药性能、膛内结构、弹带结构、内弹道参量、金属材料及射击方式和维护保养条件等。在采取提高身管寿命的技术措施中应考虑以下因素：

1. 火药的性能

火药的成分不同，则热力性能及爆热和燃烧温度也不同。

火药气体对膛壁的热作用是炮膛烧蚀的一个重要因素，爆热越大，炮膛烧蚀越严重，如某加农炮使用爆热为 5.34 MJ/kg 的火药,其寿命为 120 发,而改用爆热为 3.42 MJ/kg 的火药,其寿命达到 3 000 发。

火药的燃烧温度 T_1 越高,对火炮内膛烧蚀越严重。表 8-5 所示为两种不同性能火药的烧蚀结果。

表 8-5　两种火药内膛烧蚀试验数据

火药名称	燃烧温度 T_1/K	相对烧蚀量/%
双芳-3	2 600	100
双芳-2	2 400	98

2. 内膛的尺寸与结构

(1) 口径。

火炮口径增大,杀伤力增大,弹丸的质量增加,相应的装药量也增加,炮膛烧蚀问题就严重,相应寿命发数也会降低。表 8-6 所示为一些火炮的寿命发数数据。

表 8-6　五种火炮寿命试验结果

火炮名称	寿命发数 N/发
37 mm 高射炮	7 000～10 000
57 mm 高射炮	2 000
85 mm 加农炮	1 300
100 mm 高射炮	1 100
130 mm 加农炮	780(自然发数)

注:自然发数是仅以射击一发为一个统计单位,未考虑射击条件

(2) 身管长度。

在一定装填条件下,加长身管可增加膛内火药气体推动弹丸做功的距离,因而可以提高火炮初速。但加长身管也延长了高温、高压火药气体对膛壁的作用时间,因而增加了炮膛的烧蚀。加农炮比榴弹炮寿命低,其身管长是一个重要原因。但是如果保持初速一定,采取减少火药量降低膛压,相应增加身管长度则可以使寿命提高,但是身管长度的增加是有限度的。

(3) 膛线展开曲线。

等齐膛线由于弹带在导转侧不断磨损,在另一侧会出现间隙形成火药气体冲出的通道。渐速膛线由于曲率沿炮身长度是变化的,在弹带磨损后仍能紧塞火药气体。其弹带凸起部和膛线之间的配合关系如图 8-13 所示。此外,在渐速膛线情况下,由于挤进开始时对弹带的作用改善,相应地弹带削光现象会推迟发生,因此对寿命有利。实践也证明了这一点,美国在 M198 155 mm 火炮上试验了将等齐膛线改为渐速膛线射击到接近原寿

命指标,其性能仍然良好。

3. 内弹道因素

(1) 最大膛压。

在一定装填条件下,提高膛压可使火药气体能量的利用率提高,因而可以提高火炮初速、增加射程,但是膛压增高会造成火药气体密度增大、火药燃烧速度提高,从而使传给炮膛的热量增加,加剧了火药气体对膛面的热作用。高膛压还会加速火药气体对膛壁的化学作用。此外,高膛压增加了膛线导转侧的作用力,使弹带与膛线导转侧的磨损加快,因此高膛压对寿命是不利的。

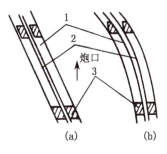

图 8-13 膛线同弹带凸起部的关系

(a) 等齐膛线; (b) 渐速膛线
1—阴线; 2—阳线; 3—弹带

(2) 弹丸挤进压力 P_0。

在一定的装填条件下,改变坡膛、弹带结构就改变了 P_0 值。P_0 的提高使火药气体能量利用率提高,并使最大膛压增加、烧蚀磨损增大,但是火炮的烧蚀、磨损也将引起 P_0 的急剧变化,故其是相互影响的。

(3) 装药量。

在一定的条件下,装药量增加必然使膛压、初速增大,身管内膛的烧蚀磨损也会随之增大。

4. 射击和维护保养

身管寿命同射击速度,每组射击发数以及各组之间的间隙时间都有很大关系。表 8-7 给出了三种火炮在不同射击条件下的寿命发数。

表 8-7 不同射击条件下的身管寿命

火炮种类	每组弹数 /发	射速 /(发·min^{-1})	每组间隔 /min	每循环射弹数 /发	单发百分率 /%	寿命 /发
25 mm 加农炮	25~28	57	5~10	240	2	750
	35	20	30	175	21	4 300
37 mm 高射炮	70	40	10	350	13	7 100
	35	20	30	175	13	10 800
57 mm 加农炮	40	12	15	200	23	1 750
	20	12	30	200	29	3 700
注:单发百分率单发射弹数与射弹总数的百分比						

许多事实表明,在其他条件相同时,由于炮膛和弹丸的擦拭和保养状况不同对寿命的影响也不同。例如炮膛涂厚油而在射击前不除净对身管强度和寿命往往不利。由于炮油

黏度较大，随着弹丸在膛内运动的距离和速度增大，弹丸及其带动的炮油的质量和阻力也随之加大，这样有可能在弹丸运动到炮口附近时在弹底部形成压力波峰，从而使这个部位膛壁产生胀膛或使膛线局部脱落，因此在火炮射击前，应注意将内膛的炮油清除干净，尤其在冬季更要注意。

5. 弹带结构与材料

弹带挤入膛线，一方面使膛壁温度升高，同时对膛壁金属产生机械磨损作用，因此弹带挤入膛线对炮膛的寿命前期，即膛线起始部的裂纹网的产生、发展和内膛直径的扩大起着重要的作用。弹带同已磨损炮膛间形成的间隙，提高了气流冲出的通道，加速了炮膛的烧蚀和磨损。在寿命后期，弹带过度磨损以致削光，弹丸得不到飞行稳定所要求的转速，使身管的寿命终止。因此，弹带的结构设计要防止火药气体的泄露，尽可能消除或减小弹带同已磨损炮膛间的间隙。

弹带的材料对身管寿命也有重要的影响。为使弹带容易挤入膛线，要求弹带材料的强度、硬度不能太高，并应具有良好的塑性；而为了弹带在膛内导转可靠，尤其是炮膛严重烧蚀时弹带不易出现削光，又要求弹带具有一定的耐磨性及较高的强度。这两项要求是互相矛盾的，要依具体情况来确定。如对中等初速的火炮和榴弹炮大多采用紫铜弹带，而高初速大威力火炮为了使弹带削光的时机推迟常采用黄铜弹带和铜镍合金弹带。为减少铜的消耗和减少对炮膛的磨损，人们还在研究新的弹带材料如陶铁、工程塑料等。

8.5.5 提高身管寿命的技术措施

提高身管寿命的技术措施主要从以下几个方面考虑：提高身管自身的抗烧蚀能力；改善发射环境，如采用低爆温火药，使用缓蚀添加剂。具体措施如图 8-14 所示。

1. 改进内膛结构

（1）减少膛线条数，增加阳线宽度。

从已进行的试验结果来分析，这一措施是有效的。如 130 mm 舰炮与 130 mm 加农炮相比，阳线的宽度增加了 2.08 mm，阴线的宽度增加了 2.3 mm，膛线数减至 28 条，尽管前者的初速、膛压均比后者高，且受力条件更恶劣，但其径向磨损速度反而低，故其预测寿命发数还多 500 发。

（2）增加膛线高度 t_{sh}

膛线高度的增加使火炮弹带削光、寿命终止所允许的最大径向磨损量 Δd_{max} 增大，达到提高寿命的目的，这在火炮设计中已得到了验证。老式 122 mm 加农炮的 t_{sh} 为 1.05 mm，而新 122 mm 加农炮 t_{sh} 达 2.4 mm，火炮寿命成倍提高。130 mm 加农炮时 t_{sh} 达 2.7 mm，新 152 mm 加农炮上膛线高度达到 2.75 mm。在可能的条件下适当增加膛线高度，是提高火炮寿命的重要技术途径。

（3）调整膛线方程。

现在加农炮类型火炮多采用等齐缠度膛线方程，这类火炮寿命终止的表现形式为弹

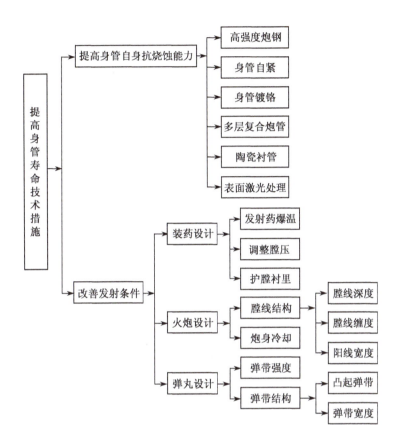

图 8-14 提高身管寿命的技术途径

带削光。如果将加农炮的等齐缠度膛线方程调整成渐速或混合膛线的方程,则应尽量降低初缠角及膛线导转侧对弹带的作用力,推迟弹带削光现象。

2. 改进弹带设计

(1) 采用带凸台弹带。

为了消除或减小弹带同已磨损炮膛间的间隙,延长大威力火炮身管的寿命,近年来一些火炮的弹丸采用带凸台的弹带,其弹带上有一个或两个直径加大而厚度较小的凸台,如图 8-15 所示。

130 mm 加农炮就是采用了凸台的弹带。主弹带直径为 135.7 mm,弹带凸台直径为 139.5 mm,弹带凸台的轴向长度仅为 3.8 mm。

弹带凸台作用原理:

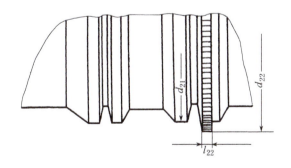

图 8-15 带凸台弹带
d_{21}—主弹带直径;d_{22}—凸台直径

① 提高较为稳定的弹丸启动压力。弹带凸台的一个重要作用是在火炮寿命中期以后,内膛磨损比较严重的条件下,提高稳定的弹丸启动压力,从而降低了火炮初速、最大膛压的变化速度。

② 阻止弹丸在膛内定位点前移。由于弹带凸台之间 d_{22} 远大于主弹带直径 d_{21},在火炮寿命终止时,d_{22} 仍大于磨损的内膛直径,所以采用弹带凸台,在火炮磨损比较严重的条件下,仍可有效阻止弹丸在膛内定位点前移。

③ 密闭火药气体。当火炮内膛烧蚀磨损比较严重的条件下,由于凸台直径远大于磨损后的内膛直径,可以有效防止火药气体泄漏到弹丸前,从而防止火药气体对膛壁的冲刷,降低了内膛径向磨损速度,提高了火炮的寿命。

目前我国制式大、中口径及高初速火炮中较为广泛采用凸台弹带,如 57 mm 高射炮、100 mm 高射炮、122 mm 加农炮和 130 mm 加农炮等。57 mm 高射炮采用凸台弹带,身管寿命由 750 发提高到 1 800~2 000 发。

(2) 采用带闭气环的弹带。

在某些弹丸中,弹带的后部装有一个由尼龙制成的闭气环,其直径稍大于弹带直径。内膛磨损后,其可补充弹带的闭气作用,减小弹丸定位点的前移,并提高火炮寿命,如图 8-16 所示。

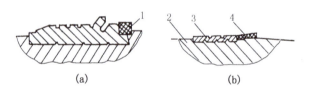

图 8-16 带闭气环弹带结构
(a) 带弹带凸台的闭气环;(b) 不带弹带凸台的闭气环
1,4—闭气环;2—弹体;3—弹带

在现有的发射药、身管材料及制造工艺条件下,综合采用上述提高身管寿命的技术措施,对火炮内膛结构、弹带结构进行优化设计,则预计可使中、大口径火炮寿命发数提高 15% 以上。

参 考 文 献

[1] Corner J. 内弹道学[M]. 鲍廷钰,等,译. 北京:国防工业出版社,1958.
[2] Серебряков М Е. 身管武器和火药火箭内弹道学[M]. 谢庚,译. 北京:国防工业出版社,1965.
[3] 华东工学院一○三教研室. 内弹道学[M]. 北京:国防工业出版社,1978.
[4] Мамонтов М А. 气流的某些问题[M]. 王新涛,等,译. 北京:国防工业出版社,1960.
[5] Ветехтин С А. 内弹道学的气动力原理[M]. 谢庚,译. 北京:国防工业出版社,1985.
[6] 张喜发. 烧蚀火炮内弹道学[M]. 北京:国防工业出版社,2001.
[7] 金志明,袁亚雄,宋明. 现代内弹道学[M]. 北京:北京理工大学出版社,1992.
[8] 金志明,袁亚雄. 内弹道气动力原理[M]. 北京:国防工业出版社,1983.
[9] Stiefel L. 火炮发射技术[M]. 杨葆新,等,译. 北京:兵器工业出版社,1993.
[10] 鲍廷钰,邱文坚. 内弹道学[M]. 北京:北京理工大学出版社,1995.
[11] 金志明. 无后坐炮拉格朗日问题及其解[J]. 华东工程学院学报,1979(1).
[12] 陈景仁. 流体力学及传热学[M]. 北京:国防工业出版社,1984.
[13] 金志明,曾思敏. 弹丸挤进过程的计算与研究[J]. 兵工学报,1989(1):7-13.
[14] 周彦煌,王升晨. 实用两相流内弹道学[M]. 北京:兵器工业出版社,1990.
[15] Захаренков В Ф. Исследование Температурных Полей В Теплозащитных Материалах. Инженерно Физический Журнал,1973.
[16] 洪昌仪. 兵器工业高新技术[M]. 北京:兵器工业出版社,1994.
[17] 袁亚雄,张小兵. 高温高压多相流体动力学基础[M]. 哈尔滨:哈尔滨工业大学出版社,2005.
[18] 金志明,翁春生. 高等内弹道学[M]. 北京:高等教育出版社,2003.
[19] 翁春生,金志明,袁亚雄. 包覆火药形状函数的研究[J]. 南京理工大学学报,1993,17(6):13-16.
[20] 翁春生,张小兵,金志明. 弧厚不均火药在内弹道计算中的处理方法[J]. 弹道学报,1997,9(2):58-62.
[21] 王颖泽,张小兵. 膨胀波在火炮膛内传播规律的捕捉计算分析[J]. 弹道学报,2009(2).
[22] 王颖泽,张小兵. 膨胀波火炮两相流内弹道性能分析与数值模拟[J]. 兵工学报,2010(2).
[23] Zhang Xiaobing, Wang Yingze. Anslysis of Dynamic Characteristics for Rarefaction Wave Gun During the Launching[J]. Journal of Applied Mechanics-Transactions of the ASME,2010,77(5).
[24] 张小兵,翁春生,袁亚雄. 混合颗粒床颗粒轨道模型及数值模拟[J]. 工程力学,1998(2).
[25] 张小兵,袁亚雄,金志明. 分装式高装填密度火炮轴对称两维多相流数值模拟[J]. 兵工学报,1998(1).
[26] Zhang Xiaobing, Zhou Weiping. Numerical Simulation of Interior Ballistics Processes of a High Speed Counter-mass Propelling Gun, 24th International Symposium on Ballistics[J]. pp. 126-131, New Orleans,2008.09.22-2008.09.26.
[27] 田桂军. 内膛烧蚀磨损及其对内弹道性能影响的研究[D]. 南京:南京理工大学,2003.

[28] 陈国利,韩海波,于东鹏.BP神经网络的身管寿命预测方法[J].火力与指挥控制,2008,33(9).

[29] 陈龙淼,钱林方.复合材料身管烧蚀与寿命问题的研究[J].兵工学报,2005,26(6).

[30] 白若华.缓蚀剂是提高武器身管烧蚀寿命的重要技术途径[J].兵工学报,1995(3).

[31] 欧阳青.火炮身管烧蚀磨损与寿命问题研究[D].南京:南京理工大学,2013.

[32] 孟翔飞,王昌明.基于灰色线性回归组合模型的火炮身管寿命预测[J].南京理工大学学报,2012,36(4).

[33] 李明涛,崔万善,等.基于内表面熔化层理论的身管寿命预测方法[J].火炮发射与控制学报,2009(2).

[34] 樊黎霞,刘伟,等.基于随机有限元法的武器身管寿命预测[J].四川兵工学报,2013,34(2).

[35] 吴斌,夏伟,等.身管熔化烧蚀的预测数学模型[J].火炮发射与控制学报,2002(1).

[36] 孔国杰,张培林.一种新的火炮剩余寿命评定方法[J].弹道学报,2010,22(3).

[37] 罗乔,张小兵.超高射频串联发射内弹道性能一致性研究[J].南京理工大学学报,2012,36(5):750-754.

[38] 罗乔,张小兵.整装式弹药超高射频武器内弹道过程数值模拟[J].弹道学报,2013(1).

[39] Luo Qiao, Zhang Xiaobing. Research for a Projectile Positioning Structure for Stacked Projectile Weapons[J]. Journal of Applied Mechanics-Transactions of the ASME,2011,78(5).

索 引

0～9

100 mm 高射炮装药结构(图) 239

100 mm 海炮内径磨损量 Δd 与射弹发数 n 数据(表) 370

100 mm 海炮射弹数与磨损量回归曲线(图) 370

100 mm 加农炮的实验曲线与计算曲线的对比(图) 94

105 mm 坦克炮距炮口端面 5 450 mm 处(膛线起始部)烧蚀磨损情况(图) 353

105 mm 坦克炮内膛磨损量曲线(图) 355

105 mm 坦克炮炮口处烧蚀磨损情况(图) 354

120 mm 滑膛炮内膛磨损量曲线(图) 355

120 mm 滑膛炮内膛主要部位烧蚀磨损情况(图) 351

122 mm 加农炮减变装药结构(图) 242

122 mm 加农炮装药结构(图) 242

122 mm 榴弹炮装药结构(图) 240、241

130 mm 加农炮内径磨损量 Δd 与射弹发数 n(表) 370

130 mm 加农炮内膛磨损量曲线(图) 355

130 mm 加农炮射弹 200 发时内膛不同位置的烧蚀磨损情况(图) 352

130 mm 加农炮射弹 500 发时内膛不同位置的烧蚀磨损情况(图) 352

130 mm 加农炮射弹数与磨损量回归曲线(图) 370

130 mm 加农炮药室长度增长量与射弹发数的变化关系(表) 356

14.5 mm 机枪 $p-t$ 曲线所确定的燃烧规律系数(表) 174

14.5 mm 机枪常温 $\Gamma-\psi$ 曲线(图) 175

152 mm 榴弹炮装药结构(图) 241

155 mm 火炮布袋装药和刚性组合装药简(图) 244

155 mm 火炮刚性组合装药 244

155 mm 组合式装药的 XM215 装药结构(图) 244

155 mm 组合式装药的 XM216 装药结构(图) 244

175 mm 火炮(M86A2)超过破坏压力差临界值的概率(图) 348

175 mm 火炮(M86A2)的 $-\Delta p_i$ 累积分布(图) 348

175 mm 火炮压力波敏感度曲线(图) 347

1910/30 年式 122 mm 榴弹炮装药 240
  装药结构(图) 240

1954 年式 122 mm 榴弹炮装药 240
  装药结构(图) 241

1955 年式 37 mm 高射炮榴弹装药 237
  装药结构(图) 237

1956 年式 152 mm 榴弹炮装药 240
  装药结构(图) 241

1956 年式 85 mm 加农炮装药 238

1957 年式 75 mm 无后坐炮装药　246
　　装药结构（图）　247
1959 年式 100 mm 高射炮装药结构（图）
　　239
1959 年式 85 mm 加农炮装药结构（图）
　　238
1963 年式 82 mm 迫击炮基本装药　246
　　装药结构（图）　246
1965 年式 82 mm 无后坐炮装药　246
　　装药结构（图）　247
1969 年式 122 mm 加农炮减变装药结构
　　（图）　242
203 mm 榴弹炮装药结构（图）　243
305 mm 榴弹炮装药结构（图）　243
35 mm 膨胀波火炮内弹道参量（表）　296
37 mm 高炮榴弹装药结构（图）　237
4 底—1 式底火　250、250（图）
56 式 7.62 mm 步枪枪弹装药结构　236
57 mm 高射炮　114～116、188、215
　　$p-l$ 曲线（图）　115
　　$p-t$ 曲线（图）　115
　　$v-l$ 曲线（图）　116
　　$v-t$ 曲线（图）　116
　　计算结果（表）　115
　　内弹道设计方案（表）　215
　　应用八批 11/7 火药的模拟结果（表）
　　　188
　　原始数据（表）　114
63 式 82 mm 迫击炮装药号数与初速（表）
　　282
65～82 mm 无后坐炮起始参数（表）　277
7.62 mm 手枪弹装药结构　236
75 mm 无后坐炮装药结构（图）　247
82 mm 迫击炮　246、288、289
　　$p-l$ 和 $v-l$ 曲线（图）　289

$p-t$ 和 $v-t$ 曲线（图）　289
弹道参量计算结果（表）　288
装药结构（图）　246
82 mm 无后坐炮　247、263、264
　　传火孔对点火管压力的影响（表）　264
　　底火药量对点火管压力的影响（表）
　　　263
　　点火药量对点火管压力的影响（表）
　　　263
　　装药结构（图）　247
85 mm 火炮的实验数据（表）　125
85 mm 加农炮全装药　238
　　装药结构（图）　238
9/7 药粒示意（图）　341

A～Z

Abel F　7
Λ 或 l 的解析式　100
Benét 实验室　291
BP 神经网络　371
《ITOP》步骤　347
K 值（表）　71
Larane J L　7
$l-t$ 曲线（图）　306
l_ψ 分析解法　81
$N-l$ 曲线图　64
p_t/p_b 实验处理曲线（图）　167
$p_m = $ 常量；$\Lambda_g = $ 常量时 v_g 与 Δ 的关系
　　（图）　219
p_t、p_b、$\bar{p}$ 的换算　154
Piobert　7
$p-l$ 曲线及平均压力（图）　196
$P-t$ 曲线（图）　306
$p-V$ 曲线的势平衡点　169
p 的解析式　101

索 引

Resal H　7
Robins B　6
Vielle 波　324
$v-l$ 及 $1/v-l$ 曲线（图）　91
$v-t$ 曲线（图）　306
v 的解析式　100
$X_m<X_k$ 时的压力曲线（图）　88
$X_m\geqslant X_k$ 时的压力曲线（图）　88
XM215 装药　245
XM216 装药　245
$\overline{Z}_m$ 和 $\overline{\mu}$ 的关系示例（表）　180

α～Γ

$\alpha<\phi$ 条件挤进过程示意（图）　60
$\alpha>\phi$ 条件挤进过程示意（图）　59
$\Delta-B$ 线　203
Δ_H 与 p_m 及火药形状特征量 χ 的关系（表）　204
η_g 线　203
η_ω 线　203
$\overline{\lambda}_S=0.1$ 和 $\overline{\lambda}=-0.1$ 的弹道解比较（表）　183
$\overline{\lambda}$ 和 $\overline{\mu}$ 的弹道解比较（表）　181
$\pi=\pi-\pi_V$ 的变化曲线　169
$\sigma-Z$ 曲线　23、24、38（图）
Φ 与 I_1 数值关系（表）　139
Φ 与 ζ_b 数值关系（表）　140、141
χ 变化对内弹道性能的影响（表）　122
$\psi-z$ 曲线　23、24、38（图）
$\dfrac{\omega}{\varphi_1 m}$ 与 λ_1 和 λ_2 的函数关系（表）　165
Бетехтин　7
ГАУ 表　118～121

A

阿贝尔　7

艾里克·凯斯　291
安宁公式　366
安全性分析　332
奥波波可夫　58

B

拔弹力变化对弹道性能的影响　126
白层　354、357
包覆层　34、35
　厚度　34
　示意（图）　34
　形状函数　35
包覆火药　34
　实验结果（表）　328
　形状函数　33
　整体形状函数　35
鲍廷钰　7、168
贝切赫钦　7
比较反射点与最坏点的函数值　230
比例膨胀假设　133
　及其推论　133
　实质　164
　示意（图）　134
比例膨胀近似解　164
比例膨胀推论示意（图）　134
毕杜克　155
　极限解　155、164
毕杜克-肯特解表 $c-\varepsilon',\eta$（表）　164
毕杜克-肯特解表 $\beta-\varepsilon'$（表）　163
毕杜克-肯特解表 $\theta-\varepsilon'$（表）　163
边界条件　177
变容状态方程　18
标准七孔火药　25
　断面图（图）　25
表面薄膜强化　362

表面热处理强化　362
表面形变强化　362
表面冶金强化　362
并联式高低压炮结构(图)　308
波速及行程计算结果　299
不等式约束　227
不同批号火药燃烧性能比较　49
不同射击条件下的身管寿命(表)　377
不同形状火药对压力波的影响(表)　330
步兵武器装药结构　236
步枪枪弹装药结构(图)　237

C

参考文献　381
参量选取　50
产生初始复合形顶点　230
长管状药侵蚀燃烧现象(图)　43
常、高、低温压力曲线及作用在身管内壁上
　的最大压力曲线(图)　217
超高射频串联发射内弹道　310～312
　模拟与仿真　310
　模型　312
超高射频弹幕武器　311
　发射原理　311
超高射频弹幕武器系统　310
　结构示意(图)　311
超高射频火炮数值模拟结果与分析　314
程序框图　231
冲击波　65
抽滤式可燃药筒　331
初速修正系数(表)　129
初始气体生成速率　328
初始条件　177、286
初速　227
　模拟公式　187

模拟预测　183
　随装药量的关系(图)　223
　增加途径　218
初选火药　208
除铜剂　233
传火孔　264
　配置位置　264
传火面积　264
次要功　67～72、279、284
　计算系数　67、279
　计算系数 φ_1　72
　计算系数 φ_1 的计算和物理意义　72
　计算系数的理论公式和经验公式　71
　计算系数特点　284

D

大口径坦克炮一维两相流数值模拟　332
　边界条件确定　337
　差分格式选取　335
　初始条件的确定　337
　单位体积、单位时间从点火孔流走的质
　　量　335
　弹丸运动方程　337
　点火管守恒方程　335
　辅助方程　334
　固相动量方程　334
　固相质量方程　334
　基本方程　333
　计算结果及分析　338
　颗粒表面温度　335
　颗粒间应力　334
　滤波技术　336
　气相动量方程　333
　气相能量方程　333
　气相质量方程　333

气相状态方程　334
　　燃烧规律　335
　　守恒性检查　336
　　数学模型　333
　　数值计算方法　335
　　网格生成及合并技术　336
　　物理模型　332
　　相间传热　335
　　相间阻力　334
大口径坦克炮装药结构示意(图)　333
大、中口径火炮身管寿命　363
带闭气环弹带结构(图)　380
带凸台弹带　379、379(图)
带状药　21
　　燃烧过程的几何形状变化(图)　22
单独发射　314
单发弹丸内弹道过程　312
单一装药内弹道方程组　77
弹带材料　361
弹带挤进过程　57
　　阻力曲线(图)　57
弹带凸台作用原理　379
弹道参量和 Δ 的关系(图)　209
弹道参量和 ω/m 的关系(图)　211
弹道参量与炮身相对长统计曲线(图)　212
弹道方案　216
弹道计算　2、92
弹道解　181
　　比较(表)　181、183
弹道解法　82、94、102
弹道量确定　179
弹道设计　3
　　计算　216
弹道实验法　257

弹道特征量　14、270
　　测定　14
弹道效率　54、55
弹道性能　198
弹底燃气压力　56
弹后空间流速分布(图)　69
弹后空间速度分布(图)　136
弹后空间压力分布　136
　　关系式　66
弹后控制体(图)　337
弹前冲击波(图)　65
弹前空气柱冲击波阻力　65
弹前空气阻力　56、65
弹丸　10
　　v-t 曲线(图)　339
　　单独发射的结果(表)　315
　　低频连发的结果(表)　315
　　极限速度　54
　　挤进阻力　56
　　全行程长 l_g 和炮口压力 p_g 计算流程(图)　215
　　速度曲线(图)　345
　　速度与切向速度示意(图)　64
　　速度与行程关系式　77
　　相对行程长　199
　　行程函数式　84
　　行程线性函数　58
　　旋转运动功的计算　67
　　沿膛线运动的摩擦功　67
　　在膛内运动过程　10
　　在膛内运动过程中的受力分析　56
　　质量变化对内弹道性能的影响　124、124(表)
弹丸的压力—时间曲线和速度—时间曲线(图)　316～319

弹丸的压力—行程曲线和速度—行程曲线
　（图）　314、316~319
弹丸运动方程　56、63、66、77、313
弹形系数（表）　192
德 150 mm 加点火药量对主要弹道诸元的
　影响（表）　258
等弹丸相对行程长（Λ_g）线　202
等式约束　227
等寿命（N）线　203
等膛容（V_{nt}/m）线　201
等相对燃烧结束位置（η_k）线　202
等效全装药系数法　367
等药室容积（V_0/m）线　202
低爆温火药　359
低频连发　315
低压火炮点火问题　262
低压室及身管内弹道方程　309
底－13 式底火　250、250（图）
底－2 式底火　249
底－4 式底火　249、249（图）
底－5 式底火　250、250（图）
底火　248、249
第二时期各诸元的计算（表）　97
第一时期各常数计算　93、93（表）
第一时期各诸元计算（表）　95
点、传火过程　1、10
点火　233
　方式　327
　器材　247
　强度指标　254、256
　时间　253
　实验　267
　系统设计　247
　药量对主要弹道诸元的影响（图）　258
　药量选择　256
　引燃条件　327
　影响因素　261
点火管　262、263、265
　结构　264
　内腔尺寸　264
　作用　263
点火过程　252、266
点火压力对火药着火过程的影响　47
点火药　233、264、266
　燃烧　266
　形状和粒度　263
　压力　15
　引发　252
　纸筒材料性能和厚度　264
　纸筒和点火管的配合公差　265
　种类和用量　263
　种类选择　256
　诸元（表）　259
点火药包　251
点火装药　263
点燃性能　261
定容状态方程及应用　12
动态挤进模型　59
多发弹丸内弹道过程　312
多孔火药　24、25
　分裂后形状函数　33
　燃烧　26
　形状函数　32
　应用　24
多孔火药 Π_1、Q_1 计算用系数（表）　33
多孔火药弹道解法　94
　第二时期　101
　减面燃烧阶段　99
　前期　94
　增面燃烧阶段　94

多孔火药的用表方法　120
多孔性硝化棉火药　251、256
多孔药筒型线膛无后坐炮装药　246
多相流体动力学　323
多元缓蚀剂　360
多元回归法　369

F

发射安全性分析　323
发射体、平衡体运动方程　302
发射系统　9
发射药　233
　　弧厚变化　320
　　弧厚变化对内弹道性能的影响　320
发射装置结构　311
反射点　230
范德瓦尔气体状态方程　11
方案选择　195
防火炮烧蚀磨损技术措施　359
辅助点火药　233、250
　　燃烧　252
　　燃烧产物沿装药表面的传播　252
　　位置选择　260
辅助点火药包　251
　　设计　256
辅助装药　282
复合形法的数学形式　228

G

刚性模块组合装药结构　243
刚性装药　243
高低压发射原理与假设　307、308
高低压火炮　307
高低压火炮内弹道　307
　　方程求解方法　310
　　曲线(图)　310
高炮应用八批 11/7 火药的模拟结果(表)　188
高频连发　316
高频连发时,最大膛内压力和初速随弧厚改变的变化曲线(图)　321
高频连发时,最大膛内压力和初速随启动压力改变的变化曲线(图)　321
高频连发时,最大膛内压力和初速随药室容积改变的变化曲线(图)　321
高频连发时膛内压力和速度变化趋势　316
高射炮 $p-l$ 曲线(图)　115
高射炮 $p-t$ 曲线(图)　115
高射炮 $v-l$ 曲线(图)　116
高射炮 $v-t$ 曲线(图)　116
高射炮计算结果(表)　115
高射炮内弹道设计方案(表)　215
高射炮原始数据(表)　114
高温高压火药气体状态方程　11
高压密闭爆发器结构(图)　13
高压室内弹道方程　309
工作膛容　227
固体火药燃烧机理　38
固相化学反应区　39
管状发射药速度曲线(图)　346
管状发射药位移曲线(图)　345
管状药的 $\Gamma_{实}-\psi$ 曲线与 $\Gamma_{型}-\psi$ 曲线的对比(图)　48
惯性炮尾　294、297、299
　　后喷装置结构示意(图)　293
　　开闩方式的膨胀波火炮(图)　290
　　驱动方式　293
　　速度曲线(图)　297
　　行程曲线(图)　297

龟裂　353

H

函数方程　313
黑火药　250、251、256
　燃烧速度与压力的关系（表）　252
后喷装置打开方式　292、293
后喷装置设计要求　292
后效作用过程　10
后坐部分的运动功　70
无后坐炮的 $\overline{S}_j$ 值（表）　273
厚火药弧厚　221
　校正计算　221
弧厚不均火药　36
　二项式与三项式形状函数比较　38
　减面燃烧阶段以二项式表示　36
　减面燃烧阶段以三项式表示　37
　形状函数　33
　增面燃烧阶段　36
护膛剂　233
花边形七孔火药　26、26（图）
花边形十九孔火药（图）　31
花边形十九孔火药形状函数推导　31
　分裂后减面燃烧阶段　32
　分裂前阶段形状特征量　31
花边形十四孔火药（图）　26
滑石粉型缓蚀剂　360
滑膛无后坐炮结构简图（图）　268
化学热处理强化　362
缓蚀剂技术　360
缓蚀剂作用　360
缓蚀添加剂　360
黄金分割法求最大压力点值程序段框图
　（图）　113
灰色线性回归组合模型　372

混合点火药　251
混合火药　9
混合颗粒床中一维颗粒轨道模型及其数值
　模拟　339
　边界条件　343
　差分格式　344
　初始条件　343
　单元划分　344
　辅助方程　341
　管状药运动方程　341
　基本方程　340
　计算方法　344
　计算结果及分析　344
　颗粒运动轨迹　340
　气相守恒方程　340
　求解条件　343
　燃烧规律　341
　数学模型　340
　数值计算方法　343
　物理模型　340
　相间传热系数　343
　相间阻力　343
　状态方程　341
混合区　39
混合装药　78、102
　补充假设　78
　内弹道方程组　78
　用表方法　120
混合装药弹道解法　102
　薄火药燃完之前的阶段　104
　第一时期　104
　厚火药单独燃烧阶段　105
　前期　104
火帽　248
　性能（表）　249

火炮单发磨损量经验公式　368
火炮的 η_ω、η_g、η_k 和 p_g 值（表）　198
火炮的实验数据（表）　125
火炮点火药量与前期时间的关系（图）　258
火炮发射过程理论研究　292
火炮混合装药结构　340
火炮火药的初始温度对点火的影响（表）　262
火炮金属利用系数（表）　269
火炮口径　376
火炮内弹道性能变化监测方法　366
　　累计射弹数法　366
　　药室增长量法　366
　　直接射击方法　366
火炮烧蚀磨损量　369
火炮身管　9
　　内径磨损量 Δd 实测值与预测值的比较（图）　373
　　内膛状况　350
　　烧蚀磨损与寿命　350
火炮身管寿命　363
　　动态预测技术　374、375
　　计算公式　366
　　预测　372
火炮身管寿命动态预测技术特点　374
　　可操作性　375
　　适用性　375
火炮寿命　368
　　发数　369
　　考核方法　368
　　试验　368
　　试验结果（表）　376
　　中止　365
　　终止　368

终止时寿命发数计算公式　366
火炮寿命终止评估　364
　　地面火炮　364
　　高射炮　364
　　海军炮　364
　　身管判别标准分析　364
　　坦克炮　364
　　野战反坦克炮　364
火炮膛内火药颗粒运动　339
火炮膛内结构　218
火炮膛内平均温度对比曲线（图）　296
火炮装药选择点火药用量　257
火焰区　40
火药　1、9
　　按几何燃烧定律燃烧的图解（图）　21
　　表面加热和点燃　253
　　点火　253
　　加热区　39
　　类型选择　208
　　设计　234
　　形状变化影响　121
　　性质不同时的用表方法　119
火药长期储存对压力波的影响　332
火药成分对燃速影响　40
火药成分和点火药量对前期时间的影响（表）　259
火药初温对燃速影响　41
火药床透气性　329
火药弧厚计算流程（图）　214
火药颗粒速度曲线（图）　346
火药颗粒位移曲线（图）　346
火药力 f 的变化对内弹道性能的影响（表）　123
火药力变化对内弹道性能的影响　123
火药密度对燃速影响　41

火药内膛烧蚀试验数据（表） 376
火药能量利用效率评价标准 196
火药气体对膛壁的热散失 52
火药气体热作用和机械作用 358
火药气体压力 131
火药气体与内膛表面金属的化学作用 358
火药气体运动功 68
火药气体状态方程 15
火药强迫点火过程 253
火药燃气生成渐增性相互关系 185
火药燃气状态方程 7、11
火药燃气做功 52
 对外做功 51
 对外做功及膛壁散热量计算公式 52
火药燃烧规律 19
火药燃烧过程 20
 图解（图） 39
火药燃烧机理 39
火药容易点燃顺序 261
火药实际燃烧规律研究 45
火药相对燃烧结束位置的特征量 197
火药压力全冲量对内弹道性能的影响 123
火药已燃百分数 170
火药已燃部分函数式 83
火药在不同装药量条件下所确定的 $\bar{p}_m$ 值（表） 182
火药装药 233
 结构设计 236
 设计 232

J

击发 1
 门管 249

基本点火具 233
基本方程 9、54、285、308
基本方程组 313
基本假设 76、133、285、312
基本装药 282
基本装药和辅助装药混合燃烧阶段基本方程 285
基础科学对内弹道学的推动作用 5
激光热处理身管镀铬层新工艺 362
急升段 48
急速下降段 49
几何燃烧定律 19、20、45～49、302
 假设 7、175
 误差分析 45
挤进过程 10
挤进压力 178、361
 变化对弹道性能的影响 126
 变化对内弹道性能的影响（表） 126
挤进阻力 57、58
 简化数学模型 62
 理论研究简化数学模型 58
计及挤进阻力的弹道计算结果（表） 178
计算的 L_z-l 曲线（图） 279
计算的 $p-l$ 和 $v-l$ 曲线（图） 279
计算的 $p-t$ 和 $v-t$ 曲线（图） 279
计算的 $p-t$ 曲线和实验对比（图） 279
计算方法 6
计算例题 114
计算模型（图） 298、299
计算速度与实验速度的数据比较（表） 307
计算压力与实验压力的数据比较（表） 307
计算中心点 230
加农炮不同位置阳线和阴线磨损量

（表） 356
加农炮弹道设计特点　218
加农炮弹道特点　217
加农炮的实验曲线与计算曲线的对比（图）
　　94
加农炮内弹道设计特点　217
减变装药　241、243
减定装药　239
减面燃烧阶段形状函数　30
减面燃烧药形　24
减面形状火药弹道解法　82
　　第二时期的弹道解法　89
　　第一时期的解法　82
　　前期的解法　82
简单形状火药的 $\sigma-Z$ 曲线（图）　23
简单形状火药的 $\psi-Z$ 曲线（图）　23
简化数学模型　58
渐速膛线　64
解 l 的函数　98
解出 v 的函数　97
解出 ψ 的函数　98
金志明　58
紧塞具　234
经典内弹道理论　20、131、323
经典内弹道学　5～7
经验公式　71、260
　　拟合有关数据（表）　61
经验公式法　259
径向烧蚀磨损量　366
具有尾翼的稳定装置　281
锯齿形膛线外观（图）　361
卷制式可燃药筒　331

K

卡波公式　367

开放系统中的热力学第一定律　50
考虑挤进阻力的弹丸运动方程　58
可燃药筒对压力波的影响　331
可燃中心传火管　327
空隙率　329
口径和射速对拔弹力大小的影响（表）
　　126
快速冷　357

L

拉格朗日　7、131、142
拉格朗日假设　7、142、164
　　近似解　142、164
　　修正　175
拉格朗日问题　131
拉格朗日坐标示意（图）　156
雷萨尔　7
理论分析　3
理论公式　71
理想的膛内压力和压力差曲线（图）　325
理想化燃烧模型假设基础　20
例题　213、232
例题计算　91
粒状药形状示意（图）　36
粒状药组成变装药　241
量纲为1的内弹道方程组　109
流量　274
　　与时间关系曲线（图）　297
榴弹炮初速分级（图）　223
　　射程重叠量（图）　222
榴弹炮弹道设计步骤　220
榴弹炮内弹道设计特点　220
榴弹破片飞散分布（图）　220
龙格—库塔法　110
　　子程序框图（图）　112

鲁宾斯 6

M

梅逸尔—哈特简化解法 106
    第二时期 108
    第一时期 107
    简化假设 106
    求解过程 107
美175 mm 火炮压力波敏感度曲线(图) 347
美国155 mm 自行榴弹炮火炮系统 M109 系列装药 244
密闭爆发器 12、12(图)
    点火压力与点火时间的关系(表) 257
    定容状态方程 12、13
    加入惰性物质对点火压力的影响(表) 257
密闭爆发器试验 44~46、183
密封盖 234
面积变化的膛内气流速度分布(图) 149
摩擦功 67
磨损 350
    机理 357
目标函数 227

N

内表面熔化层理论 373
内层燃烧阶段 48
内弹道表解法 116、118
内弹道参量计算结果(表) 278
内弹道初始参数(表) 314
内弹道多相流体动力学 324
内弹道反面问题 3、193
内弹道方案计算步骤 209
内弹道方程 285

解析解假设 81
内弹道方程组 76~80、106、109、116、117、275
    基本假设 76
    解法 80
    数学性质 80
内弹道工程设计 225
内弹道过程 312
内弹道基本方程 2、77
内弹道基本方程组 190
内弹道计算步骤及程序框图 110
    常量计算 111
    初值计算 111
    弹道循环计算 111
    输出 111
    输入已知数据 111
内弹道解法 80、175、193
内弹道理论 268
内弹道两相流 323
    数值模拟及安全性分析 332
    体力学模型 323
内弹道模型 116
    计算机程序 127
内弹道能量方程 7
内弹道能量守恒方程 53
内弹道拟合求解方法 298
内弹道气动力简化模型 131
内弹道气动力问题近似解 164
内弹道气动力原理研究 324
《内弹道气体动力学原理》 7
内弹道曲线(图) 2
内弹道设计 190、193、200、201、225
    步骤 205
    方案(表) 215
    基本方程 193

任务　225
　　数学模型　225
　　指导图　201
内弹道势平衡理论　7、168
　　基本概念　168
《内弹道势平衡理论及其应用》　7
内弹道相似方程　116
内弹道相似方程组　176
内弹道性能　218
　　变化监测方法　366
内弹道学　2~8
　　发展史　6
　　基本方程　54
　　理论　5
　　研究任务　2
　　在枪炮设计中的作用与地位　4
　　专著　7
《内弹道学》　7
内弹道学研究方法　3
　　理论分析　3
　　实验研究　3
　　数值模拟　3
内弹道循环　1
内弹道研究内容　2
内弹道优化设计　225
内弹道正面问题　2
内弹道装药设计　3
内弹道最小膛容方案设计　229
内膛表面变化　351
内膛表面裂纹　357
内膛表面烧蚀磨损过程　353
内膛尺寸变化　354
内膛扩张量　365
内膛磨损　351、365
内膛烧蚀磨损　350、352

内膛烧蚀与磨损机理　357
能量的分配情况(表)　51
能量对应关系　184
能量分配　51
能量平衡方程　274、314
能量守恒方程　50
　　建立　50
能量转换过程　303
尼龙弹带　361

O

欧拉-拉格朗日混合方程　343

P

迫击炮　281
　　弹道特点　282
　　结构(图)　281
　　热散失　283
　　装药号数与初速(表)　282
　　装药结构　245、245(图)
迫击炮弹弹体与膛壁之间间隙　282
迫击炮弹道参量计算结果(表)　288
迫击炮弹点火方式　282
迫击炮弹稳定装置　281
迫击炮弹药结构　281、281(图)
迫击炮弹装药结构　282
迫击炮火药特点　283
迫击炮内弹道　281
　　计算　286
炮口初速　227
炮口动能　227
炮口压力　198
炮膛工作容积利用效率　227
　　评价标准　196
炮膛烧蚀　358

炮膛烧蚀磨损　356
炮膛烧蚀磨损量　371
膨胀波　289
　　波速计算公式　298
　　波速仿真　297
　　传播特性　298
膨胀波、弹丸行程随时间变化曲线（图）
　　299
膨胀波火炮　290～292
　　发射过程　295
　　发射过程研究现状　291
　　发射机理　290
　　内弹道参数（表）　296
　　内弹道过程仿真结果分析　295
　　特点　290
　　性能优势　290
　　研制　291、292
　　与常规火炮弹丸速度对比曲线（图）
　　　297
　　与常规火炮膛压对比曲线（图）　296
膨胀波火炮内弹道理论　289
膨胀波火炮内弹道模型建立及数值模拟
　　294
　　动态开闩阶段　294
　　后效期阶段　294
　　开闩后阶段　294
　　开闩前阶段　294
　　物理模型　294
皮奥伯特　7
皮奥伯特定律　20
疲劳寿命　363
平衡发射技术　300
平衡炮　300～304
　　结构　301
　　内弹道计算结果（表）　304

内弹道理论及数值模拟　300
　　内弹道模型　301
　　示意（图）　301
　　数值模拟及结果分析　303
　　原始数据一览（表）　303
平均压力　161
平均压力表示的弹丸运动方程　66
坡膛压力曲线（图）　345

Q

七孔火药　25
　　燃烧　28
　　燃烧到分裂时曲边三角形内切圆半径的
　　　计算（图）　28
七孔药的 $\Gamma_{实}-\psi$ 曲线和 $\Gamma_{型}-\psi$ 曲线的对
　　比（图）　48
起始参量确定　213
起始参量选择　205
起始数据　91
起始条件　178
气动力近似解　164
气体流出情况下膛内压力分布　144
气体流失　283
气体生成速率　20
气体压力　131
气体状态方程　274
前期弹道计算　92、92（表）
枪弹拔弹力对膛压初速的影响（表）　127
枪弹道特征量　224
枪的内弹道设计特点　223
枪内弹道解特殊问题　116
枪炮弹道特征量比较（表）　224
枪炮发射系统　9
枪炮设计理论基础　4
枪炮射击过程　1

内弹道循环 1
枪炮膛内射击现象 9
枪炮威力参数(表) 191
枪炮装药系统实测 $p-t$ 曲线计算的 ψ_E
（表） 171
枪用火药特点 224
腔炸概率 349
强迫点火 253
  理论 254
轻 82 mm 无后坐炮装药 247
曲边三角形面积计算 29、29(图)
曲边三角形内切圆半径计算 28
曲线变化特征 47
全变装药 243
全面着火后空隙率曲线(图) 338
全面着火后压力曲线(图) 339
全面着火前空隙率曲线(图) 338
全面着火前压力曲线(图) 339
全装药 238
  设计 220
确定燃气生成系数的弹道方法 179

R

燃气生成规律 182
燃气生成函数 172、173、179
燃气速度、当地声速、膨胀波速随时间变化
  曲线(图) 300
燃气速度、膨胀波速随行程变化曲线(图)
  300
燃烧方程 19
燃烧结束瞬间的各弹道诸元值 88
燃烧速度定律 302
燃烧速度函数 42、44
  实验确定 44
燃烧影响因素 38

燃速方程 41、77、313
  形式 41
燃速系数 43、45
燃速影响因素 40
燃速与压力关系 42、42(图)
燃速指数 42、44
热变化 357
热力学第一定律 51
热软化 357
热散失 283
  修正 16
热损失 51
热循环 357
热因素单独作用 357
热影响层 354
溶塑火药 9

S

烧蚀 350
烧蚀龟裂 353
烧蚀机理 373
烧蚀磨损 356、358、369
  估算 371
  减少直接方法 359
烧蚀寿命 364
设计变量 226
  确定原则 226
设计方案评价标准 195
射弹发数 369、370
射击安全性 4
射击各时期压力随时间的变化曲线(图)
  76
射击过程 75
  能量分配 51
  气体流失 283

射击过程阶段 73
 第二时期 75
 第一时期 74
 前期 73
射击间隔为 2 ms 时,所有弹丸的压力—时间曲线和速度—时间曲线(图) 319
射击间隔为 2 ms 时,所有弹丸的压力—行程曲线和速度—行程曲线(图) 319
射击间隔为 4 ms 时,所有弹丸的压力—时间曲线和速度—时间曲线(图) 318
射击间隔为 4 ms 时,所有弹丸的压力—行程曲线和速度—行程曲线(图) 318
射击间隔为 6 ms 时,所有弹丸的压力—时间曲线和速度—时间曲线(图) 317
射击间隔为 6 ms 时,所有弹丸的压力—行程曲线和速度—行程曲线(图) 317
射击间隔为 8.5 ms 时,所有弹丸的压力—时间曲线和速度—时间曲线(图) 316
射击间隔为 8.5 ms 时,所有弹丸的压力—行程曲线和速度—行程曲线(图) 316
射击时间间隔 314
 2 ms 时的结果(表) 319
 4 ms 时的结果(表) 318
 6 ms 时的结果(表) 317
 变化对内弹道性能影响 314
射击时膛内容积变化(图) 18
射击现象 2
身管 9、9(图)
 镀铬层激光再结晶热处理新工艺优点 363
 镀硬铬问题 362
 内膛表面强化技术 362
 内膛烧蚀机理 373
 烧蚀磨损现象 350
 温度场 371

身管寿命 363、366、377(表)
 动态预测技术 374
 判别条件及分析 364
 预测 371～374
 预测方法 368、373
 终结 365
身管寿命提高 378
 带闭气环弹带 380
 弹带设计改进 379
 内膛结构改进 378
 膛线方程调整 378
 膛线高度增加 378
 膛线条数减少 378
 阳线宽度增加 378
身管寿命影响因素 375
 弹带结构与材料 378
 弹丸挤进压力 377
 火药性能 375
 内弹道因素 377
 内膛尺寸与结构 376
 射击和维护保养 377
 身管长度 376
 膛线展开曲线 376
 装药量 377
 最大膛压 377
十九孔火药 26
 燃烧前断面(图) 26
十四孔火药 26
时间曲线计算 90
实测 $p-t$ 曲线的 $\mathrm{d}p/\mathrm{d}t-\psi$ 曲线(图) 46
实测压力换算 155
实际燃烧定律 175
 表示方法 172
实验法 257
实验研究 3

实验值与理论值的比较(表) 93
事故类型和可接受概率(表) 349
势平衡 169
势平衡点 169
 参量 183
 参量与 p_m 及 v_0 的关系式 183
 各弹道量的确定 179
 作用和意义 171
势平衡点的火药已燃百分数 ψ_E 170
势平衡点为标准态的内弹道相似方程组 176
收敛性检验 230
手枪枪弹装药结构(图) 237
寿命判别法 366
数学模型 294、302
数值解法 109
数值模拟 3
双头炮设想 300
斯鲁哈斯基公式 367
苏 1915 年式 305 mm 榴弹炮装药 243
 装药结构(图) 243
苏 1931/37 年式 122 mm 加农炮装药结构(图) 242
苏 1931 年式 203 mm 榴弹炮装药 243
 装药结构(图) 243
速度比 H 对压力分布的影响 147
速度比确定 148
速度方程 313
速度函数式 83、89
塑料弹带 361
随机有限元法 374
碎粒燃烧阶段 182
 燃气生成函数 173

T

态能势 π 168
膛壁热散失 52、224
膛底封闭情况下弹后空间压力分布 136
膛底封闭条件下的压力分布 142
膛底和弹底实测压力曲线(图) 167
膛底压力曲线(图) 339、345
膛内火药气体压力变化规律 72
膛内火药实际气体生成函数 172
膛内面积变化的膛内压力分布 148
膛内面积近似变化(图) 149
膛内面积真实变化(图) 149
膛内气流 132
膛内气体状态 303
 及能量转换过程的内弹道学基本方程 303
膛内燃气压力变化 1
膛内射击 7
膛内射击过程 9、10、75
 能量守恒方程 50
膛内压力波及其影响因素 324
膛内压力波现象 324
膛内压力波形成的物理实质 324
膛内压力差曲线(图) 345
膛内压力分布 144、148
膛内压力曲线和压力差曲线(图) 325
膛内压力随时间变化的一般规律 75
膛内压力-行程曲线(图) 76
膛线导转侧上的力 64
膛线导转侧作用在弹带上的力 56、62
膛线同弹带凸起部的关系(图) 377
膛线形状变化 356
特殊点计算 113
 方法 111

特种发射技术　268
特种发射技术内弹道理论　268
提高身管寿命的技术途径（图）　379
条件寿命　199
推力系数 C_F 随 S_A/S_j 变化（表）　270

W

外白层　357
王升晨　59
网裂　353
维也里　20
尾翼　281
尾翼弹及次口径脱壳弹的弹形系数（表）　192
尾翼稳定滑膛无后坐炮装药　246
未燃和部分燃烧的管状药断面（图）　20
无后坐炮　268～270
　次要功计算系数　279
　弹道特征量　270
　发射原理　268
　和一般火炮的弹道特征量（表）　270
　内弹道方程　274
　内弹道理论　268
　内弹道特点　268、269
　起始参数（表）　277
　射击过程　271
　射击起始条件　271
　膛内速度分布（图）　144
　装药结构　246
无后坐炮内弹道方程组　275
　数值解法　276
无后坐条件　271、273
无药筒式无后坐炮点火　262
武器弹药系统弹道性能的评价作用　4
武器弹药系统设计　190

协调作用　4
武器的 ω/m 值（表）　69
武器的装填密度（表）　210
武器发展对内弹道学的推动作用　5
武器寿命　198
武器所选用的药室扩大系数（表）　208
武器所选用的最大压力（表）　206
武器战术技术要求　192
武器整个设计过程　190
物理过程假设　302
物理模型　301

X

《夏朋里－苏哥脱内弹道学》　7
现代内弹道学　8
　理论体系　5
现代内弹道学特征和经典内弹道学关系　5
　理论基础　5
　实验技术　6
　适用范围　6
　数学模型　6
相对陡度　50
相对流量　274
相对装药量 ω/m 选择　210
消焰剂　233
谢烈柏梁可夫　47
新能源新发射原理应用中的导向作用　4
形状函数　21、77
形状火药的形状特征量（表）　23
绪论　1
旋转弹丸的弹形系数（表）　192
学术专著　7

Y

压力变化　178

压力波测量 325

压力波现象 324

压力波形成机理 325
 要点 326

压力分布 131～133、142、144、147、148
 曲线(图) 138、345

压力分布讨论 164

压力分布推导 144

压力函数式 87、90

压力换算关系 154

压力全冲量 I_k 的变化对内弹道性能的影响(表) 123

压力损失修正 16

压力影响 41

药包分装式火炮装药结构 242

药包分装式装药特点 242

药包位置安放规律 240

药包装填 327

药粒几何形状 20

药粒破碎 331

药室 9
 长度 223
 长度变化 356
 扩大系数 207、208(表)
 扩大系数 χ_k 的确定 207

药室容积 223、321
 变化对 p_m 和 v_0 的影响(表) 125
 变化对弹道性能的影响 125
 变化对内弹道性能的影响 321
 与压力的关系(表) 18

药室增量计算方法 17

药室自由空间影响 330

药筒定装 239

药筒定装式火炮装药结构 237

药筒分装式火炮装药结构 239

药筒分装式装药 239

药筒火帽 248、248(图)

以 $\dfrac{\omega}{\varphi_1 m}$ 为参量的 Φ、ζ_b、ζ_t 及 ζ_{tb} 数值(表) 142

引言 131、190、300、310、323、350

应用举例 229

应用实际燃烧规律的内弹道解法 175

影响点火的其他因素 260

影响压力波的因素分析 327

优化设计 225～228
 步骤 225
 方法 228
 流程(图) 231
 目的 225

有效功率 227

余容与密度的函数关系(表) 12

预测的 57 mm 高射炮 $p-l$ 曲线(图) 115

预测的 57 mm 高射炮 $p-t$ 曲线(图) 115

预测的 57 mm 高射炮 $v-l$ 曲线(图) 116

预测的 57 mm 高射炮 $v-t$ 曲线(图) 116

圆柱形多孔火药形状函数 26

圆柱形火药 25

约束条件 226、227

运动功 68、70

Z

再结晶热处理 363

增面燃烧阶段结束之后的分裂情况(图) 25

增面燃烧阶段形状函数 27

张喜发 61

支持向量机的火炮身管烧蚀磨损预测模型 374
直角柱体类型火药 24
指导图 201、204
指导图(实际)(图) 203、205
指导图(示意图)(图) 202
制式火药 208
制式枪炮威力参数(表) 191
中间号装药设计 222
周彦煌 59
逐渐着火阶段 47
主程序框图(图) 112
主弹种全装药射弹数公式 368
主动式爆炸隔板 293
主体燃烧阶段 180
 燃气生成函数 172
装填密度 210、210(表)、329
 选择 209
 与相关量的关系(表) 86
装填条件 121、218、320
 变化对内弹道性能的影响 121、320
 与结构诸元(表) 287
装药 327
 初温 264
 点火系统设计 247
 结构 234、236
 结构措施 238
 结构对辅助点火药燃烧产物的传播影响 253
 结构示意(图) 340
 利用系数 227
 密度对压力波的影响(表) 329
 内弹道设计 234
 排列情况对压力波的影响(表) 330
 试制 234

 温度 369
 元件 233
装药安全性评估 346、347
 方法 346
 流程(图) 348
装药床透气性 331
装药量 199、218、320
 变化对内弹道性能的影响 122、320
 变化对 p_m 和 v_0 的影响(表) 122
装药设计 3、190、232
 结构设计 234
 设计一般步骤 234
装药设计任务书要求 235
 弹道要求 235
 生产上和经济上的要求 235
 战术技术要求 235
装药外形 330
 对压力波的影响(表) 330
准静态挤进模型 59
自动点火 253
综合修正公式 127
阻力公式 58
阻力曲线 57
最大挤进阻力 57
 数学模型 61
最大炮身全长 226
最大射弹量 368
最大膛内压力和初速的定量修正公式 321
最大膛内压力和初速随弧厚改变的变化曲线(图) 321
最大膛内压力和初速随启动压力改变的变化曲线(图) 321
最大膛内压力和初速随药室容积改变的变化曲线(图) 321

最大膛内压力和初速随装药量改变的变化
　　曲线（图）　320
最大膛内压力修正公式　322
最大膛压点　180
最大膛压和初速的模拟预测　183
最大膛压和初速模拟公式　187
最大压力　199、205、206、206（表）、216、219、226
　　p_m 选择　205
　　曲线（图）　217
　　确定　87
　　修正系数（表）　128
最大压力点　180
最大压力点值计算　112

最大压力和初速修正公式　121、127
最大药室容积　226
最大装填密度　226
最佳开尾时间确定　297
最小号装药设计　221
　　步骤　221
最小膛容　201
最小膛容方案　231
　　计算结果（表）　232
　　设计　229
作用于弹带上的力（图）　62
作用在身管内壁上的最大压力曲线（图）　216